清華大學 计算机系列教材

徐恪 徐明伟 李琦 编著

高级计算机网络

（第2版）

清华大学出版社
北京

内容简介

本书全面介绍了计算机网络技术领域中主要的理论和实践问题，围绕互联网体系结构中的核心机制和算法展开，具体包括 Internet 路由、拥塞控制、QoS 控制、路由器设计、网络安全等计算机网络工程领域的核心内容，还特别介绍了 P2P 系统、物联网、软件定义网络等新技术，对新一代互联网的研究进展也进行了简要介绍。

本书全面反映了近几年来网络领域的最新发展，并尽可能提供了较详尽的参考文献。在介绍最新进展的同时，每一章的最后都力图指出进一步的研究方向以供读者参考。

本书主要面向计算机网络和通信领域的研究生，也可供网络工程技术人员参考，有助于读者了解和掌握计算机网络体系结构的核心设计思想和基本的协议机制。

图书在版编目(CIP)数据

高级计算机网络/徐恪，徐明伟，李琦编著.—2 版.—北京：清华大学出版社，2021.3（2024.2重印）
清华大学计算机系列教材
ISBN 978-7-302-56686-1

Ⅰ.①高…　Ⅱ.①徐…　②徐…　③李…　Ⅲ.①计算机网络－高等学校－教材　Ⅳ.①TP393

中国版本图书馆 CIP 数据核字(2020)第 203608 号

责任编辑：龙启铭　常建丽
封面设计：常雪影
责任校对：徐俊伟
责任印制：丛怀宇

出版发行：清华大学出版社
网　　址：https://www.tup.com.cn，https://www.wqxuetang.com
地　　址：北京清华大学学研大厦 A 座　　**邮　　编**：100084
社 总 机：010-83470000　　**邮　　购**：010-62786544
投稿与读者服务：010-62776969，c-service@tup.tsinghua.edu.cn
质量反馈：010-62772015，zhiliang@tup.tsinghua.edu.cn
课件下载：https://www.tup.com.cn，010-83470236
印 装 者：三河市人民印务有限公司
经　　销：全国新华书店
开　　本：185mm×260mm　　**印　　张**：30.75　　**字　　数**：766 千字
版　　次：2012 年 10 月第 1 版　2021 年 3 月第 2 版　　**印　　次**：2024 年 2 月第 2 次印刷
定　　价：89.00 元

产品编号：088734-01

前　　言

人类社会正全面迈向信息社会，信息已经成为人们改造世界和推动世界发展的直接媒体和推动力。以互联网为代表的计算机网络是现代社会最重要的信息基础设施，同时也是未来智能经济的主要载体。可以预见，超高速的光通信技术、5G 等高速无线通信技术、安全可信的网络体系结构等技术的研究进展会使互联网在未来十年产生新的飞跃，朝着以“更大、更快、更及时、更方便、更安全、更可管理和更有效”为标志的新一代互联网发展。

充分认识和研究新一代互联网发展中的基础性问题，使新一代互联网能够更好地满足国家和社会的需求，已经成为摆在我们面前的紧迫任务。而培养一批掌握新一代互联网基础理论和关键技术的高水平人才更是高等院校责无旁贷的任务。

为了使计算机通信与网络等相关专业的研究生能够更加深入地掌握计算机网络的研究现状，理解目前网络体系结构、协议和应用研究领域的最新发展，笔者为清华大学信息科学技术学院的研究生开设了“计算机网络体系结构”和“高等计算机网络”课程。为了配合课程教学，我们着手编写了本书。

本书第 1 版于 2012 年 10 月出版，转眼已经过去八年多时间，计算机网络技术有了很多新发展，空天地一体化网络已经初具雏形，5G 已经投入商用，大数据、人工智能、区块链等技术也在不断地与计算机网络深度融合。虽然技术在飞快发展，但是根据我们多年的授课经验，研究生最需要了解和掌握的仍然是网络体系结构中最本质的思想和最核心的机制。因此，在这一版本的修订过程中，我们仍然重点突出对网络体系结构中核心机制和算法的介绍，全书以新一代互联网体系结构为总体思路，围绕 Internet 路由、拥塞控制、QoS 控制、路由器设计、网络安全等计算机网络的核心内容展开介绍，还特别介绍了软件定义网络、P2P 系统、物联网等新型网络形态。与上一版相比，增加了我们对新一代互联网体系结构的最新认识，补充了拥塞控制、网络安全、比特币等领域的最新研究进展，增加了对软件定义网络的介绍，由于篇幅限制，删除了组播路由的内容。

希望本书能帮助计算机网络和通信专业的研究生了解和掌握计算机网络体系结构的基本架构、核心设计思想和基本的协议机制。

需要指出的是，本书并不是一本计算机网络领域的入门书籍，如果读者对计算机网络的基本原理并不了解，建议先阅读 Tanenbaum 教授编著的《计算机网络(第 5 版)》。如果读者在掌握了计算机网络的基础知识后，希望更深入地了解网络研究领域中的理论和实践问题，那么本书会是一个很好的选择。如果读者在阅读本书后，对网络体系结构设计建模的理论和方法感兴趣，还可以参考拙作《计算机网络体系结构——设计、建模、分析与优化》。

朱敏、姚龙、赵乙、吕亮、冯学伟、杜鑫乐、凌思通、李海斌、周广猛、傅川溥、王自强等参与了本书的编写工作，在此一并表示感谢。

我要感谢我所在课题组的学术带头人吴建平院士，他始终把握着我们课题组的研究方向，带领我们在新一代互联网领域努力前行。特别感谢林闯教授，林老师的批评和鼓励提升了我们的研究水平。还要感谢我的同事徐明伟、赵有健、尹霞、崔勇、张小平、刘莹、李丹、裴丹、李琦，我们就像一个大家庭一样互相支持。

我要感谢我的父母和家人，特别是我的妻子和儿子，在写作此书的过程中，儿子经常坐在我桌子对面学习 C++ 编程，通过这种方式陪伴我，谨以此书献给他们。

感谢国家自然科学基金委员会多年来对作者研究工作的支持(项目编号：61825204)，感谢北京市教委卓越青年科学家项目(项目编号：BJJWZYJH01201910003011)的支持。

本书第 1 版出版以来，被很多兄弟院校选用为研究生教材，在使用过程中，很多授课老师都提出了非常中肯的修改意见，在此一并表示衷心的感谢。

限于作者的水平，书中不当之处希望得到广大读者的指正，文责当由我一人承担。计算机网络领域是一个飞速发展的领域，我们将在吸取大家的意见和建议的基础上，在适当的时候再进行修订和补充。

徐恪
2020 年 5 月于学清苑

目　　录

第 1 章　计算机网络与 Internet

1.1　引　　言

人类社会已经进入基于网络的信息时代，现在我们通常谈到的网络一般指计算机网络，有时也指“三网”，即电信网络、有线电视网络和计算机网络。进入 20 世纪 90 年代以后，以互联网为代表的计算机网络发展迅速，从最初的教育科研网络逐步发展成为商业网络。互联网给人类通信方式带来了巨大变革，已经成为当代社会最重要的信息基础设施。

在 Tanenbaum 教授编著的《计算机网络》一书中，把计算机网络定义为自治计算机(autonomous computers)的互联集合[1]。这里自治计算机的含义是指在网络中，每台计算机的地位都是对等的，没有谁受谁控制的问题。计算机网络是计算机技术和通信技术相结合的产物，它是将分布在不同地理位置的多台具有独立功能的计算机通过外围设备和通信线路互联起来，在功能完善的管理软件的支持下实现资源共享的系统。在计算机网络中总会有一部分设备专门用来传递信息，我们称之为通信子网。除了通信功能之外，网络的另一个重要作用是提供各种和资源获取相关的服务，在网络中由资源子网完成这些功能。

计算机网络的发展已经有 50 多年的历史，发展到今天，最大的也是大家最熟悉的计算机网络就是 Internet。Internet 是指网际网，即由全球所有上网的计算机互联所形成最大的计算机网络。对于 Internet 的定义，TCP/IP 发明者之一、被誉为“互联网之父”的 Vint Cerf 博士给出的解释是：世界上最大的网际网，它使用 TCP/IP 作为数据包交换技术，而底层可运行各种通信协议。

Internet 是人类历史发展中一个伟大的里程碑，它是信息高速公路的雏形，人类由此进入一个前所未有的信息化社会。人们用各种名称称呼 Internet，如国际互联网络、因特网、交互网络、网际网等，Internet 已经成为世界上覆盖面最广、规模最大、信息资源最丰富的计算机信息网络，目前联网用户已超过 46 亿。在 Internet 的发展过程中，研究人员和技术人员协作解决了无数的技术问题，使之可以成功运行。实际上，在 50 年前，没有人敢设想 Internet 能够发展到这样大的规模，并且还能够成功运行。当然，Internet 中仍然存在着许多还没有解决的问题，也不断有新的问题出现，这需要我们不断研究，尝试解决这些问题，推动 Internet 的发展。

本章首先简要介绍 Internet 的发展历程及其在中国的发展历史，然后从互联网边缘层和核心层的角度介绍互联网的基本功能组成，之后简要介绍推动互联网发展的标准化组织。目前，新一代互联网已经成为研究热点，本章也将对其做简要介绍，之后简述目前典型的网络和计算形态，如物联网、云计算、边缘计算和数据中心网络等，其中物联网的内容将在后续章节详细介绍，最后简要介绍全书内容安排。

1.2 Internet 发展历史

本节只是简要回顾 Internet 发展的历史，更详细的资料可以参考文献[2]和[3]。

从某种意义上，Internet 可以说是美苏冷战的产物。它的由来可以追溯到 1962 年。当时，美国国防部为了保证美国本土防卫力量和海外防御武装在受到苏联第一次核打击以后仍然具有一定的生存和反击能力，认为有必要设计出一种分散的指挥系统：它由一个个分散的指挥点组成，当部分指挥点被摧毁后，其他点仍能正常工作，并且这些点之间能够绕过那些已被摧毁的指挥点而继续保持联系。为了对这一构思进行验证，1969 年美国国防部国防高级研究计划署(DoD/DARPA)委托 BBN 公司建立了一个名为 ARPANET 的网络，这个网络把加州大学洛杉矶分校、加州大学圣芭芭拉分校、斯坦福大学，以及位于盐湖城的犹他州立大学的计算机主机联接起来，位于各个节点的大型计算机采用分组交换技术，通过专门的通信交换机和专门的通信线路相互连接。这个 APRANET 就是 Internet 的雏形。这里提到的 BBN 公司值得关注，它在 Internet 历史上发挥了重要的作用，不仅参与创建了最初的 ARPANET 网络，而且研制了历史上第一台路由器和第一台吉比特路由器，还在美国的新一代互联网研究计划 GENI[4]中承担了重要的任务[5]。

到 1972 年，ARPANET 网上的主机数已经达到 40 台，这 40 台主机彼此之间可以发送电子邮件和利用文件传输协议发送大文本文件，包括数据文件(即现在 Internet 中的 FTP)，同时也设计和实现了通过把一台计算机模拟成另一台远程计算机的一个终端而使用远程计算机上的资源的方法，这种方法被称为 Telnet。

1972 年，全世界计算机业和通信业的专家学者在美国华盛顿举行了第一届国际计算机通信会议，研究如何在不同的计算机网络之间进行通信，会议决定成立 Internet 工作组，负责建立一种能保证计算机之间进行通信的标准规范(即"通信协议")。1973 年，美国国防部也开始研究如何实现各种不同网络之间的互联。

1974 年，IP (Internet 协议)和 TCP(传输控制协议)问世，合称 TCP/IP[6]。这两个协议定义了一种在计算机网络间传送分组(文件或命令)的方法。随后，美国国防部决定向全世界无条件地免费提供 TCP/IP，即向全世界公布解决计算机网络之间通信的核心技术，TCP/IP 核心技术的公开最终促成了 Internet 的大发展。

到 1980 年，世界上既有使用 TCP/IP 的美国军方的 ARPANET，也有很多使用其他通信协议的各种网络。为了将这些网络连接起来，Vint Cerf 提出一个想法：在每个网络内部各自使用自己的通信协议，在和其他网络通信时使用 TCP/IP。这个设想最终导致 Internet 的诞生，并确立了 TCP/IP 在网络互联方面不可动摇的地位。

20 世纪 70 年代末到 80 年代初，各种各样的网络应运而生。

20 世纪 80 年代初，DARPANET (ARPANET 的另一个名称)取得了巨大成功，但没有获得美国联邦机构合同的学校仍不能使用。为解决这一问题，美国国家科学基金会(NSF)开始着手建立提供给各大学计算机系使用的计算机科学网(CSNet)。CSNet 是在其他基础网络之上增加统一的协议层，形成逻辑上的网络，它使用其他网络提供的通信能力，在用户看来，它就是一个独立的网络。CSNet 采用集中控制方式，所有信息交换都经过 CSNet-Relay(一台中继计算机)进行。

1982 年，美国北卡罗莱纳州立大学的 Steve Bellovin 创立了著名的网络新闻组(Usenet)，它允许该网络中的任何用户把信息(消息或文章)发送给网上的其他用户，大家可以在网络上就自己所关心的问题与其他人进行讨论；1983 年，在纽约城市大学也出现了一个以讨论问题为目的的网络——BITNet，在这个网络中，不同的话题被分为不同的组，用户可以根据自己的需求，通过计算机订阅，这个网络后来被称为电子邮件群(Mailing List)；1983 年，在美国旧金山还诞生了另一个网络 FidoNet(费多网或 Fido BBS)，即公告牌系统。它的优点是用户只要有一台计算机、一个调制解调器和一根电话线，就可以互相发送电子邮件并讨论问题，这就是后来的 Internet BBS。

以上这些网络都相继并入 Internet 而成为它的一个组成部分，Internet 逐渐成为全世界各种网络的大集合。

1986 年，NSF 投资在美国普林斯顿大学、匹兹堡大学、加州大学圣地亚哥分校、伊利诺伊大学和康奈尔大学建立 5 个超级计算中心，并通过 56kb/s 的通信线路连接形成 NSFNET 的雏形。1987 年，NSF 公开招标对 NSFNET 进行升级、营运和管理，结果 IBM、MCI 和由多家大学组成的非营利性机构 Merit 获得 NSF 的合同。1989 年 7 月，NSFNET 的通信线路速度升级到 T1 (1.5Mb/s)，连接了 13 个骨干节点，采用 MCI 公司提供的通信线路和 IBM 公司提供的路由设备，Merit 公司则负责 NSFNET 的营运和管理。由于 NSF 的鼓励和资助，很多大学、政府机构，甚至私营的研究机构纷纷把自己的局域网接入 NSFNET 中，到 1991 年，NSFNET 的子网从 100 个迅速增加到 3000 多个。NSFNET 的正式营运以及实现与其他已有和新建网络的连接真正成为 Internet 的基础。

Internet 在 20 世纪 80 年代的扩张不仅带来量的改变，同时也带来某些质的变化。由于多种学术团体、企业研究机构甚至个人用户的进入，Internet 的使用者不再限于纯计算机专业人员。新的使用者发觉计算机相互间的通信对他们来讲更有吸引力。于是，他们逐步把 Internet 当作一种交流与通信的工具，而不仅仅只是共享大型计算机的运算能力。

进入 20 世纪 90 年代初期，Internet 事实上已成为一个“网际网”：各个子网分别负责自己的架设和运营费用，而这些子网又通过 NSFNET 互联起来。NSFNET 连接全美上千万台计算机，拥有几千万用户，是 Internet 最主要的成员网。随着计算机网络在全球的拓展和扩散，美洲以外的网络也逐渐接入 NSFNET 主干网或其子网。

1991 年 9 月，瑞士 CERN 研究中心的 Tim Berners-Lee 发明了万维网(World Wide Web, WWW)。WWW 技术的出现带来了 Internet 的大发展，从此 Internet 进入高速增长时期。

1998 年，第一个 P2P 程序 Napster 的出现，宣告互联网诞生了新的应用模式，那就是 Peer-to-Peer(P2P)模式，这种模式下，广大互联网用户可以通过对等协作，共享磁盘、网络带宽和 CPU 运算能力等一切可以共享的资源，从此互联网的发展掀开了新的一页。

2003 年，Myspace、Skype 和 Safari Web 浏览器粉墨登场，拉开了社交网络成长的序幕。2004 年，“社交媒体”这一术语首次被提出。同年，在第一次 Web 2.0 会议上，John Batelle 和 Tim O'Reilly 提出了“网络平台”的概念，对论坛、博客、SNS、Wiki 等当时的互联网新兴业务进行了命名，并迅速得到全球认可，成为公认的主流概念。随后，Facebook、YouTube 和 Twitter 相继诞生并迅速崛起，Web 2.0 时代全面到来。

互联网早期的发展历程如图 1.1 所示[7]。据国际电信联盟(ITU)统计，截至 2020 年 5

月 31 日，全球互联网用户规模已达 46 亿，而中国的互联网用户数已超过 9 亿。

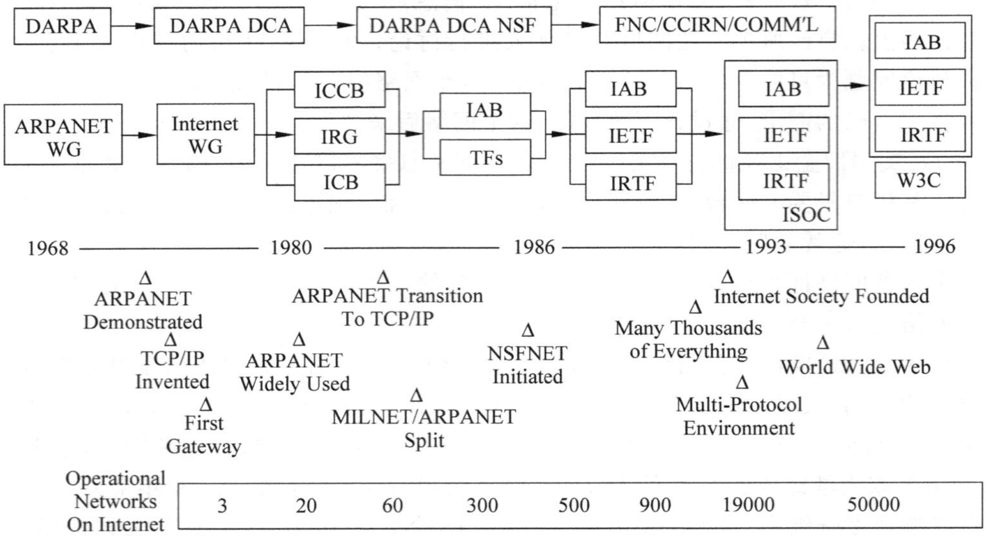

图 1.1　互联网早期的发展历程

1.2.1　互联网发展的主要阶段

互联网的基础结构大体上经历了 3 个发展阶段。这 3 个阶段在时间划分上并非截然分开，而是有部分重叠，这是因为网络总是在渐进发展。

1. 互联网发展的第一阶段

第一个分组交换网 ARPANET 最初只是一个单个的分组交换网，后来 DARPA 研究多种网络互联的技术。1983 年，TCP/IP 成为标准协议，同年，ARPANET 分解成两个网络：ARPANET（实验研究用的科研网）和 MILNET（军用计算机网络）。1983—1984 年形成了 Internet。1990 年，ARPANET 正式宣布关闭。

2. 互联网发展的第二阶段

1986 年，NSF 建立了国家科学基金网（NSFNET），它是一个三级结构计算机网络，分为主干网、地区网和校园网，这一结构至今仍被很多运营商采用。1991 年，美国政府决定将 Internet 的主干网转交给私人公司经营，并开始对接入 Internet 的单位收费。1993 年，Internet 主干网的速率提高到 45Mb/s（T3 速率），各网络之间需要使用路由器连接，主机到主机的通信可能要经过多个网络。

3. 互联网发展的第三阶段

从 1993 年开始，由美国政府资助的 NSFNET 逐渐被若干个商用的 ISP 网络所代替。1994 年开始创建了 4 个网络接入点（Network Access Point，NAP），分别由 4 个电信公司经营。NAP 是专门用于交换 Internet 流量的节点。在 NAP 中安装有高性能的交换设备。到 21 世纪初，美国的 NAP 的数量已达到十几个。从 1994 年到现在，Internet 逐渐演变成多级结构网络。主机到主机的通信可能经过多个 ISP。

今天的 Internet 是多级结构，大致上可分为以下 5 个接入级：国家主干网（主干 ISP）、地区 ISP、本地 ISP、校园网、企业网或个人上网用户。

1.2.2 互联网在中国的发展

互联网在中国的发展历程也可以划分为 3 个阶段[8]。

第一阶段是研究试验阶段，从 1986 年 6 月到 1994 年。在此期间，中国一些科研部门和高等院校开始研究 Internet 技术，并开展了科研课题和科技合作工作。这个阶段的网络应用仅限于小范围内的电子邮件服务，而且仅为少数高等院校和研究机构提供电子邮件服务。

第二阶段是起步阶段，从 1994 年 4 月至 1996 年。1994 年 4 月，中关村地区教育与科研示范网络工程接入 Internet，实现和 Internet 的 TCP/IP 连接，从而开通了 Internet 全功能服务。从此，中国被国际上正式承认为有互联网的国家。之后，ChinaNet、CERNET、CSTnet、ChinaGBnet 等多个互联网项目在全国范围相继启动，互联网开始进入公众生活，并在中国得到迅速的发展。1998 年年底，中国互联网用户数已达 210 万，利用互联网开展的业务与应用逐步增多。

第三阶段是快速增长阶段，从 1997 年至今的前十年中，国内互联网用户数基本保持每半年翻一番的增长速度。增长到今天，上网用户已超过 9 亿。2020 年 4 月，中国互联网络信息中心（CNNIC）公布第 45 次《中国互联网络发展状况统计报告》，据统计，截至 2020 年 3 月，中国网民规模达到 9.04 亿，较 2018 年年底增长 7508 万人；互联网普及率攀升至 64.5%，较 2018 年年底提升 4.9%。

1.2.3 互联网主要创新

在 50 余年的发展历程中，互联网取得了众多创新与发明，这些创新极大地推动了互联网的进步，并为互联网的未来发展奠定了坚实的基础。下面对此进行简要的回顾[9]。

1. 分组交换理论、ARPANET 以及 TCP/IP

2001 年，美国工程院把被认为是工程界诺贝尔奖的 Draper 奖授予了 Vint Cerf、Robert Kahn、Leonard Kleinrock 和 Lawrence Roberts 4 人，以表彰他们在互联网发展过程中所做的突出贡献。他们分别在各自的领域取得了重要的成就。

分组交换理论创始人 Leonard Kleinrock 于 1934 年出生于纽约，在麻省理工学院（MIT）读博士期间，很多同学选择热门的信息理论做博士论文，1959 年，Kleinrock 选择了当时刚刚起步的数据网作为研究方向，并在 1962 年完成了“大通信网的信息流”论文，特别是他在 1964 年出版的 *Communication Nets：Stochastic Message Flow and Delay* 一书，奠定了分组交换的基础。1963 年，他进入加州大学洛杉矶分校（UCLA）工作。20 世纪 60 年代，分组交换网被冷落，直到 ARPA 项目开始。ARPA 需要众多的分布在各地的科学家工作，但又无法为每一位科学家提供计算机，ARPA 提出开发数据网 ARPANET 使少量计算机互连并共享使用的要求，1968 年，ARPA 邀请 Kleinrock 参加这一项目。1969 年，Kleinrock 所在的 UCLA 运行了 ARPANET 的第一个节点。Kleinrock 领导 ARPANET 测量中心负责 ARPANET 的运行与维护。1965 年，他在 MIT 的两个计算机间开展在拨号电话网上传送数据分组的实验，证明了在电路交换网上传送分组慢且不可靠，并且需要较高的成本。

ARPANET 之父 Lawrence Roberts 于 1937 年出生于美国康涅狄格州，他在 MIT 取得

博士学位后到林肯实验室工作。1967 年,29 岁的 Roberts 被指定为 ARPANET 项目负责人和网络体系总设计师,期间他提出"分时共享计算机的合作网络"计划。在 Kleinrock 排队理论的基础上,Roberts 提议 ARPANET 采用分组交换网,通过实验确定分组结构和计算机接口,至 1973 年他离开时,ARPANET 已经发展到 23 个节点。Roberts 认为 ARPANET 项目是政府经费支持的,因此他没有就此项工作申请任何专利。

TCP/IP 的发明人 Vint Cerf 和 Robert Kahn 同时也是 2004 年图灵奖得主。Vint Cerf 在 1943 年出生于康涅狄格州,于 1965 年在斯坦福大学获得了数学学士学位。在 IBM 公司工作两年后,考入 UCLA,取得计算机科学博士学位,目前是 Google 公司副总裁。1972 年,Vint Cerf 作为助理教授回到斯坦福大学,他面临如何设计一台"网关"计算机互联具有不同协议的网络的难题,他与 Robert Kahn 一道,在 1974 年 5 月提出命名为 TCP 的分组网互通协议[6]。1978 年,他们进一步将 TCP 分为 TCP/IP 两种协议。

Robert Kahn 出生于 1938 年 12 月,1960 年从纽约城市学院获得学士学位,1962 年和 1964 年分别从普林斯顿大学获得硕士和博士学位。在贝尔实验室工作一段时间后,Kahn 到 MIT 电子工程系任教。1969 年,他负责 ARPANET 的"接口信息处理机"(IMP)系统设计,IMP 就是今天路由器的前身。1972 年,Kahn 加入 DARPA,并且成为 IPTO 的部门主管。Kahn 与 Cerf 一起合作提出了 TCP/IP。1986 年,Kahn 离开 DARPA,创办了非营利的国家研究促进公司(CNRI)并担任董事长和 CEO。

Cerf 和 Kahn 提出的网络互联原则确定了互联网的体系结构。

(1) 最小自治:不因为网络互联而改变各网络的内部结构。

(2) 尽力而为(best effort)的服务模式:网络只实现最简单的功能,这就是最大努力的分组转发,但是不保证分组一定被送达。

(3) 无状态的路由器:路由器不保存端系统间的连接状态,只保存路由表用于分组转发。

(4) 分散控制:没有集中的网络管理与控制。

他们提出的设计原则确定了互联网"核心简单,边缘复杂"的基本体系结构,后人也称之为"边缘论"或者"端到端原则"。这里稍作解释,边缘论的含义是"核心简单,边缘复杂",也就是互联网中网络层只实现最简单的功能,就是最大努力的分组转发,而更多的复杂功能,包括可靠性保证、流控、拥塞控制等都由端系统实现。换一个说法就是,凡是能够在端系统实现的功能,就不要在网络中实现。这样做的好处是网络实现简单,而且很容易在各种不同的网络传输技术上实现。实际上,边缘论的思想极大促进了互联网的发展,是互联网成功的最重要原因。

2. 万维网(WWW)

WWW 之父 Berners-Lee 1955 年出生于伦敦,1976 年从英国牛津大学毕业,1980 年在欧洲粒子物理研究所(CERN)找到为期半年的软件咨询员的工作。因该实验室的研究人员分布在世界各地,他编写了一段称为 Enquire 的程序,使用随机关联方法存储信息,帮助他记住实验室的人和项目的关联,这奠定了 WWW 的概念基础。1984 年,当 Berners-Lee 作为长期雇员回到 CERN 时,他注意到,分布在全球的 CERN 研究人员如果想共享文件,必须使文件与 CERN 主机兼容,但问题是很多研究人员并不愿意花更多的时间做这样的事。1989 年,他向 CERN 提出了开发一个信息 Web 的提议,该 Web 是分布式系统,利用 Web,

任何人在任何地方无须中央授权就可共享信息。1990年，他设计完成 HTTP，提出了在互联网上定位文件的方案，即现在用的 URL，在同年年底他还完成了用于检索和浏览超文本的客户程序，他将这台客户机称为 WWW，他设计了 HTML 以便格式化超文本页面；他还实现了 Web 服务器软件，可使 Web 页在计算机上存储并方便其他人访问。由于 CERN 对推广他的创新反应较慢，1991 年夏天，他将 WWW 浏览器和 Web 软件放到互联网上，从此 Web 应用开始飞速发展，实现了他的全球信息空间的梦想。因为在 WWW、WWW 浏览器，以及允许网络扩展的基础协议和算法等方面做出了突出贡献，Berners-Lee 获得 2016 年图灵奖。

3. 域名解析系统(DNS)

Paul V. Mockapetris 博士 1983 年提出关于 DNS 体系结构的 RFC 882 和 RFC 883。他意识到早期 ARPANET 通过单一主机的单一链表将域名转换成地址存在的问题，设计了一个分布式动态 DNS 数据库，本质上就是我们今天使用的 DNS。他和 Jon Postel 一起被公认为 DNS 的创造者。1978 年，Mockapetris 加入 ISI，在那里他实现了第一个 SMTP 邮件服务器，1981 年，他在 *EE Times* 上发表文章，在该文章中正确预测了多任务操作系统的广泛发展将成为计算机网络广泛应用的先决条件[10]。Mockapetris 因其 DNS 设计及应用荣获 1997 年 John C. Dvorak 电信杰出成就奖"个人成就奖—网络工程学"(John C. Dvorak Telecommunications Excellence Award "Personal Achievement-Network Engineering")；2003 年因其对 DNS 的贡献，又获得 IEEE Internet Award；2005 年，他获得了 ACM SIGCOMM Award。

4. Netscape 浏览器

当 WWW 热起来时，Marc Andreesen 还是伊利诺依大学国家超级计算机应用中心(NCSA)的学生，他熟悉互联网和 Web，但那时大多数浏览器只能运行在昂贵的 UNIX 机器上，而且用户界面也不够友好，这意味着 Web 只能为科学家和工程师服务，妨碍了 Web 的推广。1992 年，Andreesen 与 Eric Bina 一起开发了一个容易使用而且图形界面丰富的浏览器 Mosaic，该浏览器不仅可以显示 HTML 文件，特别重要的是还包括了"图像"标签，允许同一 Web 页同时包含图像和文本，而且用户仅单击就可访问链接文件。1993 年，Mosaic 放在 NCSA 服务器上供下载，使 Mosaic 迅速普及。在 UNIX 版本之后很快又开发了 PC 和 Mac 版本，Web 的用户数与 Web 上的内容发展互为良性循环。1993 年年底，Andreesen 毕业后去了硅谷，获得了投资并于 1994 年成立 Mosaic 通信公司，成为该公司技术副总裁，后来公司改名为 Netscape。1996 年，全球 75%的 Web 用户都使用 Netscape。后来，由于微软公司将操作系统与 IE 浏览器捆绑，因而逐渐抢占了 Netscape 的市场。1998 年，美国在线公司(AOL)用 42 亿美元收购了 Netscape 公司，后来被列为互联网十大最失败的收购案例之一。

5. Google 搜索引擎

Google 公司的创始人是 Sergey Brin 和 Larry Page。Sergey Brin 出生于莫斯科，毕业于马里兰大学，拥有数学和计算机专业学士学位。随后他考入斯坦福大学计算机专业就读。Page 毕业于密西根大学，后考入斯坦福大学计算机系读研究生。当时他们暂时从斯坦福大学休学。

在 Page 的眼中，每台计算机都是一个节点，而网页上的链接是就是节点的联系，整个互联网就是有史以来人们创造的最大的图，并且还在以惊人的速度继续变大。这张大图的顶点上隐藏着许多有用的知识。评判一篇论文要参考这篇论文被引用的次数以及每次引用的重要程度。在互联网上如果能够知道某个网页被其他网页链接的数量以及这些网页的重要性，这将是对这个页面评估的一个有用的标准。而从网页链接到另外一个网页是很平常的事，但如果想反方向找出某个页面被哪些页面链接就不平常了。Page 的第一个关于反向链接的研究是一个叫 BackRub 的工程。1996 年 3 月，Page 将他的网络爬虫指向他在斯坦福的个人主页，并且放开了这只爬虫从那个页面开始在整个互联网上的旅行。Page 和数学天才 Brin 一起工作，他们创造了一种叫作 PageRank 的算法。给这个算法一个 URL，它就会给你一个按重要性排列的反向链接的列表。运用 PageRank 将搜索结果按相关性排列，它的结果就比那时候常用的主要是以关键字排列的搜索引擎返回的结果好得多。

搜索引擎为数以亿计的网页建立索引，而这些网页包含了同样数量级的不同词语。每天响应数千万计的查询请求，搜索引擎需要巨大的计算资源。他们到处借钱，从实验室找硬盘和闲置的 CPU，把宿舍作为他们的实验室，用闲置的零件拼装服务器，并且将它连到斯坦福的宽带校园网上。那时，BackRub 的爬虫几乎占用了斯坦福大学整个网络带宽的一半。他们将引擎命名为 Google。其实最早是 Googol，意思是 1 后面跟了 100 个零的那个数字。他们于 1997 年在斯坦福大学的网站上发布了 Google 的第一个版本。

1998 年 9 月，Brin 和 Page 合伙建立了搜索引擎公司。Brin 从一位斯坦福校友，思科公司的前任副总裁那里拿到第一笔投资(10 万美元)。那时，Google 公司总部还只能设在车库中，而现在 Google 公司市值已突破万亿美元。Google 公司倡导自由创造、尊重个体的文化，如 Google 公司曾经为每一位工程师提供 20%可以自主支配的时间。这 20%的时间是 Google 公司创新模式中至关重要的一环。许多令 Google 公司引以为豪的产品，如 Gmail 和 Google News 就是由工程师在这 20%的时间里创造出来的。

6. 第一个 P2P 系统 Napster

1998 年，美国东北大学的一年级新生，18 岁的 Shawn Fanning 开发出了 Napster 系统，成为 P2P 文件共享和不需要大型机构或零售商就可以获得音乐的先锋和范例。开发 Napster 是为了能够解决其室友的一个问题——如何在网上找到音乐。Fanning 编写了一个简单的程序，这个程序能够搜索音乐文件并提供检索，把所有音乐文件地址都存放在一个集中的服务器中，这样使用者就能够方便地找到自己需要的 MP3 文件。到了 1999 年，令他们没有想到的是，这个叫作 Napster 的程序成为人们争相转告的"杀手程序"——它令无数散布在互联网上的音乐爱好者美梦成真，无数人在一夜之内开始使用 Napster。在最高峰时，Napster 网络有 8000 万注册用户，这是一个让其他所有网络望尘莫及的数字。Napster 被认为是第一个真正有影响的 P2P 软件，虽然 Napster 仍然需要借助集中的服务器完成查找功能。1999 年，《时代周刊》和《财富》把 Fanning 放上了封面，那时他才 19 岁。

1999 年 5 月，Napster 公司成立，也正是从这天起，P2P 开始了它曲折但极富生命力的发展历程。就拿 Napster 来说，由于 Napster 开发的软件可以把音乐作品从 CD 转化成 MP3 格式，同时它提供平台，供用户上传、检索和下载作品。1999 年，美国唱片业协会(Recording Industry Association of America，RIAA)起诉 Napster，指其涉及侵权歌曲数百万首，要求每支盗版歌曲赔偿 1 万美元。2000 年 2 月，法院判定 Napster 败诉。Napster 提出上诉，二审依然判其败诉。2002 年 6 月，Napster 宣告破产。后来，Fanning 创办了新的服务 Snocap，他尝试把文件共享合法化，在和相关的唱片公司合作下，Snocap 赋予消费者对其下载作品给予创作者报酬的权利。但是，当时免费自由的文件共享程序像病毒一样泛滥，而用户则热衷于利用文件共享程序填满他们的音乐硬盘，要从这些文件交易中收到钱根本不可能，Fanning 创造了一个连他自己都无法击败的怪物。

虽然 Fanning 的第一个 P2P 系统以失败告终，但是 P2P 这一思想已经深入人心，之后出现了大量基于 P2P 技术的网络系统，功能涵盖文件下载（BT，eDonkey）、语音通信（Skype）和视频播放（PPLive，PPStream）等。目前，P2P 应用的流量占据了互联网相当一部分带宽。

7. 互联网语音通信 Skype

Skype 是由 Janus Friis 和 Niklas Zennström 创建的一家全球性互联网电话公司，它通过在全世界范围内向客户提供免费的高质量通话服务逐渐改变电信业。值得一提的是，两位创始人很有创新传统，之前他们还完成了 KaZaA 系统，这是一个著名的 P2P 文件共享软件。Skype 是网络即时语音沟通工具，具备即时通信所需的其他功能，如视频聊天、多人语音会议、多人聊天、传送文件和文字聊天等功能。它可以免费高清晰与其他用户语音对话，也可以拨打国内国际电话，无论固定电话，还是移动电话，均可直接拨打，并且可以实现呼叫转移和短信发送等功能。2011 年 5 月 11 日，微软公司宣布以 85 亿美元收购 Skype 公司。

“当我下载完 Skype，我意识到传统通信时代结束了”。美国联邦通信委员会主席 Michael Powell 解释道，“当 KaZaA 的发明者免费散发一个小程序，而您可以使用它与任何一个人免费通话，并且其通话质量又非常出色，传统通信时代即告结束。现在，世界将不可避免地发生改变”。

《财富》2004 年 2 月 16 日刊文说[11]：“为打电话付费的概念已属于上个世纪。Skype 软件为人们提供了一种全新的功能，使人们可以利用他们的技术和网络投资与朋友和家人保持联系”。

8. 社交网络 Facebook

随着网络的普及，社交网络（Social Networking）或社交网络服务（Social Networking Service，SNS）作为一个新兴事物在全世界范围内大规模普及，越来越多的用户开始使用社交网络进行交流，而随着第三方应用程序的引入，社交网络成为一种平台，除具有传统交友、发日志等功能外，还提供了无数的小游戏、小程序供用户使用，进一步吸引了用户。从刚学会上网的小学生到大学生、办公室内的年轻人，甚至退休赋闲在家的人，都会使用社交网络交流。

社交网络主要由三部分组成：一是资料（关于私人的或工作的）；二是可信赖的网络（包括朋友、合作者和同事等）；三是各种应用技术。社交网络可分为供个人使用的社交网络和供学术界和科学界使用的社交网络两种类型，不同类型的社交网络有不同的应用形式。供个人使用的社交网络主要有以下几种具体的应用形式：一是网络，如 Facebook、Linkedin 等，通过它们的应用平台，众多用户很容易认识新朋友或者找到朋友和同事，甚至还可以联系上朋友的朋友或者同事的同事；二是简短的会话，如 Twitter、Pownce 等，这种应用形式犹如一个人同时和很多人进行网络聊天，也犹如在电梯里发生的一次随机对话，当这些对话发生在有共同兴趣的人群中时，它便会变得很有趣；三是发现，如 Stumble Upon、Yelp、Digg 等，这种方式像引用索引，它并不十分关注大量人群，当你发现自己很喜欢某人的推荐的时候，就可以链接到他的朋友那里了解更多的情况；四是将社交网络工具嵌入当前的服务中，如 alaTest、Silicon Alley Insider 等；五是允许外部服务建立能够实现从外部站点到他们信任的网络连接的应用技术通道。

当前社交网络的研究热点是：好友的搜索及关联性特征、热点话题传播方式、信息传播路径及失真问题、隐私安全保护、蠕虫及病毒防范、博弈论与社交网络的关系等。

基于 Facebook 创始人 Mark Zuckerberg 的创业故事而改编的《社交网络》影片一举获得第 83 届奥斯卡最佳编剧、最佳配乐及最佳影片剪辑奖三项大奖。Mark Zuckerberg 更是名列 2010 年《福布斯》评选的十位最年轻的亿万富翁首位。目前，Facebook 每月活跃用户已达 27 亿，每天约有 21 亿用户访问这个社交网站。

1.3 互联网边缘层与核心层

对于 Internet 的架构和分类存在若干种方法，在这里我们从逻辑的角度将互联网分为边缘层和核心层，分别对应之前提到的资源子网和通信子网。网络中用来进行信息传递的部分称为核心层或通信子网，而用于请求或提供各种服务的部分则称为边缘层或资源子网，如图 1.2 所示。

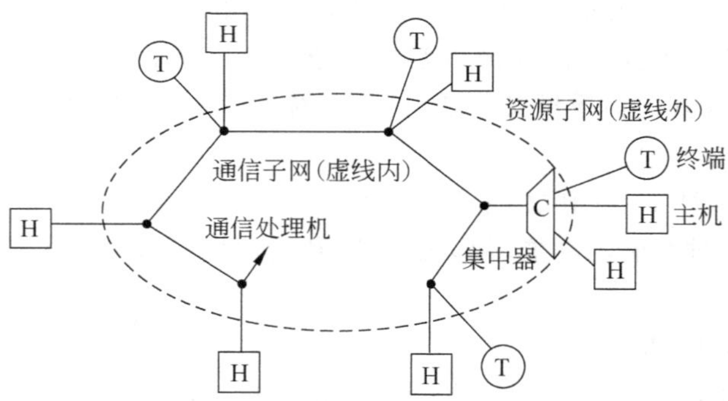

图 1.2 通信子网与资源子网示意图

1.3.1 互联网边缘层

互联网边缘层由主机和各种应用组成，边缘层通过各种媒介接入核心层中。终端系统处于网络的边缘，运行各种应用程序(如 Web、E-mail 等)。它们之间一般采用 C/S (Client/Server)或 P2P (Peer-to-Peer)模式进行通信。

1. 有连接的传输服务

有连接的服务的目标是在终端系统间无差错地进行数据传输，在双方通信之前必须有“握手”的过程，同时在传输过程中双方必须保持状态。传输控制协议(TCP)是一个可靠的、面向连接的传输协议，它不仅提供了流量控制机制，还提供了拥塞控制机制。

2. 无连接的传输服务

无连接的服务的目标也是在终端系统中进行数据传输，但不保持其可靠性。双方在通信之前无须进行连接。用户数据报协议（UDP）是一种无连接的、不可靠的、无流量控制和拥塞控制的服务。

有连接的服务主要用在 HTTP、FTP、Telnet 和 SMTP 等协议中，而流媒体、视频会议和域名解析等协议通常采用无连接的服务。

1.3.2 互联网核心层

互联网核心层由网状连接的路由器等网络设备组成，除运行路由协议外，主要功能是对来自边缘层终端系统的数据进行传输。电路交换和数据包交换（又称分组交换）是两种主要的交换技术。

1. 电路交换

终端系统进行数据传输之前，必须进行链路的申请和预留，在传输过程中一直占用该链路，直至传输完成并释放前，其他人不得使用。它将链路带宽分成若干小块，通过频分复用和时分复用技术提高链路的使用效率。

2. 数据包交换

与电路交换无法共享链路不同的是，数据包交换技术在终端时将数据分成若干数据包（packet），无须通过申请和预留，每个包都可以使用整个链路带宽，通过存储转发机制从一跳传输到下一跳，直至目的地。通过排队和拥塞控制防止链路高负载。通过统计时分复用技术和频分复用技术提高带宽利用效率。数据包交换从具体应用来说，又可以分为面向连接的虚电路和纯数据包无连接交换两种方式。

上述两种交换技术的关系架构如图 1.3 所示。

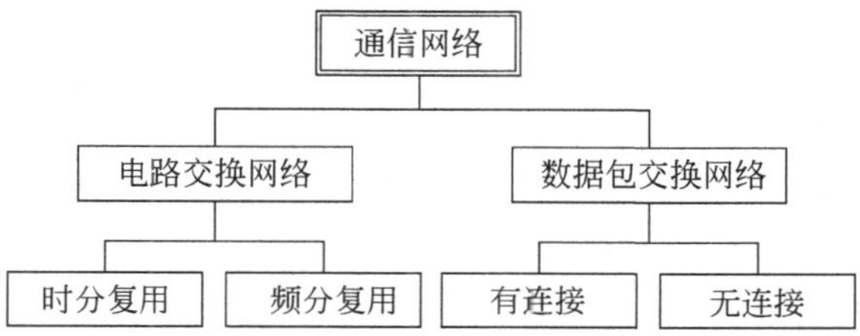

图 1.3 电路交换及数据包交换关系图

总而言之，处在互联网边缘的部分就是连接在互联网上的所有主机。这些主机又称为端系统（end system）。例如，“主机 A 和主机 B 进行通信”，实际上是指“运行在主机 A 上的某个程序与运行在主机 B 上的另一个程序进行通信”，即“主机 A 的某个进程和主机 B 的另一个进程进行通信”，或简称为“计算机之间通信”。

网络中的核心层要向网络边缘中的大量主机提供连通性，使边缘部分中的任何一个主机都能够向其他主机通信（即传送或接收各种形式的数据）。在网络核心部分起特殊作用的是路由器（router）。路由器是实现分组交换（packet switching）的关键构件，其任务是转发收到的分组，这是网络核心部分最重要的功能。

1.4 互联网标准化组织

互联网标准化组织一直是推动互联网发展的主要力量,我们熟知的有国际标准化组织(International Standard Organization,ISO)和互联网工程任务组(Internet Engineering Task Force,IETF),互联网的参考模型主要有 ISO/OSI 模型和 TCP/IP 模型。其中,IETF 扮演了互联网标准化的主要角色。IETF 的文化可以借用 David Clark 教授的一句名言说明:"我们拒绝国王、总统和投票,我们相信多数人的意见和能运行的代码。"(We reject: kings, presidents and voting. We believe in: rough consensus and running code)。下面介绍 IETF 的组织架构以及 Internet 标准的制定过程。

1992 年,由于 Internet 不再归美国政府管辖,因此成立了一个国际性组织——Internet 协会(Internet Society, ISOC),以便对 Internet 进行全面管理以及在世界范围内促进其发展和使用。ISOC 下面有一个技术组织叫作 Internet 体系结构委员会(Internet Architecture Board, IAB),负责管理 Internet 有关协议的开发。ISOC 下面又设有 IETF 和互联网研究任务组(Internet Research Task Force, IRTF)。IETF 下设多个工作组(working group),集中研究短期和中期的工程问题,主要进行协议的开发和标准化。而 IRTF 下设一些研究组(research group),侧重从理论方面研究和开发一些短期内难以解决的问题。

IETF 的每个工作组都有一个或两个主席。工作组一般都属于某个领域(area);每个领域一般都有两个领域指导(Area Director, AD),通常工作组主席由 AD 任命。AD 和 IETF 主席共同构成 IESG (Internet Engineering Steering Group),负责 IETF 的整体运作。IETF 由互联网体系结构委员会(IAB)监督,IAB 向 ISOC 负责。截止本书完成时,担任 IETF 主席的是 Alissa Cooper,Futurewei 公司的 Alvaro Retana、Barry Leiba 分别是路由领域和实时应用领域的 AD。

所有的 Internet 标准都以 RFC 的形式发表。RFC(Request For Comments)的意思是"请提意见"。但应注意,并非所有的 RFC 文档都是 Internet 标准,因为任何人都可以通过 RFC 发表他对 Internet 的某些方面的建议,但其中只有一小部分最后才能变成标准。RFC 按收到时间的先后从小到大进行编号。一个 RFC 文档更新后,就使用一个新的编号。从一个普通的 RFC 文档上升到 Internet 的正式标准要经过 4 个阶段:草案(Internet Draft)、建议标准(Proposed Standard)、草案标准(Draft Standard)和最后的正式标准(Official Standard)。所有的 RFC 文档(包括各种 Internet 标准)都可从 IETF 网站免费下载。

国内已有一些网络公司、研究机构以及高等院校参与到 IETF 的标准化工作中。例如,清华大学主导了 SAVI (Source Address Validation Improvement)和 Softwire 工作组,分别在 IPv6 源地址验证以及 IPv4 over IPv6 过渡机制等方面完成了多项 RFC。中国移动、华为等国内企业也在 IETF 标准化工作中扮演了重要的角色,目前中国已经成为 IETF 中除美国之外的第二大力量,具有越来越大的话语权。

需要指出,IETF 发布的 RFC 并不全是技术标准,有可能是搞笑愚人节的杰作。恶搞 RFC 是 IETF 的 RFC 中的一批娱乐性作品,通常都在每年 4 月 1 日西方的愚人节发表。这个传统自 1989 年开始,每年的愚人节都会有至少一个搞笑的 RFC 推出。这些文件都依照

1973 年 6 月发表的 RFC 527(代号 ARPAWOCKY)标准制定。例如,RFC 1149 中描述了用鸟传送数据包,RFC 2324 中描述了超文本咖啡机控制协议,以及 RFC 1606 中描述了 IPv9 等,这些都是愚人节娱乐性质的作品。从这里也可以看出 IETF 开放和轻松的文化氛围。

1.5 新一代互联网发展现状

自 Internet 发明到现在已有 50 多年的历史,在这 50 多年里,计算机网络发生了翻天覆地的变化,互联网已成为现代社会最重要的信息基础设施。随着互联网的普及与应用,以 IPv4 为基础的互联网体系结构不断面临重大的技术挑战,在扩展性、安全性、高性能、实时性、移动性和管理性等方面显示出诸多不足。2005 年以来,以美国为首的发达国家已经开始新一轮新一代互联网(Next Generation Internet, NGI,或 Future Internet, FI)基础研究高潮,新一代互联网旨在从互联网基本组成、工作原理和实现机理方面进行理论与方法探索和算法设计,解决上述重大技术问题。

1.5.1 新一代互联网与 IPv6

新一代互联网在发展方向上,一般有革命型(Revolution)和进化型(Evolution)两种路线。鉴于解决以上挑战的艰巨性和复杂性,有研究人员提出推倒现有的架构、重新设计全新互联网的革命性思想,其代表工程有美国的 GENI[4](Global Environment for Network Investigation)、FIND[12](Future Internet Design)和欧盟的 FIRE[13](Future Internet Research & Experimentation)。另一方面,鉴于现有互联网的普及性及重新设计工作的复杂性,有学者认为应在现有互联网上坚持原有基本架构并积极创新,代表性的工程有美国的 Internet2[14]、欧洲的 Geant2[15]。第二代跨欧亚信息网络(Trans-Eurasia Information Network, TEIN2[16])以及中国的下一代互联网示范工程(China Next Generation Internet, CNGI[17]),这些工程均以 IPv6 为基础,在发展过程中使 IPv4 逐渐过渡到 IPv6,而中国教育科研网的 CNGI-CERNET2 是全球最大的纯 IPv6 的试验网络[18]。目前,全球新一代互联网和 IPv6 试验网络主干网规模仍在不断扩大。图 1.4 反映了 2015 年的互联网 IPv4 和 IPv6 AS 级复杂连接关系[19]。

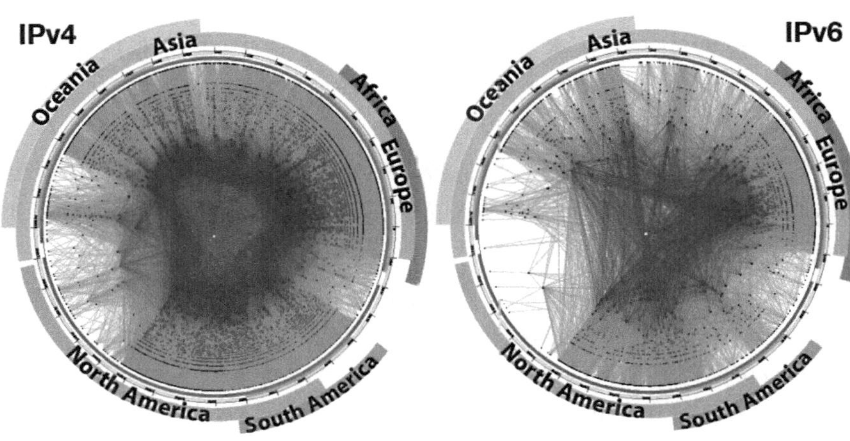

图 1.4 互联网 AS 级关系图

对于新一代互联网的重大需求，IETF、GENI、FIND、FIRE 及我们的研究稍有不同[20]，其分析对比见表 1.1。

表 1.1　新一代互联网重大需求分析

对比项＼项目	IETF	GENI	FIND	FIRE	我们的研究
可扩展性	大规模路由扩展性 深入的可编程性			可扩展	可扩展
安全可靠性	网络安全与可信	安全 高可靠	安全可信 普适感知、计算、内容、数据挖掘中的隐私保护	安全	安全性
过渡及移动性	IPv6 协议应用及过渡问题	高可用 对无线通信等新技术的支持	对未来新技术的适应性	对多跳自组网的适应性、移动性、透明性	移动性
可管理性	复杂网络环境下的管理	易配置、易管理、易错误定位	可管理 易使用		管理性
对应用的支持	实时性流量的控制和管理		对应用的支持		实时性 高性能
其他	经济增长持续性	经济增长持续性			

尽管各国对新一代互联网体系结构的研究侧重点不同，但对于新一代互联网的功能需求及研究方向已基本达成共识，关注的研究点主要集中在以下几个方面，包括：互联网体系结构的扩展性和演进性；互联网体系结构的安全可信性；海量数据的高效传输；网络的实时传输问题；用户跨域访问的复杂自治网络管理；互联网访问的移动性等。

(1) 互联网体系结构的扩展性和演进性：互联网体系结构的扩展性是指在互联网体系结构基本要素相对稳定的情况下，规模、功能和性能等指标随网络需求变化而变化的特性；互联网体系结构的演进性是指互联网体系结构必须通过改变约束其扩展的基本要素，而产生新的指标扩展空间的特性[21]。

(2) 互联网体系结构的安全可信性：互联网体系结构的安全可信性是指在互联网开放、简单、共享为宗旨的基础上，从体系结构设计出发建立完备的安全保障体系，确保网络设备完整、可靠且为用户提供安全可信的网络服务，包括确保网络信息来源的真实性和可追溯性，确保网络传输的真实有效等。

(3) 海量数据的高效传输：海量数据是指在一定时间段内持续产生，并需要占用大量传输带宽的数据集合。海量数据的高效实时传输是指在互联网上进行可大规模扩展并高效利用带宽的点到多点的海量数据传输。

(4) 网络的实时传输问题：网络的实时传输是指在每个分组独立进行路由选择的分组交换网中，保证时延敏感业务在容忍时间范围内的传输。

(5) 用户跨域访问的复杂自治网络管理：复杂自治网络是指由每个运营商独立管理的自治网络。互联网用户的分布范围广泛，用户服务行为大量跨过自治网络进行访问。

(6) 互联网访问的移动性：互联网访问的移动性是指其支持丰富多样的终端接入技术，同时保障数据传输路径频繁变化过程中的无损通信。

1.5.2 新一代互联网体系结构基础研究及探索

2003 年，清华大学、国防科学技术大学、北京邮电大学、东南大学和中国科学院网络信息中心 5 个单位共同承担了国家 973 计划项目“新一代互联网体系结构理论研究”。项目围绕新一代互联网体系结构中的关键科学问题，在探索新一代互联网体系结构所面临的基础问题上取得了初步研究结果。同年，八部委联合启动了“中国下一代互联网示范工程”CNGI 项目，清华大学与国内 300 多个单位共同努力，攻克了一大批关键技术，开发了一大批重大应用，为新一代互联网体系结构研究构建了一个创新的产学研协作平台，也为新一代互联网体系结构的基础研究和进一步探索提供了支撑。

互联网体系结构是互联网的关键核心技术。新一代互联网体系结构的发展需要解决若干重大技术挑战，包括扩展性、安全性、高性能、实时性、移动性及可管理性等。其中，应用需求最迫切、用户体验最明显的是互联网体系结构的扩展性、安全性和实时性问题，而扩展性、安全性和实时性之间又存在相互制约的矛盾，如图 1.5 所示，开放、可扩展的设计难以保障网络性能，数据保密与数据共享之间存在天然鸿沟，而安全机制不可避免地会牺牲性能。要解决这些基本矛盾问题，需要对互联网体系结构进行协同优化。

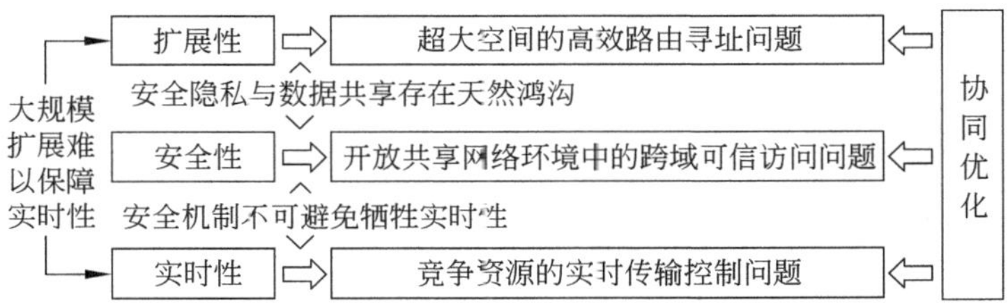

图 1.5　新一代互联网体系结构研究的重要挑战及 3 大科学问题

数据传输格式、转发方式和路由控制是互联网体系结构的核心要素，其中，传输格式和转发方式是互联网取得巨大成功的支撑技术。目前，数据传输格式正由 IPv4 向 IPv6 过渡扩展，而转发方式在一定时间内将依然保持原有的无连接存储转发技术，因此，新一代互联网体系结构的研究需要在传输格式和转发方式相对稳定的情况下，不断优化路由控制，以满足应用发展需求，达到复杂多变量条件下的全网最优。针对扩展性、安全性和实时性的基本矛盾，我们将新一代互联网体系结构的科学问题确定为：超大空间的高效路由寻址问题、开放共享网络环境中的跨域可信访问问题以及竞争资源的实时传输控制问题，具体描述如下。

1. 超大空间的高效路由寻址问题

随着互联网接入终端设备种类和数量的爆炸式增长，网络规模的不断扩展，应用的复杂多样化，新一代互联网需要从以连接计算机系统为主扩展到连接所有可连接的电子设备并承载一切可能的应用服务，这一扩展性需求为网络空间的编址和路由带来了新的挑战。一方面，“超线性”增长的路由表容量和 IPv6 扩大的地址空间，使得路由寻址面临更加严峻的挑战；另一方面，由于路由收敛速度同时受路由计算时间和路由传播时间的影响，而路由计算时间与网络规模呈 $O(N^2)$ 关系，路由传播时间与网络规模呈 $O(N)$ 关系，两者叠加将加剧影响路由收敛的速度。新一代互联网体系结构研究需要研究大规模编址与路由理论和方法，例如支持多应用的海量地址空间高效编址技术、多维路由转发技术等，以满足扩展性需求。

2. 开放共享网络环境中的跨域可信访问问题

现有的互联网体系结构是一种面向服务和性能的设计，基于特定的应用场景和设计初衷，缺乏基本的安全需求考虑和安全设计。不对数据源进行验证的基于目的地址的转发方式、不能自证身份的端节点、无法保证清白的路由设备，这些安全缺陷导致在当前无信用约束的网络环境中，基于地址欺骗、路由劫持、路径篡改的攻击频繁发生且难以追踪。互联网体系结构存在安全问题的根本原因是其自身缺乏安全可信要素，既无法验证用户的身份真实性，也无法为用户提供安全可信的服务。新一代互联网体系结构研究需要在开放、简单和共享的基础上，在扩展性和性能约束下，以信任管理为基础，构建可信完备的主动式网络安全体系。从数据生命周期的全过程而言，需要研究可信的网络接入认证技术、可信的路径转发和验证技术，以及如何构建可信的基础设施，如何建立可扩展的多层信任体系，最终为用户提供安全可信的网络服务，保证网络信息的真实性和可追溯性。

3. 竞争资源的实时传输控制问题

实时传输性能是互联网体系结构性能优化的核心目标。随着互联网应用的延伸，物联网技术的飞速发展，工业控制、车联网、远程医疗、灾害救援，乃至国家安全对实时性要求日益提高，实时性问题成为异构网络融合环境中亟待解决的首要问题。传统互联网尽力而为的设计目标难以精确控制传输延迟，满足诸如远程手术、敏感车联网等时效需求，大规模网络的多资源竞争复用与实时性保证之间的矛盾日益突出，新一代互联网体系结构需要针对大量重要行业和领域的实时传输控制需求，从接入、域内、域间多个层次建立性能优化模型，研究多条件约束下的多任务协作、多资源动态分配等机制，以实现竞争资源下的分级可控实时传输控制。

1.6 新兴网络形态介绍

本节主要介绍物联网、云计算和数据中心网络等当前热门的网络形态，使读者可以了解前沿网络技术。其中部分内容在本书后续章节有详细介绍。

1.6.1 物联网

随着网络技术的发展，物联网(Internet of Things, IoT)技术逐渐得到人们的广泛关注。物联网的历史最早可以追溯到 1999 年，Auto-ID 研究中心[22]基于 MIT(麻省理工学院)对 RFID(射频识别)与传感器的研究，首次提出了物联网的概念，当时的定义是把所有物品通过射频识别等信息传感设备与互联网连接起来，实现智能化识别和管理[23-24]。而在 2005 年国际电信联盟(ITU)发布的 *ITU Internet Reports 2005: The Internet of Things*[25]中指出，无所不在的“物联网”时代即将来临，世界上所有的物体从轮胎到牙刷、从房屋到纸巾都可以通过互联网主动进行信息交换，RFID 技术、传感器技术、纳米技术和智能嵌入技术将得到广泛的应用。2008 年，IBM“智慧地球”提出把感应器嵌入和装备到电网、铁路、桥梁、隧道、公路、建筑、供水系统、大坝和油气管道等各种物体中，并且被普遍连接，形成所谓的“物联网”[26]。2009 年 6 月，欧盟委员会提出针对物联网行动方案，方案明确表示在技术层面将给予大量资金支持，在政府管理层面将提出与现有法规相适应的网络监管方案[27]。

从物联网的相关技术和功能角度概括，可得出物联网是指通过 RFID、红外感应器、全球定位系统和激光扫描器等信息传感设备[28]，按约定的协议，把任何物品与互联网连接起来，进行信息交换和通信，以实现智能化识别、定位、跟踪、监控和管理的一种网络。这种网络形成了一种全新的人与物、物与物的通信交流方式。

物联网具有的诸多特点使得它广泛应用于各行各业，如交通物流、智能医疗、智能环境、社会应用等[29-30]，彻底改变了人们的工作效率、管理机制、生活方式及行为模式等。物联网节点、网关、服务器协议栈层次结构如图 1.6 所示。

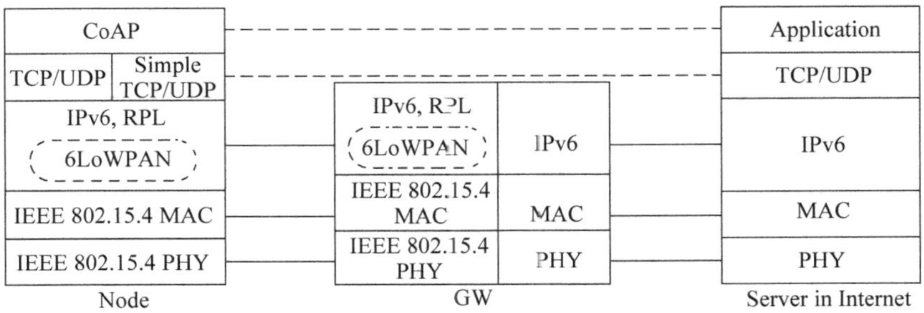

图 1.6 物联网节点、网关、服务器协议栈层次结构

从图 1.6 中可以看到，节点通过物联网网关接入互联网；物联网的物理层和链路层采用 IEEE 802.15.4[31] 标准；网络层使用 IPv6，IETF 的 ROLL 工作组提出的用于解决低功耗损耗网络的路由问题的 RPL 协议，以及用于兼容 IEEE 802.15.4 和 IPv6 的 6LoWPAN[32]，6LoWPAN 仅仅作为网络层的一个可选功能，如果是普通网络的终端，则不使用适配层；如果是物联网节点，则使用适配层；传输层根据网络需求，自适应选择加载完整的 TCP/UDP 或者采用简化的 TCP/UDP，以适应物联网传输的要求；应用层使用 IETF 的 CoRE 工作组提出的用于解决资源受限环境中的应用程序问题的 CoAP 协议。物联网节点这样的协议栈结构和传统的互联网形成了统一的体系结构。

图 1.7 是基于 IPv6 的物联网的网络拓扑图，内层是物联网骨干网络，外围是由各种节点所组成的物联网末梢网络，两者通过具有双协议栈的物联网网关进行通信。

从图 1.7 中可以看出，根据网络规模和网关密度进行划分，物联网具有 3 种不同形式的路由结构。根据网关的角色划分，网关可以分为翻译网关、安全网关、隧道网关、IPv4/IPv6 过渡网关。某些物联网节点可以作为客户端，某些可以作为服务器端。

物联网还面临着一些需要深入研究的问题。

1. 物联网体系结构标准化

物联网的异构体系，导致标准各异，加之涵盖范围广，网络互联和接口复杂等，导致标准化进程缓慢。因此，建立一个资源共享、互联互通、统一规范的物联网标准体系仍然是关键问题。

2. 协议简化以及 IP 地址分配和管理

对于传统互联网，是否和物联网通信是可选的，因此协议层次需要裁剪并且完成可选择的功能。裁剪和自适应的方法是急需解决的问题。

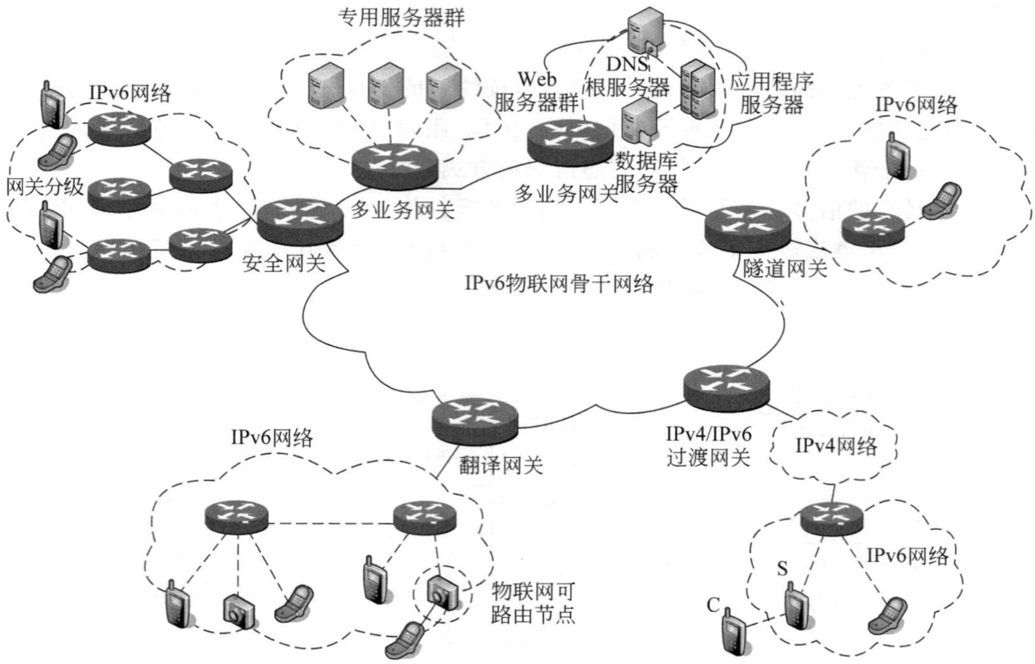

图 1.7　基于 IPv6 的物联网的网络拓扑图

物联网的 IP 地址分配和管理也是技术开发中值得研究的关键问题。物联网中，IP 地址的需求是动态的、无限增加的，所以如何有效地分配和管理这些 IP 地址，直接关系着这些物件之间 IP 通信的有效性，以及整个物联网异构体系的互通性。

物联网中 IP 的移动性管理与多接口技术的结合也是物联网体系结构技术开发中的关键问题。传统的 IP 是基于固定节点设计的，并不适合移动场景，而物联网要与现有的互联网互连，就需要物联网移动性的支持。同时，设备具有多个接口，可以选择不同的网络；网络中源节点与目标节点之间存在多条路径，因此，将多接口技术整合有利于支持异构网络间的切换。

3. 物联网的网络安全机制

网络的安全性是互联网中极为关注的一个问题。物联网信息安全要求比以处理文本为主的互联网高，对隐私权保护的要求也更高。

虽然 IPv6 协议具有安全机制，但并不能完全保证网络的安全问题，对于节点分组截获、DNS 服务器的攻击等问题需要重新考虑。

4. 网络的构建和部署

物联网部署受到以下 3 个方面的制约：大规模推广、商业模式和维护。部署物联网涉及应用成本问题，以及较为复杂的基本建设工程和公共设施工程方面的困难。

关于物联网更详细的介绍，见本书第 8 章。

1.6.2　云计算和边缘计算

1. 云计算

IBM 公司在其技术白皮书中对云计算(Cloud Computing)的定义是：云计算一词用来

同时描述一个系统平台或者一种类型的应用程序[33]。一个云计算的平台按需进行动态地部署(provision)、配置(configuration)、重新配置(reconfigure)以及取消服务(deprovision)等。在云计算平台中的服务器可以是物理的服务器或者虚拟的服务器。高级的计算云通常包含一些其他计算资源,如存储区域网络(SAN)、网络设备、防火墙以及其他安全设备等。云计算在应用方面描述了一种可以通过互联网进行访问的可扩展的应用程序。"云应用"使用大规模的数据中心以及功能强劲的服务器运行网络应用程序与网络服务。任何一个用户通过合适的互联网接入设备以及一个标准的浏览器就能够访问一个云计算应用程序。

上述定义给出了云计算两个方面的含义:一方面描述了基础设施,用来构造应用程序,其地位相当于 PC 上的操作系统;另一方面描述了建立在这种基础设施之上的云计算应用。在与网格计算的比较上,网格程序是将一个大任务分解成很多小任务并行运行在不同的集群以及服务器上,注重科学计算应用程序的运行。而云计算是一个具有更广泛含义的计算平台,能够支持非网格的应用,例如支持网络服务程序中的前端网络服务器、应用服务器和数据库服务器三层应用程序架构模式,以及支持 Web 2.0 模式的网络应用程序。云计算是能够提供动态资源池、虚拟化和高可用性的下一代计算平台。现有的云计算实现使用的技术体现了以下 3 个方面的特征。

(1) 硬件基础设施架构在大规模的廉价服务器集群之上。与传统的性能强劲但价格昂贵的大型机不同,云计算的基础架构大量使用了廉价的服务器集群,特别是 x86 架构的服务器。节点之间的互联网络一般也使用商用的以太网交换技术。

(2) 应用程序与底层服务协作开发,最大限度地利用资源。传统的应用程序建立在完善的基础结构(如操作系统)之上,利用底层提供的服务构造应用。而云计算为了更好地利用资源,采用了底层结构与上层应用共同设计的方法完善应用程序的构建。

(3) 通过多个廉价服务器之间的冗余,使用软件获得高可用性。由于使用了廉价的服务器集群,节点的失效将不可避免,并且会有节点同时失效的问题。为此,在软件设计上需要考虑节点之间的容错问题,使用冗余的节点获得高可用性。

在具体实例方面,主要有 Google 的云计算平台[34-35]、IBM 的云计算平台[36]、Amazon 弹性计算云[37]和清华大学的透明计算平台[38]等。

从用户的角度看,云计算系统将各种数据(包括用户数据)都通过网络保存到远端的云存储平台上,减小了用户对于数据管理的负担。同时,云计算系统也将处理数据的服务程序通过远程的大规模云计算处理平台运行,能够负担大量数据的处理工作。可以说,云计算是数据共享计算模式与服务共享计算模式的结合体。

从平台技术构建看,云计算具有 3 个基本特征,即系统建立在大规模的廉价服务器集群之上,通过基础设施与上层应用程序的协同构建达到最大效率地利用硬件资源的目的,以及通过软件的方法容忍多个节点的错误。通过云计算对这 3 个方面基本特征的体现,达到了分布式系统两个方面的目标,即系统的可扩展性和可靠性。

各个云计算平台也各自具有不同的特点。特别是在平台的使用上,透明计算平台为用户同时提供了用户实际接触的客户端节点以及无法接触的远程虚拟存储服务器,是一个半公开的环境。Google 的云计算平台环境是私有的环境,除了开放有限的应用程序接口,例如 GWT (Google Web Toolkit)、Google App Engine 及 Google Map API 等以外,Google 并没有将云计算的内部基础设施共享给外部的用户使用。IBM 的云计算平台则是可供销售的软硬件集合，用户基于这些软硬件产品构建自己的云计算应用。Amazon 的弹性计算云则是托管式云计算平台，用户可以通过远端的操作界面直接操作使用，看不到实际的物理节点。云计算未来主要有两个发展方向：一个是构建与应用程序紧密结合的大规模底层基础设施，使得应用能够扩展到很大的规模；另一个是通过构建云计算应用程序，在网络上提供更加丰富的用户体验。第一个发展趋势能够从现有的云计算研究状况中体现出来。在云计算应用的构造上，很多物联网应用(例如智能交通系统)，已经体现了这个发展趋势，而在研究上则开始注重如何通过云计算基础平台将多个业务融合起来。

2. 边缘计算

云计算的产生源于早期多数边缘设备缺乏足够的计算和存储能力。然而，随着物联网设备的爆炸式增长，云计算应用面临越来越多的挑战，包括大数据传输造成的安全性、实时性、性能问题，推送、存储和处理数据的成本问题，还有带宽负载、资源浪费以及多源异构数据的处理问题等。近年来，由于处理和存储技术的小型化发展，万物互联设备硬件能力不断提高，业界开始将原有由云计算执行的功能向网络边缘设备或更接近用户的位置迁移，以缓解云服务器的计算及网络带宽的压力，降低用户对云的依赖，达到局部问题局部解决的目的，这种运算模式被称为边缘计算。

维基百科中将边缘计算定义为通过在网络边缘、数据源附近执行数据处理优化云计算系统的一种方法。这意味着，边缘计算并非替代云计算的一种技术，而是云计算的一种补充。它通过在终端设备和云之间引入边缘设备，由边缘设备提供计算、存储、网络等资源，满足特定应用的实时性及安全性等需求。所谓边缘，可以理解为接近数据源的计算基础设施。对于不同的主体具有不同的边缘，它们可能是覆盖各交通要塞的高清摄像头，也可能是各运营商的蜂窝网络基站。

边缘计算将云服务扩展到网络边缘，使得原本由云计算中心执行的计算任务部分或全部迁移到靠近数据源与应用需求的地方进行处理，相比云计算减少了数据传输，在具有低时延、高带宽等需求的应用场景中具有突出的优势。例如，自动驾驶汽车就是一种边缘计算支持的典型应用。不仅如此，飞机、火车等其他交通工具也会产生大量的数据需要实时处理，例如性能检测等。此外，还可以在制造业、医疗保健、农业、能源、金融等各行各业发现边缘计算的应用需求。

目前，边缘计算还处于初级阶段，应用中还面临诸多挑战[39]，工业界和学术界都给予了广泛关注。在工业界，Amazon、Google 和微软等科技巨头都加强了对“边缘计算”的探索。2017 年，第四届“世界互联网大会·乌镇峰会”上，亚马逊推出“AWS Greengrass ”，在仍使用云进行数据存储、管理和分析的基础上，将 AWS 服务扩展到本地设备上，以使得设备在本地网络中进行安全通信，实现本地生成的数据就地处理。同年，华为在巴塞罗那举行的世界移动大会上发布了基于边缘计算的物联网 EC-IoT。2018 年，微软发布了边缘计算平台 Azure IoT Edge，谷歌也推出了专为边缘计算设计的硬件芯片 EdgeTPU 和 Cloud IoT Edge 软件。此外，惠普、英特尔、戴尔、IBM、思科等著名的公司也在投资布局边缘计算。

学术界也展开了关于边缘计算的研究，如 IEEE、ACM 以及 ICDCS、INFOCOM 等计算机及通信领域的组织和知名国际学术会议都开始增加边缘计算的专题，相关文章数目和比例也在逐年上升[40]，涉及的研究热点包括计算资源的分配和管理、安全与隐私保护、数据聚合、计算性能的优化、虚拟化技术等。例如，文献[41]提出一种多级启发式算法以最小化用户任务卸载请求的拒绝率；文献[42]提出一种边缘存储交易拍卖机制 ESTRA(Edge Storage TRading Auction)，将用户覆盖需求转换为边缘存储捆绑需求，在允许多个单元请求和捆绑竞价的约束下，实现了一种真实、弱预算平衡、个体合理的拍卖机制。文献[43]提出一种基于区块链的可信边缘计算框架 BlockEdge，通过引入激励机制和内置的问责机制，吸引边缘节点参与协同计算任务并建立信任声誉体系，进而构建更为安全可靠的协作生态系统。

1.6.3 数据中心网络

数据中心网络(Data Center Network)是数据中心基础设施重要的组成部分，也是近年来各大公司和研究机构的研究热点[44]。数据中心网络有自己的特点：一是服务器数据多，如微软的数据中心就有超过 100 万台服务器；二是应用规模较大，一般是所有服务器到所有服务器全相连通信方式，并且大多数的数据中心不止运行一种应用；三是虚拟化，每台服务器一般至少运行 10 台虚拟机，而每个虚拟机至少占用一个地址，例如前述微软数据中心的路由表项达到 1000 万。一般来讲，数据中心网络架构主要有以下几方面的需求。

(1) 即插即用：交换机需要更加简单的配置和管理方式，能够达到即插即用的效果。

(2) 可扩展性：数据中心应具有一定的容错能力，并且在路由和编址方面应具有可扩展性。

(3) 最小的交换机状态：不需要特殊的硬件设计和考虑，只需要正常的硬件结构就能够满足要求。

(4) 虚拟化支持：虚拟机由一台服务器迁至另外的服务器时，不应该出现服务中断的情况，要做到无缝迁移。

(5) 节能：根据服务压力进行节能省电也是数据中心网络需要考虑的。

下面简要介绍几种典型的数据中心网络拓扑架构。

1. 以交换机为核心的拓扑方案

在以交换机为核心的拓扑方案中，Fat-Tree[45] 和 Portland[46] 采用相同的网络拓扑。Fat-Tree 网络结构拓扑如图 1.8 所示。

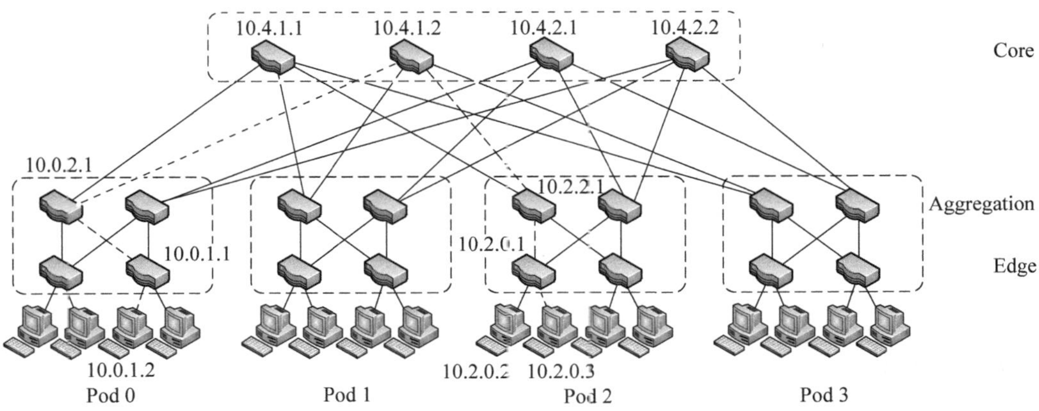

图 1.8 Fat-Tree 网络结构拓扑图

该拓扑将交换机分为 3 层，分别为边缘层交换机、聚集层交换机和核心层交换机。一般地，Fat-Tree 使用 n 口交换机构建网络时，整个网络有 n 个 Pod，每个 Pod 中包括 $n/2$ 个边缘层交换机和 $n/2$ 个聚集层交换机，顶层为 $(n/2)^2$ 个核心层交换机。每个边缘层交换机的一半端口与服务器相连，另一半端口与聚集层交换机相连。汇聚层交换机的另一半端口与核心层交换机相连。每个核心层交换机的 n 个端口分别与 n 个 Pod 连接。整个网络最多可以互联 $n^3/4$ 台服务器。Fat-Tree 网络拓扑的优势是链路资源丰富，网络容错性好，而且提供了 1∶1 的超额订购率(oversubscription)，可为任意一对服务器提供无阻塞(non-blocking)的通信。

2. 以服务器为核心的拓扑方案

以服务器为核心的拓扑方案一般采用分层结构。分层拓扑结构的共同点是第 0 层网络都是由一台交换机连接若干台服务器构成，高层网络通过连接若干个低层网络构成。连接低层网络的方法有两种：一种是不通过交换机、直接通过服务器端口进行连接，代表拓扑方案是 DCell[47] 和 FiConn[48]；另一种是通过交换机进行连接，代表拓扑方案是 BCube[49]。图 1.9 为BCube 的网络结构拓扑图，1 个 $BCube_k$ 由 n 个 $BCube_{k-1}$ 和 n^k 个具有 n 个端口的交换机构成。CamCube[50] 未采用分层结构，只通过服务器端口进行连接。

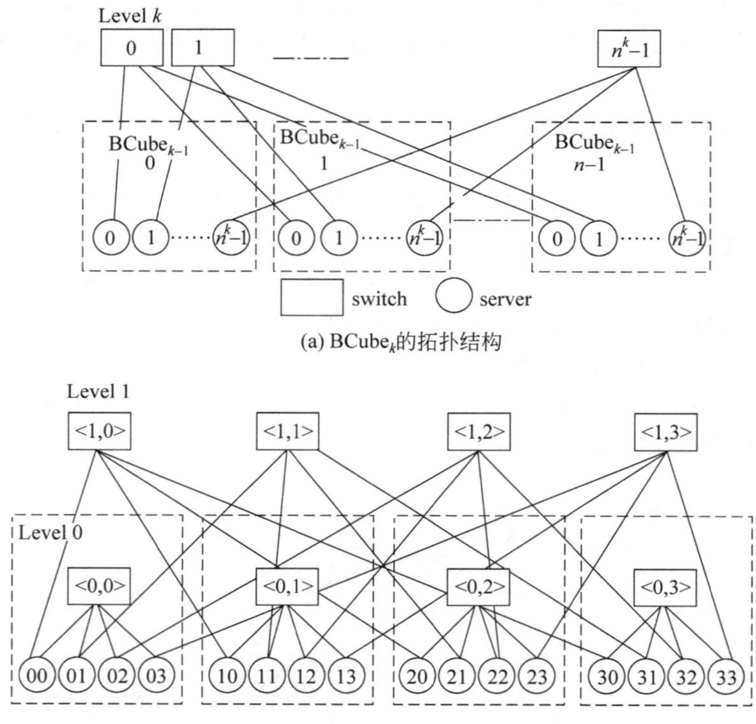

(a) $BCube_k$的拓扑结构

(b) n为4的$BCube_1$的拓扑结构

图 1.9　BCube 的网络结构拓扑图

3. 混合拓扑方案

上述两类拓扑方案虽然具有构建成本低(因为只需使用低端网络设备和服务器)、网络可扩展性好、容错性好、网络对分带宽高以及能提供较低的超额订购率等优点，但同时引入了布线复杂度高、需要对已有硬件升级等问题。Srikanth Kandula[51]等发现使用传统树状拓扑方案构建的网络多数情况下都能够满足应用需求，只有在少数情况下应用需求得不到满足，而且数据中心网络内部的流量在某一时刻只集中在少数链路上。在这种背景下，一些研究者提出了融合分组交换网络和电路交换网络的混合型拓扑方案，例如 Helios[52]和 c-Through[53]。如图 1.10 所示，c-Through 拓扑方案在传统三层树状拓扑结构上，将所有接入交换机通过光交换机连接起来，形成融合分组交换和电路交换的混合型网络拓扑。

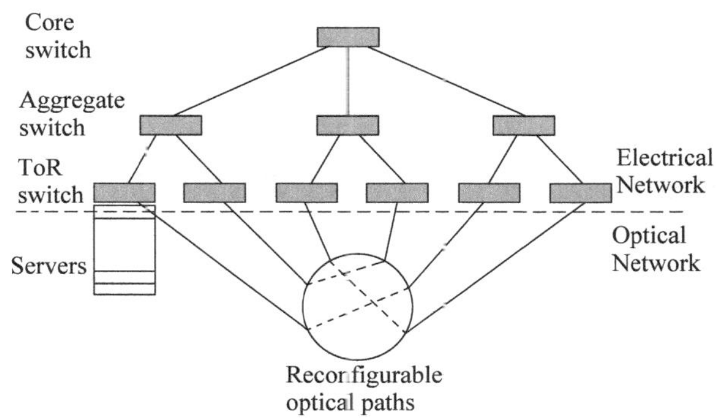

图 1.10　c-Through 网络体系结构 HyPaC

1.7　全书内容安排

Internet 的飞速发展对网络技术的进步产生了巨大的推动力，这使得网络的方方面面都发生了巨大的变化。我们将在后续 9 章对网络体系结构、协议和应用研究领域的核心机制、算法及最新研究进展进行详细介绍。

互联网网络层通过尽力而为的传输机制把分组从源端送到目的地，这项工作看似简单，其实相当复杂，涉及判断当前网络的运行状态、拓扑结构信息的传递、网络故障的自动恢复等。这一工作是由路由协议完成的，包括基于距离向量的路由协议 RIP、链路状态路由协议 OSPF、域间路由协议 BGP 等。它们协助路由器收集各种状态信息并由此构建路由表，找到最优传输路径。我们将在第 2 章对这些协议的发展历程、基本特点及存在问题进行讨论。

拥塞控制一直是网络领域的研究热点，是无连接分组交换网络必须解决的难题。随着云计算、物联网以及各种 IP 网络新技术的出现，网络传输技术不断创新，网络带宽不断增长，网络拥塞已经成为制约网络传输性能提升的瓶颈。大规模异构网络环境复杂，应用需求多样，如何合理分配有限的资源、适应网络动态变化的需求是网络拥塞控制算法需要解决的关键问题。本书第 3 章将详细介绍拥塞控制的基本概念、TCP 拥塞控制机制相关研究及端到端拥塞控制算法，并对拥塞控制未来可能的研究和发展方向进行总结。

新的网络应用要求 Internet 能够提供服务质量控制等功能。目前网络承载的数据、话音和视频等多种业务，除了充足的带宽需求以外，服务质量(Quality of Service, QoS)控制机制也是必不可少的。尽管已经有一些 QoS 标准或协议，如 RSVP 和 DiffServ，但至今还没有一种得到广泛的应用。在现在和未来的一段时间内，关于 QoS 的研究将是网络和通信领域的热点之一。QoS 问题本质上是研究网络资源的管理和控制问题，由于 Internet 的复杂性和基于分组交换的特点，使 Internet 本身缺乏完善的理论模型。因此，QoS 问题目前更多地停留在局部，未来的应用发展需要综合考虑各个方面的 QoS 因素，提供综合的服务质量保证方案。本书第 4 章将介绍服务质量控制中的基本问题，包括 QoS 的基本框架及分组调度算法等。

随着光通信技术的快速进步，网络带宽的增长也极为迅速。光纤通信技术成为推动互联网进步的重要动力，从被誉为“光纤之父”的华裔学者高琨院士因为“光在纤维中的传输以用于光学通信方面”的贡献而获得 2009 年度诺贝尔物理学奖就可以看出这一点。目前基于 DWDM 技术的光传输系统带宽已达到 4Tb/s，预计未来 3～5 年内能够达到 10Tb/s 数量级。带宽的迅速增长对核心路由器的性能和处理速度提出了更高的要求。近年来，核心路由器的接口速率越来越快，从 100Mb/s 到目前主流的 100Gb/s，已经快达到“电”路由器性能的极限，基于光技术的交换技术吸引了越来越多研究人员和厂商的注意。实际上，目前，通过 400GE 核心路由器与 400Gb/s 光传送设备的组合，华为公司已经可以提供端到端的 400GE 商用方案，这意味着核心路由器开始迈向超高速时代。此外，针对传统网络体系结构管理和维护困难、新协议新业务部署慢等问题，以可编程路由器为代表的新一代网络技术也应运而生。这些新型网络体系技术将使得网络朝着自适应、动态、智能化的方向发展。我们将在第 5 章对高性能路由器的体系结构、关键技术及新型路由器的进展进行详细介绍。

在 Internet 飞速发展的同时，网络的安全性受到日益严峻的挑战。一方面，网络攻击行为日益呈现复杂化和自动化的趋势，拒绝服务攻击已经成为网络稳定运行的主要隐患。另一方面，由于网络中系统软件和应用软件的快速升级换代，各种系统漏洞不断被发现，网络带宽的迅速增长也使得信息的监测变得更加困难。这些挑战或需求将推动网络安全技术不断发展。针对网络安全的问题，我们将在第 6 章对网络安全涉及的一些关键技术进行讨论，包括网络安全的基本概念、密码学基础及其在网络安全中的应用、网络基础协议面临的主要攻击威胁及防范手段，并对病毒、蠕虫和木马三类威胁广泛的恶意软件的工作机制和防御策略进行简要介绍。

在网络层支持用户新需求相对困难，而如果通过应用层方案，则可以快速部署新技术，支持新应用。近年来，研究人员开始把注意力投入应用层网络。应用层网络把传输网络看成通信信道，而网络拓扑维护和组播转发等功能都由应用节点自己实现。目前，基于应用层网络思想的 P2P 系统已经是 Internet 上发展最快的应用之一。P2P 技术联合分布在各地的多个终端的资源，使得端节点既具有用户身份，又具有服务器的身份，这种对等网络结构解决了传统 C/S 模式单点故障、可扩展性差、带宽不足的弊端，极大地推动了即时通信、流媒体及各种信息共享应用的发展。近年来，基于 P2P 思想的区块链技术备受关注，去中心化、不可篡改、可追踪等特性使其快速应用于数字金融、供应链管理、物联网等多个领域，被誉为第四次工业革命的代表性成果之一。我们将在第 7 章简要介绍 P2P 的组织结构、典型应用及区块链的发展情况。

在网络带宽迅速增加的同时，无线和移动网络技术的发展给网络带来了更大的灵活性，全球物联网规模不断扩张，低功耗广域连接技术、窄带物联网技术不断创新，以支持智慧城市、智能工业农业等应用。2019 年 6 月，我国 5G 牌照正式颁发，5G 具有高带宽、广覆盖、低时延、高可靠等特性，这为物联网的发展带来了新的机遇。物联网一方面是现有互联网的延伸和扩展，另外一方面和具体应用场景结合紧密，体现出很多新特点。如何构造一个成熟安全的物联网生态，将是未来很长一段时间物联网研究的核心话题。本书第 8 章将详细介绍物联网的体系结构、典型协议及实际应用。

自 20 世纪 90 年代起，国际和国内很多科研人员开始积极投入对新一代互联网的探索和研究，发达国家也相继启动新一代互联网研究计划，代表性的有美国的 GENI、FIND 研究计划和国内的 CNGI 研究等。软件定义的网络（Software Defined Network，SDN）就是新型网络技术的一种产物，它将网络控制和转发解耦合，是一种开放可编程的网络体系结构。由于设备商和运营商的支持，SDN 已经被大规模应用于数据中心和云服务中。SDN 技术在发展中也面临诸多挑战，例如 SDN 技术与现有网络设备的兼容问题，集中控制带来的可扩展性、稳定性和安全性问题等。我们将在本书第 9 章对 SDN 的架构和接口协议进行详细介绍，并对 SDN 面临的挑战进行讨论。

随着各种新型网络技术的出现和 Internet 从学术网络向商业网络的转变，人们对互联网的规模、功能和性能等方面的需求越来越高，以 IPv4 协议为核心技术的互联网在扩展性、安全性、高性能、实时性、移动性和可管理性等方面面临越来越大的挑战。随着 IPv4 地址的耗尽，基于 IPv6 的新一代互联网体系结构研究引起越来越多人的关注。IPv6 和 IPv4 相比，除了地址空间从 32 位增加到 128 位之外，还增强了安全功能并为服务质量保证提供了便利条件，目前被广泛接受的观点是 IPv6 将取代 IPv4 成为新一代互联网的核心协议。本书第 10 章将从 IPv6 协议出发，对新一代互联网的基本特征和面临的挑战进行分析，对安全可信的新一代互联网体系结构的发展情况进行简要介绍，并从内生安全的角度提出一种安全可信的新一代互联网体系架构。

需要向读者指出的是，本书主要内容聚焦在网络体系结构、协议和应用研究领域的核心机制和算法，很少具体介绍网络体系结构设计建模的方法，如果读者对这方面的问题感兴趣，可以参考拙作《计算机网络体系结构——设计、建模、分析与优化》[54]，该书对网络体系结构设计中常用的微分方程、优化理论、博弈论、控制理论和随机过程等相关理论和应用实例进行了介绍。

参考文献

[1] Andrew S Tanenbaum. 计算机网络[M]. 5 版. 严伟，潘爱民，译. 北京：清华大学出版社，2012.

[2] 徐恪，吴建平，徐明伟. 高等计算机网络——体系结构、协议机制、算法设计与路由器技术[M]. 2 版. 北京：机械工业出版社，2009.

[3] Leiner B M，Cerf V G，Clark D D，et al. All About The Internet：A Brief History of the Internet [EB/OL]. [2020-08-09]. https://www2.cs.duke.edu/courses/cps182s/spring06/papers/internet_history.html.

[4] GENI [EB/OL]. [2020-08-09]. https://www.geni.net.

[5] BBN[EB/OL]. [2020-08-09]. https://wiki.hlhmf.com/wiki/BBN_Technologies.

[6] Cerf V G，Kahn R E. A Protocol for Packet Network Intercommunication[J]. IEEE Transactions on Communications，1974，22(5)：637-648.

[7] William F Slater III. Internet History and Growth[EB/OL]. [2020-08-09]. http://05601.tripod.com/notes/Internet_History.pdf.

[8] 中国互联网发展大事记[EB/OL]. 2019-04-23 [2020-08-09]. https://baijiahao.baidu.com/s? id=

1631564984311227658&wfr=spider&for=pc.

[9] 邬贺铨：以创新迎接挑战[EB/OL]. 2008-12-02 [2020-08-09]. http://www.edu.cn/li_lun_yj_1652/20081202/t20081202_344158.shtml.

[10] 科技中国.互联网先驱人物[EB/OL]. [2020-08-09]. http://www. techcn. com. cn/index. php?edition-view-139690-1.html.

[11] CNN. Catch Us If YouCan[EB/OL]. 2004-02-09 [2020-08-09]. https://money.cnn.com/magazines/fortune/fortune_archive/2004/02/09/360106/.

[12] FIND [EB/OL]. [2020-08-09]. http://www.nets-find.net.

[13] FIRE [EB/OL]. [2020-08-09]. https://cordis.europa.eu/project/id/318389.

[14] Internet2 [EB/OL]. [2020-08-09]. http://www.internet2.edu.

[15] Geant2 [EB/OL]. [2020-08-09]. https://geant3plus.archive.geant.net/Pages/default.aspx.

[16] TEIN2 [EB/OL]. [2020-08-09]. https://ec.europa.eu/information_society/doc/tein2.pdf.

[17] CNGI [EB/OL]. [2020-08-09]. http://www.cstnet.net.cn/cngi.htm.

[18] CERNET2[EB/OL]. [2020-08-09]. http://www.edu.cn/cernet_fu_wu/internet_n2/.

[19] CAIDA. IPv4 and IPv6 AS Core: Visualizing IPv4 and IPv6 Internet Topology at a Macroscopic Scale[EB/OL]. [2020-08-09]. https://www.caida.org/research/topology/as_core_network/.

[20] Wu Jianping, Liu Ying, Wu Qian. The Theoretic Research Progress of Next Generation Internet Architecture [J]. Science in China Series F, 2008, 38 (10): 1540-1564.

[21] 徐恪，朱敏，刘莹，等. 新一代互联网体系结构可演进性研究进展[M]// 2010 中国计算机科学技术发展报告. 北京：机械工业出版社，2011.

[22] Auto-Id Labs [EB/OL]. [2020-08-09]. https://www.autoidlabs.org.

[23] Dunkels A, Vasseur J P. IP for Smart Objects, Internet Protocol for Smart Objects (IPSO) Alliance [EB/OL]. [2020-08-09]. http://www.dunkels.com/adam/dunkels08ipso.pdf.

[24] Hui J, Culler D, Chakrabarti S. 6LoWPAN: Incorporating IEEE 802.15.4 into the IP Architecture [EB/OL]. [2020-08-09]. https://pdfs.semanticscholar.org/ab4a/681523f427a03aa1adbd3b8c6b01103ef969.pdf.

[25] ITU Internet Reports 2005: Internet of Things [R/OL]. 2005-11-17 [2020-08-09]. http://www.itu.int/osg/spu/publications/internetofthings/.

[26] Smarter Planet [EB/OL]. [2020-08-09]. https://www.ibm.com/smarterplanet/us/en/.

[27] COMMISSION OF THE EUROPEAN COMMUNITIES. Internet of Things—An action plan for Europe [EB/OL]. 2019-03-22 [2020-08-09]. http://www.doc88.com/p-0117871356174.html.

[28] Welbourne E, Battle L, Cole G, et al. Building the Internet of Things Using RFID: The RFID Ecosystem Experience[J]. IEEE Internet Computing, 2009, 13(3): 48-55.

[29] Atzori L, Iera A, Morabito G. The Internet of Things: A survey[J]. Computer Networks, 2010, 54 (15): 2787-2805.

[30] Fleisch E. What is the Internet of Things—An Economic Perspective [EB/OL]. [2020-08-09]. https://www.researchgate. net/publication/46016701 _ What _ is _ the _ Internet _ of _ Things _ An _ Economic_Perspective.

[31] IEEE 802.15.4[EB/OL]. [2020-08-09]. http://www.ieee802.org/15/pub/TG4.html.

[32] 6LoWPAN[EB/OL]. [2020-08-09]. https://tools.ietf.org/wg/6lowpan/charters.

[33] 陈康，郑纬民. 云计算：系统实例与研究现状[J]. 软件学报，2008，20 (5)：1337-1348.

[34] Ghemawat S, Gobioff H, Leung S T. The Google File System[C]. In Proceeding of 19th ACM SOSP, 2003.

[35] Chang F, Dean J, Ghemawat S, et al. Bigtable: A Distributed Storage System for Structured Data

[C]. In Proceedings of OSDI，2006.

[36] “智慧的地球”——IBM 云计算 2.0[EB/OL]. [2020-08-09]. https://www-31.ibm.com/ibm/cn/cloud/pdf/IBM_next_another_new.pdf.

[37] Amazon Elastic ComputeCloud[EB/OL]. [2020-08-09]. http://aws.amazon.com/ec2/.

[38] 张尧学，周跃芝. 透明计算. 中国计算机学会通讯[J]. 2005，1(3)：21-23.

[39] Shi Weisong，Cao Jie，Zhang Quan，et al. Edge computing：vision and challenges[J]. IEEE Internet Things Journal，2016，3(5)：637-646.

[40] 李林哲，周佩雷，程鹏，等. 边缘计算的架构、挑战与应用[J]. 大数据，2019，5(2)：3-16.

[41] Li Tong，Wang Kezhi，Xu Ke，et al. Communication and Computation Cooperation in Cloud Radio Access Network With Mobile Edge Computing[J]. CCF Transactions on Networking，2019，2(1)：43-56.

[42] Zhong Yifeng，Xu Ke，Li Xiangyang，et al. ESTRA：Incentivizing Storage Trading for Edge Caching in Mobile Content Delivery[C]. In Proceedings of IEEE GLOBECOM，2015.

[43] Wu Bo，Xu Ke，Li Qi，et al. Toward Blockchain-Powered Trusted Collaborative Services for Edge-Centric Networks[J]. IEEE Network，2020，34(2)：30-36.

[44] 陈贵海，陈文光，廖小飞. 大型数据中心的关键技术研究[M]//2010 中国计算机科学技术发展报告. 北京：机械工业出版社，2011.

[45] Al-Fares M，Loukissas A，Vahdat A. A Scalable，Commodity Data Center Network Architecture [C]. In Proceedings of ACM SIGCOMM，2008.

[46] Mysore R N，Pamboris A，Farrington N，et al. PortLand：A Scalable Fault-Tolerant Layer 2 Data Center Network Fabric[C]. In Proceedings of ACM SIGCOMM，2009.

[47] Guo Chuanxiong，Wu Haitao，Tan Kun，et al. DCell：A scalable and Fault-tolerant network structure for data centers[C]. In Proceedings of ACM SIGCOMM，2008.

[48] Li Dan，Guo Chuanxiong，Wu Haitao，et al. FiConn：Using Backup Port for Server Interconnection in Data Centers[C]. In Proceedings of IEEE INFOCOM，2009.

[49] Guo Chuanxiong，Lu Guohan，Li Dan，et al. BCube：A High Performance，Server-Centric Network architecture for modular data centers[C]. In Proceedings of ACM SIGCOMM，2009.

[50] Abu-Libdeh H，Costa P，Rowstron A，et al. Symbiotic Routing in Future Data Centers[C]. In Proceedings of SIGCOMM，2010.

[51] Kandula S，Padhye J，Bahl P. Flyways To De-Congest Data Center Networks[C]. In Proceedings of ACM HOTNETS，2009.

[52] Farrington N，Porter G，Radhakrishnan S，et al. Helios：A Hybrid Electrical/Optical Switch Architecture for Modular Data Centers[C]. In Proceedings of ACM SIGCOMM，2010.

[53] Wang G，Andersen D，Kaminsky M，et al. c-Through：Part-time Optics in Data Centers[C]. In Proceedings of ACM SIGCOMM，2010.

[54] 徐恪，任丰原，刘红英. 计算机网络体系结构——设计、建模、分析与优化[M]. 北京：清华大学出版社，2014.

第 2 章　Internet 路由

2.1　引　　言

路由器系统组成了 Internet 的基本结构，而运行在路由器上的路由协议则是 Internet 正常运行的基本保证。Internet 的路由选择模型以**自治系统**（Autonomous System，AS）为基础，自治系统是指具有统一管理策略并且具有官方自治系统编号的网络，在自治系统内运行路由信息协议（Routing Information Protocol，RIP）、开放最短路径优先（Open Shortest Path First，OSPF）协议等内部网关协议（Interior Gateway Protocol，IGP，又称为域内路由协议）。自治系统之间运行边界网关协议（Border Gateway Protocol，BGP）交换路由信息，路由协议交换的路由信息最终会形成路由表保存在路由器中，而路由器就是依据路由表决定每个到达的分组该往哪里转发。

本章首先介绍 Internet 的路由体系结构和主要的路由算法，然后重点介绍 3 种最常用的路由协议：RIP、OSPF 和 BGP。RIP 和 OSPF 是域内路由协议。RIP 采用距离向量算法，即路由器根据距离选择路由，所以也称为距离向量协议，是 Internet 中最早使用的路由协议，它简单、可靠，便于配置，但是只适用于小型的同构网络。20 世纪 80 年代中期以来，RIP 已不能适应大规模异构网络的互联，OSPF 随之产生，它是 IETF 的 OSPF 工作组为 IP 网络开发的一种路由协议。与 RIP 不同，OSPF 是一种基于链路状态的路由协议，运行 OSPF 的路由器先收集有关的链路状态信息，然后根据 Dijkstra 最短路径算法计算到每个节点的最短路径。本章将详细介绍 OSPF 的工作过程。BGP 是外部网关协议，用于多个自治系统之间，它既不是基于纯粹的链路状态算法，也不是基于纯粹的距离向量算法。它的主要功能是其他自治系统的 BGP 路由器交换网络可达信息，从而实现将整个互联网的路由信息均收集到全局路由表中的目标。为了支持运营商对网络流量管理的需要，BGP 支持策略路由机制，但是也正因为策略路由，带来了慢收敛问题，并且还有可能导致路由振荡，本章对其产生原因和解决思路进行初步分析。

2.2　Internet 路由体系结构与路由算法

2.2.1　Internet 结构特点

从横向看，任何通信系统（包括计算机网络）都是由末端节点和网络节点构成，其中末端节点是通信的主体（在计算机网络中又称为主机），而网络节点是进行通信的接入和交换设备，也可称为网络**接口信息处理机**（Interface Message Processor，IMP）。由于 Internet 这样一个广域的计算机网络系统自始至终都具有这样一些特点：由国际范围内的组织松散的、自治的计算机网络构成，这些自治的网络由一些智能的网络节点——路由器连接起来，用户数据封装在 IP 分组内，由这些路由器一跳一跳地进行传递，直到目标主机。因此，Internet

是一个基于路由器的通信网络，所有末端节点（主机）都必须通过网络节点（路由器）才能与其他末端节点进行通信。Internet 把路由器作为网络接口信息处理机，正像 X.25 分组交换网把分组交换机作为网络接口信息处理机一样。图 2.1 说明了 Internet 的横向结构特点（其中 H 表示主机，R 表示路由器）。

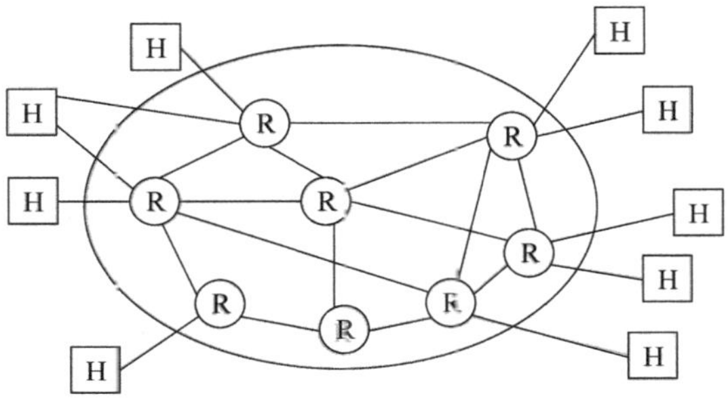

图 2.1　Internet 的横向结构特点

从纵向看，即从 OSI 参考模型的协议层次的观点看，Internet 为了屏蔽网络层以下各种不同的具体网络实现技术的差异，各主机之间从网络层以上都遵守 TCP/IP，以实现网络层以上的互连。所有的上层协议（IP 层以上的，如 TCP、UDP）及应用层协议（如 SMTP、SNMP）都是直接或间接地建立在 IP 这种不可靠的无连接的数据报协议之上的，IP 分组是整个 Internet 数据传输的基本单位。因而，对于路由器来说，最重要的是实现 IP[1]，能够根据收到的 IP 分组的头信息进行正确的处理和转发。图 2.2 说明了 Internet 的纵向结构及路由器所处的位置。

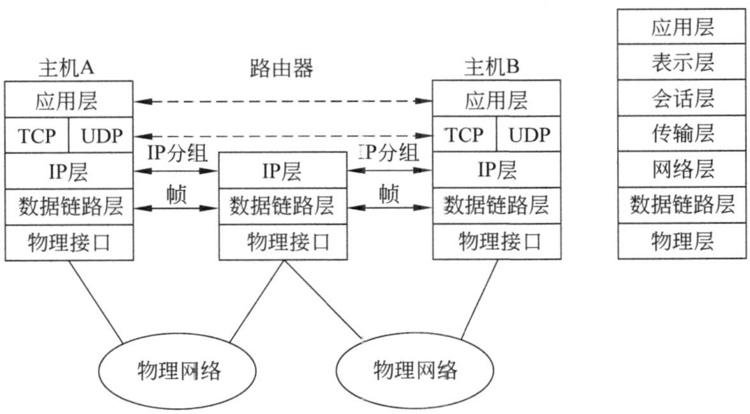

图 2.2　Internet 与 OSI 模型纵向结构的对应关系

2.2.2　Internet 的路由结构

从上述 Internet 的结构可以看出，是路由器把主机从繁重的路由负担中解放出来，决定 IP 分组转发方向的关键因素是路由表。而路由表的查找、建立、维护和更新工作是由路由器完成的。这一部分功能在路由器中占有很重要的地位，它直接涉及 IP 分组路由的正确与否、效率高低，以及整个 Internet 的稳定性。下面详细讲述这方面内容。由于历史原因，本章中许多地方用网关(gateway)指代路由器(router),实际上两者具有相同的意义。关于路由器设计的详细内容,可以参考本书第 5 章。

1. 路由表的结构

IP 地址编码具有其特殊性:可以用主机地址的高位部分代表其所属的网络地址。例如,对于 166.111.81.16(0xa66f5110)这样一个主机地址,可以用其高 19 位——166.111.64.0(0xa66f4000)表示其所属的网络地址。也就是说,地址与 166.111.81.16 高 19 位相同的主机都位于同一个网络中[2]。IP 分组在传输的过程中,只有当它到达与其目标主机处于同一网络、同时也是转发途径中的最后一台路由器时,其中的主机 IP 地址才对这个路由器有意义,而这之前的所有路由器都只关心 IP 地址中的网络地址(高位部分)。因为具有相同网络地址的主机必定处于同一网络中,所以只要根据主机 IP 地址中的网络部分查找路由表即可得到下一跳路由器的地址,这样一跳一跳地查表和转发,直到到达与目标主机直接相连于同一网络的路由器,这时才利用地址解析协议(Address Resolution Protocol,ARP)等把目标主机地址转换为链路层地址,把 IP 分组发送给目标主机。因此,路由表的表项只须保留目标主机的网络地址,而不是主机 IP 地址,这样可使路由表的规模较小,同时也使查表速度加快。图 2.3 是说明上述情况的例子,图中展示了路由和转发这两个概念的区别,路由是通过路由协议找到端到端的路径,路由协议同时会把信息写入每台路由器的转发表,路由器根据各自的转发表完成本地的转发决策。

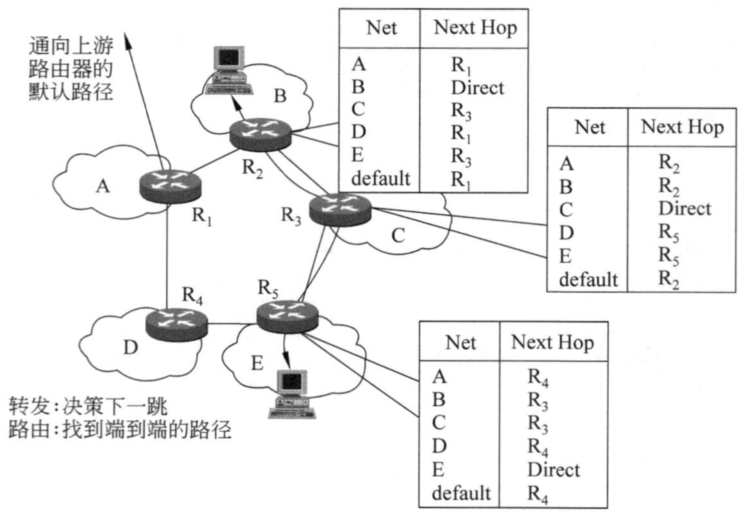

图 2.3 Internet 路由和转发实例

2. 自治系统的概念

通常,路由器在启动时,由外存读入或执行特定命令初始化其路由表,这是由网络管理员事先配置好的。随着网络运行状态的变化,如链路、路由器和主机的增加和减少,故障的发生和排除等,路由器必须能及时更新其路由表,以正确反映当前的网络状态,从而尽可能准确快速地转发 IP 分组。因此,路由器之间要根据事先商定的路由协议定期交换和学习路由信息。那么,是否路由表中每个可能的目标网络都有一个表项,整个 Internet 采用同一种全局路由算法呢?答案是否定的。首先,即使是以网络为索引,这也将是一张非常庞大的表；其次，因为 Internet 的分布范围太广，包含主机太多，动态变化要及时反映到全部路由表中是不可能的，一旦发生变化，各路由器中的路由表就会在一段时间内丧失一致性。另外，这种全局的路由更新信息会占用大量的带宽，影响正常的数据传输。因此，Internet 采用的方式是把整个网络划分为一些相对自治的局部系统，采用一种或者多种分布式路由算法，路由表中也只保留局部的路由信息。

第 1 章中介绍过，Internet 是在 ARPANET 的基础上发展起来的。在 Internet 发展的初期，ARPANET 广域网已开始投入使用，设计者们自然而然地将 ARPANET 作为主干网，各本地局域网通过网关（这里的网关即路由器）连入 ARPANET，从而构成 Internet。这些连接本地网络与 ARPANET 主干的网关称为核心网关。核心网关之间要不断交换各自的路由信息，以保证整个 Internet 路由的一致性。图 2.4 是 Internet 的核心结构。

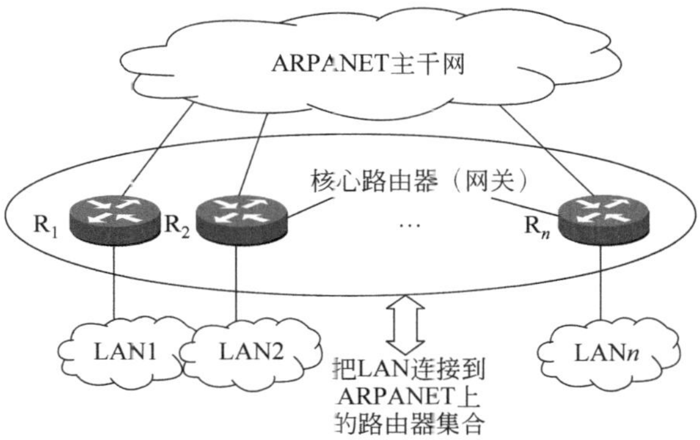

图 2.4　Internet 的核心结构

问题是，随着核心网关的增多，主干网上路由更新信息的开销增大，使得扩展很难。因而，要在核心网关下引入**自治系统**（Autonomous System，AS）[3] 的概念。自治系统中可以包含多个网络和网关（称为非核心网关），通过唯一核心网关与主干网相连。核心网关由 INOC（Internet 网络操作中心）统一管理，可以保证极高的可靠性，并且互相交换路由信息，以保证整个 Internet 路由的一致性；非核心网关在本地自行管理，一方面赋予本地网关极大的灵活性，另一方面大大减轻 INOC 的负担。当然，自治系统要通过某一授权的非核心网关向核心系统负责，其中包括向核心网关通告本地路由信息，使核心网关能对本地主机进行路由；同时，核心网关也要通过这个网关报告主干网的路由信息。从上面自治系统的定义可以看出，各核心网关也构成了一个自治系统，只是由于其特殊性，通常把它独立出来。

从上面的讨论可以得出 Internet 的路由模式：在自治系统内部，各外部网关共同完成本地路由；当分组目的地址位于其他自治系统时，本地网络通过默认路径将数据分组发往与之相连的核心网关，进入核心主干网，再通过核心网关的协同作用，将数据分组通过与分组目的地址所在自治系统直接相连的核心网关进入自治系统内，通过自治系统内部的路由到达目标主机。

各个网关之间通过路由协议交换路由信息时，会遇到 3 种情况：核心网关之间、自治系统内部的网关之间，以及自治系统与核心网关之间。因而，路由协议通常可分为 3 类：第一类是**核心网关协议**（Gateway-Gateway Protocol，GGP），这是 Internet 最早采用的一种路由协议。由于自治系统之间是互相独立的，所以它们可以在内部采用自己的路由协议，而不必互相统一，这些协议统称为**内部网关协议**(Interior Gateway Protocol，IGP)，包括 RIP、IGRP、HELLO 和 OSPF 等；自治系统与核心网关之间采用**外部网关协议**(Exterior Gateway Protocol，EGP)，包括 EGP 和 BGP 等。注意，由于 Internet 是以核心系统为根的树状体系结构，各自治系统处在不同的分支上，因此对核心的依赖很强。一旦核心出现故障，整个 Internet 都将受到影响。为了减少这种依赖关系，使 Internet 的管理和控制尽可能分散化，进而提高可靠性，需要在各自治系统(即各分支)之间建立信任关系，信任度高的自治系统之间可以直接交换路由信息，而不需要通过核心系统。它们之间的协议也属于外部网关协议，并且这个协议只须双方协商认可即可。图 2.5 所示的是当前 Internet 的树状路由体系结构。图 2.6 显示的是 Internet 自治系统内部路由和自治系统间路由的运行情况。实际上，随着 Internet 的发展，目前自治系统之间已经形成了复杂的网状连接关系，对核心系统的依赖越来越小，可参见第 1 章的图 1.4。

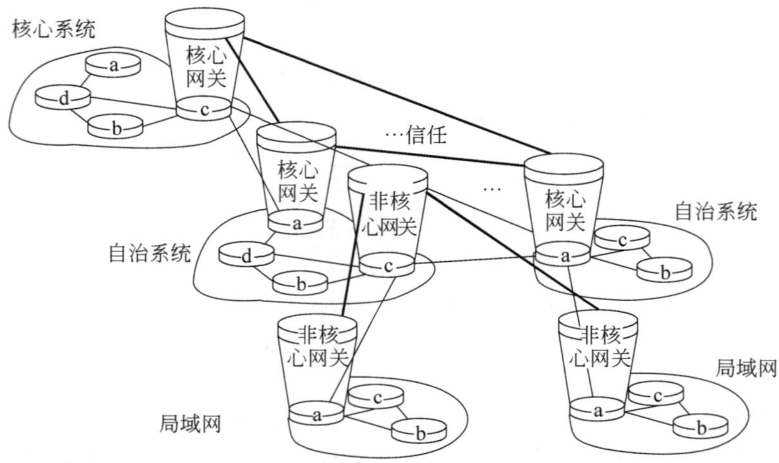

图 2.5 Internet 的树状结构图

2.2.3 路由算法分类

路由选择算法根据是否随当前网络状况(链路流量和拓扑结构)的变化而动态调整分为两大类：非自适应(静态)算法和自适应(动态)算法。非自适应算法不能根据网络当前实际传输量和拓扑变化进行路由选择，而是按原先设计好的路径传送，路径的设定和修改是静态的。非自适应路由算法包括扩散式、随机式和固定式等。自适应算法是根据当前网络流量和拓扑动态运行的，能较好地适应网络中通信量和拓扑的变化。自适应算法包含集中式、孤立式、分布式、混合式和分层式等。宏观上看，Internet 采用的是一种分层、分布式的路由算法；微观上看，在局部范围内可能采用各种不同的路由算法。目前常用的自适应分布式路由算法有下面两种。

1. 距离向量法

距离向量法(Vector-Distance)又称为 Ford-Fulkerson、Bellman-Ford 或 Bellman 算法。这种算法的思想比较简单，每台路由器周期性地与相邻路由器交换路由表中的信息。这种

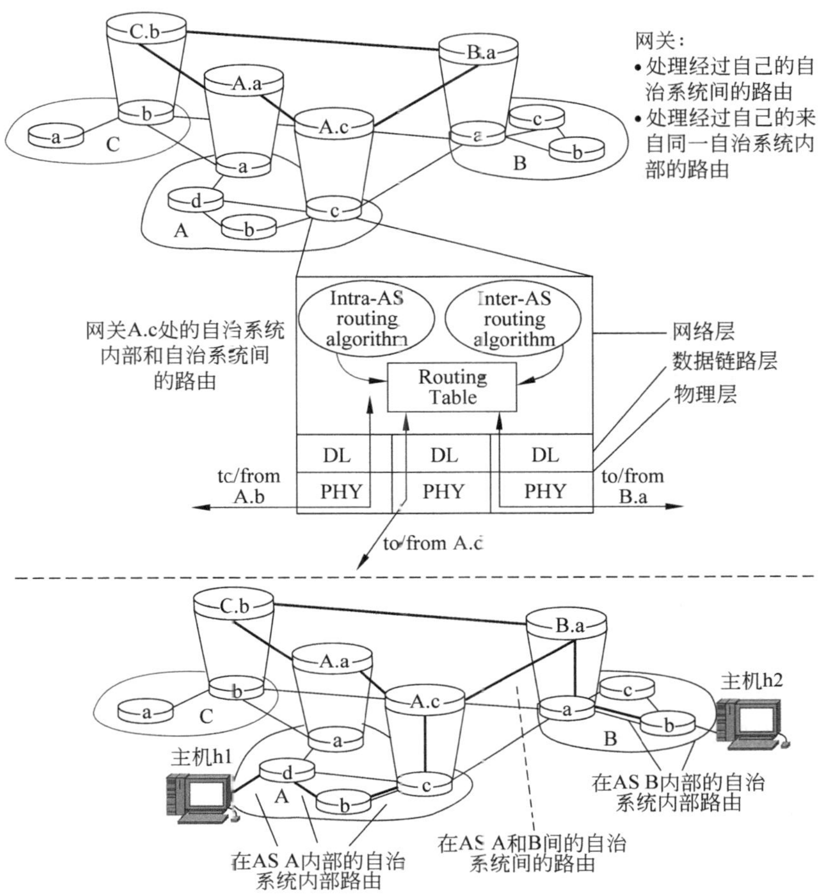

图 2.6　自治系统内部和自治系统间路由协议的运行情况

信息是由若干(V,D)序偶组成的序偶表。在(V,D)序偶中,V 代表向量,指出该路由器可以到达的目标(网络或主机),D 代表去往目标 V 的距离。D 按照路径上的 hop 个数计数。其他路由器收到(V,D)分组后,根据最短路径原则对各自的路由表进行刷新。

首先,当一台路由器启动时,对其 V-D 路由表进行初始化,包含去所有与本路由器直接相连的网络的路由,距离为 0。然后,各路由器周期性地向外广播其 V-D 路由表的内容,与之相连的路由器 Gi 收到后,检查各相邻路由器 Gj 的 V-D 分组,并做相应修改:

(1) Gj 中的某个 Vm 在 Gi 中没有,则 Gi 路由表中需增加相应的表项,且

Gi(Vm) ∶ =Gj(Vm);

Gi(Dm) ∶ =Gj(Dm) +1;

Gi(Next Hop-m) ∶ =Gj;

(2) Gj 中的路由比 Gi 中的路由短时,即 Gj(Dn) < Gi (Dn) −1 时,

Gi(Dn) ∶ =Gj(Dn) +1;

Gi(Next Hop-n) ∶ =Gj;

(3) Gi 中的 Next Hop 是 Gj,而 Gj 中去往该目标的路径发生了变化:

① Gj 的 V-D 表不再包含去往该目标的路由,则 Gi 中应删去该路由;

② Gj 的 V-D 表去往该目标的距离发生变化，即 Gi(Dn)≠Gj (Dn)，则 Gi 中的距离需修改为

Gi (Dn) ∶=Gj (Dn) +1

V-D 算法的路由刷新发生在相邻路由器之间，所以 V-D 分组不一定以广播方式发送出去，比较优化的方法是路由器直接向相邻的路由器发送 V-D 分组。

V-D 算法的优点是易于实现，但它不适应路径的剧烈变动或大型的网络环境。因为路由器的路径变化像波动一样从相邻路由器传播出去，其过程是非常缓慢的，网络规模较大时尤其明显。因此，在 V-D 刷新过程中可能出现路由不一致问题。V-D 算法的另一个缺点是它需要大量的信息交换，V-D 分组中每一个目标网络都占用一个条目，分组大小相当于完整的路由表，而实际上许多表项都与路由刷新无关。在此过程中每台路由器都参与了信息交换，产生的数据流量也很大。

2. 链路状态算法

链路状态(Link-State，L-S)算法又称为**最短路径优先**(Shortest Path First，SPF)算法。按照 SPF 的要求，路由器中的路由表依赖于一张能表示整个网络拓扑结构的无向图 G(V，E)。在 G 中，节点 V 表示路由器，边 E 表示连接路由器的链路。可以把 G 称为 L-S 图。在信息一致的情况下，所有路由器的 L-S 图都应该是相同的。各路由器的路由表通过 L-S 图计算。L-S 算法包含以下 3 个步骤。

(1) 各路由器主动测试所有与之相邻的路由器的状态，周期性地向相邻路由器发出简短的查询分组，询问相邻路由器当前是否能够访问，假如对方做出反应，则说明链接状态为 UP，否则为 DOWN。

(2) 各路由器周期性地向所有参与 SPF 的路由器广播其 L-S 信息，而不像 V-D 算法那样只向相邻路由器发送信息。

(3) 路由器收到 L-S 分组后，利用它刷新网络拓扑图，将相应的连接状态改为 UP 或 DOWN。假如 L-S 发生了变化，路由器立即利用 Dijkstra 最短路径算法，这个算法可以求出加权无向图中从某给定节点到目标节点的最小耗费路由或最佳路由。

Dijkstra 最短路径算法[4]是由荷兰计算机科学家 Edsger Wybe Dijkstra 首先提出的，Dijkstra 是计算机先驱之一，是最短路径算法和 Banker's Algorithm 的创造者，他首创了结构化编程思想。Dijkstra 毕业后就职于荷兰埃因霍温理工大学，早年钻研物理及数学，之后转为计算机科学。他曾经荣获 1972 年的图灵奖和 2002 年 ACM PODC 最具影响力论文奖。

其实，Dijkstra 算法是 Dijkstra 在 1956 年为了展示新计算机 ARMAC 的计算能力[5]初试身手的成果，属于他的算法处女作。据 Dijkstra 自述，他设计最短路径算法的时候，他和妻子正在阿姆斯特丹一家咖啡厅的阳台上晒太阳，不经意间就想出了这个算法，甚至连纸笔都没用。经过测试，Dijkstra 宣称 ARMAC 的性能是每秒能执行 2400 条指令。

Dijkstra 算法是典型的最短路径算法，用于计算一个节点到其他所有节点的最短路径。其主要特点是以起始点为中心向外层层扩展，直到扩展到终点为止。Dijkstra 算法能得出最短路径的最优解，但由于它遍历计算的节点很多，所以效率低。

在 Dijkstra 算法中有如下定义：

N，网络中所有节点的集合；

S，源节点；

M，已由算法求出最短路径的节点集合；

len(i,j)：节点 i 和 j 之间链路的权值，当 i 与 j 间不直接相连时，设置初值 len(i,j)＝∞；

C(n)：算法求得当前从 S 到 n 的最小路由的耗费。

Dijkstra 算法描述如下：

```
begin
    M:={S};
    ∀节点 n∈(N\S)，置 C(n):=len(S, n);
    S到 n 的最短路径:=S到 n 路径;        /* S与n直接相连时 */
    do while  M≠N
        ∃节点 w∈(N\M) 且 C(w)最小;
        M:=M ∪ {w};
        ∀节点 n∈(N\M)，置 C(n):=min(C(n),C(w)+len(w,n));

            if (C(w) +len(w, n))<C(n)
            从S到n的最短路径:=从S到w的最短路径加上从w到n的路径;
        end-if
    end-do
end
```

在上述过程中的每一次循环都得到了当前从源节点到各目标节点的路径及耗费，而在 M 中是已确定了最短路径的目标节点的集合(即不需要在新的循环中修改的目标节点)。这样，直到所有的目标节点到源节点的最短路径都确定后，算法即结束。在这个算法中使用了"最优原理"：如果从节点 A 到节点 B 的最佳路由经过节点 C，那么在该路由上，从 C 到 B 那一段也同时是从 C 到 B 的最佳路由；从 A 到 C 那一段也同时是从 A 到 C 的最佳路由。(证明：如从 C 到 B 还存在一条更优路径 L，那么 L-A 的长度小于 CBA 的长度，与 CBA 是最优路径矛盾，同理可证，A 到 C 那一段也是从 A 到 C 的最佳路由。)

L-S 算法的主要优点是：

(1) L-S 信息向全网广播，各路由器都使用相同的原始数据进行路径计算，保证了各路由器 L-S 图的一致性。

(2) 各路由器在本地进行路由计算，路由信息不会反过来对原路由器发生作用，使路由的收敛性得到了保证。

(3) 广播的路由信息只与该路由器相连的链路数目与状态有关，比 V-D 算法的少。

距离向量算法和链路状态算法各有特点。距离向量算法原理清楚，实现简单，并且对路由器的处理能力要求不高，在规模较小和拓扑结构变化不快的网络中获得了广泛的应用，而且由于成形较早，比较成熟。链路状态算法性能优越，适应于规模较大及拓扑变化比较快的网络，但每一网络节点(包括主机和路由器)均需要实时形成全网的拓扑图及以自己为根节点的树，因此对 CPU 的处理能力提出较高的要求，同时，由于路由信息是以广播的方式传播的，所以占用的网络带宽较大。由于两种算法各有优点，为适应组网的需要，路由器中一般同时配置两种路由协议，如 RIP(实现距离向量算法)和 OSPF(实现链路状态算法)。

2.3 Internet 域内路由协议

Internet 采用分层的路由结构将整个 Internet 划分为许多较小的自治系统。一个自治系统最重要的特点是它有权决定在本系统内采取何种路由协议。在自治系统的内部网络中，自治系统的内部路由器完成本区域的主机之间的分组转发。自治系统，顾名思义就是实现路由寻址的"自治"。这又包括两方面内容：自治系统内部的路由器了解内部网络的全部路由信息，并能够通过一条路径将发送到本自治系统以外的分组送到连接本自治系统和其他自治系统的边界路由器。与此同时，自治系统内部的路由器也要向边界路由器报告内部路由信息，便于其他自治系统知道本自治系统负责的 IP 地址段，这样，当自治系统外部有分组发到本自治系统时，外部网络知道分组的目的地在哪里。

Internet 将自治系统内部使用的路由选择协议称为 IGP。本节详细介绍常用的 IGP：RIP 和 OSPF。

2.3.1 路由信息协议(RIP)

1. RIP 的发展过程

RIP 采用的是距离向量路由算法，该算法早在 Internet 的前身 ARPANET 网络中就已经被广泛采用。20 世纪 80 年代，加州大学伯克利分校在开发 UNIX 系统的同时，在 routed 程序中设计实现了 RIP 软件。routed 程序被绑定在 BSD UNIX 系统中一起推出，广泛应用于早期网络中。尽管 RIP/routed 没有非常突出的优点，但是由于 UNIX 操作系统的普及，RIP/routed 也逐渐被推广使用，为许多人所接受，成为中小型网络中最基本的路由协议。

RIPv1 协议的 RFC 标准[6]在 1988 年 6 月正式推出，它综合了实际应用中许多实现版本的特点，同时为版本的兼容互通性提供了可靠的依据。由于 RIPv1 中存在一些缺陷，再加上网络技术的发展，有必要对 RIP 版本进行相应的改进。1994 年 11 月，RFC 1723[7]对 RIPv1 的分组结构进行了扩展，增加了一些新的网络功能。1998 年 11 月，RIPv2 的标准 RFC 文本[8]正式通过，它在协议分组的路由表项中增加了子网掩码信息，同时增加了安全认证、不同路由协议之间的交互等功能。

随着 OSPF 和 IS-IS 等域内路由协议的出现，许多人认为 RIP 软件已经过时。尽管 RIP 在协议性能和网络适应能力上远远落后于后来提出的路由协议，但是 RIP 仍然具有自身的特点。首先，在小型的网络环境中，从使用的网络带宽以及协议配置和管理复杂程度上看，RIP 的运行开销很小；其次，与其他路由协议相比，RIP 使用简单的距离向量算法，实现起来更容易；最后，由于历史的原因，RIP 的应用范围非常广，未来一段时间内仍然会使用在各种网络环境中。因此，在目前的商用路由器产品中，RIP 仍然是不可缺少的路由协议之一。

2. RIP 的分组结构

1) RIPv1 的分组结构

RIPv1 的分组结构如图 2.7 所示。每个分组都包括一个分组命令字段、一个分组版本字段以及一些路由信息项(一条 RIP 分组中最多允许 25 个路由信息项)。RIP 分组的最大长度为 4＋20×25＝504Byte，加上 UDP 分组的 8B，一共是 512B。如果路由表的表项数目大于 25 时，就需要多条 RIP 分组完成路由信息的传播过程。

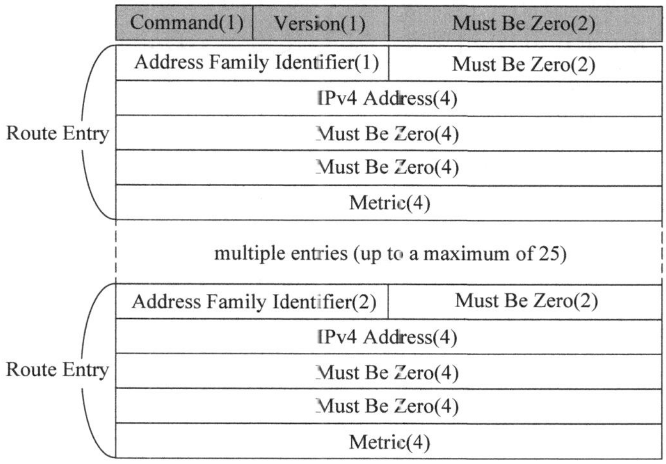

图 2.7　RIPv1 的分组结构

下面对分组字段进行介绍。

Command 字段：表示 RIP 分组的类型，目前 RIP 只支持两种分组类型，分别是请求(request)分组和响应(response)分组。

Version 字段：表示 RIP 分组的版本信息，RIPv1 分组中此字段为 1。

Address Family Identifier 字段：表示路由信息所属的地址族，目前 RIP 中规定此字段必须为 2，表示使用 IP 地址族。

IPv4 Address 字段：表示路由信息对应的目的 IP 地址，可以是网络地址、子网地址及主机地址。

Metric 字段：表示从本路由器到达目的地的距离，目前 RIP 将路由路径上经过的路由器数作为距离度量值。

Must Be Zero 字段：协议规定这些字段必须为 0。

一般来说，RIP 发送的请求分组和响应分组都符合图 2.7 所示的分组结构格式，但是，当需要发送全部路由器信息(或请求全部路由信息)时，RIP 使用另一种分组结构，如图 2.8 所示。与图 2.7 相比，此分组结构中路由信息项的地址族标识符字段为 0，目的地址字段为 0，距离度量字段为 16。

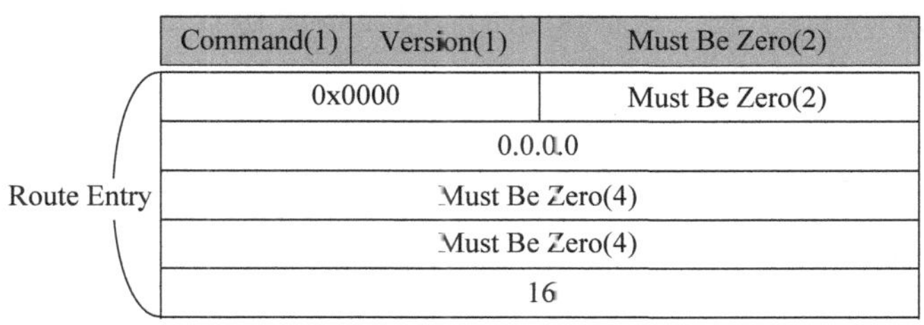

图 2.8　RIPv1 请求全部路由信息分组结构

2) RIPv2 的分组结构

目前，RIPv1 采用的消息分组中只包含了路由器之间进行路由交互的最基本信息，从图

2.7 中可以看到，整个 RIP 分组结构中有很大一部分字段没有被利用。

RIPv2 充分利用了 RIPv1 分组结构中未被使用的字段，对 RIPv1 进行了进一步的扩展，包括采用多播方式提高网络分组的利用效率，为每个路由表项增加子网掩码信息，对 RIP 交互分组增加安全机制，以及为不同路由协议的交互提供支持等。

图 2.9 是 RIPv2 的分组结构。与图 2.7 相比，分组的基本结构没有发生很大的变化。下面只对 RIPv2 分组结构中与 RIPv1 不一致的字段做简单说明。

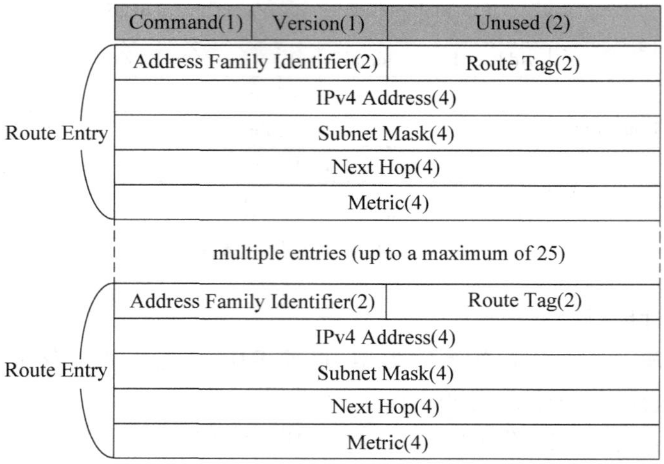

图 2.9　RIPv2 的分组结构

Unused 字段：RIPv2 不对此字段做任何处理，不要求字段必须为 0。

Version 字段：对于 RIPv2 来说，此字段为 2。

Route Tag 字段：表示路由对应的自治系统号，从而用于协议的交互。

Subnet Mask 字段：表示路由信息对应的子网掩码，增加对 CIDR 路由的支持。

Next Hop 字段：表示路由对应的下一跳路由器 IP 地址，如为 0.0.0.0，则以此 RIP 分组的发送源地址作为下一跳路由器。

为了给 RIP 路由交互分组提供认证功能，RIPv2 在每个路由交互分组中增加了认证字段，分组结构如图 2.10 所示。可以看到，RIPv2 利用了一个完整的路由信息项实现认证功能，这样整个分组最多只能包括 24 个路由信息项。

Authentication Type 字段：表示认证的类型，当前协议只规定为 2，表示明文密码认证。

Authentication 字段：表示认证的数据，即认证密码值。该字段为 16B，未满 16B 的最后填 0。

3. RIP 的基本特点

1）协议运行过程

RIP 使用 UDP 的 520 端口进行路由信息的交互，交互的 RIP 信息分组主要是两种类型：请求(request)分组和响应(response)分组。请求分组用来向相邻运行 RIP 的路由器请求路由信息，响应分组用来发送本地路由器的路由信息。RIP 使用距离向量路由算法，因此发送的路由信息可以用＜vector，distance＞对表示。在实际分组中，vector 用路由的目的地

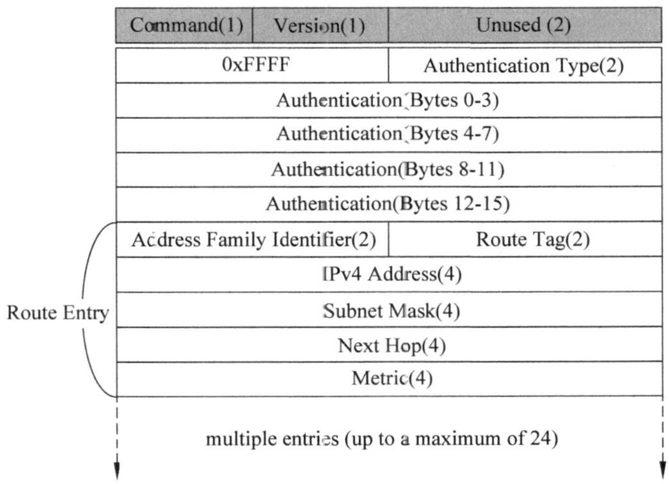

图 2.10　RIPv2 认证字段分组结构

址 address 表示，而 distance 用该路由的距离度量值 metric 表示，metric 值规定为从本机到达目标网络路径上经过的路由器数，metric 的有效值为 1～16，其中 16 表示网络不可到达，由此也可以看出 RIP 支持的网络规模是有限的。

当系统启动时，RIP 处理模块在所有 RIP 配置运行的接口处发出 request 分组，然后 RIP 就进入了循环等待状态，等待外部 RIP 分组（包括请求分组和响应分组）的到来。而接收到 request 分组的相邻路由器会发出包含它们路由表信息的 response 分组。

当请求的路由器接收到一个 response 分组后，它会逐一处理收到的路由表项内容。如果分组中的表项为新的路由表项，就会向路由表加入该表项。如果该分组表项已经在路由表中存在，那么首先判断此更新路由是否就是本地路由当初获得的源主机，如果是，则无论表项的距离度量值（metric）如何，都需要更新表项；如果不是，那么只有当更新表项的 metric 值小于路由表中相应表项的 metric 值时，才需要替代原来的表项。

2）定时器定义

系统启动后，路由器以 30s 的间隔自动发送 response 分组，在这种 response 分组中会包括本路由器中除一些被水平分裂等策略抑制之外的所有路由信息。协议将此定时器称为路由更新定时器（Update Timer）。为了防止整个网络中参与 RIP 交互的路由器同时广播路由更新分组从而造成网络的拥塞，协议规定在 30s 的基本更新时间间隔上附加一个随机变化量，此变化量的取值范围为[－5s,5s]。因此，真正的 RIP 实现中更新定时器值的变化为 25～35s。

为了防止系统长期保留无效路由，协议为每条路由设置了路由无效定时器（Invalid Timer 或 Expiration Timer）。如果在路由无效定时器超时之前没有收到关于该路由表项的任何信息，该表项就会被标记为无效（距离度量值为 16）。无效定时器在路由表项创建时启动，在每次收到该路由的更新时重置。协议规定路由无效定时器为 180s，即 6 次路由更新的时间。

当路由变为无效时，为了能够向相邻路由器通知此路由的变化，协议仍然在路由表中保存了该无效路由，在经过一段路由更新时间之后，当 RIP 确信周围的邻居路由器已经得到了这个路由更新信息之后，此无效路由才真正被删除。这段无效路由的存在时间由路由删除定时器(Flush Timer)控制，协议规定路由删除定时器为120s。

3）慢收敛问题及对策

包括RIP在内的所有距离向量算法路由协议都有一个严重的缺陷，即慢收敛(slow convergence)问题，或者称为计数至无穷(count to infinity)。

图2.11(a)是一个正常的网络拓扑结构，从R_1可以直接到达net_1，从R_2经过R_1可到达net_1。正常情况下，R_2收到R_1的距离向量分组后，会建立一条路径(net_1，R_1，1)，表示经过R_1一跳可达net_1。

(a) 正常的网络拓扑结构　　(b) 部分路径故障引发路径环路

图2.11　慢收敛问题实例

现在假设从R_1到net_1的路径因故障而崩溃，但R_1依然能正常工作。R_1一旦检测到net_1不可到达，它会立即将原来去往net_1的路径废除(将距离值设为16)，然后会出现如下两种情况。

(1) 在收到来自R_2的路由更新分组之前，R_1将修改后的路径信息广播出去，于是R_2将修改其路由表，将原来经R_1去往net_1的路径(net_1，R_1，1)删除。这时整个网络路由状态是正确的。

(2) R_2赶在R_1发送新的更新路由分组之前广播自己的路由更新分组，该分组中必然有一条(net_1，1)表项，说明从R_2出发，经过一台路由器就可以到达net_1。这时R_1会根据此表项修改自己的路由表，产生关于net_1的新路径(net_1，R_2，2)。于是，在R_1与R_2之间出现了路径环路，如图2.11(b)所示。

上述路径环路会通过R_1、R_2之间不断的路由更新分组交换而解除，但是解除过程非常缓慢。在出现路径环路之后，在下一轮路由广播中，R_1将向R_2广播(net_1，2)表项，R_2收到此表项后，将去往net_1的路径改为(net_1，R_1，3)；然后R_2向R_1通告(net_1，3)表项，R_1将去往net_1的路由项改为(net_1，R_2，4)；……如此下去，直到路径长度变为16。也就是说，要经过7次来回(至少30×7s)，路径环路才可以消除，这就是所谓的慢收敛问题。上述讨论的只是一个简单的实例，路径环路只在两个相邻路径器之间形成。更复杂的路径环路还有可能发生在一系列路由器之间。

为了克服慢收敛问题，RIP中提出了以下方法。

(1) **简单的水平分裂法**：当路由器从某个网络接口发送RIP路由更新分组时，其中不能包含从该接口获取的路径信息。例如，在图2.11的例子中，R_2向R_1发送的路由更新分组中就不应该包含(net_1，1)表项，这样就避免了在R_1、R_2之间形成路由环路。

(2) **带有毒性逆转的水平分裂法**：与简单水平分裂法的原理类似，唯一的差别是：路由器向某一个接口发送RIP路由更新分组时，包含从该接口获取的路由信息，但是将这些路由项的路径设为无穷(也就是距离为16)。

这两种水平分裂法各有优缺点。带有毒性逆转的水平分裂法具有更快的路由收敛速度，但是它需要发送更多的分组，例如，在一个拥有大量路由器的局域网中使用带有毒性逆转的水平分裂法就有可能导致大量的广播分组，造成网络泛滥现象。简单的水平分裂法虽然收敛速度比较慢，但是由于它的处理简单，发送的分组少，所以也得到了广泛的采用。

需要注意的是，水平分裂法可以避免两个路由器之间产生的路径环路现象，但是它仍然不能完全避免路径环路的产生。

(3) **触发更新法**：为了加速网络路由收敛的速度，协议提出了触发更新法。它的做法是，一旦发现某些路由表项发生变化，就立即广播路由更新分组，而不必等待下一次刷新周期。

触发更新法能够大大加快路由的收敛速度，但是它同样存在更新分组数量太多、太频繁的缺点，因此需要对触发更新分组的发送频率进行严格的控制。协议规定触发更新分组的发送间隔时间范围为 1～5s。

RIP 出现慢收敛问题的根本原因在于路由器不掌握全局拓扑结构信息，只了解距离和向量这样的局部信息。后面我们会看到，根本的解决办法是采用 OSPF 这种具有全局拓扑结构信息的路由协议。

4) 子网掩码的处理

Internet 采用的是层次性网络结构，在一个网络内部可以包含子网，在子网的内部还可以包含更小的子网，因此，为了能够掌握一条路由的准确信息，路由器需要知道路由的目的地址和相应的子网掩码，其中子网掩码表示了路由目的地所处的网络层次。但是，由于 RIPv1 的路由信息项中不包括路由的掩码信息，所以当路由器处理 RIPv1 分组的路由信息项时，它不能确定该路由的子网掩码。例如，对于目的地址为 166.111.68.0 的路由，路由器将不能确定它是一个子网路由，还是一个主机路由。

RIPv1 协议规定，路由器可以利用它的网络接口配置获得该网络的子网掩码。例如，如果路由器某一个接口地址配置为 166.111.69.1/255.255.255.0，那么路由器可以认为在 B 类 166.111.0.0 网络中，它的子网掩码是 255.255.255.0，此时如果接收到目的地址 166.111.68.0 的 RIPv1 路由信息项时，路由器就可以知道该路由为子网路由；但是，如果路由器没有一个接口配置与 166.111.0.0 网络相关，从而路由器不知道任何关于该网络内部的子网分配情况，此时如果路由器接收到目的地址 166.111.68.0 的 RIPv1 路由信息项时，它只能将此路由按照 A、B、C 类网络判断，将该路由转化成 166.111.0.0。

从上面的分析可以看到，对于运行 RIPv1 的任何路由器，它只知道与它直接相连的网络内部子网的掩码信息，对其他外部网络的内部子网不掌握任何信息。正是基于这个考虑，我们在两个网络之间的路由器中采用了路由合并(Route Summarization)的策略。如果路由器与两个网络 A 和 B 相连，那么此网络边界路由器就不需要把一个网络(如 A 网络)内部的子网路由通知给另一个网络(如 B 网络)，因为对于 B 网络内部的路由器来说，它不知道 A 网络内部的子网掩码，所以这些子网路由对 B 网络内部路由器来说只能当作 A、B、C 类网络路由。图 2.12 中的边界路由器采用了自动路由合并策略，它只把一条 10.0.0.0 路由信息向网络 192.168.115.0 内部传播，而把一条 192.168.115.0 的信息向网络 10.0.0.0 内部传播。采用这种方法，网络 10.0.0.0 中的路由器只包含一条关于 192.168.115.0 的信息，反之亦然。边界路由器实际上对外隐藏了子网的细节。

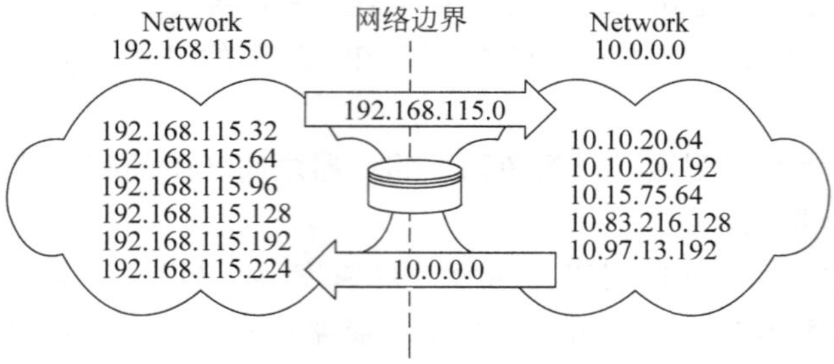

图 2.12　网络边界路由合并实例

2.3.2　开放最短路径优先(OSPF)协议

1. OSPF 协议的发展历程

OSPF 协议是 IETF 在 IS-IS 协议的基础上研发出的基于链路状态的路由选择协议，它可以解决 RIP 存在的问题，是当前使用较为广泛的内部网关协议。这里需要说明的是，IS-IS 路由协议是国际标准化组织(ISO)为支持无连接网络服务(Connectionless Network Service，CLNS)规定的 3 种协议之一，全称为中间系统到中间系统路由交换协议(Intermediate System to Intermediate System，IS-IS)——ISO 10589，参见 IETF RFC 1142。IS-IS 是目前网络运营商广泛采用的两种基于链路状态信息的域内路由协议之一，另一种是本节将介绍的 OSPF。

OSPF 的发展历程可以通过图 2.13 形象地展示。

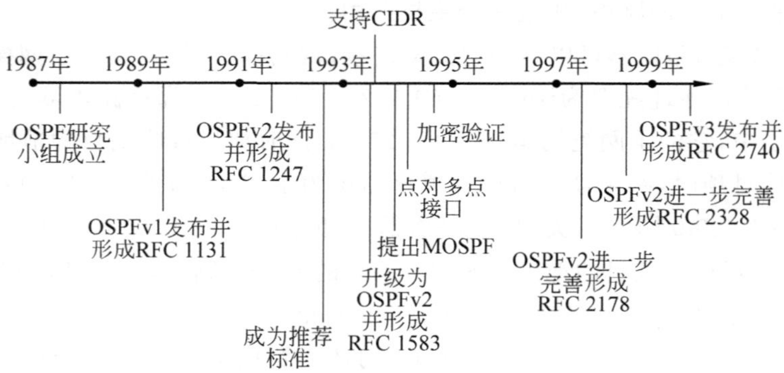

图 2.13　OSPF 的发展历程

早期使用的内部网关协议 RIP 基于距离向量工作，具有跳数的限制，超过 15 跳的路由被认为不可达，而且 RIP 不支持可变长子网掩码，导致 IP 地址分配的低效率，在运行时，RIP 需要周期性广播整个路由表，在低速链路及广域网中应用将产生很大问题，大大降低了收敛速度，对拓扑变化的反应较为迟钝，在大型网络中收敛时甚至需要几分钟，在某些拓扑情况下还会出现计数到无穷问题。这些问题的解决需要基于链路状态的新型内部网关协议。这种基于链路状态的新型的内部网关协议必须满足以下几个实际需求：

(1) 更快的收敛速度和更少的网络资源耗费。

(2) 具有更易描述和实现的路由度量标准,具有可配置、区间范围为 1～65535、对网络直径无限制等属性。

(3) 支持等代价的多路径,易于实现负载均衡。

(4) 层次化的路由体系、支持较大规模的路由域。

(5) 相互独立的内部路由和外部路由。

(6) 灵活的子网划分和构建机制。

(7) 具有一定的安全性。

(8) 能够针对服务类型选择路由等属性。

为了解决 RIP 的固有问题并实现上述需求,OSPF 应运而生,它具有以下基本特征:

(1) OSPF 采用 Dijkstra 最短路径算法计算最短路径树,以实现最短路径路由。

(2) 支持 CIDR,可以完全无类别地处理 IP 目的地址。

(3) 分布式的、可复制的数据模型:每台路由器都自主建立一个网络拓扑数据库,用来描述完整的路由拓扑。

(4) 链路状态公告(Link State Advertisements,LSA):LSA 分组通常携带部分路由拓扑信息,这些路由信息主要包括每台路由器和周边所有路由器的邻接关系。

(5) 使用了区域的概念,这样可以有效减少路由选择协议对路由器的 CPU 和内存的占用,划分区域还可以降低路由器选择协议的通信量,这使构建层次化的互联网络拓扑成为可能。

(6) 支持使用多条等代价的路由路径,实现负载均衡。

(7) 使用保留的组播地址减小对不运行 OSPF 协议的设备的影响,例如向所有 OSPF 路由器发送 LSA Request 或者 LSA Update 分组时的目的地址是 224.0.0.5;向所有代表路由器(Designated Router)发送 LSA Request 或者 LSA Update 分组时的目的地址是 224.0.0.6。

(8) 支持更安全的路由选择认证。

(9) 使用可以跟踪外部路由的路由标记。

(10) 支持无大小限制的、任意的度量值(metric)。

(11) 链路状态数据库:所有路由器都保持全局一致性。

(12) 除了层次化的路由,对于大多数分组而言,TTL=1。

下面介绍 OSPF 的 metric:

(1) 除了 cost(代价),metric 还可以考虑跳数、tick(链路延时)、负载、MTU 和可靠性等。

(2) metric 的取值范围是 1～65535。

(3) RFC 最初规定 metric 从带宽中推导(10^8/带宽):56 kb/s 串行链路=1785;以太网=10;64 kb/s 串行链路=1562;T1(1.544 Mb/s 串行链路)=64;高速以太网/FDDI=1;但是,随着主干网带宽的提高,目前已经不采用这一推导规范。

2. OSPF 的分组格式

所有的 OSPF 分组都采用公共分组头部,如图 2.14 所示。

公共报头里的数据域的意义如下:

<table>
<tr><td>版本号</td><td>类型</td><td colspan="2">分组长度</td></tr>
<tr><td colspan="4">路由器ID</td></tr>
<tr><td colspan="4">域ID</td></tr>
<tr><td colspan="2">校验和</td><td colspan="2">认证类型</td></tr>
<tr><td colspan="4">认证</td></tr>
<tr><td colspan="4">认证</td></tr>
</table>

图 2.14 OSPF 分组报头格式

版本号：设置为 2，指明当前版本是 OSPFv2(IPv6 网络中应该采用 OSPFv3)。

类型：指 OSPF 分组类型，常用的有 5 种类型，见表 2.1。

表 2.1 OSPF 分组类型

类型	说　明
1	Hello，Hello 分组——用于和邻居建立及维护邻接关系
2	Database Description Packet，数据库描述分组——用于描述 OSPF 路由器中存储的链路状态数据库的内容
3	Link-State Request，链路状态请求分组——用于请求获得一些特定的邻居的链路状态数据库
4	Link-State Update，链路状态更新分组——用于向邻居路由器传送链路状态宣告分组
5	Link-State Acknowledge，链路状态收悉分组——邻居路由器用来确认收到链路状态宣告的分组

分组长度：分组的字节数。

路由器 ID：用来标识路由器的 ID 号。

域 ID：区域的标识，数值 0 为主干域保留。

校验和：对除去校验和域本身 8B 的整个 OSPF 分组使用与 IP 校验算法相同的算法计算得到。

认证类型：标识认证的方式，OSPF 只定义了两种认证方式：0 为不认证，1 为简单的口令认证。

3. OSPF 的工作过程

从宏观角度认识，OSPF 工作过程的各种行为都直接依赖于 OSPF 分组的接收和发送，OSPF 协议的操作比较容易理解，其过程可描述如下。

(1) 由一台路由器发送 Hello 分组，找到邻居。

(2) 与邻居建立紧邻(adjacency)关系。邻居不一定就会建立紧邻关系，但紧邻关系一定在邻居之间建立。

(3) 在路由器里形成链路状态数据库，再将这些数据库泛洪(flooding，实际上就是广播)出去，让每一台路由器(建立紧邻关系的)都学习到，主要是 LSA。

(4) 通过 SPF 算法计算出最短的路径。

(5) 最后生成路由表。

下面首先介绍 OSPF 中如何建立紧邻关系。紧邻关系是一种特殊的邻居关系，它在邻居 OSPF 路由器之间建立，但并不是所有相邻的路由器之间都建立紧邻关系，只有具有紧邻关系的路由器之间才交互路由信息。

1）建立紧邻关系

可以将 OSPF 相邻路由器从发送 Hello 数据包，建立数据库同步至建立完全的 OSPF 交互关系的过程分成如下 8 个状态。

（1）Down：这是 OSPF 建立交互关系的初始化状态，表示在一定时间之内没有接收到从某一相邻路由器发送来的信息。在非广播性的网络环境内，OSPF 路由器还可能对处于 Down 状态的路由器发送 Hello 数据包。

（2）Attempt：该状态仅在非广播多路访问（Non-broadcast Multiple Access，NBMA）环境（例如帧中继、X.25 或 ATM 环境）中有效，表示在一定时间内没有接收到某一相邻路由器的信息，但是 OSPF 路由器仍必须通过以一个较低的频率向该相邻路由器发送 Hello 数据包保持联系。

（3）Init：在该状态，也就是初始化状态，OSPF 路由器已经接收到相邻路由器发送来的 Hello 数据包，但自身的 IP 地址并没有出现在该 Hello 数据包内。也就是说，双方的双向通信还没有建立。

（4）Two-way：这个状态就是已经建立了双向通信。在这个状态，路由器看到自身已经处于相邻路由器的 Hello 数据包内，双向通信已经建立。代表路由器（Designated Router，DR）及备份代表路由器（Backup Designated Router，BDR）的选择正是在这个状态完成的。在这个状态，OSPF 路由器还可以根据其中一台路由器是否代表路由器，或者根据链路是否是点对点或虚拟链路决定是否建立交互关系。

（5）Exstart：这个状态是建立交互状态的第一个步骤。在这个状态，路由器要决定用数据交换的初始数据库描述数据包的序列号，以保证路由器得到的永远是最新的链路状态信息。同时，在这个状态路由器还必须决定路由器之间的主/备关系，处于主控地位的路由器会向处于备份地位的路由器请求链路状态信息。

（6）Exchange：在这个状态，路由器向相邻的 OSPF 路由器发送数据库描述数据包交换链路状态信息，每个数据包都有一个数据包序列号。在该状态，路由器还有可能向相邻路由器发送链路状态请求数据包请求相应数据。从这个状态开始，OSPF 便处于 Flood 状态。

（7）Loading：在该状态，OSPF 路由器会就其发现的相邻路由器的新的链路状态数据及自身的已经过期的数据向相邻路由器提出请求，并等待相邻路由器的回答。

（8）Full：这是两个 OSPF 路由器建立交互关系的最后一个状态，这时，建立起交互关系的路由器之间已经完成了数据库同步的工作，它们的链路状态数据库已经一致。

建立紧邻关系包含两个主要步骤：Hello 协议和交互链路状态数据库信息。

使用 Hello 协议有两个目的：

（1）寻找并发现相邻的路由器。

（2）在广播型与非广播型网络上选举代表路由器及其备份。

路由器每隔一个“Hello 间隔”发送一次 Hello 分组，内容包括链路上的代表路由器（后面会详细介绍其选举过程）的地址（如果还没有代表路由器，则设为 0），以及备份代表路由器的地址（如果没有，则也设为 0）。邻居列表说明该路由器发现的与之相邻的路由器。Hello 协议的分组格式如图 2.15 所示。

当路由器收到一个 Hello 分组时，如果发送这个分组的路由器还没有出现在本地路由器的邻居列表中（通过检查路由器 ID 是否匹配实现），那么路由器就可以认为发现了一个新的邻居，在把这个路由器加入邻居列表之后，路由器开始试图与对方建立双向的邻接关系。

OSPF分组报头，类型=1(Hello)		
网络掩码		
Hello间隔	选项	优先级
路由器死亡间隔		
代表路由器		
备份代表路由器		
相邻路由器		
⋮		
相邻路由器		

图 2.15　Hello 协议的分组格式

如果分组可以在两个路由器之间的链路上双向流动，那么这两个路由器就可以开始交互路由信息了（实际运行过程中还要考虑某些参数是否符合限制条件）。通过查看对方路由器的邻居列表（这个表包含在 Hello 分组中），很容易检测出双向连通性。如果本地路由器的 ID 未出现在它们的邻居列表中，就意味着它们尚未接收到本地发送的 Hello 分组，那么就宣布这个连接为单向连接（one-way），不能用来路由。如果本地路由器 ID 出现在对方的邻居列表中，就建立了一个双向连接。如果在路由器死亡间隔（router dead interval）内都没有接收到来自相邻路由器的 Hello 分组，就认为这个邻居已经不存在，而将它从邻居列表中删除。

当链路是一个点对点链路或一个虚拟链路时，在建立一个双向连接之后，就可以开始建立紧邻关系。

2）选举代表路由器和备份代表路由器

当在一个局域网中有多台 OSPF 路由器时，如果每两台之间都建立紧邻关系，则协议数据交换的流量会比较大，而且也没有必要。OSPF 协议解决此问题的办法是选举代表路由器，所有的非代表 OSPF 路由器都只和代表路由器建立紧邻关系。

代表路由器的选择是通过 OSPF 的 Hello 数据包完成的，在 OSPF 路由协议初始化的过程中，会通过 Hello 数据包在一个广播域上选出一个 ID 最大的路由器作为代表路由器（DR），并且选出 ID 次大的路由器作为备份代表路由器（BDR），BDR 在 DR 发生故障后能自动替代 DR 的所有工作。当一个网段上的 DR 和 BDR 选举产生后，该网段上的其余所有路由器都只与 DR 及 BDR 建立紧邻关系。这里，一台路由器的 ID 是指该路由器的标识，一般指该路由器的环回端口或是该路由器上最小的 IP 地址。DR 和 BDR 在一个广播域中的连接可用图 2.16 说明。

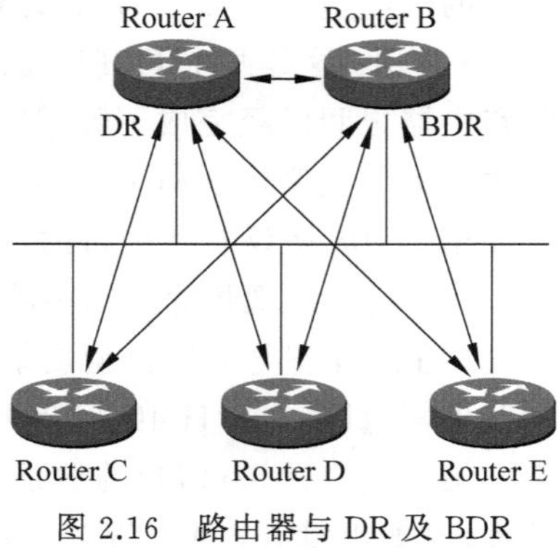

图 2.16　路由器与 DR 及 BDR 建立紧邻关系

选举过程使用 Hello 分组中的“优先级”域。每个路由器都配有一个优先级，其数值范围为 0～255。选举的正常结果是选出一个优先级最高的路由器。然而，为了防止在某些情况下过于频繁地更换代表路由器，选举的结果在一定的条件下可以保持不变。优先级为零的路由器永远也不会被选为代表路由器。

在建立双向连接之后，路由器首先进入一个“等待”状态，并且就这样保持一段与路由器死亡间隔相等的“等待间隔”。在此间隔内，路由器继续传送 Hello 分组，而不会参与选举过程。它将代表路由器和备份代表路由器的标识域置为零，并监听收到的 Hello 分组，进而采用下面的措施为选举进行初始化准备：对于每个邻居，路由器记录邻居的优先权及其连接状态（单向或双向），并记录此邻居是否建议其自身作为代表路由器或其备份。只有达到双向状态的邻居，才可以参与选举。选举按如下过程进行。

(1) 如果一个或多个邻居建议它们自身作为备份代表路由器，那么拥有最高优先级的将被选为代表路由器。在出现具有最高优先级的路由器有多个的情况时，拥有最大 ID 的路由器将被选中。

(2) 如果没有邻居建议其自身作为备份，拥有最高优先级的邻居将被选中；或者，在具有最高优先级的路由器有多个的情况下，选择 ID 最大的一个。

(3) 如果一个或多个邻居建议它们自身作为代表路由器，将选择拥有最高优先级的一个作为代表路由器。在出现优先级相等的情况下，拥有最大 ID 的路由器将被选中。

(4) 如果没有邻居建议其自身作为代表路由器，备份代表路由器将升级为代表路由器。由于代表路由器及其备份不能是同一台路由器，因此必须重新执行步骤(1)和(2)。

整个选举过程显得有些复杂，这主要是因为算法必须保证在所有可能的情况下，一定要能够选举出代表路由器，同时也必须保证，在代表路由器出现故障时，备份代表路由器能够顺利成为代表路由器。

步骤(1)和(3)可以确保：如果路由器已经就代表路由器及其备份达成一致意见，那么这一信息就会保持稳定。这也就是使用一个“等待周期”的原因，一个刚刚启动或刚刚恢复的路由器不会立刻将自身升级为备份或代表状态，并在“等待周期”结束之前已经获知网络中其他所有路由器的状态。

3) 链路状态数据库

在同一个域的 OSPF 路由器都力图通过上述过程形成一个“同步”的数据库，这个数据库由“链路状态宣告”组成。这些宣告代表网络的拓扑结构并用来计算最短路径。链路状态宣告的类型有 5 种：路由器、网络、网络汇总、路由器汇总和自治系统外部链路。下面讲述各种类型记录的内容和格式，并介绍它们的产生和老化过程。

各种类型的链路状态宣告都有相同的“链路状态宣告报头”，如图 2.17 所示。

<table>
<tr><td colspan="2">链路状态生存时间</td><td>选项</td><td>链路状态类型</td></tr>
<tr><td colspan="4">链路状态ID</td></tr>
<tr><td colspan="4">广播路由器</td></tr>
<tr><td colspan="4">链路状态序列号</td></tr>
<tr><td colspan="2">链路状态校验和</td><td colspan="2">链路状态记录长度</td></tr>
</table>

图 2.17 链路状态宣告报头

生存时间(age)用来指示首次做链路状态宣告报告之后所经过的时间（秒数）。链路状态类型是 1～5 的一个整数，分别对应 5 种链路状态宣告的类型，同时，链路状态 ID 也随类型的不同有不同的含义。广播路由器是广播该链路状态的路由器 ID。校验和是依据标准的 IP 校验和算法计算出来的。记录长度域是记录（包括记录头）的总体长度。链路状态类型和链路状态 ID 的关系见表 2.2。

表 2.2　链路状态类型和链路状态 ID 的关系

类　型　值	链路状态类型	链路状态 ID
1	路由器链路	产生该链路状态宣告路由器的路由器 ID
2	网络链路	该网络代表路由器的端口 IP 地址
3	汇总链路(网络)	目的网络的 IP 地址
4	汇总链路(路由器)	所描述的自治系统边界路由器的路由器 ID
5	外部网络	目的网络的 IP 地址

路由器链路状态宣告如图 2.18 所示。第 1 个字节中有 3 位，被称为 V、E 和 B，V 只有在这个路由器是一个虚拟链路的端点且路由器所连接的网络是这个虚拟链路的中转网络时才设置为 1，E 和 B 表示路由器是否是一个区域边界路由器和自治系统边界路由器。每个链路都有链路 ID、链路数据和链路类型，类型可以取 3 种数值。

(1) 如果此链路是通往另一台路由器的点到点链路，则链路 ID 就是这个路由器的 OSPF 标识符，而且链路数据是这个路由器的接口 IP 地址。

(2) 如果此链路连接到中转网络，则链路 ID 就是这个代表路由器接口的 IP 地址，而且链路数据是这个路由器接口的 IP 地址。

(3) 如果此链路连接到一个末梢网络，则链路 ID 就是这个 IP 子网的编号，而且链路数据是对应网络或子网的掩码。

0 | V | E | B	0	链路数
链路ID		
链路数据		
类型	#ToS	(ToS=0) 距离
ToS=x	0	距离
ToS=y	0	距离
⋮		
ToS=z	0	距离

图 2.18　路由器链路状态宣告

所有链路都必须包含有默认服务类型(Type of Service，ToS)的距离值，还可能包含多种 ToS 的度量制式和相应的距离值。

网络链路状态宣告如图 2.19 所示。汇总链路状态宣告如图 2.20 所示。

链路状态生存时间	选项	链路状态类型
链路状态ID		
广播路由器		
链路状态序列号		
链路状态校验和	链路状态记录长度	

图 2.19　网络链路状态宣告

网络掩码		
ToS=x	0	距离
ToS=y	0	距离
⋮		
ToS=z	0	距离

图 2.20 汇总链路状态宣告

记录的内容包括 32 位网络或子网的掩码(IP 地址等已经包含在链路状态报头中),接着是所有的相连路由器(attached router),更确切地说,是所有与代表路由器建立紧邻关系的路由器 ID。相连路由器的数量可以从记录的长度推算出来。

网络汇总链路与路由器汇总链路是由区域边界路由器产生和发布的。每个目标站点都有一个单独的链路状态宣告。掩码是网络或子网的掩码,如果是一个边界路由器,则是十六进制数 FFFFFFFF。其中没有 ToS 域,因为可以由内容的长度推导出来。

外部链路状态宣告如图 2.21 所示。外部路由通过自治系统边界路由器经过 EGP 获取。如果设置了 E 位,则表明该 ToS 的距离值与内部距离值不可比,并且应该看作"大于任何内部路由"。当 E 设为 0 时,距离值可以加到内部路径的开销中,以计算到达目标站点的路径的开销。"发送地址"(forwarding address)指明发往指定目标站点应该使用的目的地址,如果这个地址被设为 0.0.0.0,那么数据将被送往这个链路状态宣告的产生者。"外部路由标签"是一个 32 位域,由边界路由器用来交换有关路由信息。OSPF 不对它进行检查。

网络掩码		
E, ToS=0	0	距离
发送地址		
外部路由标签(0)		
E, ToS=x	0	距离
发送地址		
外部路由标签(x)		
⋮		
E, ToS=z	0	距离
发送地址		
外部路由标签(z)		

图 2.21 外部链路状态宣告

这种链路状态宣告分别描述了域内、域外和自治系统外的链路状态。在获取相应的链路状态宣告之后,就可以根据这些记录的内容,按照链路状态算法计算出相应的路由表项。

链路状态宣告的产生是一个与网络(确切地说是这个路由器与网络的接口)和相邻路由器的状态密切相关,同时又是并行的过程。这里说明的只是链路状态宣告产生的基本原则。

一台路由器为它所连接的每一个域产生一条路由器链路状态宣告。这样一条链路状态宣告描述了这台路由器与这个域的所有链路的状态集合。这条链路状态宣告将通过洪泛过程扩散到整个域内,但不会超出这个域的范围。

每个广播类型或者非广播类型的**中转网络**(Transit Network)都需要一条对应的网络链路状态宣告(一个网络如果与 2 台或 2 台以上的路由器相连,就称为中转网络)。这个网络的代表路由器负责产生网络链路状态宣告。仅当代表路由器与网络上的另外至少一台路由器建立了紧邻关系时,代表路由器才能成功产生这个网络链路状态宣告。这条记录将被扩散到包含这个中转网络的整个域,但也不会超出这个域的范围。

汇总链路状态宣告的目标站点只能是一个 IP 网络或者自治系统边界路由器,虽然这些站点处于 OSPF 区域(这里指的是 AS 内进一步划分的路由区域,是为了解决 AS 太大带来的扩展性问题,后文会详细介绍)外,但应该仍属于同一个自治系统。汇总链路状态宣告由区域边界路由器产生,其中总结的路由由路由表决定。值得注意的是,在主干域内广告的只有区域内的路由,而在其他区域内广告的既有区域内路由,又有区域间路由(这里指的同样是 AS 内进一步划分的路由区域)。汇总链路状态宣告是针对某一个特定的区域产生的,并且只在这个区域内广告。

自治系统外部链路状态宣告描述了到达自治系统外目标站点的路由,外部链路状态宣告由自治系统边界路由器产生。一个自治系统边界路由器为它所知道的每一个自治系统外的路由产生一个外部链路状态宣告。自治系统外的路由信息只能通过其他路由协议(如 BGP)或者配置信息得到。外部链路状态宣告是唯一一种需要在整个自治系统扩散的链路状态宣告。但是,外部链路状态宣告不会在末梢区域内传播。

虽然及时从链路状态数据库中删除过时或无效的信息是必要的,但是由于 OSPF 是分布式的协议,同一个 OSPF 自治域内所有 OSPF 路由器维护一个相同的描述自治系统内部结构数据库,这就意味着,无效记录的删除操作也应该严格地同步。

OSPF 通过"老化"机制管理这种同步删除。数据库中的每个记录都有一个"生存时间"。当记录首次被产生并发布时,其生存时间为 0。当这个记录被保存在数据库中或被转发时,其生存时间就会递增。当它达到"最大生存时间"时,这个记录就被认为过时了,并在计算路由时不列入考虑范围。为了强制实现同步,路由器在还未通过扩散协议向其邻居通报的情况下不能删除一个过时的记录。

4) 链路状态数据库的交互

交互链路状态数据库的目的是使双方的数据库"同步"。在点到点的链路上建立双向连接之后,在网络链路中,路由器与代表路由器之间都由这个过程完成数据库的初始同步,而接下来的维护数据库的工作则由后面介绍的"洪泛"过程完成。

OSPF 的交互过程是非对称性的。这个过程的第一步是从路由器中选择"主"(master)和"从"(slave),当这个角色的选择达成一致后,两个路由器就交换它们的数据库描述信息。这一步使用数据库描述分组(Database Description Packet,DDP),它的格式如图 2.22 所示。在 OSPF 分组头后面的第 1 个 32 位字中,"选项"字节之后的字节中有 3 位,分别是 I(初始化)、M(未完)和 MS(主-从),这 3 位用于选择 master 和 slave。在数据库描述分组的序列号之后的 20B 构成一个链路状态宣告的头,一个数据库描述分组可以包含 0 个、1 个或多个这样的记录头。

想启动交换过程的路由器,首先须发送一个空的 DDP。其中,初始化(IMMS 中的 I)、未完(IMMS 中的 M)和主-从位(IMMS 中的 MS)都设为 1,而且 DD 序列号被设置成一个随机值(建议使用当前的时钟)。然后,另一台路由器发送一个"确认"分组表示同意在这一

<table>
<tr><td colspan="4">OSPF分组报头，类型=2(data description)</td></tr>
<tr><td colspan="2">端口MTU</td><td>选项</td><td>IMMS</td></tr>
<tr><td colspan="4">DD序列号</td></tr>
<tr><td colspan="2">链路状态生存时间</td><td>选项</td><td>链路状态类型</td></tr>
<tr><td colspan="4">链路状态ID</td></tr>
<tr><td colspan="4">广播路由器</td></tr>
<tr><td colspan="4">链路状态序列号</td></tr>
<tr><td colspan="2">链路状态校验和</td><td colspan="2">链路状态记录长度</td></tr>
<tr><td colspan="4">⋮</td></tr>
</table>

图 2.22　DDP 分组格式

交换期间扮演“从属路由器”的角色。该“确认”分组装载有相同的序列号，I 位设置为 1，MS 位设置为 0(从属路由器)。在没有得到确认的情况下，初始分组将每隔“重传间隔”重复发送一次。解决冲突可利用一种简单的冲突消除算法：如果一台路由器正在等待一个确认时却收到一个请求，那么它就将发送地址与其自身地址进行比较。如果发送地址大于其自身地址，它就接受从属路由器的角色并确认这个分组；否则，它就忽略所接收的分组，因为它自身的分组稍后将会被其他路由器确认。

一旦主从角色分好，就可以开始进行非对称的交换。主方路由器在一系列 DDP 中发送其数据库里记录的描述，I 位被设置成 0，MS 位被设置成 1，而 M 位被设置成 1，最后一个分组例外。对这些分组进行序列编号，一次发送一个。每个分组发送完毕以后，从属路由器将发送一个确认分组，即一个 DDP，其中含有相同的序列号，但 MS 位被设置成 0。确认分组带有从属路由器数据库里记录的描述。如果确认在重传间隔内未被收到，主路由器将重复发送它的分组；如果从属路由器收到一个与前面分组序列号相同的分组，就重复前面的确认。容易看出，主路由器的重传机制保证了主路由器与从路由器的分组都能被正确接收。

当主路由器传送它最后一个记录描述时，它将把 M 位设置成 0。如果从路由器仍然有记录要传送，它就继续发送 M 位置 1 的确认。主路由器将继续发送 M 位被置 0 的空的描述分组并接收确认，直到最后接收到一个 M 位被置 0 的确认。此时，交换结束。在交换期间，主路由器与从路由器将处理它们在分组以及其确认中发现的链路状态宣告描述。首先核实是否有一个与它们数据库中的“类型”“广播路由器”或“链路状态 ID”相同的记录，并利用比较算法检测这个记录是否有一个更大或相等的序列号。如果路由器需要这个链路状态宣告，它们就将这个记录描述放入一个“请求记录”的列表之中。在交换过程中和交换结束之后，它们通过链路状态请求分组请求获得这些记录。

链路状态请求(LS request)分组格式如图 2.23 所示。这种分组中包含一组链路状态宣告的标识符。每个链路状态宣告都可以由链路状态类型、链路状态 ID 和广播路由器唯一确定，这 3 个数据用来作为这个记录的标识符。当收到这类请求时，路由器将使用与扩散新的记录相同的过程发送一组链路状态更新。每当接收到链路状态更新时，这个记录描述就从请求记录列表中删除。

OSPF分组报头，类型=3(LS request)
链路状态类型
链路状态ID
广播路由器
⋮

图 2.23　LS request 分组格式

5）洪泛过程

当一条链路发生状态变化时，与该链路对应的路由器将发布新版本的链路状态宣告。前面我们已经看到不同类型的链路状态宣告，它们被装载在链路状态更新分组中。如图 2.24 所示，在 OSPF 包头后面的是宣告数量，接着是链路状态宣告本身。事实上，只有链路状态更新分组中才有完整的链路状态宣告，因此路由信息最终都要通过链路状态更新分组传递。当接收到一个新的链路状态宣告时，这个记录将被安排在其他所有接口进行传送。不论通过怎样的方式，接收者都会向发送这一更新分组的路由器确认这个宣告。为保证扩散过程的可靠性，该路由器会以一定间隔重传它的更新信息，直到接收到确认为止。

宣告一般由链路状态确认分组进行确认，链路状态确认分组格式如图 2.25 所示。每个确认分组可以包含一定数量的宣告报头，该报头和协议交换期间在数据库描述分组中被传送的那些分组在内容上是相同的。既然一个确认分组可以确认多个宣告，就应当延迟它的传送，以便将许多链路状态确认分组装到一个分组中。然而，不应延迟对重复链路状态宣告的确认。这些重复宣告很可能是由于丢失确认而重传产生的，对这些宣告必须用点对点分组进行确认，而且不应该有任何延迟。

OSPF分组头(类型4)
宣告数
链路状态记录 ⋮

图 2.24　链路状态更新分组格式

OSPF分组头(类型5)
链路状态记录 ⋮

图 2.25　链路状态确认分组格式

6）路由选择

如前所述，OSPF 路由器之间首先利用 Hello 分组的 ID 信息确认主从关系，然后主从路由器相互交换部分链路状态信息。每个路由器对信息进行分析比较，如果收到的信息有新的内容，路由器将要求对方发送完整的链路状态信息。这个状态完成后，路由器之间便建立了**完全紧邻**(Full Adjacency)关系，同时邻接路由器拥有自己独立的、完整的链路状态数据库。

每台 OSPF 路由器收集到其所在网络区域上各路由器的连接状态信息（即**链路状态**(Link-State)信息）后，生成**链路状态数据库**(Link-State Database)。路由器掌握了该区域上所有路由器的链路状态信息，也就等于了解了整个网络的拓扑状况。

接下来，OSPF 路由器利用 Dijkstra 最短路径算法计算最短路径树。OSPF 利用**度量**(metric)计算目标路径，度量最小者即最短路径，在配置 OSPF 路由器时可根据实际情况（如链路带宽、时延或经济上的费用）设置链路 metric 大小，metric 越小，该链路被选为路由的可能性越大。独立计算出到达任意目的地的路由后，每个路由器周期性地发送一个 LSA，在路由器状态发生变化时也发送 LSA。LSA 包括紧邻的路由器的信息，通过将紧邻路由器与链路状态相比较，可以迅速发现故障的路由器，并及时改变网络的拓扑。利用 LSA 产生的拓扑数据库，每个路由器都可以以本身为根节点，计算出一棵最短路径树，利用最短路径树，就可以产生路由表。

7）路由维护

当链路状态发生变化时，OSPF 通过 Flooding 过程通告网络上的其他路由器。OSPF

路由器接收到包含有新信息的链路状态更新分组，将更新自己的链路状态数据库，然后用SPF算法重新计算路由表。在重新计算过程中，路由器继续使用旧路由表，直到SPF完成新的路由表计算，新的链路状态信息将发送给其他路由器。值得注意的是，即使链路状态没有发生改变，OSPF路由信息也会自动更新，默认时间为30min。

4. 两台路由器的典型交互实例

下面给出两台路由器的典型的工作过程，目的是使读者对上述过程(Hello协议、交互链路状态数据库、洪泛过程和数据库的维护是如何协同工作的)有更清晰的概念。

这两台路由器处于同一个域中，通过一个广播网络相连，同时认为交互过程中没有其他路由器的参与和影响(数据库的链路状态宣告中可以包含其他路由器的信息)。这两台路由器的基本配置信息见表2.3。

表2.3 这两台路由器的基本配置信息

路由器名	路由器ID	路由器端口IP地址	路由器端口优先级
A	0.0.0.1	172.68.5.1	1
B	0.0.0.2	172.68.5.3	1

同时设定Hello间隔、路由器死亡间隔和重传间隔等时钟，默认情况下路由器死亡间隔是Hello间隔的4倍。两个路由器的典型交互过程如图2.26所示。其中，Hello分组中说明的参数依次为代表路由器、备份代表路由器和相邻路由器(可能有多个)，DDP分组中说明的参数依次为I、M和MS位。如果表示发送的连线的箭头末端没有指明目标路由器，表明这个分组是以多路广播包的形式发送的。所有Hello分组和部分更新分组都是这样发送的。

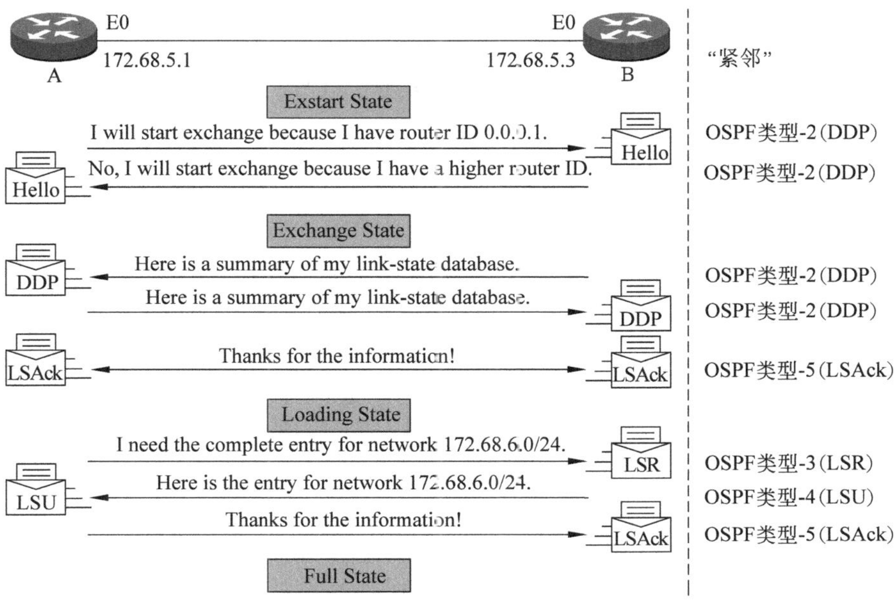

图2.26 两台路由器的典型交互过程

路由器 A 首先启动，进入等待周期。当路由器 B 启动时，路由器 A 发现路由器 B，当路由器 B 确认和路由器 A 建立了双向连接之后，A 把自己选作 master，向 B 发送一个数据库描述分组（DDP），B 也会发出把自己当作 master 的同样的 DDP，但因为此时路由器 B 的路由器 ID 高于 A，所以经过协商 A 同意 B 作为 master，自己作为 slave，得到选举结果：路由器 B 成为代表路由器。在一系列数据库交互过程之后，A 和 B 建立了紧邻关系，同时带来了网络链路状态的改变。B 作为代表路由器，将为这个网络产生一个新的网络链路状态宣告，并通过洪泛过程发送出去。直到 A 确认这个链路更新分组为止，这两个路由器便进入相对稳定的状态。

A、B 在选择 master 和 slave 的过程结束之后，它们会通过后续的 DDP 发送链路状态宣告的描述信息（DDP）交互各自的链路状态信息库。接下来，A 根据 B 的 DDP 中的描述信息，发送要求子网 172.68.6.0/24 的完整链路状态信息的请求分组，B 响应 A 的 DDP 和链路状态请求分组，发出自己掌握的子网 172.68.6.0/24 的完整的链路状态信息。

5. OSPF 的层次化的网络拓扑结构

Internet 中的很多自治系统自身规模很大，拥有的 OSPF 路由器数量很多，这时如果整个自治系统中 OSPF 路由器都运行上述 OSPF 协议，则开销很大。针对这种情况，OSPF 协议支持对网络的进一步划分，它把一个网络或一系列相邻的网络分为编号区域（Area），一个区域的拓扑结构对于自治系统的其余部分是不可见的。这种信息的隐藏可以带来路由信息量的显著降低。同时，区域内的路由只由区域本身的拓扑结构决定，使其不受区域外错误信息的影响。OSPF 还定义了一个特殊的区域，称为**主干**（Backbone），其编号为 0，所有区域都必须与主干相连，主干负责向所有的非主干区域分发路由信息。主干在拓扑上必须是连通的。与其他区域一样，在主干之外其拓扑结构是不可见的。图 2.27 表示了 OSPF 中 AS、主干和区域间的关系。

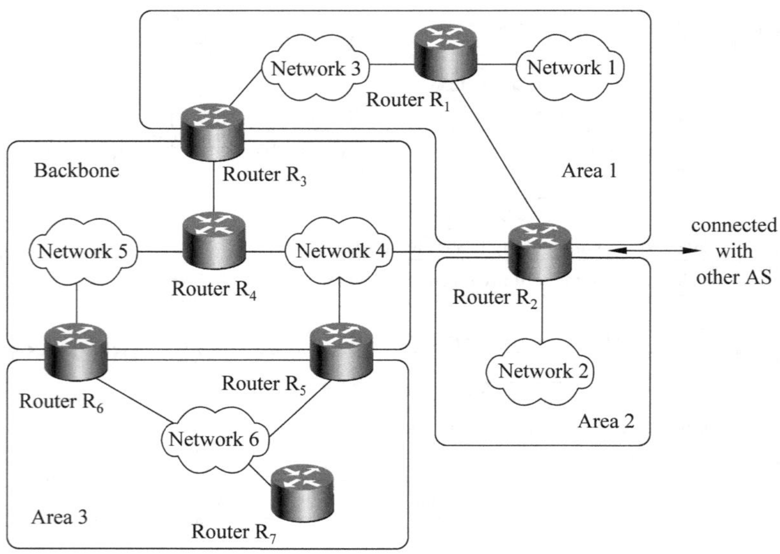

图 2.27　OSPF 中 AS、主干和区域间的关系

由于区域概念的引入，OSPF 路由器可根据功能进一步划分为如下 4 种类型。

(1) 域内路由器(Internal router):与该路由器相连的所有通信对端(网络或路由器)均属于同一个区域。该路由器只运行一套基本的路由算法如图 2.27 中的路由器 R_1、R_4 和 R_7。

(2) 域间路由器(Area border router):与多个区域相连的路由器。域间路由器运行多套基本的路由算法,每套算法对应它相连的一个区域。域间路由器将与它们相连的域的拓扑结构信息加以提炼,并将其发送到主干,然后主干将这些信息分发到各个域中,如图 2.27 中的路由器 R_2、R_3、R_5 和 R_6。

(3) 主干路由器(Backbone router):与主干有接口的路由器。这包括所有的域间路由器,但是,并非所有的主干路由器都是域边界路由器。如图 2.27 中的路由器 R_2～R_6。

(4) 自治系统边界路由器(AS boundary router):与其他自治系统交换路由信息的路由器。这些路由器向整个自治系统广播自治系统外的路由信息,自治系统内的所有路由器都知道通往自治系统边界路由器的路径,如图 2.27 中的路由器 R_2。

值得注意的是,这 4 种路由器的分类是有重叠的。例如,图 2.27 中的路由器 R_4 既是域内路由器,也是主干路由器,而 R_2 既是域间路由器,也是自治系统边界路由器。

6. 面向 IPv6 的 OSPF

面向 IPv6 的 OSPF 又称 OSPFv3,是 OSPF 在 IPv6 网络中的标准。它是 IPv6 推荐的内部网关协议,由 RFC 2740[9] 进行规范说明。

OSPFv3 运行于 IPv6 之上,而 OSPFv2 运行于 IPv4 之上。OSPFv3 和 OSPFv2 的链接状态数据库相互之间不能共享,因此两者应该并行运行,它们之间如果要互相传达路由信息,则需要通过路由管理的路由重分配功能实现。RFC 2740 以 RFC 2328 为基础,描述了 OSPFv3 对 OSPFv2 协议的修改。OSPF 的基本机制,如支持区域划分、SPF 计算、扩散(flooding)、代表路由器的选举等在 OSPFv3 中没有改变。由于 RFC 2328 是一个十分庞大的文档,共有 200 多页,因此这些没有改变的部分未包括在 RFC 2740 中。但是,OSPFv3 并不仅是为了让 OSPF 支持 128 位地址所做的修补,它是在 OSPF 协议多年的实际运行经验以及大量的理论研究基础上进行的全面升级,经过升级后的 OSPFv3 协议对原有的 OSPF 协议进行了改进,并且有了很多的新特性,本节对这些新特性进行简要介绍。

OSPFv3 协议提高了通用性,使网络可以适应不断变化的要求,这使得复杂的网络得以简化;同时,它采取了一些增强措施,以保证升级方便地进行;另外,OSPFv3 还进行了优化并且安全性也得到了提高。

首先,OSPFv3 协议设计的主要目的是"开发一种独立于任何具体网络层的路由协议"。为实现这一目的,OSPFv3 的内部路由信息重新进行了设计。与过去的版本不同,OSPFv3 不向位于 OSPF 分组和链路状态宣告 LSA 起始位置的头部插入基于 IP 的数据。OSPFv3 利用独立于网络协议的信息执行过去需要 IP 报头数据完成的关键任务,例如识别和发布路由数据的 LSA。

除了改变头部数据外,OSPFv3 还对 LSA 所发挥的作用进行了重新定义。在 OSPFv3 中,通知网络拓扑状况和 IPv6 数据的任务被分配到新的和已有的 LSA 中。

OSPFv3 引入了两种 IPv6 专用的 LSA,即所谓的**域内前缀**(Intra-Area-Prefix)和链路 LSA。由于减少了对 IPv6 的依赖性,因此,对 OSPFv3 协议分组和 LSA 的这种改进措施可以让 OSPF 将来方便地支持其他新型网络协议。OSPFv3 具有很好的通用性,只需很少的网络升级，无须对协议进行重大的改变就可以提高 IPv6 的性能。

其次，OSPFv3 增加了多种可选功能，如组播 OSPF(MOSPF)，以实现通用性。为了达到这一目的，OSPFv3 扩展了在 OSPF 分组头部的用来互相通告附加功能的选项数据域。多数 OSPFv3 路由器之间交互的信息中都包含选项域，运行 OSPFv3 的设备可以支持多达 24 种可选功能，而以前的版本只能支持 8 种功能。

OSPFv3 与过去的协议完全不同，它通过提供非本身固有的安全性简化消息的结构。通过利用 IPv6 包的安全扩展头，也就是 IPSec，OSPFv3 消息可以被认证和加密，而这在以前是需要增加复杂的协议才能实现的功能。

从以上这些新特性可以看出，OSPFv3 相对于以往的 OSPF 协议在通用性、适应性和安全性等方面都有很大的改进。与 OSPF 协议以往的几个版本修改不同，OSPFv3 是对 OSPF 协议的全面升级，使 OSPFv3 协议能够更好地适应飞速发展的全球互联网。

2.4 Internet 域间路由协议 BGP

自治系统(Autonomous System, AS)是拥有统一路由策略、在同一管理部门下运行并且分配了官方自治系统编号(Autonomous System Number，ASN)的 IP 网络。一般来说，一个 ISP(Internet Service Providers)可以看作一个自治系统(实际上，大的 ISP 网络为了简化管理，也会由多个 AS 构成)。在外部世界看，整个自治系统是一个单一的实体。

根据 http://as.chacuo.net/list 网站的统计信息，表 2.4 显示了截至 2019 年 12 月 18 日全球自治系统拥有数排在前 20 位国家(或者地区)的自治系统的分配状况。

表 2.4 全球自治系统的分配状况

国家(地区)代码	已分配 AS 数	分配数与总数比/%	国家(地区)名称
US	28657	16.93	美国
BR	6903	4.08	巴西
RU	6495	3.84	俄罗斯
IN	3172	1.87	印度
GB	2744	1.62	英国
AU	2735	1.62	澳大利亚
DE	2656	1.57	德国
PL	2585	1.53	波兰
ID	2431	1.44	印度尼西亚
CN	2429	1.44	中国
UA	2347	1.39	乌克兰
CA	2315	1.37	加拿大
JP	1943	1.15	日本
KR	1834	1.08	韩国

续表

国家(地区)代码	已分配 AS 数	分配数与总数比/%	国家(地区)名称
FR	1519	0.90	法国
RO	1495	0.88	罗马尼亚
NL	1288	0.76	荷兰
IT	1136	0.67	意大利
ES	1104	0.65	西班牙
HK	998	0.59%	中国香港

2.4.1 自治系统级网络拓扑

Internet 拓扑可以分为两个层次：路由器级拓扑图和自治系统级拓扑图。

路由器级拓扑图表示路由器间的连接关系，反映数据实际的流动方向和路径。自治系统拓扑表现各个不同自治系统间的连接关系和路由更新策略，从中可以考查不同网络间的连接情况，从而为优化网络接入提供依据。Internet 是由自治系统构成的，为了能够从宏观上了解 Internet 的结构，有必要构造自治系统级拓扑图。

互联网数据分析合作协会(Cooperative Association for Internet Data Analysis, CAIDA)[10]是一个对全球范围内 Internet 结构及数据进行研究的国际合作机构，其主要职能是在全球范围合作基础上最大限度地对 Internet 数据进行获取、分析、研究和共享。从 2000 年开始，CAIDA 就依据分布在全球的数据采集站点进行长期而细致的自治系统级的 Internet 自治系统拓扑图构造。CAIDA 使用的测绘方法既覆盖了全球广袤的地理疆域，又直观展示了所有参与全球网络路由系统的自治系统节点间的丰富的互联互通。

CAIDA 依据以下公式的方法建立了半径-角度型极坐标体系，创造性地诠释和描绘了自治系统级的 Internet 拓扑。

$$\text{半径} = 1 - \log \frac{\text{出度(自治系统)} + 1}{\text{出度最大值} + 1}$$

$$\text{角度} = \text{BGP 前缀所属的自治系统的经度}$$

参照类似依据经纬地理信息标定目标坐标的方法，首先对 IP 级数据进行聚合处理和系统分析，在此基础上计算出参与全局网络路由系统的所有自治系统的半径-角度坐标，然后依次标定每一自治系统在图中所处的位置，最终构造出基于 IPv4 网络和 IPv6 网络的自治系统级的 Internet 拓扑图。在该图中，每个自治系统都可对应到某一个 ISP；每一个 IP 地址都可对应到所属的自治系统，也就是说，依据 Route Views (http://www.routeviews.org/)提供的 BGP 路由表，可以将每个 IP 地址对应到拥有能够聚合它的最佳匹配前缀的源自治系统。

2015 年 1 月，CAIDA 完成了最新的基于 IPv4 网络的自治系统级的 Internet 拓扑图。期间，CAIDA 调集覆盖全球 6 个大洲、遍布 42 个国家和地区的 118 台监测器，借助 Archipelago (Ark)互联网动态测量信息平台，总计涵盖 92.7%的全局可路由前缀条目，如图 2.28 所示。

与此同时，CAIDA 也完成了基于 IPv6 网络的自治系统级的 Internet 拓扑图，期间

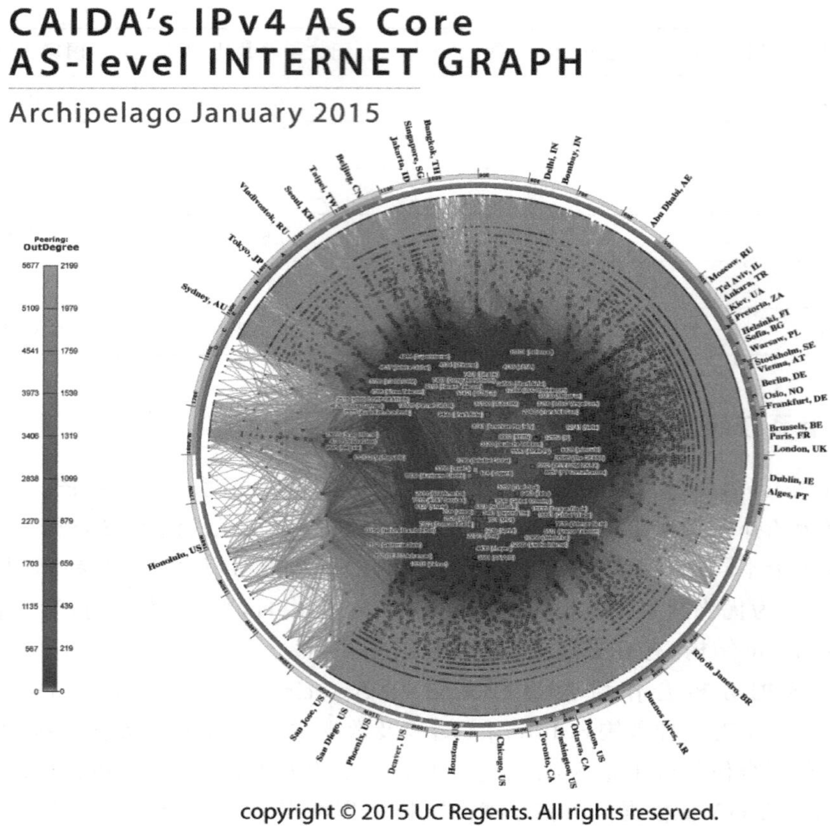

（42048676 个 IP 地址，33899735 个 IP 链路，2.81 亿个目标站点，涵盖 92.7%的全局可路由前缀条目，39809 个自治域，152438 个 BGP 对等体会话。数据源自 CAIDA）

图 2.28　基于 IPv4 的自治系统级 Internet 核心区自治系统拓扑图

CAIDA 调集 Archipelago（Ark）互联网动态测量信息平台上遍布全球 6 个大洲 25 个国家的 47 个监测站点，共探测 490 万个目标，涵盖 89.3%的全局可路由前缀条目的 IPv6 地址前缀，如图 2.29 所示。

CAIDA 的监测数据表明，无论是在 IPv4，还是 IPv6 网络的核心区域内，大多数自治系统的度都会随着时间而变化，基于度的相对排名也在不断变化。

在基于 IPv4 的自治系统级 Internet 核心区自治系统拓扑图中，自治系统 3356 的度在 2014 年和 2015 年连续保持领先地位，位列第 2、3 位的 174 和 6939 在这一时期也保持着与 3356 大致相当的度数。而自治系统 7018 和 3549 的度数却连年下滑，分别跌至第 8 和 9 位，如图 2.30(a)所示。值得一提的是，CAIDA 针对每一自治系统进行的有关度的统计和排名是各自独立的，然而 ISP 网络往往会覆盖多个自治系统，因此更加精确的基于拓扑的统计和排名必须在确知每一自治系统的实际归属情况后才能进行，可是依据当前 Internet 的实际状况，这一前提条件很难满足。

在基于 IPv6 的自治系统级 Internet 核心区自治系统拓扑图中，自治系统度的变化更加显著。除排名前 3 的自治系统 6939、3356 和 174 在排名保持不变外，其他第 4～11 位排名

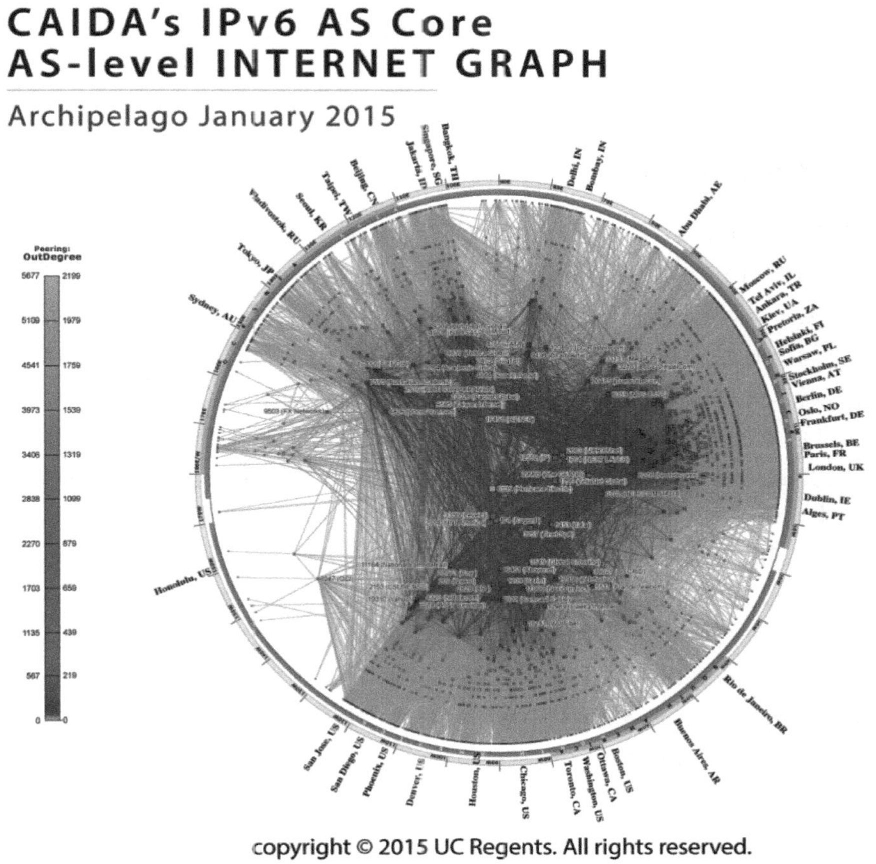

（71391 个 IPv6 地址，186567 个 IPv6 链路，490 万个目标站点，涵盖 89.3%的全局可路由前缀条目的 IPv6 地址前缀，5326 个自治系统，21820 个 BGP 对等体会话。数据源自 CAIDA）

图 2.29　基于 IPv6 的自治系统级 Internet 核心区自治系统拓扑图

均有变动。相对明显的：自治系统 20 965 的排名则从第 10 位下滑至第 11 位，跌出了前 10 位，拱手把第 10 位交椅让给自治系统 12 552，如图 2.30(b)所示。

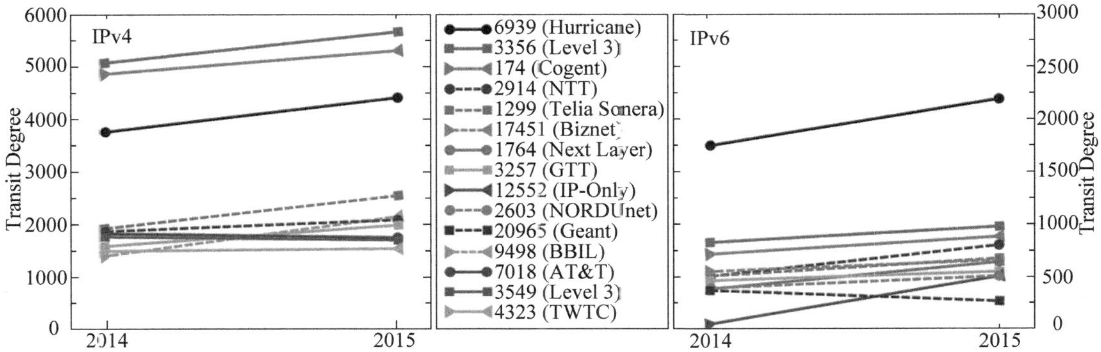

(a) IPv4　　(b) IPv6

图 2.30　基于度的 IPv4 和 IPv6 核心区自治系统排名

CAIDA 的研究还表明，IPv4 的核心区域主要集中在美国，而 IPv6 则除了美国外，还包括欧洲。在亚洲，与已经较大规模地部署 IPv6 网络的实际情况形成反差的是：这里没有高连通度的 IPv6 自治系统，部分原因可能是 CAIDA 仅在亚洲部署了 1 台 IPv6 监测设备，而在美国部署了 5 台，在欧洲部署了 4 台。

2.4.2 自治系统间的连接关系

自治系统内路由和自治系统间路由之间的一个重要区别是二者追求的优化目标不同。在自治系统内，所有的设备和线路归属同一机构所有，因此域内路由可以追求技术指标最优，如链路带宽最大、延迟最小和距离最短等。在自治系统间，由于不同的自治系统往往属于不同的运营商，而运营商作为企业，首要目标是获取运营利润，因此很自然，域间路由从优化的角度看，追求的目标是利润最大化，而不再是网络性能最优。

对一个自治系统来说，从财务结算的角度可将自治系统间的连接链路分为 3 类：互不结算链路、收费链路和付费链路。域间路由协议对这 3 种链路的使用方式体现了自治系统间微妙的商业竞争关系。

1. C2P 关系和 P2P 关系

C2P(Customer-to-Provider)关系和 P2P (Peer-to-Peer)关系是自治系统中最基本的关系，小规模自治系统或新组建的自治系统为实现与 Internet 的连接，通常需要向较大一级自治系统购买连接链路，进入和流出自治系统的数据都要通过上级自治系统转发，相应地，上级自治系统因为提供连接服务而向下级自治系统收取费用，这样买方成为 Customer，卖方成为 Provider，如图 2.31(a)所示。通常称没有 Provider 的自治系统为 Tier-1 自治系统，或顶级自治系统，因此区分一个自治系统(通常为一个 ISP)是否为 Tier-1 的关键依据不是它的大小，而是它有没有上级的 Provider。

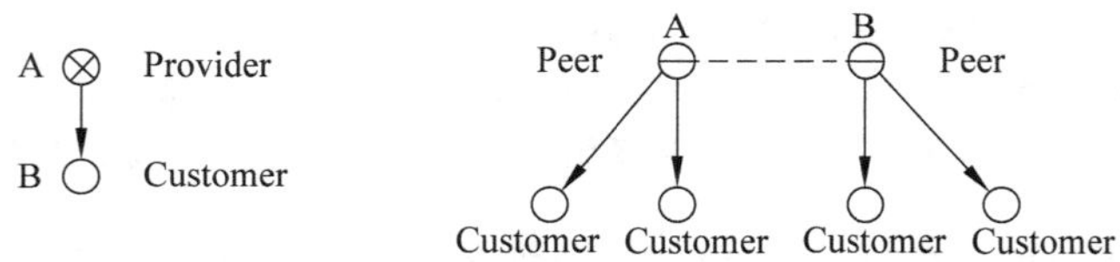

(a) Customer-to-Provider关系　　(b) Peer-to-Peer关系

图 2.31　C2P 关系和 P2P 关系

在使用 C2P 路由时，由于 Customer 通常要向 Provider 支付费用(见图 2.32)，两个自治系统为避免通过各自 Provider 互通而产生额外费用，其间可协商建立 P2P 连接，如图 2.31(b)所示。互为 Peer 的双方向对方提供到达自己的路由通道，而且双方对此连接不进行财务结算，从而降低了运营费用(见图 2.33)。P2P 连接建立的自然前提条件是两个自治系统规模相当，互访规模基本对称。Tier-1 自治系统间通常以 P2P 形式互联互通。目前，在全球范围内的 Tier-1 运营商主要包括 AT&T、Sprint、Level 3 Communications 等少数提供全球互联网接入服务的顶级运营商。

2. S2S 关系

S2S(Sibling-to-Sibling)关系是由 P2P 关系演化而成的，其行为特征表现为两个自治系统互相提供 Internet 连接，从任何一方看，对方都是自己的 Provider，同时又是自己的

Customer，如图 2.34 所示。

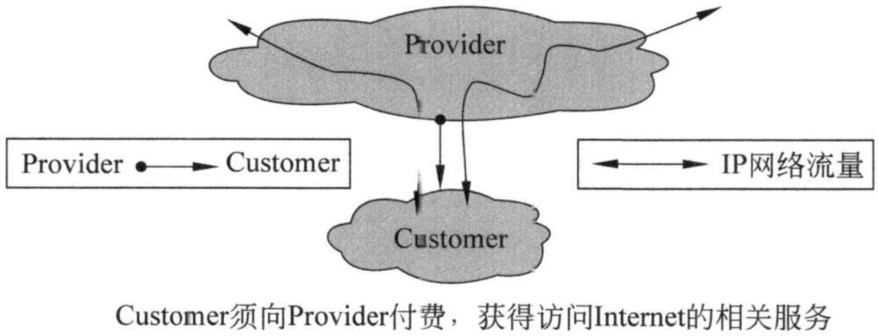

图 2.32　C2P 间的经济关系

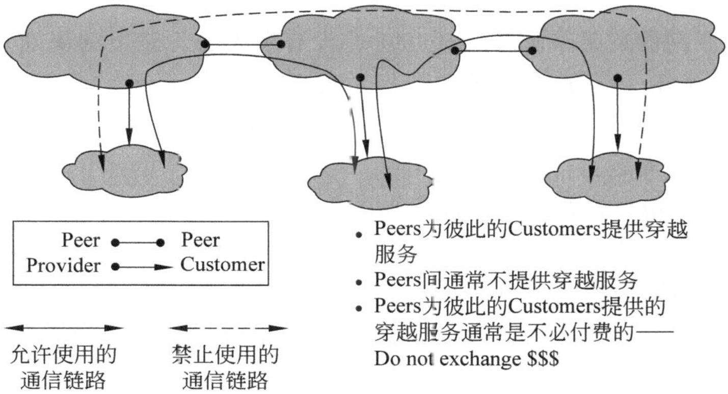

图 2.33　P2P 间的经济关系

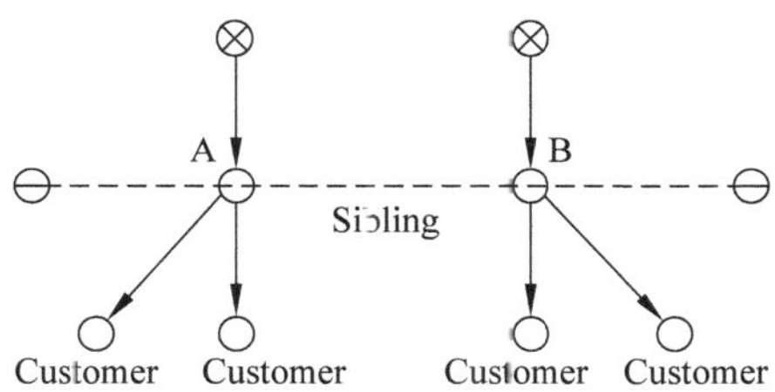

图 2.34　S2S 关系

出现这种连接方式主要是因为 A、B 两个自治系统对连接冗余的需求，通常情况下，A 和 B 属于同一管理机构（如大型 ISP）控制下的两个不同的自治系统。由于隶属同一机构，两自治系统间不存在结算障碍，实行的是一种开放式路由通告策略，每个自治系统都会将对方及其 Customer 的路由全部通告给自己的 Customer、Provider 和 Peer，因此这种连接方式的实现和控制相对简单。

3. BS 关系

BS（Backup Sibling）关系由 P2P 关系发展而成，是一种特殊的 P2P 关系。互为 Backup Sibling 的两个自治系统 A、B 满足 P2P 关系的同时，还要为对方提供 Internet 的备份连接，即在各自 Provider 连接正常的情况下，Provider 流量不得从对方分流，只有在其中一方全部

Provider 路由中断的情况下，另一方自动升级为 Provider 身份，如图 2.35 所示。在 A、C 自治系统间的 C2P 路由中断的情况下，A 借助 B 向自治系统 D 通告备份路由，从而使 A 及其 Customer 能够继续保持 Internet 的连通性。

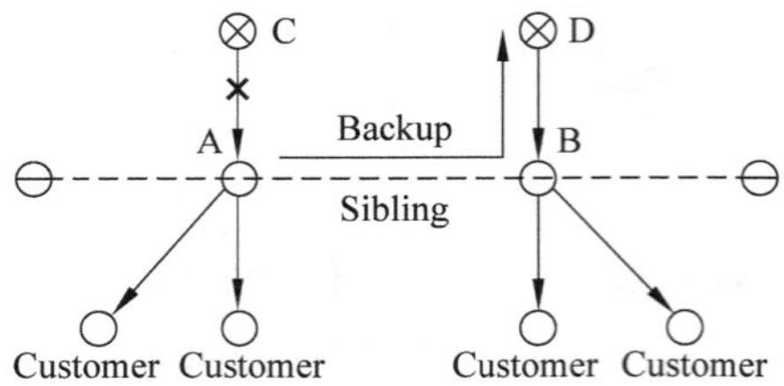

图 2.35　BS 关系

由于当前互联网的域间路由协议 BGP-4 并没有考虑备份路由的识别机制，因此 BS 关系在实现技术上存在一定困难。通常的做法是相关自治系统的管理员共同约定一个 community 属性值，用于标识备份路由，这种做法在一定程度上满足了上述结构的需求，但同时带来了如下 4 个问题：

(1) 多自治系统协调违背了自治系统独立自治的大前提。

(2) 无法保证将约定的 community 属性通告给备份路由到达的所有自治系统。

(3) 系统中有可能出现歧义的 community 值。

(4) 最终可能导致入口流量异常。

4. IS 关系

两自治系统出于互访业务的需求，希望相互通告对方路由，从而构成 P2P 关系，但 A、B 之间有时不存在 BGP 连接，无法实现路由交换。

因此，A 和 B 选择一个共同的 Peer 作为中间自治系统，如图 2.36 所示。为实现 A、B 间的 IS (Indirect Peer)关系，自治系统 C 必须将 B 自治系统的路由全部通告给 A，同时将 A 自治系统的路由全部通告给 B。

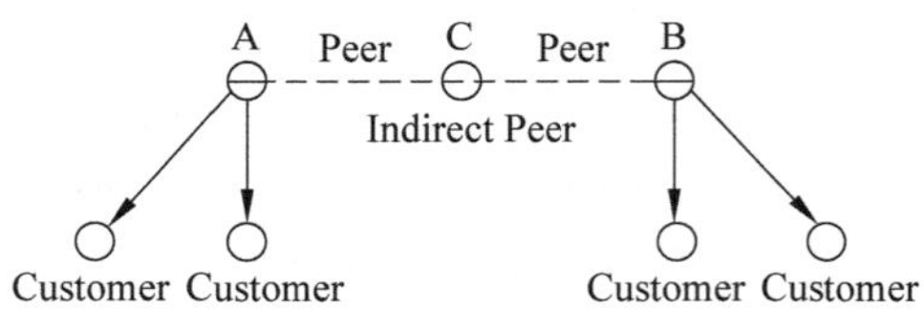

图 2.36　IS 关系

构成 IS 关系的 3 个自治系统必须协商一致，通常 A、B 两个自治系统要向 C 支付相应费用。从局部讲，此时的自治系统 C 事实上成了 A、B 两个系统的临时 Provider。

2.4.3　国内 ISP 互联情况

1. 国内主要 ISP

1) 国内主要网络运营商

国内运营商的格局历经了多次大的调整，根据 2019 年 2 月发布的《中国互联网络发展状况统计报告》显示，目前国内主要骨干网运营商有中国电信集团公司(CHINANET)、中国联合网络通信有限公司(UNINET,这里指的是原联通和原网通合并后的新联通)、中国互联网信息中心(CNNIC)、中国移动通信集团公司(CMNET)、中国教育和科研计算机网(CERNET)、中移铁通(CTTNET)及其他。

2) 从“联通网苑”看国内运营商的互联关系

下面以中国联通早期曾经发展过的“联逭网苑”看国内运营商的互联关系。注意,国内运营商一直在不断兼并和重组,这段历史只说明当时的状况,不代表现在的格局。中国联通成立于 1994 年 7 月 19 日。成立以来,中国联通的整体实力不断增强。经营的电信业务由成立之初的移动电话(GSM)和无线寻呼发展到后来的移动电话(包括 GSM 和 CDMA)、长途电话、本地电话、数据通信(包括互联网业务和 IP 电话)、电信增值业务,以及与主营业务有关的其他业务。

然而,自联通成立以来,其数据通信业务一直备受中国电信和当时的中国网通的强力竞争,面对复杂的外部竞争环境,始终处在弱势地位。2003 年 5 月 15 日,中国联通获得了有关部门连锁网吧的筹建许可,同年 10 月,中国联通正式获得全国性的连锁网吧经营资格——“联通网苑”自此成立(见图 2.37),成为当时第一家手持全国连锁网吧经营许可证的基础电信运营商。一年之后,中国联通的网吧帝国蓝图初具规模,联通的连锁网吧计划明确表明,未来联通网苑将成为一个“全业务中心”,全面提供上网、游戏、教育、视频和 IP 电话等业务。联通除了要自建 300 家联通网苑旗舰店外,还初步规划在全国发展 2500~2800 家特许加盟店,使联通网苑的数量达到 3000 家,成为国内最大的连锁网吧经营企业。

图 2.37 联通网苑连锁网吧

不难看出,这一计划对中国电信和当时的中国网通这两大固网运营商构成了极大的威胁。

然而,3 年多的连锁经营,联通网苑从开始的充满激情到遭遇尴尬,最后不得不黯然退出网吧市场。对于联通网苑倒闭的原因,联通方面认为责任在中国电信,他们表示中国电信 1Mb/s(带宽)每个月向中国联通收 2200 元,而联通只能向加盟网吧运营者 1Mb/s(带宽)每个月收 500 元,等于 1Mb/s(带宽)每个月亏损 1700 元。读者可能会问联通为什么不能提高网吧运营商的收费标准呢?这是因为中国电信仅向网吧运营者 1Mb/s(带宽)每个月收 500

元，联通为了保持市场竞争力，只能采用和中国电信接近的报价。联通认为，正是中国电信向联通收取高额的结算费，导致中国联通 2000 余家网吧被迫关门。

但中国电信方面却认为联通给出的网吧倒闭原因并无道理。电信方面对目前网间结算办法进行了解释："现行的《互联网骨干网互联结算办法》是 2004 年开始施行的，业内争论很多，但一时还不会改变。这个网间结算方法的制订有一定的历史原因，实际上，2004 年的结算办法是在 2003 年实行的结算办法基础上改进的，相对来说，比较合理。联通将其网吧战略的失败归罪于网间结算，不是从业务角度考虑，他们就是想改变结算模式"。

事实上，关于互联网网间结算费，联通一直在谋划此事，希望改变以往的规则。在互联网业务模式中，当时的 4 个固网运营商同时又都是互联网运营商（这 4 个运营商是中国电信、中国网通、中国联通和中国铁通），但是，网间结算的模式是，中国电信和中国网通属于大网，相互之间是 Peer 关系，因此互不收费；而中国铁通和中国联通属于中网，他们都是中国电信与中国网通的 Customer，因此需要向中国电信和中国网通交网间结算费（注意，这里从联通到电信或者网通的双向流量，联通都要向电信或者网通交费）。这里确实存在一定的不公平，因为当联通发现大量自己的用户访问电信网络导致网间费用较高，从而开始建设自己的网络资源时，新建设的资源又反过来会吸引电信网络的用户，而这些流量也需要联通向电信付费。

因此，联通在此事上的要求是，希望与电信、网通相互收费，即中国电信的用户访问联通的网站也要收费，而实际上是单向收取网间结算费。但是，由于电信和网通的传统强势地位，这一要求短期内无法得到满足。到了 2009 年 1 月，原联通和原网通合并，形成新联通（仍然简称中国联通），从而自然获得了大网的身份，这些都是后话了。

2. 国内互联网交换中心网间结算办法

下面介绍国家工业和信息化部电信管理局制定的《互联网交换中心网间结算办法》（信部电〔2007〕557 号）[11]，如图 2.38 所示。

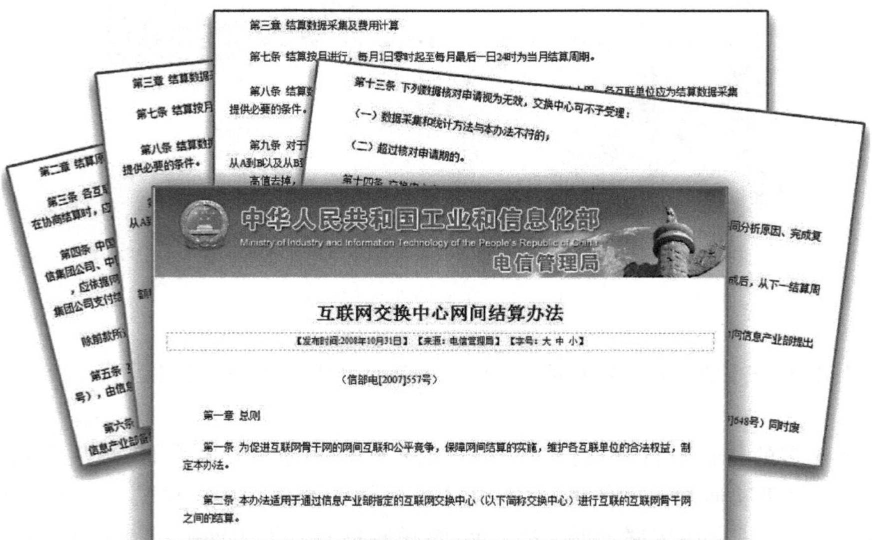

图 2.38 《互联网交换中心网间结算办法》（信部电〔2007〕557 号）

以下是本办法第三条、第四条和附录的部分摘录：

“第三条　各互联单位在进行互联网骨干网网间互联时，应依照本办法协商确定结算方式和结算费用。互联单位在协商结算时，应充分考虑网络规模、流量等因素。”

“第四条　中国电信集团公司、中国网络通信集团公司、中国教育和科研计算机网之外的互联单位，在与中国电信集团公司、中国网络通信集团公司进行互联网骨干网网间互联时，应依据网间数据通信速率，按照不高于本办法确定的标准（见附录）向中国电信集团公司、中国网络通信集团公司支付结算费用。非经营性互联单位结算费用标准减半。”

“附录：互联网交换中心结算标准，结算费用（元/月）＝1000（元/Mb/s 月）×结算速率（Mb/s）。”

从联通网苑的例子可以看出，这种中小运营商按照双向流量向电信和网通交费的结算方式存在一定的不合理性[12]，但是，由于联通已经与网通合并成新联通，而中国移动在传统互联网业务方面规模较小，还不能与电信和新联通相提并论，因此短期内改变的可能性不大。

2.4.4　边界网关协议（BGP）

1. BGP 概述

BGP[13]是用于自治系统之间的、复杂的分布式动态路由协议，是目前唯一的域间路由协议，也是商用核心路由器必须支持的路由协议。为什么 BGP 是唯一的域间路由协议呢？可以拿英语作类比，从目前的全球交往看，各个国家的人在国内都说本国语言，而如果到国外，基本都用英语，这样大家只要学一门外语，就可以走遍全球。互联网世界也一样，大家都用同一个域间路由协议，便于全球的 ISP 实现网络的互联互通。

BGP 的主要功能是在实现了 BGP 的系统之间交换网络可达性信息。这些信息包括路由穿越的自治系统的列表，用以建立表示连接状态的图，从而解决路由环路问题，最终实现在 AS 基础上的路由选择策略。

BGP 也经历了一段发展过程，文献[14]～[16]都是曾经的 BGP 标准，现在所说的 BGP 一般指 BGP-4[13]。其他相关参考文献还有[17]～[25]等。

BGP-4 提供对无类别的域间路由（Classless Inter Domain Routing，CIDR）的支持。路由广播 IP 地址前缀，在 BGP-4 中消除了地址类的概念，为路由信息的处理提供了更多的灵活性。BGP-4 中包括了路由聚合机制，包括对自治系统路径 AS Path 的聚合。

BGP-4 是一个综合了距离向量算法和链路状态算法的协议：BGP-4 Speaker（就是 BGP-4 路由器）只与邻近 BGP-4 Speaker 交互路由信息，在这一点上具有距离向量协议的特点。同时，BGP-4 利用 AS Path 属性记录路由信息穿越的自治系统路径的信息，又具有链路状态协议的特点。

BGP-4 使用可靠的传输层协议 TCP 提供传输服务，从而不必关心帧的分段、重传、确认和顺序维护等。除了 BGP-4 本身的认证机制，应用于传输层协议的任何认证机制也都可用于 BGP-4 协议。BGP-4 使用的错误提示（Error Notification）机制假定传输层支持“温和”断连，也就是在连接关闭之前，可以发送出发生错误后的其他数据。在实际实现中，BGP-4 使用 TCP 作为其传输层协议，使用 TCP 的 179 端口。这是一个系统级的端口（0～1023），在某些系统上（如 Solaris 和 Linux 上）需要相应的权限才能打开。

作为自治系统间路由协议，BGP-4 的交互主要包括两类：一类是与其他邻近自治系统或本自治系统中的 BGP-4 Speaker 进行交互（分别称为外部连接 eBGP 和内部连接 iBGP），交换 BGP 路由信息；另一类是，还要与同一自治系统内的域内路由协议进行交互路由信息，如 OSPF 和 RIP 等，这种信息交互通常需要路由器的路由管理和路由重分配功能的支持。

BGP-4 使用 4 种帧：OPEN、KEEPALIVE、UPDATE 和 NOTIFICATION，OPEN 帧用于建立连接和协商参数。KEEPALIVE 帧可以作为特定帧的响应帧，也可以作为链路维持帧，当没有路由信息需要更新时，通过发送 KEEPALIVE 帧维持 TCP 链路的活跃状态。UPDATE 帧是交互路由信息使用的帧，结构比较复杂。NOTIFICATION 则报告发生的各类错误，通常当发出一个 NOTIFICATION 帧之后，BGP-4 Speaker 之间的 TCP 连接关闭。

两个 BGP-4 Speaker 建立 TCP 连接后，进行参数协商，在达成一致后，开始交换路由信息。只有在这种初始情况下需要交互全部路由表。此后则会采用增量更新的方式，即只声明新的路由，撤销无效的路由，不需要进行周期性的路由刷新。

BGP-4 的路由信息存储在相应的数据库中，经过处理、计算和选择之后发送给其他 BGP-4 Speaker。路由信息包括两类：路由撤销（Withdraw）和路由声明（Advertise）。对于当前无效的路由信息，BGP-4 进行路由撤销，每一条被撤销的路由都是一个二元组＜Length/IP-Prefix＞，其中 IP-Prefix 是一个地址前缀，表示一个网络地址，其有效长度由 Length 说明；在一个 UPDATE 帧中可以撤销一条或多条路由信息。BGP-4 声明的路由则是由路径属性（Path Attribute）和网络可达性信息（Network Layer Reachability Information，NLRI）进行说明。AS_PATH 是路径属性之一，记录了通向最终目标所经过的自治系统。网络可达性信息由一个或多个＜Length/IP-Prefix＞二元组构成，描述了通过路径属性中的 NEXTHOP 属性指明的网关可以到达的网络。每个 UPDATE 帧只能声明一条路由。

2. BGP 的两种邻居关系 iBGP 和 eBGP

任何两个路由器只要能够建立 TCP 连接，并且交换了 BGP 路由信息，就可以成为 BGP 邻居或者 BGP 对等体。两个路由器如果属于同一自治系统建立 iBGP 邻居关系，两个路由器属于不同自治系统则建立 eBGP 邻居关系，如图 2.39 所示。

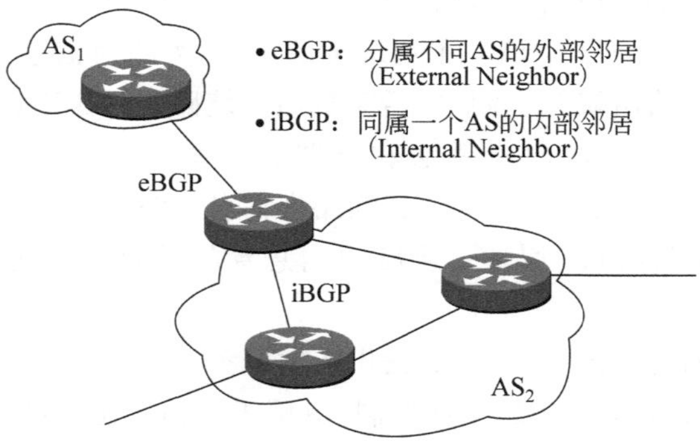

图 2.39　BGP 的两种邻居关系 iBGP 和 eBGP

eBGP 与 iBGP 的区别如下：

(1) 路由环路的避免措施不同，iBGP 强制规定 iBGP Speaker 不允许把从一个 iBGP 邻居学习到的前缀传递给其他 iBGP 邻居，因此 iBGP 要求逻辑上全连接，如图 2.40 所示。eBGP 没有这样的要求，eBGP 对路由环路的避免是通过 AS_PATH 属性实现的。

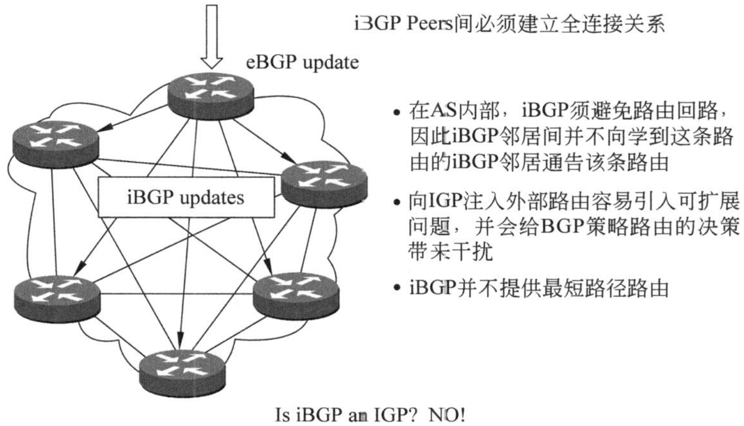

图 2.40　iBGP Peer 间的全连接关系

(2) 使用的 BGP 属性不同，如 iBGP 可传递 LOCAL_PREF(本地优先属性)，而 eBGP 不行。

(3) iBGP 有同步的要求，而 eBGP 没有同步的要求。

(4) iBGP 不需要 iBGP 邻居之间有物理直连，只逻辑连接即可，而 eBGP 一般情况下都要求 eBGP 邻居之间存在物理直连。

(5) 从 eBGP 获得的路由向所有 BGP 对等体(包括 eBGP 和 iBGP)通告。从 iBGP 获得的路由不向 iBGP 对等体通告。从 iBGP 获得的路由是否要通告它的 eBGP 对等体，由是否启用了同步决定。如果没有启用同步，则向 eBGP 对等体通告；如果启用了同步，而且如果 IGP 和 BGP 同步了，则向 eBGP 对等体通告，如果还没有同步，则不通告。

实际上，BGP 路由信息的交互主要是通过 eBGP 完成的，而对于一个自治系统来说，通常会和多个自治系统建立 eBGP 关系，因此也就有可能收到到达同一个目的地址的多条不同路由。为了能够从多条路由中选择一条最佳路由，需要 BGP 完全掌握全部多条路由的信息，而 iBGP 正是为了这一目的而设计的，当 BGP 从 eBGP 对等体收到路由信息时，它通过 iBGP 通告给本自治系统内所有的 BGP 路由器，这也是为什么 iBGP 要求在本自治系统内的路由器之间建立全连接的原因。

3. BGP-4 帧格式

BGP-4 帧的长度范围为最小 19B，最大 4096B。19B 的数据帧是一个 KEEPALIVE 帧。4096B 的 UPDATE 帧可能出现在基于 FDDI 的连接上。在最常见的以太网上，实际的最大帧长一般不会超过 1500B。

1) BGP-4 帧的公共头格式

每个 BGP-4 帧都有一个公共的头，格式如图 2.41 所示。

Marker 是一个 16B 的域，主要有两个作用：一是用于 BGP-4 通信双方进行同步；二是用于认证。该域取值的规则是，如果数据帧是 OPEN 帧，则无论是否采用认证机制(OPEN 帧是 TCP 连接建立后，BGP-4 对等实体交互的第一个帧，采用何种认证机制也是通过

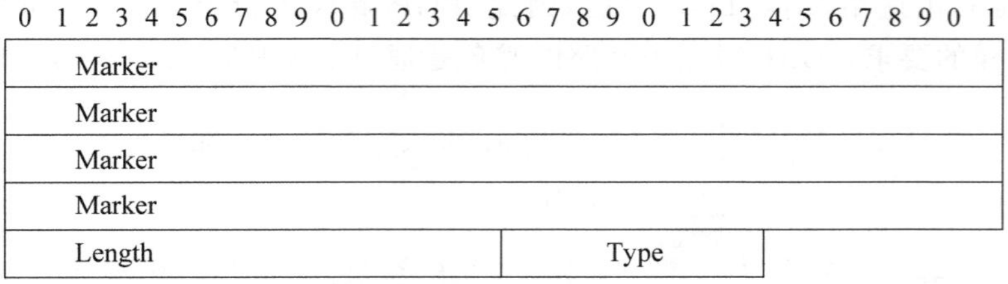

图 2.41　BGP-4 帧的公共头

OPEN 帧进行协商的)，该域都为全 1。如果是其他类型的帧，并且没有采用认证机制，则该域也为全 1。否则，该域为某一特定值，根据所协商的认证机制，可以事先计算出该域的正确值。目前，因为很少使用认证机制，所以该域值一般为全 1。

Length 域为 2B 无符号整数，记录包括头在内的整个帧的长度(以字节记)，其值的范围为 19～4096。

Type 域为 1B 无符号整数，说明帧的类型，其值共有 4 种。

1：表示 OPEN 帧。

2：表示 UPDATE 帧。

3：表示 NOTIFICATION 帧。

4：表示 KEEPALIVE 帧。

2) OPEN 帧格式

OPEN 帧是建立 TCP 连接后发送的第一个 BGP-4 帧。除了公共的 BGP-4 头外，OPEN 帧其他各域如图 2.42 所示。

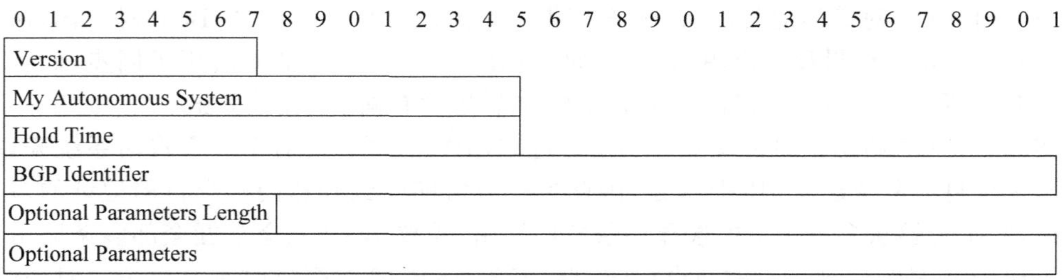

图 2.42　OPEN 帧格式

Version：1B 无符号整数，指明帧的协议版本号，现为 4(BGP-4)。

My Autonomous System：2B 无符号整数，是发送者的自治系统编号(ASN)。当前最新的 ASN 标准已经采用 4B 规范。

Hold Time：2B 无符号整数，连续两个接收到的帧之间的最大时间间隔(以秒记)。其值可为 0，或不小于 3。取双方取值中较小的值作为协商后的值。

BGP Identifier：4B 无符号整数，是发送者的 BGP 标识，一般是 BGP-4 Speaker 的一个 IP 地址，常见的做法是设为 BGP-4 Speaker 的一个虚拟 IP 地址，如 Loopback 地址。该标识对每个端口上的 BGP 会话都是统一的。

Optional Parameters Length：1B 无符号整数，表明其他参数的长度(以字节记)。如果该域值为 0，则后面的 Optional Parameters 域为空。

Optional Parameters：包括一系列参数的列表。每一个参数的编码形式都如图 2.43 所示。

0 1 2 3 4 5 6 7 8 9 0 1 2 3 4 5 6 7 8 9 0 1 2 3 4 5 6 7 8 9 0 1

Parameter Type	Parameter Length	Parameter Value(变长)

图 2.43　Optional Parameters 列表

认证信息是这些可选参数之一，Parameter Type 为 1(认证信息)。

其中，Authentication Code 指明所采用的认证机制。

可见，一个 OPEN 帧的最小长度为 29B。

3) UPDATE 帧格式

UPDATE 帧用于在 BGP-4 对等实体间交互路由信息。每个 UPDATE 帧只能声明一条新路由，可以撤销一条或多条失效路由。

UPDATE 的帧格式除了固定的帧头外，其余部分的格式如图 2.44 所示。

Unfeasible Routes Length (2B)
Withdrawn Routes(变长)
Total Path Attribute Length (2B)
Path Attributes(变长)
Network Layer Reachability Information(变长)

图 2.44　UPDATE 帧格式

Unfeasible Routes Length：2B 无符号整数，标明了 Withdrawn Routes 部分的总长度(以字节记)。如果其值为 0，则 Withdrawn Routes 域为空。

Withdrawn Routes：是一系列撤销的无效路由，每一条路由都用一个二元组＜Length，Prefix(变长)＞表示：其中，Length 域表明了 IP 地址前缀的有效长度；Prefix 是一个 IP 地址前缀，并填充足够的比特位到字节边界。

Total Path Attribute Length：2B 无符号整数，标明 BGP-4 路径属性(Path Attributes)的总长度(以字节记)。

Path Attributes：是 UPDATE 帧中出现的一系列的路径属性。BGP-4 路径属性是 BGP-4 协议的重要内容，将在随后进行说明。

Network Layer Reachability Information(NLRI)：是一系列 IP 地址前缀，每个前缀的格式与 Route 的格式相同，表示通过 Path Attributes 中的 NEXT HOP 属性可以到达的网络。这部分长度没有显式地给出，但可以通过 UPDATE 帧的总长度和前两部分的长度计算出来：Network Layer Reachability Information 长度 = UPDATE 帧的总长度-23-Path Attributes 长度-Unfeasible Route 长度。

4) KEEPALIVE 帧格式

BGP-4 采用发送 KEEPALIVE 帧的方式维护对等体之间的连接。KEEPALIVE 的时钟值一般为 Hold Time 的 1/3，同时，KEEPALIVE 的发送频率不应高于每秒一次。KEEPALIVE 的帧格式比较简单，长度为 19B，内容固定。

4. BGP-4 的 Path Attributes

Path Attributes 是 BGP-4 中最核心和最复杂的部分，它是 BGP 路由器选择最佳路由的依据。

每个 Path Attribute 都是一个三元组＜attribute type，attribute length，attribute value＞，该属性的长度由 attribute length 指明。

attribute type 由 2B 构成，如图 2.45 所示。

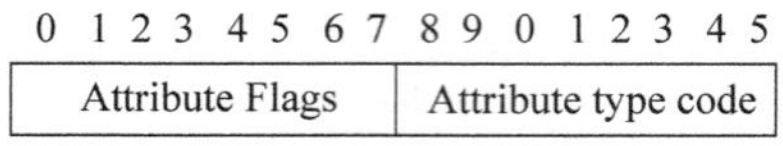

图 2.45　路径属性类型字节

Attribute Flags 的 Bit 0 是 Optional 位，Bit 1 是 Transitive 位，Bit 2 是 Partial 位，Bit 3 是 Extended Length 位，其余 4 个 Bit 保留。

Attribute type code 是属性类型代码。

如果 Extended Length 为 1，则 attribute length 由 2B 表示，否则由 1B 表示。

文献[13]中列出了表 2.5 所示的属性类型。

表 2.5　BGP 的路径属性类型

代码	名称	长度	Well known	Mandatory	Transitive
1	ORIGIN	1	是	是	是
2	AS_PATH	变长	是	是	是
3	NEXT HOP	4	是	是	是
4	MULTI_EXIT_DISC	4	否	否	否
5	LOCAL_PREF	4	是	否	否
6	ATOMIC_AGGREGATE	0	是	否	是
7	AGGREGATOR	6	否	否	是

所有 BGP-4 的实现必须能够识别 Well known 的属性，这些属性如果是 Mandatory 的，那么该属性必须出现在所有 UPDATE 帧中。所有 Well known 的属性必须传递下去。

与 Well known 对应的是 Optional，Optional 的属性不强制所有 BGP-4 的实现都能够识别，这些属性可分为 Transitive 和非 Transitive 的。如果是 Transitive 的、不可识别的属性，则接收者将该属性继续传送下去，并置 Partial 位；如果是非 Transitive 的、不可识别的属性，则接收者直接丢弃之。这样做的一个显著优点是当出现新的属性时，不必要求网络上的全部路由器同时升级，允许不同版本的 BGP 同时在网络中工作。

ORIGIN 的可能取值为

0，表示 IGP，表示 NLRI 是在 AS 内部产生的。

1，表示 EGP，表示 NLRI 是通过 EGP 获得的。

2，表示 INCOMPLETE，表示 NLRI 是通过其他渠道获得的。

AS_PATH 由一系列 AS Path Segment 组成，每个 AS Path Segment 是一个三元组＜path segment type，path segment length，path segment value＞：其中 1B 的 path segment type 可能的取值为

1：表示 AS_SET，也就是路由经过的无序的自治系统的集合。

2：表示 AS_SEQUENCE，也就是路由经过的有序的自治系统的集合。

path segment length 为 1B。path segment value 域中是一系列自治系统号，每个自治系统号由 2B 表示。

AS_PATH 属性是一个 Mandatory 和 Transitive 属性，它列出了此路由在传递过程中经过了哪些 AS。BGP 不会接收 AS_PATH 属性中包含本 AS 号的路由，从而避免了产生环路的可能。为此，BGP 在向 eBGP 对等体通告一条路由时，要把自己的 AS 号加入 AS_PATH 属性中，以记录此路由经过 AS 的信息。同时，AS_PATH 属性还可以影响路由选择。在其他因素相同的条件下，BGP 会选择 AS_PATH 较短的路由。图 2.46 示意了前缀 135.207.0.0/16 的源自治系统 AS6341 向 eBGP 对等体通告该路由时 AS_PATH 属性的变化过程。从这里也可以看出，在收到一条路由时，通过检查 AS_PATH 属性可以判断是否出现了路由回路，实际上这也是 AS_PATH 属性的设计目的之一。

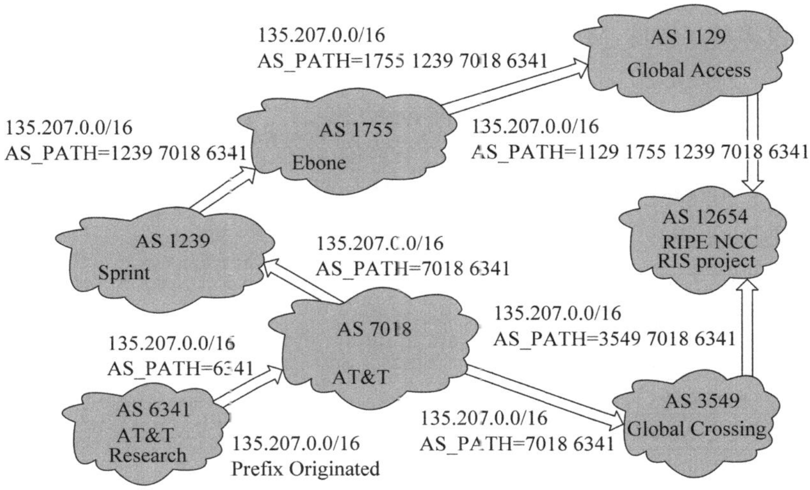

图 2.46 BGP 的 AS_PATH 属性示例

NEXT HOP 属性指明了作为 NEXT HOP 的网关的 IP 地址。通过该网关，可以到达 NLRI 中列出的网络，在每一次的路由宣告过程中，当宣告分组穿过 AS 边界时，NEXT HOP 属性都被变更为宣告该条路由的边界路由器的 IP 地址。

NEXT HOP 属性是 Well known 和 Mandatory 的 BGP 属性。BGP 是一个 AS 到 AS 的路由协议，并不是一个路由器到路由器的路由协议。在 BGP 中，下一跳的意思并不是简单理解的下一个路由器，而是指向目的地址前进时要经过的下一个 AS 对应的路由器地址。所以，NEXT HOP 属性中描述的 IP 地址不总是邻居路由器的 IP 地址。具体规则如下。

(1) 如果发起路由的路由器与接收通告的路由器位于不同的 AS(它们之间是 eBGP 关系)，那么下一跳是通告路由的对应路由器接口，如图 2.47 所示，AS_2 路由器产生到达网络 135.207.0.0/16 的路由通告给 AS_1 的路由器时，下一跳地址就是 AS_2 路由器与 AS_1 路由器连接时所用的接口 IP 地址 192.0.2.1/24。图中，AS_1 中的路由器将 AS_1 外部的路由信息传给 AS_1 内部的路由器，即把 AS_2 中的路由信息注入本域的路由器中，这一过程中路由信息从 BGP 注入 IGP 涉及一个重要的概念——同步(synchronization)。同步规则是这样描述的：当一个 AS 为另一个 AS 提供了穿越服务时，只有当本地 AS 内部所有的路由器都通过

IGP 的路由信息的传播收到这条路由信息以后，BGP 才能向外发送这条路由信息。也就是说，当一台路由器从 iBGP 对等体收到一条路由更新信息，在把它通告给它的 eBGP 对等体之前，要试图验证该目的地能否通过自治系统内部到达（即验证该目的地是否存在于 IGP），非 BGP 路由器是否可转发分组到该目的地。若 IGP 认识这个目的地，则接受这条路由信息并通告给 eBGP 对等体，否则不会把该路由与 IGP 同步，不进行通告。AS_2 中路由器 R_2 将路由更新信息“135.207.0.0/16，NEXT HOP＝192.0.2.1/24”传递给自己的 eBGP 邻居 AS_1 中的 R_4，当路由器 R_1 从 iBGP 邻居 R_4 那里收到一条路由更新信息“135.207.0.0/16，NEXT HOP＝192.0.2.1/24”时，在转发给其他 eBGP 对等体之前，路由器会对同步性进行验证。只有 IGP 学习到这个路由信息并在路由转发表中更新相应条目时，即图中的“destination＝135.207.0.0/16，NEXT HOP＝10.10.10.10/24”，路由器 R_1 才会将其通过 eBGP 转发；否则，路由器 R_1 不会转发该更新信息给其他 eBGP 邻居。同步规则的主要目的是保证 AS 内部的连通性，防止路由循环产生黑洞。

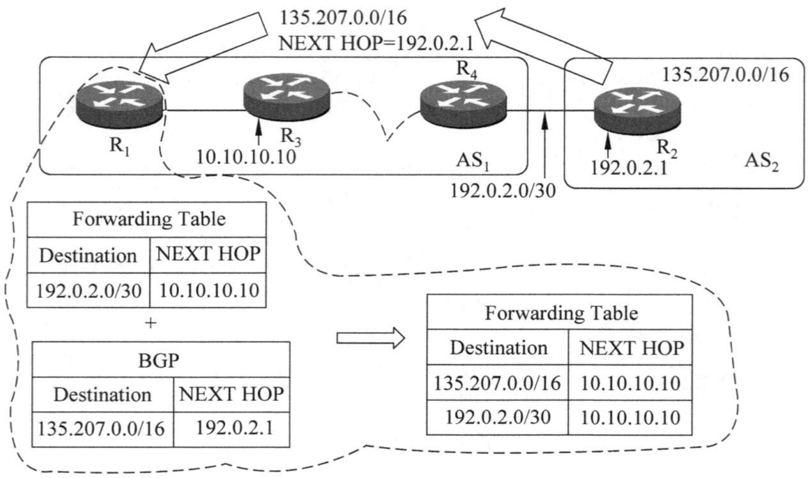

图 2.47　BGP NEXT HOP 属性示例 1

（2）如果 BGP Speaker 把接收到的路由（并不是由它发起的）发送给 eBGP 对等体时（它们之间也是 eBGP 关系），将把该路由信息的下一跳属性设置为转发路由的对应路由器接口，如图 2.48 所示。

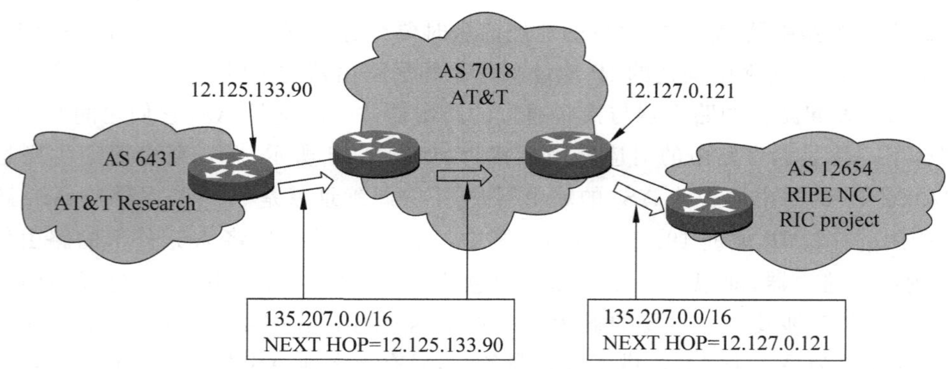

图 2.48　BGP NEXT HOP 属性示例 2

(3) 如果 BGP Speaker 把从 eBGP 邻居得到的路由转发给 iBGP 邻居时(它们之间是 iBGP 关系,但路由来自其他 AS),不改变该路由信息的 NEXT HOP 属性,也就是路由中原来的下一跳是什么地址就是什么地址。如图 2.48 中 AS 7018 左边那台路由器转发从 AS 6431 获得的路由通告到相同区域中的右边那台路由器时,其下一跳没有改变,仍为 AS 7018 与 AS 6431 中左边那台路由器相连时所用的接口的 IP 地址 12.125.133.90/24。但如果配置了负载均衡,路由被发给 iBGP 邻居时则会修改下一跳属性。

(4) 如果通告路由的路由器与接收通告的路由器属于同一个 AS(它们之间是 iBGP 关系),且所通告的路由是本 AS 中的,则下一跳为邻居路由器的接口 IP 地址。只有这种情况才与 RIP 和 OSPF 路由的下一跳是一样的。

MULTI_EXIT_DISC(经常简写为 MED)是一个 4B 的非负整数,用于当一个自治系统可以通过多个边界路由器到达同一个目的地址时选择路由。

LOCAL_PREF 也是一个 4B 的非负整数,用于同一个自治系统内当存在多于一条到达目的地的路由时选择路由。

ATOMIC_AGGREGATE 用于通知其他 BGP-4 Speaker,本地 BGP-4 Speaker 选择了一条 less specific 的路由,而不是一条包含于其中的 more specific 的路由。

AGGREGATOR 属性记录了最后一个进行路由聚合的自治系统号。

2.4.5 节将详细介绍 BGP 如何利用这些属性实现策略路由。

5. BGP-4 的路由信息数据库和路由信息处理

在概念上,BGP-4 中有 3 个路由信息数据库(Routing Information Base,RIB),分别是

Adj-RIBs-In:包括从 UPDATE 帧中获得的路由信息,尚未处理。

Loc-RIB:包括 BGP-4 Speaker 经过处理后选择的路由信息。

Adj-RIBs-Out:包括 BGP-4 Speaker 所选择的,发送给 BGP-4 对等实体的路由信息。

BGP-4 Speaker 应用本地策略信息库(Policy Information Base,PIB)中的策略处理 Adj-RIBs-In 中的路由信息。处理的基本过程是:将每条路由的属性作为参数输入,输出一个非负整数,表示该路由的优先程度。处理过程为:选择声明给同一自治系统内 BGP-4 Speaker 的路由;选择声明给外部邻接自治系统内的 BGP-4 Speaker 的路由;路由聚合和信息压缩。

处理过程包括 3 个阶段,分别由不同的事件触发。

(1) 第一个阶段负责计算从邻接自治系统获得的路由信息的优先权,并将具有最高优先权的路由声明给同一自治系统内的 BGP-4 Speaker。这里的优先权就是 2.4.5 节将要介绍的 LOCAL_PREF 属性。

(2) 第二个阶段在第一阶段完成之后调用,负责挑选到达每个目的地的最佳路由,以及在相应的 Loc-RIB 中配置这些路由。最佳路由选择过程参见 2.4.5 节。

(3) 第三个阶段当 Loc-RIB 变化后调用,负责按照 PIB 中的策略,将 Loc-RIB 中的路由分发给各个邻接自治系统中的 BGP-4 Speaker。

2.4.5 BGP 中的策略路由

策略路由是 BGP-4 最重要的特性和功能之一。一个自治系统通常被看作管理域(administrative domain)和路由域(routing domain)的统一体[26],管理域定义为由一个组织

或一个管理机构运行的端系统、中继系统和子网的集合。路由域是指运行同一路由协议的端系统和中继系统的集合，一个路由域完全包含在一个管理域内；路由域不能跨越多个管理域，一个管理域可以包含多个路由域，当一个管理域中只包含一个路由域时，则构成一个自治系统。自治系统间路由主要关注对数据流的管理和控制，以及对使用网络资源的控制，运行在一种“互相不信任”的环境中。这些管理和控制都要通过策略路由实现，而自治系统间路由的一个重要设计目标是让各个自治系统能够独立地表达策略[27]。

正因为策略路由的目的和特点，BGP-4 协议并没有明确的最优选路目标，这也是与域内路由协议的重大区别之一；BGP-4 的路由计算过程包括路由合成(route synthesis)和路由选择(route selection)两个阶段，路由合成是对收到的路由信息施加策略，获得到达某一目标网络的所有策略允许的备选路由，只有这些策略允许的路由才会通过路由选择过程确定唯一的最优路由。策略对路由的选择优先选择最优路由。另一方面，BGP-4 不支持同等路由的负载平衡，即 BGP-4 会采用一定的方式和顺序对路由进行区分；不支持负载平衡的原因主要也是因为策略路由。

应当指出，BGP-4 对策略的支持仍然是“逐跳”(hop by hop)的，不支持需要源路由才能实现的策略路由。基于源路由的策略控制比较适合电路交换的网络(面向连接的网络在这一点上和电路交换的网络很类似)。这种逐跳特性还体现在 BGP-4 对外声明路由时的要求：BGP-4 不对外声明自己不使用的路由(见图 2.49)。对不同外部邻居声明的路由集合 A、B、C 由于策略因素，可以不同，也可以互相重叠(交集不为空)，但都是该自治系统使用的路由集合 S 的子集；对外声明路由集合 D 是不允许的，因为 $D\backslash S\neq\varnothing$，即向对方声明的路由中包含了本自治系统不使用的路由，会造成网络连接中断、数据丢失等问题。

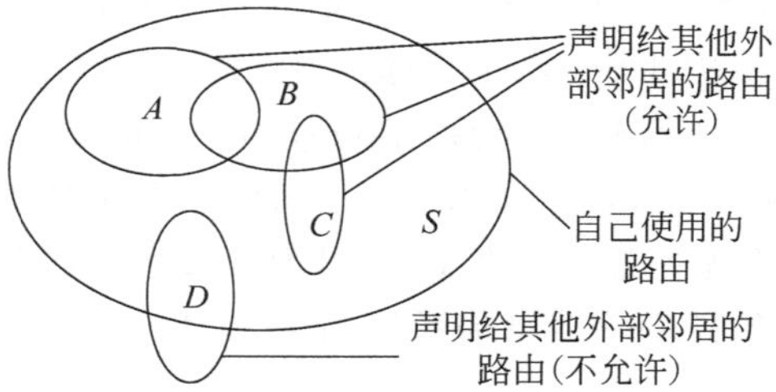

图 2.49　BGP-4 对外声明的路由与本身使用的路由

BGP 中的策略路由功能的主要目标是维护自治系统之间的关系。2.4.2 节详细介绍了自治系统间的不同关系。再强调一遍，运营商本质上是商业公司，商业公司要追求利润，而策略实际上反映了运营商使自己利润最大化的一系列路由配置操作。

BGP 的路由决策过程体现了它作为策略路由的本质。如图 2.50 所示，所有邻居发来的 Update 消息都记录在 Adj-RIBs-In 路由表中，通过配置输入策略，其实就是配置输入过滤，可以按照后面提到的路由判决过程选择一条最优路由存储到 Local RIB 中，为路由器转发数据分组提供路由。这些 Local RIB 中的路由再经过输出策略的进一步过滤发送给所有邻居。

可以举例说明输出过滤。如果某运营商的路由器不想把自己的一些路由发送给对等的另外一个运营商的 BGP 邻居(前面提到，来自对等邻居的流量一般是不收费的，因此这样的

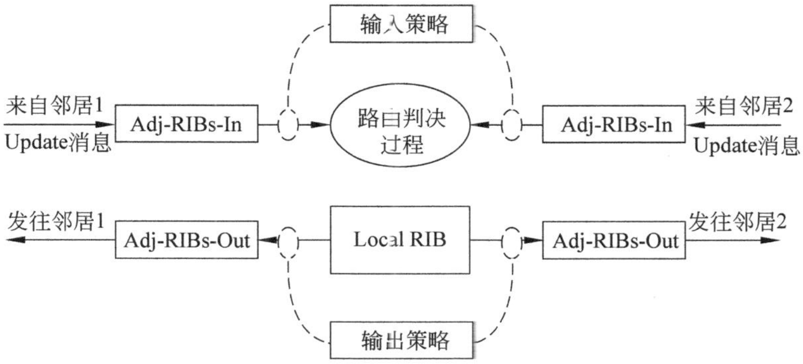

图 2.50　BGP 的路由决策过程

流量不能产生利润)，那么只要不把这部分路由通知对等的邻居，对等的邻居不知道相关路由，也就不会将这部分流量转发给本自治系统。从这个例子可以看出，策略路由的策略体现了运营商背后的商业关系。

BGP 使用属性传播每个目的地的信息，例如，有一项 BGP 属性记录了这条路径穿过的所有自治系统，也正是这个原因，BGP 才被看作路径向量协议。这些 BGP 属性被每个路由器用来实现路由决策。为了便于分析 BGP 的路由传播，特提出以下几条假设：

(1) 忽略所有与内部 BGP (iBGP)相关的问题，包括 MED 属性。

(2) 忽略所有地址聚合(address aggregation)。

在 BGP 中，一条路由通常包含下面这些属性：

NLRI：网络层可达信息(network layer reachability information)。

NEXT_HOP：下一跳地址。

AS_PATH：经过的自治系统的有序列表。

LOCAL_PREF：本地的优先权(local preference)。

C_SET：团体标志集。

其中，LOCAL_PREF 属性不会在自治系统间传播，而是在自治系统内被用来决定路由的优先程度。

一般来说，BGP 路由的决策过程如下(为了便于分析，对路由决策过程做了简化)：

(1) 如果两条路由拥有同样的 NLRI 值(也就是说，这两条路由对应的是相同的地址)，那么选择具有更高 local preference 的路由，即 local preference 数值大的通常会被优先选择，如图 2.51 所示[28]。通常情况下，自治系统的策略会将自己客户发送来的路由设为更高的优先值，对等节点的路由优先值其次，自己的服务提供商的路由优先值最低。这也是与商业利益关联的，因为运营商要对客户流量收费，同时也会向自己的服务提供商交纳流量费用，所以，为了商业利益的最大化，运营商一定会尽量采用客户发送来的路由。这也是将客户路由的本地优先设为最高优先级别的原因。

(2) 如果两条相同的路由 local preference 值相等，那么就选择具有更短 AS_PATH 属性的路由。如图 2.52 所示[28]，AS 12654 会得到两条不同的，但都可以到达前缀 135.207.0.0/16 的 AS 路径，分别为 1129 1755 1239 7018 6341 和 3549 7018 6341，如果这两条路由的本地优先权相等，那么根据最短 AS_PATH 原则，运营商会选择 3549 7018 6341 这条 AS 路

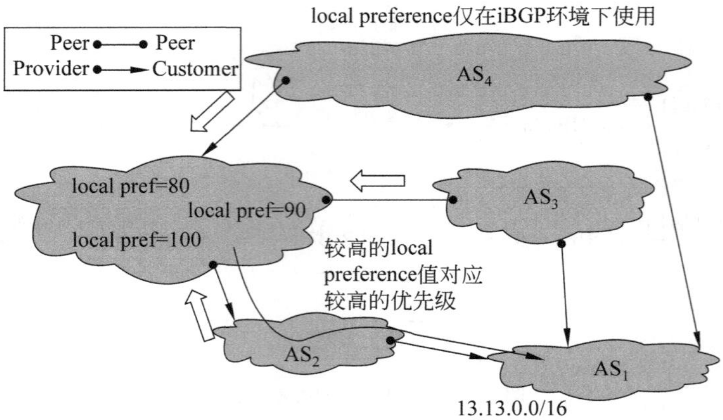

图 2.51　BGP 路由的决策过程中参考 LOCAL_PREF 属性示例

径转发到达前缀 135.207.0.0/16 的分组。选择更短 AS_PATH 的路由，目的是使网络整体的转发路径更短，优化网路的性能，然而，事实上并不一定 AS_PATH 长度小就表明转发分组经过的路由器跳数更少(因为我们并不知道每个 AS 中有多少个路由器)，但是 BGP 并没有办法了解路径中路由器的实际数量，所以使用更短 AS_PATH 的路由也是一种实用的替代方案。

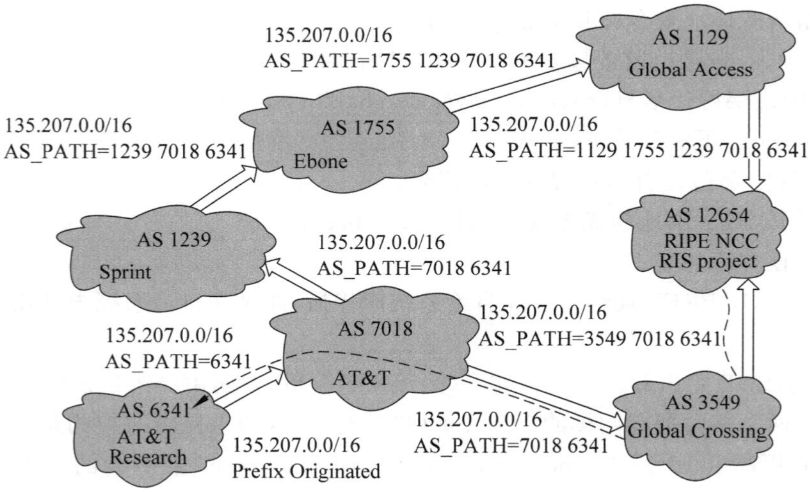

图 2.52　BGP-4 选择长度更短的 AS_PATH 路由

(3) 如果 AS_PATH 长度也相等，那么这两条路由一定经过了本 AS 不同的 BGP 出口路由器，这时可以优先选择到出口路由器更近的路由，也就是本 AS 这段更短的路由。

(4) 如果到本 AS 不同的出口路由器距离也相等，那么只能选择 route_id 较小的路由器发送来的路由。这就好比足球世界杯小组赛，两只球队积分相同，相互打平，进球数和净胜球都相同，则只好通过抽签确定名次。

如果在路由决策中考虑 MED 属性，又会是怎样的状况呢？

图 2.53(a)所示为没有 MED 属性的“HOT　POTATO 路由”模型[29]。图中的实线箭

头表示流量从内容提供商(Content Provider)到用户(Customer)的路径,虚线箭头为从用户到内容提供商的路径。注意,因为 LOCAL_PREF 属性的影响,此时用户与提供商之间走的是不同的路径。在应用 MED 属性之后,如图 2.53(b)所示("COLD POTATO 路由"模型),两个方向使用相同的路径,这是 MED 属性较普遍的用法[29],其基本想法是尽量采用用户网络中性能较好的路由,用户网络通过 MED 属性告诉运营商自己希望的路由选择。进一步还可通过图 2.54 和图 2.55 所示的实例理解 MED 属性[28]。在该实例中,用户网络通过将 MED 值设置为域内路由的度量告诉运营商,运营商将优先选择 MED 较小,也就是用户网络域内度量较好的路由,这里也隐含了一点,运营商网络应当在考虑自己的域内度量之前先考虑用户提供的 MED 属性。

更详细的 BGP 路由选择算法可以参考 Cisco 提供的相关文档[30]。

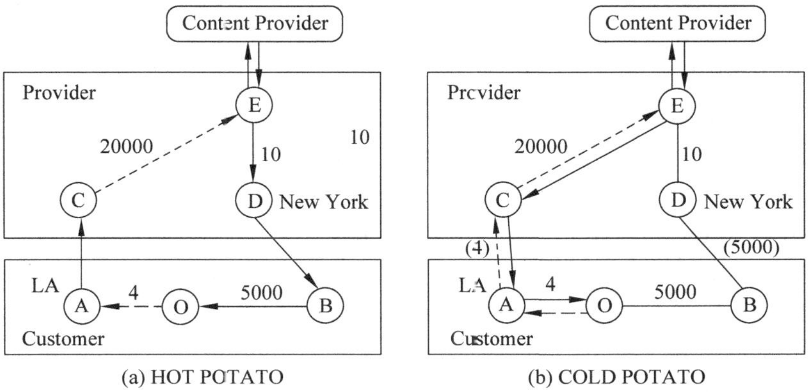

图 2.53 热土豆路由和冷土豆路由

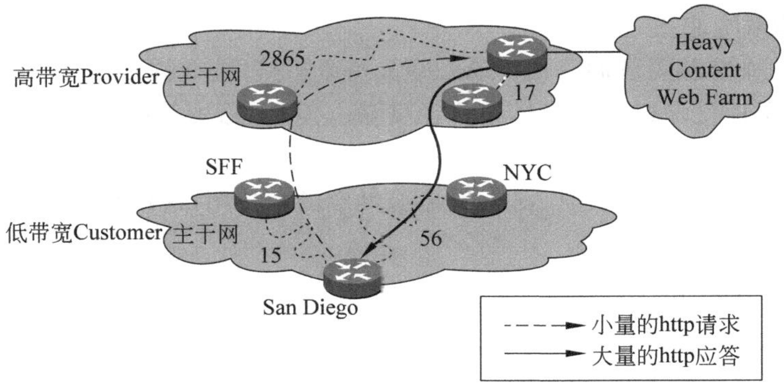

图 2.54 未设置 MED 属性前的热土豆路由

2.4.6 BGP 路由收敛问题

BGP 允许各个自治系统独立地制订它们的路由策略,而且允许这些策略优先于**路径度量**。相对于 RIP 这样的纯路径向量协议来说,BGP 是不安全的(这里的安全和传统意义的网络安全含义不同,指的是协议行为的正确性),因为路由策略之间可能有潜在冲突,会导致

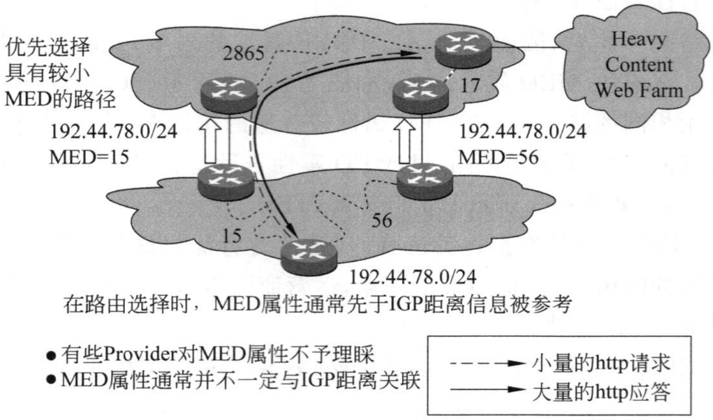

图 2.55　设置 MED 属性后的冷土豆路由

BGP 不收敛。此外，BGP 本身也存在一些内在机制的不完善，并可能导致在某些情况下路由的不收敛或收敛速度缓慢[29,31]。随着网络规模越来越大，拓扑越来越复杂，BGP 路由收敛问题日趋严重，目前国内外对此展开了许多研究工作，并提出一些模型和解决方案。

目前的 BGP 路由收敛问题主要集中在两个方面：一是收敛性；二是收敛时间。

(1) 收敛性的问题又可以大致分为两类：一类是 AS 间的策略冲突导致的路由发散，此类问题一般不涉及 AS 的内部结构；另一类与 AS 的内部结构相关，主要是由 BGP 自身机制的不完善导致的路由振荡。

(2) 收敛时间的研究也主要集中在两个方面：一方面是通过研究如何缩短单次传播时间加快收敛；另一方面是研究如何减少路由的中间传播次数，以达到全网的快速收敛。

1. 收敛性研究

1）AS 间的策略冲突

BGP 作为一个自治系统间路由协议必须支持策略路由，允许各个自治系统独立制订它们的路由策略，而且允许这些策略优先路径度量。但是，路由策略之间可能存在冲突引起 BGP 路由发散，从而可能导致路由振荡。

如图 2.56 所示[32]，这是一个 AS 间策略有冲突的拓扑图，这种有冲突的策略将导致 AS 间 BGP 路由的不收敛。

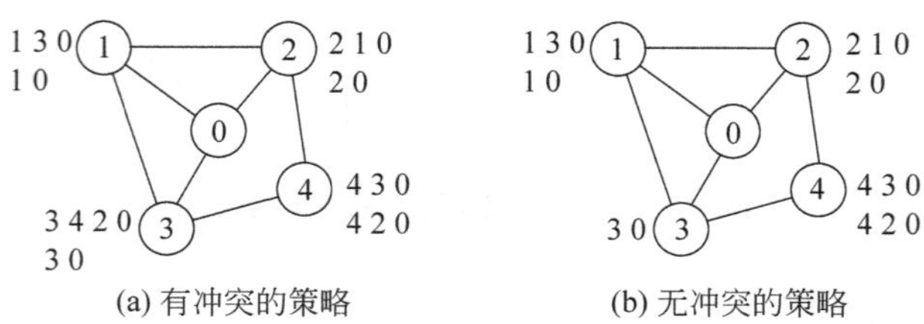

图 2.56　BGP 的策略冲突

图 2.56(a)中一共有 5 个 AS，编号为 0～4，其中 AS_1～AS_4 各有两条到 AS_0 的某目的地址的路径，如 AS_1 的路径(1 3 0)表示从 AS_1 经过 AS_3 到达 AS_0。每个 AS 的两条路径中的第一条比第二条更优先，只有当第一条路径失效时，才会采用第二条路径。例如 AS_1 会

优先选择路径(1 3 0)，只有当路径(1 3 0)无效时，才会采用路径(1 0)，而且只有 AS_1 采用了路径(1 0)时，AS_2 的路径(2 1 0)才会有效。

假设初始情况 t_0 为：AS_1 选择路径(1 0)，AS_2 选择路径(2 1 0)，AS_3 选择路径(3 0)，AS_4 选择路径(4 3 0)，然后 AS 之间相互传播各自选择的路径。

在时间 t_1 时，AS_1 发现 AS_3 采用了路径(3 0)，于是它根据自己的策略选择更优先的路径(1 3 0)；在时间 t_2 时，AS_2 发现 AS_1 撤销了路径(1 0)，于是被迫选择了次优先的路径(2 0)，见表 2.6。

表 2.6　BGP 策略冲突

时间	AS_1	AS_2	AS_3	AS_4
t_0	(1 0)	(2 1 0)	(3 0)	(4 3 0)
t_1	(1 3 0)	(2 1 0)	(3 0)	(4 3 0)
t_2	(1 3 0)	(2 0)	(3 0)	(4 3 0)
t_3	(1 3 0)	(2 0)	(3 0)	(4 2 0)
t_4	(1 3 0)	(2 0)	(3 4 2 0)	(4 2 0)
t_5	(1 0)	(2 0)	(3 4 2 0)	(4 2 0)
t_6	(1 0)	(2 1 0)	(3 4 2 0)	(4 2 0)
t_7	(1 0)	(2 1 0)	(3 4 2 0)	(4 3 0)
t_8	(1 0)	(2 1 0)	(3 0)	(4 3 0)

可以发现，在时间 t_8 时，各 AS 选择的路径又回到了时间 t_0 时的选择，而这样的循环过程会不断进行下去。这样的策略将导致 AS 之间循环地通告、撤销路由。

再看图 2.56(b)，同样的初始值 t_0，可以发现，在时间 t_3 时，AS_1 采用路径(1 3 0)，AS_2 采用路径(2 0)，AS_3 采用路径(3 0)，AS_4 采用路径(4 2 0)，各 AS 之间达到一个稳定状态，不会出现循环地通告、撤销路由的情况，这样的策略是无冲突的，不会导致 BGP 路由的发散。

针对这类路由发散问题，目前提出了两种解决方法，分别为“更改策略法”与“改进机制法”。

更改策略法指的是提出某些制订策略上的“限制”，使得制订出的策略不会发生冲突，主要思想是不允许出现有冲突的策略，从而保证路由的收敛。

改进机制法指的是改进 BGP 的实现机制，使得即使采用有冲突的策略，也不会导致 BGP 路由的发散。这种方法从研究 BGP 的机制入手，加以适当的改进，使得即使各 AS 制订的策略存在冲突，也能保证路由的收敛性。2.4.7 节介绍的 BGP 稳定路径问题就是为了通过改进 BGP 的实现机制保证路径的稳定和路由的收敛性而引入的 BGP 建模方法。

2) BGP 机制不完善

BGP 机制不完善主要包括路由反射中的路由振荡和 MED 属性带来的问题。下面分别加以介绍。

路由反射中的路由振荡问题大致可以分为两种：永久的和暂时的[31]。

图 2.57(a)所示为 iBGP 中永久的路由振荡，其形成过程如下。

(1) 路由反射器 A 选择路由 r_2(因为 metric 更小),路由反射器 B 选择路由 r_3。

(2) A 收到 r_3 并选择 r_1,因为 r_3 比 r_2 的 MED 更小,而 r_1 比 r_3 的 metric 更小。

(3) B 收到并选择 r_1,撤销 r_3。

(4) A 选择 r_2,撤销 r_1。

(5) B 选择 r_3,形成一个循环的振荡过程。

图 2.57(b)所示为 iBGP 中暂时的路由振荡,共形成过程如下。

(1) 路由反射器 RR_1 选择路由 r_1,路由反射器 RR_2 选择路由 r_2。

(2) 两个反射器相互广播最优路由,导致 RR_1 选择路由 r_2,RR_2 选择路由 r_1。

(3) RR_1 撤销路由 r_1,RR_2 撤销路由 r_2。

(4) 最后 RR_1 再次选择路由 r_1,RR_2 再次选择路由 r_2,形成一个循环。

正如观察到的一样,永久的路由振荡的关键问题是 MED 属性的使用,因为 MED 的比较只发生在通过同样的邻居 AS 的路由之间。前文介绍过 MED 属性的用法,这里再简单说明一下,MED 属性用于在相邻 AS 之间有多条路由时进行区分,一般通告路由的 AS 可以通过设置 MED 属性,让邻居 AS 选择 MED 属性较小的路由。通告路由的 AS 一般把路由的域内度量设置为 MED 属性,这样邻居 AS 可以选择通告路由的 AS 域内度量较优的路由。以图 2.57(a)为例,当 AS_0 和 AS_2 之间有 r_2 和 r_3 两条路由时,AS_2 通过设置 MED 属性,让 AS_0 选择 r_3。

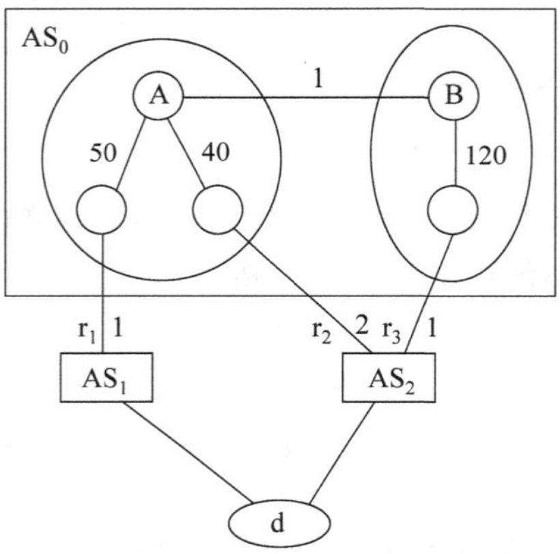

(a) iBGP中永久的路由振荡

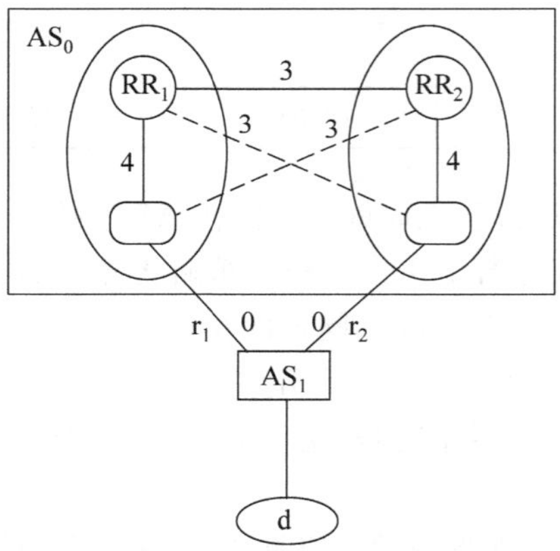

(b) iBGP中暂时的路由振荡

图 2.57 iBGP 中的路由振荡

暂时的路由振荡可能因为消息的延迟、发送和接收消息的顺序不同导致。Anindya Basu 等发现,判断是有路由反射的 iBGP 配置是否收敛也是一个 NP 完全问题。针对这些情况,提出了一个 iBGP 的修改模型,并证明路由反射不会导致修改后的模型发散[31]。

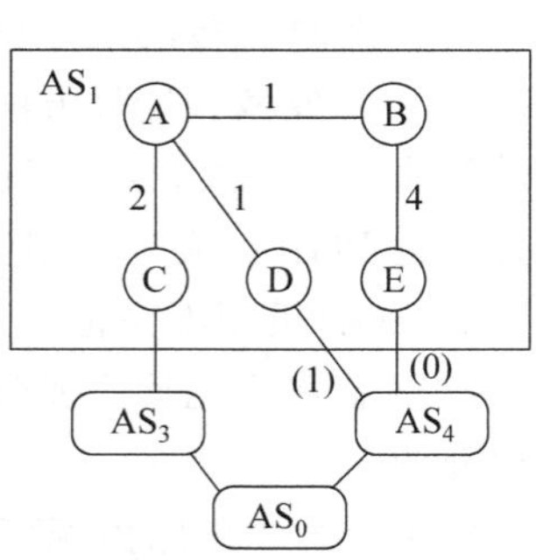

图 2.58 MED-EVIL

然而,实际网络中的 MED 属性的某些用法会导致持续的路由振荡,如图 2.58 所示[29]。其中 A、B 是路由反射器,C、D 是 A 的客户,E 是 B 的客户。A 从 B 学到通过 E 到达 AS_0 的路由,同样,B 从 A 学到通过 C、D 到达 AS_0 的路由。由图中的 IGP 权重比较发现，通过 D 的路由比通过 C 的路由优先级要高，即 Rank(C)＜Rank(D)，同样的比较有 Rank(E)＜Rank(C)。再通过比较 MED 属性发现 Rank(D)＜Rank(E)，于是在进行最优路由决策时就会出现一个循环：Rank(C)＜Rank(D)＜Rank(E)＜Rank(C)，并因此导致路由的振荡。

针对这样的异常情况，文献[29]给出了一个 MED 属性导致的路由异常的正式定义——MIRA(MED Induced Routing Anomalies)，并且指出 MIRA 甚至可能发生在全连接的 IBGP 配置中。

2. 收敛时间的研究

收敛时间的研究不同于收敛性的研究，它基于的前提是当路由发生变化后，整个系统仍然是收敛的，在此前提之下，研究人员提出各种模型分析收敛时间、速度等存在的一些问题。当路由发生变化时，变化的路由信息总是从一个节点传播到另一个节点，并逐步扩散开，直至整个网络达到稳定一致的新路由。在实际的网络结构中，这个过程通常要花费数分钟，甚至更长的时间。如何加快这一过程是研究人员一直努力的方向。

一般情况下，加快一个过程的完成有两条路可走：一是缩短其每个步骤所花的时间；二是减少完成该过程所需的步骤。归结到加快收敛速度这个特定的问题上就是：缩短每次传播所花的时间，以及减少中间传播的次数或内容。

1）缩短传播时间

经验表明，当路由发生改变时，BGP 的收敛有相当大的延迟，影响这种延迟的一个因素是 BGP 用来限制路由消息传播的特定的定时器(Minimum Route Advertisement Interval，MRAI 最短路由传播间隔)[33]。Timothy G. Griffin 使用 SSFNet 模拟器研究了收敛时间与定时器配置之间的关系，对每一个模拟的简单的网络拓扑，都发现有一个最优的时间间隔使得收敛时间最短。

虽然理论上一个最优的 MRAI 能大幅缩短收敛时间，但是实际应用中这个值很难估算，这是因为实验发现这个最优值与具体的网络结构相关，在不同的网络拓扑中的取值并不相同[33]。

Anat Bremler-Barr 提出一个对 BGP 很小的改动，该改动使用下面的规则保证了坏消息(节点或边的失效)传播得快，而好消息(到一个目的地的新路径的建立)传播得慢一些[34]。

(1) **Ghost Flushing 规则**：当到目的地 dst 的路径更新成为一条更差的 AS_PATH 时，如果此时距上次发送更新消息的时间不足最短路由发布时间 minRouteAdver，则发送撤销 dst 的消息给所有的 BGP 邻居，否则发送 dst 的路径更新消息。

(2) **Ghost Buster 规则**：如果路由器在至少 delta 时间前收到一条新的 AS_PATH，则可将其通告给邻居，否则需要抑制该更新通告，直至超过 delta 时间。

Anat Bremler-Barr 通过模拟发现这个小小的改动能充分缩减收敛时间及通信的复杂度，并且指出该改动并不依赖于 AS_PATH 属性，可以使用任何其他的度量替换基于 AS_PATH 的选择规则。

2）减少传播次数

网络间的路由通过路由器逐跳传播，每个节点在收到撤销当前最优路由的消息之后，必须寻找一条替代路由(次优路由)，并将此路由广播给它的邻居。但是，现有的 BGP 机制并不能保证该替代路由是否仍然有效，而且在实际情况下往往出现大量“无效”的路由消息传播，见表 2.7[35]。

表 2.7　路由失效慢收敛示例

时　　间	BGP 消息/事件
10:40:30	路由失效，AS 2129 撤销路由
10:41:08	2117 宣告可达路由，通过 5696 2129
10:41:32	2117 宣告可达路由，通过 1 5696 2129
10:41:50	2117 宣告可达路由，通过 2041 3508 3508 4540 7037 1239 5696 2129
10:42:17	2117 宣告可达路由，通过 1 2041 3508 3508 4540 7037 1239 5696 2129
10:43:05	2117 宣告可达路由，通过 2041 3508 3508 4540 7037 1239 6113 5696 2129
10:43:35	2117 宣告可达路由，通过 1 2041 3508 3508 4540 7037 1239 6113 5696 2129
10:43:59	2117 撤销路由

AS 2117 从 AS 2129 收到路由撤销消息之后，先后宣告了 6 条自以为可达的路由，但是这 6 条路由实际都通过 AS 2129，而从 AS 2129 已经无法到达目的地，所以这些路由实际是不可行的，最终都要被丢弃。如果能够减少无效路由的传播次数，也可以有效缩短收敛时间。在这方面已经有很多研究成果[36]，这里不再详细介绍。

3）BGP 路由更新

路由更新时，BGP 只发送增量路由（增加、修改或删除的路由信息），大大减少了 BGP 传播路由时所占用的带宽，适用于在 Internet 上传播大量的路由信息。BGP 初始化时发送所有的路由给 BGP 对等体，同时在本地保存已经发送给 BGP 对等体的路由信息。当本地的 BGP 收到了一条新路由时，与保存的已发送信息进行比较，如未发送过，则发送；如已发送过，则与已经发送的路由进行比较，如新路由更优，则发送此新路由，同时更新已发送信息，反之则不发送。当本地 BGP 发现一条路由失效时（如对应端口失效），如果路由已发送过，则向 BGP 对等体发送一个撤销路由消息。

总之，BGP 不是每次都广播所有的路由信息，而是在初始化全部路由信息后只发送路由增量，这样保证了 BGP 和对端的最小通信量。另外，BGP 通过接收和发送 KEEP ALIVE 消息检测相互之间的 TCP 连接是否正常。

然而，路由不稳定性主要表现为到某个目标前缀的路由在短期内快速反复撤销和重现，这也称为路由振荡或路由波动。在路由协议上表现为 BGP 路由器发出一个路由宣告，然后又很快撤销。一个接收更新和撤销消息的路由器会把这些消息传播给它的对等体。如果这种行为继续传播下去，路由系统性能将会受到严重影响。严重的不稳定性会增加路由收敛延迟时间、丢包率、路由器 CPU 和内存等资源的开销。

图 2.59 反映了全球 BGP 路由表的增长趋势，从中可以发现截至 2019 年全球 BGP 路由表规模已经超过 80 万条。

很多因素会造成路由不稳定性，文献[37]中作了详细讨论。通常主要有路由器配置错误、短暂的物理或数据链路故障、路由协议软件缺陷、路由器故障以及链路严重拥塞等。

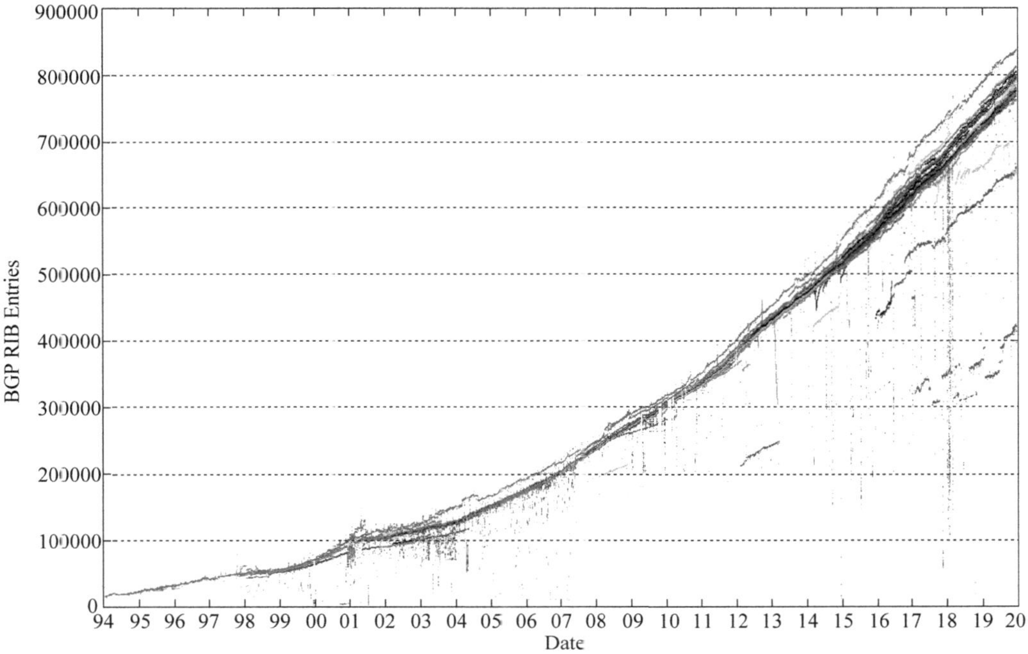

图 2.59　BGP 路由表增长趋势图(1994—2019 年)

根据 www.potaroo.net 网站的统计信息，表 2.8 和图 2.60～图 2.63 分别显示了截至 2019 年 12 月 18 日(UTC+1000)全球排名前 20 的不稳定前缀状况、2019 年 12 月 4 日至 12 月 17 日两周内全球每秒钟更新和撤销的前缀比率小时均值图、根据更新分组分类罗列的全球每秒钟更新的前缀比率小时均值图、BGP 前缀更新累积分布以及 BGP 前缀更新源自治系统累积分布。

表 2.8　全球排名前 20 的不稳定前缀状况

排名	前　　缀	BGP 更新分组数	全球 BGP 更新分组总数比例/%	前缀所属源自治系统
1	67.211.53.0/24	42 691	0.57	26 405
2	78.106.203.0/24	42 600	0.56	8402
3	201.183.255.0/24	37 543	0.50	27 738
4	124.250.0.0/16	37 496	0.50	9308 9802
5	203.196.0.0/22	37 484	0.50	9308 9802
6	216.238.254.0/23	33 258	0.44	13 904
7	209.177.171.0/24	26 836	0.36	18 465
8	203.1.78.0/24	26 011	0.34	4739
9	64.68.236.0/22	25 206	0.33	13 904

续表

排名	前　　缀	BGP 更新分组数	全球 BGP 更新分组总数比例/%	前缀所属源自治系统
10	166.209.110.0/24	24 353	0.32	7287
11	198.148.151.0/24	22 409	0.30	3832
12	199.245.187.0/24	22 333	0.30	3832
13	128.73.15.0/24	21 448	0.28	8402
14	177.136.12.0/24	15 353	0.20	52 871
15	193.201.98.0/24	14 321	0.19	25 000
16	74.122.160.0/24	13 771	0.18	394 581
17	74.122.161.0/24	13 634	0.18	394 581
18	217.170.60.0/22	12 450	0.16	35 753
19	162.88.46.0/24	11 939	0.16	15 135
20	66.152.121.0/24	11 182	0.15	14 477

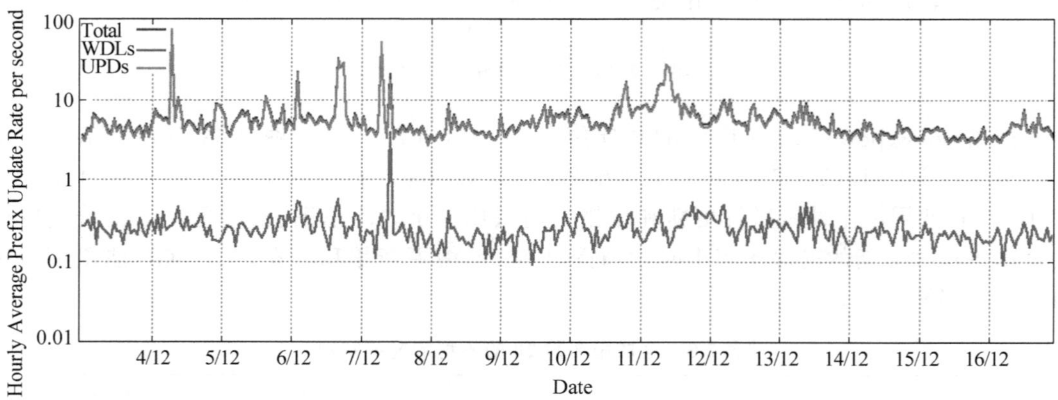

图 2.60　全球每秒更新和撤销的前缀比率小时均值

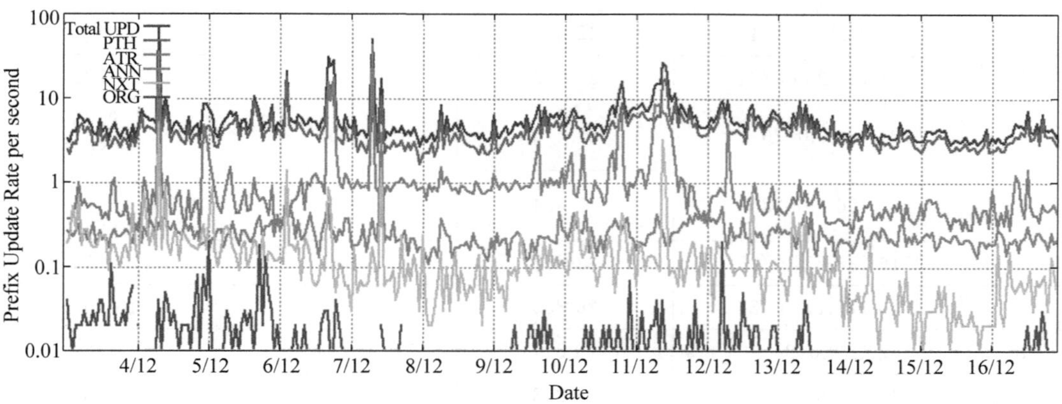

图 2.61　全球每秒钟更新的前缀比率小时均值(根据更新分组分类)

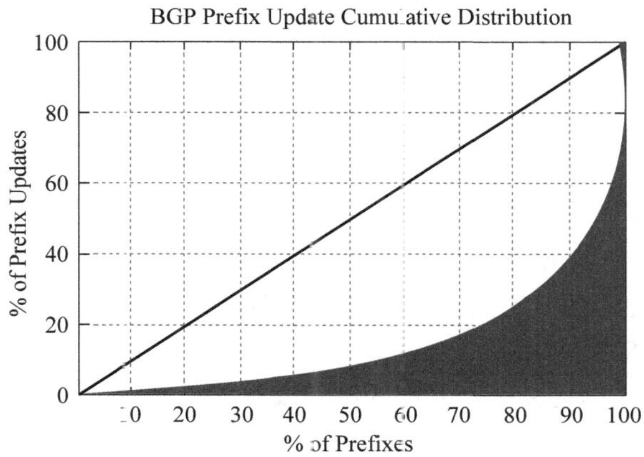

图 2.62 BGP 前缀更新累积分布

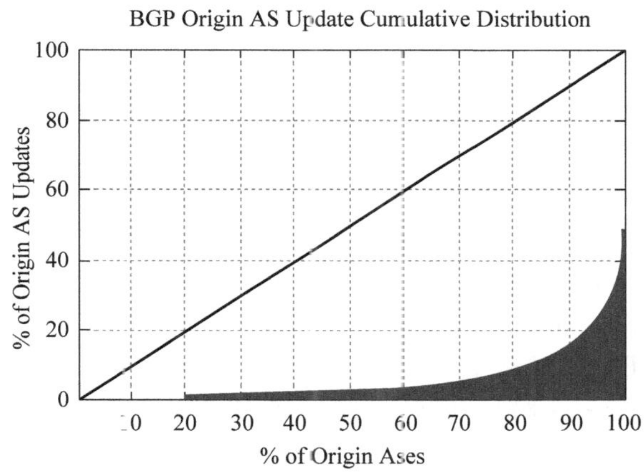

图 2.63 BGP 前缀更新源自治系统累积分布

2.4.7 BGP 稳定路径问题

2.4.6 节提到了稳定路径问题(Stable Paths Problem,SPP),它可以为 BGP 这样的路径向量协议提供建立模型的方法。正如 RIP 和 OSPF 这样的路由协议实现了解决最短路径问题的分布式算法一样,可以把 BGP 看作解决稳定路径问题的分布式算法。下面简单介绍文献[38]提出的稳定路径问题。

1. BGP 路由选择

假设 u 和 w 是建立了 BGP 连接的两个自治系统,当一条路由 r 从 w 发送到 u 时,它经历了如下 3 个转换过程:

(1) $r_1=\text{export}(u\leftarrow\omega,r)$,表示 ω 定义的对 r 路由的输出策略。

(2) $r_2=\text{PVT}(u\leftarrow\omega,r_1)$代表 BGP 特有的路径向量转换操作:如增加自治系统 ω 到 AS_PATH 里,设置 NEXT_HOP,过滤掉 AS_PATH 里包含自治系统 u 的路由等。

(3) $r_3=\text{import}(u\leftarrow\omega,r_2)$,表示 u 定义的对 r_2 路由的输入策略。

我们将这些转换的组合称为路由的**对等实体间转换**(peering transformation)。综合上面的过程可以得到下面的定义。

定义:$pt=(u\leftarrow\omega,r)=\text{import}(u\leftarrow\omega,\text{PVT}(u>w,\text{export}(u\leftarrow\omega,r)))$。

假如自治系统 u_0 产生一条目的地址为 d 的路由传播给它的对等实体,如果 u_k 是一个自治系统,而且 $P=u_ku_{k-1}\cdots u_1u_0$ 是一条简单路径,其中的每对自治系统 $u_{i+1}u_i$ 是一对对等实体。那么,定义 $r(P)=pt(u_k\leftarrow u_{k-1},pt(u_{k-1}\leftarrow u_{k-2}\cdots pt(u_1\leftarrow u_0,r_0)\cdots))$ 为 u_k 收到的沿着路径 P 来自 u_0 的路由,当 $r(P)\neq\Phi$ 时称 P 在 u_k 是被允许的,可以定义一个优先级函数 $\lambda^{u_k}(P)$ 表示 u_k 允许的所有路由按序排成的列表。

2. 稳定路径问题 SPP

下面对 SPP 的形式化定义基于允许的路径及其等级函数的概念[39]。

定义 $G=(V,E)$ 为一个简单的无向图,其中 $V=\{0,1,2,\cdots,n\}$ 是节点的集合,E 是边的集合。对任意节点 u,$\text{peers}(u)=\{\omega\mid\{u,\omega\}\in E\}$ 代表 u 的对等实体集合。把节点 0 称为源点,它是一个特殊点,所有其他节点都试图建立一条以它为目的地址的路径。

G 上的任何一条路径可以是空路径(用 ε 表示)或者是一些节点的序列($v_kv_{k-1}\cdots v_1v_0$),$k\geqslant 0$,其中对每一个 i,$k\geqslant i>0$,$\{v_iv_{i-1}\}$ 都在 E 内。如果 $k=0$,那么(v_0)代表只包含节点 0 的简单路径。每一个非空路径 $P=(v_kv_{k-1}\cdots v_1v_0)$ 都是有方向的,从它的第一个节点 v_k 到它的最后一个节点 v_0,如果 P 和 Q 是非空路径,且 Q 的第一个节点与 P 的最后一个节点相同,那么 PQ 代表这两条路径的"连接",且对任何路径 P 都有 $\varepsilon P=P\varepsilon=P$。例如,(4 3 2)(2 1 0)表示路径(4 3 2 1 0),而 ε(2 1 0)表示路径(2 1 0);这种"连接"更一般的情况是路径 P 开始于节点 v,且 $\{u,v\}$ 是 E 中的一条边,那么 $\{u,v\}P$ 表示从节点 u 出发,经过边 $\{u,v\}$,再沿着路径 P 前进的一条路径。

对每一个 $v\in V$,P^v 代表从 v 到源点(节点 0)的所有允许路径的集合。如果 $P=(v_kv_{k-1}\cdots v_1v_0)$ 是 P^v 的一条路径,那么 v_k 称为路径 P 的下一跳(NEXT_HOP)。

对每一个 $v\in V$,存在一个非负的优先级函数 λ^v 定义于 P^v 上,用来确定 v 上允许的路径的优先级。如果 $P_1,P_2\in P^v$ 而且 $\lambda^v(P_1)<\lambda^v(P_2)$,那么就认为 P_2 比 P_1 更优先。定义 $\Lambda=\{\lambda^v\mid v\in V-\{0\}\}$。下面可以定义稳定路径问题 $S=(G,P,\Lambda)$ 为一张图,由每个节点上的允许路径和优先级函数构成。

此外,还假定:

(1) 空路径是允许的,即 $\varepsilon\in P^v$。

(2) 空路径优先级最低,即 $\lambda^v(\varepsilon)=0$,对任意 $P\neq\varepsilon$,有 $\lambda^v(P)>0$。

(3) 严格性:如果 $P_1,P_2\in P^v$,$P_1\neq P_2$ 而且 $\lambda^v(P_1)=\lambda^v(P_2)$,必然有一点 u 使得 $P_1=(vu)P_1$ 且 $P_2=(vu)P_2$,即路径 P_1 和 P_2 有相同的下一跳。

(4) 简单性:如果 $P\in P^v$,那么 P 是一条简单路径(没有重复的节点)。

再定义一个路径分配函数 π,它为每个节点 $u\in V$ 映射一条路径 $\pi(u)\in P^u$。特别地,$\pi(0)=(0)$,如果某个 $\pi(u)=\varepsilon$,则表示 u 没有到源点的路径。然后就可以定义一个集合 $\text{choices}(\pi,u)$:

$$\text{choices}(\pi,u)=\begin{cases}\{(u,v)\pi(v)\mid\{u,v\}\in E\}\cap P^u & (u\neq 0)\\ \{(0)\} & \text{其他}\end{cases}$$

它代表在 u 点的所有允许路径。

假设 W 是 P^u 的一个子集，且其中的每条路径都有不同的下一跳。定义 W 中的最优路径为

$$\text{best}(W,u)=\begin{cases}P\in W\text{，且拥有最大的 }\lambda^u(P) & W\neq\Phi\\ \varepsilon & \text{其他}\end{cases}$$

如果满足条件 $\pi(u)=\text{best}(\text{choices}(\pi,u),u)$，则称 π 在 u 点是稳定的。如果 π 在每个节点都稳定，那么称 π 是稳定的路径分配函数。可以把 π 表示成向量形式 $(P_1,P_2,\cdots,P_n)$，其中 $\pi(u)=P_u$，很容易发现如果 π 是稳定的，且 $\pi(u)=(uw)P$，那么一定有 $\pi(w)=P$，因此，任何稳定的路径分配总是意味着一棵以源点为根的树。

如果能找到一个稳定的路径分配，则称稳定路径问题 $S=(G,P,\Lambda)$ 是有解的，而这个稳定的路径分配称为它的解；如果找不到这样的稳定路径分配，则称稳定路径问题无解。

如图 2.64(a)所示，节点旁边标明的是该节点的允许路径，按照优先级的顺序排列，优先级高的放在上面，优先级低的跟随其后。它的稳定的路径分配为((1 0)，(2 0)，(3 0)，(4 3 0))，如图 2.64(b)所示。

如果掉转节点 4 的路径优先级，如图 2.64(c)所示，那么它的稳定路径分配变为((1 0)，(2 0)，(3 0)，(4 2 0))，如图 2.64(d)所示。

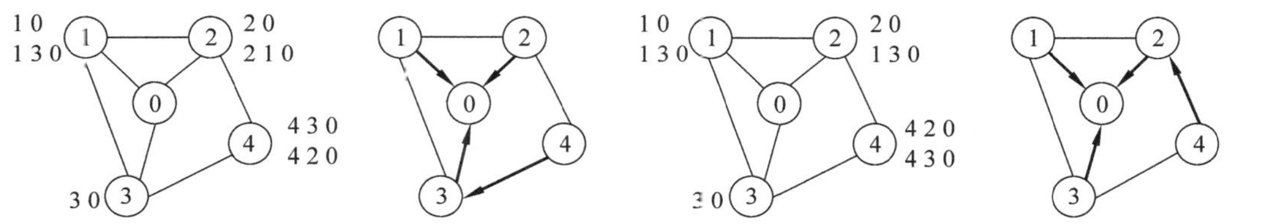

(a) SHORTEST1　(b) SHORTEST1方案　(c) SHORTEST2　(d) SHORTEST2方案

图 2.64　有最短路径解的稳定路径问题

在这两种情况下，优先级函数都选择较短的路径具有更高的优先级，最终解也是最短路径树。然而，事实是优先级函数并不一定总是选择较短路径，如图 2.65(a)所示，节点 1 和节点 2 都选择较长路径为更高优先级的路径，它的稳定路径分配为((1 3 0)，(2 0)，(3 0)，(4 3 0))，如图 2.65(b)所示，它是这个问题的唯一解。将图 2.65(a)稍加改动，改成图 2.65(c)所示，在节点 3 增加了一条允许路径(3 4 2 0)，此时它仍然有与图 2.65(a)相同的唯一解。如果再改变节点 4 的路径优先级，如图 2.65(d)所示，此时稳定路径问题无解。

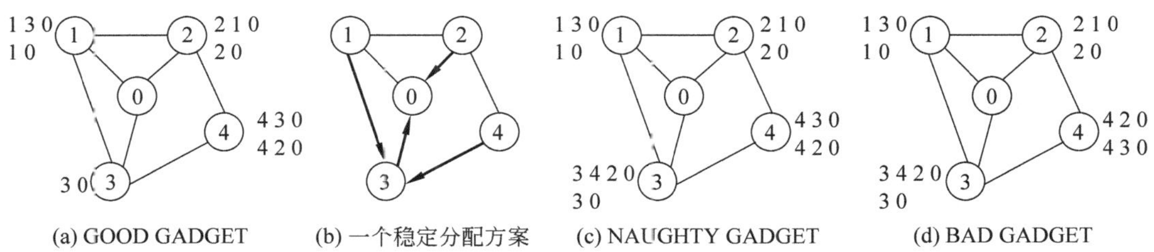

(a) GOOD GADGET　(b) 一个稳定分配方案　(c) NAUGHTY GADGET　(d) BAD GADGET

图 2.65　不是最短路径问题的稳定路径问题

前面举的例子至多只有一个解，但是事实并不总是如此。举一个简单的例子，如图 2.66(a)所示，该问题就有两个解，分别为 $\pi_1=((1\ 2\ 0),(2\ 0))$，如图 2.66(b)所示；以及解 $\pi_2=(($1

0),(2 1 0)),如图 2.66(c)所示。

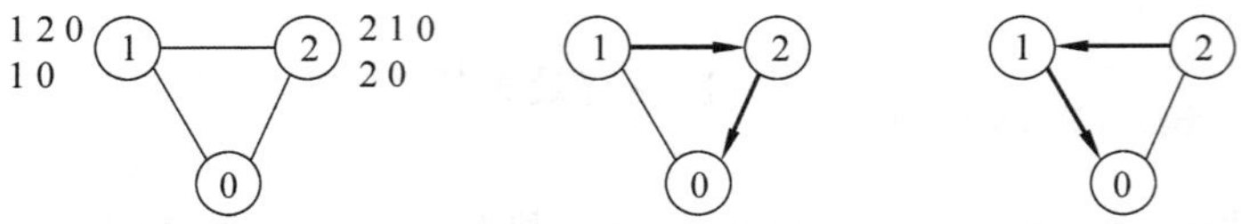

(a) 待求解问题　　(b) 第一个解　　(c) 第二个解

图 2.66　有两个解的稳定路径问题

图 2.67(a)是对图 2.65(d)稍加修改而成,它在节点 4 增加了一条路径(4 0),而且优先级最高,此时它有唯一解,如图 2.67(b)所示。

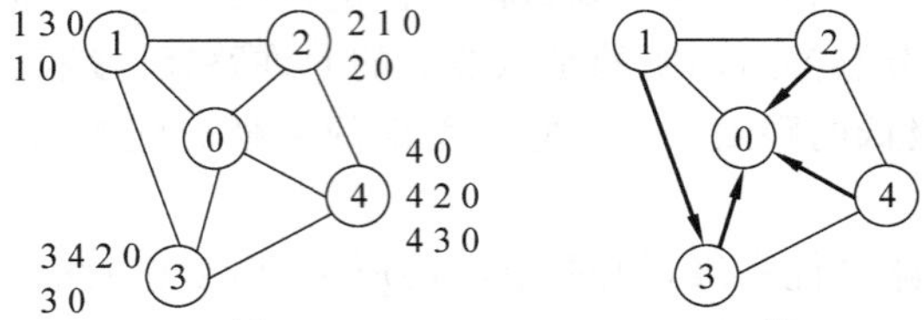

(a)　　(b)

图 2.67　对 BAD GADGET 稍加修改的稳定路径问题

可以注意到,如果边{0,4}被删除,那么系统便会回到图 2.65(d)的情况,由有解变为无解。用路由的术语来说就是:如果链路{0,4}失效,那么一个有稳定路由的网络就变成一个没有稳定路由的网络。实际上,稳定路径问题无解也就表示对应的网络没有稳定的路由分配,其路由将处于不断的振荡过程中,不能收敛到稳定情况。

3. 简单路径向量协议

下面简单介绍文献[40]中提出的简单路径向量协议(SPVP),该协议用分布式方法解决稳定路径问题。SPVP 是 BGP 的一个抽象的版本,当稳定路径问题无解时,该协议总是发散的;当稳定路径问题有解时,它也可能发散。假定协议处理消息总是用可靠的先进先出方式。

在 SPVP 中,对等实体间交换的是简单路径,当一个节点 u 采用某条路径 $P \in P^u$ 时,它会通知它的每一个对等实体 $\omega \in \text{peers}(u)$。每个节点有两个数据结构,路径 $\text{rib}(u)$是当前的 u 到目的的路径;对它的每一个对等实体 $\omega \in \text{peers}(u)$,$\text{rib_in}(n \Leftarrow \omega)$存储着 ω 发送来的路径。在节点 u 可选的路径集合定义为

$$\text{choices}(u) = \{(u\omega)P \in P^u \mid P = \text{rib\_in}(u \Leftarrow \omega)\}$$

最佳路径定义为

$$\text{best}(u) = \text{best}(\text{choices}(u), u)$$

下面是节点 u 的执行过程 $\text{spvp}(u)$。

```
Process spvp(u)
begin
    Receive P from w
    begin
        rib_in(u⇐w):=P
```

```
        if rib(u)!=best(u) then
        begin
            rib(u):=best(u)
            for each v ∈ peers(u) do
            begin
                send rib(u) to v
            end
        end
    end
end
```

如果有未被处理的来自对等实体 $\omega \in \text{peers}(u)$ 的消息，监测点“receive P from w”就会被激活，处理收到的消息。假设通信信道是可靠的，且总能保持消息的顺序。该协议保证了 rib_in($n \Leftarrow \omega$)总是包含最新的来自对等实体 ω 的消息，而且 rib(u)总是 u 采用的与这些路径一致的最高优先级的路径。如果网络状态是稳定的，那么最终消息队列应该是空的，反之，如果消息队列始终不空，则网络状态是不稳定的。

例如，对图 2.65(d)的问题，使用 SPVP 很容易构造出一个如表 2.9 所示的路径分配序列。在表 2.9 中，相邻两个 step 之间的不同的部分即为改变了的路径。可以注意到，这个序列的初始分配和结束分配是相同的，代表一次振荡。

表 2.9　图 2.65(d)的问题的路径分配序列

step	π	step	π
0	(1 0) (2 0) (3 4 2 0) (4 2 0)	5	(1 3 0) (2 1 0) (3 0) (4 3 0)
1	(1 0) (2 1 0) (3 4 2 0) (4 2 0)	6	(1 3 0) (2 0) (3 0) (4 3 0)
2	(1 0) (2 1 0) (3 4 2 0)	7	(1 3 0) (2 0) (3 0) (4 2 0)
3	(1 0) (2 1 0) (3 0)	8	(1 3 0) (2 0) (3 4 2 0) (4 2 0)
4	(1 0) (2 1 0) (3 0) (4 3 0)	9	(1 0) (2 0) (3 4 2 0) (4 2 0)

如果 SPVP 总是收敛的，那么稳定路径问题称为是安全的。稳定路径问题有解并不意味着一定是安全的，例如，NAUGHTY GADGET 有一个解，但是 SPVP 却总是发散的，而 BAD GADGET 是无法收敛的，NAUGHTY GADGET 在收敛到一个解之前可能振荡一段时间。换句话说，NAUGHTY GADGET 既能产生永久的振荡，也能产生短暂的振荡。

2.4.8　BGP 路由安全问题

目前，对互联网自治系统间路由安全的研究受到极大关注，已成为互联网领域中的一个热点课题。为构造一个安全可靠的域间路由系统，需要解决 BGP 的以下 3 个脆弱性问题：

(1) BGP 没有提供 BGP 通告消息的完整性，以及 BGP 对端节点的真实性。

(2) BGP 没有提供机制验证 AS 所通告 NLRI 的真实性。

(3) BGP 没有提供机制验证 AS 所通告的路径属性的真实性。

1. BGP 路由的主要安全事件

在 Internet 上，路由器扮演着转发数据包“驿站”的角色，正是由于这一重要角色，路由器成为确保互联网可用性的一个核心组件。BGP 路由器一旦误配置或者受到攻击，对整个网络的影响是致命的，轻则中断一个地区网络的通信，重则导致整个国家的网络陷入瘫痪，历史上也发生过很多 BGP 路由的安全事件。

(1) AS 7007 事件：1997 年 4 月，美国佛罗里达州的一个 ISP（AS 7007）配置 BGP 时允许从服务供应商 Sprint 学来的 BGP 路由作为自己的路由发布回 Sprint。Sprint 的 BGP 路由器也没有正确过滤，而是将 AS 7007 作为每个路由块的正确来源重新发布出去。由于路由表信息忽然增加 1 倍，并快速在互联网传播，导致很多路由器崩溃。

(2) TTNet 最佳路由事件：2004 年 12 月 24 日，土耳其 ISP 服务提供商 TTNet 通过 BGP 向外通告了互联网的完整可达性信息，宣告自己就是整个互联网。由于 TTNet 外发的路由信息中声称 AS 路径最短，这一错误导致来自亚马逊、微软、雅虎和 CNN 的网站全部选择该 ISP 作为最佳路由，这导致当天上午大部分的互联网流量流入土耳其，时间达数小时。

(3) YouTube 前缀劫持事件：2008 年 2 月，巴基斯坦电信(Pakistan Telecom)在试图限制本国用户访问 YouTube 网站时，由于配置失误，它的本意是想让本国所有访问 YouTube 网站的请求被置为空，即无法访问，但实际却配置成它有到达 YouTube 的最佳路由，这一路由宣告由它位于香港的 ISP 服务商 PCCW 向全球骨干节点进行播发，由于 BGP 中前缀最长匹配原则，使得这一"最佳路由"很快得到其他骨干节点的响应。很快这一错误导致在接下来的两个多小时内全球大部分用户无法访问 YouTube 网站。

2. BGP 主要安全威胁和防御机制

通过对上面的 BGP 和互联网范围内的路由安全事件分析，可以发现安全威胁来自内部或外部攻击。其中，有的攻击利用的是路由协议实现的脆弱性，而有的则是利用路由协议设计的缺陷[41]。BGP 安全威胁典型的有以下 3 类。

(1) 会话威胁。两个 BGP 路由器在会话过程中可能会受到针对分组机密性和完整性的攻击。中间人攻击者(man in middle)可以窃听会话内容，并从中推导出其中的商业机密。攻击者还可破坏分组的完整性，通过修改、删除和重传等手段，从而扰乱路由表、中止会话，甚至致使路由器崩溃。

(2) 拒绝服务(Denial of Service，DoS)。DoS 攻击的形式有多种，如路由黑洞导致某条 IP 地址前缀不可达，或对某条路由的路径属性的篡改会导致分组延迟或拒绝服务等，某个远程攻击者使用错误或伪造的 BGP 消息关闭一个连接也被认为是 DoS 攻击。而且，BGP 使用 TCP 作为其传输层协议，它同样面临 TCP 攻击。

(3) 路由劫持。源地址劫持和路径欺骗可对全网产生大规模的影响。这种危害是极其严重的。一个恶意 AS 可以宣告并不属于它的地址前缀，从而非法获取流量，并使得地址前缀的真正拥有者收不到本应属于它的数据，这样可能导致"路由黑洞"。此外，恶意 AS 还可通过前缀分化(Prefix Deaggregation)，影响 BGP 的性能并间接地增加 BGP 路由表的规模，还给网络带来大量的冗余。同时，恶意 AS 能篡改 UPDATE 分组的路径属性，如在 AS_PATH 属性中插入或删除 AS，或改变 AS 的序列，从而产生路由延迟或允许恶意的 AS 改变网络的流量模式。恶意 AS 也可改变 UPDATE 分组中的其他属性，如 MED 或团体属性，破坏流量工程和路由策略。

一般来说，会话威胁和 DoS 是由恶意攻击引起的，而路由劫持则有可能由错误配置或者攻击所引起。BGP 配置很重要，而且复杂，即使是微小的错误，也会带来大范围的严重后果。研究表明：一天中在 200～1200 条路由前缀中，平均有 0.2%～1%的前缀是错误配置的。其中有两种形式的错误配置是全局可见的：①路由器宣告了本应过滤掉的路由；②AS 将非法的某条地址前缀注入路由表。

3. BGP 的安全防御机制

针对 BGP 的威胁，当前已经部署了一些安全机制。现有的 BGP 保护机制主要通过改进协议实现或协议扩展这两个途径，以保护 BGP 连接关系和更新的路由信息。

针对 BGP 会话 DoS 攻击，目前已研究和部署了一些有效的防护机制。其中，利用 MD5 实现会话保护是一个有效手段。此外，IPSec 的部署能在很大程度上保护会话信息的机密性和完整性。

在路由保护方面，有 So-BGP 扩展[42]、S-BGP 协议扩展[43-44]以及恶意路由检测等机制。

S-BGP 是第一个提供路由信息认证的方案。S-BGP 基于 IPSec 建立 BGP 会话，并且使用公钥证书和数字签名验证发布信息的有效性。S-BGP 使用了两套 PKI：一套 PKI 用于地址分配认证；另一套 PKI 用于每个 ASN 认证。两套 PKI 都采用基于根节点的层次化认证模式。其认证的根节点在 ICANN。S-BGP 通过地址分配证书进行地址源认证。对于路径认证，则新增了一个路径认证属性。路径中的每个 AS 都要修改这个属性，其数字签名采用洋葱模式，即每个 AS 对其收到的路径进行签名，并发布出去。S-BGP 的洋葱签名模式如图 2.68 所示。

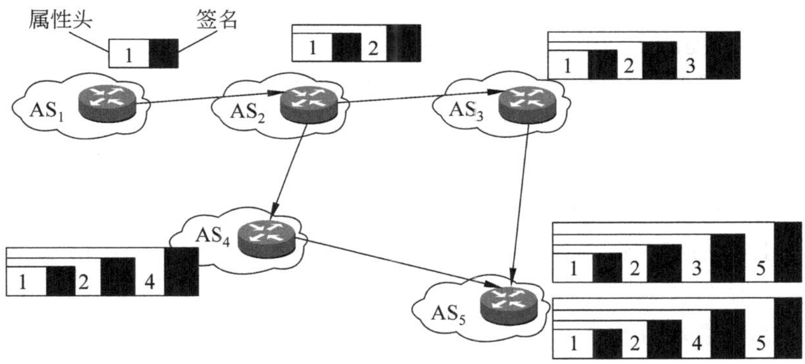

图 2.68　S-BGP 的洋葱签名模式

S-BGP 对地址源和路径具有很强的保护能力，但是其面临两个关键问题：第一，由于需要消耗大量路由器资源认证路由信息并提供认证信息的缓存，因此其对节点的处理能力具有很高的要求，尤其是互联网上流量的突发性会导致路由器处理负载的突发性；第二，由于 S-BGP 采用集中式认证模式，因此存在比较严重的扩展性问题。因此，S-BGP 很难得到增量部署。

很多学者针对这两个关键问题进行了研究，并提出了新的解决机制。Cisco 公司的 White 于 2003 年提出 So-BGP[42]。与 S-BGP 类似，So-BGP 采用 PKI 进行认证。So-BGP 利用 PKI 签发和管理 3 类证书，第一类证书用于认证每个参与会话的路由器，第二类证书用于认证路由策略，第三类证书用于认证路由器的源地址。与 S-BGP 不同，So-BGP 采用分布式认证中心，因此其最大的优点是可进行增量部署，并提供了几种部署的选择。So-BGP

中的路由器采用拓扑数据库认证每条接收到的路由信息。So-BGP 的不足也是显而易见的。首先,其渐进式部署的几种选择之间会产生互操作之间的问题。其次,So-BGP 不能保护中间路径属性不被修改。

2003 年,Goodell 提出 IRV (Interdomain Route Validation)服务机制[45]。IRV 服务机制与 S-BGP 不同,没有采用集中式认证,而是在每个 AS 中建立 IRV 服务器,用于认证所发布的信息。这种分布式认证机制可以保护一个组织内部的拓扑、策略等敏感信息。何时以及如何进行认证取决于路由器本身,因此具有很大的灵活性。IRV 服务机制并不需要修改 BGP,而其分布式认证具有很强的吸引力,但是其增加了新的路由基础设施,相当于叠加了一种新的功能网络,因此,如何保证这个功能网络也是巨大的挑战。

S-BGP 的路径认证中采用不对称密钥进行数字签名,这种方式需要较长的运算时间。针对这种缺陷,Hu 在 2004 年提出了 SPV (Security Path Vector)[46]。SPV 采用一次性签名的机制进行路径认证。SPV 不需要 PKI,具有较快的运算速度和较小的密钥管理开销。但是一次性密钥一定程度上降低了安全性能。

S-BGP 采用的源地址集中认证模式被许多学者认为很难实现,因此也是重点研究内容。Aiello 在 2003 年提出了 OA(Origin Authentication)服务[47]。作者通过长时间监测路由表和路由信息,得到两个重要的结论:第一,互联网地址分配具有很高的密度,16 个组织占有 80%的地址前缀,122 个组织占有 90%的地址前缀;第二,互联网地址分配具有很高的稳定性,在 2003 年前 5 个月中,只有大概 10%的地址前缀发生了改变。OA 通过带内传递 OAT (Origin Authentication Tags)进行源地址认证,其有效性还需进一步研究。

Wan 在 2005 年提出了 psBGP (pretty security BGP)[48]。作者认为,利用 PKI 进行集中式的 AS 认证是有可能的(因为 AS 数量较少而比较稳定),而集中式地址认证是很难实现的。psBGP 的路径认证与 S-BGP 相同。对于源地址认证,其基本思想是每个 AS 通过邻居作为"证人"证明其地址的合法性,即每个 AS 生成一个 PAL(Prefix Assertion List), PAL 记录了本地和相邻 AS 的分配地址。当要对某个 AS 的地址源信息进行认证时,只检查其邻居的 PAL 中的相关记录是否与其一致即可。psBGP 与 S-BGP 相比,很大程度上减小了部署的难度,降低了管理的复杂性。但是,源地址的安全性建立在两个 AS 之间不能联合相互作"伪证",联合相互作伪证这个条件降低了 psBGP 的安全能力。

Subramanian 于 2004 年提出了 Listen 和 Whisper 机制[49],他从数据平面和控制平面两个角度出发看待 BGP 的安全性问题。Whisper 运行在控制平面上,主要负责路径认证,其方式与 SPV 相似。Listen 运行在数据平面,负责地址源认证。Listen 监视 TCP 数据流,如果一个 TCP 的 SYN 分组后面紧跟着数据分组,则认为远程节点是可达的。如果远程节点的响应低于某个阈值,则认为该路由异常,即有可能是黑洞、错误的配置或地址欺骗。Listen 和 Whisper 机制最吸引人的地方是其对 BGP 和网络基础设施仅做出极小的改动,并且不需要 PKI,使得其易于部署。然而,这个方案只能发现潜在的伪造路由。

此外,Haeberlen 等[50]和 Li 等[51]分别提出利用路由通告的规则来检测和防御 BGP 的伪造路由。Haeberlen 等通过网络管理员预先配置和定义 BGP 通告的异常规则检测 BGP 通告的异常[50]。然而,配置异常规则会给网络管理员增加很多网络运行和管理的负担。Li 等所提出的 TBGP 则很好地解决了这个问题[51]。TBGP 根据 BGP 的协议规范定义了合法 BGP 通告的规则,通过在 BGP 路由器中实施规则检测防御伪造路由传播。

2.5 结论和进一步的研究工作

本章讨论了 Internet 的路由问题,重点介绍了目前正在使用的主流的路由协议。

就 Internet 路由协议本身来说,目前的研究集中在 BGP 和 OSPF 协议本身的收敛性和稳定性等方面[52-53]。另外,如何在域内提供灵活的路由环境也值得进一步研究[54]。我们实验室的一部分工作就是扩展 BGP 的路由选择通知[55],可以在自治系统间部署,用来进行源地址验证与过滤,是源地址验证工作中重要的一环。

随着网络和应用业务的快速发展,能够根据服务质量需求进行服务质量路由(QoSR)日益成为网络研究的核心问题之一。限于篇幅,本章没有对该问题进行介绍,感兴趣的读者可以参考文献[56]~文献[62]。

实际上,目前互联网的路由和寻址体系结构面临着严重的问题。互联网用户的增加,以及其他诸多因素(如多穴主机、流量工程和策略路由等)导致核心网的路由表规模不停地增长。互联网标准化组织 IETF 于 2006 年 11 月在阿姆斯特丹举办了"Routing and Addressing Workshop",专门讨论路由和寻址面临的问题。

具体来说,当前的路由和寻址体系结构面临的最重要的问题是可扩展性问题。可扩展性问题主要体现在互联网核心路由表的规模超线性地快速增加。2005 年路由表只有 15 万~17.5 万条表项,到 2007 年则增加到 20 万条以上,到 2019 年已经增加到 80 万条。核心路由表数量的增加导致很多问题,例如:

(1) 路由器中的路由表和转发表的大小增加。

(2) 转发表重新计算的开销增加。

(3) 路由更新消息的增加导致 BGP 计算的开销,如 2005 年 8 月发现了有超过 40 万的路由更新事件发生。

(4) BGP 路由协议的收敛时间延长。

(5) 路由器硬件的开销和能耗增加,动态存储器访问速率的增速并不能跟上摩尔定律的增加,也让人担心路由器的性能是否能够应付路由表的快速增长。

(6) 将网络边缘的变化暴露给网络核心,引起网络核心的路由振荡。

核心路由表增加的原因有很多,主要有以下 3 个。

(1) 多宿主技术(multi-homing)的大量使用。当前很多站点为了保证服务的可靠性或者出于性价比的考虑,都会使用多个互联网服务提供商提供服务,使用多宿主技术的站点如果使用互联网服务提供商无关的地址,则会导致不能很好聚集的地址前缀被分布。即使使用互联网服务提供商提供的地址,该地址前缀也需要单独发布,不能被聚集。

(2) 流量工程中使用的一些方法。例如,为了让流量能够在多条链路上更好地实现负载均衡,或者考虑多使用价格比较低的链路的目的,当前的路由协议(如 BGP、OSPF 和 IS-IS 等)并没有很好地提供对流量工程的支持。实际中往往采用的办法是,如果需要流量工程的地址范围是聚集的地址前缀的一部分,则会单独对这部分前缀发布路由信息以实现流量工程的目的。然而,这样使用虽然达到了流量工程的目的,却损害了路由的可聚集性。

(3) 互联网注册机构(Regional Internet Registry)地址分配策略并不是最优的,很多站点不愿意因为更换互联网服务提供商就更换 IP 地址,它们会要求分配服务提供商无关的地址，这些地址在拓扑上不可聚集，而且由于这些地址通常代表一个小的边缘网络，很容易在核心网中引入更多的路由表项。

此外，当前的路由和寻址体系结构面临的第二个问题是当前 IP 地址的语义重载问题。当前的 IP 地址实际上担负着双重语义，既作为路由系统寻址时的定位，又作为双方通信传输层的标识。这种语义重载实际上也严重影响了整个路由系统的可扩展性。目前虽然对这个问题已经有了很多讨论，但是并没有一个很好的能实际应用的解决方案。

一般认为，路由系统如果需要可扩展，那么 IP 地址作为寻址定位的功能，必须表示互联网拓扑中的位置，必须按照互联网的拓扑进行分配。然而，作为传输标识，IP 地址通常都是基于端系统或者端系统所属的组织结构分配，应该是拓扑无关的。此外，作为标识，还需要具有稳定性。当网络和主机从互联网另一个地方接入的时候，需要更换它的位置，然而，它的标识应该不变。从上面的分析可以看到，IP 地址的双重语义实际上在地址分配上是存在矛盾的，一个单一的名字空间很难满足两方面要求，也是导致目前路由和寻址体系结构面临可扩展性问题的一个重要原因。

正如前面所讨论的，BGP 路由安全问题是重中之重。随着近几年来计算设备性能的飞速发展，再加上 BGP 路由数据的持续积累，基于机器学习（深度学习）的方法提升 BGP 路由的安全性能也成为当今科学家的主要研究方向之一。例如，MIT 计算机科学与人工智能实验室近期提出一种新颖的基于机器学习的途径分析和抵御 BGP 劫持活动[63]。此方法能够帮助运营商主动采取措施抵御前缀劫持，并且为当前以及今后的检测系统提供了数据样本。类似的基于机器学习（或深度学习）的解决 BGP 路由安全问题的方案还有很多，感兴趣的读者可以参考文献[63]～文献[66]。

此外，当前路由和寻址体系结构也面临一些其他问题，如路由的收敛问题，但是该问题的一部分原因也是路由条数过多造成的，与当前路由和寻址体系结构可扩展性问题相关。而作为下一代互联网载体的 IPv6，如果缺乏一个可扩展的路由和寻址体系结构，还是沿用 IPv4 现有的策略，面对的问题可能更严重，因为 IPv6 拥有更大的地址空间，如果没有一个可扩展的路由和寻址体系结构管理这样大的地址空间的寻址，路由表项的数量可能会比 IPv4 大几个数量级。

因此，未来的互联网需要新的多维可扩展的路由和寻址体系结构，这个路由和寻址体系结构需要解决目前的问题，以及充分考虑未来需求的变化，如互联网用户的不断增长、区域提供商和子网的数目不断增加、各种移动网络的增加，以及移动接入设备的不断增加等。有兴趣的读者可以关注美国 FIND 计划中的相关研究课题[67]。

参考文献

[1] Postel J. Internet Protocol[R]. RFC 791, 1981.

[2] Pummil T, Manning B. Variable Length Subnet Table For IPv4[R]. RFC 1860, 1995.

[3] Hawkinson J, Bates T. Guidelines for Creation, Selection, and Registration of an Automous System (AS)[R]. RFC 1930, 1996.

[4] Dijkstra A. Note on Two Problems in Connexion with Graphs[J]. Numerische Mathematik, 1959, 1: 269-271.

[5] Technische Universiteit Elndhoven University of Technology[EB/OL]. [2020-08-01]. http://www-set.win.tue.nl/UnsungHeroes/machines/armac.html.
[6] Hedrick C. Routing Information Protocol[R]. RFC 1058, 1988.
[7] Malkin G. RIP Version 2 Carrying Additional Information[R]. RFC 1723, 1994.
[8] Malkin G. RIP Version 2[R]. RFC 2453, 1998.
[9] Coltun R, Ferguson D, Moy J. OSPF for IPv6[R]. RFC 2740, 1999.
[10] CAIDA[EB/OL]. [2020-08-01]. http://www.caida.org.
[11] 互联网交换中心网间结算办法[EB/OL]. 2008-10-31[2020-08-01]. http://www.miit.gov.cn/n1146285/n1146352/n3054355/n3057709/n3057710/c3658105/content.html.
[12] 新华网[EB/OL]. 2006-08-15[2020-08-01]. http://news.xinhuanet.com/tech/2006-08/15/content_4961599.htm.
[13] Rekhter Y, Li T. A Border Gateway Protocol 4 (BGP-4)[R]. RFC 1771, 1995.
[14] Lougheed K, Rekhter Y. A Border Gateway Protocol (BGP)[R]. RFC 1105, 1989.
[15] Lougheed K, Rekhter Y. A Border Gateway Protocol (BGP)[R]. RFC 1163, 1990.
[16] Lougheed K, Rekhter Y. Border Gateway Protocol 3 (BGP-3)[R]. RFC 1267, 1991.
[17] Rekhter Y, Gross P. Application of the Border Gateway Protocol in the Internet[R]. RFC 1772, 1995.
[18] Traina P. Experience with the BGP-4 Protocol[R]. RFC 1773, 1995.
[19] Traina P. BGP-4 Protocol Analysis[R]. RFC 1774, 1995.
[20] Haskin D. A BGP/IDRP Route Server Alternative to a Full Mesh Routing[R]. RFC 1863, 1995.
[21] Traina P. Autonomous System Confederations for BGP[R]. RFC 1965, 1996.
[22] Bates T, Chandra R. Route Reflection An Alternative to Full Mesh IBGP[R]. RFC 1966, 1996.
[23] Chandra R, Traina P, Li T. BGP Communities Attribute[R]. RFC 1997, 1996.
[24] Chen E, Bates T. An Application of the BGP Community Attribute in Multi-home Routing[R]. RFC 1998, 1996.
[25] Manning B. Registering New BGP Attribute Types[R]. RFC 2042, 1997.
[26] Hares S, Katz D. Administrative Domains and Routing Domains: A Model for Routing in the Internet[R]. RFC 1136, 1989.
[27] Estrin D. Policy Requirements for Inter Administrative Domain Routing[R]. RFC 1125, 1989.
[28] Timothy G, Griffin. An Introduction to Interdomain Routing and the Border Gateway Protocol (BGP)[EB/OL]. 2002-11-12[2020-08-01]. http://www.cl.cam.ac.uk/~tgg22/talks/BGP_TUTORIAL_ICNP_2002.ppt.
[29] Timothy G, Griffin, Gordon Wilfong. Analysis of the MED Oscillation Problem in BGP[C]. In Proceedings of IEEE ICNP, 2002.
[30] BGP Best Path Selection Algorithm. Cisco Document[EB/OL]. 2016-09-12[2020-08-01]. https://www.cisco.com/c/en/us/support/docs/ip/border-gateway-protocol-bgp/13753-25.html.
[31] Basu A, Ong C, Rasala A, et al. Route Oscillations in I-BGP with Route Reflection[J]. Computer Communication Review, 2002, 32(4): 235-247.
[32] Griffin T, Wilfong G. A Safe Path Vector Protocol[C]. In Proceedings of IEEE INFOCOM, 2000.
[33] Griffin T, Premore B. An Experimental Analysis of BGP Convergence Time[C]. In Proceedings of IEEE ICNP, 2001.
[34] Bremler-Barr A, Afek Y, Schwarz S. Improved BGP Convergence via Ghost Flushing[C]. In Proceedings of IEEE INFOCOM, 2003.

[35] Pei Dan, Zhao Xiaoliang, Wang Lan, et al. Improving BGP Convergence through Consistency Assertions[C]. In Proceedings of IEEE INFOCOM, 2002.

[36] Wang Lijun, Wu Jianping, Xu Ke. Modified Flap Damping Mechanism to Improve Inter-domain Routing Convergence[J]. Computer Communications, 2007, 30(7): 1588-1599.

[37] Labovitz C, Malan G, Jahanian F. Origins of Internet Routing Instability[C]. In Proceedings of IEEE INFOCOM, 1999.

[38] GriffinT, Shepherd F, Wilfong G. The Stable Paths Problem and Interdomain Routing[J]. IEEE/ACM Transactions on Networking, 2002, 10(2): 232-243.

[39] Griffin T, Wilfong G. An Analysis of BGP Convergence Properties[C]. In Proceedings of ACM SIGCOMM, 1999.

[40] Griffin T, Wilfong G. A Safe Path Vector Protocol[C]. In Proceedings of IEEE INFOCOM, 2000.

[41] 胡湘江. 域间路由系统安全关键技术研究[D]. 长沙: 国防科技大学, 2009.

[42] White R. Deployment considerations for secure origin BGP (So-BGP)[R]. Internet Draft, 2003.

[43] Kent S, Lynn C, Seo K. Secure Border Gateway Protocol (S-BGP)[J]. IEEE Journal on Selected Areas in Communications, 2000, 18(4): 582-592.

[44] Stephen T, Kent Charles, Lynn W, et al. Transitioning Secure Border Gateway Protocol (S-BGP) into the Internet[R]. AFRL-IF-RS-TR-2004-63 Final Technical Report, 2004.

[45] Goodell G, Aie1lo W, Griffin T, et al. Working around BGP: An Incremental Approach to Improving Security and Accuracy of Interdomain Routing[C]. In Proceedings of ISOC NDSS, 2003.

[46] Hu Y-C, Perrig A, Sirbu M. SPV: Secure Path Vector Routing for Securing BGP[C]. In Proceedings of ACM SIGCOMM, 2004.

[47] Aiello W, Ioannidis J, McDaniel P. Origin Authentication in Interdomain Routing[C]. In Proceedings of ACM CCS, 2003.

[48] Wan Tao, Kranakis Evangelos, van Oorschot P C. Pretty Secure BGP (psBGP)[C]. In Proceedings of ISOC NDSS, 2005.

[49] Subramanian L, Roth V, Stoica I, et al. Listen and Whisper: Security Mechanisms for BGP[C]. In Proceedings of NSDI, 2004.

[50] Haeberlen A, Avramopoulos I, Rexford J, et al. Netreview: Detecting BGP configuration faults with static analysis[C]. In Proceedings of NSDI, 2009.

[51] Li Qi, Xu Mingwei, Wu Jianping, et al. Enhancing the Trust of Internet Routing with Lightweight Route Attestation[C]. In Proceedings of AsiaCCS, 2011.

[52] GriffinT, Wilfong G. Analysis of the MED Oscillation Problem in BGP[C]. In Proceedings of IEEE ICNP, 2002.

[53] BasuA, Riecke J. Stability Issues in OSPF Routing[C]. In Proceedings of ACM SIGCOMM, 2001.

[54] Partridge C, Snoeren A, Strayer T, et al. FIRE: Flexible Intra-AS Routing Environment[C]. In Proceedings of ACM SIGCOMM, 2000.

[55] 王立军, 吴建平, 徐恪. 支持域间分布式分组过滤的 BGP 扩展[J]. 软件学报, 2007, 18(12): 3048-3059.

[56] Apostolopoulos G, Guerin R, Kamat S. Implementation and Performance Measurements of QoS Routing Extensions to OSPF[C]. In Proceedings of IEEE INFOCOM, 1999.

[57] Orda A. Routing with End-to-End QoS Guarantees in Broadband Networks[J]. IEEE/ACM Transactions on Networking, 1999, 7(3): 365-374.

[58] Cidon R, Rom, Shavitt Y. Multi-Path Routing Combined with Resource Reservation[C]. In

Proceedings of IEEE INFOCOM, 1997.

[59] Rao S V, Batsell S. QoS Routing via Multiple Paths Using Bandwidth Reservation [C]. In Proceedings of IEEE INFOCOM, 1998.

[60] Vutukury S, Garcia-Luna-Aceves J. A Simple Approximation to Minimum-delay Routing[C]. In Proceedings of ACM SIGCOMM, 1999.

[61] Ma Q, Steenkiste P. Supporting Dynamic Inter-Class Resource Sharing: A Multi-Class QoS Routing Algorithm[C]. In Proceedings of IEEE INFOCOM, 1999.

[62] Xiao Li, Lui King-Shan, Wang Jun, et al. QoS Extension to BGP[C]. In Proceedings of IEEE ICNP, 2002.

[63] Testart C, Richter P, King A, et al. Profiling BGP Serial Hijackers: Capturing Persistent Misbehavior in the Global Routing Table[C]. In Proceedings of ACM IMC, 2019.

[64] Cheng Min, Xu Qian, Lv Jianming, et al. MS-LSTM: A multi-scale LSTM model for BGP anomaly detection[C]. In Proceedings of IEEE ICNP, 2016.

[65] McGlynn K, Acharya H, Kwon M. Detecting BGP Route Anomalies with Deep Learning[C]. In Proceedings of IEEE INFOCOM WKSHPS, 2019.

[66] Cheng Min, Li Qing, Lv Jianming, et al. Multi-Scale LSTM Model for BGP Anomaly Classification [J]. IEEE Transactions on Services Computing, 2018.

[67] National Science Foundation[EB/OL]. [2020-08-01]. http://www.nets-find.net/.

第3章 拥塞控制

3.1 引　　言

1968年，生物学教授 Garrett Hardin 在《科学》杂志上发表了一篇文章《共同的悲剧》(*The Tragedy of the Commons*)[1]，可以说是迄今为止描述"资源两难"问题最有影响力的文章。在该文中，Hardin 认为现代人过度使用资源的后果将是面临类似于使用同一牧场的牧人所面临的悲剧：在公用牧场中放牧的牧人会尽可能多饲养牲口，以使自己的利益最大化，而这种行为导致的长期后果是牲口的总数超出牧场所能容纳的极限，草资源很快枯竭，进而所有的牲口也将因为没有足够的食物而饿死。

这一思想也可以用来阐述发生网络拥塞的原因：在网络环境中，资源被所有用户所共享；用户都尽可能多地使用共享资源最大化自身的利益，而不考虑共享资源的整体状况以及其他用户的使用情况，导致网络全局的负载不断增加，直至发生网络拥塞。

目前 Internet 广泛使用的 TCP(Transmission Control Protocol)是一种面向连接的、可靠的、基于字节流的传输层(Transport Layer)通信协议，最早由 Vint Cerf 和 Robert Kahn 在1973年提出，当时的互联网(Internet)还没有商业用途。1986年10月，美国 ARPANET 网络第一次发生拥塞崩溃(Congestion Collapse)，导致从美国的劳伦斯伯克利国家实验室(LBL)到加州大学伯克利分校(UC Berkeley)之间的数据吞吐量降低了3个数量级，从32kb/s 急剧跌落到40b/s[2]。这是因为，在最初的 TCP[3]中，只有流控(Flow Control)机制，而没有拥塞控制(Congestion Control)机制，接收端可以使用 TCP 报头的窗口值将自己的接收能力通知发送端。由于这样的控制机制只考虑接收端的接收能力，而没有考虑网络的承受能力，不可避免地导致网络崩溃现象发生。

在随后的时间里，网络拥塞崩溃的情况时常发生，直到1987—1988年间 ARPANET 的主机逐渐实现由 Van Jacobson 设计的拥塞控制机制后，网络拥塞崩溃的状况才得到好转。在那之后，拥塞控制引起更多研究者的关注，也逐渐成为 Internet 的一个研究热点。

网络中的拥塞源于网络资源(如链路、路由器和交换机等)和网络流量分布的不均衡性。拥塞不会随着网络资源的增加和网络处理能力的提高而自动消除。拥塞控制的分布性、网络的复杂性和对拥塞控制的性能要求又使拥塞控制算法的设计具有很高的难度。虽然在拥塞控制领域已经开展了大量的研究工作，但是拥塞问题仍然没有彻底解决，拥塞控制理论和算法目前还是网络研究中的一个热点问题。

本章将详细介绍拥塞控制的基本概念、TCP 拥塞控制机制研究、端到端拥塞控制算法研究，最后总结拥塞控制并简要介绍未来的研究和发展方向。

3.2 基本概念

3.2.1 拥塞和拥塞控制

当在网络中存在过多的分组时，网络的性能会下降，这种现象称为拥塞[4]。Jain 等[5]使用图 3.1 描述拥塞的发生，其中有两个关键的点，分别是 Knee 点和 Cliff 点。当网络负载较轻时，吞吐量的增长和网络负载相比基本呈线性关系，网络延迟增长缓慢；在网络负载超过 Knee 点之后，网络的吞吐量增长缓慢，而网络延迟增长较快；当网络负载超过 Cliff 点之后，网络吞吐量急剧下降，而网络延迟急剧上升。

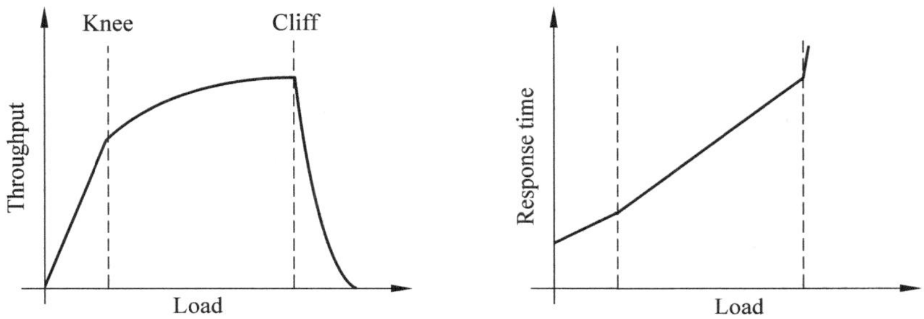

图 3.1　拥塞发生点示意图

（注：该图取自参考文献[5]）

从图 3.1 可以看出，网络负载在 Knee 附近时，网络的使用效率最高，时延和吞吐都取到拐点值，可以保证性能的相对高效。一般地，拥塞控制就是网络节点采取措施避免拥塞的发生或者对拥塞的发生做出反应[6]。使用图 3.1 说明，拥塞控制的目标就是使网络在 Knee 附近工作。

流控是一个与拥塞控制有关的概念，它们对数据传输的速率进行控制，但是它们的出发点不同。流控主要考虑了发送过程中的发送端和接收端，它的目的是保证不使发送端的发送速率超过接收端的接收能力。而拥塞控制则主要考虑了发送端和接收端之间的网络环境，它的目的是保证网络中的数据不超过网络的传输能力，从而避免出现图 3.1 中 Cliff 点之后网络性能严重下降的情况。

拥塞控制算法中包含**拥塞避免**(Congestion Avoidance)和**拥塞控制**(Congestion Control)两种不同的机制[5]。拥塞控制是“恢复”机制，用于把网络从拥塞状态中恢复出来，即发生在图 3.1 中的 Cliff 点左侧；拥塞避免是“预防”机制，它的目标是避免网络进入拥塞状态，使网络运行在高吞吐量、低延迟的状态下，即发生在图 3.1 中的 Knee 点。

3.2.2 Internet 中拥塞发生的原因

网络中拥塞现象发生的根本原因是“需求”大于“供给”。网络中的资源(如缓冲、链路带宽和路由器处理能力等)是有限的，有限的资源要在网络用户之间共享使用，因而用户之间对网络资源的使用存在竞争关系。由于 Internet 是开放的，没有使用“准入控制”(Admission Control)算法，Internet 无法根据网络资源的使用情况限制使用网络用户的数量。其次，由于 Internet 没有集中控制，所以无法控制每个用户使用网络资源的数量。随着

Internet 的发展，使用 Internet 用户的数量和基于 Internet 应用的数量都在迅速增长。如果不使用某种机制在多个用户之间协调资源的使用，必然会出现网络拥塞。另外，由于 Internet 的流量具有强烈的突发性，流量经常向某些热点汇集，导致热点所在的区域发生网络拥塞。例如，双十一零点抢购，铁路春运时期的网络放票等。

随着网络资源成本的降低，可以通过增加网络资源的手段缓解网络拥塞，如增加路由器的内存容量，提高路由器和交换机的处理器性能，提高网络链路带宽，等等。遗憾的是，虽然拥塞本质上是由于资源短缺引起的，但是单纯地增加网络资源并不能避免拥塞的发生。Raj Jain 在文献[7]中指出，即使在网络中增加资源，也不能解决拥塞，甚至会加重拥塞的程度。例如，如果路由器的缓存太大，分组通过的延迟就会增大，当延迟超过端系统中重传时钟的值时，就会导致分组的重传，而这种重传反而加重了拥塞。

值得指出的是，拥塞总是发生在网络中资源"相对"短缺的位置，而拥塞发生在地理上的不均衡性反映了 Internet 的不均衡性。Internet 的不均衡性首先体现在资源分布的不均衡，这些资源包括链路带宽、路由器中的缓冲及其处理能力等，如图 3.2(a)所示，路由器分别与 1Mb/s 和 100kb/s 的链路相连。当分组以 1Mb/s 的速率从 S 发送 D 时，在 R 处会发生拥塞。Internet 的不均衡性还体现在流量分布的不均衡，如图 3.2(b)所示，A、B、C、D 这 4 个节点通过 R 相连，4 条链路的带宽都是 1Mb/s，也就是说，系统中资源的分布是均衡的。当 A 和 B 都以 1Mb/s 的速率向 C 发送数据时，在 R 处同样会发生拥塞。在 Internet 中，资源分布的不均衡、流量分布的不均衡以及流量的突发性都是广泛存在的，由这些原因导致的拥塞不能单纯依靠增加资源的方法解决。

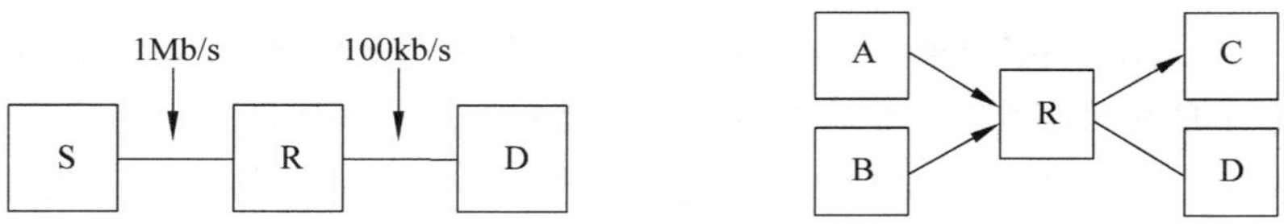

(a) 资源分布不均衡举例　　(b) 流量分布不均衡举例

图 3.2　Internet 的不均衡性

(注：该图取自参考文献[7])

3.2.3　拥塞控制的目标

在设计和比较拥塞控制算法时，需要一定的评价方法。从单个用户的角度出发，可以比较端系统的吞吐速率、丢失率和延迟等指标，这些是用户关心的。由于拥塞控制算法对整个网络系统都有影响，在评价拥塞控制算法时，更应该从整个系统的角度出发进行考虑，既要保证网络的稳定性，又要兼顾资源分配的效率与公平性。因此，评价拥塞控制算法的指标主要包括 3 项：网络的稳定性、资源分配的效率和资源分配的公平性。

1. 网络的稳定性

从网络全局的角度考虑，拥塞控制不能影响网络的稳定性，这就要求拥塞控制算法必须是收敛的。一般来说，收敛性通过网络由起始状态到达目标稳定状态的速度衡量。然而，由于控制具有二元性，因此网络系统通常不会收敛到单一的稳定状态，而是会围绕最优状态抖动，称为"均衡状态"。

如图 3.3 所示,网络由起始状态到达均衡状态的时间长短以及在均衡状态下抖动的剧烈程度决定拥塞控制算法的收敛性,其中状态变迁的时间长短表示拥塞控制的响应速度,抖动的剧烈程度表示拥塞控制的平滑度。因此,状态变迁时间越短,抖动程度越轻,对应的拥塞控制响应速度越快、越平滑。

2. 资源分配的效率

资源分配的效率可以使用 Power 函数[5-6]评价。Power 函数的定义为

$$\text{Power}=\text{Throughput}^{\alpha}/\text{Response Time}$$

式中,一般取 $\alpha=1$。如果在评价时更偏重吞吐量,则取 $\alpha>1$;如果在评价时更偏重反应时间,则取 $\alpha<1$。从图 3.4 可以看出,在网络负载位于 Knee 点时,Power 取最大值。使用 Power 函数有一定的局限性。它主要基于 M/M/1 队列的网络,并假设队列的长度为无穷;另外,Power 的计算一般在单资源、单用户情况下使用[5]。

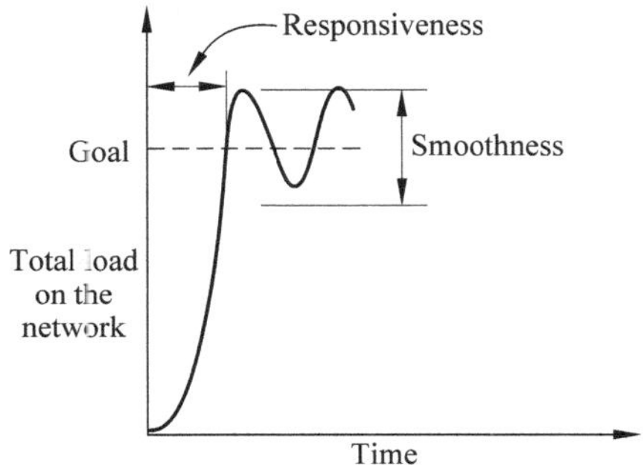

图 3.3 响应速度与平滑性

(注:该图取自参考文献[9])

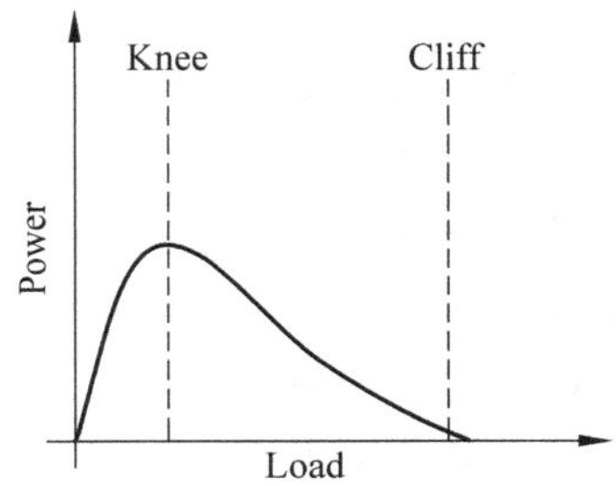

图 3.4 网络负载的 Power 函数值

(注:该图取自参考文献[5])

3. 资源分配的公平性

在多用户存在的情况下,需要考虑资源分配的公平性。公平性的主要评价方法包括 Max-Min 公平性(Max-Min Fairness)[8]、公平性指数(Fairness Index)[9]和比例公平性(Proportional Fairness)[10]等。

Max-Min 公平性被非正式定义为:每个用户的吞吐量至少和共享相同瓶颈的其他用户的吞吐量相同。该公平性是一种理想的状况,它是一个广泛使用的评价标准,但是不能给出具体的公平程度。

公平性指数提供了一个计算公式,可以计算公平的程度,定义为

$$F(x)=\frac{\left(\sum_{i}x_{i}\right)^{2}}{n\left(\sum_{i}x_{i}^{2}\right)}$$

用公平性指数计算得到的结果在 0 和 1 之间,并且结果不受衡量单位的影响。它的一个性质是:如果在 n 个用户中只有 k 个用户平均共享资源,而另外 $n-k$ 个用户没有任何资源,则函数的结果为 k/n。

一些研究者认为,如果考虑用户的"效用函数"(Utility Function),在一些情况下使用 Max-Min 公平性评价公平程度并不是最理想的。通过使用对数效用函数,Kelly 引入了比

例公平性的概念[10]，其定义为：向量 $\boldsymbol{X}$ 满足比例公平性，如果对于其他任何向量 $\boldsymbol{Y}$，都满足

$$\sum_{i \in I} \frac{y_i - x_i}{x_i} \leqslant 0$$

由于"公平性"是针对资源分配而言的，所以在评价前首先要确定"资源"的含义。目前大多数研究在评价公平性时都使用吞吐量衡量用户得到的资源，这是从用户的角度出发进行考虑的，并不完全适合网络中资源的状况。网络中的资源主要包括链路带宽、网关的缓冲和网关的处理能力，在考查公平性时应当将这些资源的分配情况综合起来考虑。

3.3 TCP 拥塞控制机制研究

3.3.1 Internet 的网络模型

拥塞现象的发生和 Internet 的设计机制有密切的联系。在 Internet 中使用的网络模型可以用以下 3 点抽象[6]。

1. 分组交换(Packet-Switched)网络

与电路交换(Circuit-Switched)相比，分组交换的本质是网络资源共享。共享方式提高了网络资源的利用效率，但是也带来了一些问题。在共享方式下，如何保证用户的服务质量成为一个很棘手的问题；在分组交换的网络中有可能出现分组的"乱序"现象[11]，对"乱序"分组的处理增加了端系统的复杂性。

在分组交换网络中，理论上可以通过路由的调整"绕过"某个拥塞的网络节点，"负载均衡"就属于这类解决方案。但是，在网络中大量的节点周围不存在多条路由，从而不能完全使用这种方法解决拥塞问题。另外，如果通过调整路由解决拥塞问题，可能会导致路由的不稳定或者振荡，对网络全局的稳定性造成巨大挑战。

2. 无连接(Connectionless)网络

Internet 使用无连接的模型，两个节点之间在发送数据之前不需要建立连接。无连接简化了网络的设计，在网络的中间节点不需要保存和连接有关的状态信息。但是，无连接模型也有一定的问题。首先，在无连接模型中难以引入"准入控制"(Admission Control)算法，这样，在用户需求大于网络资源的情况下难以保证服务的质量；其次，在无连接模型中对数据发送源的追踪能力很差，这给网络的安全性带来了很大的隐患；另外，无连接也是网络中"乱序"分组出现的一个主要原因。

3. 尽力而为(Best Effort)的服务模型

在 Internet 中使用的模型为 Best Effort，也就是俗称的尽力而为传输，其含义是 Internet 不对数据传输的服务质量提供任何保证。这个选择和早期网络中的应用有关[12]。网络上传统的应用包括 FTP、Telnet 和 SMTP 等，这些应用对网络性能(如延迟、分组丢失等)的变化不敏感，Best Effort 的服务模型可以满足这些应用的需要。而且由于它们在底层都基于包含拥塞控制算法的 TCP，因此可以一定程度上适应网络环境的变化。但是，随着多媒体等应用在网络中的引入，Best Effort 模型已经不能满足许多新的网络应用的要求。例如，很多应用的性能对于延迟的变化比较敏感，而且它们在网络发生拥塞时不能降低发送速率。

3.3.2 线性拥塞控制机制

假设网络中有 n 个用户共享有限的资源，如图 3.5 所示。网络系统的拥塞状态由系统中数据包的数量决定。假设时间可以分割成长度相同的**时间片**(Time Slot)，用户在每个时间片开始时根据前一个时间片收到的网络反馈设定本时间片的负载水平。如果在某个时间片 t，第 i 个用户的负载为 $x_i(t)$，那么瓶颈资源上的总负载则为 $\sum_i x_i(t)$，此时的系统状态可以用 n 维向量 $x(t)=\{x_1(t), x_2(t), \cdots, x_n(t)\}$ 表示。

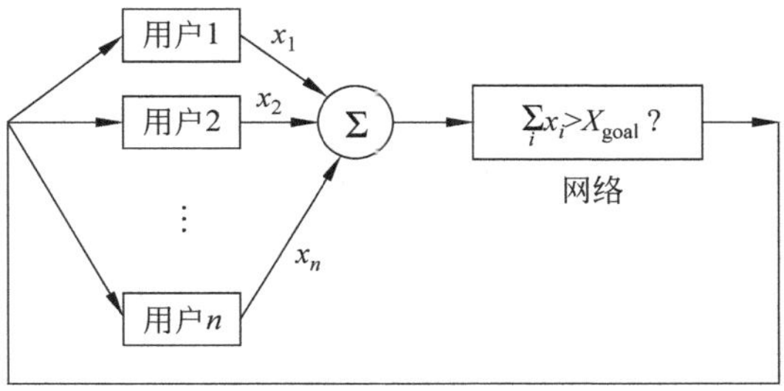

图 3.5 网络资源控制机制示意图

(注：该图取自参考文献[9])

由于网络处于或者接近 Knee 点，所有用户的资源需求都是可以得到保证的(这一情况在 Cliff 点不成立)。因此，$x_i(t)$表示第 i 个用户的资源需求，同时也是系统分配给它的资源数。在每个时间片，网络系统根据负载情况向所有用户发送二进制反馈信号 $y(t)$。当 $y(t)$为 0 时，用户会增加资源需求；反之，当 $y(t)$为 1 时，用户会降低资源需求。

所有用户与网络系统进行交互，改变(增加或者减少)各自的资源需求，假设改变量为 $u_i(t)$，则有下面的状态等式(State Equation)：

$$x_i(t+1)=x_i(t)-u_i(t)$$

其中改变量 $u_i(t)$表示第 i 个用户的控制量，它是关于本用户历史需求和系统反馈的函数，即

$$u_i(t)=f(x_i(t), \quad y_i(t))$$

因此，状态等式可以重新写为

$$x_i(t+1)=x_i(t)+f(x_i(t), \quad y_i(t))$$

需要注意的是，每个用户并不知道其他用户的资源需求，因此，当 $j \neq i$ 时，$u_i(t)$不是关于 $x_j(t)$的函数。

通常情况下，控制函数 f 可以是任意线性或者非线性函数，此处只关注线性控制函数，则状态等式可以规约为

$$x_i(t+1)=\begin{cases} a_I+b_I x_i(t) & \text{if} \quad y(t)=0 \Rightarrow \text{Increase} \\ a_D+b_D x_i(t) & \text{if} \quad y(t)=1 \Rightarrow \text{Decrease} \end{cases}$$

其中，a_I，a_D，b_I，b_D 为常数。

通过为上述 4 个参数设定不同的数值，可以得到不同的拥塞控制机制[9]。

(1) “乘性增加，加性减小”(Multiplicative Increase Additive Decrease，MIAD)控制机制。当 $a_I=0$，$b_I>1$，$a_D<0$，$b_D=1$ 时，状态等式可表示为

$$x_i(t+1)=\begin{cases}b_I x_i(t) & \text{if} \quad y(t)=0 \Rightarrow \text{Increase} \\ a_D+x_i(t) & \text{if} \quad y(t)=1 \Rightarrow \text{Decrease}\end{cases}$$

(2)“加性增加，加性减小”(Additive Increase Additive Decrease，AIAD)控制机制。当 $a_I>0$，$b_I=1$，$a_D<0$，$b_D=1$ 时，状态等式可表示为

$$x_i(t+1)=\begin{cases}a_I+x_i(t) & \text{if} \quad y(t)=0 \Rightarrow \text{Increase} \\ a_D+x_i(t) & \text{if} \quad y(t)=1 \Rightarrow \text{Decrease}\end{cases}$$

(3)“乘性增加，乘性减小”(Multiplicative Increase Multiplicative Decrease，MIMD)控制机制。当 $a_I=0$，$b_I>1$，$a_D=0$，$0<b_D<1$ 时，状态等式可表示为

$$x_i(t+1)=\begin{cases}b_I x_i(t) & \text{if} \quad y(t)=0 \Rightarrow \text{Increase} \\ b_D x_i(t) & \text{if} \quad y(t)=1 \Rightarrow \text{Decrease}\end{cases}$$

(4)“加性增加，乘性减小”(Additive Increase Multiplicative Decrease，AIMD)控制机制。当 $a_I>0$，$b_I=1$，$a_D=0$，$0<b_D<1$ 时，状态等式可表示为

$$x_i(t+1)=\begin{cases}a_I+x_i(t) & \text{if} \quad y(t)=0 \Rightarrow \text{Increase} \\ b_D x_i(t) & \text{if} \quad y(t)=1 \Rightarrow \text{Decrease}\end{cases}$$

3.3.3 线性拥塞控制机制评价

在 3.3.2 节中通过设置不同参数值可以得到一组控制机制的集合，为了确定哪些控制机制是可行的，需要观察系统状态在 N 维向量空间中的变迁轨迹。为了便于描述，考虑系统中只有两个用户的情况，此时 N 维向量空间可以简化为二维空间。

如图 3.6 所示，两个用户的资源分配 $\{x_1(t), x_2(t)\}$ 可以用二维空间中的点 (x_1, x_2) 表示。在图 3.6 中，横坐标表示系统为用户 1 分配的资源数量，纵坐标表示系统为用户 2 分配的资源数量。如果在某种资源分配方案下，系统分配给用户 1 和用户 2 的资源数量之和等于目标值，即 $x_1+x_2=X_{\text{goal}}$，则称该分配方案是高效分配(Efficient Allocation)，对应图中的效率线。如果在某种分配方案下，系统分配给用户 1 和用户 2 的资源数量相同，即 $x_1=x_2$，则称该分配方案是公平的，对应图中的公平线。效率线和公平线相交于最优点 $(X_{\text{goal}}/2, X_{\text{goal}}/2)$。拥塞控制的目标是不论系统状态的起始点在哪，都能使系统状态逐渐变迁至最优点。

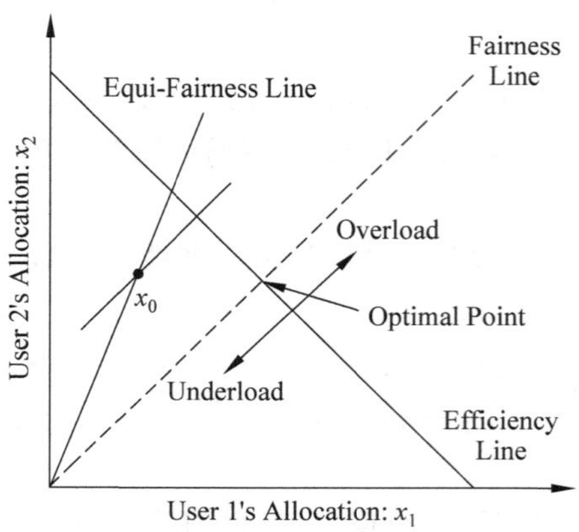

图 3.6 双用户情况下的网络资源分配

(注：该图取自参考文献[9])

所有位于效率线以下的点均表示系统“轻载”(underload),系统可以要求用户增加各自的需求。如图 3.6 所示,x_0 点为起始点,加性增加策略使两个用户均将自身需求扩大 a_I 倍,对应穿过 x_0 点的 45°线;而乘性增加策略会使两个用户均将自身需求扩大 b_I 倍,对应连接 x_0 点与原点的直线。类似地,所有位于效率线以上的点都表示系统过载(overload),加性减小对应穿过 x_0 点的 45°线,而乘性减小对应连接 x_0 点与原点的直线。

下面分别考虑两个用户情况下 4 种拥塞控制机制的收敛情况。如图 3.7 所示,在每种机制下的起始点均为 x_0,坐标为(x_{1h},x_{2h}),即网络处于过载的状态。

(1) “乘性增加,加性减小”(MIAD)控制机制。

如图 3.7(a)所示,由于起始点 x_0 位于效率线以上,因此用户被要求加性减少各自的需求,于是系统从 x_0 点沿着 45°线移动至位于效率线以下的 x_1 点,然后用户可以乘性增加各自的需求,系统从 x_1 点沿着连接 x_1 点与原点的直线移动至 x_2 点。接下来,系统轨迹会按照上述规律循环移动。由此可见,该机制不会收敛到效率线和公平线。

(2) “加性增加,加性减小”(AIAD)控制机制。

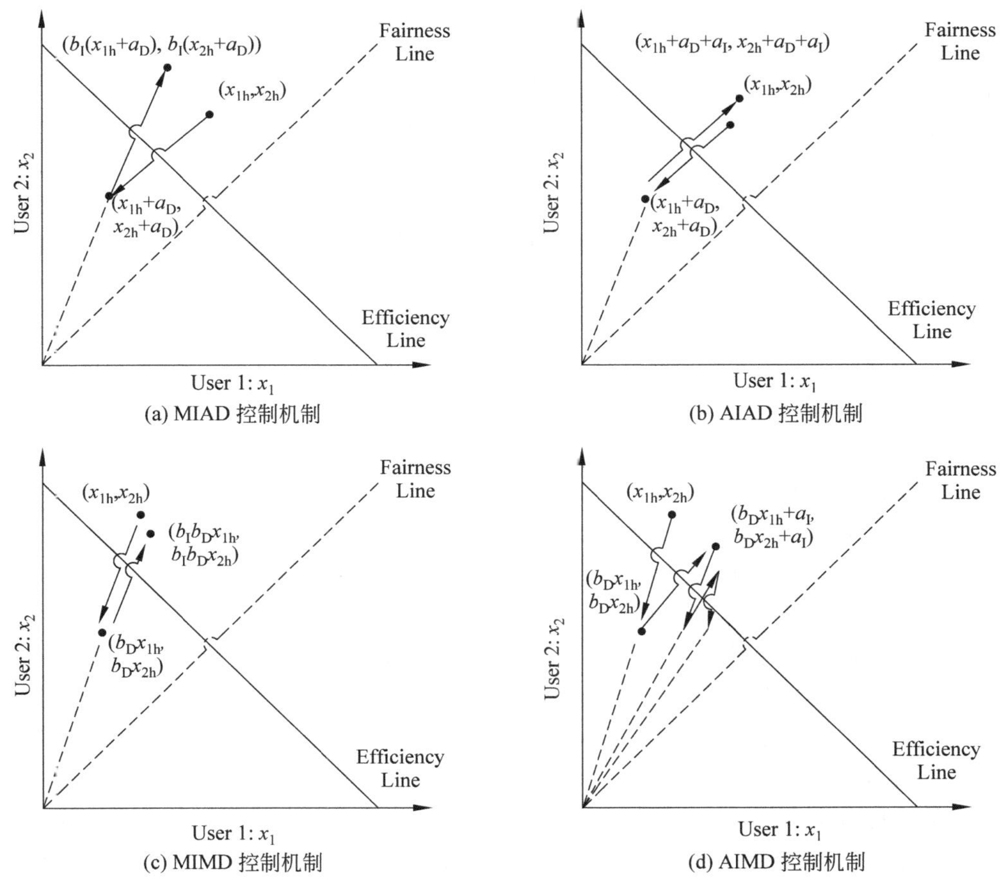

(a) MIAD 控制机制　(b) AIAD 控制机制　(c) MIMD 控制机制　(d) AIMD 控制机制

图 3.7　拥塞控制机制收敛情况

(注:该图取自参考文献[9])

如图 3.7(b)所示,由于系统过载,用户被要求按照加性减少各自的需求,于是系统从 x_0

点沿着45°线移动至 x_1 点；由于 x_1 点位于效率线以下，因此用户可以加性增加各自的需求，系统从 x_1 点沿着45°线移动至 x_2 点。接下来，系统轨迹会沿着穿过 x_0 点的45°线来回移动。由此可见，该机制能收敛到效率线，但不会收敛到公平线。

(3)"乘性增加，乘性减小"(MIMD)控制机制。

如图3.7(c)所示，系统轨迹首先由起始点 x_0 沿着连接 x_0 点与原点的直线向下移动至 x_1 点，然后反方向向上移动至 x_2 点。接下来，系统轨迹会沿着连接 x_0 点与原点的直线循环往复移动。由此可见，MIMD控制机制与AIAD相似，仅能收敛到效率线，无法收敛到公平线。

(4)"加性增加，乘性减小"(AIMD)控制机制。

如图3.7(d)所示，系统首先由起始点 x_0 沿着连接 x_0 点与原点的直线向下移动至 x_1 点，然后沿着穿过 x_1 点的45°线向上移动至 x_2 点。值得注意的是，系统在 x_2 点的公平值要优于 x_0 点。因此，每经过一次循环，系统的公平值都会增加一些，最终系统会收敛到最优状态，即围绕着最优点($X_{goal}/2$, $X_{goal}/2$)振荡。

通过使用反馈控制框架(见图3.5)分析各种机制的收敛情况，可以看到AIMD控制机制可以确保系统收敛至最优点，网络全局的效率和公平性都得到了保障。值得注意的是，该控制机制是分布式的，无须集中控制，便于在端系统中部署。Dah Ming等[9]对该问题有更详细的分析和研究。在实际的TCP中，拥塞控制机制正是采用了AIMD的拥塞窗口变化方式。

3.4 端到端拥塞控制算法研究

本节介绍基于TCP的端到端拥塞控制算法的研究和应用现状。

3.4.1 端到端拥塞控制算法设计的困难

拥塞控制算法在设计上的困难体现在以下几个方面[7]。

(1) **算法的分布性**：拥塞控制算法的实现分布在Internet的各个网络节点中，每个节点都不掌握全网的信息，这要求拥塞控制算法必须使用不完整的信息实现控制。而且，使用分布式的控制要求各节点之间必须协调工作。由于在Internet中缺乏集中控制，因此还必须考虑某些节点工作不正常时对网络正常运行产生的影响。

(2) **网络环境的复杂性**：网络环境的复杂性体现在两方面。一方面，在Internet中各节点之间的性能参数(如带宽、延迟和丢失率等)有很大的差异，拥塞控制算法必须能够广泛地适应网络性能参数的变化。另一方面，由于Internet中使用的是Best Effort服务模型，对分组的正确传输并不提供保证，拥塞控制算法必须处理分组丢失、乱序到达等特殊情况。

(3) **算法的性能要求**：拥塞控制算法在性能上有很高的要求。主要的性能要求包括算法的公平性、效率、稳定性和收敛性。某些性能目标之间存在矛盾，拥塞控制算法不可能同时满足这些目标，在算法设计时需要在多个目标之间进行权衡。

(4) **算法的开销**：拥塞控制算法必须使用较小的开销。首先要尽量减少拥塞算法带来的附加网络流量，特别是在网络出现拥塞时。在使用反馈式的控制策略时，这个要求给反馈机制的设计带来了困难。另外，拥塞控制算法还必须尽量减少在网络节点上的计算复杂性，尤其是在网关上的算法必须简单。目前，在 Internet 上拥塞控制算法的策略是将大部分计算都放在端节点完成，而在网关上只进行少量的操作。这种策略符合“边缘论”这一 Internet 基本设计思想[13]。

3.4.2 端到端拥塞控制算法的研究概况

从控制理论的角度出发，拥塞控制算法可以分为**开环控制**(Open-Loop)和**闭环控制**(Closed-Loop)两大类[14]。当流量的特征可以准确规定、性能要求可以事先获得时，适于使用开环控制；而当流量的特征不能准确描述或者当系统不提供资源预留时，适于使用闭环控制。由于 Internet 中不提供资源预留机制，而且流量的特征不能准确描述，所以在 Internet 中拥塞控制主要采用闭环控制方式。

闭环的拥塞控制可以分为 3 个阶段：

(1) 监视网络系统，检测拥塞的发生。

(2) 将拥塞的信息传递到拥塞的控制点。

(3) 拥塞的控制点根据得到的拥塞信息进行调整，以消除拥塞。

虽然闭环的拥塞控制可以动态适应网络的变化，但是它的一个缺陷是算法的性能严重受到反馈延迟的影响[14]。当拥塞发生点和拥塞控制点之间的延迟很大时，拥塞控制算法的性能会严重下降。

根据拥塞控制算法的使用位置，可以将拥塞控制算法分为两大类：**链路算法**(Link Algorithm)和**源算法**(Source Algorithm)[15]。链路算法在网络中间设备(如路由器和交换机等)中执行。它的主要作用是检测网络拥塞的发生，生成拥塞反馈信息。源算法在主机和网络边缘设备中执行。它的主要作用是根据获得的反馈信息调整发送速率。拥塞控制算法设计的关键问题是如何给出反馈信息和如何对反馈信息进行响应。

在源算法方面，目前使用最广泛的是 TCP 中的拥塞控制算法。TCP 是目前在 Internet 中使用最广泛的传输协议。根据 MCI 的统计，网络流量中总字节数的 95%和总分组数的 90%是使用 TCP 传输的[16]。近年来，很多新的算法被使用到 TCP 的传输控制中，这些算法包括慢启动(Slow Start)、拥塞避免(Congestion Avoidance)、快速重传(Fast Retransmit)、快速恢复(Fast Recovery)和选择性应答(SACK)等。这些算法的使用大大提高了网络传输的性能。TCP 中使用的拥塞控制算法已经成为保证 Internet 健壮性的重要因素[17]。

在链路算法方面，目前的研究主要集中在“主动队列管理”(Active Queue Management，AQM)算法方面。和传统的“队尾丢弃”(Drop Tail)相比，AQM 算法在网络设备的缓冲溢出之前就丢弃或标记分组[18]。AQM 算法的主要优点是：

(1) 可以减少路由器中的分组丢失。使用 AQM 可以保持较小的平均队列长度，从而增强队列容纳突发流量的能力。

(2) 可以减少分组通过网络设备的延迟时间。分组在网络设备中的延迟很大一部分是排队延迟，减小平均队列长度可以有效地减少排队延迟。

(3) 可以避免 Lock-out 行为[18]的发生。

AQM 算法的一个代表是 RED[19]算法。研究表明，RED 算法比 Drop Tail 具有更好的性能。目前，数据中心网络广泛使用基于 ECN 的 RED 算法。

3.4.3 拥塞控制的源算法

1. “管子”模型

拥塞控制的源算法在网络端节点上运行。在源算法的研究中，通常使用“管子”模型抽象两个端节点之间的网络。“管子”的性能(包括带宽、延迟和丢失率等)特征在一定时间范围内相对稳定。这样，端系统就可以使用测量的历史信息估计未来的值。“管子”模型的一个重要特性是“分组守恒”(Packet Conservation)[3]，控制的目标是使网络中存在的分组个数保持恒定；在分组离开网络前，不向网络中加入新的分组。

使用“管子”模型要求发送端和接收端之间的网络性能是相对稳定的。文献[20]～文献[22]讨论了网络性能的稳定性问题。它们的结论是，对端系统来说，网络的性能在分钟的量级上是相对稳定的。另外一个需要考虑的问题是Internet中路由的稳定性。文献[23]对Internet中的路由行为进行了分析，指出在Internet中两个端节点之间的路由是相对稳定的。在文献[23]所测试的数据中，稳定时间超过10分钟的路由达到95%以上，其中68%路由的稳定时间在1天以上。以上说明在端到端拥塞控制算法的研究中使用“管子”模型是合适的。

2. TCP拥塞控制算法的发展

在源算法方面，大量研究集中在TCP的改进上。TCP的拥塞控制又可以分为两类：基于丢包的拥塞控制和基于时延的拥塞控制。图3.8展示了TCP拥塞控制的发展历史。下面按照类别和时间顺序，通过TCP的发展过程具体阐述TCP算法的演进。首先介绍基于丢包的拥塞控制，然后介绍基于时延/模型的拥塞控制。

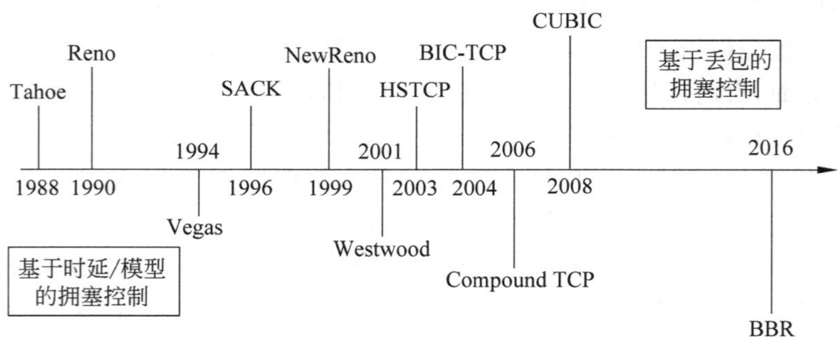

图3.8　拥塞控制发展历史

1) TCP Tahoe

在TCP的最初版本中，使用回退N帧(Go Back N)技术，如图3.9(a)所示，接收方仅对接收到的分组发送确认包(ACK)。当发生分组丢失时，只有等到发送方**重传时钟**(Retransmission Timer)超时，才会按照顺序重传所有未被确认的帧。这种策略对应于接收方窗口大小仅为1的情况。

Tahoe在TCP早期版本的基础上增加了新的拥塞控制算法，包括慢启动(Slow Start)、拥塞避免(Congestion Avoidance)和快速重传(Fast Retransmit)[3,24]。慢启动过程示意图如图3.10所示，如果拥塞窗口内的每个数据包都被确认，那么拥塞窗口将变成原来的两倍，因此，慢启动实际上一点也不慢，它是指数级地增加窗口大小。快速重传根据3个重复的应

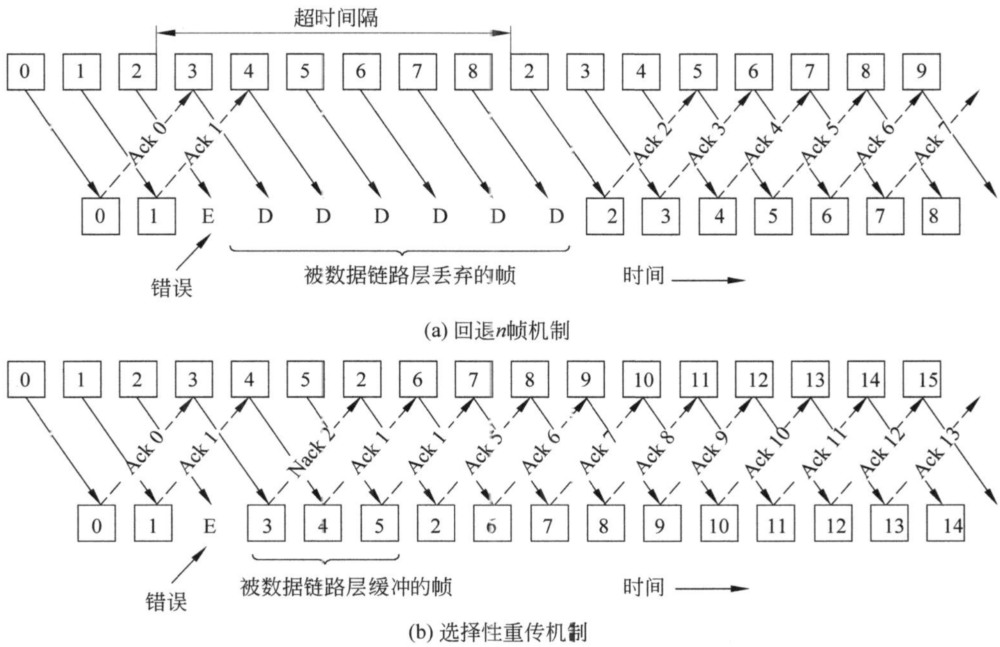

图 3.9　管道化技术与错误恢复示意图

（注：该图取自参考文献[4]）

答分组判断分组丢失的出现，不必等到重传时钟超时便可重传丢失的分组，提升了信道的利用率和吞吐量。此外，Tahoe 还对 RTT 估算方法做了修改，用于设置重传时钟的值。

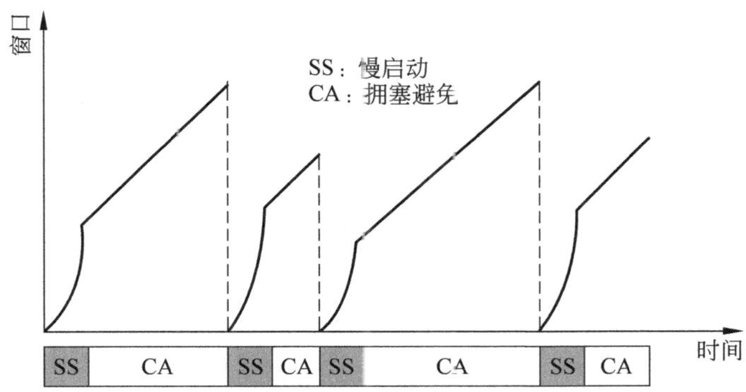

图 3.10　慢启动过程示意图

2）TCP Reno

Reno 继承了 Tahoe 所做的改进，并在快速重传操作中增加了快速恢复（Fast Recovery）算法[24]，如图 3.11 所示。快速恢复算法使用"管子"模型的"分组守恒"特性。它的基本思路是：发送方每收到一个重复的应答，就认为已经有一个分组离开网络，于是将 TCP 发送方的拥塞窗口加一。

当发送方收到的重复应答分组达到一定阈值时，就进行快速重传，该阈值通常用 tcprexmtthresh 表示，初始值一般设为 3。一旦收到 3 个重复的应答分组，发送方就会重传

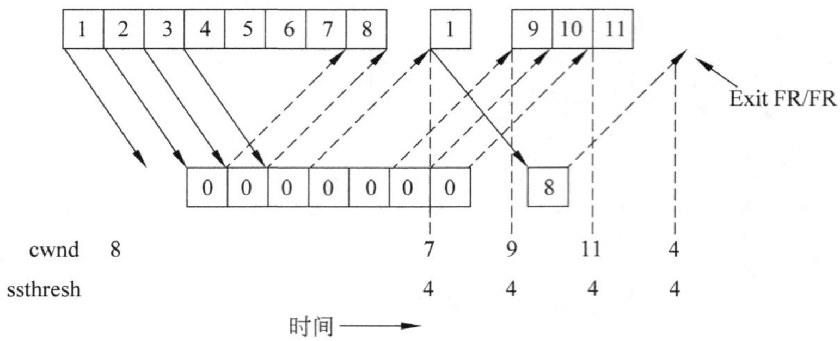

图 3.11　快速恢复机制示意图

一个分组,并将拥塞窗口减半。与 Tahoe 不同,在 Reno 中发送方不进行慢启动,而是用收到的重复分组对后续发送的分组进行计时。

在 Reno 中,发送方的可用窗口(Usable Window)为 min (awin, cwnd + ndup),其中 awin 是接收方准许的窗口,cwnd 是发送方的拥塞窗口,ndup 的值为:当重复确认分组的数量没有达到 tcprexmtthresh 时为 0,否则为重复确认分组的数量。因此,发送方可以根据接收到的重传确认分组数量扩充自身的窗口。当发送方进入快速恢复并重传单个分组时,发送方会一直等到重复确认分组的数量到达窗口的一半,然后为每个新收到的重复确认分组发送一个新的分组。当收到新发送分组的确认分组后,发送方退出快速恢复状态,并将 ndup 清零。

由此可见,快速恢复算法可以避免"管子"因为快速重传而清空,因而避免了当发生单个分组丢失时,TCP 进入慢启动过程。然而,由于快速恢复算法在一个 RTT 周期内只重传一个数据包,因此 Reno 并不能很好地应对一个发送窗口内多个分组丢失的情况。

3) TCP NewReno

NewReno[25]对 Reno 中的快速恢复算法进行了补充。它考虑了一个发送窗口内多个分组丢失的情况。在 Reno 的快速恢复算法中,当发送方收到一个不重复的应答后,就退出快速恢复状态,并将自身的可用窗口重新缩小至拥塞窗口的规模。而在 NewReno 中,只有当所有分组都被应答后才退出快速恢复状态。当一个发送窗口内有多个分组丢失时,NewReno 在每个 RTT 周期内重传一个分组,直到所有丢失分组都被重传。

4) SACK

SACK[26]对 Reno 中的拥塞控制机制进行了保守的扩展:它沿用 Reno 中的算法调整拥塞窗口的大小,仅对其他算法做了微调。因此,SACK 保留了 Reno 在出现乱序分组时的鲁棒性,使用重传超时作为恢复的方法,最主要的区别是如何处理一个发送窗口内多个分组丢失的情况。

SACK 使用了"选择性重传"(Selective Repeat)的策略,接收方将坏帧丢弃,但是会继续缓存坏帧后面的好帧,如图 3.9(b)所示。当发送方超时以后,它只重传最早的未被确认的那一帧。如果那一帧正确地到达接收方,则接收方依次将它所缓存的帧递交给网络层。这种策略要求接收方的窗口大于 1。

5) HSTCP(High Speed TCP)

高速 TCP(HSTCP)[27]是一种针对高速度和大时延的网络基于 AIMD 的一种拥塞控

制算法。由于传统拥塞控制的窗口增加算法(尤其是拥塞避免算法)需要很长一段时间才能使得窗口增长至链路饱和。HSTCP 修改标准的 TCP 拥塞避免算法,实现了窗口的快速增长和缓慢减少,使窗口保持在足够大的范围内,充分利用带宽。算法的具体修改如下:

在拥塞避免阶段接受一个 ACK 后,增长方式为

$$\text{线性增加 cwnd} = \text{cwnd} + a(w)/\text{cwnd}$$

发生一次拥塞,拥塞窗口减少方式为

$$\text{乘性减少 cwnd} = (1 - b(w)) \times \text{cwnd}$$

为了和低速进行匹配,当 $w \leqslant W_L$ 时,$a(w)=1$;$b(w)=0.5$,即采用标准 TCP 的处理方式。

当 $w > W_L$ 时,

$$a(w) = \frac{2w^2 b(w) p(w)}{2 - b(w)}$$

$$b(w) = \frac{\log(w) - \log(W_L)}{\log(W_H) - \log(W_L)}(b_H - 0.5) + 0.5$$

其中 W_H,W_L 都是算法的相关参数,$p(w)$是丢包率函数,也可以通过相关参数算出,具体算法细节可参考文献[27]。

HSTCP 具有与标准 TCP 相似的慢启动/超时行为[28]。由于仅修改了拥塞控制机制,因此 HSTCP 可以与其他 TCP 选项(如 SACK)一起使用。但是,HSTCP 存在 RTT 不公平性,具体表现为较小 RTT 的连接在共享传输路径上能获得更多的带宽。

6) BIC-TCP(Binary Increase Congestion control)

BIC-TCP[29]算法的提出是为了解决高速网络中的 RTT 不公平问题。BIC-TCP 算法将拥塞控制视为一个搜索问题,但是它的发送速率的增长不如 HSTCP 快。

BIC-TCP 相比标准 TCP 有两处修改:二分搜索增加(Binary Search increase)和加性增加(additive increase)。两种算法不同时运行,它们只在出现丢包之后被调用。

二分搜索增加算法可以主动搜索一个处于丢包触发阈值的分组发送速率,它可以在对数试验次数内搜索到预期窗口,相比标准的 TCP 需要多项式的次数。具体过程如下:当前最小窗口(W_{min})为最近一次在一个 RTT 内没有丢包的窗口大小,当前最大窗口(W_{max})为最近一次在一个 RTT 内出现丢包的窗口大小。首先设置目标窗口的大小为 W_{min} 和 W_{max} 的中间值。如果没有丢包,则当前窗口的值设为 W_{min},拥塞窗口增加当前窗口与 W_{min} 差值的一半;如果丢包,则当前窗口值为 W_{max}。直到 W_{max} 和 W_{min} 的差值小于一个预先设置的值 S_{min},S_{min} 被称为最小增量(minimum increment)。

加性增长的主要过程是:当使用二分搜索时,当前窗口与目标窗口的差值太大,将拥塞窗口直接设置为目标值不能保证公平性。此时设置一个 S_{max},它被称为窗口夹(window clamping),按照 S_{max} 步长增长。当增量小于 S_{max} 时,就转换为二分搜索增加。

BIC-TCP 算法在低速网络和低 RTT 的情况下会过于激进。

7) CUBIC

CUBIC 是适用于具有高延迟的高带宽网络的拥塞控制算法[30]。它改进了 BIC-TCP 在一些情况下发送速率增长过于激进的问题,并且对窗口调节机制进行了简化。与 BIC-TCP 不同,它使用三次函数控制窗口的增长,窗口的调节是自上次拥塞事件以来时间 T 的三次

函数，拐点设置为事件之前的窗口大小，如图 3.12 所示。因为它是三次函数，所以窗口增长有两个组成部分。第一个是凹面部分，窗口大小会迅速增大到最后一次拥塞事件之前的大小。接下来是凸形增长，CUBIC 在此探寻更多的带宽，首先是缓慢的，然后是非常快的。CUBIC 在凹凸增长区域之间的平台上花费了大量时间，这使得网络能够在 CUBIC 开始寻找更多带宽之前稳定下来。

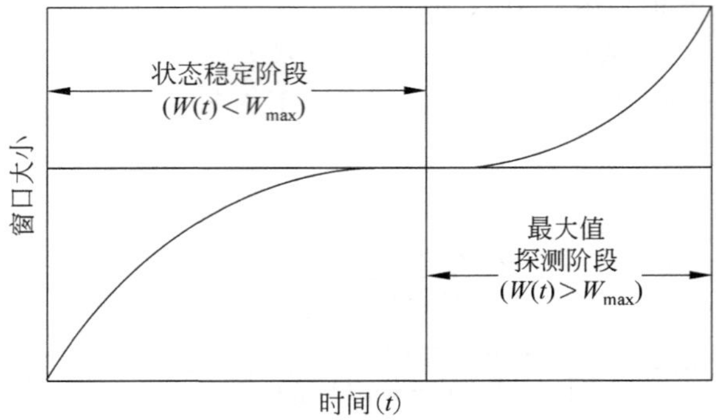

图 3.12　CUBIC 窗口增长示意图

CUBIC 和标准 TCP 拥塞控制之间的另一个主要区别是，它不依赖 RTT 的节奏增加窗口大小。CUBIC 的窗口大小仅取决于最后的拥塞事件。相比标准 TCP，小 RTT 的流将更快地收到 ACK，因此其拥塞窗口的增长速度要比其他具有较长 RTT 的流更快。由于窗口增长与 RTT 无关，因此 CUBIC 允许流之间的更多公平性。具体算法如下：

$$\text{cwnd} = C(T-K)^3 + W_{\max}$$

$$K = \sqrt[3]{\frac{W_{\max}\beta}{C}}$$

其中，β 是乘数减少因子，$W_{\max}$是最后一次缩小之前的窗口大小，T 是自上次缩小窗口以来经过的时间，C 是缩放常数，cwnd 是当前时刻的拥塞窗口大小。

前面介绍了基于丢包的拥塞控制，下面介绍基于时延/模型的拥塞控制。

8）TCP Vegas

TCP Vegas 是第一个以 RTT 作为拥塞信号的拥塞控制算法[31]。在拥塞避免阶段，Vegas 算法通过比较实际吞吐量和期望吞吐量控制发送窗口的大小。具体算法如下：

$$\text{Expected}=\text{cwnd}/\text{BaseRTT}$$

$$\text{Actual}=\text{cwnd}/\text{RTT}$$

$$\text{Diff}=(\text{Expercted-Actual})\times\text{BaseRTT}$$

其中，BaseRTT 是所有观测来回响应时间的最小值，一般是建立连接后所发的第一个数据包的 RTT。cwnd 是目前的拥塞窗口的大小。

定义阈值 a 和 b，当 Diff $<a$ 时，拥塞窗口增大；当 Diff $>b$ 时，拥塞窗口缩小；当 $a\leqslant$ Diff $\leqslant b$ 时，拥塞窗口不变。通常，$a=1$，$b=3$，这意味着该连接至少保留一个包在队列中。

Vegas 是一种 AIAD 的策略，它的公平性一直被讨论。但是，与其他基于丢包的拥塞控制算法共存时，Vegas 的性能会降低[32]，因为 Vegas 会在其他算法反应之前降低其发送速率，因为它会尽早检测到拥塞，从而为共存的使用其他基于丢包拥塞控制的流提供更大的带宽。

9) TCP Westwood 和 Westwood+

TCP Westwood(TCPW)[33]和 TCP Westwood+(TCPW+)[34]是针对无线网络支持大带宽延时积的拥塞控制算法。TCPW+是对 TCPW 的补充,因此这里只对 TCPW 进行介绍。TCPW 会一直估计可用带宽(ERE)。与 Vegas 不同的是,这个速率的测量间隔是基于 ACK 到达动态可变的。拥塞严重时,测量间隔较大,反之亦然。当检测到拥塞时(丢包),TCPW 将估计的 BDP 值(ERE 乘最小 RTT)设置为 ssthresh,并将 cwnd 设置为新的 ssthresh 值。在慢启动阶段,TCPW 会使用灵活探测(Agile Probing)机制,反复修改设置 ssthresh 值。

10) 复合 TCP

复合 TCP(Compound TCP,CTCP)[35]是微软实现的一种 TCP,它同时维护两个不同的拥塞窗口,目的是在不影响公平性的情况下在高速网络上获得良好的性能。与 TCP Vegas 类似,CTCP 也使用 RTT 估计拥塞。如果排队延迟很小,则假定其路径上没有链路拥塞,需要迅速提高其速率。但是,与 Vegas 不同的是,CTCP 不寻求保持排队的数据包的数量恒定。

CTCP 同时维护两个拥塞窗口:常规的 AIMD 窗口和基于延迟的窗口。实际使用的滑动窗口的大小是这两个窗口的总和。AIMD 窗口的增加与 TCP Reno 增大窗口的方式相同。如果延迟很小,则基于延迟的窗口将迅速增加,以提高网络的利用率。一旦经历了排队,延迟窗口就会逐渐减小,以补偿 AIMD 窗口的增加,目的是使它们的和保持近似恒定,即算法估计的是路径的带宽延迟乘积。

11) BBR

瓶颈带宽和往返传播时间(Bottleneck Bandwidth and Round-trip propagation time, BBR)是 Google 公司在 2016 年提出的 TCP 拥塞控制算法[36]。与传统大多数算法不同的是,它采用基于模型的主动探测式拥塞控制,而不是传统的基于拥塞丢包反馈式拥塞控制。BBR 算法使用最大带宽和往返时间(inflight 包,来回传输的数据包)建立网络的显式模型。数据包的每个累积或选择性 ACK 都会生成一个速率样本,该速率样本记录了在数据包的发出与该 ACK 确认之间的时间内传递的数据量。

如图 3.13 所示,BBR 将之前常用的拥塞模型进行简化,之前的拥塞控制算法(如 Reno 和 CUBIC)都是在 Cliff 点处进行决策,随着网络设备的缓存变大,排队队列变长,导致网络的 RTT 更大。BBR 的目标是将网络状态尽量维持在 Knee 点,它通过探测最大的 Throughput 和最小的 RTT,从而可以计算出 Knee 点的网络 BDP。从图 3.13 中可以看出,最小的 RTT 必须在小于 BDP 时测量,而最大的 Throughput 需在大于 BDP 处测得。为了解决上述问题,BBR 提出了周期探测的策略,具体可以分为如下四个步骤。

(1) STARTUP:这是 BBR 的启动阶段,用来探测最大带宽,如图 3.14(a)所示。当连续三个往返时间连接的带宽增加不大(提升小于 25%)时,表示瓶颈带宽已到达。此时已经探测到最大带宽,STARTUP 阶段结束,状态切换至 DRAIN 阶段。

(2) DRAIN:这个阶段是为了排空由于 STARTUP 阶段造成的额外队列,如图 3.14(b)所示。

(3) PROBE_BW:这个阶段是 BBR 的稳定状态,如图 3.14(c)所示,在始终保持当前

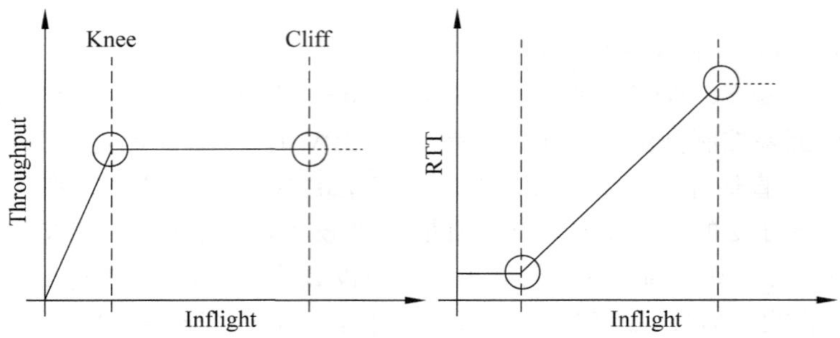

图 3.13　BBR 拥塞控制简化示意图

BDP 的同时，也会不断试探是否存在可用的更高带宽。

(4) PROBE_RTT：BBR 在任何状态下都有可能进入 PROBE_RTT 状态，只要在一个时间窗口内未测量到比上周期最小 RTT 值更小或相等的 RTT 值，如图 3.14(d)所示。如果之前保留的最小 RTT 代表无队列缓存时的最小 RTT，那么 RTT 测量值的增加代表缓存队列的增加，此时 BBR 认为网络发生了拥塞，需要进入 PROBE_RTT 状态对网络进行排空，并重新测量最小的 RTT。

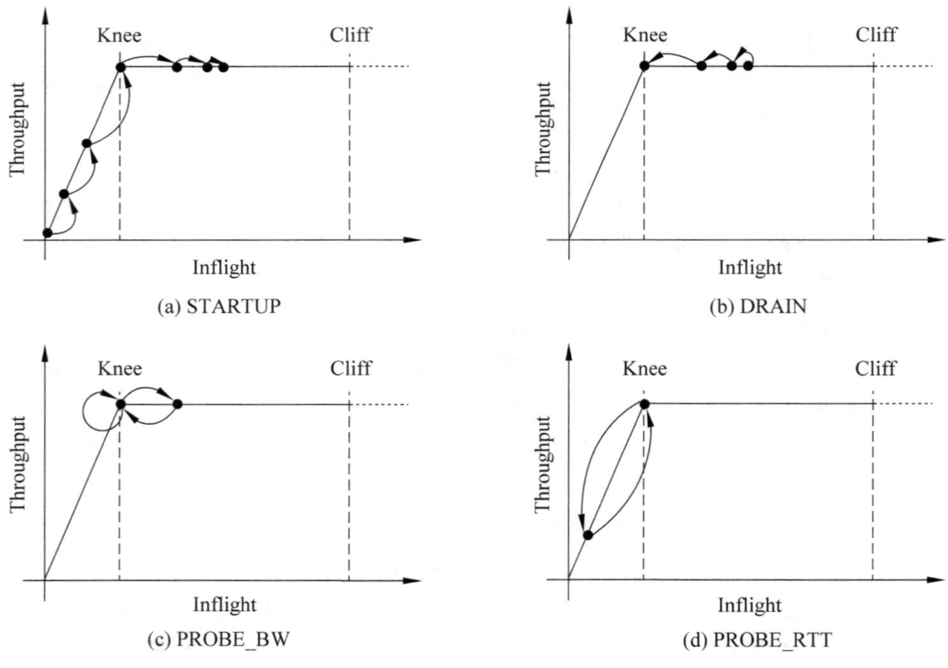

图 3.14　BBR 的四个状态

因为 BBR 算法不是基于丢包的，因此网络故障导致的丢包并不会引起吞吐的损失。总体上看，BBR 是高效和快速的，但它对非 BBR 流的公平性存在争议。虽然 Google 公司的演示显示 BBR 与 CUBIC 共存良好，但 Hock[37] 等发现它对其他流并不公平，而且扩展性存在问题。尽管如此，在拥塞控制算法研究已经相当深入的 2016 年，Google 独辟蹊径提出的

BBR 算法，其思路值得认真思索。

从以上算法可以总结出 TCP 拥塞控制的几个特点。

(1) 将拥塞控制分为慢启动和拥塞避免两个主要阶段。慢启动用于探测网络的带宽，这个阶段使用指数增长的方式；拥塞避免试图避免拥塞的发生，为了保证公平性，这个阶段一般使用 AIMD[9] 的方式。

(2) 假设分组的丢失是由网络的拥塞引起的。TCP 算法把分组丢失作为拥塞发生的指示。快速重传和 SACK 都用于检测分组的丢失，但当其他机制无效时，重传时钟超时是发现分组丢失的最终机制。

(3) 从解决一个发送窗口内单个分组丢失发展到能解决一个发送窗口内多个分组丢失。

(4) 不同的重传策略本质上是带宽和数据链路层缓存空间的权衡。

为了比较众多算法的性能，Yan F.Y.[38] 等开发了一套 TCP 拥塞控制的性能测试平台 Pantheon。它是一套用于评估和开发的分布式传输协议的测量点和网络仿真器系统。通过测量不同路径上的许多传输协议和拥堵控制算法，Pantheon 为研究和改进拥塞控制的性能提供了一个训练平台。此外，通过生成与真实世界路径匹配的校准仿真器，Pantheon 使研究人员能够重复和准确地测量协议。

3. 拥塞控制源算法的研究热点

未来，源算法方面的研究热点包括[39]：

(1) 对慢启动过程的改进[40-41]。对于短数据的传输来讲，慢启动阶段更为重要；对于长数据的传输来讲，拥塞避免阶段更为重要。由于目前 Internet 上的一个主要应用——HTTP 的大部分数据是短数据，所以在改善慢启动阶段的性能以减小响应时间方面开展了很多研究工作。这些研究包括

① 增大拥塞窗口的初始值[42]：在 RFC 3390 中推荐将初始拥塞窗口的值由 1MSS (Maximum Segment Size，最大段长度)增加到 4MSS。

② 将慢启动过程分为多段，使从慢启动到拥塞避免的过渡更为平滑。文献[43]中建议将慢启动过程分为多个阶段，逐步减小窗口增长的速度。

③ 在多个连接或多个主机间共享网络状况信息，使初始阈值的选择根据网络的状况决定。这方面的研究包括 SPAND[20] 和“TCP Fast Start”[44]。

(2) 基于速率的控制策略[45-46]。在 TCP 中使用的窗口控制策略机制本身存在一定的缺陷，例如，容易导致突发分组(Burst)的出现，速率受到窗口大小的限制，一个窗口内多个分组的丢失不容易恢复等。针对这些问题，一些研究者提出 Rate-Based Pacing (RBP)的概念，将基于窗口的控制和基于速率的控制结合起来。从直观上考虑，这样的方案可以克服窗口机制的弊病，但是文献[47]对 RBP 的效果提出了质疑。主要问题是：在拥塞发生时，RBP 会导致多个连接同时丢失分组，从而出现“全局同步”(Global Synchronization)的现象，严重降低网络的吞吐量。另外，RBP 机制在实现中需要大量高精度的时钟，消耗的资源过多。

(3) ACK 过滤(ACK Filter)。这个研究的主要目的是保持 TCP 的自时钟(Self Clocking)机制[3]。TCP 的自时钟机制有利于减轻突发分组对网络的冲击，而 ACK 压缩(ACK Compression)[48]破坏了自时钟机制。在文献[49]中建议在网络中增加特殊的设备

PEP (Performance Enhance Proxy)确保 ACK 分组之间的间隔。

(4) 减少不必要的重传时钟超时和快速重传。在重传时钟超时和快速重传发生时，TCP 会减小拥塞窗口，从而降低传输的速率。RTT 测量的准确性和乱序分组(Out-of-Order Packet)的出现都会影响 TCP 做出正确的判断。文献[50]中提出的 Eifel 算法通过在应答分组中增加特殊的信息解决这个问题。

(5) 显式拥塞通知(Explicit Congestion Notification)[51-52]。当拥塞发生时，网关通过在分组中设定标志位通知端系统，而不等待发送方的时钟超时。这改变了原来 TCP 依赖分组丢失判断拥塞发生的方法。在无线的网络环境中，ECN 的使用有利于将分组损坏(Packet Corruption)和分组丢失区分开。

(6) TCP 友好(TCP-Friendly)的拥塞控制[53-54]。在一些实时多媒体的应用中，要求传输速率不能变化太剧烈，这是 TCP 做不到的。但是，如果不使用拥塞控制，这些应用的传输会对 Internet 的稳定产生很大的危害，于是针对这个需求提出了 TCP 友好的拥塞控制。文献[17]中将 TCP 友好定义为：长时间的吞吐量不超过相同条件下 TCP 连接的吞吐量。TCP 友好的拥塞控制属于基于速率的控制，速率的计算建立在 TCP 吞吐量模型的基础上。文献[55]中给出了一个 TCP 吞吐量的模型。

(7) 针对特殊网络环境的拥塞控制。包括在无线链路[56]、卫星链路[57]、非对称(Asymmetric)链路[58]上 TCP 的拥塞控制。这些链路的特点为高延迟、高丢失率、两个方向传输链路的性能不相同，在这些链路上使用的拥塞控制算法需要增加特殊的考虑。

(8) 针对数据中心网络的拥塞控制。目前，随着数据中心的广泛应用，数据中心中拥塞控制逐渐变得重要起来。数据中心网络的特点是树形对称拓扑、高带宽、低时延，目前关于数据中心的拥塞控制研究逐渐深入，已经提出很多高质量的算法，如 DCTCP[59]、DCQCN[60]、TIMELY[61]、HPCC[62]等。

3.4.4 拥塞控制的链路算法

1. "主动队列管理"算法的研究概况

RED (Random Early Detection)[19]是"主动队列管理"算法中最著名的一个，由 Sally Floyd 和 Van Jacobson 联合提出。2001 年，Van Jacobson 被授予当年的 SIGCOMM AWARD，以表彰他在拥塞控制，特别是 TCP 源算法方面的巨大贡献。Floyd 曾被授予 2005 年 IEEE Internet AWARD 和 2007 年 SIGCOMM AWARD，以表彰她对 Internet 体系结构发展，特别是在拥塞控制、流量建模和主动队列管理领域做出的卓越贡献。

该算法的基本思想是：通过以一定概率丢失或标记分组通知端系统网络拥塞的情况。在 RED 中使用平均队列长度度量网络拥塞的程度，然后使用线性的方式将拥塞程度反馈给端系统。RED 的主要算法可以用图 3.15 表示。

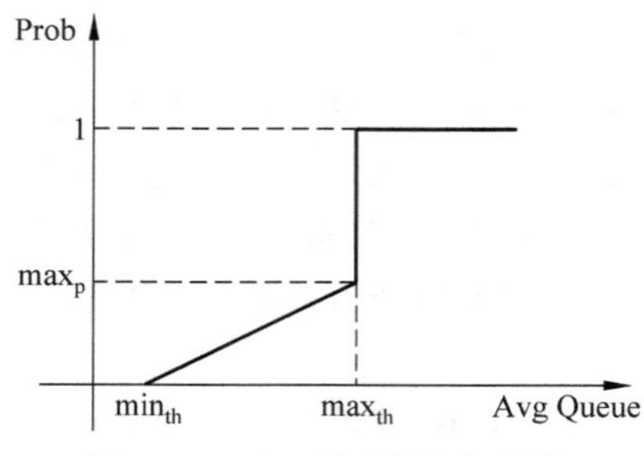

图 3.15 RED 算法的标记概率
(注：该图取自参考文献[19])

在 RED 中使用了最小阈值(min_{th})、最大阈值(max_{th})和最大概率(max_p)等主要参数。如果平均队列长度(Avg Queue)小于 min_{th}，那么对分组的标记概率为 0；如果平均队列长度大于或等于 min_{th} 而且小于 max_{th}，那么对分组的标记概率为 max_p(avg queue$-min_{th}$)/($max_{th}-min_{th}$)；如果平均队列长度大于或等于 max_{th}，那么对分组的标记概率为 1。

模拟结果显示 RED 在性能方面优于 DropTail[13]，但是 RED 存在两个很严重的缺陷[15,63]：一个问题是 RED 对参数的设置很敏感。改变参数的设置会对性能产生很大的影响。到目前为止，对 RED 中使用的参数还没有明确的设定方法。另外一个问题是：随着网络中"流"(Flow，指一个 TCP 连接)数目的增加，网关的平均队列长度会逐渐增加。除了使用模拟的方法外，一些研究者使用真实的实现对 RED 进行试验[64-65]也反映出相同的问题。

针对第二个问题，很多研究提出了解决方案。其中大部分方案是在 RED 的基础上对算法加以改进，主要思路是根据网络中负载的情况对标记/丢失概率进行动态调整。主要算法包括 ARED[66]、SRED[67]和 BLUE[68]。ARED 基于 RED 算法，它的主要思想是根据网络负载的情况调整 max_p。当平均队列小于最小的阈值 min_{th}，就减小 max_p；当平均队列大于最大的阈值 max_{th}，就增大 max_p。在 ARED 中不需要使用单流信息(Per-Flow Information)。SRED 的主要思想是通过估计网络中流的个数调整分组的标记/丢失概率。在 SRED 中，网络中流的个数通过概率统计的方法获得，所以 SRED 算法也不需要使用单流信息。BLUE 的主要思想是通过链路空闲和缓冲溢出的状况调整分组的标记/丢失概率。如果缓冲溢出时，就增大概率；如果线路出现空闲，就减小概率。

最近，在"主动队列管理"算法方面又提出了 REM(Random Early Marking)[63]、PI[69]和 AVQ(Adaptive Virtual Queue)[70]等。它们的基本思想都是在 AQM 中使用 PI 控制器[71]。相关内容将在下面详细介绍。

2. "主动队列管理"算法的发展

下面比较几个典型的 AQM 算法，分析它们的设计思想。这些算法包括 DropTail、RED、Adaptive RED、PI、REM 和 AVQ。在下面的分析中，使用了以下符号：

q_i：队列长度的第 i 个采样值。

p_i：第 i 个计算得到的概率值。

在 DropTail 中，使用 ON/OFF 控制器生成反馈，反馈的值只能为 0 或 1。DropTail 使用常数 B(B 是缓存大小)判断拥塞的发生：

$$p_i=\begin{cases}0 & q_i\leqslant B\\1 & q_i>B\end{cases}$$

DropTail 的最大问题是反馈变化比较剧烈，容易造成系统振荡。同时，使用 DropTail 时，在延迟和吞吐量之间存在折中。

在 RED 和 Adaptive RED 中使用了比例控制器。比例控制器的基本形式为

$$p_i=kq_i$$

在 RED 中，在基本比例控制器的基础上进行了一些修改。为了减小瞬时抖动对反馈计算的影响，RED 引入了低通滤波器，上式中的 q_i 使用平均队列长度 q_{ave} 代替。平均队列长度使用 EWMA (Exponential Weighted Moving Average)计算：

$$q_{ave}=(1-w)q_{ave}+wq_i$$

其中 w 是计算的权重。RED 使用低通滤波器的问题是降低了系统的反应速度；而且固定的 w 不能适应不同速率的网络链路。比例控制器易于实现，并且具有很好的反应性能。它

的缺点是控制存在稳态误差(Steady-State Error),这是平均队列随网络流量增长的主要原因。在一些情况下,误差有可能超过缓冲大小,从而导致振荡行为。通常在 Adaptive RED 中使用自适应算法解决这个问题,动态地调整 max_p。

PI[69] 希望通过增加积分环节解决比例控制器中的"稳态误差"。PI 控制器(Proportional Integral Controller)的形式为

$$p_{i+1} = p_i + a(q_{i+1} - q^*) + b\Delta q_{i+1}$$

$$\Delta q_{i+1} = q_{i+1} - q_i$$

其中,q^* 是目标的队列长度。PI 控制器可以有效地消除稳态误差,但同时也会减慢系统的反应速度。另外一个问题是,在一组给定的参数下,PI 控制器只能很好地工作在一定范围的网络环境中,这使 PI 难以在真实的网络环境中使用。

REM 基于优化流控理论设计[63]。它主要包含两个部分:一个是在拥塞测量中使用的价格机制(Price Mechanism);另一个是在拥塞反馈中使用的指数标记(Exponential Marking)。REM 中的价格机制定义为

$$p(t+1) = p(t) + \gamma[\alpha(q(t) - q*) + x(t) - c(t)]$$

其中,γ 和 α 是常数。$p(t)$是价格,$q(t)$ 是队列长度,$x(t)$ 是总的输入速率,$c(t)$是带宽。REM 的"指数标记"定义为

$$m(t) = 1 - \varphi^{-p(t)}$$

其中 $\varphi > 1$,是常数。$m(t)$是标记概率。REM 中使用的价格机制实际上也使用了积分因素,所以 REM 和 PI 有类似的特性。指数标记是 REM 的一个特色,其基本想法是使用一条路径上所有链路价格的和。假设一个分组经过链路 $l = 1, 2, \cdots, L$,在时间 t 它们的价格为 $p_l(t)$。那么,在时间 t 在队列 l 的标记概率 $m_l(t)$为

$$m_l(t) = 1 - \varphi^{-p_l(t)}$$

从而得到端到端的分组标记概率为

$$1 - \prod_{l=1}^{L}(1 - m_l(t)) = 1 - \varphi^{-\sum_l p_l(t)}$$

当 $m_l(t)$很小时,端到端的分组标记概率近似与所有链路价格的和呈比例:

$$\text{端到端标记概率} \cong (\ln\varphi)\sum_l p_l(t)$$

这种性质在 REM 中称为"sum price"。

REM 的指数标记的性质难以用控制理论分析。但是,sum price 并不是 REM 特有的。在比例控制器中使用的线性函数也有类似的性质。假设

$$m_l(t) = p_l(t) = k_l q_l$$

当 $m_l(t)$很小时,端到端的分组标记概率为

$$1 - \prod_{l=1}^{L}(1 - m_l(t)) \cong \sum_l m_l(t) = \sum_l p_l(t)$$

AVQ 的设计基于虚队列(Virtual Queue)。为了更好地理解 AVQ 的性质,将 AVQ 的表达简化为图 3.16 所示形式。

AVQ 的设计有三个特点。首先,在 AVQ 中,控制目标是链路的到达速率,而不是队列长度。使用 AVQ 无法直接控制队列长度。其次,在 VQ 的计算中同样使用了积分环节,这使得 AVQ 同样具有反应速度慢的问题。最后,在 AVQ 中存在一些 ON/OFF 控制器的

因素。

```
for each packet arrival:
    VQ = VQ + α(λ − γC);
    if VQ + b > B
        mark or drop packet in the real queue;
    else
        VQ = VQ + b;
Variables:
VQ: number of bytes currently in the virtual queue
Fixed parameters:
α: the damping factor; 0.15
γ: the desired utilization
Other:
λ: the arrival rate at the link
C: link capacity
B: buffer size
b: number of bytes in current packet
```

图 3.16 AVQ 算法示意图

3. 网络流量的特征对 AQM 算法的影响

网络流量的特征对 AQM 算法的设计和有效性有很重要的意义。大部分 AQM 算法是使用模拟器(如 NS[73])进行验证的。在模拟时,多数采用 FTP 流量,这并不符合从网络实际测量得到的结果。从文献[16]的测量结果可以看出,互联网中 75%的字节、70%的分组和 75%的"流"是 Web 流量,FTP 只占 5%的字节、3%的分组和小于 1%的"流"。

网络中拥塞发生的根本原因是需求大于供给。"流"是网络资源的用户,而拥塞控制算法负责在多个用户之间分配网络资源。当网络中"流"的数量或资源的数量发生变化时,资源必须在用户之间重新进行分配。在平衡状态下,如果网络中"流"的数量增加或者资源的数量减少,在资源的重分配完成之前,就会暂时出现需求大于供给,从而出现拥塞。假设网络的资源数量相对稳定,如果网络中用户的数量不断剧烈地变化,就会不断出现拥塞。这要求 AQM 算法具有很好的反应速度。

目前,有关 Internet 网络流量特征的研究还不够充分。文献[74]对目前 Internet 中"流"的特征进行了分析,提出"流"的到达速率比泊松分布更具有突发性和不关联性。这种流量特征对 AQM 算法的设计和有效性是一个很大的挑战。

4. AQM 算法的反馈方式

在 AQM 计算出反馈大小后,需要将反馈传递给端系统。目前,网关可以采取的动作包括丢弃(dropping)和标记(marking)。丢弃是所有网关都支持的一种操作,而且传统的 TCP 算法使用分组丢失作为拥塞发生的指示。使用标记的方法,可以显式地通知端系统拥塞的发生,这样就可以避免 TCP 的发送端调用超时处理。试验结果显示标记比丢弃具有更好的性能[63]。标记方法的缺点是,它要求在网关处提供特殊的支持,但是随着显式拥塞通知(Explicit Congestion Notification, ECN)的标准化和广泛采用[75],这个问题将得到解决。源抑制(Source Quench, SQ)[76]也是拥塞反馈的一种方式。当网络流量超过网关的处理能力,网关在丢弃分组的同时可以向分组的源地址发送源抑制分组,要求数据源对发送速率进行调整。直观上看,SQ 可以比 ECN 提供更快的反馈。文献[52]中对 SQ 和 ECN 进行了比较，最近有关这个问题也有讨论[77]。总体上，ECN 在以下方面优于 SQ：

(1) 在拥塞发生时，ECN 不会增加网络的负担，而 SQ 会增加反方向网络链路的流量。

(2) SQ 在 ICMP 分组处理方面会给网关增加太多的负担。

(3) 使用 ECN，分组只是被标记，而不是被丢弃，这样可以减少分组的丢失，并且可以避免发送方等待重传时钟超时。这一点对于短连接更为重要。

(4) ECN 对基于发送端（Sender-based）和基于接收端（Receiver-based）的拥塞控制算法都适用，而 SQ 只能用于基于发送端的拥塞控制算法。

总之，以目前的理解，与 SQ 相比，ECN 是一个更好的选择。

5. AQM 算法的控制论分析

近年来，系统控制理论被用来分析 AQM 算法，下面简单介绍这方面的研究成果。

在文献[78]中，使用流体理论和随机微分方程为 TCP 的行为建立了一个动态模型。在此基础上，文献[79]对模型进行了简化，忽略了 TCP 的超时机制，将模型表达为

$$\begin{cases}\dfrac{\mathrm{d}W(t)}{\mathrm{d}t}=\dfrac{1}{R(t)}-\dfrac{W(t)W(t-R(t))}{2[R(t-R(t))]}p(t-R(t))\\[2ex]\dfrac{\mathrm{d}q(t)}{\mathrm{d}t}=\dfrac{W(t)}{R(t)}N(t)-C\end{cases}$$

其中，$W(t)$是 TCP 窗口的大小，$q(t)$是队列长度，$R(t)$是往返延迟，$p(t)$是分组丢失的概率。

上述公式表达的是一个非线性时变系统。通过对这个模型进行小信号线性化，可以得到一个线性常数(Linear Constant)系统。整个 AQM 控制系统可以用图 3.17 表示，其中 $C(s)$表示 AQM 控制策略，$G(s)$表示 TCP 和队列的动态行为。$G(s)$的频域表达式为

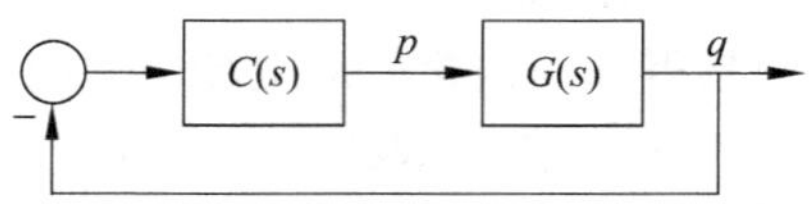

图 3.17 AQM 的控制系统模型

（注：该图取自参考文献[79]）

$$G(s)=\frac{\left(\dfrac{C^2}{2N}\right)\mathrm{e}^{-sR_0}}{\left(s+\dfrac{2N}{R_0^2C}\right)\left(s+\dfrac{1}{R_0}\right)}$$

其中，C 是链路的带宽，R_0 是往返延迟，N 是 TCP 连接的数量。

文献[79]给出了 RED 的传递函数：

$$C(s)=\frac{L_{\mathrm{red}}}{s/K+1}$$

其中，$L_{\mathrm{red}}=\dfrac{p_{\max}}{\max_{\mathrm{th}}-\min_{\mathrm{th}}}$；$K=\dfrac{\ln(1-\alpha)}{\delta}$，$\alpha>0$ 是队列平均参数，δ 是采样时间（见文献[78]）。

文献[69]中提出在 AQM 中使用 PI 控制器。PI 控制器的传递函数为

$$C(s)=K_p^c+\frac{K_i^c}{s}$$

其中，K_p^c 和 K_i^c 分别是比例和积分的增益。

6. AQM 算法的研究热点

AQM 发展的一个难题是可部署性，AQM 算法需要部署在交换机和路由器，需要通过硬件电路实现，因此，只有在建设新的网络或者更换网络的设备时，才有可能进行 AQM 的

部署。在新的网络环境下 AQM 更容易部署,如新建设的数据中心的内部网络。

未来 AQM 的研究热点:

(1) 可增量的 AQM 部署。Lei Xu[80]等提出了 ABQ(Active Buffer Queueing)这种主动缓冲队列机制,它可以为数据中心提供可靠低时延传输。与此同时,它还可以增量部署,减小部署开销。

(2) 开发网络硬件的新功能。目前交换机支持的流量控制算法不止是 AQM,还有优先级调度、PFC(Priority-based Flow Control,一种通过抑制上游交换机进行发包的流控机制,可以保证网络无损)、INT(in-network telemetry,一种交换机提供各种状态参数的机制)。网络硬件除了提供基础的转发和丢包功能外,如何提供更多的功能也是未来研究的一个方向。

3.5 结论和进一步的研究工作

截至 2020 年 2 月,MacOS、Linux、Windows 客户端默认的拥塞控制机制是 CUBIC;Windows 服务器默认 CTCP;Linux 服务器一般使用 BBR。从目前各个操作系统的选择中可以发现当前相对较优的拥塞控制算法之间的区别。BBR 和 CTCP 都是针对高速网络采用基于时延模型的拥塞控制,更适合大带宽的服务器网络,网络状态的变化不是非常剧烈,吞吐率相对稳定。而对于普通终端用户来说,上行链路的带宽相对较小,并且网络状态相对复杂,不能始终保证稳定的带宽和延时,因此,在这种情况下 CUBIC 这种对网络条件变化相对敏感的拥塞控制效果比较好。

拥塞控制的本质是在分布式场景下实现网络资源的合作分配。虽然在拥塞控制领域已经开展了大量的研究工作,但是拥塞控制很难被彻底解决。原因在于,随着网络条件、网络技术、网络应用的不断发展和变化,网络资源分配的方式和目标也会不断进行调整。4G/5G 通信技术、毫米波、量子通信、卫星网络等新网络条件的革新,会给网络提供新的物理特性,如超高吞吐、超低时延、可变吞吐、可变时延等;RDMA、TCP 卸载、FPGA 加速等新网络技术的发展,也会给拥塞控制提供新的操作手段;VR/AR、大规模视频会议、网络直播、云主机等新的网络应用也不断发展,新的网络需求也在不断涌现。在可预见的未来,拥塞控制理论和算法仍然会是网络研究中的热点问题。

就端到端拥塞控制来说,未来的研究热点可以总结为以下几个方面。

(1) TCP 的改进。目前的 TCP/IP 协议栈已经相对完善,并且广泛使用在互联网中。但是,随着网络条件变化和应用的发展,仍然需要对 TCP 的各项机制进行完善,包括对 TCP 中各种算法的改进和对 TCP 在各种网络环境下优化的研究。例如,慢启动[40-41]和重传[50]算法研究。

(2) "主动队列管理"算法的研究。对于主动队列管理来说,可增量部署是一个巨大的难题。未来更多的应当是对新的网络场景部署主动队列管理机制,如数据中心网络[59-60]、无线局域网[81]等。

(3) 多媒体传输拥塞控制研究。目前的拥塞控制保证了网络层面的公平性和高效性,然而,网络层面的公平并不能保证应用层的公平性,如对于两个观看视频的用户,因为两人浏览的内容不同,因此所需吞吐并不相同,强行将吞吐平均分配,并不保证浏览体验上的公平[82]。因此,有关应用层的拥塞控制研究也是未来的一个研究方向。

(4) 基于机器学习方法的拥塞控制研究。机器学习给网络带来新的发展。PCC[83]、PCC Vivace[84]、Indigo[38]等都试图将人工智能算法应用于拥塞控制。但是,稳定性、不可解释性等一些问题,导致它们都很难部署。未来利用机器学习以及人工智能等手段辅助网络设计已经成为一种必然趋势。

参考文献

[1] Hardin G. The Tragedy of the Commons[J]. Science, 1968, 162(3859): 1243-1248.

[2] Jacobson V. Congestion Avoidance and Control[C]. In Proceedings of ACM SIGCOMM, 1988.

[3] Postel J. Transmission Control Protocol[R]. RFC 793, 1981.

[4] Tanenbaum A S. Computer Networks[M]. New Jersey: Prentice Hall, 1996.

[5] Jain R, Ramakrishnan K K, Chiu D M. Congestion Avoidance in Computer Networks with a Connectionless Network Layer[R]. DEC-TR-506, 1988.

[6] Peterson L L, Davie B S. Computer Networks: A System Approach[M]. San Francisco: Morgan Kaufmann Publishers, 2000.

[7] Jain R. Congestion Control in Computer Networks: Issues and Trends[J]. IEEE Network, 1990, 4(3): 24-30.

[8] Jaffe J M. Bottleneck Flow Control[J]. IEEE Transactions on Communication, 1981, 29(7): 954-962.

[9] Chiu D M, Jain R. Analysis of the Increase and Decrease Algorithms for Congestion Avoidance in Computer Networks[J]. Computer Networks and ISDN Systems, 1989, 17(1): 1-14.

[10] Kelly F P, Maulloo A, Tan D. Rate Control for Communication Networks: Shadow Prices, Proportional Fairness and Stability[J]. Journal of Operations Research Society, 1998, 49(3): 237-252.

[11] Bennett J C R, Partridge C, Shectman N. Packet Reordering is Not Pathological Network Behavior[J]. IEEE/ACM Transactions on Networking, 1999, 7(6): 789-798.

[12] Shenker S. Fundamental Design Issues for the Future Internet[J]. IEEE Journal on Selected Areas in Communications, 1995, 13(7): 1176-1188.

[13] Saltzer J, Reed D, Clark D. End-to-end Arguments in System Design[J]. ACM Transactions on Computer Systems, 1984, 2(4): 195-206.

[14] Kalampoukas L. Congestion Management in High Speed Networks[D]. Santa Cruz: University of California, 1997.

[15] Low S H. TCP Congestion Controls: Algorithms and Models[C]. In Proceedings of IEEE INFOCOM, 2001.

[16] Thompson K, Miller G J, Wilder R. Wide-Area Internet Traffic Patterns and Characteristics[J]. IEEE Network, 1997, 11(6): 10-23.

[17] Floyd S, Fall K. Promoting the Use of End-to-End Congestion Control in the Internet[J]. IEEE/ACM Transactions on Networking, 1999, 7(4): 458-472.

[18] Floyd S, Jacobson V. On Traffic Phase Effects in Packet-Switched Gateways[J]. Internetworking: Research and Experience, 1992, 3(3): 115-156.

[19] Sally F, Jacobson V. Random Early Detection Gateways for Congestion Control[J]. IEEE/ACM Transactions on Networking, 1993, 1(4): 397-413.

[20] Seshan S, Stemm M, Katz R H. SPAND: Shared Passive Network Performance Discovery[C]. In Proceedings of 1st Usenix Symposium on Internet Technologies and Systems, 1997.

[21] Balakrishman H, Seshan S, Stemm M, et al. Analyzing Stability in Wide-Area Network Performance[C]. In Proceedings of ACM SIGMETRICS, 1997.

[22] Paxson V. Measurements and Analysis of End-to-End Internet Dynamics[D]. Berkeley: U. C. Berkeley, 1996.

[23] Paxson V. End-to-End Routing Behavior in the Internet[J]. IEEE/ACM Transactions on Networking, 1997, 5(5): 601-615.

[24] Stevens W. TCP Slow Start, Congestion Avoidance, Fast Retransmit, and Fast Recovery Algorithms[R]. RFC 2001, 1997.

[25] Henderson T, Floyd S, Gurtov A, et al. The NewReno Modification to TCP's Fast Recovery Algorithm[R]. RFC 6582, 2012.

[26] Mathis M, Mahdavi J, Floyd S, et al. TCP Selective Acknowledgment Options[R]. RFC 2018, 1996.

[27] Floyd S.High Speed TCP for Large Congestion Windows[R]. RFC 3649, 2003.

[28] Floyd S. Limited Slow-Start for TCP with Large Congestion Windows[R]. RFC 3742, 2004.

[29] Xu Lisong, Khaled Harfoush, Injong Rhee. Binary Increase Congestion Control (BIC) for Fast Long-distance Networks[C]. In Proceedings of IEEE INFOCOM, 2004.

[30] Ha S, Rhee I, Xu L. CUBIC: A New TCP-friendly High-speed TCP Variant[C]. In ACM SIGOPS Operating Systems Review, 2008.

[31] Brakmo L S, Peterson L L. TCP Vegas: End to End Congestion Avoidance on a Global Internet[J]. IEEE Journal on Selected Areas in Communications, 1995, 13(8): 1465-1480.

[32] Brakmo L S, O'Malley S W, Peterson L L. TCP Vegas: New Techniques for Congestion Detection and Avoidance[C]. In Proceedings of ACM SIGCOMM, 1994.

[33] Mascolo S, Casetti C, Gerla M, et al. TCP westwood: Bandwidth Estimation for Enhanced Transport over Wireless Links[C]. In Proceedings of the 7th Annual International Conference on Mobile Computing and Networking, 2001.

[34] Grieco LA, Mascolo S. Performance Evaluation and Comparison of Westwood+, New Reno, and Vegas TCP Congestion Control[C]. In Proceedings of ACM SIGCOMM, 2004.

[35] Tan Ku, Song Jingming, Zhang Qian, et al. A Compound TCP Approach for High-speed and Long Distance Networks[C]. In Proceedings of IEEE INFOCOM, 2006.

[36] Cardwell N, Cheng Y, Gunn C S, et al. BBR: Congestion-based Congestion Control[J]. Queue, 2016, 14(5): 20-53.

[37] Hock M, Bless R, Zitterbart M. Experimental Evaluation of BBR Congestion Control[C]. In IEEE ICNP, 2017.

[38] Yan F Y, Ma J, Hill G D, et al. Pantheon: The Training Ground for Internet Congestion-control Research[C]. In Proceedings of USENIX Annual Technical Conference, 2018.

[39] Floyd S. A Report on Some Recent Developments in TCP Congestion Control[J]. IEEE Communication Magazine, 2001, 29(4): 84-90.

[40] Hoe J C. Improving the Start-up Behavior of a Congestion Control Scheme for TCP[C]. In Proceedings of ACM SIGCOMM, 1996.

[41] Zhang Yin, Qiu Lili, Keshav S. Optimizing TCP Start-up Performance[R]. Technical Report, Cornell University, 1999.

[42] Allman M, Floyd S, Partridge C. Increasing TCP's Initial Window[R]. RFC 3390, 2002.

[43] Wang Haining, Xin Hongjie, Reeves D S, et al. A Simple Refinement of Slow-start of TCP Congestion Control [C]. In Proceedings of IEEE International Symposium on Computer Communications, 2000.

[44] Padmanabhan V N, Katz R H. TCP Fast Start: A Technique For Speeding up Web Transfers[C]. In Proceedings of IEEE GLOBECOM, 1998.

[45] Visweswaraiah V, Heidemann J. Improving Restart of Idle TCP Connections[R]. Technical Report, USC TR 97-661, 1997.

[46] Ke Jun, Willianmson C. Towards a Rate-Based TCP Protocol for the Web[C]. In Proceedings of IEEE MASCOTS, 2000.

[47] Aggarwal A, Savage S, Anderson T. Understanding the Performance of TCP Pacing [C]. In Proceedings of IEEE INFOCOM, 2000.

[48] Floyd S. Connections with Multiple Congested Gateways in Packet-Switched Networks Part 2: Two-way Traffic[M]. Unpublished draft, 1991.

[49] Border J, Kojo M, Griner J, et al. Performance Enhancing Proxies Intended to Mitigate Link-Related Degradations[R]. RFC 3135, 2001.

[50] Ludwig R, Katz R H. The Eifel Algorithm: Making TCP Robust Against Spurious Retransmissions [J]. ACM Computer Communication Review, 2000, 30(1): 30-36.

[51] Ramakrishnan K K, Jain R. A Binary Feedback Scheme for Congestion Avoidance in Computer Networks[J]. ACM Transactions on Computer Systems, 1990, 8(2): 158-181.

[52] Floyd S. TCP and Explicit Congestion Notification[J]. ACM Computer Communication Review, 1994, 24(5): 8-23.

[53] Floyd S, Handley M, Padhye J, et al. Equation-Based Congestion Control for Unicast Applications [J]. In Proceedings of ACM SIGCOMM, 2000.

[54] Widmer J, Denda R, Mauve M. A Survey on TCP-Friendly Congestion Control[J]. IEEE Network, 2001, 15(3) : 28-37.

[55] Padhye J, Firoiu V, Towsley D, et al. Modeling TCP Reno Performance: A Simple Model and Its Empirical Validation[J]. IEEE/ACM Transactions on Networking, 2000, 8(2): 133-145.

[56] Balakrishnan H, Padmanabhan V N, Seshan S, et al. A Comparison of Mechanisms for Improving TCP Performance over Wireless Links[J]. IEEE/ACM Transactions on Networking, 1997, 5(6): 756-769.

[57] Partridge C, Shepard T J. TCP/IP Performance over Satellite Links[J]. IEEE Network, 1997, 11 (5): 44-49.

[58] Kalampoukas L, Varma A, Ramakrishnan K K. Improving TCP Throughput over Two-Way Asymmetric Link: Analysis and Solutions[C]. In Proceedings of ACM SIGMETRICS, 1998.

[59] Alizadeh M, Greenberg A, Maltz D A, et al. Data center tcp (dctcp) [C]. In Proceedings of ACM SIGCOMM, 2010.

[60] Zhu Yibo, Eran H, Firestone D, et al. Congestion Control for Large-scale RDMA Deployments[C]. In Proceedings of ACM SIGCOMM, 2015.

[61] Mittal R, Lam V T, Dukkipati N, et al. TIMELY: RTT-based Congestion Control for the Datacenter[C]. In Proceedings of ACM SIGCOMM, 2015.

[62] Li Yuliang, Miao Rui, Liu Harry Hongqiang, et al. HPCC: High Precision Congestion Control[C]. In Proceedings of ACM SIGCOMM, 2019.

[63] Athuraliya S, Li V H, Low S H, et al. REM: Active Queue Management[J]. IEEE Network, 2001, 15(3): 48-53.

[64] Christiansen M, Jeffay K, Ott D, et al. Tuning RED for Web Traffic[C]. In Proceedings of ACM SIGCOMM, 2000.

[65] Dict C, Iannaccone G, May M. Aggregate Traffic Performance with Active Queue Management and Drop from Tail[R]. Technical Report, Sprint ATL TR01-ATL-012501, 2001.

[66] Feng W, Kandlur D, Saha D, et al. A Self-Configuring RED Gateway[C]. In Proceedings of IEEE INFOCOM, 1999.

[67] Ott T J, Lakshman T V, Wong L H. SRED: Stabilized RED[C]. In Proceedings of IEEE INFOCOM, 1999.

[68] Feng W, Kandlur D, Saha D, et al. Blue: A New Class of Active Queue Management Algorithms [R]. University of Michigan CSE-TR-387-99, 1999.

[69] Hollot C V, Misra V, Towsley D, et al. On Designing Improved Controllers for AQM Routers Supporting TCP Flows[C]. In Proceedings of IEEE INFOCOM, 2001.

[70] Kunniyur S, Srikant R. Analysis and Design of an Adaptive Virtual Queue (AVQ) Algorithm for Active Queue Management[C]. In Proceedings of ACM SIGCOMM, 2001.

[71] Franklin G F, Powell J D, Emami-Naeini A. Feedback Control of Dynamic Systems[M]. Boston: Addison-Wesley, 1995.

[72] Athuraliya, Sanjeewa, Steven Low. Optimization Flow Control, II: Random Exponential Marking [M]. Submitted for Publication, 2000: 47-52.

[73] UCB/LBNL/VINT Network Simulator[CP/OL]. [2020-08-09]. http://www.isi.edu/nsnam/ns.

[74] Ryu R, Cheney D, Braun H W. Internet Flow Characterization: Adaptive Timeout Strategy and Statistical Modeling[C]. In Proceedings of PAM, 2001.

[75] Ramakrishnan K K, Floyd S. A Proposal to add Explicit Congestion Notification (ECN) to IP[R]. RFC 3168, 2001.

[76] Postel J. Internet Control Message Protocol[R]. RFC 792, 1981.

[77] Archive of end2end-interest mailing list[EB/OL]. [2020-08-09]. http://www.postel.org/mailman/listinfo/end2end-interest.

[78] Misra V, Gong W B, Towsley D. A Fluid-based Analysis of a Network of AQM Routers Supporting TCP Flows with an Application to RED[C]. In Proceedings of ACM SIGCOMM, 2000.

[79] Hollot C V, Misra V, Towsley D. A Control Theoretic Analysis of RED[C]. In Proceedings of IEEE INFOCOM, 2001.

[80] Xu Lei, Xu Ke, Li Tong, et al. ABQ: Active Buffer Queueing in Datacenters[J]. IEEE Network, 2020: 12-17.

[81] Goyal P, Agarwal A, Netravali R, et al. ABC: A Simple Explicit Congestion Control Protocol for Wireless Networks[C]. In Proceedings of NSDI, 2020.

[82] Nathan V, Sivaraman V, Addanki R, et al. End-to-End Transport for Video QoE Fairness[C]. In Proceedings of ACM SIGCOMM, 2019.

[83] Dong M, Li Q, Zarchy D, et al. PCC: Re-architecting Congestion Control for Consistent High Performance[C]. In Proceedings of NSDI, 2015.

[84] Dong M, Meng T, Zarchy D, et al. PCC Vivace: Online-learning Congestion Control[C]. In Proceedings of NSDI, 2018.

第 4 章　服务质量控制

4.1 引　　言

Internet 自 20 世纪 60 年代出现以来蓬勃发展，近年来更以惊人的速度增长，联网主机数量几乎每年翻一番，Web 站点每半年翻一番。同时，伴随多媒体技术的飞速发展，Internet 上多媒体应用层出不穷，多媒体信息的数量与日俱增。Internet 已逐步由单一的数据传输网向数据、语音、图像和视频等多媒体信息的综合传输网演化。但 Internet 中现有的传输模式仍为单一的尽力而为(Best Effort)服务，无法满足多媒体应用和各种用户对网络传输质量的不同要求。因此，以提高网络资源利用率、为用户提供更高的服务质量(Quality of Service，QoS)为目标的研究领域目前极具活力[1-4]。目前已经提出许多 QoS 控制机制，包括 IETF 提出的集成服务(IntServ)[5-6]和区分服务(DiffServ)体系结构[7-8]，以及分组调度和队列管理算法，网络微积分(Network Calculus)[9-12]等面向服务质量控制的基础理论也得到了长足的发展。

QoS 的定义最初由 CCITT(ITU-T)(国际电信联盟远程通信标准化组)E.800[13]给出，它将 QoS 定义为一个衡量用户对服务满意程度的性能综合指标。也就是说，QoS 的最终目标是保证终端用户能得到某种特定应用或服务的最佳体验效果。从网络的角度而言，可以将 QoS 看作一种进行业务差异性管理的机制；从用户的角度而言，可以将 QoS 看作一种衡量网络为用户和应用提供相应服务能力的标准。与提供尽力而为服务的网络相比，支持 QoS 的网络可以更好地提供服务保证。服务保证的具体形式由网络服务提供者(ISP)和客户之间的服务级别协商(Service Level Agreement，SLA)机制决定。

IETF 最先涉足 QoS 领域，并于 1994 年推出基于 RSVP[14] 的 IntServ 解决方案，IntServ 借鉴传统电话网领域的经验解决 QoS 的问题，要求可以管理每条流的资源，但是，IP 网络与 PSTN 网络的流量模型与业务类型存在较大的差异，导致 IntServ 模型实际的可扩展性很差，无法在互联网中大规模推广使用。因此，1998 年 IETF 提出了 DiffServ 方案，这种基于业务分类的 QoS 技术较好地解决了 IntServ 的扩展性问题。

在互联网上为用户提供 QoS，保证需要解决 QoS 分类、流量控制和监管、资源预约及资源调度和管理等问题。

为了明确用户对不同应用的需求，QoS 首先需要定义一组指标，以便网络对不同类型的业务进行管理和资源分配[15]，如网络性能、可用性、可靠性和安全性等。本章主要讨论与网络性能相关的 QoS 指标，包括带宽、延迟/延迟抖动和分组丢失率等，这些指标既可以评价网络端到端的性能，也可以衡量数据中心内部网络的性能。QoS 根据网络性能参数，可以定义不同的网络性能保证，例如绝对的(也称为确定性的)性能保证、概率的(即随机的)性能保证和时间平均的性能保证。例如，一条在任意时刻都可以提供 10Mb/s 带宽的网络链路就具有绝对的带宽保证，而保证 95%的分组的延迟不大于 100ms 就属于概率的延迟保证。保证一个月中的平均分组丢失率不高于 10^{-5}就属于时间平均的丢失率保证。

为了对网络进行 QoS 控制，需要采用多种不同的控制机制，例如根据不同时间粒度和信息粒度等实现的控制机制。控制机制的时间粒度大致可以分成微秒级、毫秒级、秒级及长期机制 4 类。微秒级（1～100μs）是 QoS 的最小控制粒度，它是基于分组进行控制的，一般来说，分组是互联网 QoS 控制机制的最小单位。流量调节机制（包括分组分类器、分组标记器和流量整形器等）、分组调度机制和主动队列管理机制等都是工作在微秒级的控制机制。毫秒级（1～100ms）的控制机制包括拥塞控制和流量控制等基于反馈的控制机制，它们是基于分组的往返时间（Round Trip Time）进行控制的。秒级的控制机制即会话级的控制机制，它代表用户会话持续的时间（会话可以采用各种方式定义），以秒和分钟为单位。在这个粒度工作的 QoS 机制包括准入控制和 QoS 路由。长期的 QoS 控制机制属于粒度最大的 QoS 控制，主要包括流量工程、能力规划和服务定价等。

QoS 控制机制的另一个重要特点是进行控制决策时可使用不同的控制信息的粒度（Granularity）。最小的控制粒度是根据每流（Per-flow）状态对每个用户流进行控制。一般地，流采用 IP 包头中的 IP 源地址、IP 目的地址、源端口号、目的端口号和协议域构成的五元组进行标识，对流的聚集进行控制的粒度就稍大一些。流聚集也可以基于各种方法实现，如每台主机、每个网络前缀、每个服务类别等。控制状态的携带者和控制本身的位置是与控制粒度相关的两个概念。控制状态的携带者可以是路由器，也可以是分组。控制的位置可以在用户主机、网络边缘路由器或者网络核心路由器。把控制粒度、控制状态的携带者和控制的位置作为空间维，把控制的时间粒度作为时间维，就可以得到 QoS 控制空间。QoS 控制空间反映了 QoS 服务性能、操作和管理复杂性和实现代价之间的权衡。例如，如果想提供确定性的性能保证，就需要采用每流控制的分组粒度，这就对路由器的存储容量和处理能力提出了很高的要求，路由器要保存大量的流状态并对每个分组进行处理。如果在分组的粒度上选择流聚集进行控制，就可以减轻路由器的负担，但是不能提供确定性的性能保证。

QoS 保证对于容量有限的网络很重要，因为它能提供特定应用的传输保证。目前，国际上各种组织和团体也提出许多不同的控制机制和服务模型满足 QoS 的需求，例如，ISO/OSI 提出的基于开放式分布处理（Open Distributed Processing，ODP）的 QoS 控制、IETF 提出的集成服务（IntServ）[5-6] 和区分服务（DiffServ）体系结构[7-8]、多协议标签（Multi-Protocol Label Switching，MPLS）技术、流量工程（Traffic Engineering）和 QoS 路由（QoS-based Routing）、分组调度和队列管理算法，以及卡内基·梅隆大学的 Hui Zhang 等研究者提出的核心无状态体系结构 SCORE（Stateless CORE）[16-18]、J. Liebeherr 等提出的 JoBS[19] 等。此外，ITU-T 和 Internet2 等也提出了许多端到端的 QoS 解决方案。

近年来，随着物联网、移动互联网的不断发展，联网用户和联网设备快速增长，随之而来的是各类应用的资源需求量的增长。为了保证足够的资源供给，人们普遍将这些应用部署在大规模数据中心上，数据中心成为保障各类应用服务质量的基础设施。然而，各类应用的资源需求增长速度明显高于数据中心的资源供应的增长速度。于是，人们更加关注如何充分利用数据中心的现有资源以尽力保障其上应用的服务质量，数据中心的资源管理机制开始成为服务质量保证的重要手段。自从数据中心诞生之日起，就开始有数据中心资源管理方面的研究。从理论模型看，数据中心资源管理问题往往可以抽象为装箱问题及其变种问题，而这些问题在 20 世纪 50 年代就有比较成熟的解决方案；然而，从业界实践看，实际数据中心系统中的资源管理问题比理论模型考虑的规模更大、异构性更强，导致这些解决方案不能很好地解决实际系统中的问题。如何优化数据中心资源利用，进而保障数据中心上各类应用的服务质量目前仍然是一个开放问题。

本章主要介绍网络服务质量控制中的一些重要问题。首先介绍 QoS 的基本框架，包括令牌桶整形和 WFQ(Weighted Fair Queuing)分组调度，它们可以保证端到端的延迟性能。然后介绍目前提出的两种典型 Internet 服务质量控制框架：集成服务与区分服务。接下来讨论主要的分组调度算法，并简单介绍可扩展核心 QoS 体系架构 SCORE 网络。最后介绍了数据中心内的服务质量保证方面的研究。注意，服务质量控制是一个范围很广的研究领域，限于篇幅，本章介绍的内容只是其中的一小部分。感兴趣的读者可以进一步阅读本章的相关参考文献。

4.2 QoS 的基本框架

为了保证端到端应用的服务质量(如最小时延、最大带宽等)，QoS 首先需要进行流分类，即采用一定规则识别和区分不同特征的分组，然后根据网络的状况对流量进行不同的处理，具体的处理形式包括流量监管、流量整形、拥塞管理及拥塞避免等。例如，当分组进入网络时进行流量监管，流出节点之前进行流量整形，拥塞时对队列进行拥塞管理等。事实上，如图 4.1 所示，采用令牌桶技术和 WFQ(加权队列公平)技术就可以保证最基本的端到端最小时延要求，当分组到达时，在入口经过令牌桶缓冲，保证其流量到达符合约定的规范，然后通过出口的 WFQ 调度算法发送，当网络中的每一个节点都执行前述操作，就可以保证端到端的带宽和时延，实现端到端的 QoS 保证。

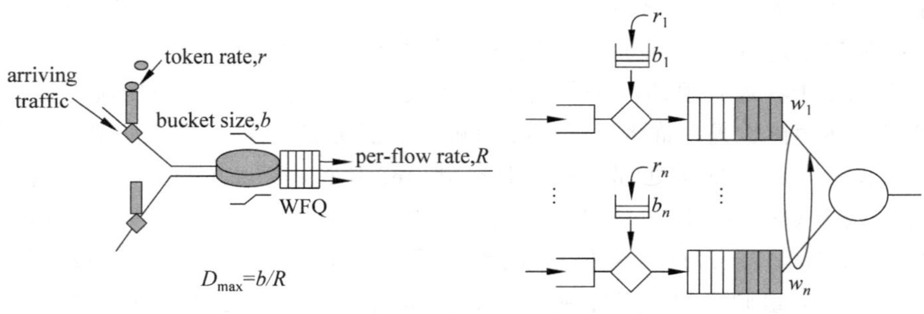

图 4.1　基于令牌桶和 WFQ 机制的端到端 QoS 框架

4.2.1 流量分类与标记

网络无论采用哪种技术手段实现 QoS，都需要路由器能够根据事先规定的规则对分组头的某些字段(例如，TOS 字段的前 3 位，这里用 $H[i](1 \leqslant i \leqslant K)$ 标记)进行分类识别，判断其对应的流量规范，然后设置不同的优先级，以便实现不同的转发处理，这就是流分类和标记。流分类和标记是实现 QoS 服务的前提条件和基础，其目的是将分组映射到不同的服务类，属于同一类别、同一优先级的分组应该匹配事先规定的规则，并以相同的方式进行标记和处理。这些事先规定的规则称为过滤规则，所有规则的集合称为分类器，可标记为 $R=\{r_1, r_2, \cdots, r_N\}$，其中每个规则 $r_i(1 \leqslant i \leqslant N)$ 对应一个流类型/服务类，每个服务类对应一种特定的处理行为或方式，当一个分组成功匹配一个规则时，就按照对应的行为对分组进行操作和处理。规则匹配的方式有 3 种，分别为精确匹配、前缀匹配和范围匹配。

流量分类问题的核心是分类算法，它需要满足速度快、消耗资源小、易于更新等需求，第 5 章将对一些典型的分类算法进行总结。

4.2.2 流量监管与整形

如果不限制用户发送的流量，网络中可能出现大量的突发分组，导致拥塞和数据丢弃，实施 QoS 策略可以改善这一情况：QoS 策略可以检测或主动限制进入某一网络的某一连接的流量，当某个连接的流量过大以致超过约定带宽时，就可以根据分组的类别采取不同的方式进行处理，如丢弃或进行缓存等，这就是 QoS 的流量监管(Commit Access Rate，CAR)与流量整形(Generic Traffic Shaping，GTS)。衡量流量是否超过约定带宽、进行 QoS 的流量监管与整形需要使用令牌桶算法或漏桶算法。下面对令牌桶和漏桶算法进行简单介绍。

1. 令牌桶(Token Bucket)算法

令牌桶算法是 QoS 进行流量监管和流量整形的基本算法，用于控制网络中的某类流量或实现突发分组的发送。实际上，令牌桶可以看作一个固定容量的缓存，系统根据预先设定的速度向令牌桶中存放令牌，当令牌桶中的令牌超出桶的容量时，多出的令牌将被丢弃。当分组到达时，如果令牌桶中有令牌，则从数据队列中取出不超过令牌大小的分组进行发送，发送的同时令牌也被消耗掉。流量监管和流量整形正是根据令牌桶中令牌的数量是否满足分组转发的需求进行相应处理的，如转发、丢弃或者缓存分组等。

IETF 定义了两种令牌桶算法对流量进行检测，即单速率三色标记算法(srTCM)和双速率三色标记算法(trTCM)，这两种算法都采用两个令牌桶对到达的分组进行评估，然后根据评估结果分别对分组打上绿色、黄色和红色标记。三色标记类似于交通信号灯，路由器对具有 3 种颜色的分组分别依据绿灯行、黄灯减速、红灯停的方式进行相应的处理。两种算法都允许并能实现分组的突发处理，不过，srTCM 算法更关注分组长度的突发，而 trTCM 算法更关注分组速率的突发。

令牌桶算法有两种工作模式，分别称为色盲(Color-Blind)模式和感色(Color-Aware)模式。色盲模式下假设到达的分组为未标记的、无色的；感色模式下则假设到达的分组已经标记了三色。目前，色盲模式更常用。令牌桶算法需要依据一些参数实现分组的转发，这些参数包括：

(1) CIR(Committed Information Rate)：承诺信息速率，即令牌发放的速率，表示每秒的 IP 分组字节数。

(2) CBS(Committed Burst Size)：承诺突发尺寸，即允许突发的最大流量尺寸，它等于令牌桶的容量。

(3) EBS(Excess Burst Size)：超额突发尺寸，EBS 或 CBS 应大于或等于最大分组长度，且 EBS 应大于 CBS。

(4) PIR(Peak Information Rate)：峰值信息速率，仅用于 trTCM 算法中。

(5) PBS(Peak Burst Size)：峰值突发尺寸，仅用于 trTCM 算法中。

下面分别对两种算法进行简单的介绍。

1) srTCM 算法(RFC 2697)

srTCM[20] 中两个令牌桶投放令牌的速率相同,均为 CIR,两个桶的容量分别为 CBS 和 EBS。假设 Tc 和 Te 分别为两个桶当前的令牌数量,它们的初始值分别为 CBS 和 EBS。如图 4.2 所示,系统以设定的速率(CIR)向两个令牌桶 C 和 E 中投放令牌,当有新的令牌到达时,先填充 C 桶;如果 C 桶已满,则填充 E 桶;如果两个桶都满了,则丢弃该令牌。具体而言,Tc 和 Te 根据如下准则更新:

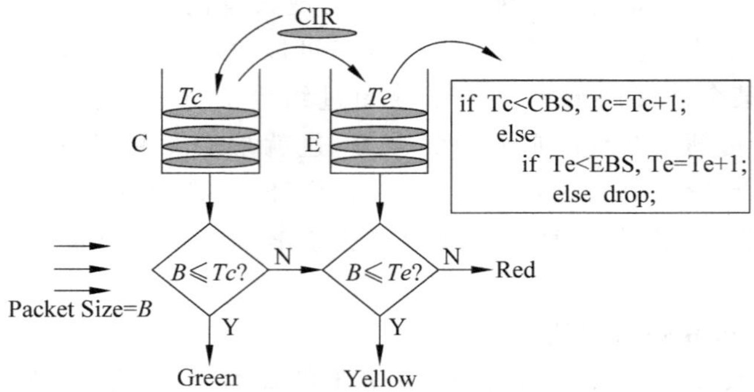

图 4.2　色盲模式下的 srTEM 令牌桶算法

(1) 如果 $Tc<\text{CBS}$,则 $Tc=Tc+1$,否则 C 桶不再增加新的令牌并查看 E 桶。

(2) 如果 $Te<\text{EBS}$,则 $Te=Te+1$,否则丢弃当前令牌。

可见,E 桶是 C 桶的补充,用于存放超额突发所需的令牌。

srTCM 根据 CIR、CBS 和 EBS 进行分组的标记。如图 4.2 所示,在色盲模式下:

(1) 当分组到达时(分组大小假设为 B),如果 C 桶中有足够的令牌,即 $Tc\geqslant B$,系统将分组标记为绿色,同时将 C 桶的令牌数量减少 B,即 $Tc=Tc-B$;否则进入步骤(2)。

(2) 如果 $Tc<B\leqslant Te$,系统将分组标记为黄色,并将 E 桶的令牌数量减少 B,即 $Te=Te-B$;否则进入步骤(3)。

(3) 系统将分组标记为红色,Tc 和 Te 维持不变。

在感色模式下:

(1) 如果分组已经标记为绿色且 $Tc\geqslant B$,系统将分组标记为绿色,并将 C 桶的令牌数量减少 B,即 $Tc=Tc-B$;否则进入步骤(2)。

(2) 如果 $Tc<B\leqslant Te$ 且分组已被标记为绿色或黄色,则分组被标记为黄色且 Te 减少 B,即 $Te=Te-B$;否则进入步骤(3)。

(3) 分组被标记为红色,Tc 和 Te 维持不变。

2) trTCM 算法(RFC 2698)

trTCM[20] 算法关注分组的突发速率,它根据 CIR、CBS、PIR 及 PBS 进行分组评估。如图 4.3 所示,与 srTCM 算法不同,trTCM 中的两个桶(假设为 C 桶和 P 桶)的令牌填充速率不同,两者之间是相互独立的,C 桶的令牌填充速率为 CIR,容量为 CBS;而 P 桶的令牌填充速率为 PIR,容量为 PBS。令牌发放过程中,不再将 C 桶中多余的令牌放到 P 桶中,而是两者根据各自的令牌发放速率发放令牌。

trTCM 进行流量评估时,先判断流量是否违规,然后进行常规处理。假设 Tc 和 Tp 分别

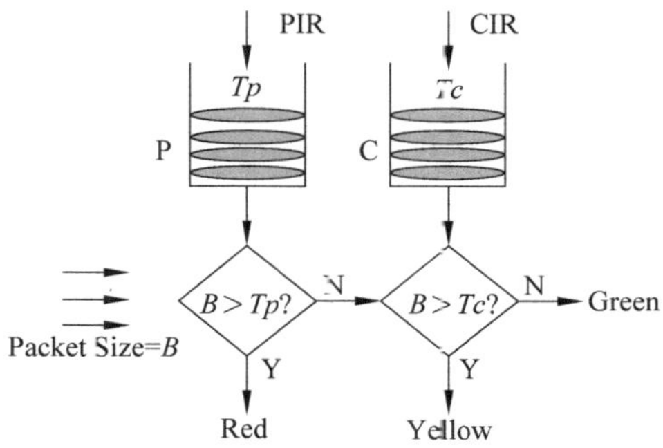

图 4.3　色盲模式下的 trTCM 令牌桶算法

为当前两个令牌桶的令牌大小(其初始值分别为 CBS 和 PBS),在色盲模式下进行流量评估时:

(1) 如果 $Tp<B$,则分组被标记为红色,Tc 和 Tp 保持不变;否则进入步骤(2)。

(2) 如果 $Tc<B$,则分组被标记为黄色且 Tp 减少 B,即 $Tp=Tp-B$;否则进入步骤(3)。

(3) 分组被标记为绿色且 Tp 和 Tc 同时减少 B,即 $Tp=Tp-B$ 且 $Tc=Tc-B$。

在感色模式下进行流量评估时,

(1) 如果 $Tp<B$ 或分组已被标记为红色,则分组颜色不变;否则进入步骤(2)。

(2) 如果 $Tc<B$ 或者分组已被标记为黄色,则分组被标记为黄色且 Tp 减少 B;否则进入步骤(3)。

(3) 分组被标记为绿色,且 Tc 和 Tp 同时减少 B。

2. 漏桶(Leaky Bucket)算法

漏桶算法也是用于流量整形的一种常用算法,它的主要目的是控制数据注入网络的速率。漏桶算法将用户进程中不均匀的分组数据流调整为均匀的数据流发送到网络中。

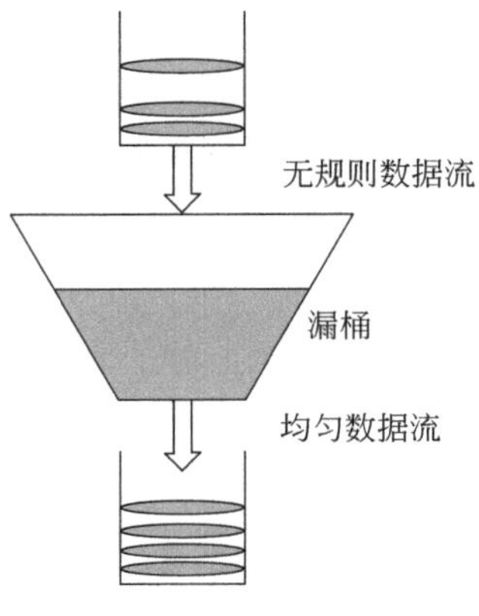

图 4.4　漏桶算法工作原理

如图 4.4 所示,漏桶可以看作底部具有漏孔的桶,它相当于一个单服务器队列,无规则的数据流到达漏桶后,将以常量速率注入网络,如果数据到达漏桶时漏桶已满,则发生溢出,数据分组被丢弃。漏桶容量与有效的系统内存相关。

漏洞算法与令牌桶算法都能限制数据的平均传输速率,不同的是漏桶算法的主要目的在于平滑突发流量,它对于存在突发特性的流量来说缺乏效率,因为漏桶的输出速率为固定的参数,所以,即使在网络中资源利用率较低的时候,漏桶算法也不能提高突发流量的速率。而令牌桶算法则不同,它在限制数据的平均传输速率的同时还允许一定程度的流量突发,能够满足具有突发特性的流量。

3. 流量监管

流量监管利用令牌桶限制进入某网络的某个链接的流量与突发。如图 4.5 所示,分组经过预先设定的规则进行分类后,由令牌桶对需要进行流量控制的分组进行处理,如果桶中有足够的令牌,即说明流量控制在允许范围内,即可从桶中取出与分组流量相当的令牌将流量发送下去；否则丢弃该分组。在实际应用中，流量监管还可以根据分组大小与令牌数量的关系设置或修改分组的优先级。

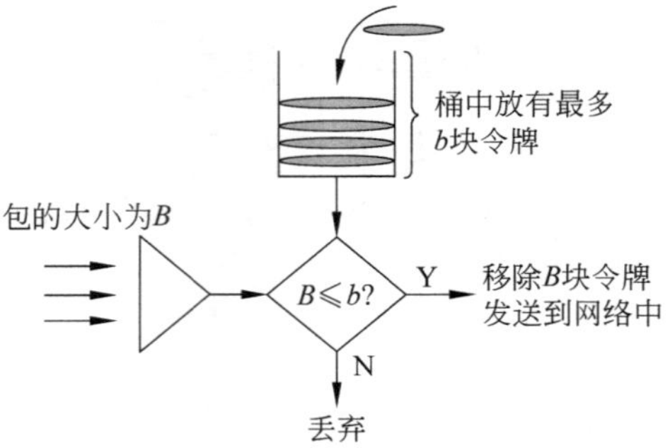

图 4.5　利用令牌桶实现流量监管

4. 流量整形

流量整形与流量监管的使用方式和目的不同。首先，流量监管可用于分组的入口和出口，多用于入口的流量控制；而流量整形则用于限制出口方向的流量速率。其次，流量监管的目的是控制流量，而流量整形则用于调整分组传输的平均速度，数据包按照传输规定的速率进行传送，尽量避免流量因突发的特性而造成网络拥塞的发生。因此，流量监管对超过流量限制的分组直接丢弃，而流量整形则是对超过限速的分组进行缓冲，以等待足够的令牌后再进行发送。当然，如果缓冲区队列已经饱和，多余的分组就会被丢弃。

可以使用如图 4.6 所示的例子说明流量整形的工作过程。令牌以 CIR＝100kb/s 的速率放入令牌桶中，假设某个初始时刻 $T=0$，令牌桶中令牌数量为 3kb，此时到达一个大小为 1kb 的分组，如图 4.6(a)所示，系统从令牌桶中取出相应大小即 1kb 的令牌将分组发送出去，此时令牌桶中令牌的数量减少 2kb，经过 2ms 后，令牌桶中的令牌增加 0.2kb，如图 4.6(b)所示。也就是说，每经过 s 秒，令牌桶中的令牌数量将增加 $s\times$CIR，因此当 T＝4ms 时，令牌桶中的令牌数量为 2.4kb，如图 4.6(c)所示，此时到达一个 3kb 大小的分组，由于令牌桶中的令牌数量小于分组的大小，因此需要将分组先放到一个数据缓冲区中进行等待，直到令牌数量足够时(即 $T=10$ms)时才进行分组发送，如图 4.6(d)和(e)所示。

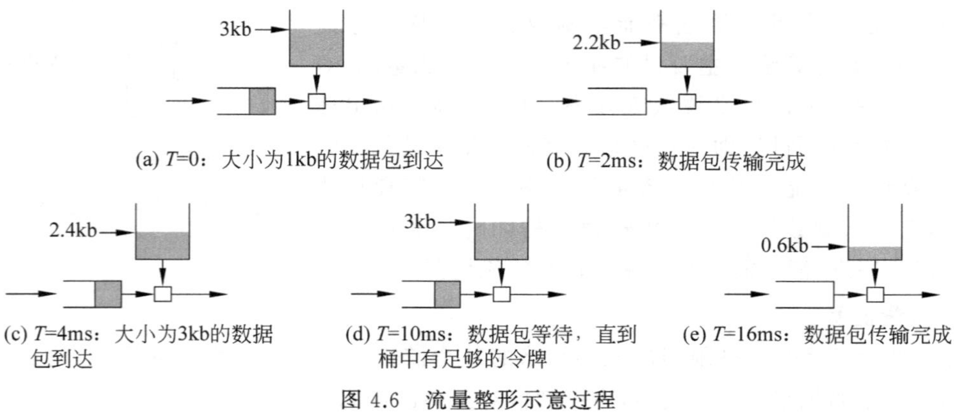

图 4.6　流量整形示意过程

4.2.3 队列调度

排队是日常生活中最常见的一种现象，例如排队买票、排队付款、排队打饭和排队上车等。队列即从这些日常排队现象中抽象出的一种数学模型。通常，队列按照先到先得的顺序进行处理，排在队首的用户先被接待或处理，而新到的用户需要排到队尾，这就是基本的FIFO(First In,First Out)排队算法。当然，有时候用户具有不同的优先级，具有高优先级的用户可以插队并优先得到处理，例如银行的 VIP 成员可以优先进行业务处理，航空公司的 VIP 会员或者头等舱、公务舱的乘客可以优先登机等。

队列调度机制有助于 QoS 根据不同的优先级进行数据的重新排序，这对于拥塞控制管理非常重要。当数据到达出口时，路由器可以根据分组的优先级或基于分类决定数据包是否丢弃或分配到不同的队列进行缓冲，然后通过队列调度机制进行传输。当接口发生拥堵时，通过队列调度机制就可以保证实时性要求较高的分组的传输。常见的队列调度机制包括 FIFO、PQ(Priority Queuing)、CQ(Custom Queuing)、FFQ(Fluid Fair Queuing)、WFQ(Weighted Fair Queuing)、CBWFQ(Class-Based Weighted Fair Queuing)、LLQ(Low Latency Queuing)和 IP RTP(The Real-time Transport Protocol)等。这些机制在分类方法、丢弃策略、调度方式和队列长度等方面都存在差异。

公平排队(Fair Queuing,FQ)算法是 FIFO 的一种改进。FQ 算法在路由器每个输出端口维护多个队列，分组达到后根据流的特征(如源地址、目的地址、源端口、目的端口和协议号等)自动归入合适的队列，系统按轮询方式来回扫描所有队列，并依次取出每队的第一个包进行发送。当扫描到某个队列为空时，路由器就依次扫描其余所有队列。当某个流的数据包到达过快且将队列占满后，属于该流的新到的数据包就会被丢弃。采用这种方式，数据流彼此互不影响，有效地改进了 FIFO 排队算法无法区分不同的数据流而导致带宽分配不公平的现象。典型的公平排队算法有 FFQ(Fluid Fair Queuing)和 WFQ(Weighted Fair Queuing)等。

FFQ(流量公平队列)也称广义处理器共享(Generalized Processor Sharing policy,GPS)策略工作模型[22-23]。在这种工作模型里，所有参与调度的工作流各自组成缓冲队列。在任意时段内，调度服务器从所有非空队列中取各队列头任务，按照各工作流的服务速率同时进行服务。这样，各工作流都按照其分得的处理服务器服务配额，公平地共享处理服务器的服务。

WFQ(加权公平队列)基于流进行排队，流的定义为五元组＜源 IP,目标 IP,源端口号,目的端口号,协议号＞。WFQ 为每个流分配一个独立的 FIFO 队列，以提供公平的调度，并保证高优先级的流能够得到更高的带宽，因此，采用 WFQ 的路由器需要能够支持较大数据的队列，目前的商用路由器接口至少可以支持 4096 个 WFQ 队列。通常，WFQ 为每个 FIFO 队列分配等同的带宽，假设当前出口的带宽为 Rkb/s,FIFO 队列为 N 个，那么每个队列所分配的带宽即 R/Nkb/s。如果当前某个队列为空，其带宽将分配用于其他队列。另外，当各个流/队列的优先级不同时，WFQ 可以通过加权按照不同优先级进行带宽的分配。例如，假设某个流的优先级为 x_i，则每流带宽分配为 $(x_i+1)R/\sum_{i=1}^{n}(x_i+1)$ 。WFQ 根据流的不同优先级分配每个流(即对应某个队列)占用的出口带宽，优先级越高，占用的带宽越大。

WFQ 的工作流程如下(见图 4.7):

(1) 当分组到达时,WFQ 根据当前所有队列的总数判断该分组是否被丢弃,如果当前所有队列的分组总数未达到限制值 HQL(Hold-Queue-Limit),WFQ 则根据五元组对流进行分类,并通过散列算法将其分配到相应的队列上;否则丢弃该分组。

(2) 经过分类的流根据所属队列的情况确定是否入队或丢弃,如果当前队列已满,即 CDT(Congestive Discard Threshold)达到极限,则丢弃该分组,否则进行步骤(3)的处理。

(3) 在分组进入队列之前,WFQ 根据分组长度和优先级赋予流一个 SN(Sequence Number,序列号),SN 的计算公式为:SN=Previous_SN+weight * new_packet_length。在 Cisco 路由器中,weight 可通过 32 384/(x+1)计算,x 为流的优先级。可见,SN 与分组的长度和优先级相关,优先级越高,长度越小的分组 SN 越小。Previous_SN 的取值与当前队列的状况相关,如果当前队列为空,则 Previous_SN 等于发送队列最近发送的分组 SN,否则,Previous_SN 等于最迟进入该队列的分组 SN。

(4) 在进行出队调度时,使用 WFQ 的路由器将选取具有最小 SN 的分组进入发送队列进行发送。

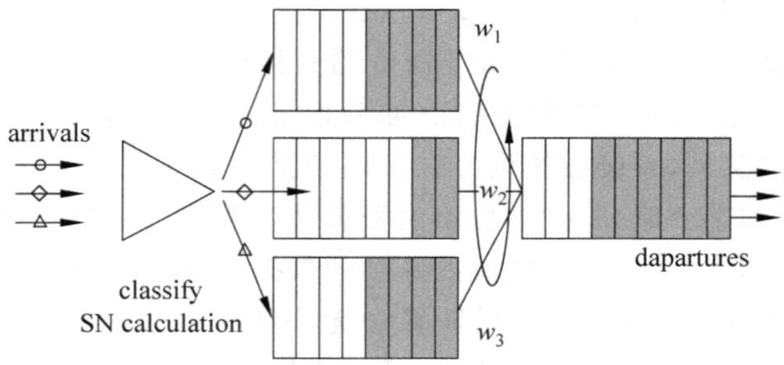

图 4.7　WFQ 的工作流程

4.3　集成服务与区分服务①

服务质量控制研究的目标是有效提供端到端的服务质量保证,确保不同业务流的服务需求得到满足。目前,根据应用的数据流不同,QoS 可以分为单数据流服务模式和聚集流服务模式两种,前者为端用户之间的每个单向的数据流提供服务保证,而后者为每组具有相同参数、标记或优先级的多个流提供服务。另外,根据对流的处理方式不同,QoS 又分为基于资源预留的类型和基于优先级的类型。前者根据业务流的需求通过资源预留协议(Resource Reservation Protocol,RSVP)提前制订资源管理策略,保证数据流的传输;后者通过边界路由器对流进行分类和标记,以实现不同优先级下的 QoS 保证。

IETF 对 QoS 进行了大量的研究,并提出了多种标准化的服务模型和机制,典型的有 IntServ(Integrated Services,集成服务)模型[6]和 DiffServ(Differentiated Services,区分服务)模型[8]。其中,IntServ 模型是基于资源预留的、面向单个流的 QoS 服务模型,而

① 本节内容的主要参考文献为[45]和文献[99]。

DiffServ 模型则是基于优先级的、面向聚合流的 QoS 服务模型。

本节就 IntServ 和 DiffServ 的最新进展进行分析和综述，总结这两种模型的研究思路和技术特点，并分析讨论几个热点研究问题，包括 DiffServ 支持组播问题、带宽的公平性保证以及 DiffServ 与 IntServ 的结合等。

4.3.1 集成服务

1. 集成服务概述

1993 年，IETF 定义了 IntServ 模型[5]，它的目标是通过资源预留的方式实现 QoS 保证，以同时支持实时服务和 IP 网络的传统服务。与传统的尽力而为的服务模式相比，IntServ 在 IP 层进行显式的资源管理，在实现层次上，现有的 IntServ 方案需要为每个流建立一条固定或者稳定的路径，并要求所有路由器在控制路径上处理每流的信令消息并维护每流的路径状态和预约状态，在数据路径上执行基于流的分类、调度和缓冲区管理。具体而言，IntServ 模型主要由 4 部分组成。

(1) RSVP：是 IntServ 模型的核心，它是一个基于 IP 的传输端到端 QoS 请求的信令协议。RSVP 允许每流独立向网络提出预留资源的请求（如带宽、缓冲区大小等），同时沿着分组传输的路径为分组预留资源，实现对每流的控制。

(2) 准入控制（Admission Control，又称接纳控制）：根据本地和网络可用资源的使用情况，确定是否支持请求的资源预留。

(3) 分类器：根据预先设置的规则对输入的分组进行分类识别，并将其映射到一定的 QoS 服务类，然后放入不同队列等待服务。

(4) 分组调度器：基于一定的队列管理机制和调度算法对分类后的分组进行调度，以便将网络资源分配给不同的流。

QoS 中的服务可以说是网络与通信客户之间制订的一个合约，根据合约的不同，IntServ 模型为应用提供 3 种层次的服务。

(1) 保证型服务（Guaranteed Service）[24]：保证型服务为信息流提供确定性的带宽、时延和分组丢失率上界。这种服务要求用户清楚描述流量需求并明确指定实现的机制，且要求用户不会发送超过合约数量的数据量，是一种硬实时（Hard Real-Time）服务，它基于最坏情况准入控制，且路由器基于每个信息流执行分类和调度，适用于实时性要求较高的应用。

(2) 可控负载型服务（Controlled-Load Service）[25]：可控负载型服务能够在网络负荷较大的情况下提供一种近似的轻负载、大容量下的尽力而为的服务。可控负载型服务是一种软实时（Soft Real-Time）服务，它不保证确定的延迟、带宽及丢失率，但能保证性能仍然在用户可忍耐的范围内，本质上是一种定性的服务。它基于聚集流进行准入控制测量和调度，适于能容忍一定程度丢失率和时延的应用类型。

(3) 尽力而为的服务：与当前 Internet 提供的尽力而为的服务类似，遵循的是先来先服务的工作方式。

IntServ 的工作过程如下：IntServ 首先采用 RSVP[26] 通过信令逐跳（Hop-by-Hop）地建立每个流的资源预留软状态（Soft State），包括流量参数及特定服务质量请求，如带宽和时延等。每个软状态都关联一个时钟，当时钟超时后状态失效，这种方式不需要主动清除失效后的状态，可以容忍信令分组的丢失，且易于适应路由的动态变化[27]。当网络收到资源请求后，通过准入控制进行资源分配的检查，决定链路或网络节点是否有足够的资源支持QoS资源预留请求并设置每流状态，执行资源预留。应用收到网络的确认信息，即可发送分组。一旦网络确定了预留资源请求，就需要在传输路径上的每一个节点为每个流维护一个状态，并基于此状态执行后续的分类(classify)、流量监管和调度(scheduling)。图4.8为IntServ模式下路由器内部功能部件的协作。

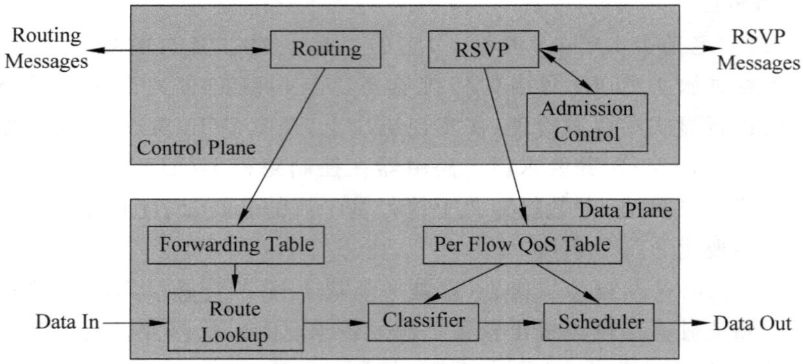

图4.8　IntServ模式下路由器内部功能部件的协作

2. RSVP

早在1993年，为了实现对IP网的QoS保证，Scott Shenker、David D. Clark及Lixia Zhang等研究者就开始构思RSVP[28]。1997年初，IETF正式批准RSVP成为RFC并开始进行后续标准的制定工作。

RSVP是一种用于提供资源预留、建立每流状态的信令协议。信令携带从主机传输到路由器的资源请求并收集从路由器返回给主机的必要信息。信令在传输路径经过的每一跳路由器和RSVP的准入控制模块以及策略模块进行交互，建立准入状态或通知请求发送者无法满足相应的需求。RSVP是一个建立在IP之上的面向IP组播的协议，它仅在一个方向上预留资源。RSVP由接收方发起预留过程，路由和预留机制相互独立，协同完成工作。

RSVP的基本架构包括策略控制、准入控制、分类控制器、分组调度器及RSVP处理模块等。策略控制、准入控制和分组调度器实现的功能在4.2节中已经提到过。RSVP处理模块根据策略控制和准入控制的情况进行不同的处理，如果用户未获得资源预留的许可，则RSVP处理模块将产生预留失败信息并返回用户端，否则将根据分类器与调度器的结果设定相应的通信服务质量参数。

RSVP支持资源预留请求消息(Reservation Request Message)、路径消息(Path Message)、错误和确认消息(Error and Confirmation Message)以及拆链消息(Teardown Message)4种基本的消息类型。这些消息为会话建立预留状态。一个会话是向一个单播或者组播地址发送的数据流，由＜目标IP地址，协议号，端口号＞标识。一个会话可有多个发送者和接收者。RSVP的工作原理如图4.9所示。

(1) 发送方S首先将要发送的信息流归纳成流规格说明Tspec(b,r,R)，其中r表示令牌桶的速率，b表示桶的容量，R表示链路带宽。Tspec通过RSVP信令模块，利用Path消息沿数据发送路径进行传递，这一过程中，经过的支持RSVP的路由器将会建立链路状态

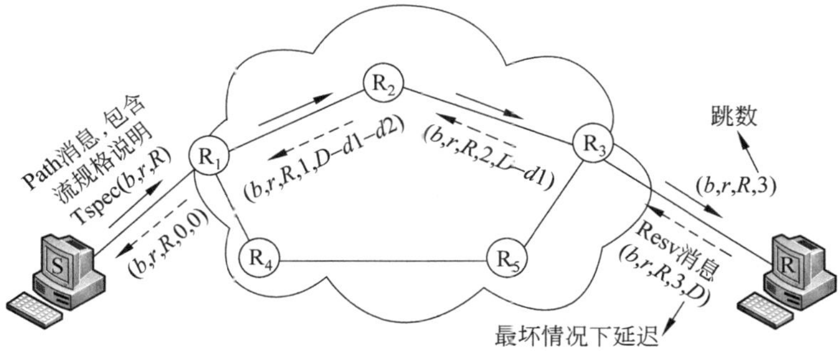

图 4.9　RSVP 的工作原理

标识并将 Path 消息中的节点域改写为其自身的 IP 地址，以便资源预留请求信息能逐跳返回发送方。同时，在路径中的每台路由器上会设置包括前一跳地址在内的路径状态。

(2) 当 Path 消息到达接收方后，接收方 R 得到流量特性(Tspec)以及经过的跳数信息，然后它将沿着消息到来的方向逐跳发送 Resv 消息请求资源预留。注意，由于互联网双向路由可能存在不一致性，而 RSVP 则要求必须沿着 Path 消息传播的反方向进行资源预留保证其有效性。这一点就是通过上面介绍的在 Path 消息传播过程中记录路径实现的。Resv 定义了预留类型、需要的 QoS 参数、排队延迟和带宽需求、源的流量特性(来自 Path 消息)和 Filter 定义(即哪些发送方可以使用这些预留)等，主要的消息包括流规格说明(Tspec)、预留规格说明(Rspec)和过滤器规格说明(Filter Spec)。

集成服务假设每个用户流需要的带宽都有上限，通常使用令牌桶(Token Bucket)或者漏桶(Leaky Bucket)模型描述流量需求。一般地，给定一个广义增函数(也就是非减函数)$\alpha(t)$，如果流 S 对所有的时刻 s 和 $t(s\leqslant t)$，都有 $S(t)-S(s)\leqslant\alpha(t-s)$，那么就说 α 是 R 的到达曲线(时间段内发送的数据位的最大数量)并且 S 是 α 平滑的(α-smooth)。具有速率 r 和突发长度 b 的令牌筒的到达曲线为 $\alpha(t)=rt+b$，这是网络服务提供者和客户之间最常见的流量约束条件。到达曲线也可能是由链路的物理传输限制造成的。假设有一个流在速率为 Cb/s 的链路上传输，如果按照数据位观察，这个流的到达曲线为 $\alpha(t)=Ct$。如果按照分组观察(假设最大分组长度为 M)，则到达曲线为 $\alpha(t)=Ct+M$。结合令牌桶约束和链路速率约束，可以得到该流的到达曲线为 $\alpha(t)=\min(Ct+M,\ rt+b)$，这是集成服务中常用的到达曲线(T-SPEC)[24]。给定令牌桶平均速率、令牌桶深度、链路带宽(b,r,R)和每跳延迟 d，通过到达曲线可以得到保证满足延迟 d 的分配带宽 r_a 和缓存空间 B_a，如图 4.10 所示，路由器可以据此进行每跳预留。首先根据每跳延迟 d 给流分配带宽 r_a，然后这条线和到达曲线之间的最大距离就是需要分配的缓存 B_a。

接收方在发送 Resv 消息时需要考虑最坏情况下的延迟，路径中的每台路由器都提供每跳延迟保证。路由器上的准入控制器和策略控制器将对资源的情况和用户的权限进行判定，并根据 Resv 提供的消息确定是否分配资源给当前的请求，如果允许，则建立预留状态并转发带有更新信息的 Resv 消息到下一跳路由，否则返回错误信息至接收方；当传输路径上的所有路由器预留资源成功时，则向接收方发回确认信息。在最简单的情况下，路由器将平均分担延迟。

值得注意的是，RSVP 资源预留的方式和传统连接建立的方式不同，它是由接收方发起

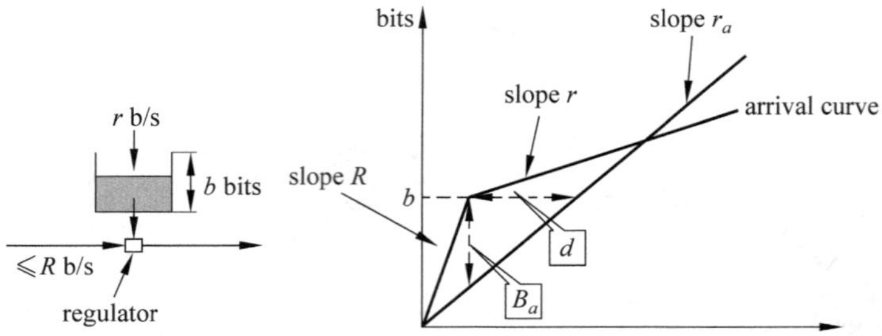

图 4.10　每跳预留到达曲线

的且预留过程与路由无关。原因是在组播的情况下,通过接收端驱动可以适应组播成员的动态变化,以及不同接收端请求不同 QoS 的复杂情况。另外,RSVP 支持显式释放机制,释放请求可通过端系统发出,也可由路由器在超时时发出。

RSVP 使用 Filter 定义哪些发送方可以使用哪种资源预留方式。目前,资源预留方式有 3 种,即 Wildcard Filter、Fixed Filter 及 Dynamic Filter(Shared-Explicit)。Wildcard Filter 在进行资源预留时不定义任何发送方,组中所有到相同目的地址的分组共享相同的资源。Fixed Filter 不在发送方之间共享,它明确指出是为哪个发送方预留的资源。Dynamic Filter 则允许资源在明确指定的发送方之间共享。这里用一个包括 5 个成员的视频会议系统说明这 3 种资源预留方式。注意,该视频会议中只有少数人会同时发言。如图 4.11(a)所示,假设 H1、H2 为接收方,H3、H4、H5 为发送方,H1、H2 都预留资源 B,采用 Wildcard Filter 方式,他们每次能听到 3 个发送者中的一个发言。这种方式适用于只有少量成员同时发言的组,其优点是路由器只需在输出链路上维护预留带宽信息,因此路由器保存的状态最少,但这种情况可能降低资源利用率。例如,H2 想要预留 $3B$ 资源,此时,在链路(S3:S2)之间也需要预留 $3B$,但事实上该视频会议最多使用这条链路上的 $2B$ 资源。如图 4.11(b)所示,假设 H2、H3、H4、H5 为接收方,H1、H4、H5 为发送方,但 H2 只想从 H4 接收 B,因此资源预留时采用 Fixed Filter 方式明确指定预留的对象。如图 4.11(c)所示,H1、H5、H4 为发送方,H2、H3、H4、H5 为接收方,H5 想从任意资源接收 $2B$,它就可以使用 Dynamic Filter 的方式,允许资源在发送方之间共享。

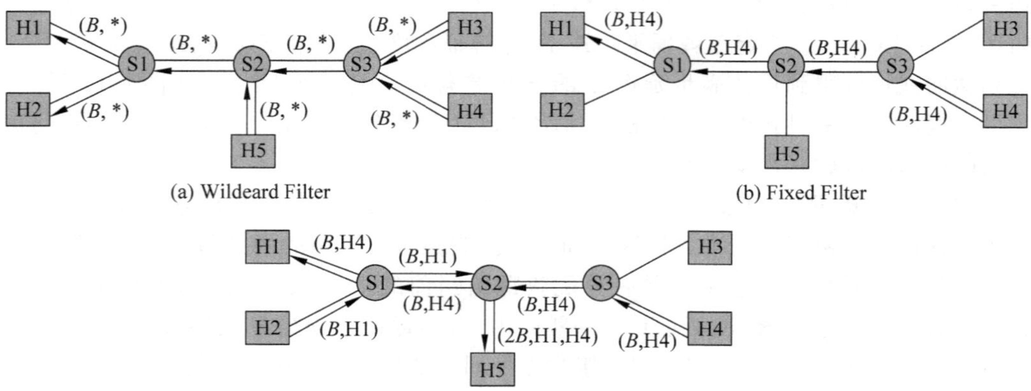

图 4.11　RSVP 的 3 种资源预留方式

RSVP 模型对传统 Internet 体系结构的扩展包括在路由器中保存流状态信息以及明确的链路连接状态。这些状态信息是软状态信息，以便路由器根据需要更新业务流状态信息。RSVP 可以和多种路由协议配合工作。同时，由于这种模型有效地集成了各种实时应用和非实时应用，因而保持了网络的效率。另外，由于兼容了传统网络体系结构和协议栈，因此能对网络进行有效的管理。

3. 集成服务的局限性

IntServ 模式下，源和目标主机通过交换 RSVP 信令消息，在端到端路径的每个路由器为每个通过的信息流建立并维护一个转发状态，提供了端到端的细粒度的 QoS 服务。这种动态虚电路连接机制改变了整个网络的体系结构，形成了基于流的(Per-Flow)、状态相关的(Stateful)IntServ 体系结构。与状态无关(Stateless)的体系结构，即原有的 IP 网络体系结构和后面将要介绍的 DiffServ 相比，IntServ 提供的服务具有更高的灵活性和更细粒度的服务级别保证，它能够明确区分并保证每个信息流的服务质量。

然而，要实现具有 QoS 保证的 IntServ 是比较困难的，它需要基于流的、复杂的资源预留、准入控制、QoS 路由和调度机制。而在复杂、大规模的网络中链路的状态是不确定的，为每信息流预留带宽、建立分组分类并维持转发状态是一项非常消耗资源的工程。而且，提供 QoS 保证的 IntServ 具有某种面向连接的特性，而无连接是 IP 网络的基本特征。更严重的问题是，IntServ 对路由器的存储和处理能力要求很高，面临可扩展问题和鲁棒性问题，前者是因为基于流的操作的复杂性通常随着传输流数量的增加而增长；后者是因为在分布式网络环境中很难维持动态的、复杂的传输流状态一致性[33]。

尽管 RSVP 已开始支持基于聚集流[29-32]的服务减少信息流处理的数量，一些提议也试图通过将沿着同一路径的微流聚集成宏流(Macro-Flow)[29-32]以减少网络内部传输流的数量。这些提议可以解决部分问题，但不能从根本上解决 IntServ 体系结构本身的高度复杂性和可扩展性问题，而且宏流的数量在具有许多边界路由器的网络中仍然会很大，因为路径的数量是边界节点数量的平方函数。

IntServ 还面临严重的鲁棒性问题。在 IntServ 体系结构中，为了实现应用需求的 QoS 保证，IntServ 需要进行资源预留、准入控制、分类和分组调度等功能，如利用 RSVP 信令协议提供 QoS 协商机制；各网络节点建立和维护预留信息，并根据自身资源状况对用户的预留请求进行准入控制；数据传输时各网络节点监控传输流，并提供相应服务。这种完全分布式控制造成极大的复杂性。另外，IntServ 需要在网络中每个节点维护各类数据库，也增加了管理的复杂性，例如，对于使用链路状态协议的 QoS 路由，路由器必须同时维护链路状态数据库和 QoS 路由表；网络中的资源管理器必须维护资源数据库等。同时，IntServ 的操作难度和开销还会随着信息流的增加和网络的动态变化不断增长，导致严重的鲁棒性问题。

除了可扩展性和鲁棒性问题以外，IntServ 的部署也存在问题。目前，只有少量的主机、路由和交换机支持 RSVP 信令，因此，要在当前体系结构之上实现 IntServ 相关的功能，需要大量的投资，并在网络中引入繁重的软件和硬件修改，实现难度大。这些严重妨碍了 IntServ 在大型网络，特别是重负载网络中的应用。

另外，IntServ 中必要的策略控制(Policy Control)和定价(Pricing)机制，如访问控制(Access Control)、认证(Authentication)和计费(Accounting)等，目前尚处于发展阶段，无法付诸应用[34]。

基于上述原因，单纯的 IntServ/RSVP 结构实际上并没有被业界接受，在商业上已很难有大的作为。目前业界普遍认为 IntServ 难以在互联网的核心网络中实施，其应用在小范围或边缘网络中的可能性较大。

目前，IntServ 的 QoS 研究和开发仍然有很多开放问题[35]：网络系统状态和链路带宽容量变化的不确定性，使传输通道端到端带宽预留缺乏有效的保证；QoS 路由、资源预留和传输调度算法的复杂性还不能适应信息高速传输处理时间的要求；QoS 要求所导致的资源利用的无效性不能充分利用网络资源提高网络的吞吐量；网络多址和多路径传输的 QoS 控制策略和算法的复杂性仍然面临着巨大挑战；一些基本研究成果主要还存在于理论中，还没有形成专利或技术产品；现有的网络交换机或路由器还不能保证用户服务质量，缺乏简单、有效的控制方案和算法的实现，传输管理与控制亟待改进。

4.3.2 区分服务

1. 区分服务概述

集成服务 IntServ 过于复杂、可扩展性及鲁棒性差的问题使其发展遭遇了巨大的障碍，而且目前许多网络节点并不支持 IntServ 的功能需求。基于此，1997 年，IETF 尝试从新的角度考虑服务质量的问题，力图在具有良好可扩展性的前提条件下，对分组进行优先级分类并利用应用本身的适应性满足各种服务质量要求，这就是 DiffServ 的基本思想。事实上，也正是 IntServ 的推动者缔造了 DiffServ[36]。从这个意义上讲，两者是一脉相承的，但 DiffServ 的分类方法更简单、方便，且支持多种类型的应用及商业模式，因此实用性更强。

DiffServ 的目标是利用简单有效的方式满足实际应用对服务质量的要求。其初衷是避免 IntServ 的高复杂性，解决 IntServ 模型的弊端，提供一种具有良好可扩展性的 QoS 解决方案。它利用 Domain，即在相同管理策略下连通的网络区域的概念区分边界节点（边界路由器）和核心节点（核心路由器），进而实现服务质量的管理。边界路由器对每个流量聚集进行整形，并使用少量数据位进行分组标记；核心路由器则基于分组标记对分组进行分别处理。具体而言，DiffServ 从以下两个方面简化了网络核心节点的服务功能。

（1）简化网络核心节点的服务机制。核心节点只进行简单的调度转发，而流状态信息的保存与流监控机制的实现等只在边界节点进行，核心节点是状态无关的。正是这一点极大减轻了核心节点的负担。

（2）简化网络核心节点的服务对象。DiffServ 采用聚集传输控制，服务对象是流聚集（Flow Aggregate）而非单流，单流信息只在网络边界保存和处理。

在 DiffServ 架构中，边界节点根据用户的流规定（Profile）和资源预留信息将进入网络的单流分类、整形并聚合为不同的流聚集，这种聚集信息由每个 IP 包头的 DS（Differentiated Services）标记域[37-38]表示，称为 DS 标记（Differentiated Services Code Point，DSCP）；核心节点在调度转发 IP 包时根据包头的 DSCP 选择提供特定的调度转发服务，其外特性称为每跳行为（Per-Hop-Behavior，PHB）。

DiffServ 仅包含有限数量的服务类别，因此状态信息数量少，实现较 IntServ 简单且扩展性更好。除实现简单外，区分服务体系还有以下特点。

（1）层次化结构。DiffServ 架构分为 DS 域（DS Domain）与 DS 区（DS Region）两级，多个连续的 DS 域可以形成 DS 区。在 DS 域内，服务提供策略与 PHB 的语义和实现要一致；但 DS

区内的各 DS 域可以支持不同的 PHB,有不同的服务提供策略,它们之间通过服务级别协议(Service Level Agreement,SLA)与传输调节协议(Traffic Conditioning Agreement,TCA)协调提供跨域服务。这种结构正好符合 Internet 中由各 ISP 提供接入服务的商业模式。

(2) 总体集中控制策略(与 IntServ 分布式控制对照)。网络资源的分配由总体服务提供策略(Service Provisioning Policies)决定,包括在边界如何分类聚合流,在内部如何调度转发流聚集。

(3) 利用模块化思想与封装思想,增强了灵活性与通用性。各逻辑模块相对独立,并有多种组合。少量模块可组合实现多种服务,并在发展过程中保持模块的可重用性。例如,服务类型同边界调节器(Conditioner)和内部 PHB 相对独立,使得较少种类的边界调节器和内部 PHB 可进行各种不同的组合而实现多种服务类型;而且随着研究的进一步发展,可能有更多的服务类型出现,仍可以通过重用已有的模块构造。再如,PHB 与其具体实现机制相分离,使 PHB 可以在发展中保持相对稳定,这给设备厂商留下了开发的空间。

(4) 与路由无关。与一些以虚电路方式实现 QoS 的方案(ATM、MPLS)以及服务类型标记方案不同,区分服务节点处提供服务的手段仅限于队列调度与缓冲管理,不涉及路由选择机制。

2. 区分服务的体系结构

当前 DiffServ 的体系结构已比较明确[7,37],在此基础上,有关服务提供的相关问题——服务定义、设置和管理等细节也在逐步清晰化[36]。DiffServ 模型[39]从软件工程中的概念模型的角度讨论了在路由器中实现区分服务所需各种模块的组织结构。Linux 核心从 2.0 版开始提供可支持 DiffServ 分类、调度等的 QoS 模块[40],因而 Linux 可以作为 DiffServ 的测试平台[41]。

区分服务简化了信令,对业务流的分类采用汇聚的方式,将需求相近的或属性相近的业务流看作一个大类,减少了调度算法及缓存的开销。另外,DiffServ 还采用 PHB 的方式提供一定程度的 QoS 保证。DiffServ 的基本思想如下。

(1) 定义一组服务类型和优先级。每种服务类型都有一个相关的业务流特性描述文件。DiffServ 基于流聚集进行操作,因此服务类型数量较少。

(2) 如图 4.12 所示,DiffServ 模型由边界路由器划分为一个个 DS 域。边界路由器中,入口路由器用于对流量进行整形、聚合,并设置 DS 域中的区分服务标记(DSCP)值;核心路由器基于分组中的 DSCP 值对分组进行处理,实现每种 DSCP 的逐跳行为。

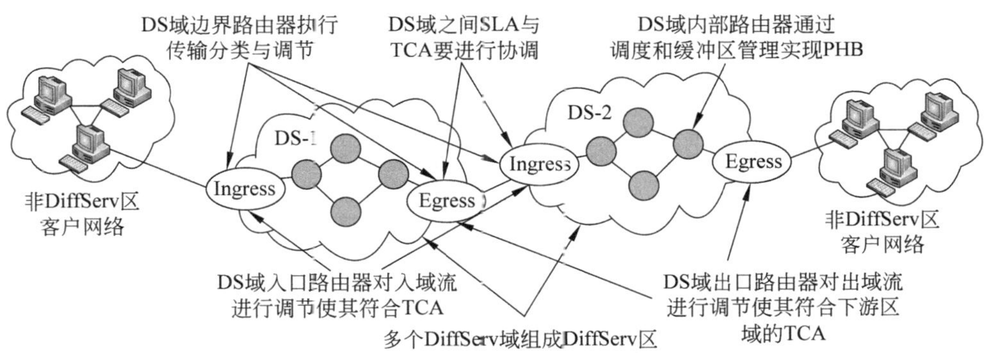

图 4.12　区分服务体系结构的框架示意图

下面详细介绍区分服务体系结构的各个组成部分。

1）DS 域与 DS 区

如图 4.12 所示，DiffServ 包括两个工作层次：DS 域和 DS 区。DS 域是由一些相连的 DS 节点构成的集合，它们遵循统一的服务提供策略并实现一致的 PHB，可以看作提供 DiffServ 业务的一个个子网。DS 域有明确定义的边界，边界由边界节点构成。边界节点连通 DS 域和非 DS 域（或其他 DS 域），其主要功能为：实现传输的分类（Classify）和调节（Condition）机制（逻辑上分为分类器与调节器），保存流（单流或聚集流）的状态信息，根据预定的流规格对进入（或离开）域的流进行调节，包括计量（Metering）、标记（Marking）、整形（Shaping）和丢弃（Dropping）几个动作，使输入流（或输出流）符合预先制订的传输调节协议，并在包头标记 DSCP 值，然后分类归入行为聚集。需要注意的是，边界节点上也要实现 PHB。

针对特定的流，边界节点又分为入口节点和出口节点。入口节点必须对入域流进行调节，确保其符合传输调节协议 TCA 规范；出口节点可能对出域流进行调节，保证其符合与下游 DS 域签订的 TCA。

内部节点上实现一组或若干组 PHB。处理 IP 分组时根据分组头部的 DSCP 值选择特定的调度转发行为（外特性即 PHB）。这一过程是多对一的映射，即每个 DSCP 值只能对应一个 PHB，多个 DSCP 值可能对应同一 PHB。这种映射关系在一个 DS 域内应保持一致。内部节点的处理对象是流聚集，数量有限，因而处理的时间与空间复杂度低。内部节点也可能部分或全部实现分类和调节功能，以增强网络的鲁棒性。一般 DS 域由毗邻的属于同一网络管理机构的网络构成，如某个 ISP 的网络或者内部网。

连续的 DS 域构成 DS 区，区内支持跨越若干域的区分服务。区内的各 DS 域可能支持不同的 PHB 组，并且各 DS 域的 DSCP 到 PHB 的映射函数也可能不同；如果有不同的 DS 域，则域之间必须有 SLA 与 TCA 定义域间的调节规则，协调彼此的服务语义。域间边界节点分别对出域与入域流进行调节，以保证其符合 SLA 与 TCA 的规定。

2）区分服务标记域与区分服务标记

IP 包头的区分服务标记域（DS Field）是 DS 域的边界节点与内部节点间传递流聚集信息的媒介，是连接边界的传输分类和调节机制与内部 PHB 的桥梁。DS 标记域使用 IPv4 包头的 TOS 字节或 IPv6 包头的流类型字节（Traffic Class Octet）的前 6 位[37]，如图 4.13 所示，TOS 字节的其余两位用于其他用途，如 ECN（显式拥塞通知）[42]。

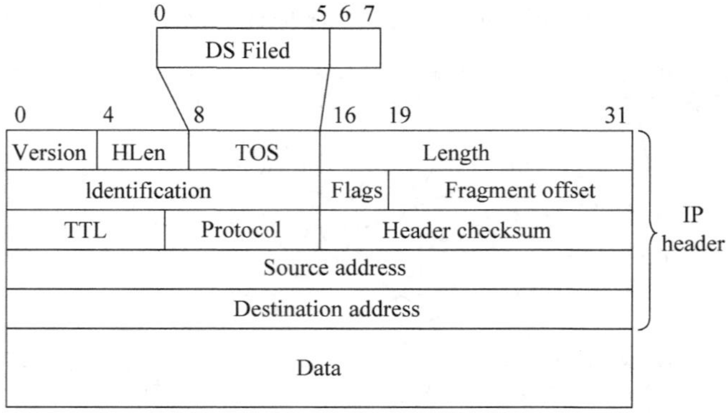

图 4.13　IPv4 包头的区分服务标记域

DSCP是区分服务标记域中的具体值，用来标识数据包所属的流聚集，供数据包经过DS节点时选择特定的PHB。DS节点中DSCP到PHB的映射在具体实现中必须是可配置的。定义PHB时，应同时指定对应DSCP的推荐值。路由器在转发分组时通过查看分组的DSCP值，选择相应的PHB转发方式进行分组转发。

3）边界节点的传输分类与调节机制

边界节点要根据TCA对入域(或出域)流进行分类和调节，以保证输入(或输出)流满足TCA中规定的规格，并将其归入某个行为聚集和标记相应的DSCP值。逻辑上分为分类器(Classifier)与调节器(Conditioner)两个模块，如图4.14所示。

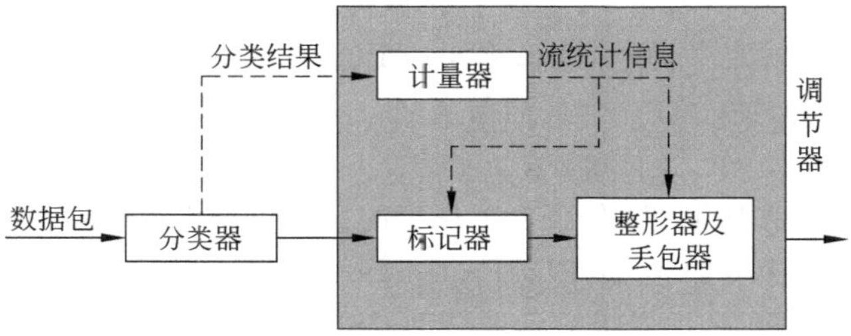

图 4.14　边界节点进行传输分类和调节的逻辑框图

分类器遵照TCA中的特定规则，根据分组头部的某些域(如DSCP值或分组头部五元组)将分组划归某一类别，然后交由相应的调节模块进一步处理。

调节器在逻辑上又分为计量器(Meter)、标记器(Marker)、整形器(Shaper)和丢包器(Dropper)。

计量器依据TCA中的流规格计量流的某些实时属性，如速率等，并将统计信息传给标记器、整形器和丢包器。

标记器在包头的DS标记域中标记适当的DSCP，将分组划入某个行为聚集。标记器可以将经过分类器分类后交给它处理的所有分组标记为同一DSCP值，也可以根据计量器的统计信息将其标记为同一PHB组内不同PHB对应的DSCP值。

整形器和丢包器通过延迟和丢弃等手段强制入流(或出流)符合TCA的流规范。

调节器的实现技术比较成熟，用令牌桶和漏桶等算法适当组合即可。例如，文献[43]中的一种通用调节器不但包括调节器的各逻辑模块，而且各模块及模块间的各种属性关系都有参数可以设定，通用性很强。通过合理设置参数，通用调节器可以实现奖赏服务(Premium Service，PS)[44]和确保服务(Assured Service，AS)[48]。当然，某种服务需要的特定调节器也可以单独实现，其优点是简单、有效。如PS用令牌桶做整形和丢弃，AS也可以用层次化的计量器与标记器实现。

3. 每跳行为PHB、PHB组与PHB组族

每跳行为PHB是一个区分服务节点调度转发特定流聚集这一行为的外特性描述。PHB针对具体的流聚集，流聚集用IP包头的DSCF标识，因而，实际上PHB是一个区分服务节点调度转发处理标有特定DSCP值的IP流的外部行为描述。PHB可以用调度转发流聚集时的一些流特性参数(如延迟和丢失率等)描述。当某个PHB可能与其他PHB共存于一个节点时，还必须指出在分配资源(如缓冲区和带宽)时与其他PHB的相对优先级。

事实上，也只有在多个流聚集竞争资源时，PHB 甚至整个 DiffServ 体系才有意义。PHB 本质上描述的是单个节点为特定流聚集分配资源的方式，DiffServ 体系的整体资源分配策略也是通过这样一个个单节点资源分配实现的。

应该注意的是，PHB 仅是外特性描述，不涉及具体的实现机制。这类似于对象封装后的外部接口描述。PHB 的实现可以用队列调度与缓冲管理等各种算法，如优先级队列、分类队列[46]等。

多个 PHB 由于彼此关系密切（如具有按顺序排列的相对丢弃优先级）而必须同时定义，则在实现时就构成一个 PHB 组。PHB 组是区分服务体系中的基本定义或实现模块，单个 PHB 是特殊的 PHB 组。若干 PHB 组有相似构造（即各组内的 PHB 间有相似关系），因而这些 PHB 组可以同时定义，则称其属于同一 PHB 组族。组族与组的关系类似于面向对象中类与类实例（对象）的关系，一个是抽象定义，一个是具体实例。典型的例子如 AF 组族中的 4 个独立的 AF 组。

定义具体的 PHB 是 IETF 区分服务工作组的重要工作内容。目前已标准化的 PHB 有默认型 BE（Best Effort）、加速型 EF（Expedited Forwarding）[47]、确保型 AF（Assured Forwarding）[48]以及兼容 IP 优先级的类选择型 CS(Class Selector)4 种。此外，研究者们对准尽量做好型 LBE（Lower than Best Effort）[49]、允许丢失的加速型 EFD（Expedited Forwarding with Dropping）[50]以及协同 PHB 组 PHB-I（Interoperability PHB）[51]也进行了讨论。EF 与 AF 将在后面的典型服务部分讨论。下面简单介绍其他的 PHB。

(1) 默认 PHB(BE)相当于传统尽力而为调度转发行为的 PHB。显然，任何一个 DS 节点都应支持 BE。它的推荐 DSCP 值是“000000”。此外，在 DSCP 到 PHB 的映射表中，任何没有明确指出映射关系的 DSCP 也都映射到 BE。换言之，包头 DSCP 无明确意义的 IP 包都属于默认 PHB 对应的行为聚集，将接受通常的尽力而为服务。通常情况下，默认 PHB 具有最低的优先级。BE 可以用如下方式实现：属于 BE 的 IP 包仅在带宽空闲未被其他流聚集使用时发送。但有一个例外，当存在 LBE 时，因为 LBE 是比 BE 优先级更低的 PHB。为保证未支持区分服务的用户可以像往常一样使用网络，可以采用为 BE 保留少量资源的策略，以防止在高优先级聚集存在时 BE 流彻底“饥饿”。

(2) 准尽量做好型 PHB(LBE)[49]是比默认 PHB 优先级还要低的 PHB，其作用是在拥塞时能更有选择地丢包（LBE 比 BE 有更高的丢弃优先级），这将使普通 BE 的性能提高。LBE 可用于某种类似备份的相对不太重要的后台数据的传输；也可用于避免降级的分组过分影响普通 BE 流的情况，这在 DiffServ 支持异质组播时很重要。

(3) 类选择型 PHB(CS)是 DiffServ 向后兼容 RFC 1812 中的 IP 优先级队列的产物。历史上 IPv4 TOS 字节的前 3 位曾作为优先级队列调度的选择标志被广泛实现。为保持兼容性，如 xxx000 的 DSCP 值都被保留为 CS PHB 的标记值。CS PHB 组的任何实现都要保证对应 DSCP 值较大的流聚集处理的优先级要高于 DSCP 较小的流聚集，即 DSCP 值较大的流在延迟和丢失率等参数上都要优于 DSCP 值较小的流。

(4) 允许丢失的加速型 PHB(EFD)[50]与 EF 属于同一 PHB 组。除 EF 几乎没有丢失而 EFD 允许一定限度的丢失以外，EF 与 EFD 的外特性完全相同。换句话说，EFD 的外特性是低延迟、有一定限度的丢失。在实现上，EFD 没有自己的预留资源，仅使用 EF 的资源，因而 EFD 必须与 EF 同时实现。EFD 的提出背景是在无线移动网中提供类似 PS 的服务，但由于无线移动通信中高误码率及可能存在交接中断(Hand-off)的特点[52],基本的PS与EF组合将消耗大量资源,从而不能大规模使用。EFD及其对应的低延迟尽力而为服务BELD(Best-Effort Low-Delay)提供了更合理的选择。EFD还适用于对延迟敏感却允许一定丢失的多媒体实时应用。

(5) 协同PHB组(PHB-I)[51]的提出既有创意,又可以广泛应用。其思路如下:

① PHB描述的实质只有两点:延迟如何、丢失率如何。

②与丢失、延迟相对应的,所有应用需求都可以归结为一定级别的重要性(Importance)与紧迫性(Urgency),简记为I级与U级。

因而,只要统一定义一组PHB,包括不同I级与U级的组合,就可以满足所有应用的需求。其他的PHB(如EF、AF等)都可以根据其延迟与丢失特性映射到特定的PHB-I。这样统一定义的好处是,能够避免因分别定义不同PHB组可能导致的冲突。PHB-I组包括2~3个U级、每级内6~10个I级。它的基本功能是可以成为域间协商服务提供策略的统一语言,因为各域可以很灵活地制订本域内各种PHB到PHB-I的特定映射规则。另一方面,PHB-I的强大功能也给了它广泛性——可以取代所有其他PHB,成为区分服务区域内唯一的PHB组。

4. 区分服务的典型服务与技术

自区分服务概念出现以来,奖赏服务(PS)与确保服务(AS)是讨论最集中的两种典型服务。下面分别介绍PS和AS。

1) PS

PS为用户提供低延迟、低抖动、低丢失率、保证带宽("三低一保证")的端到端或网络边界到边界的传输服务,是目前所定义的服务级别最高的区分服务种类。"三低一保证"的服务承诺使得用户可以享受类似专线的服务质量,因而PS也称为"虚拟专线"服务,它在入口路由器和出口路由器之间提供虚拟管道抽象。由于PS的服务承诺针对用户流的最高速率,资源预留量也根据最高速率计算,因而PS也最昂贵,但PS并非要取代传统的尽力而为服务,而是与之共存,以提高网络资源的利用率,这是因为PS没有用尽的带宽可以分配给其他的流使用。实际上,PS流只会占据很小一部分资源。最终结果是,ISP(互联网服务提供商)的收入提高了,资源也不会闲置。

由于延迟、抖动和丢失主要由于分组在传送路途中排队所致,因而"三低一保证"实际上意味着传输流在传送路途中几乎不排队。而在路由器处出现排队的原因是在某些较短时间段内分组的入速率超过出速率(即请求速率超过处理速率),则上述推导的最终结论是:任何时刻,在PS流传送道路上的任何节点都要保证PS分组的入速率小于出速率,或更进一步,总体上的最大入速率应小于最小出速率。因此,提供这种服务要确保以下两点:

(1) 在传送节点处保证PS流有"良好定义"的最小出速率。"良好定义"意为最小出速率不依赖节点状态的动态变化,具体而言,不依赖此节点处其他流的强度。

(2) 调节PS流(通过整形或丢弃),以保证它在任何节点处的入速率都小于此处的最小出速率。

EF PHB保证前者,后者由边界调节机制实现。

EF PHB定义为一种每跳行为,它保证任何时候接受此服务的流的离开速率大于或等于设定速率;而且这种保证不受其他传输流的影响。因而,与其他PHB共存时,EF的优先级总是最高的。若 EF 的实现机制是任意抢占式的，则必须设置 EF 流特性的上限（如最高速率和最大突发量），超过上限的分组一律丢弃，以防止恶意的 EF 流侵占其他流的资源。理论上似乎 EF 的实现不需要缓冲区，因为任何时候 EF 流的入速率总是低于出速率，但考虑到以下情况，一定的缓冲区还是必须的。

(1) 输出链路当前被其他流的分组占用。

(2) 在多个输入链路上同时到达多个 EF 包。

因而，节点处缓冲区大小至少是各输入链路 MTU 的和，再考虑到 EF 低延迟的要求，缓冲区就可以取为此值。

在网络边界处必须对 PS 流进行调节，以保证其符合约定的流规格，不超过额定最高速率，这可以用令牌桶做整形与丢弃实现。

EF 初步模拟测试结果表明，EF PHB 与边界调节器的适当实现可以得到预期的“虚拟专线”服务[53]。

2) AS

与 PS 的相对成熟、稳定相比，AS 目前仍处于不断改进和发展的阶段。AS 的初衷是：在网络拥塞的情况下仍能保证用户拥有预约的最低限量的带宽，使用户摆脱在单一尽力而为时无法把握自己实际占有带宽量的无奈窘况；着眼点是带宽与丢失率，不涉及延迟和抖动。服务原则是：无论是否拥塞，均保证用户占有预约的最低限量的带宽；当网络负载较轻而有空闲资源时，用户也可以使用更多的带宽。

AS 是一种大空间粒度的服务，它提供比尽力而为更低的分组丢失率，当出现拥塞时，节点将首先丢弃尽力而为服务类别的分组。AS 模式下要求用户不发送超过其预约带宽的流量，否则，超出部分将按照尽力而为的方式进行处理。用户最终实际得到的带宽分为两部分：预定的最小保证值以及与其他 AS 流或尽力而为流竞争剩余资源获得的额外带宽。但与 PS 对带宽的严格承诺不同，AS 定位于统计性保证，这样可以提高资源的利用率并降低价格，但也弱化了 AS 的质量保证。大量对 AS 的测试模拟[41,54]表明，AS 的实际服务质量与诸多因素相关，较难达到量化标准，而更多的是一种优化服务。稍后有关公平性的讨论大多是针对 AS 的。

AS 实现的基本思路如下。

(1) 分组进入网络时在边界节点给包作标记，预约带宽以内的流量标为 IN(in profile)，超出预约带宽的流量标为 OUT(out of profile)。

(2) 拥塞时包头标记决定分组的丢弃概率，OUT 的丢弃概率大于 IN，从而一定程度上保护 IN 流；中间节点调度转发时保证源头相同的流不乱序，不管其中分组是 IN 或 OUT。

在 DiffServ 体系中，前一包头标记动作由边界分类和调节器实现，后面的优先级丢弃由 AF PHB 组（族）完成。

AF PHB 组族包含 N 个相互独立的 AF PHB 组，每组中 M 个 PHB 分属 M 个相对丢弃优先级。目前的定义是 $N=4, M=3$。根据资源预留规格，各 DS 节点为每个 AF PHB 组预留一定资源，以保证 AF 组对应的流在任何时候都能获得预约最小带宽。DS 节点还应保证，在同一 AF 组内，低丢弃优先级流聚集的丢失率应小于高丢弃优先级流聚集的丢失率，即拥塞时，DS 节点应尽量避免低丢弃优先级流中的分组被丢弃，而更多地丢掉高丢弃优先级流中的分组。但无论属于哪个优先级，同一 AF 组内不能改变流内分组的顺序。

目前,关于 AF 讨论的焦点集中在如何确定 AF 组内的相对优先级数目。判断的依据是多少个优先级才能有效保证各微流间的公平性,尤其是 TCP 与 UDP 流间的公平性。此外,AF 组族定义中没有刻画各 AF 组间的关系,只说相互独立,没有规范各组在分配资源上如何协调。

在网络边界节点需要对 AS 流进行调节,根据某种 IN/OUT 标准将流划入若干丢弃优先级,这可以通过合理配置通用调节器[44]实现,也可以用三色标记器[55-57]实现。单速率三色标记器根据分组的突发程度将分组标为绿色、黄色与红色。非突发分组为绿色,丢弃优先级最低;一般突发分组为黄色;超级突发分组为红色,丢弃优先级最高。双速率三色标记器(two rate Three Color Maker, trTCM)与时间滑动窗口三色标记器(time sliding window Three Color Maker, tswTCM)则根据实时速率标色:速率低的为绿色,高一点的为黄色,再高的为红色。两者的区别是:trTCM 用令牌桶作计量器,tswTCM 则用速率估测器(Rate Estimator)测量时间滑动窗口内的平均速率作为标记依据,并且标记策略随机化。多种三色标记器为不同配置策略提供了选择余地。

3) 两位的区分服务体系结构

1997 年,David Clark 和 Van Jacobson 在 IETF 会议上分别提出使用 IP 头中的一位在互联网中提供新的数据传输服务类型的方法[58-59]。事实上,研究者发现,尽管这是两种完全不同类型的服务,但是它们各具特色,且都能使用一组简单的机制实现。因此,利用这两种服务在转发路径机制上的相似性,文献[44]提出了一种同时允许使用两种服务类型的体系结构框架,它使用两位——P-bit 和 A-bit 分别表示奖赏类流量和确保类流量,因此称为两位的区分服务体系结构。

两位的区分服务体系结构使用流量调节器对数据流进行测量、标记和整形,实现两种服务类型的保证。执行测量和标记的流量调节器用于实现确保服务,它对预约内的流量进行标记,即设置每个分组的 A-bit;对超过预约的流量则不进行标记,即清除 A-bit 位,流量按照尽力而为的方式进行处理。执行测量、标记和整形的流量调节器用于实现奖赏服务,它对预约内的流量进行标记,设置每个分组的 P-bit;超过预约的流量将被延迟,缓冲区满时则被丢弃。

在两位的区分服务体系结构中,边界路由器和核心路由器都需要使用调度器,对于奖赏服务,使用严格优先级或者加权公平排队(WFQ)进行调度;对于确保服务,调度器使用 RIO (RED with In and Out)算法进行调度。

4) 其他服务类型

在 DiffServ 体系中,服务类型与实现它的 PHB 在定义上是相互分离的。这种处理主要是基于灵活性的考虑:服务类型可能因 ISP 而异,而且发展变化较快,但实现模块 PHB 却相对稳定。因此,IETF 的标准化工作仅针对 PHB,而服务类型则是完全开放的,由各 ISP 自行确定。

同一 PHB 通过与不同的边界分类调节机制相结合,可以实现不同的服务。例如 AF 也可用来实现优先尽力而为服务(Better than Best-Effort Service, BBE)[36]、定量确保的多媒体播放服务(Quantitative Assured Media Playback Service)[36]、"奥林匹克"服务(Olympic Service)[60]和适应无线移动网络中误码率高并可能出现移动交接中断的特点的两种新的服务种类——移动奖赏服务(Mobile Premium Service)与低延迟尽力而为服务 BELD[61]。

5. 区分服务的问题

尽管 DiffServ 提供了较 IntServ 更好的扩展性，但它也存在一些问题。

1）组播问题

随着 DiffServ 网络研究的开展，DiffServ 域的组播问题也亟待解决。实际的组播应用需要 DiffServ 支持组播，以使其同样享受 DiffServ 带来的好处，但 DiffServ 已有的框架和结构都是基于单播的，所以加入组播必然会出现一些问题[62]。而且，对于端到端 IntServ 网络中含有 DiffServ 区的情况而言，DiffServ 网络中的组播问题较单纯的 IntServ 网络复杂得多，因为在 DiffServ 区的外部，沿着组播树的 IntServ 路由器需要为每个流存储状态。

DiffServ 的组播问题可以通过为单播和组播使用不同的 DS 编码值，即在组播路由表的每个输出链路条目中加入一项 DSCP，并辅以一定管理机制加以解决，这种方案实现简单，又保持了 DiffServ 良好的可扩展性。解决 DiffServ 网络区支持组播存在的固有缺陷，并最终实现在 DiffServ 网络区支持具有端到端 QoS 保证的组播传输，是目前研究的难点问题。

2）带宽分配的公平性问题

在资源共享环境中，一定会有各使用者之间的公平性问题。具体到 DiffServ，在域边界，单个流将聚合为流聚集，之后在域内 PHB 的处理对象是流聚集，而非单个流，因而，同一流聚集内的各流实质上是在共享预留资源。DiffServ 中的公平性指的是属于同一流聚集的各流能享受同等待遇，包括：资源总量充足时各流能充分享用其预约资源，达到预期性能；有额外资源并允许竞争时各流能平均分配或按比例分配额外资源；资源总量不足时，各流能按预约资源比例获得相应的降级服务。

影响公平性的因素包括两方面：首先是聚集流中每个单流特性不同，包括突发程度、是否有末端拥塞控制机制、流量大小、往返时间（Round Trip Time）和连接时间长短等。一般情况下，突发程度较大、末端有拥塞控制机制、流量大、往返时间和连接时间短的流在带宽竞争中处于弱势。其次是服务的实现机制，包括传输过程中的各环节——边界分类调节、内部 PHB 以及是否有反馈控制等。

公平性问题的研究目标是改进服务实现机制，消除各种流特性差异对公平性的影响。

4.3.3 集成服务与区分服务相结合的端到端 QoS 提供机制

IP 网络的 QoS 研究导致两种截然不同的体系结构：IntServ 体系结构及其相应的信令协议 RSVP 和 DiffServ 体系结构。目前看这两种 IP 网络的 QoS 标准都不能完全满足需要，提供 IP QoS 全面的解决方案，如前所述，它们各有自己的长处和局限。为了支持端到端的 QoS，可考虑将 IntServ、RSVP 和 DiffServ 看作互相补充的技术，将其结合，互相协同，取长补短，共同实现端到端的 QoS 提供机制。

IntServ 体系结构提供了一种在网络元素之上为应用提供端到端 QoS 的方法。一般地，网络元素可以是单独的节点（如路由器）或链路，更复杂的实体（如一个子网）也可以从功能上视为网络元素。在这种意义下，DiffServ 网络（或“网络云”）也可以视为更大的 IntServ 网络中的一种网络元素。文献[63]描述了一种在 DiffServ 网络之上实施 IntServ 的框架，描述了在 IntServ 体系结构下 DiffServ 网络支持端到端 QoS 的方法。

在该框架中，端到端的、定量的 QoS 是通过在含有一个或多个 DiffServ 区的端到端网络中应用 IntServ 模型提供的。为了优化资源的分配和支持准入控制，DiffServ 区可以（但并不绝对要求)参加端到端的 RSVP 信令过程。从 IntServ 的角度看,网络中的 DiffServ 区被视为连接 IntServ 路由器和主机的虚链路。该框架的目标是实现 IntServ 区与 DiffServ 区无缝的相互操作,网络管理员可以自由选择网络中的某个区作为 DiffServ 区。

1. DiffServ 网络区支持 IntServ/RSVP 的意义

与 IntServ/RSVP 协同工作对于 DiffServ 网络区的意义主要在于以下 3 个方面。

(1) 在 DiffServ 区实现基于资源的准入控制。在 IntServ 网络中,量化的 QoS 应用使用显式信令 RSVP 从网络请求资源,网络做出接受或拒绝的响应,这称为"显式准入控制"。显式准入控制有利于网络资源的优化使用。而对于只提供聚集传输控制而无信令机制的 DiffServ 网络区,其准入控制是以隐式的方式通过网络元素上的管控参数实现的。例如,DiffServ 区入口的某个网络元素对 EF DSCP 只允许接收 50kb/s 的传输。隐式准入控制能够在某种程度上对网络起到保护作用,但效率低。而且隐式准入控制会破坏端到端显式准入控制的有效性[64]。如果在 DiffServ 网络中采用显式准入控制(如利用 RSVP),则能够保证对接收的传输流实现资源预留,虽然这可能损害未被接受的流。

(2) 在 DiffServ 区实现基于策略的准入控制。在使用 RSVP 的网络区,资源请求可以被识别 RSVP 的网络元素截取,并按照策略数据库的策略进行检查。因为资源请求标识了其代表的用户和应用,所以在进行准入控制时,网络元素可以考虑基于每个用户或每个应用的策略。因此,在 DiffServ 网络区采用 RSVP 准入控制代理,可以在决定资源分配时采用针对特定客户的策略,为特定的用户和应用有效地分配资源。

(3) 传输识别及分类中的辅助作用。在 DiffServ 网络区内部,传输的资源分配基于每个 IP 分组头部标识的 DSCP 值,为此必须正确标记 DSCP。有两种实现机制:主机标记和路由器标记。主机标记要求主机知道网络如何翻译 DSCP。这类信息可以配置于每个主机,但会加重管理负担。一种较好的方案是:主机使用显式信令协议(如 RSVP)通过询问网络获取。文献[65]对这种方案进行了描述。

2. DiffServ 网络区支持端到端 IntServ 的实现框架

在此框架中,Internet 使用 IntServ 体系结构为应用提供端到端的 QoS。整个网络是 IntServ 节点和 DiffServ 区的结合体,前者采用基于多域(Multifield,MF)的分类和基于流的传输控制,后者采用聚集传输控制。

该框架的参考网络如图 4.15 所示,在支持 IntServ 的端到端网络中央含有一个 DiffServ 区,它包含许多路由器,至少其中一部分提供聚集传输控制。DiffServ 区之外的域(非区分服务区)也包含许多路由器和与之相连的主机,至少其中一部分支持 IntServ 体系结构。为了简化,该参考网络只考虑一个 QoS 发送者 Tx 与一个 QoS 接收者 Rx 通过网络进行通信。邻近 DiffServ 区的边缘路由器(ER_1 和 ER_2)与 DiffServ 区内部的边界路由器(BR_1 和 BR_2)通过接口直接相连。

图 4.15 DiffServ 网络区支持端到端 IntServ 服务的参考网络框架

发送方和接收方主机都使用RSVP传达主机应用的定量QoS请求。主机操作系统的QoS进程代表应用生成RSVP信令。RSVP消息在主机Tx和Rx之间端到端地传播，以支持DiffServ区外部的RSVP预留，端到端的RSVP信令至少应被透明地传过DiffServ区。依赖于特定的实现，这些消息可能不会被DiffServ区的路由器处理，也可能被DiffServ区内的一些路由器，甚至所有的路由器处理。

边界路由器ER_1、ER_2和BR_1、BR_2的功能都依赖于该框架的特定实现。在DiffServ网络区不识别RSVP的情况下，边界路由器ER_1和ER_2作为DiffServ区的准入控制代理。它们处理来自Tx和Rx的信令消息，根据DiffServ网络区内部的资源信息和客户定义的策略实施准入控制。而DiffServ区内的边界路由器BR_1和BR_2只作为纯粹的DiffServ路由器，唯一的任务是基于DSCP描述的服务级别和与客户协商的协议对传输实施聚集传输控制。在DiffServ网络区能够识别RSVP的情况下，边界路由器ER_1和ER_2根据当地的资源情况和客户定义的策略实施准入控制，而边界路由器BR_1和BR_2参加RSVP信令过程并作为DiffServ网络区的准入控制代理。

DiffServ网络区支持聚集传输控制，而不实现多域分类。依赖于该框架的特定实现，如果DiffServ区内部的一些路由器支持RSVP，则能够实现基于流的信令和准入控制。如果DiffServ区的设备不支持RSVP，它们将透明地传递RSVP消息，而不会对传输性能产生影响[29]。

3. 支持端到端IntServ的DiffServ网络区资源管理方案

在DiffServ网络上实施IntServ框架大体有两种基本的实现形式。

(1) 网络中的DiffServ区以静态方式提供内部的资源管理，区内不含有能够识别RSVP的设备。

(2) 网络中的DiffServ区以动态方式提供内部的资源管理，DiffServ区内部某些选定的设备参加RSVP信令过程。

具体而言，根据端到端IntServ传输流的需要，DiffServ网络区内的资源管理可以有多种实现方案。

(1) 静态资源管理方案。在此类方案中，DiffServ网络区的客户和网络所有者之间协商建立一个静态的契约——服务层描述(Service Layer Specification，SLS)，保证在每个标准的DiffServ服务级别上向客户提供应有的传输能力。DiffServ区和其外部的网络元素之间没有信令，它们之间的SLS协商是唯一的关于资源可利用性信息的交换形式。边界路由器ER1作为DiffServ网络区的准入控制代理配置了SLS所表示的信息。这种方案的缺点首先是灵活性差，支持SLS的动态改变较困难，因为SLS每次改变都需要重新配置ER1。另外，DiffServ网络区的资源也难于有效地利用，因为准入控制无法充分反映DiffServ区中常受冲击的路径上的资源的可利用性。

(2) 使用RSVP的动态资源管理方案。在此方案中，DiffServ网络区的边界路由器BR1支持RSVP，此外，在DiffServ网络区内的其他路由器也可能支持RSVP。但值得指出的是：虽然这些路由器参加某种形式的RSVP信令，但它们仍使用IP分组头部的DSCP值，对聚集传输流进行识别、分类和调度(聚集传输控制)，而不像标准的IntServ/RSVP路由器使用基于流的多域分类准则。当一个新流要加入行为聚集中时，就使用动态提供机制和显式信令进行准入控制[64]，此时可以使用RSVP信令将流的描述和期望的DSCP传给DiffServ区的路由器。可以说，DiffServ区路由器的控制平面是RSVP，而数据平面仍是

DiffServ。这种方案既充分利用了 RSVP 信令的优越性,又保持了 DiffServ 的可扩展性。

在具体实现上,DiffServ 网络区内部可以使用多种不同的机制支持动态方案和拓扑敏感准入控制,包括聚集的 RSVP 方案、面向单个流的 RSVP 方案和使用带宽代理服务器(Bandwidth Broker,BB)[66]等。

(3) 使用其他方式的动态资源管理方案。DiffServ 网络区内部的边界路由器可以使用任何形式的 RSVP 信令、Boomerang 协议[67]或其他约定制协议与各 DiffServ 域的专用的集中管理实体——带宽代理服务器相互影响。带宽代理服务器含有资源可利用性和网络拓扑的相关信息,负责记录本域资源的占用情况,并据此对客户或相邻域 BB 的服务请求实施准入控制。与传统的基于状态预留的网络所采用的分布式逐节点的准入控制不同,BB 以集中的方式在每个 DiffServ 域或所有 DiffServ 区进行准入控制,解决了 DiffServ 不能实现端到端的资源预留和接纳控制的问题。

目前,实现 IntServ 与 DiffServ 的结合以提供端到端 QoS 仍然是一个开放的研究课题。在此方面已经提出了若干不同的研究方案和实现机制,代表性的方案有面向 SCORE (Scalable Core)的动态分组状态(Dynamic Packet State,DPS)方案[68],在分组头部对传输流的状态进行编码,本章后续将会对其进行详细介绍。一种是基于 3 种优先级别的带宽确保型服务(BGS)机制提供端到端的 QoS[69]。文献[70]提出了另外一种在 DiffServ 的网络云中结合 RSVP 提供资源预留和 QoS 保证的框架,其中 DiffServ 网络云的边界设备(ED)允许与 RSVP 协同工作,而其内部的路由器不识别 RSVP 消息,DiffServ 网络的准入控制在准入控制服务器(ACS)的协助下完成,ED 与 ACS 之间通过称为"简单准入控制协议"的 Client/Server 协议进行通信。

综上所述,DiffServ 适合在网络主干实现 QoS,端到端的 IP QoS 则需要实现 IntServ 与 DiffServ 的有机结合。而这必须以上述的基本框架为指导,综合考虑有效性与可扩展性,研究更好的实现方案及其算法和协议。目前,虽然基本框架和试验方案已经为研究提供了一定的基础,但要实现真正的端到端的 QoS,还有很长的路要走。

4.3.4 各种服务机制的简单比较

表 4.1 对本节介绍的 QoS 机制进行了简单的比较,可以看出区分服务比集成服务的可扩展性更好,因为边界路由器维护每个流聚集的状态,核心路由器只维护少量的流量类别。但是,区分服务提供的服务比集成服务弱,因为它仅提供每个聚集的带宽保证(如奖赏类服务),而集成服务提供每流的带宽和延迟保证。

表 4.1 各种 QoS 服务机制的比较

特点	QoS 服务机制		
	Best-Effort	DiffServ	IntServ
服务	连通,无 QoS 保证	每聚集 QoS 保证	每流 QoS 保证
服务范围	端到端	域	端到端
复杂性	未设置	长期设置	基于每流设置
可扩展性	高可扩展(节点仅维护路由状态)	可扩展(边缘路由器维护每聚集状态,核心路由器维护每类状态)	不可扩展(每个路由器维护每流状态)

4.4 分组调度算法

4.4.1 分组调度概述

Internet 的飞速发展和宽带技术的不断出现对 Internet 互连的核心设备——路由器的性能提出了越来越高的要求,传统的基于总线和中央处理器结构的路由器由于其体系结构上的局限,已经无法满足组建高速骨干网络的需求。近年来,国际上对宽带 IP 路由器技术的研究也日益活跃,如何在路由器内部提供更有效的调度算法成为近年网络技术研究领域的一个热点。本节简单介绍有关分组调度方面的策略和基本调度算法。请注意,本节介绍的主要是路由器中输入或者输出队列的调度算法,而不是路由器交换核心本身的调度算法。关于交换核心的调度算法,可参考本书第 5 章。

分组调度算法的主要工作是决定什么时候在输出链路上发送分组和发送哪个分组。它按照不同的调度粒度,在每一个应用级的连接或者同一类流之间进行选择,例如所有 TCP 流量之间,所有来自某个地址的 TCP 流之间,不同性能要求的流类之间,以及不同管理要求的流类之间。在路由器维护了每流状态的情况下,分组调度通常包括如下两个步骤。

(1) 选择一个需要发送分组的流。

(2) 从流队列中取出分组进行传输。

分组调度的目的是实现拥塞控制和保证服务质量,实现每流或者每聚集的保护,提供绝对的和相对的区分服务。较好的分组调度算法应该具有如下属性。

(1) 不同类型的流间的隔离,坏行为流不会影响正常流的性能(先来先服务的策略则不具备这样的性质)。

(2) 提供端到端的服务保证。

(3) 能灵活地分配资源,用不同的参数控制时延和带宽分配。

(4) 集成化,能很好地同时支持实时(Real Time)、尽力而为(Best Effort)和链路共享(Link Sharing)。

(5) 实现尽量简单。

(6) 缓冲区要求适中。

简而言之,好的分组调度算法应体现公平性、简单性和高效性。

4.4.2 常用的调度算法

当前分组调度算法方面的研究有很多[71-73],其中主要存在两条不同的研究思路:一是从网络的拥塞控制研究角度出发,以研究中继节点的调度算法与网络流量特性的相互影响为主要研究方向;自 20 世纪 90 年代以来,特别是在集成服务网络成为研究热点之后,出现了另外一种研究思路,即使用调度算法对网络集成服务的不同服务模式提供性能保证。

各种分组调度算法的服务规则和复杂度均不同,目前业界并没有统一的归类标准。根据不同分组调度算法的工作原理、算法实现方式的差异及控制目标的不同,分组调度算法可以分为基于静态优先级的算法、基于轮询的算法、基于 GPS(Generalized Processor Sharing)模型的算法、基于时延的算法和基于服务曲线的算法等。而按照调度服务器的输出队列在队列非空时是否持续处于工作状态，分组调度算法又可分为连续工作型（Work-Conserving）调度算法和断续工作型（Non-Work-Conserving）调度算法两大类[74]。

连续工作型调度算法的特点是可以允许网络流量特性变化，所以可以在不关心所调度的流量特性是否被改变的情况下持续地进行工作，因而对提高网络的利用率和转发系统的吞吐率来说是比较好的；同时，通过对不同流进行调度时刻的隔离，连续工作型调度算法可以保证较好的端到端时延等各种调度指标。这类算法的不足之处是可能因为调度算法的原因造成网络流量特性的变化，使网络流量的突发性增大，这对于网络的其他工作机制（如拥塞控制机制）会造成很大的负面影响，同时也增加了对路由器的缓冲开销要求。

断续工作型调度算法总是试图尽可能地维持网络的流量特性，因此不能持续地进行工作，从提高网络利用率和转发系统吞吐率的角度看，这类算法存在不足，但断续工作型调度算法的优点也很明显：由于不改变流特性，它可以解耦带宽与所到达的时延界限。同时，由于可以分别采用不同的调节器和调度器，因而可以为实现提供不同的选择。断续型工作调度算法使用了一定的调节机制，所以对中继节点的缓冲开销要求较低。

适当修改断续工作型调度算法的调节功能后，原来的断续工作型调度算法可以变成连续工作型调度算法，文献[75]中给出了采用此方式实现 WF^2Q 算法的介绍。

本节重点介绍使用较为普遍的基于 GPS 模型的算法、基于时延的算法以及基于分层链路的共享算法。

1. 基于 GPS 模型的算法

GPS 模型，即广义处理器共享模型[22-23]，是在理想的流式模型中定义的，它假设队列中的数据包可以被无限细分并被同时处理，多个队列具有相同的优先级，从而使调度器可以同时接收工作流进行公平的服务。在这种工作模型里，所有参与调度的工作流各自组成缓冲队列。在任意时段内，调度服务器从所有非空队列中取各队列头任务，按照各工作流的服务速率同时进行服务。这种方式公平地共享处理服务器的服务，可以带来更高的链路利用率，GPS 模型提供保证型服务的端到端延迟上界，对于尽力而为的流量公平分配带宽。

假设某个流 i 的权值为 ω_i。在 t 时刻，在排队的流的数量为 $B(t)$，$W_i(t_1,t_2)$ 是时间间隔 $[t_1,t_2)$ 内服务器为流 i 提供的服务，$W(t_1,t_2)$ 为时间间隔 $[t_1,t_2)$ 内所有流获得的服务，则持续工作的 GPS 定义为

$$\frac{W_i(t,t+\mathrm{d}t)}{\omega_i}=\frac{W(t,t+\mathrm{d}t)}{\sum\limits_{j\in B(t)}\omega_j}$$

事实上，由于实际的网络系统是分组系统，每个时刻只能为一个队列提供服务，且分组传送不能中断，因此 GPS 并不能在实际的网络系统中实现。而基于 GPS 模型的分组调度算法通常是定义一种基于模拟流式系统的分组算法并保持 GPS 理想模型的大部分重要特性仍然成立。模拟流式系统的分组算法通常基于虚拟时间实现，它在每个分组到达时为其分配虚拟完成时间，然后分组按照虚拟完成时间的顺序发送。

在分组网络环境下实现 GPS 算法时，由于能够进行调度的最小任务粒度为分组，所以，在分组进入各自流的缓冲队列时必须由调度算法为其加上调度优先级标记，并依此顺序逐次调度各分组进行服务，才能模拟上述 GPS 进行调度。在下面 5 种基于 GPS 模型的调度算法中，标记包括两部分，如图 4.16 所示，其中一个标记称为起始时间，记为 b_j，另一个标记

称为结束时间，记为 d_j；有以下非常类似的标记计算公式 $b_j^k=\max\{d_j^{k-1},V(a_j^k)\}$ 和 $d_j^k=b_j^k+l_j^k/r_j$，$b_j^0=0$。其中上标 k 表示分组的到达顺序，下标 j 表示分组所属的流 j，a 表示分组的到达时刻，l 表示分组的长度，r 表示流在调度时分配的处理器服务占有率。区分以下 5 种不同算法并对它们各自的性能起决定作用的是在计算起始标记时使用的虚拟时间函数 $V(t)$。

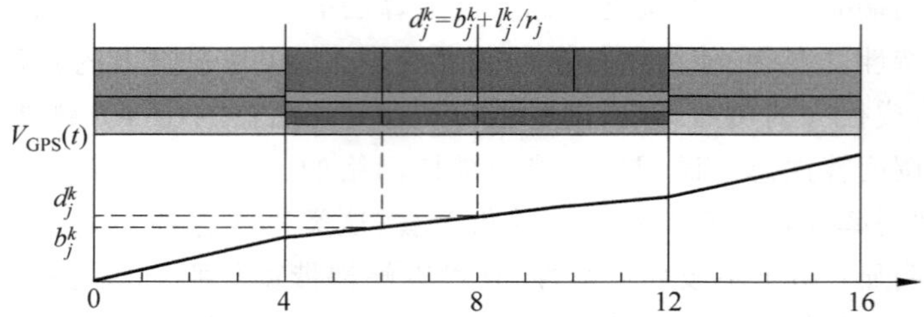

图 4.16　GPS 的虚拟开始时间和虚拟结束时间

1) WFQ 算法[22-23]

WFQ(Weighted Fair Queuing) 或 PGPS(Packet-by-Packet Generalized Processor Sharing) 算法是 GPS 算法的近似。WFQ 算法中，虚拟时间函数定义为 $\mathrm{d}V(t)/\mathrm{d}t=C/\sum\limits_j r_j$。其中 C 表示服务器的服务速率，$\sum\limits_j r_j$ 表示在 t 时刻有分组等待调度的所有流的服务占有率之和。调度服务器在选择下一个分组进行服务时，根据所有非空(流的) 缓冲队列队头分组中的结束时间标记进行。结束时间最小者获得服务，即本算法的全局优先级变量为结束时间标记。根据文献[76] 和[77] 中的证明可知，通过对流引入令牌桶描述模型，采用本算法可以得到相应的端到端时延、时延抖动和相应的缓冲器大小等性能参数的确定上界。

下面具体介绍 WFQ 的虚拟时间实现。

虚拟时间 V_{GPS} 即 GPS 中权值为 1 的排队流所接受的服务。V_{GPS} 的计算方法如下。

由于 GPS 的定义为

$$W_i(t,t+\mathrm{d}t)=\omega_i\cdot\frac{W(t,t+\mathrm{d}t)}{\sum\limits_{j\in B(t)}\omega_j}\quad \forall i\in B(t)$$

则有

$$\frac{\partial W_i}{\partial t}=\frac{\omega_i}{\sum\limits_{j\in B(t)}\omega_j}\cdot\frac{\partial W}{\partial t},\quad \forall i\in B(t)$$

由此可得

$$W_i(t_1,t_2)=\omega_i\cdot\int_{t_1}^{t_2}\left(\frac{1}{\sum\limits_{j\in B(t)}\omega_j}\cdot\frac{\partial W}{\partial t}\right)\mathrm{d}t,\quad \forall i\in B(t)$$

V_{GPS} 的变化率为

$$\frac{V_{\mathrm{GPS}}}{\partial t}=\frac{1}{\sum\limits_{j\in B(t)}\omega_j}\cdot\frac{\partial W}{\partial t}$$

假设在 GPS 服务器下，流 j 的分组 k 到达的时间为 a_j^k，长度为 L_j^k，且 S_j^k 和 F_j^k 分别表

示其虚拟开始时间和虚拟结束时间，当服务器空闲时，虚拟时间记为0，则 WFQ 的虚拟时间计算如下：

$$V_{\mathrm{GPS}}=0$$

$$S_j^k=F_j^{k-1} \quad \text{如果流 } i \text{ 处于排队状态}$$

$$S_j^k=\max(F_j^{k-1},V(a_j^k)) \quad \text{一般情况下}$$

$$F_j^k=S_j^k+\frac{L_j^k}{W_j}$$

$$V_{\mathrm{GPS}}(t+r)=V_{\mathrm{GPS}}(t)+\frac{r}{\sum\limits_{i\in B}\omega_j}$$

2) WF²Q 算法[75]

在 WF²Q(Worst-Case Fair Weighted Fair Queuing)算法中，虚拟时间函数的定义形式上与 WFQ 算法一致，调度分组的选择同样按最小结束时间优先的原则进行。但是，有资格参加选择的分组 P_j^k 必须满足 $b_{j,\mathrm{GPS}}^k\leqslant t\leqslant b_{j,\mathrm{WFQ}}^k$，WF²Q 即在选择时刻 t，该分组在所模拟的 GPS 中必须已经开始获得服务。文献[24]中提出了归一化最坏情况公平指数的定义：$c_s=\max\{c_i,s\}=\max\{r_iC_{i,s}/r\}$(此处 C 表示绝对时间最坏情况公平指数，c 表示其对应的归一化最坏情况公平指数，下标 i 和 s 表示在第 s 个服务器上的第 i 个流)，并指出本算法具有一个比 WFQ 算法更小的指数值：

$$c_{\mathrm{WF^2Q}}=L_{\max}/r\leqslant c_{\mathrm{WFQ}}=NL_{\max}/2r$$

即在此意义上，WF²Q 算法比 WFQ 算法更加公平。通过对流引入令牌桶描述模型，采用本算法可以得到与 WFQ 算法一致的端到端时延、时延抖动和相应的缓冲器大小等性能参数的确定上界。

3) WF²Q+算法[78]

本算法是对 WF²Q 算法的进一步改进。改进主要有以下两点：

(1) 为了降低算法的实现复杂度，定义了新的虚拟时间函数：

$$V_{\mathrm{WF^2Q+}}(t+\tau)=\max(V_{\mathrm{WF^2Q+}}(t)+\tau,\min_{i\in B(t)}S_i^{h_i(t)})$$

其中，$B(t)$是 WF²Q+系统在 t 时刻有分组需调度的流的集合，$h_i(t)$是在 t 时刻处于流 i 缓冲队列队头分组的顺序号，$S_i^{h_i(t)}$ 是此分组的起始时间。这样，算法的实现复杂度就降低到 $O(\log N)$。

(2) 为了便于高效地实现，重新定义了起始和结束时间的计算公式，并且只把它赋予对应的流，而不是其中的所有分组。每当 P_j^k 分组到达队头时，引起起始和结束时间的计算如下：

$$S_i=\{F_i,\text{if } Q_i(a_{i-}^k)\neq 0;\quad \max(F_i,V(a_i^k)),\text{if } Q_i(a_{i-}^k)=0\}$$

其中 $Q_i(a_{i-}^k)$表示流 i 在时刻 a_{i-}^k 瞬时之前的队列长度。本算法与 WF²Q+算法有一致的性能上界和公平度。在文献[78]中进一步指出，本算法可以作为基本调度算法扩展应用于支持有控制的链路共享环境中。

4) SCFQ 算法[79]

SCFQ(Self-Clocked Fair Queuing)算法是第一个以降低 WFQ 算法的实现复杂度为目标的 WFQ 改进算法。其基本定义与调度选择机制都与 WFQ 算法一致。SCFQ 算法的虚拟时间函数定义为：当 t 时刻有分组正在调度时，则 $V(t)=d_l^i$，$s_l^i<t\leqslant f_l^i$（即等于 t 时刻正在服务分组的结束时间标记）；并且在该流无分组传输时重置 $V(t)=0$。因此，算法的实现复杂度减低为 $O(\log N)$。在文献[79]中给出了 SCFQ 算法的公平度定义并表明其公平度为 $L_k^{\max}/r_k+L_j^{\max}/r_j$，比较其上界值与 WFQ 算法的对应值可知，本算法实现复杂度的降低是以性能的极大下降为代价的。

5）SFQ 算法[80]

SFQ（Start-time Fair Queuing）算法是继 SCFQ 算法之后又一个对 WFQ 算法的改进算法。其在基本定义上与 WFQ 算法一致，但在调度选择时，本算法以各分组中的起始时间标记作为优先级指数，选取具有最小值者进行服务。SFQ 算法的虚拟时间函数定义为：当 t 时刻有分组正在调度时，则 $V(t)=b_l^i$，$s_l^i<t\leqslant f_l^i$（即等于 t 时刻正在服务分组的起始时间标记）；并且在该流无分组传输时重置 $V(t)$ 等于此前所有接受服务分组中起始时间标记的最大值。因此，算法的实现复杂度也降低为 $O(\log N)$。本算法存在与 SCFQ 算法相同的公平度。文献[80]中分析了在可变速率的 FC（Fluctuation Constrained）服务和 EBF（Exponentially Bounded Fluctuation）服务下 SFQ 算法能够提供的性能。目前尚不清楚本算法在确定描述模型下的性能。

以下几种公平队列算法同样模拟 GPS，但与上述 5 种算法在形式上有所不同。在下面两种公平队列算法中，首先定义了全局的系统变量 $P(t)$，称为系统位势（System Potential），以及各个调度流的流位势（Session Potential）变量

$$P_i(t)=\max[P_i(t-),P(t)],$$

$$P(t)=\{P(\tau_j+(t-\tau_{j-1}),\tau_j\leqslant t\leqslant\tau_{j-1};max[P(\tau_{j-}),S^P(\tau_j)],t=\tau_j)\}$$

其中 τ_j 为调度算法所选定的更新周期时刻，$S^P(t)$ 称为基本位势。同时引入起始位势 s_i^j（Starting Potential，i 和 j 分别表示流 i 和其中的第 j 个分组）和分组时戳两个分组变量。当某个流所属分组到达时，根据其到达时刻的流位势计算起始位势并进而计算分组时戳，并以分组时戳作为该分组的调度优先级指数。每当调度分组输出时，先按非更新周期时刻算法计算更新系统位势，再从各个流缓冲队列队头分组中选择有最小优先级指数者（即在分组到达时赋予的分组时戳值）获得服务，最后根据该分组时戳和算法的更新时刻设定，计算判定是否到达更新时刻，若是，则再按更新周期时刻的算法更新系统位势。下面两种算法的主要不同之处是基本位势的更新周期时刻计算公式和更新周期的选取设定。

6）FFQ 算法[81-84]

在 FFQ（Frame-based Fair Queuing）算法中引入了片段周期 T（Frame Period）的定义，$T=F/r$（F 为片段周期中所能发送的比特数，r 为服务器服务速率），并且以任何被调度分组必须在一个片段周期内完成服务为前提。定义 $S^P(t)=kT$，k 为时刻 t 所处的片段周期序号。更新周期时刻设定为当前调度输出分组的分组时戳大于当前周期号时，相关的性质证明表明，此时刻必定落在一个有限范围的更新时刻窗口内。此性质保证了本算法的公平性度量存在。

7）SPFQ 算法[83]

为了提高算法的公平度，SPFQ（Starting Potential-based Fair Queuing）算法对 FFQ 算法进行了一些修改。首先取消了 FFQ 算法中的片段周期，规定更新周期时刻为每当有分组完成调度服务的时刻。同时重新定义 $S^P(t)=\min(S_i(t))$，即 t 时刻的基本位势等于该时

刻所有在等待队列中的流的最小起始位势。在 FFQ 和 SPFQ 算法中，公平度的计算采用了与 SCFQ 算法中一致的归一化服务之差的定义。文献[83]中的研究表明，FFQ 及 SPFQ 算法存在与 WFQ 算法一致的性能界限。

8）Leave-in-Time/Without Delay Jitter Control 算法[85]

Leave-in-Time/Without Delay Jitter Control 算法的基本研究出发点是将 VC（Virtual Clock）算法[86]与 Jitter-EDD（Jitter Earliest-Due-Date）算法[87]进行有机的结合。其算法的基本过程是：每当有分组到达时，首先计算该分组的可被调度时间，然后参考可被调度时间计算分组的调度截止时间，并以此截止时间值作为调度优先级指数。当分组可被调度时，按其截止时间依次进行调度。计算分组的截止时间 F 及全局变量 K 的计算公式如下：

$$F_i^n = \max(E_i^n, K_{i-1}^n) + d_l^n, I \geqslant 1;$$

$$K_i^n = \max(E_i^n, K_{i,s}^n) + L_i / r_s, I \geqslant 1; K_0^n = t_1^n$$

上式中的 E 表示分组到达时赋予的可被调度时间值，d、L、r、t 分别表示一个可选的时延值、分组长度、服务速率及分组的到达时间。若不加入时延抖动控制，则 $E=t$。此时本算法工作在连续工作方式下。文献[85]中给出了本算法在所调度的流满足漏桶模型时，可以达到的保证端到端时延、时延抖动和相应的缓冲器大小等调度性能确定上界。文献[88]中还指出 VC 算法是本算法在连续工作模式下的一个特例。

9）DRR 算法[89]

DRR（Deficit Round Robin）算法是对传统的循环调度算法的改进，改进的目标是提高调度的公平度。当有分组到达时，分组采用散列算法进入所属流的等待队列，所有流的等待队列依次得到服务。在服务第 i 个流的分组时，若其分配的份额不足以传输此分组，则将对应此流的一个变量 DeficitCounter_i 增加此分组大小，以便下次循环时增加此流累积的份额。

10）VC 算法[86]

VC（Virtual Clock）算法也是一种典型的基于 GPS 模型的算法。其核心思想是在所设计的调度算法中维持一个全局的优先级状态变量，每当有分组需要调度时，此优先级状态变量按相应算法进行更新，并被作为分组的优先级赋予该分组，在随后的实际输出排队时，分组按优先级顺序排序并依次输出到输出链路。本算法以一个时分复用（TDM）系统作为调度服务器的模拟对象。算法维护的优先级状态变量称为 auxiliary Virtual Clock（用 auxVC 表示）。当有分组到达时，根据分组所属流的输出链路平均带宽计算相应的改变值 V_{tick} 并有 $\text{auxVC} = \max(a, \text{auxVC}) + V_{\text{tick}}$，$a$ 表示分组的实际到达时刻。随后将修改过的 auxVC 值赋予所调度的分组作为其调度时的优先级。在文献[90]和[91]中已经证明，当所调度的流满足令牌桶模型时，VC 算法可以保证端到端时延、时延抖动和相应的缓冲器大小等调度性能有确定上界。

2. 基于时延的算法

基于 GPS 模型的算法利用速率进行分组的调度，它为每个队列提供一定的速率获得时延保证。而基于时延的算法则以排队时间为参数提供时延保证。主要算法包括以下几类。

1）Delay-EDD 算法[92]

Delay-EDD（Delay-Earliest-Due-Date）算法与 VC 算法类似，也通过维持一个全局优先级状态变量实现分组调度。此算法扩展了传统的 Earliest Deadline First 调度。在算法中维护的优先级状态变量称为 Expected Deadline（用 ExD 表示）。算法中假定所调度的流满足(X_{min},X_{ave},I,S_{max})模型并假定有确定的本地(调度)时延 d。当有分组到达时,根据分组所属流的到达时间间隔下界值 X_{min} 等参数,计算并修改 $\text{ExD}=\max(a+d,\text{ExD}+X_{min})$,$a$ 表示分组的实际到达时刻。随后将修改过的 ExD 值赋予所调度的分组作为其调度时的优先级。当所调度的流满足假定时,本算法可以保证端到端时延、时延抖动和相应的缓冲器大小等调度性能得到确定上界。

2) Jitter-EDD 算法[87]

Jitter-EDD(Jitter Earliest-Due-Date)算法是对 Delay-EDD 算法的进一步扩展。当有分组到达时,首先对该分组进行时延抖动调节,根据该分组中记录的(由上一中继节点标记)提前输出时间值 Ahead_{i-1},计算分组的可被调度时间 $e_i=a_i+\text{Ahead}_{i-1}$ 并在调节器中保持此分组直到时刻 e_i。随后调度算法以此时刻作为分组到达时刻,按照在 Delay-EDD 算法中所述的相同调度机制进行。但在分组被输出时,必须将其输出时刻与希望输出时刻之间的差值赋予 Ahead,并记入该分组中,以便后继的算法进行。

下面两种调度算法都采用了基于周期(Frame)的调度设计方法。调度算法把调度时间划分为等长的时间段,称为 Frame。

3) Stop-and-Go 算法[93]

Stop-and-Go 算法对各条链路都定义了离开周期和到达周期,其长度为 T。一个分组在输入链路的某一个到达周期进入,经过一个确定的时延 $\theta(0<\theta<T)$后,在输出链路的下一个离开周期被调度输出。采用本调度算法时,对流中分组的限制是其必须满足(γ, T)模型,即流中分组的传输必须保证在一个周期内能够完成。为了解决由定长周期引入的调度粒度问题,可以将本算法扩展为拥有多级周期并令 $T_{m+1}=K_m T_m$,$m=1, 2, \cdots, n-1$。对应大小不同的分组分别选取不同的周期级别,并在该级别遵从上述基本算法。不同级别之间低级别优先。

4) HRR 算法[94]

HRR(Hierarchical Round Robin)算法按与上一算法类似的方法,同样将调度时间划分为不同级别(长度)的周期。调度服务器在不同级别的流(对应不同级别周期)上进行循环调度。一旦循环到某一级别时,不论该级别是否有分组要发送,都必须在对应周期结束后才进行下一级别的调度。

5) RCSP/RJ$_r$ 算法[95]

RCSP/RJ$_r$(Rate-Controlled Static Priority/Rate Jitter Regulator)算法对流采用(X_{min},X_{ave},I,S_{max})模型进行描述,采用一个速率调节器调整分组的到达时刻,对于流 j 的第 k 个分组,其可被调度时间 e 按如下公式计算:

$$e_j^k=-I,k<0;e_j^1=a_j^1;e_j^k=\max(e_j^{k-1}+X_{min},e_j^{k+1}X_{ave}+I,a_j^k),k>1$$

式中,a 为分组的到达时间。输出调度采用静态优先级队列方法,即在所有有分组输出的流中,选择从优先级最高流的输出队列队头分组输出。

6) RCSP/DJ$_r$ 算法

RCSP/DJ$_r$(Rate-Controlled Static Priority/Delay Jitter Regulator)算法与上述算法采用相同的静态优先级,所不同的是对调度分组的可被调度时间 e 的计算。其计算公式如下(其中 k 表示流 j 的第 k 个分组,i 表示流经过的中继节点序号,d 和 π 分别表示调度服务器的调度时延和两个中继节点间的最大传输时延):

$$e_{0,j}^{k}=a_{0,j}^{k};e_{i,j}^{k}=e_{i-1,j}^{k}+d_{i-1,j}+\pi_i(i>0)$$

以上 4 种算法保证的端到端时延、时延抖动和相应的缓冲器大小等调度性能确定上界，见文献[71]。

7) Leave-in-Time/With Delay Jitter Control 算法

在使用带时延抖动的 Leave-in-Time/With Delay Jitter Control 算法时，进入分组进行和 Jitter-EDD 调度算法同样的时延调节，即计算选取时间 E，并将分组保持一个由上一中继设置的保留时间后，使其进入输出服务调度器进行调度。在通过类似 VC 算法的调度后，标记输出分组的下一保留时间并将其输出。该算法同样可以在所调度的流满足令牌桶模型时达到有保证的端到端时延、时延抖动和相应的缓冲器大小等调度性能确定上界，如文献[85]中所示。

3. 基于分层链路的共享算法

随着网络规模的发展，单一层次的链路共享方式已经不能满足多种复杂的应用或系统需求，因此分层链路共享策略逐渐得到重视。分层链路共享算法的目的是在不同级别实现资源的竞争和共享。为此，资源管理策略需要在不同的级别由不同的实体(资源所有者、服务提供者、组织和应用)进行设置。如图 4.17 所示，分层链路共享存在多种情况。例如，同一条链路可以被多个公司和组织共享，也可以被多个高校共享，还可以被多种协议或应用共享。

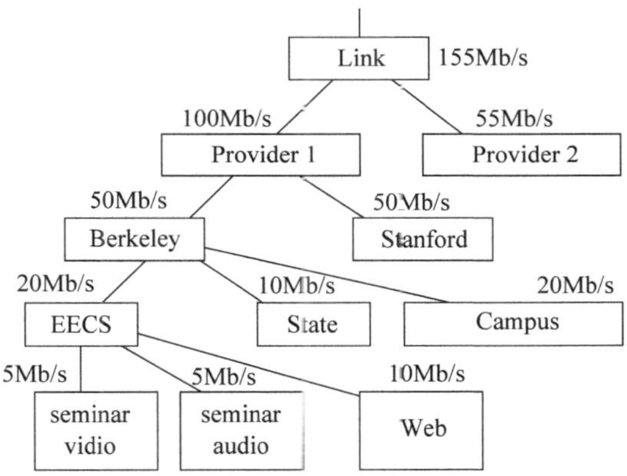

图 4.17　分层链路共享结构图

分层链路共享把不同类型的业务流分成不同级别的类，并同时考虑业务的实时性和链路共享需求，按照不同层次进行分组调度，实现了分层共享树内不同等级的共享链路带宽资源分配。

4.5　动态分组状态

4.3 节详细介绍了区分服务的体系结构。区分服务的核心思想是在核心路由器中不保存大量的"每流"状态，而只保存少量的"流聚集"状态，这样可以降低核心路由器的实现复杂性，并提高整个区分服务方案的可扩展性。但是，增强可扩展性的代价是降低了性能，至少是降低了网络保证最小端到端延迟的能力。因此，4.4 节中也提出了把集成服务和区分服务结合的服务质量保证体系结构保证端到端的性能。这种方式增加了边界节点的复杂性，服务质量保证能力不是十分理想。

动态分组状态(Dynamic Packet State, DPS)[16,68]是 Ion Stoica 和 Hui Zhang 提出的一种区分服务体系结构,和 IETF 的区分服务体系结构类似,DPS 也是一种核心无状态(Stateless Core)的体系结构,也就是说,核心路由器中不要保存大量的"每流"状态信息。DPS 和 DiffServ 体系结构的不同之处是:DPS 中分组头部可以携带反映分组所在流状态的状态信息,而核心路由器根据分组携带的状态信息对分组进行相应处理并更新该状态信息;在 DiffServ 体系结构中,分组只能在 DS 域中标识自己所处的类别,类别一旦确定,就不能再修改。实际上,DPS 类似于集成服务,它为路由器提供了每流状态,只不过这些每流状态是由分组自己携带的,而不保存在路由器中。正因为在 DPS 中分组可以提供每流信息,因此 DPS 可以提供类似于集成服务的每流的端到端服务质量保证[68]。文献[96]中提出了一种基于 DPS 的可以提供可扩展的保证型服务的统一调度框架——虚拟时钟参考系统(Virtual Time Reference System, VTRS)。

本节详细介绍 DPS 体系结构和虚拟时钟参考系统以及相应的可扩展的控制平面操作,这些操作包括轻负载的信令机制、端点和边界的准入控制以及集中式的带宽代理。

动态分组状态的基本体系结构是核心无状态网络(Stateless Core Network, SCORE)。SCORE 结构是一种使网络具有灵活性、可扩展性、鲁棒性和较高服务质量保证的 QoS 模型。它结合了 DiffServ 和 IntServ 的优点,首次提出一种在无状态体系结构上提供有状态服务的方法,基于此,三种需要在有状态网络中实现的服务——保证型服务、对于大粒度流量的服务区分以及网络支持的拥塞控制下的流保护均可在 SCORE 中实现。

SCORE 的核心思想是将复杂的状态信息推送至网络边缘进行处理,以保证由边界节点执行每流管理,而核心节点无须参与每流管理,仅进行正常的分组转发,如图 4.18(b)所示。由于边界路由器通常的接口速率比较低而且需要处理的流的数量远小于核心路由器,因此 SCORE 体系结构具有良好的可扩展性。SCORE 采用了以下两种关键技术。

1. 状态消除方法

DPS 的目标是在保持现有的 Internet 的可扩展性和鲁棒性的前提下提供比现有 Internet 更好的服务质量,SCORE 引入了两步的状态消除(State-Elimination)方法:第一步,定义一个作为参考的有状态网络,如图 4.18(a)所示;第二步,在 SCORE 网络中仿真或近似模拟参考状态网络中提供的服务功能,实现和有状态网络类似的服务质量保证。在文献[16]中,该文作者在 SCORE 网络中实现了 3 种重要的 Internet 服务质量保证机制:流保护、保证型服务和相对区分服务。

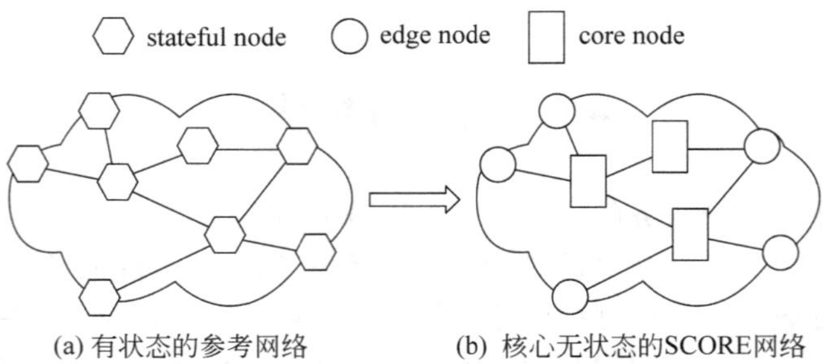

图 4.18　核心无状态网络体系结构

2. DPS 技术

DPS 技术是 SCORE 实现无状态网络中灵活、有力度的服务保证的一个关键技术。DPS 的思想很简单，由分组自己携带和流相关的状态信息，这样核心路由器中就不再需要维护每流状态。分组中的状态信息由边界路由器写入，边界路由器需要维护每流状态。而核心路由器只要基于下列信息处理每个到达的分组：分组头部的状态信息和路由器的内部状态。在转发分组之前，核心路由器需要更新路由器内部状态和分组头部状态。在图 4.19(a)中，边界路由器向分组头部写入状态信息。在图 4.19(b)和图 4.19(c)中，核心路由器根据分组头部状态对分组进行处理，并更新分组头部状态。在图 4.19(d)中，分组通过边界路由器离开 SOCRE 网络，边界路由器将分组头部状态删除。

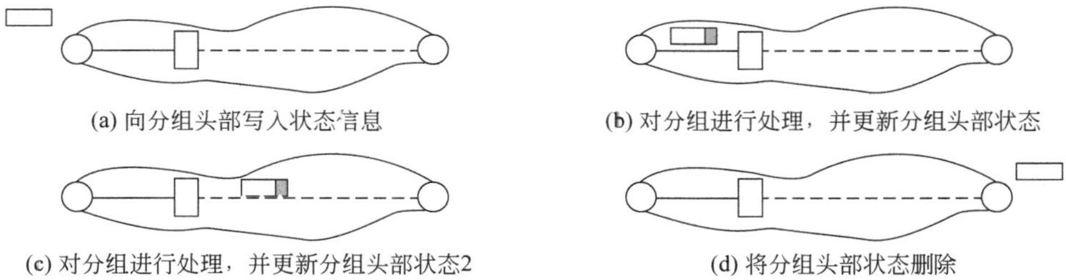

图 4.19　DPS 工作过程示意图

通过使用 DPS，可以使流穿越路径中的边界路由器和核心路由器协同工作，这样就可以设计分布式算法在核心无状态的网络中实现和有状态网络类似的服务质量保证能力。下面给出几个例子具体说明 DPS 机制的工作原理。

4.5.1　公平带宽分配

流保护(Flow Protection)机制是当前 Internet 最迫切需要的服务之一。流保护机制可以使不同的端到端拥塞控制机制在 Internet 上无缝地协作，并保护好行为流(Well Behaved Flow)不受恶意行为流(Malicious Behaved Flow)影响。实现流保护的一种方案是让路由器实现公平带宽分配(Fair Bandwidth Allocation)[18]。假设路由器可以以数据位的粒度提供服务，那么公平带宽分配可以通过逐位的轮转策略(Round Robin)实现。

考虑一个简单的例子：到达速率分别为 3、6 和 2b/s 的 3 个流共享 10b/s 的链路。假定每个时刻每个流只到达一个数据位，周期为 1/r，这里 r 是流的速率。因此，每一秒钟都会收到 16 个数据位，而只有 10 个数据位能被发送。如果按照逐位的轮转策略进行分组发送，那么调度器在 3 个流之间轮转，每 1/10s 发送一个数据位。这样，流 3 至少可以在 1s 内发送 3 个数据位，而流 3 本身的速率为 2b/s，因此流 3 的数据全部被发送，剩下的 8b/s 的链路带宽由流 1 和流 2 分享，也就是各占 4b/s。在一个拥塞链路上分配给流的最大带宽称为公平速率(Fair Rate)。这个例子中，公平速率是 4b/s。

一般来说，n 个流共享一条带宽为 C 的拥塞链路，公平速率 α 定义为

$$\sum_{i=1}^{n} \min(r_i, \alpha) = C$$

其中 r_i 表示流 i 的到达速率。将此公式应用于上面的例子，有 $\min(8,\alpha)+\min(6,\alpha)+$

$\min(2,\alpha)=10$，因此 $\alpha=4$。如果链路不拥塞，也就是说，$\sum_{i=1}^{n} r_i < C$，那么公平速率 α 就等于到达速率最大的流的速率。因此，在逐位轮转策略中，到达速率为 r_i 的流 i 的服务速率为 $\min(r_i,\alpha)$。

该策略是在文献[18]中首先提出的，被称为公平排队（Fair Queuing）。从公平速率 α 的定义中可以看出公平排队的流保护特性。一个恶意行为流不能对其他流造成影响，因为无论它向网络中发送多少分组，它都只能以公平速率接受服务。

虽然公平排队可以完全提供流保护，但是它的实现比目前路由器中常用的尾丢弃的 FIFO 排队机制复杂。路由器需要对每一个到达的分组进行分类，将它们放入不同的流队列，更新每流状态变量并执行每流的调度。

在 SCORE 网络中，核心路由器不用维护每流状态就可以达到参考网络中每个路由器实现公平排队时的服务质量效果。下面介绍的基于 DPS 的核心无状态公平排队（Core-Stateless Fair Queuing，CSFQ）算法可以实现这样的目标。

CSFQ 的主要思想是让每个流的分组自己携带流的速率估计信息。$\hat{r}_i$ 是流 i 的分组携带的速率估计。速率估计由边界路由器计算后插入分组头部。接收到分组后，核心路由器使用概率

$$p=\min\left(1,\frac{\alpha}{\hat{r}_i}\right)$$

转发该分组，并用概率 $1-p$ 丢弃该分组。

很容易可以得出结论，当路由器用概率 p 转发分组时，路由器为流 i 分配的速率为

$$r_i p=\min(\hat{r}_i,\alpha)$$

这也就是流应该接受的服务速率。如果概率小于 1，路由器将把分组状态更新为 α，表示当流的到达速率大于 α 时，经过路由器后速率将降为 α。

很容易看出，使用 CSFQ 时，核心路由器并不需要维护每流状态。在分组到达之后，核心路由器只需要计算分组丢弃概率 p，它只依赖于分组头部携带的速率估计和路由器本地计算的公平速率 α，文献[18]中的第 4 章指出计算 α 并不需要每流状态。

图 4.20 给出了前面所讨论的例子，到达速率为 8b/s、6b/s 和 2b/s 的 3 个流共享带宽为

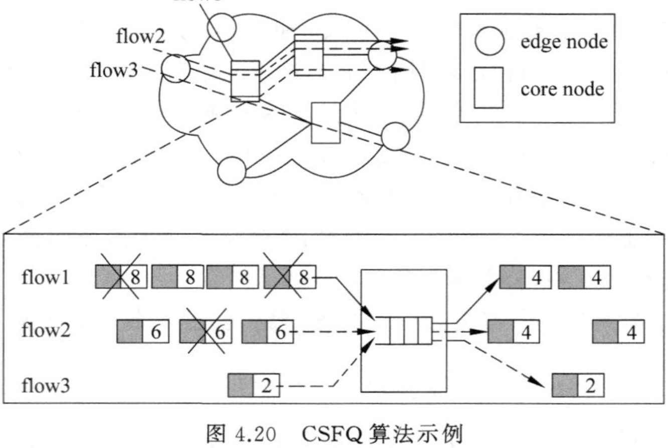

图 4.20　CSFQ 算法示例

10b/s 的链路。根据概率 p 的公式,可以计算出这 3 个流的转发概率分别是 0.5、0.66 和 1。因此,流 1 中每两个分组就要丢弃一个分组,流 2 中每 3 个分组就要丢弃一个分组,而流 3 则没有分组丢失。请注意,在转发流 1 和流 2 的分组之前,路由器把它们头部的速率估计更新为 4b/s。这是为了反映分组丢弃后速率的变化结果。

4.5.2 每流准入控制

这个例子中考虑每流准入控制。准入控制的目的是检查数据路径中是否有足够的资源分配给预留请求。为了使问题简化,只考虑带宽参数的准入控制。当一个新的流提出预留请求时,从源到目的的每台路由器都要检查是否有足够的带宽容纳这个新的流。如果所有的路由器都同意,那么带宽预留就成功。

决定是否接受新的预留请求 rsv 看起来是一件很容易的事情,路由器只需要知道输出链路上的当前聚集的预留 R,也就是当前已经被预留的带宽。如果输出链路的带宽是 C,那么只要 $\text{rsv}+R\leqslant C$,路由器就可以接受 rsv 的预留请求。但是,事情并不这么简单,由于分组可能丢失,预留可能失败,因此维护聚集预留 R 并不是很容易。这是由于准入控制需要实现类似于事务的处理语义。只有当转发路径上的所有路由器都接受了预留,预留才算成功。只要有一台路由器不接受预留,那么所有已经接受预留的路由器都必须取消预留并回滚到预留之前的状态。还有一种情况是预留分组丢失,这时就必须重新进行预留,要求路由器必须记录是否收到过这个请求以及对这个请求的处理结果。由于以上原因,目前常见的准入控制方案,如 RSVP 和 ATM UNI[97] 都需要路由器维护每流状态。

而在 SCORE 网络中,通过使用 DPS,可以让核心路由器在不需要维护每流状态的前提下执行准入控制。

方案的思路很简单:如果所有的流都按照它们预留的速率发送,那么维护聚集预留 R 就很容易了,每台路由器只需要策略聚集流量的速率。考虑图 4.21 中的例子。假定流 1 的预留是 5kb/s,流 2 的预留是 2kb/s。如果这两个流都准确地按照预留速率发送,那么图中被标出的那台路由器可以通过测量聚集到达流量简单地把聚集预留估计为 7kb/s。

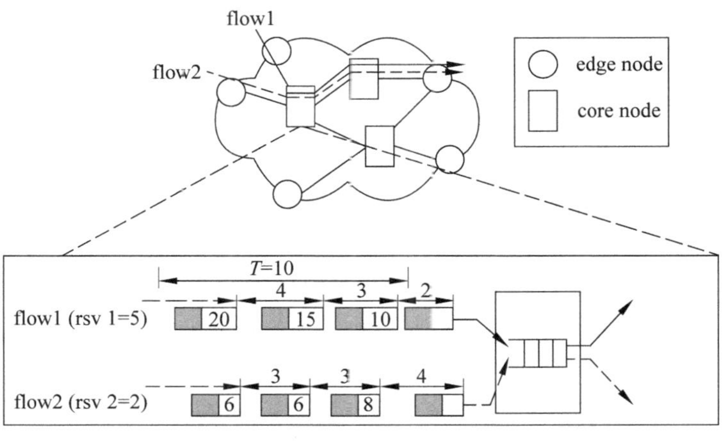

图 4.21 聚集预留估计

上述方案的一个明显问题是,大多数情况下流并不会完全按照预留速率进行发送。为了解决这一问题，可以给每个分组关联一个虚拟长度(Virtual Length)。虚拟长度的含义是：如果流中的每个分组的长度都等于其虚拟长度，那么流的速率就等于预留速率。更准确地说，分组的虚拟长度表示按照预留速率和该流前面已经发送的分组的长度计算出的和预留速度对应的分组长度。令 rsv_i 表示流 i 的预留，t_i^j 和 t_i^{j+1} 分别表示流 i 中第 j 个和第 $j+1$ 个分组的离开时刻。那么，第 $j+1$ 个分组的虚拟长度为

$$vl_i^{j+1}=\mathrm{rsv}_i\cdot(t_i^{j+1}-t_i^j)$$

流的第一个分组的虚拟长度就是分组的实际长度。分组离开时由边界路由器计算虚拟长度并插入分组头部。核心路由器使用分组虚拟长度估计聚集预留。再来看图 4.21 中的例子，流 1 的预留 rsv_1 为 5kb/s。为了使问题简化，先不考虑延迟抖动并假定在核心网络中分组不会被丢弃。假定流 1 的前 4 个分组之间的间隔分别是 2s、3s 和 4s。由于在这种情况下，核心路由器的分组到达间隔等于边界路由器的分组离开间隔。根据第 $j+1$ 个分组的虚拟长度的计算方法，流 1 的第二个分组、第三个分组和第四个分组的虚拟长度分别是

$$vl_1^2=\mathrm{rsv}_1\times 2=10\mathrm{kb}$$

$$vl_1^3=\mathrm{rsv}_1\times 3=15\mathrm{kb}$$

$$vl_1^4=\mathrm{rsv}_1\times 4=20\mathrm{kb}$$

因此，在 T 时间内到达核心路由器的流 i 的分组的虚拟长度之和 $B_i(T)$ 就提供了流发送速率的近似估计，因此，流 i 的预留带宽可以按照下式估计：

$$\hat{R}_i=\frac{B_i(T)}{T}$$

通过外推，核心路由器只简单地计算 $B(T)/T$ 就可以估计输出链路的聚集预留 R，这里 $B(T)$ 表示在时间 T 内所有到达分组的虚拟长度之和。需要指出的是，在执行该计算时，核心路由器并不需要维护任何每流状态，只维护全局变量 $B(T)$，并在每个分组到达时更新 $B(T)$ 即可。

在图 4.21 的例子中，以 $T=10\mathrm{s}$ 计算聚集预留，有 $B(T)=B_1(T)+B_2(T)=65\mathrm{kb}$，也就是说，$\hat{R}=\dfrac{B(T)}{T}=6.5\mathrm{kb/s}$，而实际的预留值是 7kb/s，可见估计结果还是比较准确的。

4.5.3 路由绑定

许多应用，包括流量工程和保证型服务都要求一个流的所有分组都走相同的路径。为了实现这一目标，包括 Tenet RCAP[98] 和 RSVP 在内的各种方案，都要求路由器维护每流状态。下面介绍基于 DPS 的路由绑定(Route Pinning)方案，这种方案中核心路由器不需要维护任何每流状态。

主要思想是：把路径中所有路由器的标识符异或后作为标签放入分组头部。考虑一条路径 $\mathrm{id}_0,\mathrm{id}_1,\mathrm{id}_2,\cdots,\mathrm{id}_n$，这里 id_j 表示路径中第 j 个路由器的标识符。在路由器 id_0 处的标识符 l 为

$$\mathrm{l}=id_1\otimes id_2\otimes\cdots\otimes id_\mathrm{n}\text{(这里的 }\otimes\text{ 表示异或操作)}$$

在如图 4.22 所示的例子中，流 1 从边界路由器 0010 进入网络，然后需要经过路由器 1100、1011 和 0011，那么它的标签为 1100⊗1011⊗0011=0100。这种情况下的 DPS 算法为：每台边界路由器为每个经过它的流维护一个标签，核心路由器通过对标签和自己的标

识符进行异或操作得到后续路径的标签。例如，当分组到达第一台核心路由器 id_1 处时，如果分组的标签是 l，那么核心路由器计算新标签为 $l=l\otimes id_1$。请注意，这样就得到了后续路径的新标签 $id_2\otimes\cdots\otimes id_n$。核心路由器将新标签写入分组头部，使用新标签查找路由表并转发分组。这样，核心路由器就不再需要维护每流状态，只是根据分组头部的标签进行分组转发操作。

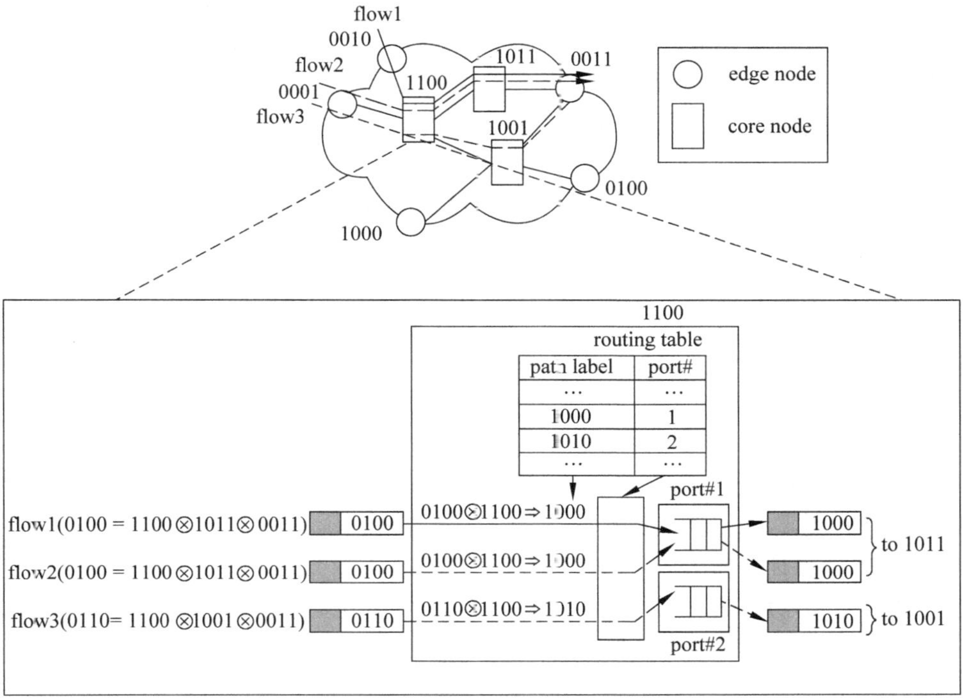

图 4.22　路由绑定算法示例

图 4.22 的例子中有 3 个流到达核心路由器 1100 并从边界路由器 0011 退出网络。虽然流 1 和流 2 走的是相同路径，流 3 走的却是一条不同的路径。当分组到达时，核心路由器计算新的分组头部标签并更新到分组头部，然后用新标签进行路由。请注意，流 1 和流 2 由于路径相同，在路由表中只有一项。

4.5.4　与区分服务框架的比较

从体系结构的角度来说，SCORE 和 IETF 的区分服务框架相似，它们都把复杂的操作在网络边界处实现，核心节点不维护复杂的每流状态，但是它们仍然有两个重要的区别。

首先，两种体系结构实现网络服务的方式不同。SCORE 是一种自顶向下的策略。首先确定要实现哪种服务，然后再设计相应的 DPS 算法实现这样的服务。而区分服务则是一种自底向上的策略。区分服务首先标准化一系列每跳行为 PHB(例如不同服务类别中的优先级服务)并在路由器中实现。如何使用这些 PHB 实现需要的服务则由 ISP 自己负责，但是，配置区分服务路由器使其实现相应的服务是一件很困难的工作，例如，很难通过简单地配置区分服务路由器就实现流保护。

其次，在区分服务中，分组头部只携带简单的表示服务类别的信息。而在 SCORE 中，分组可以携带细粒度的每流状态信息，因此 SCORE 网络可以实现更复杂的服务。

当然，从实现复杂性的角度来说，SCORE 要大于区分服务。区分服务路由器中只需要对到达分组执行分类，并进行基于类的缓冲管理和调度。由于区分服务中，类别一般不超过 10 个，因此分组处理过程可以高速实现。而在 SCORE 中，分组处理过程相对复杂一些，如提供保证型服务时，每个分组都关联了一个时间限制，分组必须按照时间限制的顺序接受服务。文献[16]在第 5 章详细研究了这个问题，结论是：某一时刻需要考虑的分组数量和流的数量相比要少很多，因此分组处理完全可以线速完成。另外，SCORE 提供的流保护和相对服务区分并不比 IETF 的区分服务方案更复杂。

4.6 数据中心内的 QoS 保证

目前已有大量研究通过合理利用数据中心资源保证数据中心内应用的服务质量。如图 4.23 所示，数据中心内各类应用的运行流程大致包含四个关键环节：应用部署、请求接入、任务调度和应用运维。其中，应用部署就是将应用部署到数据中心，由于当前大多数数据中心都是基于虚拟化技术构建，所以这个环节就是在数据中心的主机上实例化一系列容器或虚拟机的过程。在这一环节，集群管理系统需要根据部署需求及数据中心的资源利用情况快速计算出合理的负载部署方案，以保证分布式应用的性能。

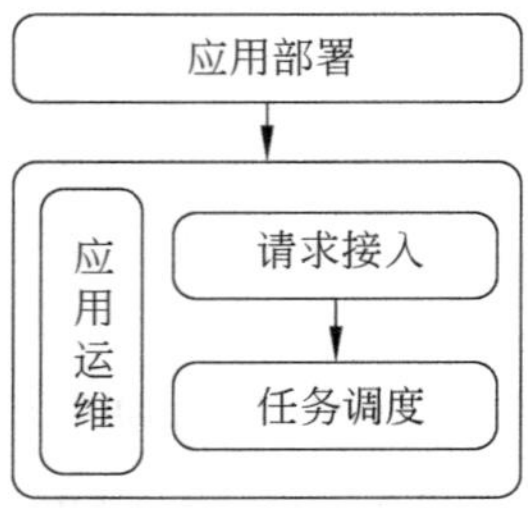

图 4.23　数据中心应用的处理流程

应用部署完成之后，即开始提供服务，从而进入请求接入阶段；用户使用服务时，通常需要向应用发送服务请求，应用的请求接入模块根据用户请求的具体情况向用户提供服务，此时即进入任务调度环节。在任务调度环节，应用的任务调度模块根据容器/虚拟机的分布情况以及主机的资源利用情况，决定应用组件之间如何配合完成任务，以合理利用数据中心资源并最小化任务完成时间。在应用运行过程中，即应用运维环节，应用的资源需求可能发生变化，进而导致数据中心资源利用不均衡，此时，集群管理系统会通过迁移数据中心内的负载均衡资源利用，以提升应用的服务能力及鲁棒性。

从资源管理角度看，应用的 QoS 与数据中心内各种资源的利用效率息息相关。例如，数据中心内主机资源利用率不均衡时，资源利用率过高的主机上的应用组件的响应时间会显著增长，而应用的总体响应时间往往由其最慢的组件决定，所以这会影响应用的总体响应时间，也会影响应用的总体服务能力和鲁棒性。再如，应用组件之间需要相互通信，以进行同步或必要的数据传输，数据中心内发生局部网络拥塞时，应用组件之间的通信效率会随之下降，这也会影响应用的响应时间。因而，已有研究通常从图 4.23 给出的关键环节入手，提升数据中心资源利用效率，保证数据中心内应用的 QoS。由于篇幅所限，本节仅讨论应用部署环节和应用运维环节的负载分布优化方面的工作。

负载分布优化[100-101]作为负载均衡、节约电耗的常用手段，被广泛应用于大规模数据中心中。关于负载分布优化的研究中，最常见的优化目标是资源利用均衡，如 CPU 资源、内存资源、存储资源等；此外，通常考虑的优化目标还包括通信开销、电量消耗、可用性等。负载优化可以分为两个方面：一是在应用部署环节，研究将新的负载部署到哪些主机上，这个过程通常称为负载放置(workload placement)，图 4.24 给出了负载放置的示意图；二是在应用运维环节，研究如何调整数据中心中已有负载的分布，这个过程通常称为负载重分布(workload redistribution)，图 4.25 给出了负载重分布的示意图。

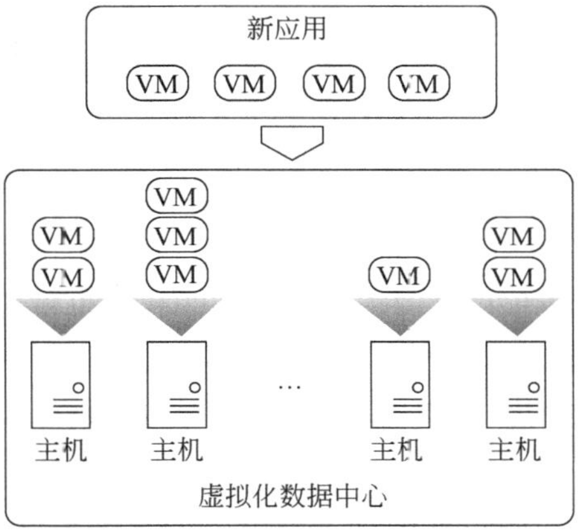

图 4.24　负载放置的示意图

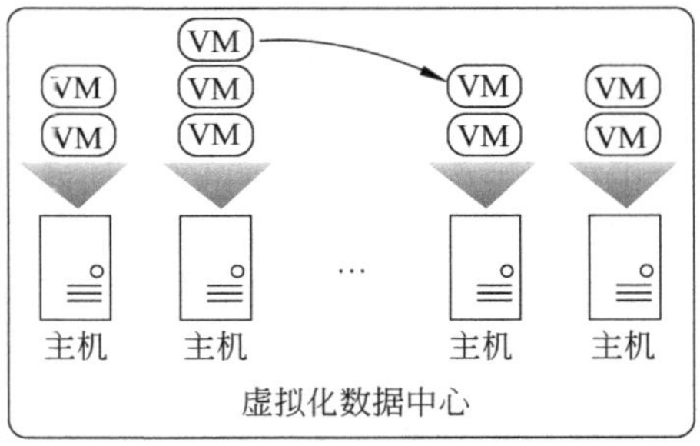

图 4.25　负载重分布的示意图

多资源泛化分配问题(Multi-Resource Generalized Assignment Problem，MRGAP)[102-105]研究的是在多种资源约束下，如何将若干任务合理分配给若干个体，以最小化总开销。MRGAP 可以视为负载部署问题的抽象数学模型。已有解决方案通常分两个阶段求解 MRGAP：第一阶段是获得一个初始可行解；第二阶段是改进初始可行解。Gavish 等[105]设计了两种启发式方法获得初始解，又设计了一种分支定界算法改进初始解。Privault 等[106]通过有界变量单纯形法计算初始解，并通过模拟退火算法优化初始解。Mitrovic 等[107]和 Yagiura 等[108]首先生成一个随机的初始解，之后使用局部搜索技术优化初始解。Mazzola 等[109]将 Pivot、Complement 以及 Gavish 等[105]设计的启发式方法结合起来，以获得高质量的解。Shtub 等[110]设计了基于梯度下降的解决方案，解决动态 MRGAP：在动态 MRGAP 中，任务的资源需求不断变化，且某个任务可以被同时分配给多个个体。MRGAP 可以视为负载部署问题的抽象数学模型；然而，现实世界中的负载部署问题通常比 MRGAP 更复杂，所以上述解决方案并不能直接应用于负载部署。

无论是负载放置，还是负载重分布，现有解决方案都大致分为两类，即确切方法和启发式方法。其中，确切方法通常将负载分布优化问题转化为规划问题，进而使用最优化手段求解问题。确切方法通常可以求得最优解，但复杂度较高，难以在大规模系统中使用。所以，实际的数据中心系统常常采用启发式方法进行负载分布优化。

4.6.1　负载部署

负载部署方面的代表性问题包括虚拟机放置问题和容器放置问题等。

容器化(Containerization)是一种新兴的轻量级的数据中心虚拟化解决方案。在该架构中，物理主机上部署有多个容器；与虚拟机封装完整的操作系统不同，这些容器共享操作系统内核，容器内仅封装了必要的代码、数据和库等。在容器化数据中心中，分布式应用被实例化为一组容器，每个容器容纳了应用的一个或者多个组件。容器部署问题研究的是如何将新的容器合理部署到虚拟机上或者物理主机上，并在此部署过程中优化各种指标。Piraghaj 等[111]、Dong 等[112]及 Shi 等[113]分别研究了在云中如何部署容器，以最小化电能消耗。Mao 等[114]提出了一种资源感知的容器部署策略，以改进异构集群中的系统性能。Nardelli 等[115]研究了以降低部署开销为目标的容器部署问题。Zhang 等[116]设计了一种新型的容器部署策略，以改进物理主机的资源利用率。Lv 等[117-118]提出了一种通信感知的降序最差匹配策略 CA-WFD，以降低容器化数据中心的资源利用开销及通信开销；CA-WFD 首先将容器按照资源需求量降序排列，而后依次放置尚未被放置的、资源需求量最大的容器；在放置容器时，选取当前资源剩余量最多的 d 个主机，而后将容器放置在 d 个备选主机中可以最大程度降低通信开销的主机上。

虚拟机（Virtual Machine，VM）是最早出现的数据中心虚拟化技术。在虚拟机架构中，管理程序层运行在物理主机的裸金属上，多个相互隔离的操作系统（即虚拟机）则运行在管理程序层上。管理程序层将物理主机资源进行虚拟化，并向虚拟机提供“虚拟硬件”。注意到每个虚拟机上都运行了一个完整的操作系统[119]，所以虚拟机通常体积较大，耗电量较高。传统的虚拟机放置策略主要着眼于优化能源消耗、资源利用效率及迁移开销等[120]。Meng 等[121]给出了流量感知的虚拟机放置问题的定义，并设计了一种两层的近似算法降低虚拟机之间的通信量。自从文献[121]的先驱性工作之后，有大量研究工作[122-123]通过设计合理的虚拟机放置策略降低物理主机之间的通信开销。

4.6.2 负载重分布

负载重分布方面的代表性问题包括容器重分布问题、虚拟机重分布问题和谷歌机器重分配问题等。这些问题都试图通过提升数据中心的资源利用效率，提升数据中心内应用的服务质量。其中，容器重分布问题和虚拟机重分布问题分别通过合理迁移数据中心里的容器和虚拟机实现这一目标，谷歌机器重分配问题[101]通过在主机之间迁移线程实现目标。由于上述问题的数学模型基本相同，所以下面综合讨论了它们的解决方案。此外，前面提到，由于计算复杂性等因素，确切方法往往难以直接应用于大规模场景中，因而本小节主要对启发式解决方案进行讨论。

已有的启发式解决方案可分为三类，即基于局部搜索的方法、基于大邻居搜索的方法和混合方法。为了优化多目标（如多种资源的均衡利用开销、通信开销、负载迁移开销等），这些解决方案先将多目标通过加权和矢量化为单目标，而后通过不同方法优化单目标。

局部搜索以迭代的方式优化目标函数：每次迭代过程中，从全局选择数个线程，并将其重新分配到主机上。选择线程时，通常倾向于选择高开销主机上的线程；选定线程后，通常采取三种动作重新分配被选中的线程，即移动、互换和交替。移动 Move(ci，ha，hb)将原本位于主机 ha 上的负载 ci 移动到主机 hb。互换 Swap(ci，cj)交换两个负载 ci 和 cj 的位置。交替 Replace(ci，ha，cj，hb，hc)先将负载 cj 从主机 hb 移动到 hc，而后将负载 ci 从主机 ha 移动到 hb。Gavranović等[124]设计了 GMRP 竞赛中的冠军算法——有噪声的局部搜索，该方法将局部搜索方法和噪声策略结合起来用于线程重分配。Turky 等[125-127]设计了一系列基于局部搜索的并行算法，在这些算法中，多个模块并行工作，以避免陷入局部最优解。Turky 等[128]还提出一种改进的大洪水算法，该算法在重分配过程中考虑了更多的邻居。

Portal 等[129]设计了一种模拟退火算法，该算法使用移动和互换动作优化线程的分布。Guo 等[130]提出一种基于邻域划分的微服务容器调度策略，以优化系统负载均衡，并提高整体系统性能。Li 等[131]使用粒子群优化算法优化容器的分布，以改进云端的负载均衡。Kaewkasi 等[132]在容器调度中使用蚁群算法平衡资源负载、改善系统性能。Lin 等[133]使用蚁群算法优化容器分布，以优化容器化数据中心的资源利用率、通信开销及鲁棒性等。

与局部搜索类似，大邻居搜索也是以迭代的方式优化目标函数：每次迭代过程中，先选择一些高开销主机（通常不超过 10 台）作为子问题，而后使用系统搜索（systematic search）或者最优化手段解决这个子问题，优化选中的主机上的线程分布。Mrad 等[134]将 GMRP 形式化为一个混合整数规划问题（Mixed Integer Programming，MIP），进而使用混合整数线性规划求解器（Mixed Integer Linear Programming Solver）求解子问题。Brandt 等[135]和 Mehta 等[136]则将 GMRP 转换为约束规划（Constraint Programming，CP）问题，并分别使用 CP 求解器和系统搜索技术解决子问题。

Saber 等设计了一系列混合方法[137-141]解决 GMRP，这些方法综合使用多种局部搜索算法以及遗传算法优化线程分布。Jaskowski 等[142]将局部搜索与大邻居搜索结合起来，首先使用 MIP 求解器解决子问题，而后使用爬山算法优化子问题的解。Butelle 等[143]设计了一种快速机器重分配机制，该机制包含一个局部搜索组件和一个大邻居搜索组件，两个组件并行工作，以产出较好的结果。Zhang 等[117-118]提出了一种 Sweep&Search 算法用于容器重分布，该算法分为两个阶段：在 Sweep 阶段，首先将剩余资源量最多的主机（空闲主机）上的负载迁移到剩余资源量适中的主机上，而后将剩余资源量低的主机上的负载迁移到被腾空的空闲主机上；在 Search 阶段，使用局部搜索方法优化负载分布；该算法可以视为一种结合了大邻居搜索方法和局部搜索方法的混合方法。

4.7 结论和进一步的研究工作

在服务质量控制研究领域，目前取得的主要成果是初步建立了区分服务的体系结构，并且在研究如何采用核心无状态的网络提供类似于集成服务的性能保证方面也取得了很多研究成果。在采用确定性的理论分析服务质量控制策略的性能方面也取得了很大进展。但是，距离真正全面完整地解决服务质量控制问题还有很长的距离。这是由互联网本身的复杂性特点决定的。

互联网发展至今，已成为一个庞大的非线性复杂系统。具体表现为：系统的规模和用户数量巨大且仍在不断增长，异质异构的网络融合发展；网络协议体系庞杂，垂直方向上呈现出多样化的层次结构，而水平方向上又以地域和功能为标准进一步形成分布且多级的架构；在业务性质上表现为多种业务的集成与综合，业务量突发性日渐明显，且不同业务要求不同的服务质量保证；网络节点间、节点与数据分组间由于协议而产生的非线性作用以及用户之间的合作与竞争，使网络行为呈现出相当的复杂性并且难以预测。因此，要想根本解决 Internet 的服务质量控制问题，必须首先建立合理的网络行为模型并进行大量的分析和相关实验验证。

就服务质量控制本身来说，也有很多需要进一步研究的领域，如服务质量控制机制实现的复杂性仍然是其很难全面投入使用的主要障碍。如果真的要在 Internet 上全面推广服务质量控制机制，即使采用核心无状态的服务质量框架，也需要对网络中的各种设备进行大量的配置和管理工作，这项工作的复杂度已经超过现有的网络管理系统能够承受的范围。

本章最后讨论的数据中心上应用服务质量保障方面的研究，可以视为服务质量保障研究的新趋势。总体来看，目前已有很多研究工作注意到这一趋势，并提出了大量的解决方案，但是这些方案的实际效果仍有提升空间。从未来发展走向看，物联网应用和移动互联网应用的高速普及，给未来的数据中心的资源管理机制提出了更高的要求。全局层面，为了保证未来应用的服务质量，势必要求进一步提升计算资源、存储资源和网络资源的利用效率，这就需要融合各层面的资源管理机制，进行统一优化。方法层面，基于机器学习的应用服务质量保证机制将成为趋势；目前已有一些研究探索了机器学习在数据中心内服务质量保证方面的应用，如基于深度学习的数据流调度策略[144]和任务调度策略[145]等；但总的来看，这些方法距离使用到业界的大规模系统中还有较大差距。

参考文献

[1] Ferguson P, Houston G. Quality of Service: Delivering QoS on the Internet and in Corporate Networks[M]. New York: John Wiley & Sons, 1998.

[2] Wang Zheng. Internet QoS: Architecture and Mechanisms for Quality of Service[M]. San Francisco: Morgan Kaufmann, 2001.

[3] Chao H, Guo X. Quality of Service Control in High-Speed Networks[M]. New York: John Wiley & Sons, 2001.

[4] Firoiu V, Boudec J Y Le, Towsley D, et al. Theories and Models for Internet Quality of Service[J]. Proceedings of the IEEE, 2002, 90(9): 1565-1591.

[5] Braden R, Clark D, Shenker S. Integrated services in the Internet Architecture: An overview[R]. RFC 1633, 1994.

[6] IETF Working Group on Integrated Service[EB/OL]. [2020-08-01]. https://datatracker.ietf.org/wg/intserv/about/.

[7] Blake S, Black D, Carlson M, et al. An architecture for differentiated services[R]. RFC 2475, 1998.

[8] IETF working group on Differentiated Service[EB/OL]. [2020-08-01]. https://datatracker.ietf.org/wg/diffserv/about/.

[9] Boudec J Y Le. Thiran P. Network Calculus: A Theory of Deterministic Queuing Systems for the Internet (Lecture Notes in Computer Science)[M]. Heidelberg: Springer, 2001.

[10] Kalmanek C, Kanakia H, Restrick R. Rate Controlled Servers for Very High Speed networks[C]. In Proceedings of IEEE GLOBECOM, 1990.

[11] Zhang H, Ferrari D. Rate controlled service disciplines[J]. Journal of High Speed Networks, 1994, 3(4): 389-412.

[12] Georgiadis L, Guérin R, Peris V, et al. Efficient Support of Delay and Rate Guarantees in an Internet[C]. In Proceedings of ACM SIGCOMM, 1996.

[13] Terms and Definitions related to Quality of Service and Network Performance Including Dependability[EB/OL]. [2020-08-01]. https://www.itu.int/rec/T-REC-E.800-199408-S.

[14] Zhang L, Deering S, Estrin D, et al. RSVP: A New Resource Reservation Protocol[J]. IEEE Communications Magazine, 1993, 31(9): 8-18.

[15] 徐恪，徐明伟，吴建平，等. IP 分类技术研究综述[J]. 小型微型计算机系统，2002，23(7)：773-779.

[16] Stoica I. Stateless Core：A Scalable Approach for Quality of Service in the Internet[D]. Pittsburgh：Carnegie Mellon University，2000.

[17] Stoica I，Shenker S，Zhang H. Core-stateless Fair Queueing：Achieving Approximately Fair Bandwidth Allocations in High Speed Networks[C]. In Proceedings ACM SIGCOMM，1998.

[18] Demers A，Keshav S，Shenker S. Analysis and Simulation of a Fair Queueing Algorithm[J]. Journal of Internetworking Research and Experience，1990，1(1)：3-26.

[19] Liebeherr J，Christion N. JoBS：Joint Buffer Management and Scheduling for Differentiated Services [C]. In Proceedings of the IEEE IWQoS，2001.

[20] Heinanen J，Finland T，Guerin R. A Single Rate Three Color Marker[R]. RFC 2697，1999.

[21] Heinanen J，Finland T，Guerin R. A Two Rate Three Color Marker[R]. RFC 2698，1999.

[22] Parekh A K，Gallager R G. A Generalized Processor Sharing Approach to Flow Control in Integrated Services Networks：The Single Node Case[J]. IEEE/ACM Transactions on Networking，1993，1(3)：344-357.

[23] Parekh A K，Gallager R G. A Generalized Processor Sharing Approach to Flow Control in Integrated Services Networks：The Multiple Node Case[J]. IEEE/ACM Transactions on Networking，1994，2(2)：137-150.

[24] Shenker S，Partridge C，Guerin R. Specification of Guaranteed Quality of Service[R]. RFC 2212，1997.

[25] Wroclawski J. Specification of the Controlled-Load Network Element Service[R]. RFC 2211，1997.

[26] Braden R，Zhang L，Berson S，et al. Resource ReSerVation Protocol (RSVP)[R]. RFC 2205，1997.

[27] Ji P，Ge Z，Kurose J，et al. A Comparison of Hard-state and Soft-state Signaling Protocols[C]. In Proceedings of ACM SIGCOMM，2003.

[28] Shenker S，Clark D，Zhang L. A Service Model for An Integrated Services Internet[R]. Internet Draft，1993.

[29] Guerin R，Blake S，Herzog S. Aggregating RSVP-based QoS Requests[R]. Internet Draft，1997.

[30] Berson S，Vincent S. Aggregation of Internet Integrated Services State[R]. Internet Draft，1998.

[31] Terzis A，Krawczyk J，Wroclawski J，et al. RSVP Operation over IP Tunnels[R]. RFC 2746，2000.

[32] Baker F，Iturralde C，Faucheur F Le，et al. Aggregation of RSVP for IPv4 and IPv6 Reservations [R]. RFC 3175，2001.

[33] Goyal P，Vin H. Generalized Guaranteed Rate Scheduling Algorithms：A Framework[J]. IEEE/ACM Transactions on Networking，1997，5(4)：561-572.

[34] Herzog S，Boyle J，Cohen R，et al. COPS Usage for RSVP[R]. RFC 2749，2000.

[35] 林闯. 多媒体信息网络 QoS 的控制[J]. 软件学报，1999，10(10)：1016-1024.

[36] Blake S，Black D，Carlson M，et al. A Framework for Differentiated Services[R]. RFC 2475，1999.

[37] Nichols K，Blake S，Baker F，et al. Definition of the Differentiated Services Field (DS Field) in the IPv4 and IPv6 Headers[R]. RFC 2474，1998.

[38] Grossman D.New Terminology and Clarifications for Diffserv[R]. RFC 3260，2002.

[39] Bernet Y，Blake S，Grossman D，et al. An Informal Management Model for DiffServ Routers[R]. RFC 3290，2002.

[40] Almesberger W，Salim J H，Kuznetsov A. Differentiated Services on Linux[C]. In Proceedings of IEEE GLOBECOM，1999.

[41] Bless R，Wehrle K. Evaluation of Differentiated Services Using an Implementation under Linux[C].

In Proceedings of IEEE IWQoS, 1999.
[42] Ramakrishan K, Floyd S. A Proposal to Add Explicit Congestion Notification (ECN) to IP[R]. RFC 2481, 1999.
[43] Lin L, Lo J, Ou F. A Generic Traffic Conditioning Model for Differentiated Services[C]. In Proceedings of IEEE ICC, 2000.
[44] Nichols K, Jacobson V, Zhang L, et al. A Two-bit Differentiated Services Architecture for the Internet[R]. RFC 2638, 1999.
[45] 林闯,单志广,任丰原. 计算机网络的服务质量(QoS)[M]. 北京：清华大学出版社，2004.
[46] Floyd S, Jacobson V. Link-sharing and Resource Management Models for Packet Networks[J]. IEEE/ACM Transactions on Networking, 1995, 3(4): 365-386.
[47] Jacobson V, Nichols K, Poduri K. An Expedited Forwarding PHB[R]. RFC 2598, 1999.
[48] Heinanen J, Baker F, Weiss W, et al. Assured Forwarding PHB Group[R]. RFC 2597, 1999.
[49] Welzl M, Ros D. A Survey of Lower-than-Best-Effort Transport Protocols[R]. RFC 6297, 2011.
[50] Diederich J, Zitterbart M. An Expedited Forwarding with Dropping PHB[R]. Internet Draft, 1999.
[51] Kilkki K, Ruutu J. Interoperability PHB Group[R]. Internet Draft, 1999.
[52] Li B, Lin C, Chanson S T. Analysis of a Hybrid Cutoff Priority Scheme for Multiple Classes of Traffic in Multimedia wireless Networks[J]. ACM Journal of Wireless Networks, 1998, 4(4): 279-290.
[53] Hou M, Mouftah H T. Performance Evaluation of Premium Service[R]. Internet Draft, 1999.
[54] Ibanez J, Nichols K. Preliminary Simulation Evaluation of an Assured Service[R]. Internet Draft, 1998.
[55] Heinanen J, Guerin R. A Single Rate Three Color Marker[R]. RFC 2697, 1999.
[56] Heinanen J, Guerin R. A Two Rate Three Color Marker[R]. RFC 2698, 1999.
[57] Fang W, Seddigh N, Nandy B. A Time Sliding Window Three Colour Marker (TSWTCM)[R]. RFC 2859, 2000.
[58] Clark D, Wroclawski J. An Approach to Service Allocation in the Internet[R]. Internet Draft, 1997.
[59] Jacobson V. Differentiated Services Architecture[R]. Talk in the Int-Serv WG at the Munich IETF, 1997.
[60] Banchs A, Leon O, Sallent S. The Olympic Service Model: Issues and Architecture[C]. In Proceedings of QofIS, 2001.
[61] Diederich J, Doll M, Zitterbart M. Best-effort Low-delay Service[C]. In Proceedings of IEEE LCN, 2003.
[62] Bless R, Wehrle K. IP Multicast in Differentiated Services (DS) Networks[R]. RFC 3754, 2004.
[63] Bernet Y, Yavatkar R, Ford P, et al. A Framework for Integrated Services Operation Over DiffServ Networks[R]. RFC 2988, 2000.
[64] Bernet Y, Yavatkar R, Ford P, et al. A Framework for Use of RSVP with DiffServ Networks[R]. Internet Draft, 1998.
[65] Bernet Y. Format of the RSVP DCLASS Object[R]. RFC 2996, 2000.
[66] Zhang Zhili, Duan Zhenhai, Gao Lixin. Decoupling QoS Control from core Routers: A Novel Bandwidth Broker Architecture for Scalable Support of Guaranteed Services[C]. In Proceedings of the ACM SIGCOMM, 2000.
[67] Bergkvist J, Cselenyi I, Ahlard D. Boomerang—A Simple Resource Reservation Framework for IP [R]. Internet Draft, 2000.

[68] Stoica I, Zhang H. Providing Guaranteed Services without Per Flow Management[C]. In Proceedings of ACM SIGCOMM, 1999.

[69] Borgonovo F, Fratta L, Petrioli C. End-to-end QoS Provisioning Mechanism forDifferentiated Services[R]. Internet Draft, 1998.

[70] Detti A, Listanti M, Salsano S, et al. Supporting RSVP in a Differentiated Service Domain: An Architectural Framework and a Scalability Analysis[C]. In Proceedings of IEEE ICC, 1999.

[71] Zhang Hui. Service Disciplines for Guaranteed Performance Service in Packet Switching Networks [J]. Proceeding of the IEEE, 1995, 83(10): 1374-1396.

[72] 江勇. 高性能路由器的分组调度策略研究[D]. 北京：清华大学，2002.

[73] 王宏宇，顾冠群. 集成服务网络中的分组调度算法研究综述[J]. 计算机学报，1999，22(10)：1090-1099.

[74] Kaur J, Vin H. Core-stateless Guaranteed Rate Scheduling Algorithms[C]. In Proceedings of IEEE INFOCOM, 2001.

[75] Bennett J, Zhang H. WF2Q: Worst-case Fair Weighted Fair Queueing[C]. In Proceedings of IEEE INFOCOM, 1996.

[76] Chang Chengshang. On Deterministic Traffic Regulation and Service Guarantee: A Systematic Approach by Filtering[J]. IEEE Transactions on Information Theory, 1998, 44(3): 1096-1107.

[77] Agrawal R, Cruz R L, Okino C, et al. Performance Bounds for Flow Control Protocols[J]. IEEE/ACM Transactions on Networking, 1999, 7(3): 310-323.

[78] Bennett J, Zhang H. Hierarchical Packet Fair Queueing Algorithms[C]. In Proceedings of ACM SIGCOMM, 1996.

[79] Golestani S. A Self-clocked Fair Queueing Scheme for Broadband Applications[C]. In Proceedings of IEEE INFOCOM, 1994.

[80] Goyal P, Vin H M, Chen H. Start-time Fair Queuing: A Scheduling Algorithm for Integrated Services[C]. In Proceedings of ACM SIGCOMM, 1996.

[81] Stiliadis D, Varma A. Latency-rate Servers: A General Model for Analysis of Traffic Scheduling Algorithms[J]. IEEE/ACM Transsations on Networking, 1998, 6(5): 611-624.

[82] Stiliadis D, Varma A. Efficient Fair Queueing Algorithms for Packet-switched Networks[J]. IEEE/ACM Transsations on Networking, 1998, 6(2): 175-185.

[83] Stiliadis D, Varma A. Rate-proportional Servers: A Design Methodology for Fair Queueing Algorithms[J]. IEEE/ACM Transsations on Networking, 1998, 6(2): 164-174.

[84] Stiliadis D. Traffic Scheduling in Packet-switched Networks: Analysis, Design, and Implementation [D]. Santa Cruz: University of California Santa Cruz, 1996.

[85] Figueira N, Pasquale J. Leave-in-time: A Service Discipline for Real-time Communications in a Packet Switching Network[C]. In Proceedings of ACM SIGCOMM, 1995.

[86] Zhang Lixia. Virtual Clock: A New Traffic Control Algorithm for Packet Switching Networks[C]. In Proceedings of ACM SIGCOMM, 1990.

[87] Verma D, Zhang H, Ferrari D. Guaranteeing Delay Jitter Bounds in Packet Switching Networks[C]. In Proceedins of IEEE TriComm, 1991.

[88] Sariowan H. A Service Curve Approach to Performance Guarantees in Integrated Service Networks [D]. San Diego: University of California at San Diego, 1996.

[89] Shreedhar M, Varghese G. Efficient Fair Queueing Using Deficit Round Robin[C]. In Proceedings of ACM SIGCOMM, 1995.

[90] Figueira N, Pasquale J. An Upper Bound on Delay for the Virtual Clock Service Discipline[J]. IEEE/ACM Transactions on Networking, 1995, 3(4): 399-408.

[91] Xie G, Lam S. Delay Guarantee of Virtual Clock Server [J]. IEEE/ACM Transactions on Networking, 1995, 3(6): 683-689.

[92] Ferrari D, Verma D. A Scheme for Real-time Channel Establishmenting Wide-area Networks[J]. IEEE Journal on Selected Areas in Communications, 1990, 8(3): 368-379.

[93] Golestani S. A Stop-and-go Queueing Framework for Congestion Management[C]. In Proceedings of ACM SIGCOMM, 1990.

[94] Kalmanek C, Kanakia H, Keshav S. Rate Controlled Servers for Very High-speed Networks[C]. In Proceedings of IEEE GLOBECOM, 1990.

[95] Zhang H, Ferrari D. Rate-controlled Static Priority Queueing [C]. In Proceedings of IEEE INFOCOM, 1993.

[96] Zhang Z, Duan Z, HouT. Virtual Time Reference System: A Unifying Scheduling Framework for Scalable Support of Guaranteed Services[J]. IEEE Journal on Selected Areas in Communications, 2000, 18(12): 2684-2695.

[97] The ATM Forum Technical Committee.ATM User-network Interface (UNI) Signalling Specification Version 4.0[R]. af-sig-0061.000, 1996.

[98] Banerjea A, Mah B. The Real-time Channel Administration Protocol [C]. In Proceedings of NOSSDAV, 1992.

[99] 林闯,单志广,盛立杰,等. Internet 区分服务及其几个热点问题的研究[J]. 计算机学报, 2000, 23(4): 419-433.

[100] 吕亮. 数据中心请求接入管理、任务调度及负载分布优化研究[D]. 北京: 清华大学, 2020.

[101] Afsar H M, Artigues C, Bourreau E, et al. Machine Reassignment Problem: the Roadef/Euro Challenge 2012[J]. Annals of Operations Research, 2016, 242(1): 1-17.

[102] Ross G T, Soland R M. A Branch and Bound Algorithm for the Generalized Assignment Problem [J]. Mathematical Programming, 1975, 8(1): 91-103.

[103] Oncan T. A Survey of the Generalized Assignment Problem and its Applications[J]. Infor, 2007, 45(3): 123-141.

[104] Gavish B, Pirkul H. Computer and Database Location in Distributed Computer Systems[J]. IEEE Computer Society, 1986, 1986: 583-590.

[105] Gavish B, Pirkul H. Algorithms for the Multi-resource Generalized Assignment Problem [J]. Management Science, 1991, 37(6): 695-713.

[106] Privault C, Herault L. Solving a Real World Assignment Problem With a Metaheuristic[J]. Journal of Heuristics, 1998, 4(4): 383-398.

[107] Mitrović-Minić S, Punnen A P. Local Search Intensified: Very Large-scale Variable Neighborhood Search for the Multi-resource Generalized Assignment Problem[J]. Discrete Optimization, 2009, 6(4): 370-377.

[108] Yagiura M, Iwasaki S, Ibaraki T, et al. A Very Large-scale Neighborhood Search Algorithm for the Multi-resource Generalized Assignment Problem[J]. Discrete Optimization, 2004, 1(1): 87-98.

[109] Mazzola J B, Wilcox S P. Heuristics for the Multi-resource Generalized Assignment Problem[J]. Naval Research Logistics, 2001, 48(6): 468-483.

[110] Shtub A, Kogan K. Capacity Planning by the Dynamic Multi-resource Generalized assignment problem (dmrgap)[J]. European Journal of Operational Research, 1998, 105(1): 91-99.

[111] Piraghaj S F, Dastjerdi A V, Calheiros R N, et al. A Framework and Algorithm for Energy Efficient Container Consolidation in Cloud Data Centers[C]. In Proceedings of IEEE DSDIS, 2015.

[112] Dong Z, Zhuang W, Rojas-Cessa R. Energy-aware Scheduling Schemes for Cloud Data Centers on Google Trace Data[C]. In Proceedings of IEEE OnlineGreencomm, 2014.

[113] Shi Tao, Ma Hui, Chen Gang. Energy-aware Container Consolidation Based on Pso in Cloud Data Centers[C]. In Proceedings of IEEE CEC, 2018.

[114] Mao Y, Oak J, Pompili A, et al. Draps: Dynamic and Resource-aware Placement Scheme for Docker Containers in a Heterogeneous Cluster[C]. In Proceedings of IEEE IPCCC, 2017.

[115] Nardelli M, Hochreiner C, Schulte S. Elastic Provisioning of Virtual Machines for Container Deployment[C]. In Proceedings of ACM ICPE, 2017.

[116] Zhang Rong, Zhong Amin, Dong Bo, et al. Container-vm-pm architecture: A Novel Architecture for Docker Container Placement[C]. In Proceedings of IEEE CLOUD, 2018.

[117] Lv Liang, Zhang Yuchao, Li Yusen, et al. Communication-Aware Container Placement and Reassignment in Large-Scale Internet Data Centers[J]. IEEE Journal on Selected Areas in Communications, 2019, 37(3): 540-555.

[118] Zhang Yuchao, Xu Ke. Network Management in Cloud and Edge Computing[M]. Singapore: Springer, 2020.

[119] Sharma P, Chaufournier L, Shenoy P, et al. Containers and Virtual Machines at Scale: A Comparative Study[C]. In Proceedings of ACM/IFIP MIDDLEWARE, 2016.

[120] Mann Z d, Szabó M. Which is the Best Algorithm for Virtual Machine Placement Optimization? [J]. Concurrency & Computation Practice & Experience, 2017, 29(10): e4083.

[121] Meng X, Pappas V, Zhang L. Improving the Scalability of Data Center Networks with Trafficaware Virtual Machine Placement[C]. In Proceedings of IEEE INFOCOM, 2010.

[122] Popa L, Kumar G, Chowdhury M, et al. Faircloud: Sharing the Network in Cloud Computing[J]. ACM SIGCOMM Computer Communication Review, 2012, 42(4): 187-198.

[123] Rui Li, Zheng Qinghua, Li Xiuqi, et al. A Novel Multi-objective Optimization Scheme for Rebalancing Virtual Machine Placement[C]. In Proceedings of IEEE CLOUD, 2017.

[124] Gavranović H, Buljubašić M. An Efficient Local Search with Noising Strategy for Google Machine Reassignment Problem[J]. Annals of Operations Research, 2016, 242(1): 19-31.

[125] Turky A, Sabar N R, Sattar A, et al. Parallel Late Acceptance Hill-climbing Algorithm for the Google Machine Reassignment Problem[C]. In Proceedings of AI, 2016.

[126] Turky A, Sabar N R, Song A. An Evolutionary Simulating Annealing Algorithm for Google Machine Reassignment Problem[C]. In Proceedings of IES, 2017.

[127] Turky A, Sabar N R, Song A. Cooperative Evolutionary Heterogeneous Simulated Annealing Algorithm for Google Machine Reassignment Problem[J]. Genetic Programming and Evolvable Machines, 2018, 19(12): 183-210.

[128] Turky A, Sabar N R, Sattar A, et al. Multi-neighbourhood Great Deluge for Google Machine Reassignment Problem[C]. In Proceedings of SEAL, 2017.

[129] Portal G M, Ritt M, Borba L M, et al. Simulated Annealing for the Machine Reassignment Problem[J]. Annals of Operations Research, 2016, 242(1): 93-114.

[130] Guo Yanghu, Yao Wenbin. A Container Scheduling Strategy Based on Neighborhood Division in micro service[C]. In Proceedings of IEEE/IFIP NOMS, 2018.

[131] Li Jiawei, Liu Bo, Lin Weiwei, et al. An Improved Container Scheduling Algorithm Based on pso

for Big Data Applications[C]. In Proceedings of CSS, 2019.

[132] Kaewkasi C, Chuenmuneewong K. Improvement of Container Scheduling for Docker Using Antcolony Optimization[C]. In Proceedings of IEEE KST, 2017.

[133] Lin Miao, Xi Jianqing, Bai Weihua, et al. Ant Colony Algorithm for Multi-objective Optimization of Container-based Microservice Scheduling in Cloud[J]. IEEE Access, 2019, 7: 83088-83100.

[134] Mrad M, Gharbi A, Haouari M, et al. An Optimization-based Heuristic for the Machine Reassignment Problem[J]. Annals of Operations Research, 2016, 242(1): 115-132.

[135] Brandt F, Speck J, Völker M. Constraint-based Large Neighborhood Search for Machine Reassignment[J]. Annals of Operations Research, 2016, 242(1): 63-91.

[136] Mehta D, O'Sullivan B, Simonis H. Comparing Solution Methods for the Machine Reassignment Problem[C]. In Proceedings of CP, 2012.

[137] Saber T, Ventresque A, Gandibleux X, et al. Genepi: A Multi-objective Machine Reassignment Algorithm for Data Centres[C]. In Proceedings of HM, 2014.

[138] Saber T, Ventresque A, Brandic I, et al. Towards a Multi-objective Vm Reassignment for Large Decentralised Data Centres[C]. In Proceedings of IEEE/ACM UCC, 2015.

[139] Sabar N R, Song A, Zhang M. A Variable Local Search Based Memetic Algorithm for the Load Balancing Problem in Cloud Computing[C]. In Proceedings of EvoApplications, 2016.

[140] Saber T, Marques-Silva J, Thorburn J, et al. Exact and Hybrid Solutions for the Multi-objective vm Reassignment Problem[J]. International Journal on Artificial Intelligence Tools, 2017, 26(01): 1760004.

[141] Saber T, Gandibleux X, O'Neill M, et al. A comparative Study of Multi-objective Machine Reassignment Algorithms for Data Centres[J]. Journal of Heuristics, 2019, 2019: 1-32.

[142] Jaśkowski W, Szubert M, Gawron P. A Hybrid Mip-based Large Neighborhood Search Heuristic for Solving the Machine Reassignment Problem[J]. Annals of Operations Research, 2016, 242(1): 33-62.

[143] Butelle F, Alfandari L, Coti C, et al. Fast Machine Reassignment[J]. Annals of Operations Research, 2016, 242(1): 133-160.

[144] Chen L, Lingys J, Chen K, et al. Auto: Scaling Deep Reinforcement Learning for Datacenter-Scale Automatic Traffic Optimization[C]. In Proceedings of ACM SIGCOMM, 2018.

[145] Mao H, Schwarzkopf M, Venkatakrishnan S B, et al. Learning Scheduling Algorithms For Data Processing Clusters[C]. In Proceedings of ACM SIGCOMM, 2019.

第 5 章　高性能路由器体系结构与关键技术

5.1 引　　言

路由器工作在网络层,它是一种数据包转发设备。路由器通过转发数据包实现网络互联。虽然路由器可以支持多种协议(如 TCP/IP、IPX/SPX 和 AppleTalk 等),但目前绝大多数路由器都主要运行 TCP/IP。路由器通常连接两个或多个 IP 子网。路由器根据收到数据包中的网络层地址以及路由器内部维护的路由表决定输出端口以及下一跳地址,并且重写链路层数据包头实现数据包的转发。路由器通过动态维护路由表反映当前的网络拓扑,并通过与网络上其他路由器交换路由和链路信息维护路由表。

路由与转发是路由器的两个基本功能。路由器必须对每个到达本路由器的分组做出正确的转发决策,决定分组向哪一个下一跳路由器**转发**(Forwarding),为了进行正确的转发决策,路由器需要在转发表中查找能够与转发分组目的地址最佳匹配的表项,这个查找过程被称为**路由查找**(Route Lookup),同时,路由器在得到正确的转发决策之后必须能够将分组从输入接口向相应的输出接口传送,这个过程被称为内部**交换(Switching)过程**。

从 1976 年发明第一台路由器到目前为止,路由器已有 40 多年的历史。在这期间,随着 Internet 的飞速发展,路由器作为网络连接的核心设备,其发展历程也经历了几次飞跃。近年来,国际上对高性能 IP 路由器技术的研究也日益活跃,提出了用**交换结构**(Switch Fabric)提高各接口单元之间的数据通信速度的基本思想。事实上,多处理器交换式体系结构的第三代路由器的核心模块就是交换结构。从研究趋势看,交换技术已经成为高速路由器的核心技术。随着性能要求的进一步提高,研发人员又提出可扩展路由器体系结构,目前主流的路由器厂商都已经可以提供商用的可扩展路由器产品。

本章首先简要回顾路由器的发展历史,然后介绍路由器的分类和体系结构,让读者对路由器有一个基本的认识,之后对路由器的软硬件系统组成、路由查找和分组分类算法等关键技术予以介绍,再从可扩展路由器、高性能路由器交换结构和调度算法、新型路由器研究进展等方面对路由器相关的研究问题进行讲解和讨论,最后对本章进行总结。

5.2 路由器的发展历史

路由器发展过程中经历了不同的体系结构,本节对其进行简单梳理。

2008 年,IEEE 将 Internet Award 奖项授予 Michael Brescia、Robert Hinden 和 Virginia Travers 三人,以表彰他们在 20 世纪 70 年代发明了第一台路由器(见图 5.1(a)),当时他们三人都在 BBN 工作。真正第一代的商用路由器是美国 Cisco 公司首先开发的。

1984 年,在斯坦福大学任教的一对年轻教师列昂纳德·波萨克(Leonard Bosack)和桑德拉·勒纳(Sandy Lerner)结为夫妇。波萨克是个性格开朗的年轻人,而他的妻子勒纳则是一位精明能干的女科学家。波萨克当时是斯坦福大学计算机系的计算机中心主任,而勒纳则是斯坦福商学院的计算机中心主任。他们两人当时的办公场地相距不到 500 米，但由于一个使用的是 IBM 系统，一个使用的是 DEC 系统，他们各自负责的两套系统无法互通。于是，两人一起设计了一套可以自动将一个系统命令转换成另一个系统能理解的命令的系统，而实现转换的小盒子就是世界上的第一台多协议路由器。他们由此设计出一种新型设备，用来将斯坦福校园内的各个计算机局域网连接在一起，形成统一的网络，这就是“多协议路由器”，它的出现标志着互联网时代真正到来。

1984 年，他们在美国加州圣荷塞成立了 Cisco 系统公司，这是一家标准的硅谷模式高科技公司。注册公司那天，他们开车经过著名的金门大桥，因为喜欢 San Francisco 这个名字的发音，于是取了 San Francisco 后面的 5 个字母作为公司的名字(因此，在此后相当长一段时间，Cisco 公司坚持将公司名称写为 cisco)。而 Cisco 公司的 Logo 就是金门大桥。巍峨的金门大桥是旧金山市最著名的景观之一，它横跨金门湾，将两岸相望的人们紧紧连接在一起，与 Cisco 公司的网络产品所想表达的意义默契相通。创业成功后，美国知名风投基金 KPCB 开始向他们注资。因为管理理念不同，夫妻俩在 1990 年退出了 Cisco 公司。当时的他们将手上持有的 33%股份卖了 1.7 亿美元。考虑到 Cisco 公司的市值最高曾经达到 5000 亿美元以上，如果他们能将股份保留，则他们有机会成为世界首富。1986 年，Cisco 公司发布了第一代商用路由器 Cisco AGS(Advanced Gateway Server)，如图 5.1(b)所示。

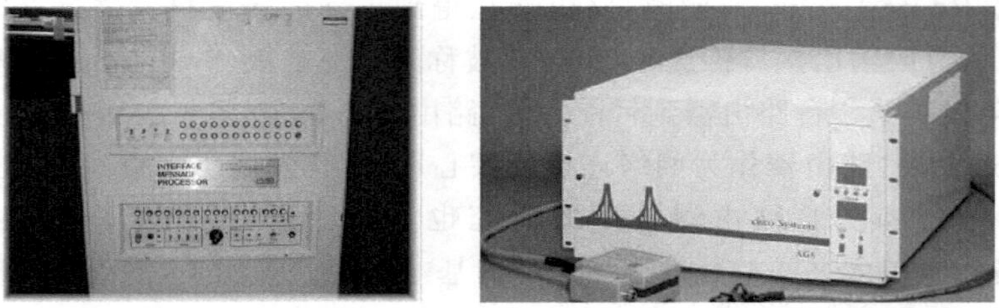

(a) Michael Brescis等开发的世界上第一台路由器　(b) Cisco公司研发的世界上第一商用路由器Cisco-AGS

图 5.1　世界上第一台路由器和第一台商用路由器

此后，路由器经历了内存交换、总线交换、Crossbar 交换和多集群可扩展的交换结构的四代发展，后面章节将对这几代路由器的体系结构进行详细介绍。

5.3　路由器软硬件系统组成

路由器是一个复杂的系统，本节首先从概念上对路由器的体系结构进行概述，然后针对路由器的软件结构给出一个通用的模型。

5.3.1　路由器基本结构单元

虽然路由器经历了长期的发展过程，但是它的基本结构没有发生很大的变化。图 5.2 给出了路由器的基本逻辑结构。从功能逻辑上看，路由器主要由四大功能模块组成，分别是网络接口、转发引擎、路由处理器以及交换模块。

网络接口(也就是通常说的线卡(Linecard))和物理链路直接相连，网络接口模块中常常包括处理相应物理传输数据分组的功能，完成网络分组的接收和发送工作。网络接口一般工作在网络协议栈的最下面两层——物理层和数据链路层。一台路由器中有许多个网络接口，而且随着通信技术的发展，网络接口的性能也越来越高。使用的通信媒介有电信号线路到光信号线路的多种规格，速度从 10Mb/s 到几百 Gb/s。

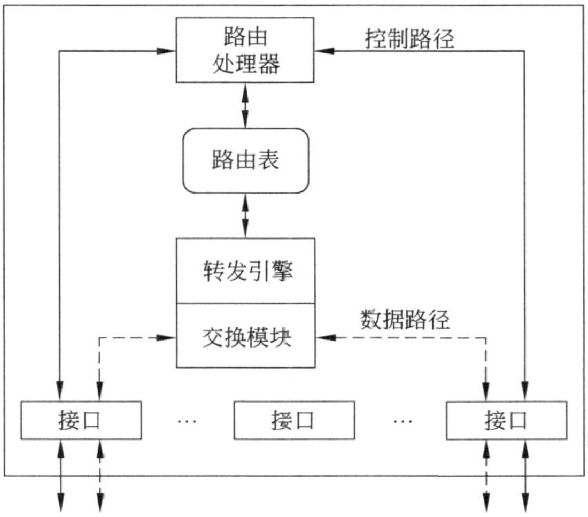

图 5.2　路由器的基本逻辑结构

转发引擎工作在网络协议栈的第三层——网络层，它主要负责决定数据分组的转发路径，转发引擎对接收的数据分组的头部进行解析，然后根据数据分组的分类标识（如目的 IP 地址）在路由表中进行查找，得到转发操作的目的端口。在高速路由器中，转发引擎大多采用专用硬件（如 TCAM）实现。在分布式体系结构中，转发引擎又包含本地转发表，用于在线卡上完成转发的局部查表操作。

路由处理器主要由运行高层协议（特别是路由协议）的内部处理模块组成。除此之外，路由处理器还要保证整个核心路由器能够可靠稳定地工作，诸如各个网络接口卡的状态一致性维护，局部转发表和全局路由器的一致性维护，系统状态的监控等工作都需由路由处理器模块完成。

交换模块用于连接多个网络接口以及路由引擎模块，为它们之间的数据传输提供高速的数据通路。交换结构的实现方式主要有共享总线和交叉开关等。

路由器中一个非常关键的数据结构是路由表。路由表包含了能够完成网络分组正确转发的所有路由信息，它在整个路由器系统中起承上启下的作用，它根据路由处理器提供的路由信息及时更新路由表，从而能够为转发引擎返回正确的路由查找结果，完成分组的转发。因此，路由表是实现路由器基本功能最重要的数据结构。

路由器根据网络分组的不同提供了两种相应的处理路径，分别是数据路径以及控制路径。数据路径上处理的是目的地址不是本路由器而需要转发的网络分组，数据路径是整个路由器的关键路径，它的实现直接影响路由器的整体性能。控制路径上处理的是目的地址为本路由器的高层协议分组（特别是各种路由协议分组），它不是路由器的关键路径，但是它为路由器分组转发提供了正确的信息。

随着光技术的发展，光器件越来越多地出现在路由器的硬件结构中。在研究领域，光学交换矩阵可以提供具有扩展能力的大规模连接方式，同时保证很短的配置时间。一种基于FEM(Frame-based Exhaustive Matching)的设计方案[1]可以完成6400×6400的交换，理论上能达到1.024Pb/s(1.024×10^{15} b/s)的交换能力。

5.3.2 路由器软件结构

和工作在网络的第二层的交换机相比，路由器的结构要复杂得多。这不仅因为路由器是工作在网络的第三层，还因为路由器有一套非常复杂的软件系统。路由器上运行的路由协议通常具有比较复杂的交互流程，而且计算量较大，此外，路由器不仅要完成基于IP地址的路由转发操作，还要完成其他许多控制功能，例如安全管理、服务质量控制等。

图5.3为路由器软件结构的示意图。根据不同的功能，路由器的软件系统大致可以划分为几个子系统：路由协议子系统、转发子系统、支撑子系统、安全子系统和管理子系统等。

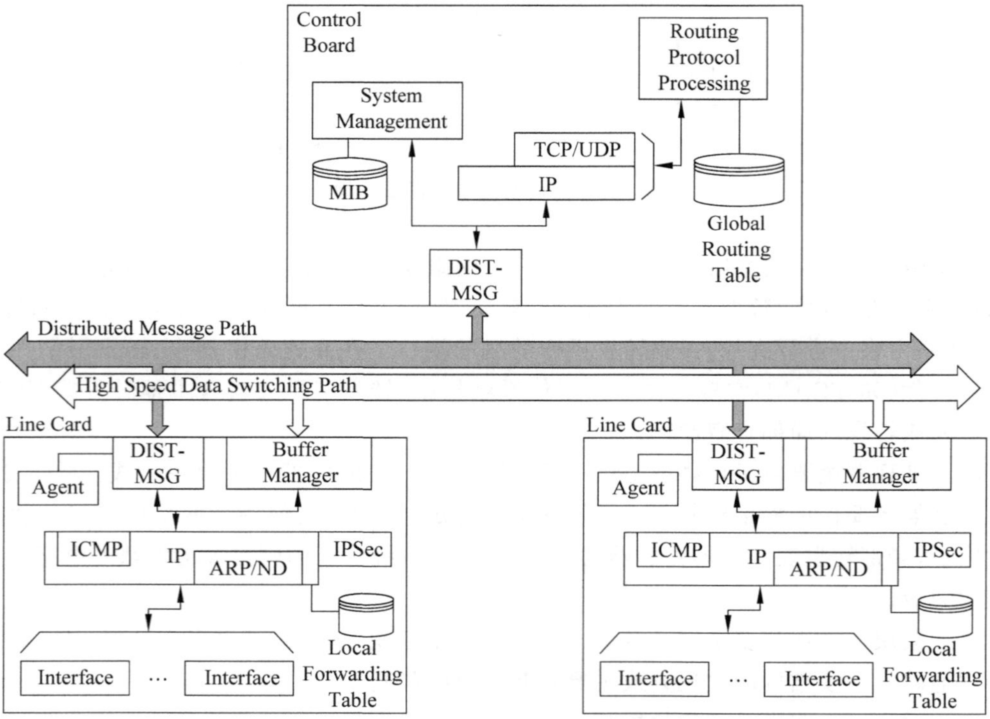

图5.3 路由器软件结构示意图

路由协议子系统主要负责路由协议的运行和路由表的维护。路由协议通常有IPv4下的RIPv2、OSPFv2、BGP-4以及IPv6下的RIPng、OSPFv3、BGP-4+(这些路由协议的详细介绍请参考本书第2章)。它们和邻居路由器进行路由交互，构造路由表，用作转发操作的依据。在分布式路由器系统中，路由协议通常运行在控制板上，但是，每个线卡都要独立完成一部分转发操作，需要分布式的路由查表操作。因此，分布式路由器系统中，路由协议子系统通常维护一个集中的路由表和若干个转发表。路由表集中在控制板上存放，每个线卡上保存一份转发表，用于查表操作，转发表通常是控制板上的集中路由表的子集，随着硬件能力的提升，目前转发表也可以做到和路由表条目数量完全一致。路由协议子系统中的路由管理模块负责分布式的转发表和集中的路由表之间的数据同步。

转发子系统是路由器中另一个重要的组成部分，它负责数据分组的查表转发操作。转发操作本身并不复杂，但是，随着网络速度的提高，对路由器处理速度的需求也不断提高，转发子系统的处理能力要和数据流的速度相匹配，才可以完成高速的转发。这个要求使得转发子系统常常成为路由器的性能瓶颈。转发子系统很大程度地依赖于硬件系统的结构，例如总线方式的硬件和交换网络方式的硬件就有很大的不同。总线方式的硬件结构中，转发子系统的重点是内部数据的缓冲与管理；而在交换网络方式的硬件结构中，仲裁与调度也是转发子系统要解决的关键问题。不过，从抽象的角度看，转发子系统的主要功能是提供高速的数据交换通路。

支撑子系统是路由器中不可或缺的组成部分，主要包含传输层的协议实现，如 TCP 和 UDP 等。支撑子系统主要用于为上层的协议子系统提供通信支持。因为路由协议总是运行在一定的底层协议之上，例如 BGP-4 协议就是基于 TCP 的，所以，在路由器中也要实现这些通信协议，才能保证上层路由协议的正常运行。而且，在一些特殊的需求下，支撑子系统本身也要一些特殊的支持，例如，对 BGP-4 协议的高可用性的支持，就可以通过改进 TCP 得到加强。相比于路由器转发的数据量，路由器之间协议交互所占的数据量比较小，支撑子系统的性能压力不大，但是支撑子系统仍然需要有很好的鲁棒性和运行效率。

安全子系统并不是路由器的必备部分，但是现在的商用路由器都提供一定的安全功能。此外，涉及安全的处理由于有很大的计算量，常常会成为性能的巨大障碍，所以在路由器中使用专门的模块或者硬件辅助处理。简单地说，安全子系统通常需要包含两个主要功能部件：一个是密钥的管理模块；另一个是对 IP 分组进行安全增强的协议，当前主要是 IPSec。

管理子系统负责对路由器的操作与维护进行支持。它包括很多功能模块，如配置管理、启动控制和文件系统等。此外，管理子系统的一个重要组成部分是基于 SNMP 的管理模块，它包含 3 个主要部分，分别是 SNMP 处理、管理代理和管理信息库(MIB)。对管理信息库的更新与访问操作是其中的关键。在分布式系统中，因为每个分布的部件都要受管理子系统的监控，所以，通常在线卡上运行一个管理代理，负责线卡的本地管理，同时，它和主控制板上的管理模块进行通信，完成分布式的控制操作。

5.4 路由器体系结构

路由器体系结构[2]变迁的主线如下：由使用通用功能器件发展到使用专用器件；由系统的串行操作发展到并行操作。器件的专用程度提高，意味着系统的一些关键运算可以采用独立的物理器件完成，同时还可进行专门的算法优化设计，提高系统性能。另一方面，进行并行化处理，提高系统的并行度，在提高系统性能方面一直都有广泛的应用，在路由器领域同样也得到了广泛应用。

一般认为，路由器的体系结构的发展可以划分成如下四代：

(1) 单机集中式总线结构。

(2) 单机分布式共享总线结构。

(3) 单机分布式 Crossbar 结构。

(4) 多机互连的集群结构。

下面首先分析为什么需要高性能路由器，然后逐一介绍这四代路由器体系结构的主要特点。

5.4.1 为什么需要高性能路由器

路由器是计算机网络的核心设备，其主要功能是完成路由(Routing)和转发(Forwarding)。此外，由于应用领域的多样性和应用环境的复杂性，在很多情况下，路由器还要完成额外的控制与管理功能，如安全、策略和计费等。不过，在骨干网络中，路由转发能力仍然是核心路由器最重要的性能指标。

简单地说，计算机网络是由大量的路由器和它们之间的连接线路构成的。无论路由器还是它们之间的连接线路，都有可能成为数据传输的瓶颈。

众所周知，计算机产业的发展速度非常快，根据摩尔定律[3]，半导体器件的计算能力大约每 18 个月翻一番，路由器是一种"专用"的计算机，因此，路由器的运算能力也按照这个速度增长。然而，互联网的发展却超过了这个速度。随着网络技术和网络应用的不断进步，人们需要的数据传输数量越来越大，据统计，互联网上的数据流量翻一番只需要一年的时间[4]。有一些估算甚至认为每三四个月就翻一番。不过，即使是保守的估算，网络流量需求的增长速度还是超过了半导体器件计算能力的增长速度，就算升级很快，网络设备仍然会显得力不从心。

互联网的传输线路可以有多种介质，其中，光纤的传输速率最高。在过去很长一段时间里，人们一度认为，由于半导体激光器的限制，TDM(Time Division Multiplexing，时分多路复用)技术已经达到光纤传输的上限，大约有 80Gb/s。但是，随着新技术的出现和成熟，光纤通信取得了巨大的进步。其中，WDM(Wavelength Division Multiplexing，波分多路复用)技术从 20 世纪 90 年代的后半段开始逐渐走向实用。这意味着，在一根光纤内，通过增加不同波长的激光束数目，就可以无限地提高带宽，至少在理论上是如此。与摩尔定律类似，在这个领域也有一个称为 Gilder 定律的规则，即光纤的带宽以每 6 个月翻一番，甚至更高的速度增长。

光纤通信技术的发展使得传输线路已经不是瓶颈，这样，网络速度提高的主要阻碍就落在了交换节点——路由器的身上。从图 5.4 中可以看出，路由器的转发速率已经成为网络速度的主要瓶颈。经过研究人员和路由器厂商的共同努力，目前看，路由器的转发能力基本上每 18 个月可以提高 2.2 倍，这至少超过了摩尔定律的增长速度。

5.4.2 单机集中式总线结构

在早期的网络互联中，没有专用的路由器设备，通常使用运行路由软件的通用计算机完成路由功能。所以，这个时候路由器的体系结构和通用计算机没有很大的区别。系统中包含一个中央处理器和集中式的内存。所有的通信线卡都通过一条共享的总线和中央处理器以及集中式内存相连，如图 5.5 所示。1986 年，成立刚两年的 Cisco 公司推出的业界第一台路由器产品 AGS(Advanced Gateway Server)就采用了这样的体系结构。

通信线卡(在这种体系结构中实际上就是通常意义上的网卡(NIC))完成数据的物理层以及数据链路层的收发操作，收到的数据分组通过总线送到集中式内存进行存储，同时数据

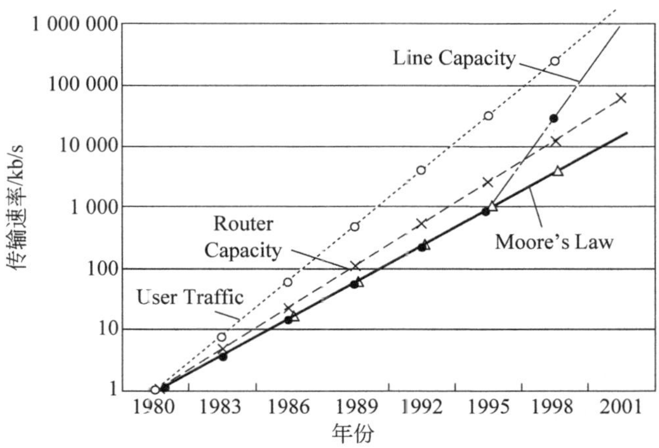

图 5.4 网络发展速度对比

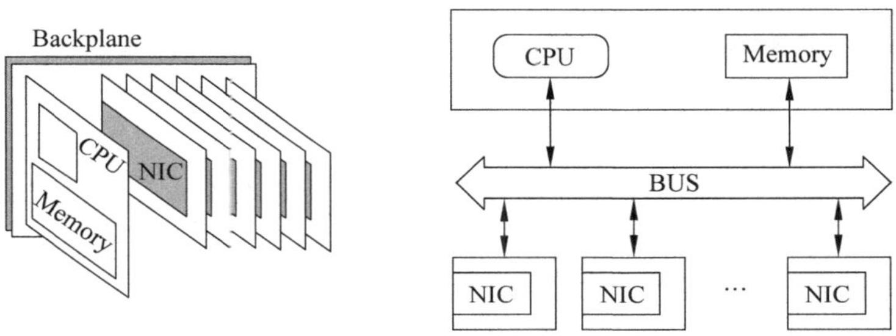

图 5.5 单机集中式总线结构

分组的头部送到中央处理器，进行路由操作，选路成功后的数据分组再通过总线送到目的线卡，之后再发送出去。

从分组收发的流程可以看出，数据流需要至少两次经过总线，总线在这个系统中是被所有线卡和中央处理器以及内存共享的，所以，当线卡数目增多或者数据流量很大时，各个设备对总线的争用会导致严重的访问冲突。

另外，中央处理器需要处理来自所有线卡的数据转发操作，因此，当线卡数目增加或者数据流量增大时，单一的中央处理器没法完成更高的转发速率要求。同时，路由器还要和邻居路由器交互路由信息，进行路由计算，这些操作也需要在中央处理器上完成。因此，在这种单机集中式结构中，单一的中央处理器会成为系统最根本的性能瓶颈。这种结构路由器的典型交换容量通常小于 500Mb/s。这里说明一点，通常路由器计算转发能力或者交换容量都是按照双向流量计算的，例如一台有两个百兆线卡的路由器，最大转发能力就是 400Mb/s，因为每个百兆网卡都同时支持 100Mb/s 的入流量和 100Mb/s 的出流量。

在这种结构中，数据交换操作主要由软件完成。目前，大部分低端的接入路由器都属于这种结构。在实际应用环境下，也有许多人使用安装有多块网卡的 PC 运行路由软件（如 Gated[5] 和 Zebra[6]）搭建路由器，这种路由器当然也属于单机集中式总线结构。

5.4.3 单机分布式总线结构

单机分布式总线结构的主要思想是提高线卡的处理能力，同时，将用于路由计算的处理器从路由转发中解放出来，如图 5.6 所示。

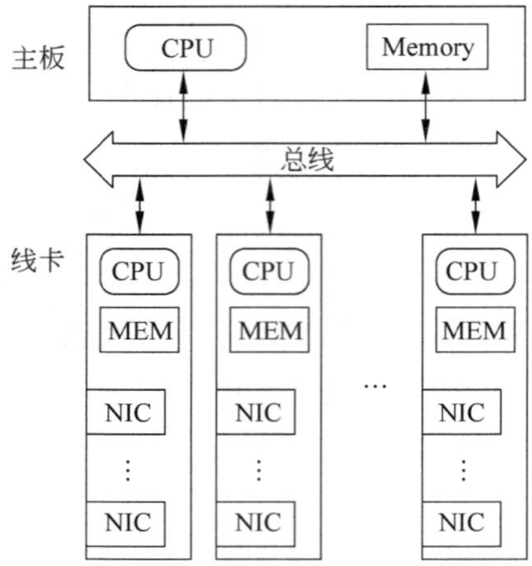

图 5.6 单机分布式总线结构

单机分布式总线结构的“分布式”特性体现为多个相对独立的线卡可以并行完成各自的操作。每一块线卡不再是简单的网卡，而是拥有自己的处理器、内存和若干网卡的独立子系统。到达一块线卡的数据分组在本地线卡进行存储和转发判决，输出端口在本线卡内部的数据直接由线卡送到目的端口，只有路由之后目的端口在其他线卡的数据需要通过总线送到其他线卡上。这样做主要有两个好处：一方面提高了线卡上的数据处理能力；另一方面降低了总线的争用程度。

在这个系统中，通常有一块特殊的“板子”，称做“主板”（相对地，线卡通常也称作“从板”），它基本上不参与路由转发操作，主要完成整个系统的管理操作和路由计算等任务。它负责运行路由协议和邻居节点进行路由交换，生成路由表，并将用于转发判决的转发表发布到各个线卡上。

一台完整的路由器主要需要完成两个功能：一个是转发操作；另一个是路由计算功能。前者处理的是通过路由器的数据流，关键操作是转发表的查找、分组转发以及相应的排队等操作；后者处理的是路由协议的计算，即通过和邻居路由器进行基于路由协议的交互，完成路由表的计算。在实际环境中，这两部分都有很高的性能需求。单机分布式总线结构把这两个功能分布在不同的处理板上完成，其中，转发操作也分布在若干个线卡上完成。这种分布式结构大大提高了系统的整体性能。

5.4.2 节提到，使用共享总线结构的路由器，都会因为线卡对总线的争用而产生系统效率的下降，单机分布式总线结构仍然受制于这个因素，虽然为系统提供了分布式处理的特性，但是共享总线还是成为了系统的性能瓶颈。在典型的应用中，这种结构的交换容量一般小于 5Gb/s。

1993 年，Cisco 公司推出的 7000 系列路由器就采用了共享总线分布式处理结构，该系列产品的最高转发能力可以达到 2Gb/s[66]。回顾历史，Cisco 7000 系列路由器可以说是第一款 IP 骨干网路由器。

5.4.4 单机分布式 Crossbar 结构

在单机分布式总线结构中，使用 Crossbar（交叉开关）代替共享总线，就得到单机分布式 Crossbar 结构，如图 5.7 所示。图中，Switch Fabric 是交换结构的统称，具体实现时厂商一般均采用 Crossbar 结构。

共享总线的弊端是无法同时并发地处理多个数据流，即使数据流的输入输出之间没有冲突也不行。而 Crossbar 结构可以看作一个交换开关的集合，每对输入端口和输出端口之

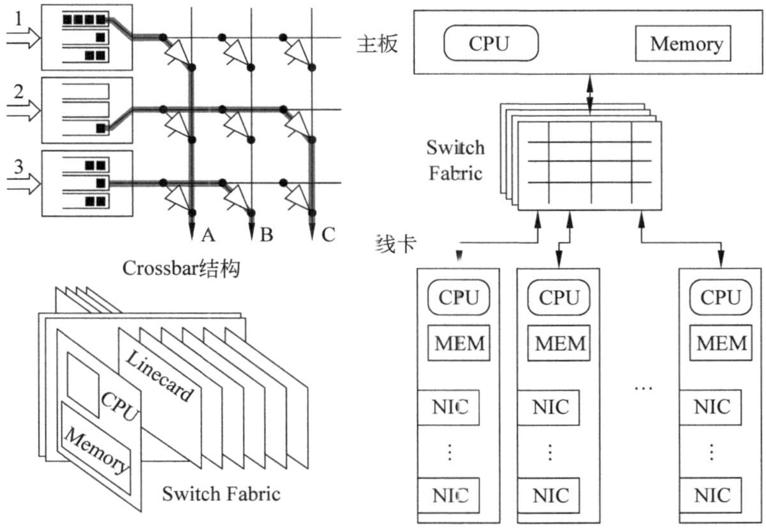

图 5.7　Crossbar 及单机分布式 Crossbar 交换结构

间都有一个交换开关,交换开关的控制是彼此独立的,这样,只要数据流彼此不相关(没有公共的输入端口和公共的输出端口),就可以通过交换开关的控制构成并发的数据通路。通过 Crossbar 进行连接进一步提高了路由器分布式结构的并发特性,从而使得整体的交换容量得到大幅提升。对于这种结构,Crossbar 构成的交换网络可以有不同的拓扑结构,基本的目标是构造一个"无阻塞"的交换网络,在这个领域中,交换网络的拓扑结构冲突的仲裁机制以及调度算法都是主要的研究内容。

同时,在这种结构的路由器中,通常应用了可以基于内容进行查找的路由表查询器件(TCAM),可以在一个时钟周期内返回下一跳的查找结果,大大加快了查表速度,突破了查表与线速之间的速度匹配障碍。这种结构的典型容量是几十到上百 Gb/s,现在骨干网络中的核心路由器通常都采用这种结构。例如,Cisco 公司于 1997 年推出的 12000 系列路由器就采用了这样的结构。

从上述前三代路由器的结构变迁过程可以看到,处理路径的并行化是路由器发展的重要方向。到单机分布式 Crossbar 结构为止,先是多个线卡的并行操作和主板分离,然后是多条数据流通路的并行操作,表明在单机基础上的并行化工作已经进行得非常彻底了。要想进一步提高系统的交换容量,需要更高层次的体系结构革新。

5.4.5　多机互连的集群结构

网络运营商存放交换设备的地点通常称为 POP(Point of Presence),它是网络中的交通枢纽,连接了若干骨干线路,大量的数据流经 POP 再转发出去。在 POP 内部是一组核心路由器。每台路由器连接部分骨干线路,这些路由器再彼此连接在一起。为什么采取这样的结构呢?这是因为,随着数据业务的增加,通常需要 POP 提供巨大的数据交换能力;另一方面,因为网络环境日趋复杂,接入的线路也越来越多,因此,POP 还需要提供大量的接口(注:不作特别说明,"接口"指路由器上用于数据通信的端口)。这样,当一台路由器没法满足交换容量和接口数量的要求时，就需要通过多台这样的路由器，每台承担部分流量和接口消耗，几台路由器再通过路由协议连接在一起，构成一个路由器群，完成对外的数据交换操作，如图 5.8 所示。

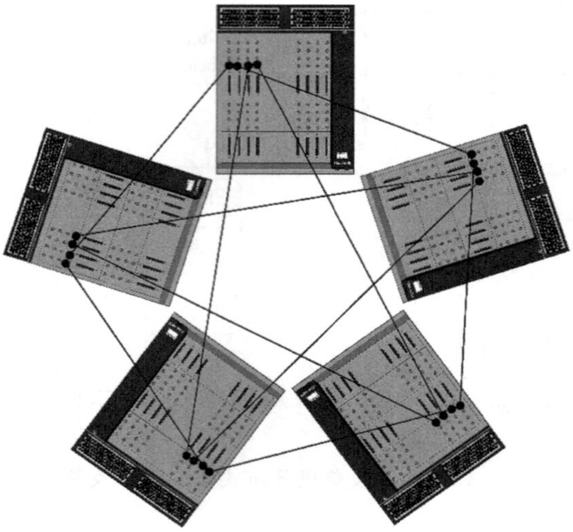

图 5.8　五台路由器通过接口进行全连接的路由器群

这种连接方法的浪费是显而易见的。因为路由器之间的连接也是通过接口完成的，在提高整体容量的同时却占用了宝贵的路由器接口资源。而且，这种资源占用是随着连接在一起的路由器个数的增加而超线性增长的。以路由器之间采用全连接为例，假设路由器的个数为 n，则占用的接口数为 $N=n(n-1)$。两个路由器占用的接口数为 2，3 个路由器占用的接口数为 6，而 5 个路由器占用的接口数就达到了 20。

另一方面，这样的连接方式很不便于管理。多个路由器是彼此相对独立的，需要单独对每台路由器进行不同的配置，然后各个路由器之间通过路由协议进行交互。这种方式给管理带来了很大的复杂性。另外，多个路由器之间的协议有交叉，在一些路由协议中，事实上存在很多的类似计算和重复计算，造成很大的资源浪费。

如果路由器可以根据需求进行交换容量的自由扩展，则可以解决路由器速度和需求之间的尖锐矛盾。可扩展的路由器结构应运而生。在这种路由器体系结构中，多个机柜可以通过内部连接整合成一台新的大型路由器，又叫作路由器集群。每个机柜本身可以独立作为路由器，也可以和其他机柜进行组合。与前面提到的多机柜互连不同，首先，互连不通过网络接口进行，而是通过“内部”的连接完成，这样就不会占用宝贵的路由器接口资源；其次，互连之后的路由器集群在管理操作和实际运行的路由协议实例方面，都是单一映像的方式，也就是说，整个路由器集群的管理控制在外界来看“如同一台路由器一样”；再有，这种集群结构在理论上可以进行无限制的扩展，这样，只要进行扩展，就可以满足不断增加的网络流量需求。下面对这种路由器体系结构模型进行详细讨论。

5.4.6　可扩展集群路由器产品简介

为了满足大型互联网运营商的需求，各主要网络设备提供商纷纷推出多机互连集群结构的高性能路由器。这些路由器不仅具有可靠性、可用性、可扩展性和可管理性，同时还具有支持 IPv4/IPv6 双栈协议、支持 QoS 及防火墙功能等特性。下面对其中的几种主要产品进行简要介绍。

1. Avici TSR

TSR 是 Avici 公司于 1999 年 5 月推出的一款路由器产品，是第一台真正可扩展的 T 级高速路由器，每个机架有 40 个线卡模块插槽和 4 个路由模块插槽，可以达到 800Gb/s 的交换容量。TSR 采用 3D-Torus 网络互联，最多可以将 14 个机架互连起来，达到 5.6Tb/s 的总交换容量和 1.4Tb/s 的端口容量。图 5.9 所示为 3D-Torus 网络互联，多机柜互连成 4×4×n 的 3D-Torus 拓扑，3D-Torus 是一种在超级计算机集群中常用的互联技术，它的基本原理是在三个方向都建立环形连接，网络中的两个节点通信时，需要中间节点协助转发。虽然 TSR 技术先进，但是由于公司运作及管理等方面的原因，Avici 并没有取得成功。

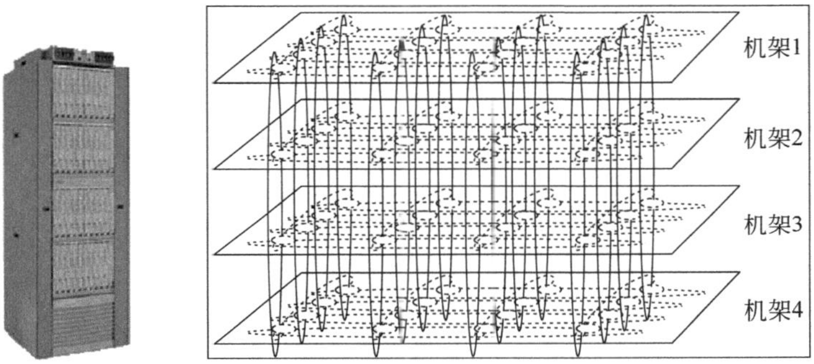

图 5.9　Avici TSR 及其 3D-Torus 互联架构

2. Juniper T640

Juniper T640 是 Juniper 公司在 2004 年 12 月推出的支持扩展结构的高性能路由器。T640 单机支持 32 个 OC-192c/STM-64，或提供 8 个 40Gb/s 的插槽，并提供 640Gb/s 的交换容量，通过光背板扩展装置从底盘背部提供 1280Gb/s 的带宽，支持多个 T640 的相互连接，并作为单个路由器工作，提供最大 2.5Tb/s 的吞吐量。使用三级 Clos 网络实现多机柜扩展，其中第一级和第三级在路由节点实现，第二级在接口卡上实现(见图 5.10)。三级 Clos 网络也是一种常见的多计算机互联结构，现在除了用于高性能路由器，在数据中心网络中也经常采用。

此外，Juniper 还在 2007 年 12 月推出了升级产品 T1600，支持 16 个线卡插槽，每槽具有 100Gb/s 的吞吐率，单机提供 1.6Tb/s 的交换容量，并支持 8 台互联。在 2010 年 11 月进一步推出升级产品 T4000，支持 16 个线卡插槽，每槽 240Gb/s 吞吐率，单机提供 3.84Tb/s 的交换容量。

Juniper 支持扩展结构的高性能路由器产品除了 T 系列外，还有 PTX 系列和 MX 系列。在 2011 年推出的 PTX5000 单机提供 24Tb/s 的交换容量，每个插槽高达 3Tb/s。在 2013 年推出的 MX2020 可以提供 80Tb/s 的单机交换容量，可在单个机箱中支持多达 800 个 100Gb/s 接口或 320 个 200Gb/s 接口或 160 个 400G/s 接口。

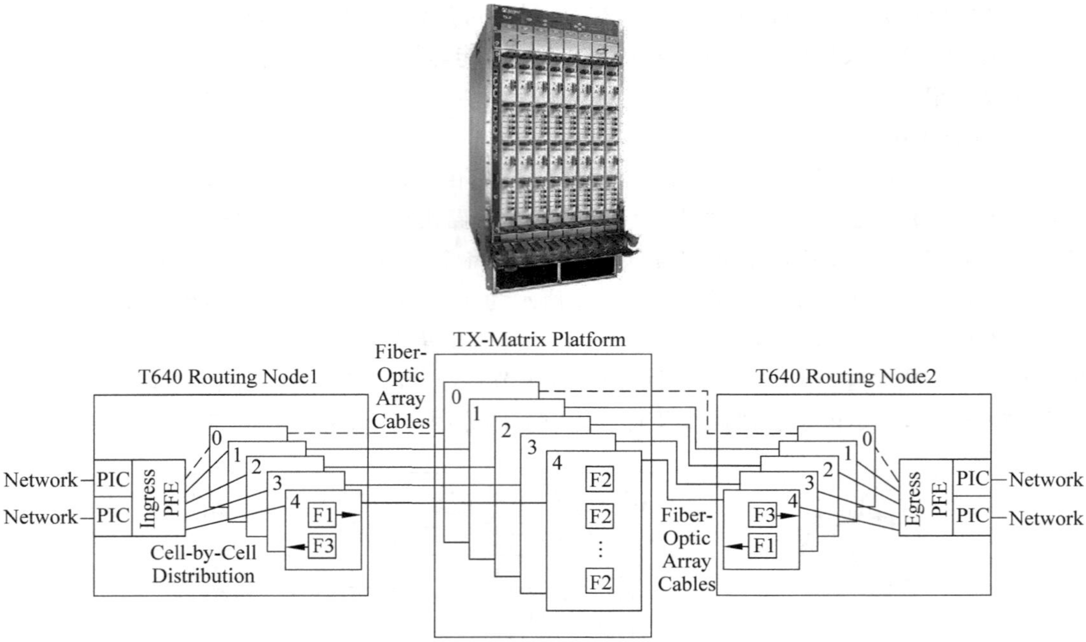

图 5.10　Juniper T640 及其三级 Clos 互联结构

3. Cisco CRS-1

Cisco CRS-1(Carrier Routing System)发布于 2004 年 5 月，它采用三级 Benes 交换架构(如图 5.11 所示，三级 Benes 网络是另外一种常用的多计算机互联结构)，可以采用两种配置：单机架系统和多机架系统。单机架系统将创新的多级交换功能集成到单个线卡机箱中。它可以提供 1.2Tb/s 的交换容量和 16 个 40G 线卡插槽。多机架系统最多可以容纳 72 个线卡机箱，它们之间通过 8 个交换矩阵互联，最高可以提供 1152 个 40Gb/s 线卡插槽和 92Tb/s 的总交换容量。它主要具有如下特点。

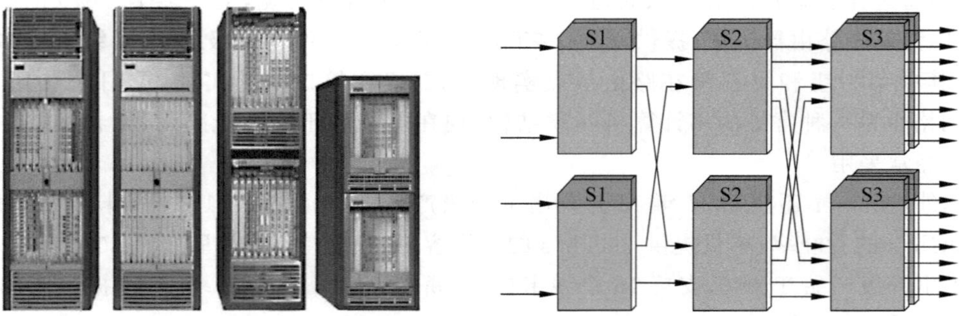

图 5.11　Cisco CRS-1 及其三级 Benes 交换架构

(1) 长时间的系统寿命：Cisco CRS-1 可以在不对服务造成任何影响的情况下，从单机架系统无缝地扩展到多机架系统，从而让服务供应商可以在未来十年中在同一个系统上规划、设计、测试和部署各种服务。Cisco CRS-1 将控制、数据和管理平面完全隔离，从而让该系统可以独立地扩展各种功能。

(2) 控制平面：单个系统处理器可以放置在特定的路由处理器上，分布式路由处理器可以被添加到系统中任何可用的线卡插槽中，从而可以提供几乎无限的控制平面扩展能力。

(3) 数据平面：通过对 1152 个 OC-768c/STM-256c 接口、4608 个 OC-192c/STM-64c 接口和 18432 个 OC-48c/STM-16c 接口的支持，CRS-1 可以在不对服务造成影响的情况下扩展到 92Tb/s。

(4) 管理平面：Cisco CRS-1 可以通过 CLI 或者基于 XML 的界面提供全面的管理能力。基于 XML 的 Craft Works 界面是一个可视化的管理工具，可以无缝地管理单机架或者多机架系统。

近年来，Cisco 的可扩展路由器转发性能逐步提升。Cisco 较为先进的 ASR9000 系列产品的转发容量峰值可以达到 160Tb/s。Cisco NCS6000 系列产品适用于高带宽移动应用、高质量视频流传输的服务场景下，其单机转发容量可以达到 32Tb/s，在多机的配置下可以达到 128Tb/s 的全双工转发吞吐量，并支持虚拟化功能，是高性能的可编程路由器。

4. 华为 NE5000/NE5000E

华为公司于 2008 年发布了自主研发的 NE5000E 集群路由器(见图 5.12)，这是主要面向 IP 核心骨干网络节点、城域网核心节点以及数据中心节点推出的核心路由器产品，其单机柜接口容量为 1.28Tb/s，单槽位可提供 40Gb/s 接口，并实现无阻塞交换，单机柜转发性能 1600Mp/s，支持通过光背板互连技术进行多机柜扩展，整机接口容量平滑扩展到 80T，单机交换容量 2.56Tb/s，采用分布式和可扩展性设计，实现 IPv4、IPv6 和 MPLS 等业务的线速转发；并在增加 ACL、QoS 和流量统计等复杂业务处理后，IPv4 和 IPv6 仍能保持恒定线速转发性能。

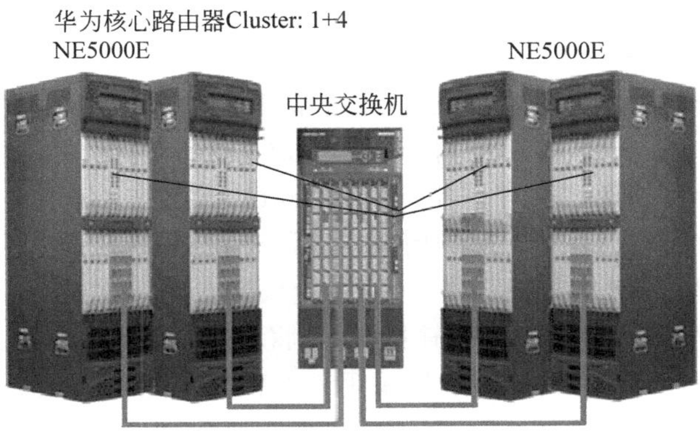

图 5.12　华为 NE5000E 及其集群架构

近年来，华为仍推出新的可扩展集群路由器。华为 NE8000 系列路由器适用于核心、汇聚、接入等不同的网络场景，其单机交换容量可达 83.78Tb/s，转发性能可达 14496Mp/s，多机配置下可以达到 346.3Tb/s 的交换容量，转发性能可达 172 800Mp/s。

华为 CloudExchange 6600(简称 CX6600)系列路由器是华为最近推出的云骨干路由器产品，具备低成本、大容量、高密端口、可编程等特点，并且绿色节能，其典型功耗仅为 0.4W/Gbps。支持业界最大端口容量(单端口 400Gb/s，单槽位 4T)，单机交换容量可达 80～160Tb/s。

5.5 路由器关键技术

本节重点介绍路由器的关键技术，包括路由查找算法、IP 分组分类算法和交换结构中的分组调度算法。

5.5.1 路由查找算法

随着 Internet 的迅猛发展，用于主干网络互联的核心路由器的接口速率已经达到 100Gb/s。这一速率要求核心路由器能够每秒钟转发千万以上的分组。分组转发的一个重要步骤是查找路由表，因此，快速的路由查找算法是实现高速分组转发的关键。路由查找机制与其运行的协议相关。在互联网中，主要有精确匹配和最长前缀匹配两种算法，具体比较见表 5.1。

表 5.1 协议所使用的查找机制及相关技术

协 议	查找机制	技 术
MPLS ATM Ethernet	精确匹配查找	直接查找 关联查找 散列 二路/多路查找树
IPv4，IPv6	最长前缀匹配查找	Radix Trie 及其改进算法 Compressed Trie 前缀长度排序折半查找

1. 精确匹配查找算法

在两层以太网交换中，以目标 MAC 地址按端口转发的方式采用的是精确匹配查找算法。MAC 地址为 48 位，长度固定，但由于 $2^{48} > 10^{12}$，因此交换机并不能把所有地址都放到一张表里进行直接查找。而相联存储器 CAM(Content Addressable Memory)是一种可行的技术手段，它能并行查找，在一个时钟周期内返回查找结果，从而大大缩短了查找时间开销。后面将简要介绍 CAM 的查找结构。

当然，也可以采用散列的办法进行查找，即先将 48 位的 MAC 地址散列成 16 位数据，然后进行精确匹配，对于散列冲突数据，则采用散列后的值再进行线性查找。虽然理论上存在完美散列函数[7]可以消除散列冲突，保证一次查找成功，但是这样的散列函数不易确定，同时地址的变化又会导致函数失效。

总结下来，精确的匹配查找算法的优点是简单，而且查找开销较小。缺点是内存使用率不高，查找时间不确定。因此，基于软件实现的交换机常常采用该办法，而基于硬件的交换机很少采用，一般直接采用 CAM 实现查找算法。

2. 基于类地址结构的路由查找机制

在 Internet 的发展初期，IPv4 地址采用的是基于类的地址结构，即整个 IP 地址空间一共可以分为 5 类：为单播地址设计的 A、B、C 类，为组播地址设计的 D 类以及为今后使用而保留的 E 类地址。各个类之间由地址的前几个比特位区分，具体的区分方法如图 5.13 所示。A 类地址的主机标识长度为 24 位，B 类地址的主机标识长度为 16 位，C 类地址的主机标识长度为 8 位。

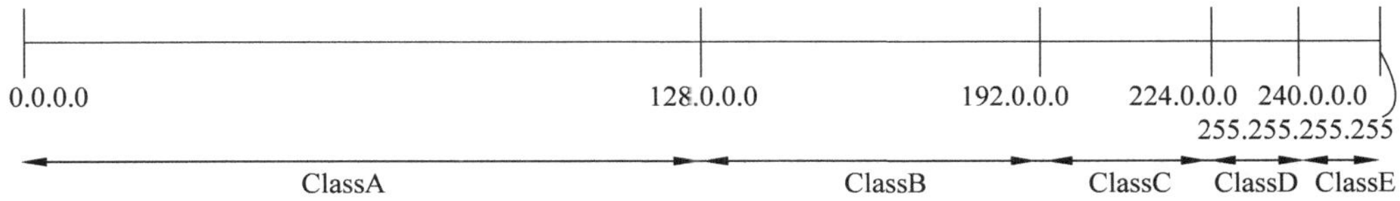

图 5.13　IPv4 地址类的区分

基于类的地址结构降低了路由查找的复杂程度。图 5.14 是一种基于类地址结构的路由查找方法，图中的整个路由转发表可以分成 3 部分，每部分转发表分别保存的是 A 类、B 类以及 C 类地址的网络地址部分，这些地址的长度都是相等的，因此路由查找问题实际上就成为在每张转发表中的关键字精确查找问题。查找过程如下：首先由 IP 目的地址的前几个比特位得到该地址所属的基类类别，然后根据得到的基类类别提取出目的地址的网络地址部分，从而查找相应的散列表，最后查找到的结果就是正确的转发路由。当然，转发表的组织方式可以是各式各样的，例如，可以采用图 5.14 中的散列表方式，也可以采用二分查找树的查找结构。

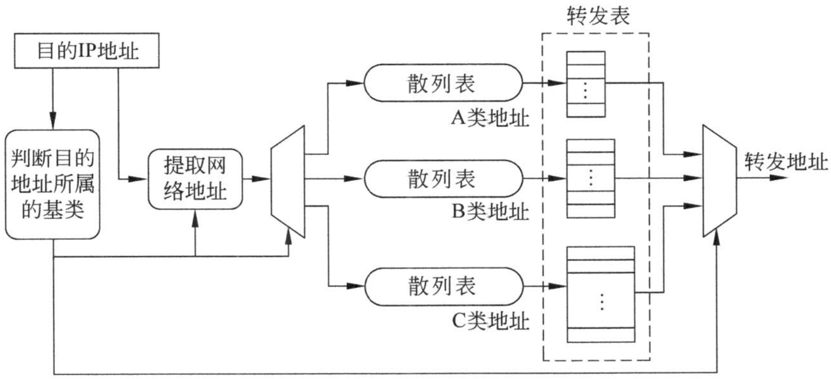

图 5.14　基于类地址结构的路由查找方法

在 Internet 发展的初期，基于类的地址结构由于其简单性而得到广泛的应用。但是，随着网络的不断发展，使用这种地址结构会产生两个问题：地址分配的不灵活导致地址空间的大量消耗以及路由表规模的不断增大。基于类的地址结构将整个地址空间简单地分成 5 个类别，这就导致地址的分配非常不灵活，例如，需要为一个拥有多于 256 台（如 300 台）主机的组织分配网络地址时，只能将一个 B 类地址（支持 65534 台主机）分配给它，此时就有可能造成地址空间的大量浪费。另外，由于路由器需要记录所有已经分配的网络地址，特别是对于 C 类地址来说，由于它的地址前缀特别多，如果记录所有的 C 类地址，那么路由表的规模将变得非常大。

为了能够降低路由表规模的增长速度以及提高地址空间的利用率，IETF 提出另一种称为**无类域间路由**（Classless Inter-Domain Routing，CIDR）的地址结构[8-9]。CIDR 摒弃了传统基于类的地址分配方式，规定可以使用任意长度的网络地址部分，因此产生了路由地址前缀的概念。路由地址前缀可以用符号 P/L 表示，其中 P 代表路由前缀或者网络地址，L

代表该网络地址的长度。例如，192.0.1.0/24 代表的就是一个 C 类地址。使用 CIDR 的好处是明显的，它提高了地址空间的利用率，例如，为 300 台主机分配网络地址，只使用一个 23 位网络地址前缀长度的网络地址(可以支持 512 台主机)就可以满足要求。

为了能够满足网络规模不断增长的需要，IETF 设计了新一代的网络协议 IPv6。IPv6 与 IPv4 相比，在地址格式上发生了巨大的改变，地址长度由原来的 32 位变成 128 位，相应地，IPv6 在整个地址分配上也进行了一定的改进[10]。尽管 IPv6 的地址结构与 IPv4 相比有很多不同之处，但是从根本上来说，整个地址空间仍然是层次性结构，仍然支持类似于 IPv4 CIDR 地址结构下的路由合并，因此，新一代 IP 的采用并不会改变路由查找的本质特点。

3. 最长地址前缀匹配查找算法

路由器的主要功能是按照 IP 分组中的目的地址转发分组。查找路由表决定将分组发往哪个端口。这是转发分组过程中的重要一步。因此，快速的 IP 地址查找算法是实现高速分组转发的关键。传统的查找方法(如顺序查找法、二分查找法)只能完成关键字的精确查找，而路由查找需要完成最长匹配地址前缀的查找。为了提高路由查找的性能，研究人员提出了多种路由查找算法。下面首先给出最长地址前缀匹配的定义，然后分析路由查找问题和实现难点，接着介绍各种查找算法，最后对它们进行详细的分析和比较。

需要说明一点，接下来将要介绍的路由查找算法并不一定都会应用在实际产品中，它们都是在不同时间阶段由不同的研究人员逐步研究完成的。但是，通过了解这些不同思路的查找算法，可以深刻领会到数据结构和算法在网络中能够发挥的巨大作用，也能感受到研究人员为了提升网络性能而付出的巨大努力，相信对读者来说也是有益的体验。

1) 路由查找的有关定义

在给出路由查找问题的定义之前，首先介绍一些将会在定义中使用到的基本术语。

目的地址 D 定义为长度为 W 的 0、1 比特字符串(bit string)。

路由地址前缀 P 定义为长度值在区间$[1, W]$的 0、1 比特字符串，用 $L(\mathrm{P})$表示前缀 P 的前缀长度，用 $\mathrm{P}_{longest}$ 表示最长匹配地址前缀。

整个地址前缀表用 P_{table} 表示，地址前缀表中的地址前缀数目用 N 表示。

地址前缀 P 与地址 D 相匹配，当且仅当地址 D 的前 $L(\mathrm{P})$个比特字符串与地址前缀 P 的比特字符串相等。

下面介绍最长地址前缀匹配的定义。

在地址前缀表 P_{table} 中查找地址 D 所对应的最长匹配地址前缀 $\mathrm{P}_{longest}$，当且仅当 $\mathrm{P}_{longest}$ 满足以下两个条件。

(1) 地址前缀 $\mathrm{P}_{longest}$ 与地址 D 相匹配。

(2) P_{table} 中不存在其他地址前缀 P，满足地址前缀 P 与地址 D 相匹配，并且 $L(\mathrm{P}) > L(\mathrm{P}_{longest})$。

2) 最长地址前缀匹配的实现难点

在基于类的地址结构体系下，可以通过目的 IP 地址前几个比特位的值获得该地址对应的类，从而知道匹配地址前缀的长度，因此地址前缀查找比较简单：路由表中的所有前缀可以根据 3 类不同的前缀长度分成 3 个查找相对独立的前缀表，地址前缀的查找已经转换为在相应前缀表中精确查找关键字的操作，此时查找操作完全可以使用例如基于二分法或者基于散列表等传统的查找算法。

尽管在 CIDR 地址结构体系下路由表的规模得到一定的控制，但是从另一方面看，地址前缀查找的工作变得非常复杂。在 CIDR 地址结构下，地址前缀表中前缀表项的长度是任意的，类的概念将不再存在，所以不能从目的地址的前几个比特推断出该地址对应地址前缀的长度，从而地址查找操作不能再简单地转换为关键字的精确匹配查找。CIDR 地址结构下的地址前缀查找不仅需要与前缀的比特位进行匹配查找，而且还需要考虑地址前缀的长度。正是基于这方面的考虑，最长地址前缀查找可以从地址前缀值以及地址前缀长度两个方面考虑，下面将要分析的各种路由查找算法从根本上都可以归纳为如何在这两个方面提升搜索效率的问题。

3）路由查找算法分析

最长地址前缀匹配查找的难点是：在查找过程中，不仅需要与地址前缀的比特值进行匹配查找，而且还需要考虑地址前缀的长度，因此各种路由查找算法都可以归结为这两个方面的匹配查找过程。

基于地址前缀值路由查找算法的特点是通过对整个地址前缀空间进行地址关键字穷举消除地址前缀长度对查找的影响。线性匹配查找算法是最简单直观的基于地址前缀查找方法。地址区域二分法也是基于地址前缀值的查找算法，但是由于它采用了二分查找，所以在算法性能上有了很大的提高。基于 CAM 的硬件实现方法从本质上来说也属于地址前缀值的查找算法。

另一个查找算法是基于地址前缀长度的路由查找算法，这类算法的出发点就是在前缀长度空间内进行查找，与基于地址前缀值查找算法类似，查找过程可以使用线性遍历法，也可以使用二分法遍历法。二进制 Trie 树查找算法就是基于地址前缀长度的线性遍历法，因为对于查找的第 i 步来说，匹配的是长度为 i 的地址前缀。多分支 Trie 查找算法也是基于在地址前缀长度空间内的线性遍历法，但是由于它采用大于 1 的步宽，所遍历的地址长度数目变少了，查找性能得到了提高。前缀长度二分查找算法由于可以在前缀空间进行二分查找，所以从算法的复杂度看它的性能更好。

4）传统的路由查找算法

（1）线性查找

线性表结构是最简单的查找数据结构，因此可以把所有的路由地址前缀用线性链表的方式组织起来。每一次查找都需要遍历线性表中的所有表项，遍历过程中记录最长的路由前缀项，直到遍历完整个线性链表。对于 N 个路由前缀表项，查找过程的算法复杂度为 $O(N)$，存储空间复杂度为 $O(N)$，插入/删除路由表项的算法复杂度为 $O(1)$（假设表项的插入和删除均在线性表的末尾进行）。线性链表的实例见表 5.2。

表 5.2 地址前缀实例

表项	Prefix	Next Hop	表项	Prefix	Next Hop
P1	0 *	A	P6	1100 *	F
P2	01000 *	B	P7	1101 *	G
P3	011 *	C	P8	1110 *	H
P4	1 *	D	P9	1111 *	I
P5	100 *	E			

为了能够提高线性算法的平均查找性能，可以将线性链表按照路由前缀的长度大小组织，路由前缀长度大的路由表项处于线性链表的前列，查找过程中一旦有表项匹配，那么此表项一定是最长前缀匹配的路由项。这种方法在算法的平均性能上有了一定的改进，当然，有序链表的路由更新复杂度变为 $O(N)$。

(2) 缓存策略

在路由查找中，可以使用缓存策略，把最近查找过的目的地址路由存放在高速的路由缓存表中，只有当路由缓存表查找失败的时候，才需要进行真正完整的前缀查找匹配过程。

为了能够在查找性能上获得较大的提高，缓存的命中率就需要有一定的保证。假设缓存查找速度是路由前缀查找速度的 20 倍，经过计算可以得出，为了能够使平均查找性能达到原来的 10 倍，缓存的命中率需要达到 95%左右。随着 Internet 的不断发展，网络用户的不断增加以及业务数据量的多样化，数据的时间局部性变得越来越不明显，从而大大降低了缓存的命中率。因此，文献[11]建议缓存的大小应该能够随着网络用户或者网络数据业务量的增加而相应地线性增加。

5) 二进制 Trie(Binary Trie)树

用二进制 Trie 树结构表示地址前缀是一种常用的方法，Trie 采用一种基于树的数据结构，它通过前缀中每一位比特的值决定树的分支。图 5.15 就是用二进制 Trie 树结构(树中每一个内部节点最多包含两个子节点)表示表 5.2 所示的地址前缀表。

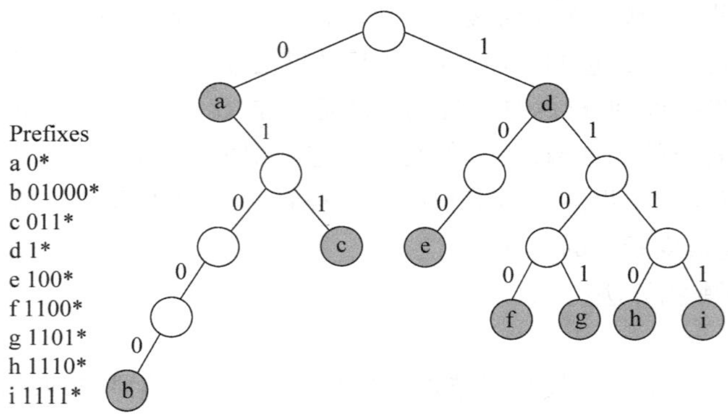

图 5.15 二进制 Trie 树结构

在 Trie 树中，处于第 L 层的节点代表了一类地址前 L 比特均相同的地址空间，并且这前 L 个比特串由从根节点到这个节点路径上的 L 比特组成。例如，图 5.15 中处于第 3 层的节点 c，它就代表了所有前 3 个比特为 011 的地址族，而且比特串 011 就是根节点到节点 c 路径上的比特按照遍历顺序构成的。图 5.15 中带阴影的节点表示该节点对应一个地址前缀，因此这些节点中包含了该地址前缀相关的转发信息。图 5.15 中的阴影节点既可以是叶子节点(如节点 b)，也可以是中间节点(如节点 a)。正是由于地址前缀合并过程中出现了一些特殊地址前缀，所以在 Trie 树结构中有一些中间节点也对应了地址前缀。例如，前缀 b 和前缀 c 都是地址前缀 a 代表的地址范围内的特殊地址前缀。假设地址长度为 5，图 5.16 表示了整个地址空间的分配情况，每个叶子节点代表一个可以使用的地址，从图中可以看到，被地址前缀 b 和地址前缀 c 所覆盖的地址空间都与地址前缀 a 所覆盖的地址空间相互重叠，因此地址前缀 b 和前缀 c 是地址前缀 a 的特殊前缀。

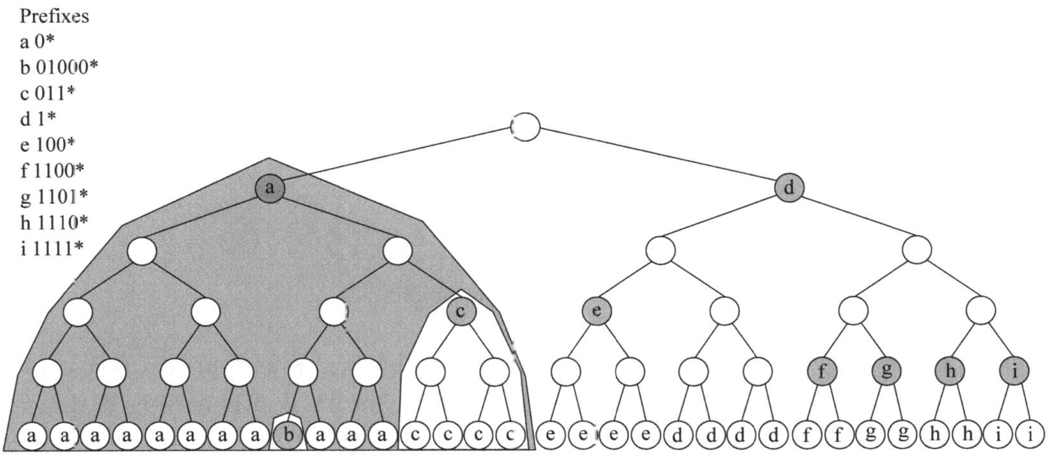

图 5.16　整个地址空间的分配情况

在图 5.15 中，特殊地址的出现使得前缀 b 和前缀 c 对应的节点是前缀 a 对应节点的子孙节点。因此，地址查找的结果可能是多个地址前缀，例如，以 011 开始的地址与前缀 c 以及前缀 a 都能相互匹配，但是根据最长地址前缀匹配规则，前缀 c 比前缀 a 更长（表示的信息更精确），所以前缀 c 才是正确的查找结果。

Trie 树结构的查找过程非常直观，查找过程完全可以根据目的地址的比特位进行，在搜索过程中，每个节点左右分支的选择完全由此时目的地址所对应比特位的值决定，如果该比特值为 0，则选取左分支，否则选取右分支。在 Trie 搜索过程中，每当遇到对应地址前缀的中间节点时，将此地址前缀记录为目前为止搜索过程获得的最长地址前缀。搜索过程直到不再有对应的分支可以选取时结束，此时被记录的最长地址前缀就是查找结果。

Trie 树的表项更新操作实现也比较直观。为了能够插入新的前缀表项，首先以该前缀项为关键字在 Trie 树中进行查找操作，查找过程或者是在某一个中间节点终止，或者是在不再有分支可以选取时终止。对于第一种情况，直接在此中间节点中加入前缀转发信息即可；对于第二种情况，须根据需要插入必要的分支节点。删除操作同样以查找操作开始，如果查找过程在某一内部节点终止，那么直接将该节点对应的转发信息删除即可；否则查找过程在某一个叶子节点终止，此时除了删除该节点之外，还需要根据情况删除其他一些内部节点。

6）路径压缩 Trie（Path-Compressed Trie）树

图 5.15 中，经过路径压缩之后得到的 Trie 树如图 5.17 所示。

比较图 5.15 和图 5.17，可以看到，节点 b 的前两个父节点已经被删除，节点 a 从原来单分支节点处移动到二分支节点处，原来的单分支节点被删除。由于删除的单分支节点可能包含多个地址前缀信息，所以路径压缩 Trie 树节点中可能包含多个地址前缀。Trie 树搜索过程由于某些节点被删除，所以可以忽略目的地址中某些比特位的匹配操作，因此节点处需要维护一个变量指示下一个需要检查的比特位。另外，与二进制 Trie 树相比，路径压缩 Trie 树前缀节点处需要保存地址前缀的比特串。查找过程与二进制 Trie 树类似，但是在节

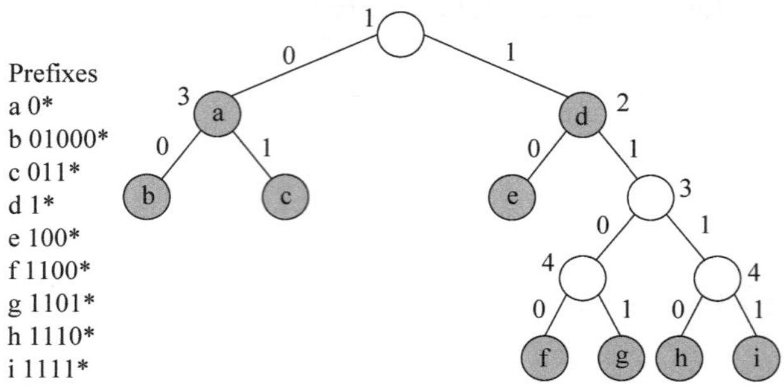

图 5.17　路径压缩后的 Trie 树结构

点选取分支时考虑的是比特位变量所指示的比特位。当查找过程遇到前缀节点时，需要进行前缀匹配操作。当到达叶子节点或者是前缀匹配操作失败时，查找过程终止，查找结果是查找过程中已被记录的最长匹配前缀。例如，在图 5.17 中查找以 010110 开头的目的地址，从根节点开始，由于根节点的比特指示位是 1，因此检查地址的第一位，由于第一位为 0，所以选取根节点的左分支；由于左分支到达的节点对应地址前缀，所以进行地址前缀匹配操作，结果相等，将目前为止最长地址前缀记录为前缀 a，由于此节点的比特指示位是 3，所以检查目的地址的第 3 位，发现第 3 位为 0，因此选取左分支，该节点对应地址前缀，所以进行前缀匹配操作，匹配结果失败，所以查找过程终止，目前记录的最长前缀 a 就是查找结果。

路径压缩的思想最初在被称为 Patricia[12] 算法中提出，但是该算法不支持最长前缀的查找。Sklower[13] 对该算法进行了改进，使之能够适应最长前缀的查找，并且在 BSD (Berkeley Software Distribution) UNIX 中实现了这个算法。

在过去的很长时间内，最长地址前缀查找都使用例如 BSD Trie 树结构的路径压缩 Trie 树结构，当简单二进制 Trie 树中的前缀分布相对比较稀疏时，路径压缩算法能够获得较好的压缩效果；但是，随着地址前缀数量的增加，简单二进制 Trie 树的前缀分布变得相对密集，此时运用路径压缩算法就不能获得更好的效率。

简单二进制 Trie 树和路径压缩 Trie 树的不足之处是查找过程需要大量的存储器访问操作，对于 IPv4 地址来说，最差情况需要 32 次存储器操作。实验表明，使用 BSD 路径压缩 Trie 树表示典型路由器中 47113 表项数目的前缀表[14]，最大搜索深度为 26，平均搜索深度也达到了 20。使用简单二进制 Trie 树表示同样的地址前缀表，它的最大搜索深度为 30，平均搜索深度为 22。

7）新型路由查找算法的研究

近几年来，随着对路由器研究的逐步深入以及对路由器性能要求的不断提高，研究人员提出很多较为新颖的地址前缀查找算法，与二进制 Trie 树和缓存目的地址法等传统的地址前缀查找方法相比，这些算法在性能方面有了很大的提高。

为了提高算法的效率，最近提出的算法中都使用了一些辅助策略。

(1) **前缀扩展(Prefix Expansion)**。地址前缀是一系列主机地址或者网络地址的合并，地址前缀的转发信息涵盖了所有这些主机或者网络的转发信息，所以可以将一条长度较短的地址前缀展开成多条地址长度较长的前缀集，其中这些前缀集的转发信息就是原来地址前缀所对应的转发信息。这种前缀转化方式称为前缀扩展。例如，前缀 1 * 所覆盖的地址范围可以用前缀 10 * 以及前缀 11 * 涵盖，也可以用前缀 100 * 、101 * 、110 * 以及 111 * 涵盖。

(2) **独立前缀转化(Disjoint Prefix Transformation)**。最长前缀匹配查找就是为了能够在多个匹配的地址前缀中寻找长度最长的前缀。从图 5.15 中可以发现地址前缀之间可以具有包含关系。如果两个前缀存在包含关系，那么这两个地址前缀所对应的地址空间必然会有一部分发生重叠。这也是为什么地址可能与多个地址前缀都匹配的原因。一种避免进行最长前缀匹配规则但是仍然能够找到最精确转发信息的方法是将地址前缀集转化为一些完全独立的前缀集。独立的前缀集中各个前缀之间不存在相互包含关系，因此不可能出现某前缀是另一个前缀的前缀。根据独立前缀集构造的 Trie 树中所有对应前缀的节点都出现在叶子节点。为了能够从二分支 Trie 树结构转化为独立前缀的二分支 Trie 树结构，只在单分支中间节点处加入叶子节点使之变成二分支节点就可以了，这些新加入的叶子节点所对应的信息就是离该节点最近的祖先前缀节点。最后，那些内部前缀节点的转发信息被删除。例如，图 5.18 就是图 5.15 所对应的独立前缀二分支 Trie 树，前缀 a_1、a_2 以及 a_3 都从原前缀 a 中继承了转发信息，前缀 d_1 从原前缀 d 中继承了相关的转发信息。由于内部前缀节点的信息都被扩展到叶子节点中，因此这种转换方法也被称为叶子扩展(Leaf Pushing)技术。

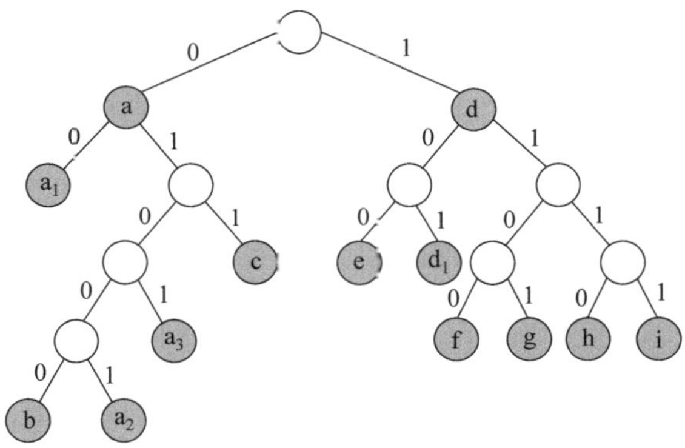

图 5.18　独立地址前缀 Trie 树

(3) **压缩技术**。压缩技术试图从编码中删除数据的冗余信息，对 Trie 树使用压缩技术主要是考虑到 Trie 树的扩展转化过程大大增加了信息的冗余度，因此可以使用一定的压缩算法将信息的冗余度降低。当然，压缩方法应该不仅能够缩小整个 Trie 树的存储空间，而且还应保证从压缩数据中恢复原有信息的操作不会过于复杂。

(4) **优化技术**。前缀转化方法可以是多种多样的，优化方法能够使我们在一些限制条件的前提下找到满足约束条件的最佳前缀集，如在查找速度的约束下尽量减少算法的存储空间[15-16]等。

(5) **存储层次设计**。目前使用计算机的整个存储系统具有明显的层次结构，各个层次上的存储介质在速度和容量上存在着差异。如果能够把尽可能多的查找表内容放入 Cache 中[17]，就可以获得更高的查找速度，因此，在算法设计中应尽力减少查找算法数据结构占据的存储容量。

8）多分支 Trie(Multibit Trie)树

(1) 基本算法

一种提高 Trie 树查找效率的方法是查找的每一步检查地址中的多个比特，而不仅是一个。例如，如果每次查找检查地址的 4 个比特，那么 IPv4 地址查找最多需要 8 次存储器访问操作就可以了。每一次查找中需要检查的比特数称为查找步宽，查找步宽可以是固定的，也可以是可变的。二分支 Trie 树实际上就是查找步宽为 1 的 Trie 树。查找步宽大于 1 的 Trie 树称为多分支 Trie 树，因此，对于查找步宽为 k 的多分支 Trie 树来说，每一个节点的最大分支数为 2^k。

在多分支 Trie 树中，同一层中不同子树的步宽可以是一样的，也可以是不一样的。图 5.19 中，Trie 树的第二层节点 a 的步宽与节点 d 的步宽不一样，这种 Trie 树称为可变步宽的多分支 Trie 树；图 5.20 中，Trie 树的步宽都相等，称为固定步宽的多分支 Trie 树。一般来说，固定步宽的多分支 Trie 树实现简单，但是会浪费较多的存储空间；而可变步宽的多分支 Trie 树实现上复杂一些，但是可以节省一定的存储空间。

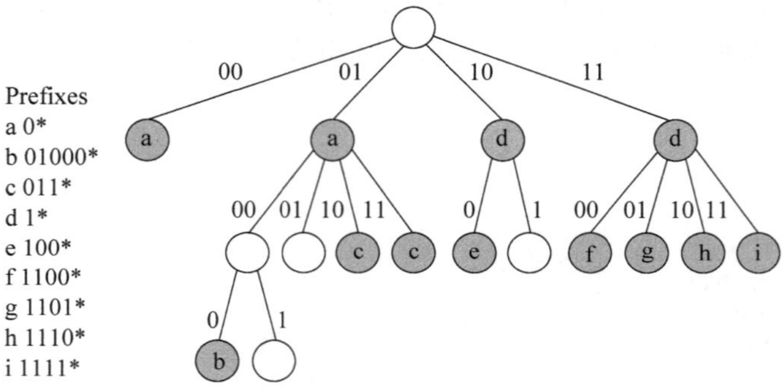

图 5.19　可变步宽的多分支 Trie 树结构

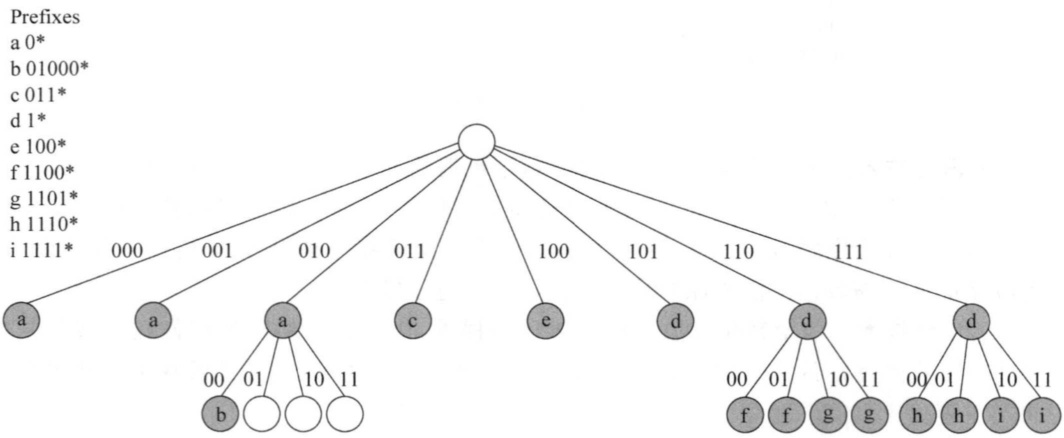

图 5.20　固定步宽的多分支 Trie 树结构

多分支 Trie 树查找过程的每一步都需要检查多个比特，因此它不能支持任意长度的地址前缀。为了能够用多分支 Trie 树进行前缀查找，前缀表中的地址前缀需要转换成多分支 Trie 树查找能够允许的地址前缀才行。图 5.15 对应的多分支 Trie 树结构如图 5.19 所示。

在图 5.19 所示的 Trie 树中，第一个查找步宽为 2，所以长度为 1 的地址前缀不允许存在，需要把前缀 a 和前缀 d 转化为长度为 2 的前缀集合，转化方法采用的就是前面介绍的地址前缀扩展方法；同理，地址前缀 c 也进行了前缀扩展，以满足多分支 Trie 树的建树需要。比较图 5.15 与图 5.19，最明显的差别是图 5.19 的多分支 Trie 树在树的深度上有了减少，因此多分支 Trie 树比二分支 Trie 树在查找效率上有了很大的提高。图 5.20 是另一种不同的多分支 Trie 树结构，需要注意到的是在地址前缀 a 和地址前缀 d 进行前缀扩展时，扩展产生的地址前缀中有两项(011 和 100)与原来的前缀集合中的前缀表项 c 和 e 产生冲突，因为地址前缀 c 和 e 的前缀长度相对要长一些，即代表它们的地址信息更加准确一些，所以在展开之后保留地址前缀 c 和地址前缀 e。因此，在地址扩展过程中，如果扩展的地址前缀与原来的地址前缀发生了冲突，则应该保留原来的地址前缀，因为它们包含的信息更准确，前缀也更长一些。

多分支 Trie 树的查找过程与二分支 Trie 树的查找过程类似，在每次节点访问过程中，记录下到目前为止已经匹配的最长地址前缀，直到到达叶子节点，搜索过程结束。尽管多分支 Trie 树的查找也是基于地址前缀长度的线性遍历法，但是因为多分支 Trie 树采用的步宽大于 1，所以它的搜索效率大大提高了。

在多分支 Trie 树结构中，由于地址前缀被扩展了，所以有可能每条地址前缀信息被扩展到多个 Trie 树节点处，因此多分支 Trie 树的更新过程与二分支 Trie 树的更新相比要复杂一些。从本质上来看，多分支 Trie 树的每一层其实都是原来二分支 Trie 中的一部分子树经过前缀展开之后生成的。多分支 Trie 树中的每一个节点代表的前缀其实就是原来二分支子树中对应前缀集合范围内该节点所对应的最长地址前缀，例如，图 5.20 中 c 节点其实是原来前缀集合{a，c，d，e}中前缀串 011 所对应的最长地址前缀 c。因此，在地址前缀更新时，每一条前缀的增加和删除有可能影响到多分支 Trie 树的多个节点。假设地址前缀对应的步宽为 k，那么该前缀的更新最多可以影响 2^{k-1} 个节点。

(2) 多分支 Trie 树的优化算法

多分支 Trie 树设计的关键是步宽的选择，也就是如何在算法查找速度和算法消耗的存储空间两个尺度上进行折中。在极端情况下，可以使用一层步宽为 32 的多分支 Trie 树，显然，在这种 Trie 树结构下每次查找只访问一次存储器操作就可以了，但是需要耗费 2^{32} 个表项存储空间(也就是 4GB 个数据表项，由于内存技术的进步，这一点并不是不可能实现的，只需要想一下当前的个人计算机往往具有 8～16GB 的内存)。

一种较合适的方案是根据实际地址前缀的分布选择合适的步宽，即根据二分支 Trie 树结构构造多分支 Trie 树。例如，在图 5.15 中前缀 d 的右分支子树就是一棵满二叉树，显然可以用一棵 1 层 4 分支 Trie 树代替这棵 2 层二分支 Trie 树，在这种情况下进行前缀扩展转化是很直接的想法，但是在其他情况下如何进行步宽选择，就需要使用一些特殊的优化策略，Srinivasan 等[18]提出了一种多分支 Trie 树的优化算法。该算法的出发点是在多分支 Trie 树搜索深度固定的情况下，如何选择合适的步宽使得整个 Trie 树的存储空间达到最小。在算法设计中，根据实际地址前缀的特点使用了动态规划的思想达到优化算法存储空间的目的。

(3) 多分支 Trie 树的压缩算法

多分支 Trie 树需要通过前缀扩展的方法建立,在前缀扩展的过程中,前缀的转发信息被扩展到 Trie 树的多个节点中,因此信息的冗余度非常高。不少研究者试图通过数据压缩方法降低这种冗余度,从而减小算法占用的存储空间。

Run-length 压缩法[19]是一种很简单的压缩方法,它能够很好地应用于地址前缀查找问题。Run-length 压缩的做法是将一系列连续的、拥有同一信息的地址范围表示为该信息和记录该信息出现的次数。文献[20]和[21]中给出了另外两种很有效的多分支 Trie 树的压缩算法。

(4) 多分支 Trie 树的硬件实现算法

Gupta 等在文献[22]中通过统计 Internet 网络中前缀长度的分布,发现 99.93%的前缀长度都分布在小于或等于 24 的范围内。根据这样的分布,他提出了一种 24-8 的多分支 Trie 树快速查找算法,该算法基于大容量的 DRAM,查找一次最大访问内存次数为 2,使用硬件流水线技术可以达到 $O(1)$的查找速度。

24-8 多分支 Trie 树算法采用深度为 2 的多分支 Trie 树设计,其中第一层 Trie 树的步宽为 24。算法的数据结构中包括两种查找表结构,分别称为表 TBL24 和表 TBLlong,算法的查找结构如图 5.21 所示。

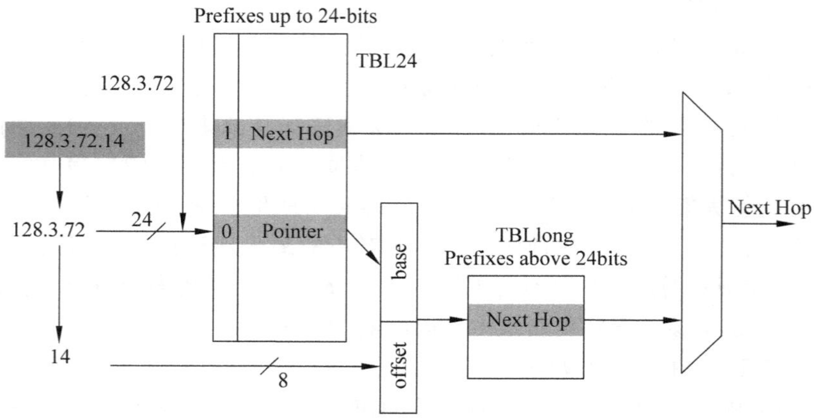

图 5.21 多分支 Trie 树

TBL24 表相当于多分支 Trie 树的第一层节点,它主要保存路由地址前缀小于或等于 24 的表项,该查找表是以 IP 地址的前 24 位作为表项索引进行查找,因此一共包含 $2^{24}=1.6\times10^{7}$ 个表项,分别代表 0.0.0～255.255.255 的路由前缀项。TBLlong 表相当于多分支 Trie 树的第二层节点,主要保存路由地址前缀大于 24 的表项,表项中保存对应路由地址的下一跳信息。假设在空的查找表中插入一条新的路由前缀表项 Addr,如果 Addr 的前缀长度小于或等于 24,那么它只需要被保存在 TBL24 表中,然后将 TBL24 表中的对应表项的第一位置成 0,表示表项剩余字段保存的是该表项的下一跳信息;如果 Addr 的前缀长度大于 24,那么需要首先根据 Addr 的前 24 位地址找到 TBL24 中的对应表项,然后将该表项的第一位置 1,表示表项剩余字段保存的是 TBLlong 表的指针,最后分配相应的查找表 TBLlong,并将该表的相应地址指针保存到 TBL24 表的相应表项中。

进行路由查找时，先根据 IP 分组中目的地址的前 24 位查找 TBL24 表，如果 TBL24 表中的对应表项为下一跳信息，则直接返回该信息，如果 TBL24 表中的对应表项为 TBLlong 表的指针，则用该指针作为基地址，分组目的地址的最后 8 位作偏移地址，访问 TBLlong 表，最后从 TBLlong 表中获得下一跳信息返回。从查找过程可见，对于 24-8 多分支 Trie 树算法，如果最长匹配前缀小于或等于 24 位，一次访问内存就可以得到查找结果；如果最长匹配前缀大于 24 位，则需要访问两次内存。

24-8 多分支 Trie 树算法存在着前缀扩展，小于 24 位的前缀都扩展为 24 位的前缀，大于 24 位且小于 32 位的前缀都扩展为 32 位的前缀。这种扩展使得 24-8 多分支 Trie 树中包含着大量的重复前缀信息。为了减少重复的前缀信息，Nen-Fu Huang 等在文献[23]中提出一种二层多分支 Trie 树的压缩机制。文献[23]中压缩机制的讨论针对的是 16-16 多分支 Trie 树，但它可以很容易应用到 24-8 多分支 Trie 树中。压缩机制的核心思想如下：假设表 TBL24 中表项 a.b.c 前缀对应的路由前缀有 m 个，在这 m 个项中最长前缀长度为 L，那么 a.b.c 对应的大于 24 位的路由表项不需要扩展为 32 位的前缀，它只需扩展为 L 位长的前缀，TBLlong 表也不需分配 $2^{32-24}=256$ 个表项，只需要 2^{L-24} 个。算法改进后的 TBL24 表项结构如图 5.22 所示。

0	Next Hop	
1	Len	Pointer

图 5.22　算法改进后的 TBL24 表项结构

与图 5.21 相比，TBL24 中包含 TBLlong 表指针的表项结构发生了变化，表项结构中增加了 4 位用来保存前缀长度的 Len 值，表示对应 TBLlong 表项的大小为 2^{Len}($0<Len\leqslant 24$)。

下面对 IPv6 多分支 Trie 树的实现进行讨论。

IPv6 多分支 Trie 树实现是否可行？之所以会有这个问题，主要是因为 IPv6 地址长度是 IPv4 的 4 倍，如果采用多分支 Trie 实现 IPv6 路由查找，则需要大量的存储空间。存储空间是否在合理的范围内将是多分支 Trie 实现 IPv6 路由查找的前提。IPv6 路由表中最大前缀长度为 64 位，用 $O(2^k NW/k)$(k 为步长，N 为路由前缀数目，W 为最大前缀长度)估计最坏情况下多分支 Trie 树的存储空间。当 $k=4$，$N=100$K 时，多分支 Trie 树的存储空间大概为 25Mb；当 $k=8$，$N=100$K 时，多分支 Trie 树的存储空间为 200Mb。可见，当 k 较小时，多分支 Trie 树存储空间需求较小，用它实现 IPv6 路由查找是没有问题的。步长较大时，存储空间需求较大，这时需要使用优化算法和压缩算法减小多分支 Trie 树的存储空间，以达到系统实际的要求。所以，只要选择合适的步长 k、优化算法和压缩算法，用多分支 Trie 实现 IPv6 的路由查找理论上是没有问题的。

9）地址前缀长度的二分查找法

最长地址前缀查找与基于类地址结构查找相比，最大的难度是不能简单地从目的地址本身推断出它所对应的地址前缀的长度。基于 Trie 树前缀查找算法通过在地址前缀长度空间内顺序遍历所有地址前缀达到查找的目的。Trie 树算法搜索的第一步实际上是在前缀长度为 1 的地址前缀集中寻找相互匹配的表项，第二步是在长度为 2 的地址前缀集中搜索匹配项，以此类推，每一步把匹配上的表项记录作为最长前缀匹配项，直到地址前缀集为空或者前缀长度到达最大长度 32。Trie 树搜索的好处是每一步搜索都利用了前几步搜索的结果，使地址前缀表项数比原来所有的地址前缀表项数大大减少。

另外一种在前缀长度空间内顺序遍历的算法如图 5.23 所示，将所有地址前缀表项根据它们的前缀长度分成 32 个(包括[1, 32]内所有可能的前缀长度)不同的前缀集 $S=\{S1, S2, \cdots, S31, S32\}$。

对于每一个前缀集合,可以使用如散列表的方式组织。为了能够达到最长地址前缀匹配的目的,首先从前缀集 S32 开始搜索能够与目的地址相互匹配的前缀项,如果存在匹配前缀项,则搜索终止,得到的前缀就是最长匹配前缀;如果不存在匹配前缀项,则接着从前缀集 S31 继续搜索,以此类推,直到在某一个集合中存在匹配前缀项。这种查找算法思想简单,并且容易实现,但是它的缺点也是很明显的,因为在最坏情况下需要搜索所有不同长度的前缀集合,因此算法复杂度为 $O(W)$,其中 W 为 IP 地址的宽度。与 Trie 树查找法相比,这种前缀长度线性遍历法是从最长前缀的集合中开始搜索的,而 Trie 树算法从最短前缀集合中开始查找,从平均性能上看,本算法会略好一些;但是,由于前缀长度线性遍历法中每个散列表的访问需要使用散列函数,因此散列函数的设计也会直接影响算法的性能。

为了能够减少查找的时间,Waldvogel 等[24]提出了在地址前缀长度空间内进行二分查找的算法思想。如果能够在前缀长度空间内实现二分查找,那么整个查找性能就可以从 $O(W)$提高到 $O(\log W)$,但是不能简单地将二分查找法直接应用到前缀长度空间内。先看一个例子,有三个地址前缀 0 * 、00 * 以及 111 * ,散列表的组织如图 5.24 所示。

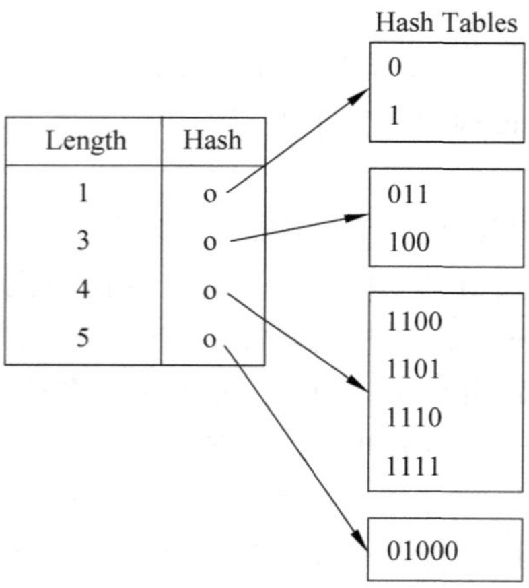

图 5.23　前缀长度线性遍历法

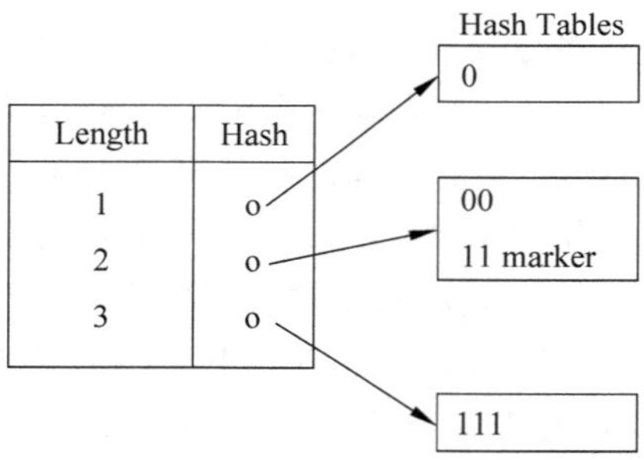

图 5.24　散列表实例

假设现在需要查找 111,二分查找法首先从前缀长度为 2 的散列表开始查找关键字 11,因为散列表中只有表项 00,所以查找失败,而实际上在长度为 3 的散列表中具有匹配关键字。为了解决这个问题,在前缀长度为 2 的散列表中添加一个表项 11,这种表项被称为 marker。现在查找关键字 111,首先在前缀长度为 2 的散列表中查找,就会查找成功,然后二分查找法会在前缀长度空间的下半部分继续查找。

图 5.25 表示的是基于前缀长度的二分查找结构,图中左侧显示的是地址前缀关键字对应的 Trie 树结构,右边部分表示的是在前缀长度空间内的二分查找树结构。从左边 Trie 树结构图看,实际上每个散列表就是 Trie 树每一层中所有前缀关键字和 marker 的集合,在实现中 Trie 树结构并不存在,查找过程完全按照图中右侧的查找树进行。

前缀长度的二分查找法将大大提高查找的效率,对于 IPv4 地址来说,查找过程最多需

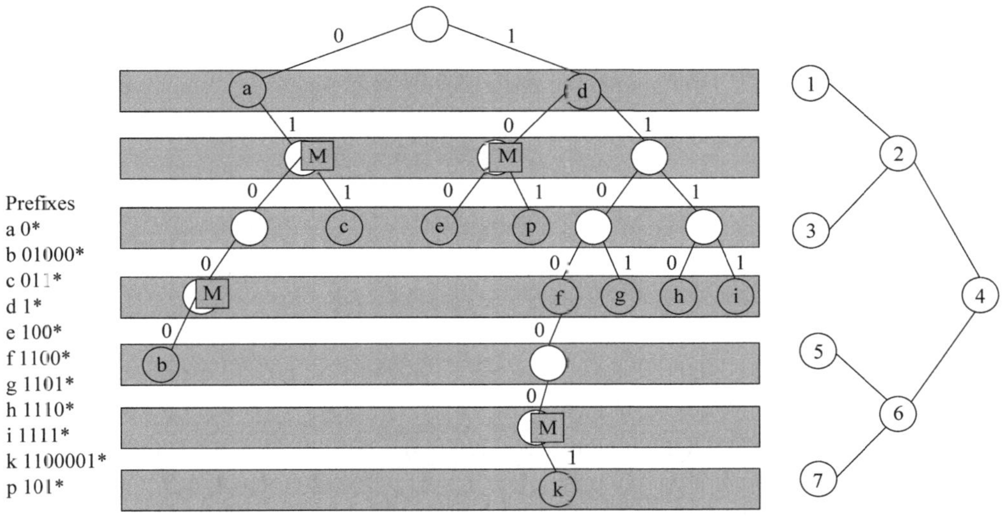

图 5.25　基于前缀长度的二分查找结构图

要 $\log_2 32=5$ 次存储器访问，对于今后将会使用的 IPv6 地址来说，查找过程最多需要 $\log_2 128=7$ 次存储器访问。

10）地址区间的二分查找法

地址前缀在整个地址空间内实际上代表了一段连续的地址区间，因此，如果能够知道目的地址所在的地址区间，通过该地址区间所对应的地址前缀，就可以得到最长匹配的地址前缀。图 5.26 中表示了实例地址前缀所对应的地址空间，由于前缀之间可能存在着包含关系，对应地址空间，将会出现某一段地址区域与多条前缀相对应。根据最长前缀匹配的原则，任何地址区域所对应的最长前缀应该是包含此地址区域的前缀中范围最窄的那一项。例如，区域[12，15]同时被前缀 0 * 和前缀 011 * 所对应的区域所覆盖，但是由于前缀 011 * 对应的区域小于前缀 0 * 对应的区域，所以区域[12，15]所对应的最长路由前缀为 011 * 。前缀对应的地址区间将整个地址空间划分成一段段独立的区域，就像图中表示的 I_1、I_2 等，每个区间都对应唯一的最长地址前缀。

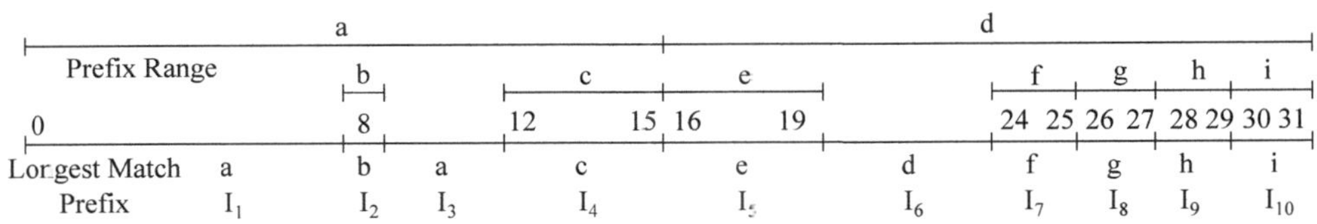

图 5.26　前缀对应的地址区间图

考虑到每个区间都对应区间的左右两个端点，所以不妨使用区间的左端点表示区间，例如区间[12，15]就用 12 表示，从而可以用一系列左端点集合表示所有的区间，此时最长前缀匹配查找就变成在左端点集合中寻找离目的地址最近的左端点问题。显然，可以使用二分查找法实现，图 5.27 就是左端点所对应的二分查找树结构图，为了能够区分查找关键字与叶子节点关键字的关系，树的叶子节点处保存了大于和等于两种匹配情况。例如，查找目的地址 10110(也就是十进制数 22),首先比较查找树关键字 26,因为 22 小于 26,所以选取查找树的左分支;然后比较查找树关键字 16,同理选取右分支;以此类推,直到叶子节点(关键字为 19)。由于 22 大于 19,所以最长匹配的地址前缀为 d。

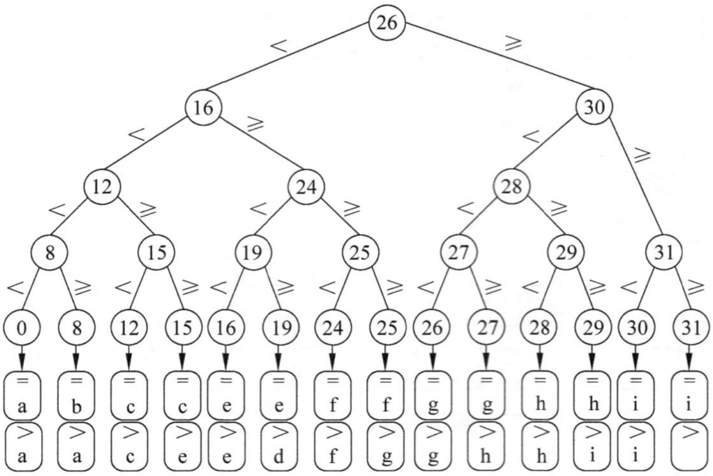

图 5.27 地址区间的二分查找树

每条地址前缀都对应两个端点,可以证明对于 N 个地址前缀,最多可以对应 $2N+1$ 个端点,因此,地址区间二分查找法的查找算法复杂度为 $O(\log_2 2N)$。由于目前骨干网络路由器的路由表的数目非常大(超过 80 万条),因此,即使使用简单的二分查找方法,仍然不能得到很好的查找效果。Lampson 等[25]在二分查找法思想的启发下,根据计算机中 Cache Line 的长度,提出了多路(multiway)查找的算法思想,使算法的复杂度降为 $O(\log_k 2N)$,对于目前 32B 的 cache line 来说,k 等于 6。另外,如果引入多分支 Trie 树的思想,如在第一步首先采用步宽为 16,每个 Trie 树节点保存前 16 位相等的前缀关键字集合,然后在这些集合中再使用区间二分查找法。由于经过 Trie 分支,关键字集合的数目大大降低,因此此时使用二分查找法相对获得了更好的性能。

区间二分查找法的最大问题是地址前缀的更新,因为插入或者删除每一个关键字有可能影响多个原有的地址区间,文献[25]中分析得到的结论是:在最坏情况下,更新一个关键字会影响 $O(N)$个地址区间,因此二分查找法的更新性能较差。

Gupta 等在文献[22]中基于路由表访问频度信息对基于地址空间的二分查找算法进行了进一步研究,提出在最坏性能有确定上界条件下的平均查找性能近似最优的算法。文献[22]中的数据结构需要定期进行重构,以反映路由表访问频度信息的变化。因此,在文献[26]中,作者设计了一种称为 Biased Skip List 的动态数据结构,可以进行自动更新,以反映路由表访问频度信息的动态变化。

11) 路由查找的硬件实现方法

随着路由器接口速度的不断提高,使用软件方法实现高速的路由查找越来越困难,目前已经广泛使用的 OC48 和 OC192 速率的接口要求路由查找的速度达到每秒几千万次,因此需要从硬件设计角度考虑实现高速的路由查找方法。目前大部分路由器厂商(如 Cisco、Juniper)都采用了基于硬件实现的路由查找部件。虽然软件的实现方法比较灵活,可扩展性好，可以适用于今后协议的不断变化，但是从目前对 IPv4 的了解看，今后在地址体系结构以及最长前缀查找机制方面将不会发生非常大的变化，因此，从这个角度看，完全有理由、也有必要采用速度快、集成化程度高的硬件实现方法。

目前使用最多的硬件实现方法是使用内容寻址存储器(Content Addressable Memory，CAM)[27]进行快速的路由查找，CAM 或者全相联存储器能够在一个硬件时钟周期内完成关键字的精确匹配查找。常用的随机存储器通过输入地址返回该地址处对应的数据信息，但是 CAM 的访问方式不同，它只输入关键字的内容，CAM 就会将此关键字与 CAM 中所有的表项同时进行匹配比较，最后返回匹配表项在 CAM 中所对应的地址。

为了能够使用 CAM 进行最长前缀路由的查找，可以为每一类可能的地址前缀长度使用一个 CAM，每个 CAM 保存对应长度的所有前缀集合。对于 IPv4，一共需要使用 32 个 CAM，具体实现结构如图 5.28 所示，这里画的是逻辑图，因为实际上并不存在前缀长度小于 8 的地址前缀。这种方法有一个明显的缺点，在对地址前缀长度具体分布没有准确的了解之前，为了保证能够存储 N 个前缀表项，每个 CAM 都需要有 N 个表项的空间，CAM 存储空间的利用率实在太低了。

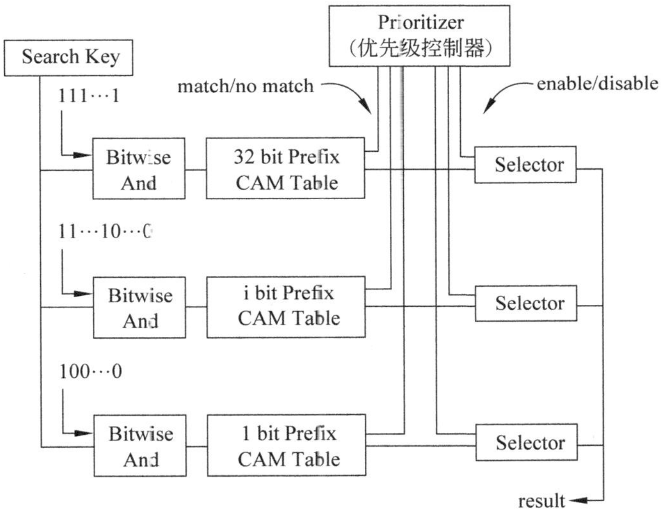

图 5.28　CAM 查找结构图

为了能够克服上述方法的缺点，又提出一种 CAM 实现机制——Ternary CAM(TCAM)，TCAM 的优点是它所保存的表项在长度要求上非常灵活，即可以在同一个 TCAM 芯片中保存任意长度的关键字表项。TCAM 中每一个表项都以＜地址、掩码＞序偶的形式保存，假设地址关键字的长度范围为 $1\sim W$，那么地址和掩码分别占用 W 比特。对于关键字长度为 $Y(1\leqslant Y\leqslant W)$ 的表项来说，它的掩码前 Y 位为 1，而剩下的 $W-Y$ 位为 0，它的地址后 $W-Y$ 位可以是 0 或者 1。例如，假设 W 为 5，那么地址前缀 10 * 就可以用序偶＜10000，11000＞表示。在表项的匹配查找中，TCAM 判断(查找关键字按位与掩码)是否与(目的地址按位与掩码)相等，如果相等，则表示关键字与该表项匹配，否则不匹配。TCAM 的查找结构如图 5.29 所示。

TCAM 通过保存关键字掩码的方式使得它可以保存任意长度的关键字表项，因此使用

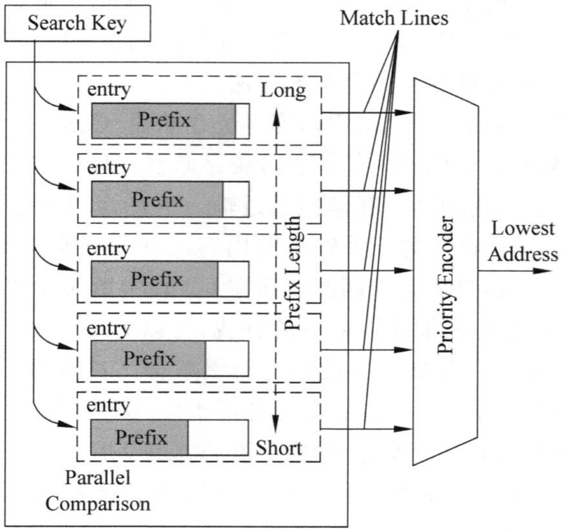

图 5.29　TCAM 的查找结构图

TCAM 非常适合进行最长前缀路由的查找，目前不少厂商都在进行 TCAM 的设计开发。由于可能存在多个表项匹配的情况，因此 TCAM 需要在这些匹配的表项中选取一个表项作为最后的查找结果，TCAM 规定在所有匹配的表项中选取地址最低的表项作为最后的结果。为了能够进行最长前缀路由的查找，需要保证在 TCAM 的低地址存储前缀较长的关键字表项，而在地址高的区域存储前缀较短的关键字表项。

图 5.30 是使用 TCAM 进行路由查找的实例。图中的所有表项按照路由前缀的长度降序排列，假设为目的地址 103.23.3.7 的 IP 分组查找转发路径，TCAM 同时将它保存的所有表项与关键字 103.23.3.7 进行匹配查找，发现表项 P1 以及 P2 均与关键字相互匹配，但是 TCAM 的优先级仲裁器返回地址最小的匹配表项，即表项 P1。

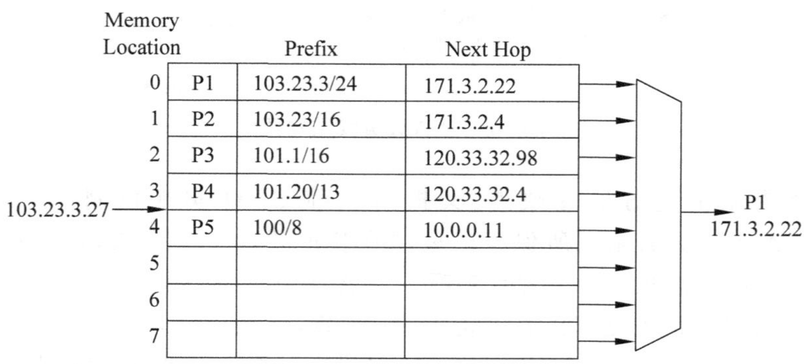

图 5.30　使用 Ternary CAM 进行路由查找的实例

TCAM 具有速度快、实现简单的优点，但是它也有 3 个不足之处。

(1) 与一般的 RAM 相比，单位比特的 TCAM 更为昂贵，而且存储芯片的容量相对要小一些。

(2) 由于 TCAM 使用的是并行匹配比较方式，所以 TCAM 芯片的功耗较大。查找过程所有关键字表项都进行了比较，但是实际能够匹配上的关键字只是几项，因此大部分的比较操作都被浪费了。

(3) TCAM 需要保证前缀较长的关键字保存在前缀较短的关键字之前，这种关键字之间的顺序关系使得 TCAM 的关键字更新工作变得相对复杂。例如，当加入一条新的表项时，为了能够仍然保持关键字间的顺序关系，就需要移动一些前缀长度比新表项要长的表项，因此 TCAM 的更新操作较为复杂。为了解决这一问题，文献[28]中提出了一种改进的 TCAM 设计，这种 TCAM 可以任意排列表项，其主要思想是在多个表项的并行比较之后引入"或"机制，并将结果反馈回表项区，以得到最长前缀匹配。文献[29]中则提出对现有的 TCAM 进行快速更新的算法。

图 5.31 是 TCAM 查找方案的示意图，图中包括 3 个部分：TCAM 芯片、Next Hop 索引表和 Next Hop 映射表。TCAM 芯片完成 IP 地址的最长前缀匹配查找。Next Hop 索引表存储 Next Hop 映射表的索引，TCAM 与 Next Hop 索引表中的表项是一一对应关系，例如，某条路由的前缀信息存放在 TCAM 芯片的第 k 个单元，则该路由的 Next Hop 信息索引存储在 Next Hop 索引表中的第 k 个单元。Next Hop 映射表存储真实的下一跳信息——下一跳 IP 和出端口信息。

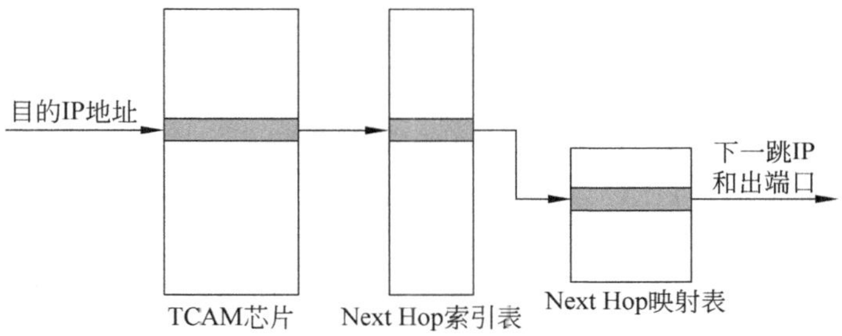

图 5.31　TCAM 查找方案示意图

图 5.31 所示的方案进行路由查找的过程非常简单。首先，根据目的地址在 TCAM 芯片内找到最长匹配前缀所在单元地址，然后根据这个地址访问 Next Hop 索引表，得到 Next Hop 映射表的索引，最后用该索引访问 Next Hop 映射表，得到最终的查找结果——下一跳 IP 和出端口信息。基于 TCAM 的查找方案具有下面几个特点。

(1) Next Hop 信息存储空间小。通过对 IPMA 的真实路由表进行考查，可以发现真实路由器的下一跳一般不超过 256 个，8 位宽度的 Next Hop 索引表和 256 个表项深度的 Next Hop 映射表即可满足设计要求。如果是 IPv4，则 Next Hop 映射表表项数据宽度为 (32+8)=40 位(下一跳 IP 地址为 32 位，出端口为 8 位)；如果是 IPv6，则 Next Hop 映射表表项数据宽度为(128+8) =136 位(下一跳 IP 地址为 128 位，出端口为 8 位)。对于百万条目规模的路由表(IPv4 或 IPv6)，Next Hop 的存储空间约为 1MB。

如果 Next Hop 索引表不存储索引，而直接存储下一跳的完整信息，则对于 512K 的 IPv4 路由表，Next Hop 的存储空间约为 5MB，而对于 IPv6 的路由表，Next Hop 信息的存储空间则约为 17MB。

(2) 查找速度快。图 5.31 的方案完成一次路由查找，只需要 3 步操作：查找 TCAM 芯片、查找 Next Hop 索引表和 Next Hop 映射表。应用流水线技术可以进一步提高查找速度。例如，对于 100Mp/s 的 TCAM 芯片和 10ns 的 SRAM，应用流水线技术可以保证 10ns 完成一次路由查找，即每秒钟 100M 次的查找速度，这个查找速度足以满足 OC48 和 OC192 接口的要求。

(3) 对 IPv6 有很好的扩展性。主要体现在两个方面：第一，对于 IPv6 路由查找，方案所需的存储空间没有明显增加，这一点可从上面的分析中看出；第二，查找方案从 IPv4 升级到 IPv6 操作很简单，只需对 Next Hop 映射表的表项数据宽度进行扩展。

下面简单介绍 TCAM 的更新算法。

路由表是动态的，也就是说，路由表项会随着网络拓扑结构的不断变化而相应地增加或者删除，目前 Internet 环境下路由更新的速度最快可以达到每秒数千条[30-31]。一般来说，在路由更新的同时，路由查找是不能进行的，在这段时间内，分组需要缓存在分组缓冲区内等待路由更新的完成，因此，速度较慢的路由更新对系统分组缓冲区的容量有很大的要求。因此，希望能够尽可能减小路由更新的时间。

由于 TCAM 需要维持所有的路由表项按照前缀长度有序，所以，对于路由的动态更新来说，效率就会比较低。还是以图 5.30 为例，假设现在需要在转发表中增加新的表项 103.23.128/18，按照表项组织的方式，新的表项应该保存在表项 103.23.3/24(P1)和表项 103.23/16(P2)之间，但是目前在这两个表项之间没有空闲的表项空间，所以需要通过移动其他表项的方式为新表项腾出空间。

Devavrat 在文献[29]中对 TCAM 的更新算法进行了讨论。为了保证 TCAM 实现最长匹配的查找，路由前缀在 TCAM 中需要按一定的规则进行存储，这个规则称为约束。常见的约束有两种：一种是前缀长度约束；另一种是前缀链约束。前缀长度约束是指长度长的路由前缀的存储地址一定要比长度短的路由前缀低。前缀链约束是基于 Trie 树结构，从根节点到叶子节点的路径称为链，链上出现的前缀需要按下面的规则进行存储：链中越靠近叶子的前缀应该存储在越低的地址。

Devavrat 基于上面两个约束提出了两个不同的 TCAM 更新算法。图 5.32 是两个算法的示意图。

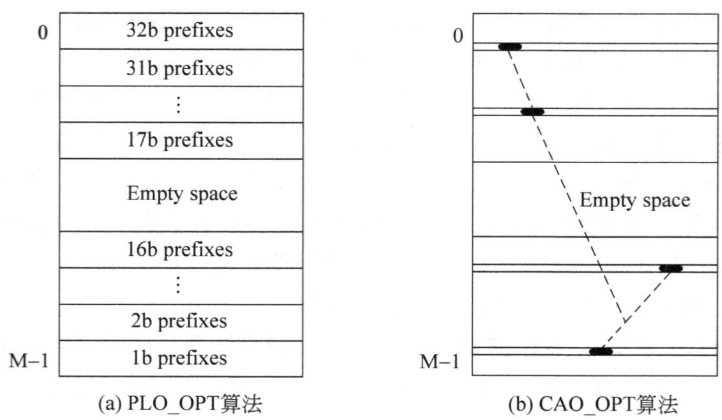

图 5.32　TCAM 更新算法

PLO_OPT 算法基于前缀长度约束，它的更新复杂度为 $O(L/2)$（L 为 IP 地址宽度）。CAO_OPT 算法基于前缀链约束，它的更新复杂度为 $O(D/2)$（D 为 Trie 树中的最大链长度）。

Devavrat 考查实际网络中的路由表，发现 Trie 树中最大链的长度为 5，所以 CAO_OPT 的更新复杂度为 $O(2.5)$，而实际的实验结果又进一步说明 CAO_OPT 具有更好的更新特性，实验结果表明 CAO_OPT 更新算法具有接近 $O(1)$ 的更新复杂度。

Huan Liu 在文献[32]中对 TCAM 路由表的压缩进行了讨论，提出两种有效的路由表压缩方法。

(1) Prunning 技术。Prunning 基于这样观察：如果前缀 P1 包含前缀 P2，并且 P1 具有和 P2 相同的下一跳地址，则 P2 在路由表中是冗余的，对 P2 可以实行 Prunning。在图 5.33(a)中，P2 就是可以 Prunning 的。

(2) Mask Extension 技术。这个技术基于 TCAM 可以存储非前缀掩码的特点，如 1111000（前缀掩码）、11001001（非前缀掩码）。对于相同前缀长度并且具有相同下一跳地址的路由，可以使用 Mask Extension 技术进行压缩。如图 5.33(c)就是图 5.33(b)路由表的一个压缩。

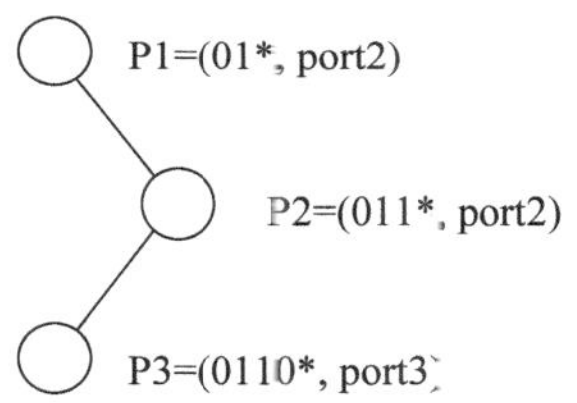

(a) 可以应用Frunning的实例

No.	Prefix	Mask	Next Hop
P1	10011100	11111100	7
P2	10001100	11111100	7
P3	11011100	11111100	7
P4	10001000	11111000	5
P5	11010000	11110000	4
P6	11110000	11111100	7
P7	10010000	11110000	4

(b) 未压缩

No.	Prefix	Mask	Next Hop
P1 and P2	10001100	11101100	7
P1 and P3	10011100	10111100	7
P4	10001000	11111000	5
P5 and P7	10010000	10110000	4
P6	11110000	11111100	7

(c) 应用Mask Extension技术压缩

图 5.33　TCAM 路由表压缩

Huan Liu 文中提到同时利用两种技术对路由表进行压缩，可以达到 40%以上的压缩比，不过代价是慢速的更新。

除了采用 TCAM 设计路由查找引擎之外，研究人员在采用通用存储器进行路由查找方面也进行了深入的研究。文献[33]中提出一种基于存储器层次的 IP 路由查找性能模型，使用该模型可以对各种路由查找算法的存储器使用效率和性能进行比较。Sikka 在文献[34]中对内存分配机制进行了讨论，针对 Trie 树结构的查找方案，Sikka

提出一种特殊的内存分配机制，该分配机制与传统的内存分配机制相比内存利用率大大提高了，可达到100%的内存利用率，但该机制在进行正常内存单元访问时需要增加一个偏移访问操作。

4. 路由查找算法的评价

路由查找算法的效果需要进行综合全面的评价。下面首先说明路由查找算法的评价标准，然后具体看一下前面介绍的这些算法的实际效果。

1）路由查找算法的评价标准

（1）查找速度

查找速度是决定路由查找算法性能及路由器处理分组能力的最主要因素。常用的路由查找算法或者是在软件环境下设计实现，或者基于TCAM芯片。查找速度主要由查找过程需要进行的存储器（包括TCAM）访问次数决定，因此通过统计算法在查找过程中的存储器访问次数就可以基本估计该算法的查找性能。

（2）存储容量

路由器总是要求路由查找算法占用的存储容量应该尽量小，从而可以为算法的实现带来更大的灵活性。

（3）预处理和更新速度

根据处理路由更新方式的不同，查找算法可以分为两种类型：一种称为动态算法，即发生路由更新（包括增加和删除）时，算法数据结构只需要在原有基础上相应更新，而不需要完全重构；另一种称为静态算法，即当发生路由更新时，算法的数据结构需要完全重新构建。与动态算法相比，静态算法的运行需要一个预处理过程（即重构过程），因此更新消耗的时间更长一些。Internet路由的不稳定性[30]使得路由增加和删除的过程变得非常频繁，最差情况下每秒内路由变化可以发生数千次[31]，因此要求路由查找算法的更新速度至少能够支持路由动态变化的速度。

（4）算法实现的灵活性

路由查找算法可以通过软件实现，也可以通过硬件实现，因此，从查找算法的实现灵活性上考虑，希望算法能够同时具有软件和硬件实现方式。在未来的几年中，分组处理速度需要达到一个相当高的水平，硬件实现将是路由查找引擎的主要实现方法，因此路由查找算法的设计应该考虑算法在硬件实现上的可能性。综合多种算法的优点提出的可配置的路由查找算法[33]就具有实现灵活的优点。

（5）算法的可扩展性

IPv6协议正在逐渐替代目前使用的IPv4协议，因此在设计过程中需要考虑到算法的可扩展性，算法是否能适应IPv6网络环境已经成为查找算法研究的重点之一。

2）路由查找算法的评价

（1）算法复杂度的评价

各路由查找算法的算法复杂度的比较见表5.3。假设地址关键字的长度为W，地址前缀表中的前缀数目为N。

表 5.3　算法复杂度列表

算　　法	查找过程算法复杂度	存储容量	更新过程算法复杂度
二进制 Trie 树	$O(W)$	$O(NW)$	$O(W)$
路径压缩 Trie 树	$O(W)$	$O(N)$	$O(W)$
多分支 Trie 树(步宽为 k)	$O(W/k)$	$O(2^kNW/k)$	$O(W/k+2^k)$
前缀长度的二分查找	$O(\log W)$	$O(N\log W)$	$O(N\log W)$
地址区间的二分查找	$O(\log 2N)$	$O(N)$	$O(N)$

① 二进制 Trie 树算法

在二进制 Trie 树算法中,由于查找过程最差情况下需要遍历的节点数等于 IP 地址的宽度,因此它的查找过程算法复杂度为 $O(W)$。每加入一个新的前缀表项,最差情况下需要加入 W 个连续节点,因此保存 N 条前缀表项需要的存储容量为 $O(NW)$。地址前缀更新操作首先需要进行一次查找过程,以确定更新节点的位置,因此更新过程的算法复杂度与查找过程相同,为 $O(W)$。

② 路径压缩 Trie 树算法

由于路径压缩 Trie 树的查找过程和更新过程与二进制 Trie 树算法一致,所以算法复杂度也是 $O(W)$。在路径压缩 Trie 树中,中间节点的度均为 2,对于这种 Trie 树结构,每 N 个叶子节点对应 $N-1$ 个内部节点。因此,路径压缩 Trie 树的存储容量为 $O(N)$。

③ 多分支 Trie 树算法

与二进制 Trie 树类似,多分支 Trie 树算法仍然基于前缀长度空间内的线性查找思想,但是由于多分支 Trie 树采用大于 1 的步宽,所以算法查找性能得到很大的提高。假设多分支 Trie 树的每一步步宽均为 k,那么查找过程的算法复杂度为 $O(W/k)$。多分支 Trie 树的每一个中间节点都需要包含 2^k 个指针,最差情况下,每加入一个新前缀,需要在 Trie 树中加入 W/k 个中间节点,从而需要占用存储空间 $O(2^kW/k)$,所以,N 个前缀多分支 Trie 树的存储容量为 $O(2^kNW/k)$。更新过程中首先需要进行一次查找,然后进行节点指针的更新,最差情况下需要更新 2^{k-1} 个节点指针,所以更新过程算法复杂度为 $O(W/k+2^k)$。可以看到,当 $k=1$ 时,得到的算法复杂度与二进制 Trie 树的算法复杂度相同。

④ 前缀长度的二分查找法

对于前缀长度空间内的二分查找算法,它的查找过程算法复杂度为 $O(\log W)$,因此查找过程只是与关键字的长度 W 相关,而与关键字的个数 N 无关。为了保证查找过程的正确性,除了地址前缀本身的表项之外,算法还引入了 marker 概念。对于每一个地址前缀,算法最多需要 $\log W$ 个 marker,所以算法的存储容量需要 $O(N\log W)$。此算法的更新过程较复杂,算法规定在每个 marker 处需要保存它所对应的最长匹配地址前缀,每更新一个地址前缀时,有可能影响到 $N-1$ 个地址前缀,每个地址前缀对应 $\log W$ 个 marker,因此更新过程的算法复杂度为 $O(N\log W)$。

⑤ 地址区间的二分查找法

地址区间的二分查找法将地址前缀转化为地址区间,从而不再需要对前缀的长度进行考虑,查找过程完全在由区间的端点所组成的空间内完成。对于 N 个地址前缀表项,在最

差情况下可能对应 $2N$ 个独立的地址区间，因此算法查找过程的算法复杂度为 $O(\log 2N)$。由于查找过程中地址前缀被转化成地址区间的端点，因此一共需要 $O(N)$ 的存储空间。由于每个区间都对应各自的最长匹配地址前缀，更新过程在最差情况下可能影响 N 个地址区间的最长匹配前缀，所以更新过程的算法复杂度为 $O(N)$。

(2) 算法硬件实现灵活性评价

硬件实现要求算法具有以下几个特点。第一是硬件实现不具有软件实现存储空间管理的任意性，为了保证它的运行速度，往往要求算法的数据结构应该尽量简单，同时组织有序，保证数据访问快速、有效；第二是硬件实现常常需要考虑算法能否被划分为几个简单的操作部分，从而利用流水线提高算法的速度。对于 Trie 树（包括二进制 Trie 树和多分支 Trie 树）来说，由于它使用的树节点灵活度非常高，所以直接将 Trie 树算法用硬件实现不太可取。前缀长度二分查找和地址区间二分查找算法由于使用二分法作为查找的基本思想，所以使用硬件实现不能获得很好的算法性能。

(3) 算法的可扩展性评价

下面对算法的可扩展性做简单的分析比较。由于 IPv6 使用长度为 128 位的地址，128 位地址中通常前缀部分是 64 位，所以它给本来已经很复杂的最长匹配前缀查找带来了更大的困难，对于目前 32 位计算机系统来说，访问一个 128 位地址就需要进行 4 次读写操作，因此查找速度会大大降低。Trie 树的查找复杂度为 $O(W/k)$，其中 $1 \leqslant k \leqslant W$。如果 W 从 32 增加到 128，在 k 不发生变化的前提下，算法的查找性能将下降到原来的 1/4。为了能够提高查找性能，唯一的做法是提高 k 的大小，但是从算法存储容量的复杂度看，增加 k 的大小势必会增加算法的存储空间，从而影响算法在实际系统中的使用。因此，Trie 树在可扩展性方面较差。由于前缀长度二分查找法的查找算法复杂度为 $O(\log W)$，因此，相对而言它受地址长度变化的影响要小很多，对于 IPv4 地址，查找过程需要 5 次内存访问，到了 IPv6，查找过程需要 7 次内存访问，因此查找性能没有发生很大的下降。对于地址区间的二分查找法来说，查找的算法复杂度为 $O(\log 2N)$，因此查找性能只与关键字的个数相关，而与关键字的长度无关，所以地址区间二分查找法的性能也不会受 IPv6 协议变化的影响。

(4) 算法实际运行的性能比较

下面引用文献[36]中对几种常用算法的测试结果，从而对算法的性能有一个更直观的认识。测试系统使用 300MHz Pentium-II(512KB L2 Cache)；测试数据使用由文献[37]提供的 MAE-EAST 路由表，当时的路由表包含 38816 条表项。

由于 BSD UNIX 的广泛应用，在路由查找算法研究的早期，Patricia 树是最常用的算法之一。Patricia 树本质上是一种路径压缩的二进制 Trie 树，因此它的运行效果一定程度上反映了二进制 Trie 树的算法性能。接下来的是两种多分支 Trie 树的运行效果比较，在固定 Trie 树深度的前提下，算法使用动态编程的思想优化 Trie 树的存储空间。最后是两种二分查找法的性能，在实现中算法都进行了一定的优化改进，例如地址区间的二分查找法利用 cache line 的特点，使用多路($k=6$)查找法代替二分($k=2$)查找法。

从表 5.4 中所列的算法实际运行的性能分析，可以得出以下结论：

最近提出的这些快速查找算法在查找性能方面已经远远超过以 Patricia 算法为代表的传统路由查找算法，使用这些查找算法一次查找过程一般只需要 500ns，因此查找速度已经可以达到每秒 200 万次，从而可以满足路由器千兆速度的接口。

表 5.4　算法实际运行的性能比较算法最差情况下一次查找的时间

算　　法	最差情况下一次查找的时间/ns	算法数据结构占用的存储空间/KB
Patricia(BSD)[12]	2500	3262
多分支 Trie 树(Trie 树深度为 3)[17]	298	1930
多分支 Trie 树(Trie 树深度为 5)[17]	428	660
前缀长度的二分查找法[23]	650	1600
地址区间的二分查找法[24]	490	950

从两种多分支 Trie 树的运行性能比较可以看出，查找速度与存储容量是一对互相矛盾的性能指标。当步宽 k 较大时，Trie 树的深度相对较小，因此查找性能较好，但是需要耗费较多的存储空间。当步宽 k 较小时，Trie 数的深度相对较大，查找性能较差，但是存储空间的需求小。因此，可以根据实际系统的软硬件条件动态地改变多分支 Trie 树的步宽。

后两种二分查找算法与多分支 Trie 树查找算法相比，查找性能并没有很大的提高，但是根据前面的分析可以估计，在 IPv6 的环境中，多分支 Trie 树的查找性能将会大幅降低，那时二分查找算法的优越性会有一定的体现。

5.5.2　IP 分组分类算法

Internet 的高速发展要求底层能够提供足够的带宽[38]，不但需要高速的通信链路，还需要高速的网络路由设备，即路由器。由于光纤通信技术的成功，通信链路以 100Gb/s 乃至更高的速度进行数据传输已不成问题。相比较而言，路由器正在成为网络数据传输的瓶颈。

在路由器的转发过程中，主要有 3 个瓶颈：查找、交换和输出调度。近年来，在解决路由器瓶颈方面也取得了一些进展。首先是体系结构的突破[39-40]，交换系统方面出现了快速总线和 Crossbar 等交换设备。

多数路由器的生产厂商认为，在网络视频得到广泛应用之前，对输出队列调度的要求还不是很高。在过渡阶段，一些较简单的方案，如改进的 Round Robin 策略就能够有效地满足输出调度的要求[41]。因此，当前路由器上的瓶颈主要表现在路由表的查找效率上。

近年来兴起的一些网络应用希望路由器能够提供相应的功能支持。这些功能包括防火墙[42]，基于策略的路由(Policy-based Routing)[43]、区分服务(DiffServ)[44]、QoS[44-45]、流量计费[46]等。无论是哪种情况，这些功能都需要将到达的数据包归类为不同的数据流，根据不同的数据流决定诸如是否转发该数据包、向哪里转发数据包、数据包应该得到什么样的服务或者相应流量数据包该收取多少费用等一系列问题。这些功能都是以包分类(Packet Classification)技术为基础的。由于路由器处理的数据包绝大部分都是 IP 包，因此相应的技术也称为 IP 分类(IP Classification)技术。

IP 分类通常是查找 IP 包头中的多个域，以此决定其属于哪个数据流，这是它和 IP 查找的本质区别。IP 查找主要是基于路由的查找，通常只是通过查找 IP 包头中的目的地址域决定下一跳(Next Hop)的地址。

本节首先介绍 IP 分类问题的定义和解决的基本思想，然后介绍几种典型的 IP 分类算法，最后对其中 3 个算法做了实际的评测并给出相应的结论。

下面给出IP分类的数学定义，并建立相关的数学模型。IP分类问题的数学定义有不同的方法，它们基本上是等价的。我们选取其中一种方法进行描述[34]。

1. 相关术语

首先定义一些必要的术语。

地址D是一个长度为W比特的比特串(这里是指二值比特串，各比特取0和1两个值，后面还会介绍三值比特串，每个比特还可以取值为“*”，类似TCAM)。

前缀P是长度为0～W的一个比特串，length(P)表示前缀P的以比特数为单位的长度。

如果D开始的length(P)个比特与P相同，就称前缀P与地址D匹配。

包头H有K个域实体，包头的各个域分别表示成H[1],H[2],…,H[K]，其中每个域都是比特串。

过滤规则F也具有K个域。与过滤规则的一个域F[i]相关联的有一个匹配方式，它可以是下面3种匹配方式中的任何一种：精确匹配(Exact Match)、前缀匹配(Prefix Match)或范围匹配(Range Match)。

域F[i]通过一个数值指定，如果包头H的域H[i]与过滤规则F的域F[i]满足H[i]=F[i]，就称H[i]与F[i]精确匹配。

域F[i]通过一个前缀指定，如果包头H的域H[i]与过滤规则F的表示前缀的域F[i]匹配，就称H[i]与F[i]前缀匹配。

域F[i]通过一个范围指定，即F[i]=val1…val2，如果包头H的域H[i]与过滤规则F的域F[i]满足val1≤H[i]≤val2，就称H[i]与F[i]范围匹配。

称过滤规则F与包头H匹配，当且仅当H的每个域H[i]都与F相应的域F[i]匹配。H[i]与F[i]的匹配方式由F[i]的形式指定，可能为上述匹配方式中的任何一种。

2. IP分类问题的定义

考虑具有N条过滤规则的过滤规则数据库F_{dat}，给定一个包头H，在F_{dat}中可能有不止一条过滤规则与H匹配。约定与每条过滤规则F相联系有一个代价函数cost()，过滤规则F的代价记为cost(F)。定义最佳过滤规则匹配问题为在F_{dat}中查找满足下列条件的过滤规则f_{best}：

(1) f_{best}是H的一个匹配过滤规则。

(2) 在F_{dat}中不存在其他的过滤规则F，F与H匹配且满足

$$\text{cost}(F) < \text{cost}(f_{best})$$

IP分类问题是最佳过滤规则匹配问题的一个实例。从这个定义中也容易看出，IP查找是IP分类的一个特例，它对应IP分类中单个域的情形。

IP分类问题中与每条规则相联系有一个ACTION，它用来表示对满足相应过滤规则包的相应的处理动作。另外，由于CIDR(Classless Inter-Domain Routing[8])的存在，掩码表示的IP地址范围不一定是连续的，在IP查找和IP分类中的IP范围也不一定是用前缀表示的，但是总可以用若干前缀表示相同的IP范围[47]。

3. IP分类问题的解决方案

1) 解决方案评价原则

IP分类问题的核心是高效的查找算法。一般来说，一个好的查找算法必须满足以下3

个条件。

(1) 速度快。这是评价一个 IP 分类算法最重要的标准。通常要求 IP 查找能够线速进行,IP 分类速度至少达到 1Gb/s。网络上相当一部分流量都是短包,这很大程度上是因为大量的数据都与 WWW 服务有关,因此,通常都考虑最短包长(如 40B)的情况下折算成 IP 分类处理的比特率。在算法的时间复杂度上有 3 种评价指标:①**最坏情况**:对一个包进行 IP 分类的查找时间的最坏可能情况;②**平均情况**:在随机情况下,对一个包进行 IP 分类的查找时间的平均值;③**统计情况**:在符合某种预先指定包或过滤规则匹配率的分布下,对一个包进行 IP 分类的查找时间的平均值。考虑到计算机 CPU 的计算速度比访问内存的速度快得多,因此当计算量大小在可接受的范围内时,也可以使用查找中的访存次数衡量一个查找算法的速度。

(2) 占用内存少。在查找过程中,一个算法所需要占用的内存大小也是需要考虑的重要因素。这个占用的内存不仅指容纳过滤规则数据库本身所需要的内存,还指算法为了保证高速度的查找建立的各种数据结构所消耗的内存。

(3) 易于更新。共有 3 种可能的更新:①**完全更新**:是指初始化过程中从过滤规则数据库中建立查找数据结构,或者是以后的重新建立全部查找数据结构的过程;②**增量更新**:在查找数据结构中增加或删除一条过滤规则;③**重组或平衡**:随着过滤规则的不断增加或删除,可能造成查找的数据结构效率降低。因此,在适当的时候需要进行重组,使其恢复原来的效率。

目前的大多数解决方案都比较重视前两个因素,即查找的时间效率和空间效率,而这两个因素往往互相制约,或者说它们之间存在一种权衡[48]。

2) IP 分类问题的解决方法的思想

从数学上看,IP 分类问题与计算几何中的一些问题很相似[49]。在计算几何中存在一个多维空间的点定位问题:给定多维空间中的一些互不相交的区域,找出包含指定点的区域。一般来说,IP 分类问题比多维空间的点定位问题复杂。假定不同区域互不相交时,对 N 条过滤规则和 K ($K>3$) 的情形,计算几何的结果给出的最好结果是:在空间复杂度为 $O(N^K)$ 时,时间复杂度为 $O(\log N)$;或者是在空间复杂度为 $O(N)$ 时,时间复杂度为 $O(\log^{K-1} N)$。也就是说,对 100 条过滤规则,每条规则 4 个域的情况,空间大概为 100MB,时间大约是访存 350 次。这种效率显然是不可接受的。

但是,数据流的分布和特定数据库中过滤规则的分布都有一定的规律性,或者说有内在的结构[49]。所以,很多好的 IP 分类问题的解决方案都是观察到它们分布的某些规律性后提出的。此外,二维的 IP 分类问题(即针对目的 IP-源 IP 对的分类)相对简单,而且二维的 IP 分类在多播和 VPN 中都有广泛的应用[36],具有实际的意义,因此对二维的 IP 分类问题的研究较成熟,有一些优秀的算法作为基础。所以,解决 IP 分类问题的一个重要思想就是降维,将高维问题转化为二维乃至一维的问题。下面介绍 IP 分类问题的几个典型的算法,这些算法很清楚地体现了这些思想。

4. 几个典型的 IP 分类算法

下面介绍几种有代表性的算法。

1) RFC 算法

(1) 基本思想

RFC(Recursive Flow Classification)[49]算法是一种多维 IP 分类快速查找算法。通过

对实际的过滤规则数据库的考查，发现数据库中的过滤规则都有内在的结构和冗余度，这个特点可以为分类算法所利用。RFC 算法是一种简单的多阶段的分类算法，通过硬件流水线，分类速度可达 3×10^7 p/s(packet per second)，软件实现可达 1×10^6 p/s。

RFC 算法的主要思想是将 IP 分类问题看成一个从包头中的 S 比特数据到 T 比特的 classID 的一个映射($T=\log N$ 且 $T<<S$，N 是过滤规则的总数)。如果预先计算出包头中的这 S 位共 2^S 种不同情况中每种情况所对应的 classID 值，那么每一个包只需要一次查表，即一次内存访问就可以得到相应的 classID，但是这样会消耗极大的空间(对 5 个域的情况约需 5×10^{24} 的内存)。RFC 的思想是映射不是一步完成的，而是通过多步或者说是多个阶段(phase)完成。每个阶段的结果是将一个较大的集合映射成一个较小的集合，称其为一次缩减(reduction)。RFC 算法共分 P 个阶段，每个阶段由一系列并行的查找组成。每个查找的结果值比用于查找的索引值要短(故称为一次缩减)。

图 5.34 中建立了一种四阶段的缩减树，对 IP 包查找的过程如下。

(a) 在第一阶段(Phase 0)，包头中的 K 个域被分成若干个块(chunk)，每一块用来作为并行查找的索引。

(b) 在后面的几个阶段，每次查找内存的索引值都是由前几个阶段查找的结果合并而成的。一种简单的合并办法是将查找结果按二进制位串连接起来，但还有更好的方法可以节省空间。

(c) 在最后一个阶段，查找的结果得到一个值，由于进行了预先计算，这个值就是该包对应的 classID。

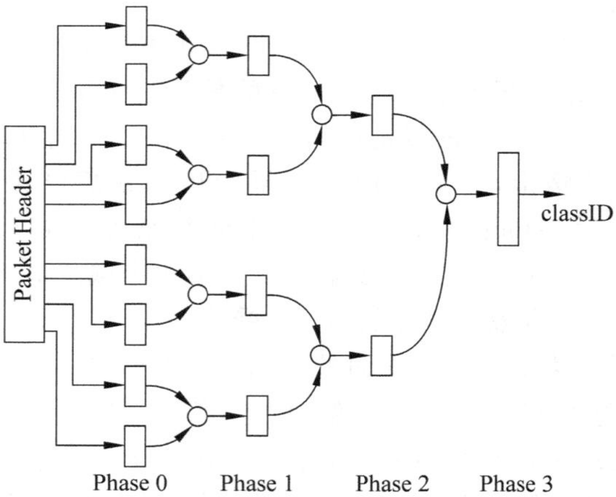

图 5.34　一个四阶段的 RFC 缩减树

(2) 性能分析

RFC 算法受以下两个参数的影响：

① 选取阶段(Phase)的数目 P。

② 在给定 P 的情况下缩减树的形状，也就是后面阶段的索引值从前面哪几个阶段的查找结果进行合并。

在给定 P 的情况下，给出一种严格的判定方法选择最优的缩减树很困难。文献[49]中给出了两种启发性原则。

① 尽可能合并具有一定“相关性”的块，如尽可能早地将同一个 IP 地址的两个块进行合并。因为具有“相关性”的两个块往往在同一条规则或者在少数几个规则中集中出现，尽早对其进行合并，可以避免后续合并产生不必要的扩展。

② 在不引起内存激增的情况下，合并尽可能多的块。

在 P 和缩减树固定的情况下，随着过滤规则树 N 的增加，消耗的内存量也增加。同时，对于同样的过滤规则数据库，$P=3$ 比 $P=4$ 消耗更多的内存，但是 $P=3$ 比 $P=4$ 的查找速度快。

RFC 查找的时间复杂性是 $O(1)$。文献[49]给出了一种 RFC 的硬件实现的体系结构，在硬件总成本为 50 美元的情况下，查找速度可达到 OC192 的速率。如果以软件方式实现，在最坏情况下，RFC 的分类速度可达每秒百万分组。

下面对 RFC 算法的思想再稍作解释，为什么可以把包头中的域进行缩减？主要是因为信息有冗余。以端口号为例，虽然端口号是 16 位的，但是分类规则中出现不同端口号的数量并不多，一般只关心 20、21、1024 等特殊端口，也就是说，端口等价类的情况并不多，因此通过预先计算等价类就可以把 16 位的端口号缩减成很短的长度。换句话说，如果分类规则数量很多，导致每个域出现的不同情况也很多，那就很难进行缩减，RFC 算法也就失去了其价值。

2）Grid of Tries 算法

(1) 二维 Grid of Tries 算法

Grid of Tries[36] 主要针对二维情况下的 IP 分类问题提出了有效的解决方案。在实际中，这种目的-源过滤规则在 VPN(Virtual Private Network)和组播转发中有广泛的应用。

如果将数据结构中的 Trie 树[50] 从一维扩展到二维，就形成了 Grid of Tries 树。以表 5.5 中的数据库为例说明这个扩展过程。先不考虑过滤规则数据库中的源 IP 地址，根据过滤规则数据库中目的地址前缀构造一棵 Trie 树(称为 Dest-Trie 树)。这个目标前缀 Trie 树中的每个节点，如果在数据库中存在其对应的目的地址前缀，则会指向一棵源地址 Trie 树(称为 Src-Trie 树)，否则相应的指针为空(如图 5.35 中的空心圆圈所示)。

表 5.5　示例过滤规则数据库

过滤规则号	目的 IP	源 IP	过滤规则号	目的 IP	源 IP
0	0*	10*	4	00*	11*
1	0*	01*	5	10*	1*
2	0*	1*	6		00*
3	00*	1*			

Grid of Tries 算法在查找过程中分成两步。首先通过对目的 IP 地址做最长匹配前缀，然后再通过查找对应的源地址 Trie 树得到代价最小的过滤规则。这意味着，任意一个 Dest-Trie 树中的节点不但包含过滤规则数据库中与该节点对应的源地址前缀，还应包含该目标前缀的“前缀”(即它在 Dest-Trie 树中的祖先)的所有源地址前缀，由此建立的 Grid of Tries 树如图 5.35 所示。

以上建立的 Grid of Tries 树是 Trie 树的简单扩展，其时间复杂度为 $O(W)$，但是很明

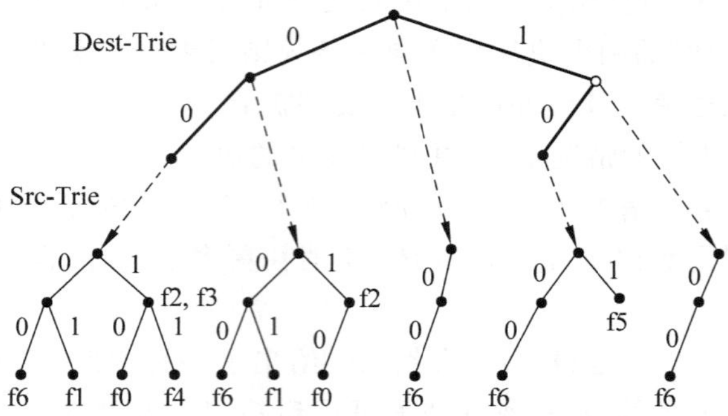

图 5.35 根据表 5.5 建立的 Grid of Tries 树数据结构

显,它在内存方面存在着极大的浪费,每个 Dest-Trie 节点不但存储它自身的源地址前缀,还存储其祖先的源地址前缀。在最坏情况下,其空间复杂度可达到 $O(N^2)$[36]。

一种改进的办法是去掉这些多余的副本。每个目的地址前缀只包含在过滤规则数据库中与该目的地址配对的源地址前缀,由此得到一种改进的 Grid of Tries 树。当去掉冗余副本之后,查找一个目的-源地址对对应的最小代价的 classID,不仅要从目的地址的最长匹配前缀所指向的 Src-Trie 树中进行搜索,还必须对该目的地址的最长匹配前缀的祖先所指向的 Src-Trie 树中进行搜索,从搜索所经过的路径中找出代价最小的过滤规则的 classID,这使得时间复杂度上升到 $O(W^2)$。

一个巧妙的解决方法是引入转向指针,即通过预处理将 Src-Trie 树中的空指针指向其 Dest-Trie 树的某个祖先对应的 Src-Trie 中的节点,使得在查找过程中沿着最长匹配路径能够尽可能地前进。此外,为了确保算法的正确性,还必须保证目的-源 IP 前缀对中前缀长的节点,对应的代价也小(即 IP 前缀匹配越精确,代价越小),这些都是通过预处理完成的。经过第二次改进的 Grid of Tries 树如图 5.36 所示。

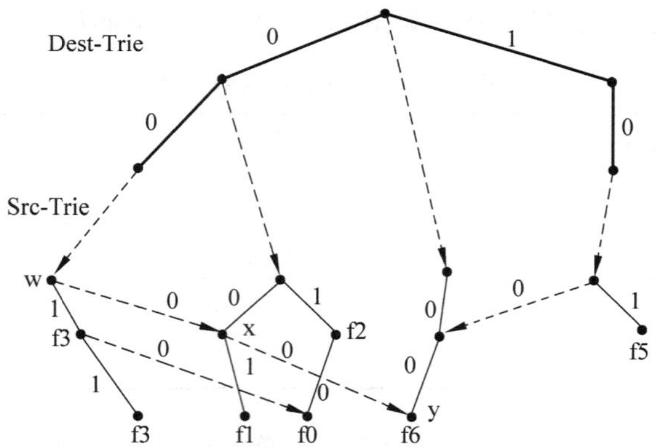

图 5.36 改进的 Grid of Tries 数据结构

根据图 5.36,对一个包,查找最小代价过滤规则的过程如下:先对目的地址做最长前缀匹配,然后沿着目的地址最长匹配前缀所指向的 Src-Trie 根据包头的源地址沿着 0、1 指针(或者转向指针)尽可能地前进,直到无法继续前进为止,沿途经过的节点中存储的过滤规则中代价最小的过滤规则所对应的 classID 即其分类的 classID。此时算法的时间复杂度为$O(W)$，空间复杂度为 $O(NW)$。

(2) 多维 IP 分类[51]

由于传输层协议仅限于几个值，因此可以假定所有过滤规则的协议只取 3 个值：TCP、UDP 和通配符("＊")，对取值为通配符的过滤规则应改写过滤规则。将一条规则重复 3 次，分别对应 TCP、UDP 和所有其他情况(记为 OTHER)。这样经过处理的过滤规则数据库只包含 TCP、UDP 和 OTHER 3 个值。根据目的端口和源端口的不同组合建立 4 个散列表，分别对应(目的端口，源端口)二元组为(DstPort，＊)，(DstPort，SrcPort)，(＊，SrcPort)，(＊，＊)。其中通配符表示端口可取任意值。每个散列表项都是一棵上述的 Grid of Tries 树，散列表的索引都是相应的端口地址和协议号的某种组合(或者函数)。

查找一个包的时候，同时查找 4 个散列表(硬件上可并行处理)。分别用协议号和端口地址的某种组合作为索引，找到相应的 Grid of Tries 树，然后再根据上述查找方法找到每棵 Grid of Tries 树的最小代价的过滤规则，这个结果也是该散列表中的最好结果。取多个结果中的代价最小者的 classID，即最终的结果。

对于多维的情况，假定散列函数选择得足够好，没有冲突发生，则多维 Grid of Tries 的时间复杂度也为 $O(W)$，空间复杂度仍然是 $O(NW)$。但是，由于在多维的情况下对过滤规则引入了较多的限制，所有具有一定的局限性。

3) Modular 算法

准确地讲，Modular 算法[47]应当算作一类算法。它假定与每个过滤规则 F_i 相联系有一个权值 W_i。在知道了 W_i 的情况下，Modular 算法试图建立更加有效的查找数据结构。

从较高层面上讲，Modular 算法将查找空间分为 3 个层次。

(1) 跳转表：所有过滤规则依据规则位串中的某些位划分为不同的组，该位串通常是过滤规则不同域的前缀，其选择通常也是根据统计特性做出的。

(2) 查找树：在(1)中分成的各组的过滤规则组成一棵 2^m 路查找树。通过每次检查过滤规则中的 m 位，将其分为 2^m 组。这 m 位是从当前规则位串中尚未检查的各位中选择的。其选择通常遵循两个原则：减少重复副本(节省空间)和 2^m 棵子树的平衡(节省平均查找时间和最坏情况查找时间)。算法中还同时考虑根据权值通过加权进一步改善查找树的性能(在图 5.37 中 $m=1$)。建立查找树的过程实际上就是一个不断分组的过程，分组中止于叶子节点，也就是下面的 Filter Bucket。

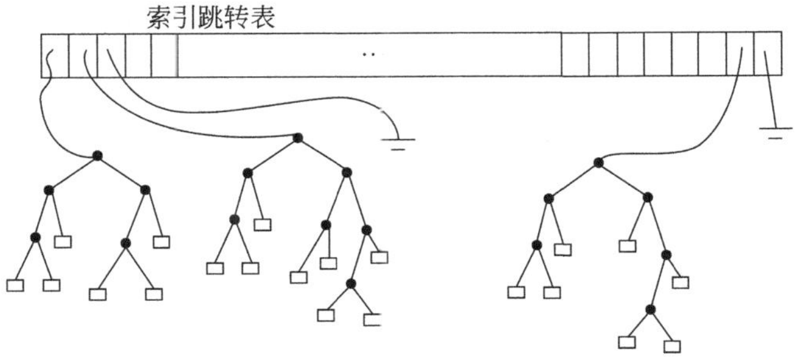

图 5.37　Modular 算法查找数据结构示意图

(3) Filter Bucket：当剩下的过滤规则数目小于某个给定的值(通常为 8～128 的值)，则不再做进一步的划分，该节点即叶子节点。由于叶子节点中的过滤规则数目比较少，因此可以采用与(2)中利用查找树查找不同的方法。叶子节点是不同查找方法的分界点。

查找过程如下。整个包头中的全部域视为一个比特串，称为包头位串。首先以包头位串中的特定位为索引查跳转表，得到查找树的入口地址；然后沿着查找树，每次根据包头位串中 m 位的值不断“下降”，直到到达叶子节点。最后在叶子节点中查找最小代价的过滤规则。Filter Bucket 是最终存储过滤规则的地方，对 Filter Bucket 中过滤规则的查找可以有不同的方法，如可以用硬件流水线进行线性查找。

Modular 的时间复杂性和空间复杂性情况比较复杂。在极坏的情况下，时间和空间都可能达到无穷(不收敛)。设 Filter Bucket 的最大容量为 V，一棵树根对应的过滤规则数目为 M，粗略的估算结果是时间复杂度为 $O(\log(M/V)+V)$(其中 $M=N/2^{\Sigma h_k}$)，空间复杂度约为 $O(N(1+2/V)-2^{\Sigma h_k})$。如果过滤规则中有大量的通配符存在，则时间复杂度和空间复杂度会大得多，甚至会达到无穷。从上式也可看出，V 对时间和空间都有直接的影响。V 越大，空间消耗得越少，但是时间消耗得越多。所以，时间和空间的折中的确是存在的。

4) Cross-Product 算法

通过 Cache 的方法加快访存速度是常用的方法[52][53]。但是，对于针对 IP 包头的 Cache 策略而言，由于 IP 包头的分布不具有局部性，所以对包头进行 Cache 的效率不高。Cross-Product[36] 的 Cache 策略是基于对过滤规则中各域值的交叉组合(即 Cross-Product)的“缓存”，每一个交叉组合对应一类 IP 包，因此用少量的 Cross-Product 就可以代表相当数量的一类 IP 包。在 Cross-Product 中表现出的局部性也相应好得多，Cache 的效率也高得多。

Cross-Product 算法是先根据包头 H 不同的数据域分别做最长前缀匹配，可以证明：将各个域的最长前缀匹配的结果连接起来产生的 Cross-Product 所对应的最佳匹配过滤规则也是 H 的最佳匹配过滤规则。如果预先计算出所有的 Cross-Product 所对应的最佳匹配规则，就只需要先分别对各个域做最长前缀匹配，然后通过一次查表(假定采用的散列表不发生冲突)得到最终结果。而且分别对不同的域查找其最长前缀的匹配在硬件上非常容易进行并行处理。

但在极端情况下，Cross-Product 可能产生内存爆炸问题。解决办法是采取和硬件 Cache 类似的思想，并不将所有的 Cross-Product 的最佳匹配过滤规则都存起来，而是固定实际存储的最佳匹配过滤规则的数量(类似一个固定大小的硬件 Cache，称其为软 Cache)，软 Cache 中的内容是动态更新的。当一个包头 H 到达的时候，先对其按照各自的域得到最精确匹配，然后将不同域的查找结果连接起来，进行散列查找。在绝大部分情况下都能够成功(称为 Cache Hit)。在不成功的情况下，说明相应的 Cross-Product 尚不在 Cache 中，此时需要进行计算，得到最佳匹配前缀的 Cross-Product。同时，根据某种置换策略将软 Cache 中的一个不常用的 Cross-Product 换出，换入当前的 Cross-Product。由于对端口和协议而言它们往往是一个范围，不一定能够表示成前缀。可以通过对端口和协议的形式规定某些限制(如 Gird of Tries 算法)，也可以采取类似的方法解决将一个范围表示成前缀的问题，如下面的元组空间查找算法。

5) 元组空间查找算法

元组空间查找算法(Tuple Space Search[54])的出发点是，尽管过滤规则数据库中含有的不同前缀和范围的数量很多，但是不同的前缀长度的数量往往很小。因此，各种不同长度的交叉组合的数量也很小。基于这种现象，定义一个不同域长度的组合为一个元组，所有元组的集合称为元组空间。由于一个元组对应每个域的比特位的情况是已知的，可以将这些比特连接（Concatenation）起来组成一个散列表的索引值，通过该索引值找到与该元组对应的过滤规则集合。

对端口的情况，由于一般它们都是用一个范围，而不是一个前缀指定的，因此这里的域长度就不能用前缀长度表示。定义这种情况下的域长度为其嵌套深度。例如，全区间[0，65535]的嵌套深度规定为 0，则[0，1023]和[1024，65535]的嵌套深度就是 1，等等。除了定义嵌套深度外，还用 RangeID 区别不同的区间。

同一元组中的所有过滤规则都有相同的形式。由此可以将所有属于元组 T 的过滤规则组成散列表 Hashtable(T)，将过滤规则中的特定比特位提取出来组成该过滤规则的散列索引值。

当包头 H 到达的时候，对每一个元组，查散列表得到该元组中匹配的过滤规则，通过元组空间中的这种线性查找得到代价最小的过滤规则。由于元组空间中的元组数量很小，因此，即使采用线性查找的方案，效率也比一般的线性查找高出许多。

以上只是粗略的算法框架，其中的细节可以进一步优化，得到更高的效率。

5. 算法评测

我们对前 3 个典型算法在一个虚拟环境下（Pentium Ⅲ 500M，128MB，开发工具 Microsoft Visual C++ 6.0）进行了评测。实际的过滤规则数据库往往是人为配置的，有较大的随机性，但是也有一定的规律性，过滤规则数据库的建模本身就是一个很大的题目[47]，但我们的目的是比较三者的相对性能，所以对模拟的要求不是特别严格。

过滤规则数据库通过随机方式产生。但为了更加符合情况，必须加入一些限制。首先从 IPMA[55] 获得 2000 年 2 月 13 日到 2000 年 2 月 29 日的美国几个主干路由器每天通过固定时间对路由器中的 IP 前缀采样得到的 IP 前缀长度的统计，过滤规则前缀长度依据此分布用随机数产生。在大多数 Client-Server 结构中，粗略地讲，所有的端口大致可以分为两类：一类是 Reserved ports，端口号为 1～1023；另一类是 Ephemeral ports，端口号大于 1023[56]。Ephemeral ports 通常用在客户端，多由操作系统指定，它除了标识一个连接以外，并没有其他意义。因此，在一般的过滤规则数据库中几乎不会出现 Ephemeral ports 的端口。在我们的过滤规则中，（目的端口，源端口）二元组只可能是下列 3 种情况之一：（具体数值，通配符）、（通配符，具体数值）和（通配符，通配符）。其中具体数值只能是 Reserved ports 中的端口。同时，根据实际情况我们给 Reserved ports 中的 WWW 和 FTP 对应的端口较大的出现概率。

本算法评测总共测量了 6 组数据，分别测量了 3 种算法的初始数据结构建立时间、包分类平均查找时间和消耗的最大内存。可以看到，对过滤规则数目为 1000 的情况 RFC 的内存消耗已经达到 120MB 左右。如果继续增加过滤规则的数量，势必需要更多的内存，这样的测量结果受操作系统内存调度策略的影响太大。实际上，容易看出，RFC 在过滤规则数目达到 1000 的时候，其查找的性能已经受到干扰。RFC 在缩减树的形状固定的情况下，其查找时间基本上是恒定的。在过滤规则数目小于 1000 的时候，基本上也体现了这一点；而在过滤规则数目超过 1000 的时候，由于这时消耗的内存很接近全部的物理内存，因此受底层操作系统的虚存管理策略的影响明显增大(涉及大量的 I/O 操作)。

在评测过程中,我们还看到,大量的包的分类结果都是与 default 过滤规则对应的 classID。这种现象是可以理解的,我们认为它对应了一个主干路由器上的情况,因为主干网路由器的过滤规则的数目相对于流过它的包来说是很小的,因此大部分数据包的分类结果都是 default。

表 5.6 中显示的结果和预想的情况基本是吻合的。RFC 在时间效率上是最好的,因为按照我们的假设,它总共需要 10 次查表(采用 3 阶段的缩减树,如果并行查找,速度将会更快,相当于 3 次查表的时间)就可以得到 classID,且不受规则数目的影响。Grid of Tries(表 5.6 中简称为 Tries)的查找时间基本上也不受过滤规则数目的影响,因为 Grid of Tries 算法基本上只受 IP 地址最大宽度 W 的限制,和过滤规则的数目并没有很直接的关系,而且查找次数差不多在 W 左右,因此比 RFC 差一些。相对而言,从时间性能上看,Modular 的性能比较差,这和测量结果大都是 default 规则有关,它意味着大多数查找都要中止于查找树的某个深度较大的地方。

表 5.6　三种典型 IP 分类算法性能比较结果

	Number of Rules=500			Number of Rules=600		
	Setup time/s	Searching time per packet/s	Max memory /MB	Setup time/s	Searching time per packet/s	Max memory /MB
RFC	40	0.0000005	28.413	79	0.0000006	42.349
Tries	0	0.0000042	2.648	0	0.0000042	2.708
Modular	0	0.0000136	0.400	0	0.0000138	0.434
	Number of Rules=700			Number of Rules=800		
RFC	138	0.0000006	58.176	173	0.0000006	61.016
Tries	0	0.0000042	2.706	0	0.0000042	2.834
Modular	0	0.0000142	0.466	0	0.0000144	0.503
	Number of Rules=900			Number of Rules=1000		
RFC	346	0.0000006	100.555	521	0.0000007	119.316
Tries	0	0.0000042	2.878	0	0.0000042	2.928
Modular	0	0.0000146	0.558	0	0.0000148	0.573

从空间效率上看,RFC 随着过滤规则数目的增加消耗的内存量也急剧增加,这从数据结构的建立时间也可以看出。这主要是由于 RFC 原先的出发点是假定过滤规则有内在的结构,而我们的主干路由器的假设与之有较大偏差,过滤规则之间的相关性不高。Modular 算法的空间性能是最好的,一方面是我们的主干路由器的假设尽可能避免了过滤规则的重复存储,另一方面 Filter Bucket 的存在防止了过滤规则的进一步扩散(由于我们在 Filter Bucket 中采用的是线性查找,这也是它时间性能较差的一个原因,在实际中可以用更好的办法,如硬件流水线)。我们对这 3 种算法进行了简单的总结,如表 5.7。

表 5.7 几种 IP 分类算法的比较

算 法	优 点	缺 点
RFC	适合多维 IP 分类;查找速度快;适用于子网掩码为非连续的情况	内存消耗多,可能产生内存爆炸现象;数据结构建立时间长,更新不容易
Grid of Tries	空间效率高;二维 IP 分类速度快;适合数量大的过滤规则数据库	多维的 IP 分类受到诸多限制;对子网掩码为非连续的情况不适用
Modular	适用于子网掩码为非连续的情况;基于统计模型,有适应性;算法具有进一步扩充的空间	极端情况下可能出现不收敛,同时影响时间和空间性能;不成熟,尚未建立合适参数

6. 本节小结

本节对 IP 分组分类算法的定义和主要的算法进行了介绍,并重点介绍了 3 种算法:RFC、Grid of Tries 和 Modular,然后对这 3 种算法进行了评测。

其他的 IP 分类的算法也比较多[48,57-58]。虽然一些新出现的协议(如 MPLS 等)一开始就具有方便数据流分类的特性,但是新协议的引入同时也使得本来已经很复杂的网络协议更加脆弱,所以查找算法的研究仍然是必要的。将来的方向或者是将已有的算法进行改进;或者是将不同算法结合起来,如可以将 RFC 算法和 Grid of Tries 结合,除 IP 外的其他域用 RFC,IP 域的匹配用 Grid of Tries 可分别克服它们的短处;或者是另辟蹊径,研究符合实际的高效算法。

随着 IPv6 协议走向实用,也需要开始研究如何使现有的 IP 分类算法能够应用到 IPv6 的环境中。由于 IPv6 的地址长度大大增加,因此也给 IP 分组算法的研究增加了难度。虽然 IPv6 中设计了流标签域,但是这个域如何使用目前还没有定论,因此仍然需要在 IPv6 的多域分组分类算法的方面开展进一步的研究工作。针对 IPv6 下高速接口的分类问题,文献[59]给出了可行的解决方案。

实际上,和路由查找算法类似,分组分类也可以用 TCAM 实现。基于 TCAM 实现分组分类的主要优点是性能好,具有 $O(1)$ 的复杂度。近些年,TCAM 芯片在查询速度和容量上有了明显的提升。

Renesas(瑞萨电子)在 2016 年推出的 TCAM 芯片存储容量达到了 80Mb,支持 80/160/320/640 位的关键字查找,查找速度可以达到每秒 10^9 次。Broadcom(博通公司)的 TCAM 芯片也具有类似的存储容量和查找性能。如果采用 640 位的查找宽度,IPv6 的查找和分类问题也都可以用 TCAM 解决。

不过,TCAM 实现分组分类也有一些缺点,除了功耗较大之外,主要问题是难以表达带范围的规则,例如某条二维规则要求源端口号为 1~4,目的端口号为 3~5。为了能在 TCAM 中实现,必须把源端口号扩展成如下二进制串:001, 01 * 和 100,目的端口号扩展成 011 和 10 *,共需要 3×2=6 条 TCAM 表项才能表达出这条规则。对于这一问题,文献[60]中提出了可行的解决方案。

5.5.3 路由器交换结构及调度算法

随着 Internet 的飞速发展和宽带传输技术的不断出现,对 Internet 互连的核心设备——路由器的性能提出了越来越高的要求,传统的基于总线和中央处理器结构的路由器由于其体系结构上的局限，已经无法满足组建高速主干网络的需求。近年来，国际上对宽带IP路由器技术的研究也日益活跃，提出了用交换结构(Switch Fabric)提高各接口单元之间的数据通信速度的基本思想[65]。事实上，多处理器交换式体系结构的第三代路由器的核心模块就是交换结构[66]。从研究趋势看，交换技术已经成为高速路由器的核心技术。本节介绍目前高速交换技术所采用的主要的体系结构，详细介绍该研究开展以来所提出的各种主要的调度算法。

1. 交换内核(Switch Core)的体系结构分析

首先给出问题的简单描述。

交换内核连接 m 个输入和 n 个输出。在输入端 $i(1 \leqslant i \leqslant m)$，其到达过程 $A_i(t)$ 是一个固定大小的数据包的离散时间过程，这个数据包称为信元(在此不区分 ATM 中的信元和 IP 数据包划分成的信元，因为一般来说，在高性能路由器进行内部交换时，变长的 IP 数据包将被划分成定长的信元进行处理)。每个时间片开始时在每个输入端有 0 或 1 个信元到达，而每个信元都有一个指向其目的输出端 $j(1 \leqslant j \leqslant n)$ 的标识符。定义 $A_{i,j}(t)$ 为输入 i 到输出 j 的到达过程，其到达率为 $\lambda_{i,j}(\lambda_{i,j} < 1)$，到达过程集合为 $A(t)=\{A_i(t); l \leqslant i \leqslant m\}$。若输入和输出都在负载范围以内($\sum_i \lambda_{i,j} < l, \sum_j \lambda_{i,j} < l,$)，则 $A(t)$ 被认为是容许的，否则就是非容许的(这里非容许并非指实际上不可出现，而是对流量特征的一种描述)。显然，输出端 j 的离开过程 $D_j(t)$ 也是一个离开率为 μ_j 的离散时间过程，在每个时间片结束时，每个输出有 0 或 1 个信元离开。定义输入 i 到输出 j 的离开过程为 $D_{i,j}(t)$，其离开率为 $\mu_{i,j}$。在本节中，假设输入集 I 和输出集 J 间有 $|I|=m=|J|=n=N$，其中 N 是端口数。

交换内核的体系结构主要分为两部分：**数据通道和调度器**。设计一个高带宽的数据通道比较容易，困难的是如何为调度器设计一个好的调度算法。在分组交换网络的交换设备中需要缓存队列暂时保存到达的分组，而交换内核也一样需要缓存队列对来不及交换的信元进行缓存。

根据信元缓冲队列位于输入端还是输出端，可以把调度算法分为输入排队算法、输出排队算法以及最近提出的组合输入输出算法 3 大类。目前，研究的热点是输入排队算法，后面将详细介绍其原因。下面以先入先出的输入排队队列为例，看一看其工作过程，输出排队与此类似。

当一个目的地址为输出 j 的信元到达输入 i 后被放入先入先出队列 $Q(i,j)$，其容量为 $L_{i,j}(t)$。调度器在输入集和输出集间选择一个没有冲突的匹配 M，其中每个输入最多连接一个输出，每个输出也最多连接一个输入。如果输入 i 连接到输出 j，在时间片结束时就有一个信元离开 $Q(i,j)$ 发送到输出 j。而调度算法就是要找到这样的匹配 M，这等价于二分图匹配问题。

调度算法设计的基本要求如下。

(1) 效率高。高效率的调度算法应该能够同时匹配尽可能多的输入队列。一般来说，使用硬件很难快速计算出最佳匹配，因此一般在设计调度算法时总是尽力寻找次优的算法。

(2) 稳定性。无论输入队列的情况如何，调度算法都应该迅速找到可行的调度方案。

(3) 公平性。不会出现某些队列永远得不到响应的情况。

(4) 快速。调度算法必须快速执行，否则将会抵消交换内核采用交叉开关技术带来的带宽的增加。

(5) 易于实现。调度算法应该易于用硬件实现。实现的复杂性包括调度器维护的状态的数量以及基于这些状态做出决策的逻辑的复杂度和修改状态时的通信开销。

2. 较早的研究成果

1) 输入和输出排队的比较

长期以来,人们认为输入排队是不可行的,原因是其性能非常低。如果采用 FIFO 队列,只有每个队列头的信元能被服务,这就造成了链头阻塞(Head of Line)(若链头信元被阻塞,同队列的其他信元就不能被转发)。在输入排队交换机里,伯努利到达事件在端口数较多时最多可以达到 58%的吞吐率[67],而周期性的链头阻塞可能导致更差的效果[68]。因此,在相当长一段时间内,输入排队几乎不被研究人员所考虑。

输出排队需要更大的内部带宽,因为多个输入端很可能要把多个信元同时发到同一个输出,然后在输出端排队。输出排队的主要优点是所有信元的延迟都是固定的,这使得通过交换控制延迟成为可能。因此,输出排队常被用来提供完全的和统计意义上的性能保证[69-75]。而这一般在输入排队交换里是不可能的,因为交换结构在输入方排队时延迟不确定。

现在许多商用的交换机和路由器都采用了输出排队,信元到达后立即通过高速交换网络送到正确的输出端口,信元被存储在输出队列里,这时可以采用不同的队列管理策略,如虚拟时钟算法[75]、逆差轮转[76]、公平权重排队或者处理器共享[77]及其他算法[78]。输出排队可以达到交换机的最大吞吐率。另一个好处是,输出排队管理策略通过精确控制不同数据流的信元离开时间可以控制信元的延迟,以提供不同服务质量(QoS)保证,如延迟、带宽和公平保证,但输出排队交换机制有一个很大的问题是需要 N 倍加速比,也就是说,在一个 N 端口的交换结构里,内部带宽和输出队列速率必须 N 倍于输入速率(如果各个端口的输入速率不等,则为所有端口的输入速率之和)。由于路由器有很多端口,当端口速率达到 10Gb/s 甚至更高时,很难实现 N 倍加速比。关于这方面的研究,参见文献[79]和[80]。

另一方面,输入排队交换机制只运行在接口的线速就可以了。这对端口数很多而且端口速率很高的交换结构来说是很有吸引力的。因此,高性能的交换机和路由器大都采用输入排队交叉开关交换机制[65,67,81-83]。使用这种机制时,输入数据先存储在输入方的队列里,然后通过一个较慢的交换结构传送到输出方,在那里数据被立即送出或者为进一步的管理再次排队(文献[84]和[85]里的组合输入输出排队)。为了适应高速网络接口的需要,研究人员还试图使用多个较慢的交换结构并行工作[86-87]。

2) 解决链头阻塞

有许多技术可帮助减少链头阻塞,如考虑先进先出队列里的前 K($K>1$)个信元[81,88-89]。虽然这些技术可以提高吞吐率,但它们易受流量的影响,在流量极大的情况下其性能并不一定比常规先入先出队列好。

链头阻塞可以用一个简单的输入侧缓冲策略完全解决。不把所有的信元排在一个输入队列里,而是给每个输入到每个输出都建一个缓冲队列[90-92],这自然就不会出现链头阻塞的问题。这种方式的缺点是增加了复杂性,每个输入都有 N 个先入先出队列,但好处是不用更高的加速比:每次信元周期最多有一个信元到达或离开输入端。这种方式被称为虚拟输出排队(Virtual Output Queuing, VOQ)。理论研究和仿真实验都表明,一个采用最大权重匹配调度算法的 VOQ 路由器可以到达 100%的吞吐率。在本章中,如不特别指出,输入排队是指在输入端口采用虚拟输出排队策略的排队方式。但是，网络用户在获得高吞吐率的同时还要考虑其他的 QoS 性能保证，如延迟。与输出排队路由器不同，VOQ 路由器很难控制输入队列的延迟，原因是 VOQ 路由器的延迟不仅与输入端口到达的通信量统计特征有关，而且受交换结构调度算法的影响。VOQ 路由器交换结构的示意图如图 5.38 所示。

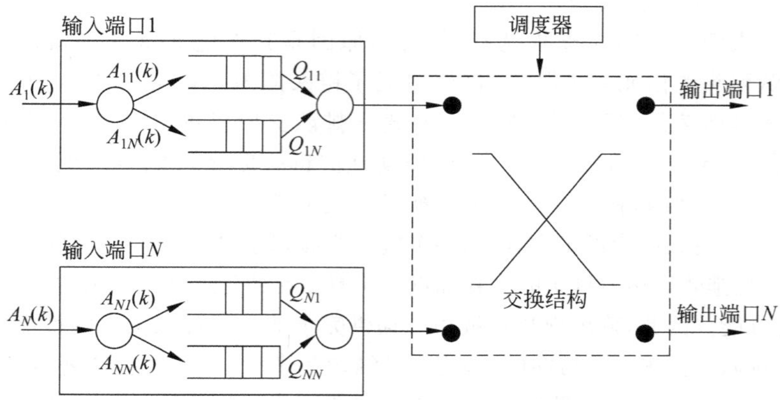

图 5.38　VOQ 路由器交换结构

3）早期的调度算法研究

调度算法研究的是如何高效地将输入队列中的数据发送至输出队列。一般性的描述是在 t 时刻，从端口 i 到端口 j 上的数据包数由 $L_{i,j}(t)$表示。对于二分图 $(V_1 \cup V_2, E)$，其中 $E \in V_1 \times V_2$，V_1 为输入端口，V_2 为输出端口，$(i,j) \in E$，当且仅当 $L_{i,j}(t) > 0$，匹配问题变成在 t 时刻求 E 的最大子集，约束条件是没有相邻边。

下面介绍早期用在输入排队交换里的主要算法。这些算法采用的都是前述的避免链头阻塞的方法。它们要么努力达到输入输出的最大匹配，要么力求信元到达后在最短的时间里转发出去。

（1）最大匹配算法

双向图中的最大配对方案可用来解决网络流中同样的问题[93]，叫作最大匹配问题。已经有很多算法可以解决最大匹配问题，目前较有效的算法是文献[94]中描述的复杂性为 $O(n^{5/2})$的算法（等同于文献[95]）。问题是虽然它保证能找到一个最大匹配，但实现起来太复杂而且运算时间太长。

事实上，最大匹配并不是必要的。首先，在允许的流量范围内最大匹配可能引致不稳定和不公平，特别在各端口流量不均匀的情况下。其次，在非容许的流量到达时可能导致某些端口饿死（starvation）。3 种常见的调度算法示意图如图 5.39 所示。

（2）神经网络算法

Hopfield 神经网络可以用来在双向图中找到最大匹配[96-99]。一个 N 端口交换机的神经网络由 N^2 个神经元组成，每个神经元用模拟放大器和 RC 电路实现。每个信元周期开始时，神经网络装入状态矩阵，$V=[v_{i,j}]$（$v_{i,j}=1$，如果输入 i 到输出 j 的容量 $L_{i,j}>0$；否则 $v_{i,j}=0$）。例如，在文献[96]中，最小化二次能量公式[100]为

$$E=\frac{A}{2}\sum_{i=1}^{N}\sum_{j=1}^{N}\sum_{\substack{l=1\\l\neq j}}^{N}v_{ij}v_{il}+\frac{B}{2}\sum_{j=1}^{N}\sum_{i=1}^{N}\sum_{\substack{k=1\\k\neq i}}^{N}v_{ij}v_{kj}+\frac{C}{2}\sum_{i=1}^{N}\sum_{j=1}^{N}(N-v_{ij}) \tag{5.1}$$

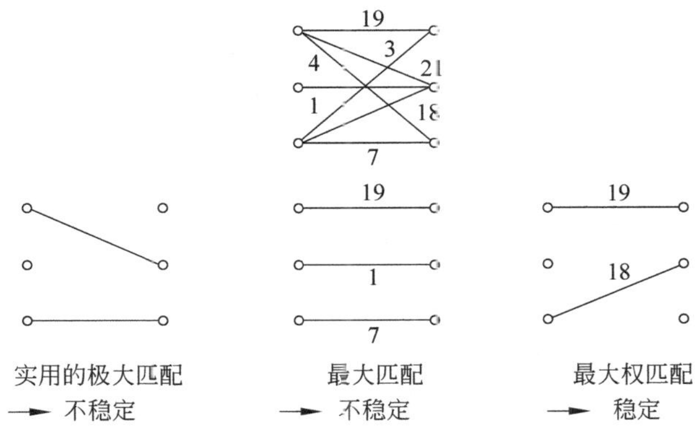

图 5.39　3 种常见的调度算法示意图

A、B、C 是让网络收敛的模拟参数，均为正数。式(5.1)的第一项在每一行最多有一个非零元素时最小，也就是在每个输入最多有一个信元被选中。同样，第二项在每一列最多有一个非零元时最小，保证每个输出最多一个信元。第三项在达到最大匹配数时取得最小值。

Hopfield 神经网络通常(但不是绝对)收敛于最大匹配。它存在的主要问题是需要精确设计放大器和 RC 电路，以保证神经网络收敛。

(3) 预期算法(Scheduling into the Future)

研究人员提出了几种在信元到达时就决定信元离开时间的算法[101-106]。下面介绍两种代表算法。

第一种是 Obara 在文献[104]里描述的，它包括两个阶段：请求和仲裁。调度器为每个输出保留一个计数器，代表该输出最近一次将被调度的时间。当一个输出端收到一个请求时，返回当前计数器值给输入端。输入端把信元按离开时间排队。这种方法的最大好处是输出端调度器实现简单，仅是一个 N 计数器。正如文献[104]中所描述的，该算法在高带宽或者大型交换设备中易于用流水线实现。

但即使在各端口均匀的伯努利到达中，这种机制也仅能达到 65% 的吞吐率，只比先入先出排队稍好。这是因为在高负载的情况下，许多输出端的调度不被输入端接受。

为了提高吞吐率，文献[91]的作者提出了第二种算法，它的改进是返回了一个预约时间表给输出供再循环。结果是吞吐率得到了惊人的提高：在伯努利到达下，即使再循环时间表大小为 1，吞吐率也可以达到 95%，但这种方法在硬件上难于实现，需要计数器和时间表最多能被 N 个输入并行访问。

(4) 并行迭代匹配

并行迭代匹配(Parallel Iterative Matching)算法是 DEC 系统研究中心为 16 端口 1Gb/s 的 AN2 交换机开发的[90]。该算法也是后面要详述的 iSLIP 等算法的基础。

PIM 采用随机的办法避免饿死和减少收敛到最大匹配的迭代次数。PIM 用多次迭代产生不会冲突的匹配，每次迭代包括三个步骤。所有的输入输出都初始化为未匹配，而且只有那些直到最后一次迭代都未能匹配的输入输出才留到下一次。这 3 个步骤分别是

① 请求(Request)：每个未匹配的输入向所有可能的输出发送请求。

② 响应(Grant)：如果未匹配的输出端接收到请求，就随机选择一个响应。

③ 确认(Accept)：输入端收到响应后从所有响应中随机选择一个予以确认。

注意第②步中输出端是随机从请求中选一个响应，这有 3 个效果：首先，文献[90]中指出每次迭代都会在剩下的可能匹配中至少找到或排除 3/4 的连接，因而这种算法会在 $O(\log N)$次迭代后收敛；其次，它保证了所有的请求最终都会被响应，也就不会出现端口饥饿的情况；最后，不用附加跟踪过去情况的存储空间。每个信元周期匹配算法都重新开始，独立于以前的周期。而且该算法在理论上也是简单易懂的。PIM 调度算法示意图如图 5.40 所示。

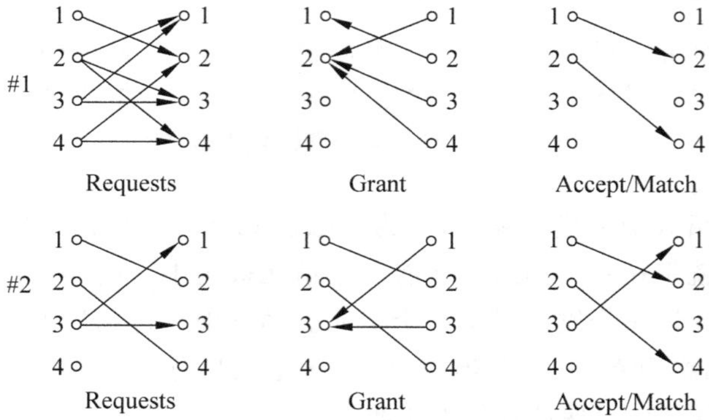

图 5.40　PIM 调度算法示意图

但使用随机方式也带来了它的问题。首先，高速情况下实现困难且昂贵：每个调度器必须在一个变化的集合里做随机选择。其次，对于不稳定流量，它可能导致连接间的不公平。最后，PIM 在单次迭代的情况下只能达到 63%的吞吐率，仅略高于先入先出队列。

3. 简单比较

下面对前述的几种算法进行比较，假定输入端到达事件 $A_i(t)$是独立的伯努利事件。

FIFO 的性能最差，在负载超过 60%时输入延迟就趋于无限了。而在另一个极端，纯输出排队算法代表了最好的性能，即使在负载极其接近 100%时也是稳定的。

在所有力求最大匹配的算法中，最大匹配算法是吞吐率最高的。我们注意到，在高负载情况下，最大匹配算法与纯输出排队非常相似。这是因为此时输入队列容量几乎不变，使得每次都能找到最好的匹配结果。与此相反，PIM1(单次迭代的 PIM)的性能不佳，而当迭代次数增加到 4 次时，PIM4 显著提高了性能，在负载超过 95%时仍然保持了稳定。

第一种预期算法仅略高于 FIFO，在 65%时达到饱和，而改进后的第二种预期算法(时间表长度为 1)能够稳定提供超过 95%的性能。

算法理论研究的主要目标是队列长度的有界性和等待时间，文献[65]、[90]和[108]～[111]中提出了从平均延迟、包丢失率和阻塞概率等方面衡量算法。

4. 当前的主流算法及分析

上面讨论了以前研究的几种算法的主要特点及其局限，下面分析比较几种现在普遍采用的算法。这些算法都采用了输入排队，它们力求达到类似于输出排队功能的效率和更高、更公平的性能。事实上，这些新的调度算法也大多是在以前算法的基础上进一步发展得到的，这些算法按加速比可以分为带加速比和无加速比两大类，按算法原则又可以分为最大匹配(不加权重)、权重匹配、稳定结合(配对)和确定性调度算法 4 大类。下面分别介绍这几类算法。

1）最大匹配类算法

由于目前在实际中应用较多的是 SLIP[65] 类型的算法，如 Cisco 公司 1997 年推出的高端路由器 GSR12000 系列和斯坦福大学的 Tiny Tera 原型机中的交叉开关调度算法采用的就是 iSLIP 和 ESLIP（Extended SLIP）。ESLIP 是为了支持多播传送而在 iSLIP 算法基础上进行了扩展。该算法原理简单，易于用硬件实现，而且具有很好的性能[65]。

在介绍 SLIP 算法之前，先看一种基本的轮转优先级算法（Round-Robin Matching Algorithm，RRM），它解决了 PIM 中的两个问题：过于复杂和不公平。作为优先级编码器，轮转仲裁器易于实现，速度也比随机仲裁器快。轮转优先级着眼于在各端口间更公平地分配带宽。

（1）轮转算法

轮转算法和 PIM 一样也分为 3 个步骤，但与 PIM 不同的是，它不是随机调度，而是在输入输出调度器中采用固定的轮转顺序。这 3 个步骤是：

第一步，请求（Request）：每个输入向它的队列中信元可能到达的输出端发送请求。

第二步，响应（Grant）：输出端收到请求后，从它的固定轮转顺序的优先级列表里选择当前优先级最高的元素。输出端通知所有输入端它的请求是否被响应。在固定轮转顺序表里，指向最高优先级的指针 g_i 增加 1（模 N）移到下一个位置。

第三步，确认（Accept）：输入端收到响应后从它的固定轮转顺序表里选择当前优先级指针所指的元素。在固定轮转顺序表里，指向最高优先级的指针 a_i 增加 1（模 N）移到下一个位置。

轮转算法在独立同分布的伯努利到达负载的情况下，当负载增加到 63%以上时，算法就不稳定了，这略低于单次迭代 PIM 的性能。其原因是输出端优先级指针更新的规则不够合理，在负载较高的情况下会出现同步现象而导致其最大吞吐率只能达到 50%。

（2）单次迭代的 SLIP 算法

SLIP 在 RRM 的基础上进行了改进，以减少在输出仲裁器中出现的同步现象。SLIP 通过新的优先级指针规则做到了这一点，响应优先级指针只有在被确认后才移动到下一个位置。因此，SLIP 和 RRM 除了第二步之外，都是相同的。

第二步，响应（Grant）：输出端收到请求后从它的固定轮转顺序的优先级列表里选择当前优先级最高的元素。输出端通知所有输入端它的请求是否被响应。在固定轮转顺序表里，指向最高优先级的指针 g_i 增加 1（模 N）移到下一个地方，当且仅当该响应在第三步里得到确认。

这个看来很小的变化使 SLIP 具有如下特点：

① 最近刚建立的连接被置为最低优先级。

② 不会出现饿死现象。

③ 在高负载情况下，各输出端口都有同样的吞吐率。

在负载较低时，SLIP 的性能接近 RRM 和 FIFO，到达信元通常排在空队列里，这样，只有数量不多的输入请求输出。负载增加，同步冲突状况改善而得到大多数匹配。事实上，在均匀的 100%负载下 SLIP 适合时分复用机制，能提供 100%的吞吐率。

实际网络数据流信元与信元间是高度相关的并具有突发到达特性[113]，例如，一个大数据包的分片或者一段视频帧。人们提出许多描述突发网络数据流的模型[113-116]。Leland 等提出量化数据流的突发性在衡量交换核心在突发数据流下的性能有重要作用[113]。一般用一个两态马尔可夫链开关事件描述 SLIP 中的突发影响。实验模拟结果表明，当突发增加时，队列延迟也增加，而且平均延迟时间和突发数据流长度成正比。SLIP 与其他算法比较的结果表明，在文中提到的这些算法的队列延迟都接近正比于突发数据流长度。事实表明，输入排队和输出排队在突发数据流中的性能很相似，也就是说，排队策略并不是主要影响。

我们已经知道最大匹配算法的算法复杂性为 $O(N^{5/2})$，PIM 算法的复杂性为 $O(N\log N)$。对于单次迭代，SLIP 随着端口数的增加，性能将降低。但在不同的负载情况下，性能降低的幅度是不一样的，具体而言，对固定低负载排队延迟趋近于一个常数值 $\lambda\left(1-\frac{1}{\mathrm{e}}\right)$，然而，对于固定高负载排队延迟 $d=\frac{\lambda N}{2(1-\lambda)}$，和端口数 N 成正比。原因是负载情况不同，导致仲裁器中可能产生的同步冲突不同。

下面对单次迭代 SLIP 的性能进行分析。

分析一个 SLIP 交换调度算法的性能是很困难的。只能在均匀负载下对非常低或者非常高的负载进行一定程度的近似分析来了解 SLIP 的性能。

先看看同步冲突的影响，假设在时刻 t 未匹配的输入均匀分布在所有输入端口，在时刻 t 未匹配输入数保持不变，这样就可以近似表示在时刻 t 的预期输出同步冲突 $E[S(t)]$：

$$E[S(t)] \approx N-\lambda N\left(\frac{\lambda N-1}{\lambda N}\right)^{\lambda\bar{\lambda}N}-\bar{\lambda}^2 N\left(\frac{\bar{\lambda} N-1}{\bar{\lambda} N}\right)^{\bar{\lambda}^2 N-1} \tag{5.2}$$

其中，N 为端口数，λ 为所有输入端口的到达率，$\bar{\lambda}=(1-\lambda)$。

这个近似公式在大多数均一负载的情况下都是相当准确的，模拟实验证明伯努利到达事件和两态马尔可夫链开关到达事件都和实际情况非常吻合。

再讨论 SLIP 的稳定性。在均一负载的伯努利数据流下 SLIP 都是稳定的。然而，在实际中，数据流都不对称地集中在数量不多的几个端口中，这里主要讨论 SLIP 在非均一负载下的稳定性。

在非均一负载的伯努利到达事件中，最大匹配算法是不稳定的，而 SLIP 是争取最大匹配的算法，不难想象，在此情况下 SLIP 也可能是不稳定的。

下面介绍 SLIP 算法的几种变型算法。

优先级 SLIP：许多应用有不同优先级别的数据流，基本的 SLIP 在牺牲一部分性能和复杂性后能扩展成带优先级的算法，这种算法称为优先级 SLIP[65]。

优先级 SLIP 在每个输入到每个输出给每个优先级别一个 FIFO 队列。这样就有 P 个优先级的 $N\times N$ 交换核心，每个输入端都有 PN 个 FIFO 队列。优先级算法严格按照优先级的高低服务。它与基本 SLIP 的不同是第二步响应步骤有一个优先级的选择。

阈值 SLIP：阈值 SLIP 是最大匹配算法和最大权重算法的一种折中。阈值相当于优先级 SLIP 中的优先级。每个输入端有一个排序的阈值集合 $T=\{t_1,t_2,\cdots,t_T\}$，其中 $t_1< t_2<\cdots< t_T$。若 $t_a\leqslant Q(i,j)<t_{a+1}$，则阈值为 $l_i=a$。

最近最少访问(LRU)：当 SLIP 的调度器成功选取一个输入后，这个输入在下一个信元周期内优先级最低，紧接着的下一个输入成为下一次优先级最高的元素，而不一定是最近最少访问的元素。与此相反，LRU 算法把最高优先级赋予最近访问最少的元素，而把最低优先级赋予最近访问最多的元素[65]。

LRU 和 SLIP 除了调度器中端口的排列顺序不一样，其他都是相同的：后者是按输入端口号升序排列，而前者是按最近访问次数最少到访问次数最多的次序排列。

(3) 多次迭代 SLIP 算法

在每个信元周期多次迭代 SLIP 算法，这种算法称为“迭代 SLIP”(i-SLIP)。单次 SLIP 可以叫作 1-SLIP。迭代 SLIP 算法提高了 1-SLIP 的性能：每次迭代都力求增加以前没有的连接。

与 1-SLIP 一样，每个信元周期输入输出配对都重新开始，所有的输入输出都预设为非匹配，在某次迭代中完成的连接在后面的迭代中继续保持，即使可能存在更多的匹配数。

值得注意的是，响应指针 g_i 和确认指针 a_i 只在第一次迭代中更新，在后面的迭代中即使有新的连接，指针也不更新，这是为了避免饿死现象。

i-SLIP 具有如下特点：

① 在第一次迭代中找到的连接在下一个信元周期转为最低优先级。

② 不会出现饿死现象。

③ 对于 1 次迭代的 i-SLIP，在高负载的情况下，所有输出端口都具有同样的吞吐率。

④ 对多于 1 次迭代的 i-SLIP，在高负载情况下，各输出端口可能有不同的吞吐率，在一个多次迭代形成的循环中，虽然每个非空队列都会得到服务，但它们得到的服务次数是不一样的。

⑤ 算法最多经过 N 次迭代就会收敛。

⑥算法不必要收敛于最大匹配。它会找到最多的匹配：在不移除以前连接的条件下找到最多的匹配数。

下一个问题是究竟在一个信元周期里需要多少次迭代？理论上，从特征⑤可知最多为 N 次迭代。然而，实际上完成 N 次迭代的时间太长，因而需要考虑若只作 i 次($i<N$)迭代在性能上可能的影响。模拟实验中发现，对于一个 NN 交换核心来说，大约需要 $\log_2 N$ 次迭代 i-SLIP 才会收敛。这很像文献[90]在 PIM 中得到的结果：

$$E(I) \leqslant \log_2 N + \frac{4}{3} \tag{5.3}$$

其中 I 是 PIM 收敛的迭代次数。虽然没有证明，但这个结果在 i-SLIP 中与实际情况相近。

另外还有一些最大匹配类的算法，如 WPIM[117]、FARR[118] 和 LPF[119]。

2) 权重匹配算法

下面介绍一些考虑队列超过 1 位性质的算法(前述算法都只考虑队列空或非空的 1 位性质)，例如队列容量或者信元的排队等待时间。这些算法找到最大或者尽可能大的权重匹配，也就是说，找到有较大容量的队列或者最长等待时间的信元。

最大匹配算法是不可取的，可能导致不稳定或者“饿死”，其原因是这类算法只考虑每个输入队列的 1 位性质：队列是否为空。而最大权重算法在大多数的工作负载下都是稳定的。下面介绍两种这方面的算法：最长队列优先(Longest Queue First，LQF)和等待最久信元优先(Oldest Cell First，OCF)。

最大权重匹配算法等价于一个双向的网络流问题，而已知的解决这类问题最有效的算

法收敛于 $O(N^2\log_3 N)$[93]。

(1) LQF 和 OCF 算法

LQF[65]算法优先服务有较高容量的输入队列，它把权重 $W_{i,j}(t)$ 设为队列容量 $L_{i,j}(t)$。

OCF[65]算法优先服务等待时间最长的信元，它的权重 $W_{i,j}(t)$ 等于队列 $Q(i,j)$ 头信元的等待时间 $W_{i,j}(t)$。

在非容许数据流下，LQF 有可能出现某个输入端被"饿死"的现象，如某个队列只有一个信元，而且再也没有信元到达，而其他所有队列的长度开始为 2 且每个信元时间都有信元到达，这样第一个队列就永远得不到服务。然而，OCF 在任何情况下都不可能出现"饿死"现象，这是因为对于暂时没有得到服务的队列头的信元，其权重会不断增加，直到最终得到服务为止。

在均一负载的情况下，各输入输出端口负载相同，LQF 有和最大匹配类算法同样的平均性能。因为所有输入端口的平均到达速率一样，不同队列间不存在差别。而 OCF 的性能相对差一些。在非均匀负载情况下，特别是有未激活的流时，最大匹配类算法和最大权重算法的差别很大，后者远较前者稳定。在文献[65]中，作者证明对于所有容许的独立同分布的到达事件 LQF 都是稳定的。

(2) i-LQF 和 i-OCF 算法

不幸的是，最大权重算法 LQF 和 OCF 在硬件上实现相当复杂而且运行时间较长，其复杂度为 $O(N^2\log_a N)$。可以考虑用类似于 PIM 和 i-SLIP 的多次迭代在硬件上实现，这种算法称为 i-LQF 和 i-OCF。

i-LQF 用 b 位数据表示队列长度，也和 i-SLIP 一样包括 3 个步骤：

第一步，请求(Request)：每个未匹配输入向所有它有输出要求的输出端发送一个 b 位的请求字。

第二步，响应(Grant)：若一未匹配输出收到请求，它从中选择值最大的响应。

第三步，确认(Accept)：若一未匹配输入收到响应，它选择权重值最大的进行确认，建立连接。

i-OCF 排除了 i-LQF 中可能"饿死"的问题。它和 i-LQF 唯一的不同是第一步中输入端 i 向输出端 j 发出的请求权重值等于队列 $Q(i,j)$ 头信元的等待时间 $W_{i,j}(t)$。

(3) 其他权重匹配算法

在较早的研究[120]中，调度算法用队列长度作为双向图中边的权重进行最大权重匹配，在独立同分布数据流中队列长度是有限值，在文献[84]中作者发现最大权重匹配算法可以达到 100%的吞吐率，而不需要任何加速比。阻碍其应用于实际的主要问题是最大权重匹配算法比较复杂且运算速度较慢，不适于在高速交换中实现(在文献[121]中有关于最大权重匹配算法问题的分析，其算法复杂性在 $O(N^3)$左右)。

为了解决这个问题，文献[122]和[119]中提出了能达到同样功能的更快的算法。在文献[119]中，仍然使用最大权重匹配，只是权重改为端口容量 $w(e_{ij})$ = 所有在输入端口 i 和在输出端口 j 的虚电路队列长度之和，其优点是它把算法复杂度降为 $O(N^{2.5})$。在文献[122]中，作者更进一步表明算法复杂度可以减到 $O(N^2)$。

另外，在文献[85]和[123]中作者用队列等待时间和队列长度的综合值作为最大权重匹配算法的权重值，希望提供比早期单纯使用队列长度的文献[120]和[84]有更好的延迟时间和公平性。

(4) 算法的扩展

最大权重匹配算法的扩展包括3个方面：从定长信元到变长分组、从单个网络节点到多个网络节点以及从单类(Single-Class)通信量到多类(Multi-Class)通信量。

按照VOQ路由器的逻辑结构，变长的分组要分成定长的信元才能通过交换结构，然后在输出端口重新组装成分组。但是，经过调度后，属于同一分组的信元可被其他分组的信元分隔开，因此增加了对缓冲区的要求，并且操作复杂。为克服这个问题，文献[124]将现有算法扩展成基于分组模式的输入调度算法。基本思路是：对一个由 n 个信元组成的分组，如果输入端口开始传送该分组的第一个信元，那么在随后的 $n-1$ 个时间片内，交换结构始终保持该输入-输出连接。

在文献[125]中，作者将LQF和LPF从单个网络节点扩展到多个。研究发现，即使对一个只有8个输入排队路由器组成的简单网络，在固定的通信量特征下，这两种算法都不能达到稳定。为解决这个问题，文献[126]提出调度算法LIN(Longest-in-Network)。在容许的通信量下，如果网络中每个传输流的特征是和漏桶(Leaky-Bucket)兼容的，对一个由全部采用LIN算法路由器组成的网络，LIN算法可以达到100%的吞吐率。但是，LIN算法要在每个路由器中对信元传输做预先调度，在通信量负载接近1时会导致较大的计算复杂度。此外，LIN算法不易扩展到更一般的通信量模式。

在文献[127]中，Leonardi等首先提出一类调度算法(F(x)-max-scalar)，将目前的算法由面向单类通信量模式扩展到多类，然后将该算法由面向单节点扩展到多个互连的网络节点。无论是单节点，还是多节点，在容许的多类通信量下，该类算法都能达到100%的吞吐率。

3) 稳定结合(配对)

稳定结合问题是1962年Gale和Shapley首先提出的[128]，在文献[129]和[130]中得到了发展。解决稳定结合问题，在二分图中找到一个稳定的完全的配对，可用来作为交换核心的调度管理。已经有一个解决该问题的算法GSA(Gale-Shapley Algorithm)，它在硬件实现上可行而且在 N 次迭代后总能找到一个稳定配对。

稳定结合是一种二分图配对，而在输入排队交换核心中的信元调度算法就是在输入集和输出集的二分图中找到一种配对方案。因此，若用一个集合代表交换内核的输出端，另一个集合代表输入端，则一个稳定结合方案就表示一个交换内核的调度方案。

GSA和最大权重算法有3个不同：

(1) 稳定结合与最大匹配和最大权重匹配有很大不同。还不清楚稳定结合带宽的利用效率和是否导致“饿死”，只知道GSA算法会偏重输入或输出的某一方。

(2) 稳定结合问题和GSA算法通常定义为找到在输入和输出间一个完全的配对方案，而在输入排队交换内核中并不总能找到完全配对方案，大多数情况下，只有一部分输入队列在使用，这就是说，在某些输入和输出中它们的优先清单不是完全的。只要把GSA算法作较小的修改，就可以继续工作了，但只要优先清单里丢了几个元素，就可能导致稳定结合数大幅降低[126]。

(3) 在前述的多次迭代算法 i-SLIP、i-LQF和 i-OCF中，一个连接一旦建立，就不会在其后的迭代中再断开；而在 GSA 中，一个已建立的连接在后续的迭代中还可能被拒绝。

下面介绍两种 GSA 算法：GS-LQF 和 GS-OCF。

GS-LQF 是用输入队列容量顺序作为 GSA 的优先清单。输出 j 用每个输入队列的容量 $L(i,j)$，$\forall i\in I$ 作为优先清单 $R_o(j)$：

$$R_O(j)=[i_1,i_2,\cdots,i_N],\qquad L(i_1,j)\geqslant L(i_2,j)\geqslant\cdots\geqslant L(i_N,j)$$

同样，输入 i 的优先清单 $R_I(i)$ 为

$$R_I(i)=[j_1,j_2,\cdots,j_N],\qquad L(i,j_1)\geqslant L(i,j_2)\geqslant\cdots\geqslant L(i,j_N)$$

GS-OCF 是用输入队列头信元的等待时间顺序作为 GSA 的优先清单。输出 j 用每个输入队列头信元的等待时间 $W_{i,j}(t)$，$\forall i\in I$ 作为优先清单 $R_o(j)$：

$$R_O(j)=[i_1,i_2,\cdots,i_N],\qquad W(i_1,j)\geqslant W(i_2,j)\geqslant\cdots\geqslant W(i_N,j)$$

同样，输入 i 的优先清单 $R_I(i)$ 为

$$R_I(i)=[j_1,j_2,\cdots,j_N],\qquad W(i,j_1)\geqslant W(i,j_2)\geqslant\cdots\geqslant W(i,j_N)$$

4）有加速比的算法研究

最近人们研究了如何处理服务质量（QoS），文献[131]的作者最早提出了在加速比为 4 的条件下提供等同于先入先出输出排队交换的算法，也就是说，在任意给定的输入数据流下，两个交换内核的输出流都是相同的。文献[110]和[111]的作者做了进一步工作：首先，他们的算法只需要加速比为 2，其次，对输出排队的仿真不只限于先入先出的排队规则（如文献[111]能仿真任何单调的任务守恒输出排队规则）。文献[135]的作者综述了这些算法提供的 QoS 保证。另有一部分新算法[136]不是基于对输出排队的仿真，但提供了类似于输出排队的 QoS 保证，例如，在加速比 6 下提供独立于交换内核大小 N 的有限延迟时间的算法，在加速比 4 下提供与交换内核大小 N 有关的有限延迟算法，在加速比 2 下提供 100%的吞吐率。

5）组合输入输出排队与无加速比的算法

Internet 正同时面临着两个问题：对内部交换和路由的速率要求越来越高，以及要求对 QoS 的保证。每个问题都可以独立解决，交换机和路由器可以用输入排队的交叉开关代替共享内存提高转发速率，而 QoS 可以用加权公平排队（Weighted Fair Queuing，WFQ）的分组调度实现，但这两者在某种程度上看起来是互斥的：所有采用 WFQ 调度算法的路由交换设备都需要输出排队或者中心共享内存。最近提出一种可达到输出排队交换性能的方式，称为组合输入输出排队（Combined Input/Output-Queued，CIOQ）。它最先是由 Prabhakar 和 McKeown 在文献[126]中提出的，它证明了在加速比为 4 的时候 CIOQ 交换内核和 FIFO-OQ 交换内核在任意数据流和不同交换端口数下有相同的功能。另外也有一些关于加速比的文章，文献[126]的作者得到了信元延迟是有限的，文献[89]的作者提出了通过任务守恒达到最大吞吐率的充分条件。文献[136]中作者发展了文献[126]的结论，它用两倍加速比达到包括 WFQ 和严格优先级等在内的调度算法的功能。文献[136]在理论上证明了 2-1/N 加速比是 CIOQ 达到和 FIFO-OQ 同样功能的充分必要条件，并提出了一种目前最简单的组合输入输出算法——临界信元优先（Critical Cells First，CCF）算法。但目前来说，这方面的研究还停留在理论研究阶段，要在实际中用硬件实现高速交换，还需要做更多的工作。

另一方面，关于无加速比的提供输入排队交换（QoS）管理支持的算法研究也正在进行。

文献[137]中作者提出了几种集中在 QoS 三个特点(带宽保留、信元延迟保证和非保留容量的公平共享)上的无加速比输入排队交换调度算法。这些算法都是在前述的稳定结合算法的基础上发展而来的,如用信用量作为权重的算法(在文献[138]~[140]中也有对信用量的研究)、有效等待时间算法(Validated Waiting-Time Algorithm)和混合权重算法等。

下面介绍一个关于任务守恒的交换内核的算法。交换内核的任务守恒独立于到达数据流和交换内核的大小,一个任务守恒交换内核提供了和输出缓冲交换同样的吞吐率性能。文献[141]中作者在此基础上提出了最小容量输出优先算法(Lowest Occupancy Output First Algorithm, LOOFA)。该算法要求两倍加速比。

6) 确定型调度算法

确定型调度算法的基本思想是在 N 个时间片内确定地服务一个队列一次。一种可能的确定型调度算法的实现是:在时间片 t 时,输入端口 i 和输出端口($(t+i) \bmod N$)相连,不管输入端口 i 是否有要发送的信元。研究表明,对一个均匀的独立伯努利到达,这种简单的轮转算法可以达到 100%的吞吐率。

本节介绍的确定型调度算法主要基于由 Chang 等提出的 Birkhoff-von Neumann 输入排队交换机(以下简称 BvN 交换机)[142-143]。这种交换机的调度算法采用了 Birkhoff[144]和 von Neumann[145]的矩阵分解方法。具体而言,对通信量矩阵 $\boldsymbol{\Lambda}=[\lambda_{ij}]$,如果满足条件:

$$\sum_{i=1}^{N}\lambda_{ij} \leqslant 1,\quad j=1,2,\cdots,N \text{ 和 } \sum_{j=1}^{N}\lambda_{ij} \leqslant 1,\quad i=1,2,\cdots,N \tag{5.4}$$

那么存在一个正数集 φ_k 和服务矩阵集 S_k, $k=1,2,\cdots,K$,其中 $K \leqslant N^2-2N+2$,使得

$$\boldsymbol{\Lambda} \leqslant \sum_{k=1}^{K}\varphi_k S_k \tag{5.5}$$

和

$$\sum_{k=1}^{K}\varphi_k = 1 \tag{5.6}$$

矩阵分解的计算复杂度为 $O(N^{4.5})$。关于分解算法的详细介绍,请参考文献[142]和[143]。

根据得到的分解,交换机可以按照服务矩阵 S_k 的权重 φ_k, $k=1,2,\cdots,K$,调度连接的模式 S_k。BvN 交换机使用的在线调度算法是 PGPS(Packetized Generalized Processor Sharing)算法的一个简化版本。特别地,如果对所有的 k, $\varphi_k=1/K$,那么算法按周期 K 产生一个周期性的连接模式序列。

文献[142]和[143]的研究结果表明,如果分配的带宽大于每个输入-输出对的到达速率,BvN 交换机可以达到 100%的吞吐率。但是,由于并不能事先知道通信量矩阵 $\boldsymbol{\Lambda}$,因此只能通过测量或估计的方法获得这些信息。此外,Birkhoff-von Neumann 分解算法过于复杂,不适合端口数多的交换机。

在文献[146]中,Chang 等提出了一种较简单的两级交换机体系:负载平衡的 BvN 交换机(Load Balanced Birkhoff-von Neumann,以下简称 LB-BvN 交换机)。第一级执行负载平衡,第二级采用 Birkhoff-von Neumann 输入排队交换结构,对已完成负载平衡的通信量按照一个周期性的连接模式序列进行交换,周期等于输入/输出端口数 N。具体而言,设服

务矩阵 S 是一个单循环的 $N \times N$ 置换矩阵。一个典型的单循环置换矩阵是一个循环移位矩阵：当 $j=(i+1) \bmod N$ 时，$s_{i,j}=1$；否则，$s_{i,j}=0$。在式(5.5)中，设 $S_k=S^k$，$\varphi_k=1/N$，其中 $k=1, 2, \cdots, N$。由于 S 是一个单循环置换矩阵，S^N 是一个单位矩阵，BvN 交换机中的类 PGPS 算法只是按周期 N 设置连接模式。此外，在每 N 个时间片中，每个输入-输出对就得到一个时间片，分给每个输入-输出对的速率是 $1/N$。这意味着，如果想达到 100% 的吞吐率，必须要求到达第二级的通信量是均匀的，而这正是第一级要完成的工作。

采用确定型调度算法的 LB-BvN 交换机有以下优点。

(1) 可扩展性好。交换机中调度算法的在线复杂度是 $O(1)$。

(2) 硬件实现复杂度低。只需要两个交换结构和相应的缓冲区，不需要加速比和速率估计。

(3) 能达到 100%的吞吐率。对带适度技术条件约束的输入通信量，无论单播或组播，这种交换机可以和输出排队的交换机一样，都能到达 100%的吞吐率。

(4) 在高负载和突发的通信量下，有较低的平均延迟。对突发的通信量，负载平衡可以有效地降低延迟。在高负载下，LB-BvN 交换机的平均延迟收敛于输出排队交换机的平均延迟。同时，实验结果表明，在高负载下，负载平衡比 i-SLIP 的冲突解决算法更有效。

(5) 有效地利用缓冲区。如果 LB-BvN 交换机和对应的输出排队交换机在每个端口有相同数量的有限缓冲区，在缓冲区较大时，LB-BvN 交换机的丢失率低于输出排队交换机。

两级交换的一个缺点是有可能破坏同一输入端口信元的 FIFO 顺序关系，即造成信元失序。由于信元的失序可导致当前版本的 TCP 出现问题[147][148]，因此改变信元的顺序关系在当前的 Internet 路由器中是不允许的[149]。为消除信元失序，Chang 等在文献[150]中对两级交换机结构做了改进，如图 5.41 所示：在第二级之后增加一个重排序和输出(Re-sequencing-and-Output)缓冲区，负责对失序的信元进行重排序和保存等待输出的信元。同时，在第一级之前增加一个传输流分离器和负载平衡缓冲区(图 5.41 中的 VOQ_1)。下面以这种结构为例，说明 LB-BvN 交换机的运行过程。

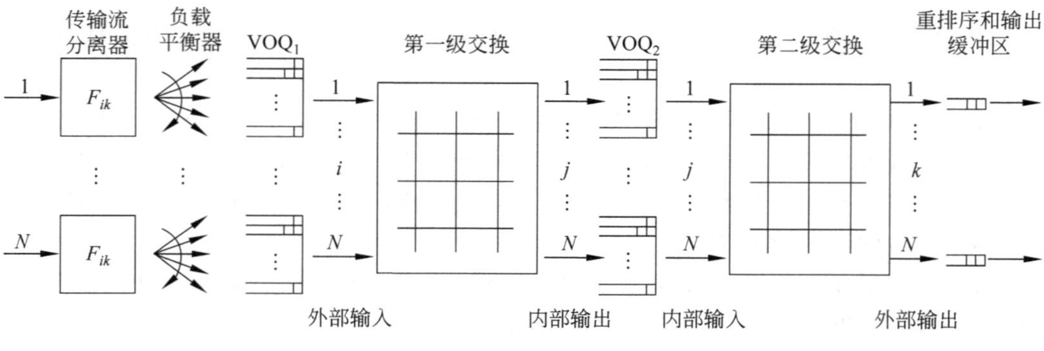

图 5.41 两级交换机结构

第一级的输入称为外部输入 EI_i(External Input)，$i=1, 2, \cdots, N$。第一级的输出称为内部输出 IO_j(Internal Output)，与第二级的输入，即内部输入 II_j(Internal Input)相连，$j=1, 2, \cdots, N$。最后，第二级的输出称为外部输出 EO_k(External Output)，$k=1, 2, \cdots, N$。一个信元在 LB-BvN 交换机内要经过以下步骤：

(1) 外部输入 EI_i 的一个信元首先被传输流分离器划归不同的传输流 F_{ik}，这里 k 是信元的目的外部输出端口 EO。因此，每个 EI 最多可能有 N 个传输流，分别对应 N 个 EO。

(2) 负载平衡器以轮转的方式将 F_{ik} 的所有信元发送到 N 个 VOQ_1（对应 N 个 IO）中。

(3) 第一级交换结构按确定的次序服务 VOQ_1。当一个队列接受服务时，信元离开 VOQ_1 并通过交换结构到达 VOQ_2，然后在 VOQ_2 排队等待服务。

(4) 第二级交换结构按确定的次序服务 VOQ_2 的队列。当一个队列接受服务时，信元离开 VOQ_2 并通过交换结构到达重排序和输出缓冲区。

为限制失序信元数量，文献[150]还提出了两种解决方案，分别基于 FCFS(First Come First Served) 和 EDF(Earliest Deadline First)。FCFS 方案要求在第二级输入前的 VOQ_2 中增加复杂抖动控制机制，而 EDF 方案要从第二级输入队列中找出时戳最小的信元，这在一个高速交换机中很难实现。

在文献[151]中，Keslassy 等从两个方面对以上结构做了进一步的改进：

(1) 提出一种全帧优先(Full Frame First，FFF)算法，使得信元的平均延迟比一个理想的输出排队多一个常数，因此具有和输出排队一样的吞吐率。

(2) FFF 算法采用一种三维队列(3DQ)结构避免信元的失序，因此不需要重排序和输出缓冲区。但是，3DQ 排队结构比 VOQ 复杂，需要更多的缓冲区。

前面介绍的输入排队调度算法(如最大匹配和最大权重匹配算法)主要面向单级和无加速比的交换结构，主要性能指标是达到 100%的吞吐率，很少考虑在无加速比情况下输入排队的延迟限度。Chang 等提出的两级交换结构不仅能达到 100%的吞吐率和保证延迟限度，而且不需要加速比和复杂的调度算法，因此，在设计高性能并保证延迟的交换机时，这种两级交换结构具有重要的参考价值。此外，这种两级交换结构不仅可以应用到电子的 Internet 路由器，而且可以应用到光交换结构[151]。

但是，这种两级交换结构仍然存在一些开放的研究问题，其中包括如何设计一个简单的能消除失序现象的调度算法，如何在确定型调度算法下实现灵活的带宽分配和 QoS 保证。

5. 直连网络交换方式的研究

前面介绍了 Crossbar 结构实现交换网络。Crcssbar 结构具有简单、无阻塞的特点，同时它还能够支持组播交换，在端口数目不多的情况下，多采用 Crossbar 构建交换网络。但是，Crossbar 结构的开销同端口数目的平方成正比，这在很大程度上限制了它的扩展性能。

多级交换网络可以支持中、大规模的端口数目。Banyan 网的开销为 $N\log N$（其中 N 表示端口数目，下同)，在输入、输出端口间提供大量可选路径；但是，Banyan 网受到内部阻塞的困扰。Benes 网的开销为 $N\times 2\log N$，不会出现内部阻塞问题；但是，Benes 网要实现无阻塞就必须重新设置，这会破坏现有的连接关系。Clos 网在理论研究和实际应用中都有非常重要的意义。遗憾的是，目前 Clos 网中仍然存在一些无法解决的理论问题。

目前，绝大多数的商用路由器都采用了上述的某类交换网络，它们存在一个共同的特点：都属于集中式交换网络。集中式结构是不利于扩展的；另外，集中式的交换网络将成为路由器的单一失效点(Single Point of Failure)，一旦交换网络出现故障，整台路由器就陷入瘫痪。而且，这些交换网络中大多需要复杂的调度器。虽然最大权重匹配(Maximum Weight Matching，MWM)算法，例如 LQF 和 OCF 等，在允许的流量下不需要加速比就可以达到 100%的吞吐率，但是，这些算法的计算复杂度为 $O(N^3)$，所以很难利用硬件实现。

目前采用的一些近似算法虽然计算复杂度有所降低，但是仍然和端口数目相关，这就意味着，调度器的复杂度将随着端口数目的增加而增加，这也不利于路由器的持续扩展。

直连网络(Interconnection Network)最初多应用于处理器-存储器互连和I/O互连，后来又成功应用于路由器的设计中。其中，基于3-D Torus结构的交换网络在Avici公司的TSR路由器中得以应用。在TSR的交换网络中，每个线卡作为该拓扑结构的一个节点，在源节点和目标节点之间存在多条可选路径。这一设计具有下述优点：非常适合扩展，可以实现增量扩展，有利于负载均衡，具有很高的容错性能。

虽然3-D Torus拓扑结构本身具有较好的扩展性能，但是在TSR的具体实现中，线卡数目达到560后，由于整个交换网络的等分带宽不再增加，为了提供所需的加速比，再增加线卡将降低整个路由器的性能。

文献[152]给出了直连网络的定义：直连网络中的每一个节点既是网络终端，同时又是信息转发节点。区别于传统的集中式交换网络，直连网络中的线卡(为了叙述方便，后面统一称为节点)除了负责分组输入、输出和内容处理外，还需要承担分组在各个线卡间转发的任务；分组由源节点到达目标节点的过程中可能需要经过多个中间节点。

设计一个直连网络时，需要同时考虑拓扑、路由和流控3方面的内容。其中，拓扑主要表示互联网络中数据通道和节点间的静态连接关系；基于选定的拓扑结构，路由为每个信元选择一条可以到达目标节点的路径(该路径由数据通道和节点组成的序列构成)；在信元路由的过程中，流控负责资源分配。为了简化设计，一般假设两个相邻节点间存在两条单向的链路。对于外部输入的流量，路由器不提供反压机制。也就是说，对于一个路由器而言，无法控制注入其中的流量，这就要求路由算法和流控方案合理配合，尽可能提高信元吞吐率，降低信元丢弃率。

在所有的正多边形中，只有正三角形、正方形和正六边形可以无缝地覆盖整个平面(见图5.42)。在选择拓扑结构时，从这三类多边形中选择有三个优点：能够充分利用空间；采用规则的拓扑有利于简化路由器和路由算法的设计；便于扩展。

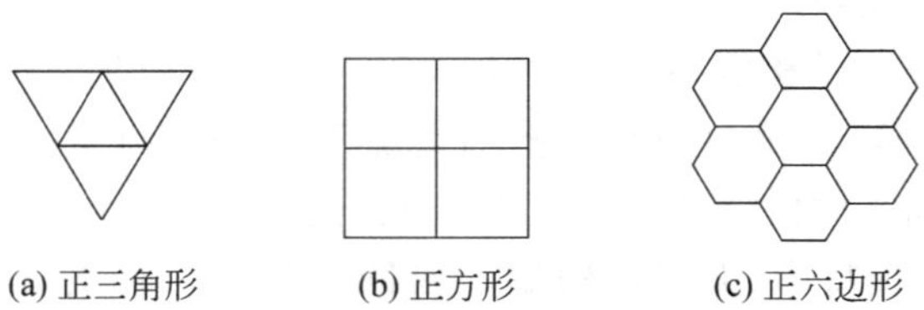

图5.42　能无缝覆盖整个平面的三类正多边形

在图5.42所示的3类拓扑结构中，每个节点的度分别为6、4和3。这说明由正三角形组成的拓扑结构具有最好的连通性，而由正六边形构成的拓扑结构连通性最差。但是，由三角形组成的拓扑结构的扩展方案显得较为凌乱。如果在图5.42(c)中每个正六边形的中心增加一个节点(见图5.43(a))，则“改造”后的拓扑结构可以涵盖正三角形和正方形的情况(见图5.43(b)和5.43(c))。

改造后的正六边形，每个节点的度由3增加为6，而且正六边形具有良好的扩展性能(下面将详细介绍其扩展方案)。另外，每个单元包含7个节点，即线卡，在实际的路由器中也是很合理的，因为还需要考虑控制卡和冗余备份卡的位置。

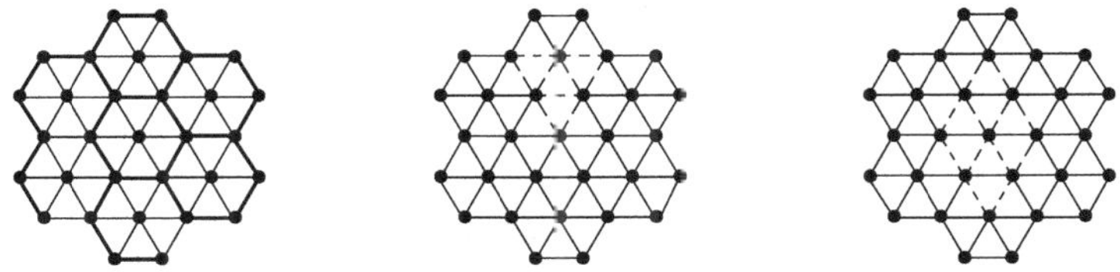

(a) 改造后的正六边形　(b) 正三角形改造后在正六边形中的体现　(c) 正四边形改造后在正六边形中的体现

图 5.43　改造后的正六边形能涵盖其他两种情况

蜂巢结构就是基于改造后的正六边形拓扑设计的，下面将详细介绍蜂巢结构。蜂巢结构的基本单元(Basic Element，BE)是一个增加了中心点的正六边形，如图 5.44(a)所示。BE 中包含 7 个节点，对应路由器中的 7 张线卡，节点间的连线表示线卡间的数据通路。由于在实际系统中线卡都是平行放置的，所以可以对 BE 进行“改造”，如图 5.44(b)～(j)所示。

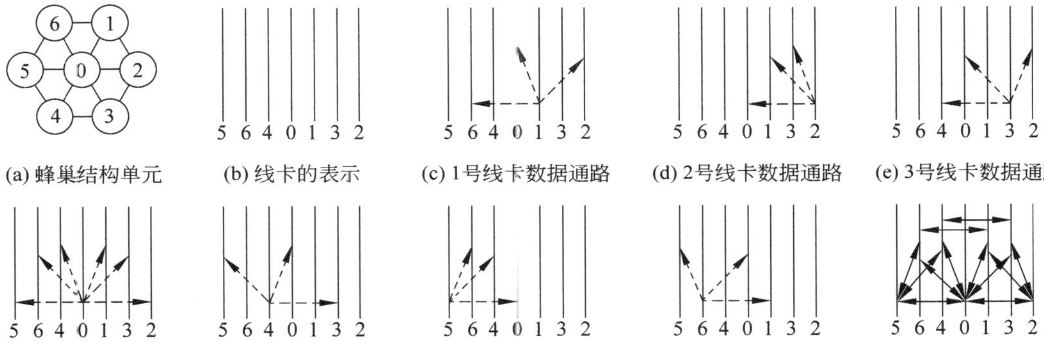

(a) 蜂巢结构单元　(b) 线卡的表示　(c) 1号线卡数据通路　(d) 2号线卡数据通路　(e) 3号线卡数据通路　(f) 0号线卡数据通路　(g) 4号线卡数据通路　(h) 5号线卡数据通路　(i) 6号线卡数据通路　(j) 改造后的单元

图 5.44　平行放置的线卡

对于蜂巢结构，多层结构属于垂直方向上的扩展。如图 5.45 所示，蜂巢结构中的节点，除水平方向上最多有 6 个邻居外，垂直方向上又增加了两个邻居，使得节点的度达到 8。为了改善最上、下层节点的连接度，可以将对应的节点相连。

(a) 多层结构　(b) 最上、下层的对应节点相连

图 5.45　单机架中的多层结构

考虑到蜂巢结构的特殊性，在多机架扩展时采用蛛网结构(因为其形状类似蛛网，所以称为蛛网结构)进行部署，如图 5.46 示。在蛛网结构中定义了一个中心点，称为极点(Polar Point，PP)；还定义了 6 条轴线，分别记为 0、$\pm\pi/3$、$\mp2\pi/3$ 和 π 轴线(Axis)，这 6 条轴线将整个平面划分为 6 个区域(Region)，分别定义为区域 0～区域 5。整个扩展过程从区域 0 到达区

域 1，……，从区域 4 到达区域 5，最后又从区域 5 返回区域 0，这样周期性地旋转扩展。图 5.46 中一个节点代表一个机架，定义极点处的机架为第 0 圈，向外依次为第 1 圈、第 2 圈、……

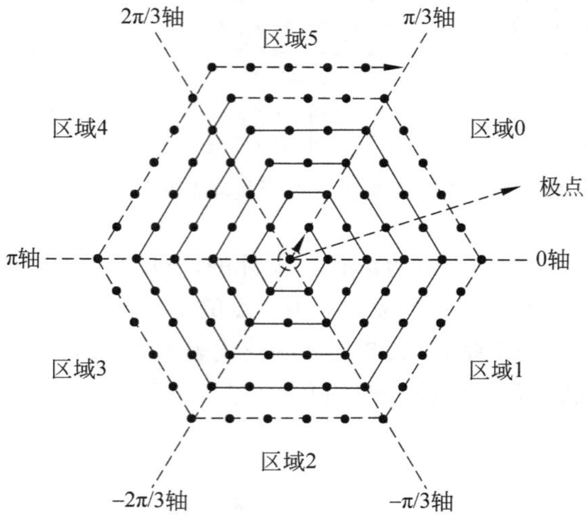

图 5.46　蛛网结构

前面介绍了基本的蜂巢结构，虽然该结构表现出良好的扩展性能，但是仍存在一些问题。以 BE 为例，如图 5.47 所示，如果 BE 中的 0 节点出现故障，则 BE 退化成一个双环结构(见图 5.47(b))；如果节点 1 又出现故障，则退化成串连结构；如果节点 4 出现故障，那么没有出现故障的部分节点间将无法通信(例如，节点 3 和节点 6 之间)。之所以会出现这种情况，是因为 BE 中外围节点的度都没有达到 6，这样，当节点 0 出现故障时，会对外围节点的连通性造成很大的影响。类似地，对于多机架的情况，和外围节点相连的度为 6 的节点出现故障时，对这些外围节点的影响也较大。

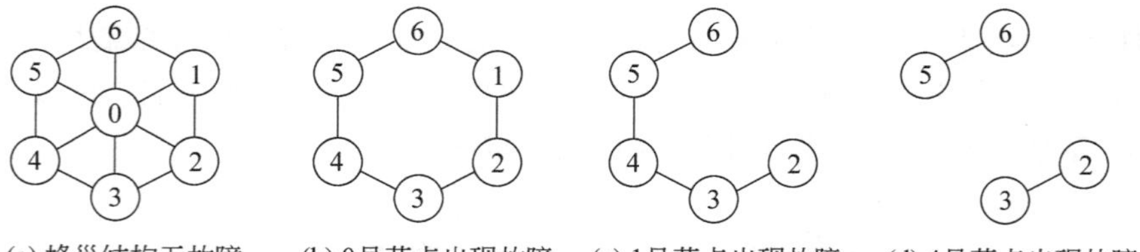

图 5.47　BE 中的节点出现故障

借鉴 2-D Torus 结构，它是在 2-D Mesh 结构基础上，通过连接具有轴对称关系的外围节点解决外围节点度不足的问题。不难发现，在规则的蜂巢结构中，外围只有度为 3 和 5 这两类节点(其数量关系见表 5.8)。类似地，如图 5.48 所示，从极点出发定义了 3 条轴 x、y 和 z。对于节点 P，可以得到它的 3 个对称点 P_x、P_y 和 P_z。记节点 P 到三条轴 x、y 和 z 的距离分别为 DP_x、DP_y 和 DP_z，则当节点 P 的度为 5 时，如果某个节点的度为 5，则选择 DP_x、DP_y 和 DP_z 三者中最大者对应的坐标轴；如果度为 5 的外围节点恰好落在某条坐标轴上，则其对称点出现在该条坐标轴的反方向上。例如，节点 Q 的对称点为 Q'。选择好外围节点的对称点后，只将其同对称点相连即可，由此得到的拓扑结构同时满足顶点对称和边对称，我们将这种拓扑结构记为 CR-Torus(Cellular Router Torus)，简记为 CRT。

表 5.8　度为 3 或 5 的节点数目与圈数

圈　　数	度为 3 的节点数目	度为 5 的节点数目
0	6	0
1	12	6
2	18	12
3	24	18
…	…	…
N	$6(n+1)$	$6n$

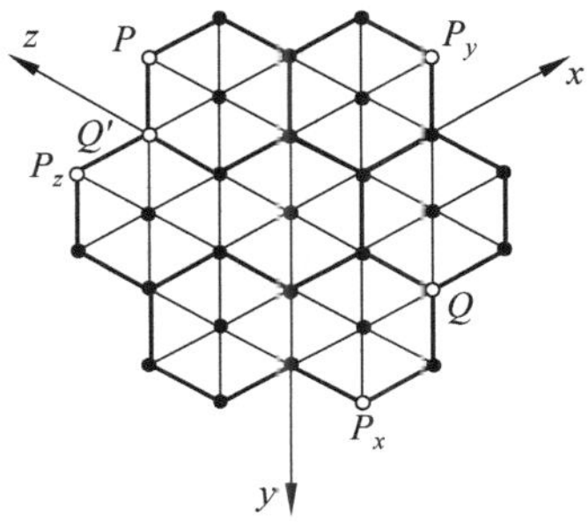

图 5.48　为每个外围节点选择对称点

上面简要介绍了直连网络的设计，特别以作者所在实验室设计的蜂巢和蛛网形式的直连网络为例进行了说明。和 Crossbar 等交换结构相比，直连网络具有更好的可扩展性。更具体的设计细节参见文献[153]和[154]。

6. 本节小结与进一步的研究工作

随着计算机网络互联规模不断扩大，以及各种大数据量传输应用的出现，对核心路由器的性能提出越来越高的要求，传统的共享内存式或总线结构的路由交换设备已远远满足不了技术发展的需要，正是在这样的条件下提出了交叉开关交换内核的研究。本节综述了在交换内核研究领域取得的最新成果。随着网络技术的发展，必须提出更好、更有效、功能更完善的交换调度算法。现今世界上一些路由交换设备的主要厂商以及大学研究机构都在进行这方面的研究。

从前面的介绍中可以发现，目前还没有一个算法能很好地解决在保证服务质量的前提下提供高转发速率的问题，而且在解决算法的实际运行效率方面也存在问题。因此，调度算法进一步的研究目标包括如何在提供高的转发速率的前提下支持服务质量，如何支持组播通信，如何在突发网络流量的情况下保证调度的公平性，对支持服务质量的算法进行优化，降低其复杂度，以便于实际使用，等等。

随着路由器接口速率和接口密度的不断提高，集中式的交换结构已经不能满足要求，因此，交换结构本身也向着分布式处理的方向前进。分布式的交换结构由多个并行的带独立调度器的交换结构组成。一个负载平衡算法将每个输入端口的信元发送到某个交换结构，然后由交换结构决定何时转发信元到输出端口。与集中式的结构相比，分布式交换结构的最大优点是降低了交换结构的输入/输出链路速率，从而增大了交换结构的时间片，因此可以使用复杂的调度算法。现有的采用分布式结构的交换机包括 ADSA[155] 和 PPS(Parallel Packet Switch)[156][157]。与 PPS 相比，ADSA 具有算法简单和控制信息少的优点，但这种分布式结构性能需要在实际网络环境中进一步测试，其负载平衡算法也需要深入研究。

此外，在文献[158]和[159]中还提出基于帧(Frame-based)或包迹(Envelope-based)的输入排队调度算法，基本思想是将同一个队列中相邻的若干信元(分组)组成帧(包迹)，从而增加调度算法时间片，使复杂调度算法的实现成为可能。这也是提高输入排队路由器可扩展性的一种可行的方法。

利用直连网络实现可扩展交换网络，可以有效解决集中式交换网络中遇到的大多数问题。不过，该领域仍然有许多需要进一步解决的问题，包括探索新型拓扑结构、设计新型路由算法和建立路由算法的性能分析模型等。另外，除了 Avici 的 TSR 之外(Avici 目前已经退出路由器市场)，目前还没有其他基于直连网络的商用可扩展路由器产品推出，这也表明该技术有待进一步完善。

5.6 新型路由器体系结构研究进展

5.6.1 并行分组交换机

本章前面已介绍了路由器的体系结构和各大厂商主要的高性能路由器。如果要进一步增强路由器或交换机的数据交换和分组转发能力，主要有 3 种技术：一是采用更多的并行机制；二是去除调度器；三是采用光交换技术。本节主要介绍路由器和交换机的并行机制。

如图 5.49 所示，内部采用并行多路进行交换的路由器具有负载均衡和加大吞吐率的作用。其实现方法又主要有 3 种。

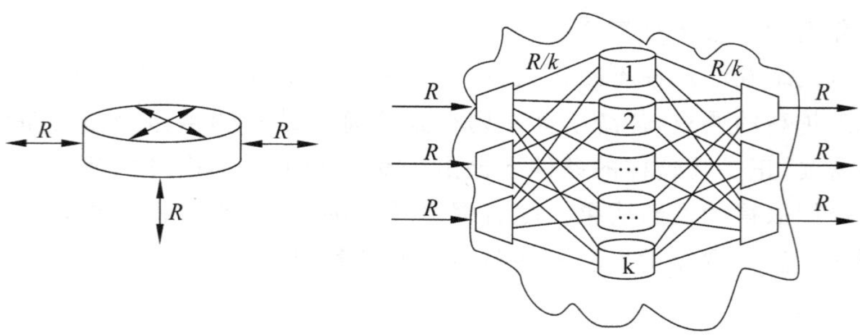

图 5.49 多路并行路由器示意图

一是随机分组负载平衡，即当分组到达时，随机地把它们发送到每个小路由器中。其优点是几乎具有无限的扩展能力、负载平衡器很简单以及负载平衡器不需要分组缓冲；但其缺点是流量的随机抖动将导致每个路由器的负载均不相同，在一个流内的分组的顺序有可能被打乱，因此很难预测系统的总体性能。

二是随机流负载平衡，即每个新流(如 TCP 连接)随机分配给一个路由器，该流中所有的分组都从该路由器转发。其优点是该方法几乎具有无限的扩展能力，负载平衡器很简单(如对分组头部进行哈希)，负载平衡器不需要分组缓冲，以及一个流中的分组顺序可以保持；但其缺点是流量的随机抖动将导致每个路由器的负载均不相同，并且很难预测系统的总体性能。

三是智能分组负载平衡，即每个新到达的分组都被分配给一个路由器，目标是保持一个流内的分组顺序，使系统吞吐率达到最大值，以及使每个分组的延迟时间可以达到输出排队的 FCFS 路由器的效果。这种设计称为并行分组交换机[160](Packet Parallel Switch，PPS)，其架构图如图 5.50 所示。

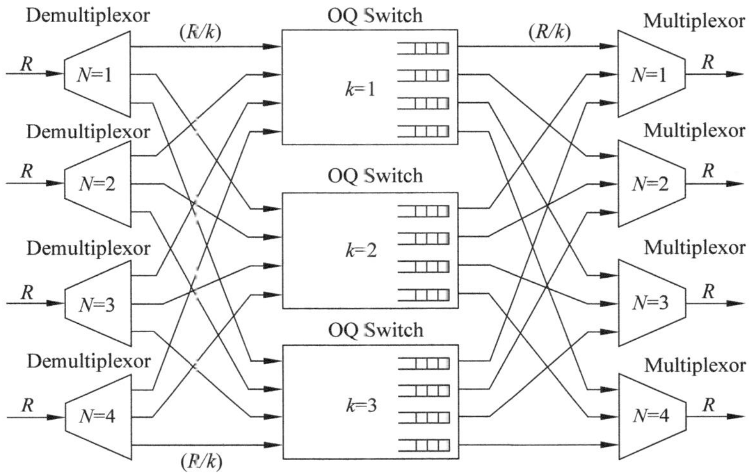

图 5.50　并行分组交换机架构图

PPS 技术是一种高速交换机的并行实现技术，其解复用器或复用器可能包含缓存。如图 5.50 所示，一个 PPS 包含 k 个 OQ(output-queued，输出队列)交换机，每个交换平面的输入和输出端口的线速是 R，N 为复用器或解复用器的数量，则 PPS 的线速为 Rk，而内部交换的数据总线所承担的速率为 R/k。这样设计的优点是只需要单级缓冲，且不占用额外的带宽。当 k 增大时，每个子系统的电力消耗会减少，内存宽带减少，查找率也会降低。

PPS 的一个主要问题是：如何将数据包分发到各个交换平面。主要方法有两种：

(1) 数据包被独立地转发到各交换平面中。

(2) 到达的分组以流的形式转发到各交换平面。

对于数据包被独立转发到交换平面的方法，它要解决 3 个问题：

(1) 在解复用过程中，如何将数据包无阻塞地转发到各交换平面。

(2) 如何保持包的顺序(数据包到达输入端口时的顺序)。

(3) 如何保证 QoS。

其研究[160]表明，当交换平面的加速比为 2，即 $S>2k/(k+2)\approx 2$ 时，并行分组交换机就可以精确模拟共享内存交换机的行为；当交换平面的加速比为 3，即 $S>3k/(k+3)\approx 3$ 时，并行分组交换机就可以精确模拟带有 WFQ、严格的优先级和其他 QoS 服务的交换机；如果 $S=1$，带有一个小的协作缓冲的并行分组交换机可以精确模拟 FCFS 共享内存交换机；若采用 CIOQ (Input-and-Output Queued Switches)，系统整个实现的复杂程度将大大降低。

5.5.3 节介绍的各种交换结构和本节介绍的 PPS 交换结构的总结如图 5.51 所示。

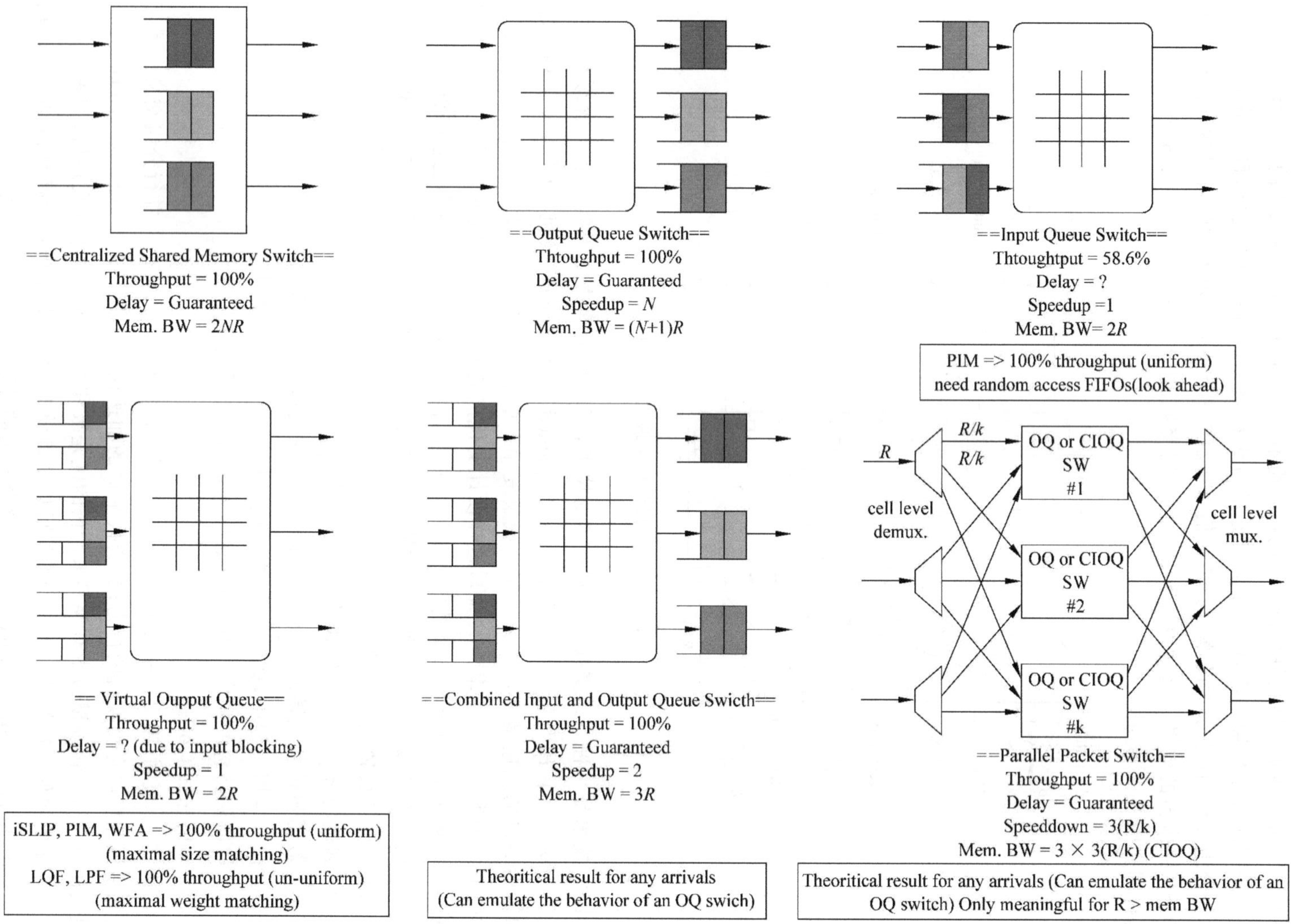

图 5.51　几种交换机技术总结

5.6.2 可编程路由器研究进展

近年来,在互联网上,以 P2P 与 QoS 为代表的新应用和新服务不断出现,以覆盖网络(Overlay Network)和数据中心网络(Data Center Network)为代表的新架构、新设计也层出不穷。为了满足精确的网络测量、安全的网络管理及实时的在线配置等需要,研究人员往往不得不对已有的数据包进行修改或引入自定义的数据包。

但现有的网络只能提供有限的功能和已知的服务,现有的网络设备(如交换机、路由器等)也只能转发标准的或预定义的数据包,不具有动态性和灵活性。若在现有架构上部署新的协议或应用,需要较长的设计周期和大量的费用。

为满足以上需求,并兼顾潜在的设计空间,可编程路由器(Programmable Router)这一新思想随即产生。研究人员期望用它处理数据流及网络应用的多样性,构造出一种动态的、可编程和可配置的网络处理环境。

但是,到目前为止,还没有文献给出关于可编程路由器的精确定义。本书尝试给出的定义是:可编程路由器是一种能从功能上分解成若干组件与接口,并能通过配置和编程,实现灵活而动态地部署新服务和减轻网络管理负担的网络层设备。基于可编程路由器的软件定义网络已经成为当前的研究热点,本书第九章会详细介绍软件定义网络。

可编程路由器与可扩展路由器[161](Scalable Router)有一定的区别。可扩展路由器是指由多个可独立运行的路由节点,通过某种互连结构连接而成的性能、功能可扩展的单映像路由器。其可扩展性主要体现在以下 3 个方面:交换实体的分布性带来的规模可扩展性,路由实体的分布性带来的路由计算可扩展性,路由器操作系统的分布性带来的功能可扩展性。如 Juniper 公司推出的 T640 型可扩展核心路由器可采用三级 Clos 网络互联,将多台路由器互联成为功能更强大的单一路由器。而 Cisco 公司推出的 CRS-1 多机架系统采用三级 Benes 交换结构互联,具有高达 92Tb/s 的数据交换能力。因此,从功能可扩展性来说,二者大致类似,但可扩展路由器偏重于硬件可扩展,通过物理互联使得转发及处理能力更强大;可编程路由器更注重软件可扩展,通过功能分解使得编程与配置更灵活。

主动网络节点(Active Network Node)与可编程路由器也有不同。主动网络中的中间节点(如路由器、交换机等)可以对经过它们的消息流执行定制的计算[162],但是主动网络节点是带内通信(In-Band Communication),而可编程路由器是带外通信(Out-Band Communication)。主动网络节点使用通用的处理器执行注入的代码,以实现软件重配置算法,可编程路由器可使用通用处理器或网络处理器,通过编程与配置达到目的。主动网络节点关注编程的任意性和实现上层功能的复杂任务,可编程路由器更关注配置与实施的灵活性。另外,主动网络节点中的转发元素(Forwarding Elements)一旦定义,就不能再修改或重定义[163]。

可重构路由器(Reconfigurable Router)[164]是通过实时可配置硬件和软硬件协同设计技术,允许对路由器进行动态的重配置,以增强路由器的功能和性能,满足大多数用户的需求,从而创建高性能、高灵活度的网络。可编程路由器与其相比,在注重可重配置的同时,更强调功能的扩充性和灵活性。

可编程路由器与普通路由器、可扩展路由器、主动网络节点及可重构路由器的详细比较见表 5.9。

表 5.9　可编程路由器与其他路由器的比较

对比项	可编程路由器	普通路由器	可扩展路由器	主动网络节点	可重构路由器
可扩展性	功能可扩展	无法扩展	规模、功能均可扩展	功能可扩展	功能可扩展
可配置性	动态可配置	可配置	可配置	动态可配置	动态可配置
可编程性	软、硬件均可编程	无法编程	无法编程	软件可编程	无法编程
可管理性	灵活的管理	弱管理性	弱管理性	灵活的管理	部分管理性
灵活性	非常好	无灵活性	无灵活性	非常好	一定的灵活性
其他	带外通信			带内通信	

目前，世界各国正展开新一代互联网的研究，其目标基本上与我们的研究[165]相吻合。同时，新一代互联网的体系结构正发生着巨大的变化，新一代互联网对网络节点的可扩展性和灵活性提出了新的要求。作为网络核心部件的路由器的可重构性、可编程性和可管理性等方面显得更加重要。因可编程路由器允许用户对其配置或编程，达到部署新服务和减轻网络管理负担的目标，在灵活性、动态性、可扩展性、可管理性及可编程性等方面显示出极大的优势和远景。如可编程路由器可以实现创新的网络协议，转发自定义的数据包，更轻松、更大规模的网络管理等传统路由器无法实现的功能。因此，研究可编程路由器对新一代互联网体系结构的发展也具有重要的意义。

1. 可编程路由器软硬件架构方案

1）硬件架构方案

FPGA[166]方案：FPGA(Field Programmable Gate Array)即现场可编程门阵列，它是在 PAL、GAL 和 EPLD 等可编程器件的基础上进一步发展的产物。FPGA 是作为专用集成电路(ASIC)领域中的一种半定制电路而出现的，既解决了定制电路的不足，又克服了原有可编程器件门电路数有限的缺点。但是，这种方案往往要对硬件进行重设计，耗时、费力，更重要的是需要设计人员具有很强的电路设计知识。

NetFPGA[168]方案：NetFPGA 是斯坦福大学基于 FPGA 设计的一块全编程的硬件加速卡，它具有 4 个 Gb 口外联和 2 个 SATA 口互联，通过 PCI 运行在 PC 上。NetFPGA 的优点是显而易见的：通过提供的 API，用户可以重新组织已有模块或添加自定义的模块设计定制功能的路由器，以达到转发自定义数据包或设计新网络架构原型的目的。当然，NetFPGA 还存在一些缺点，在时延、内存和带宽等方面还需要进一步改善。NetFPGA 的逻辑设计图如图 5.52 所示。

其他方案：文献[169]设计了一款名为“动态硬件插件”(DHP)的可编程路由器架构，它采用可重配置硬件为多接口的路由器提供灵活的硬件处理环境。它允许众多基于硬件的应用或插件动态地载入设备上，并可以并行运行，以提高每流处理速度。文献[170]提出了一种工具集，通过发布自定义的控制消息控制每一个硬件模块，并提供 API 供软硬件通信，同时也提供了基于 Web 的管理界面简化操作。

2）软件架构方案

Click[171]与 NP-Click[172]：Click 是一种模块化软路由器架构，它由若干称为“元素”的模块组成。单个元素实现了简单路由器的功能(见图 5.53)，如分类、排队和调度等。但

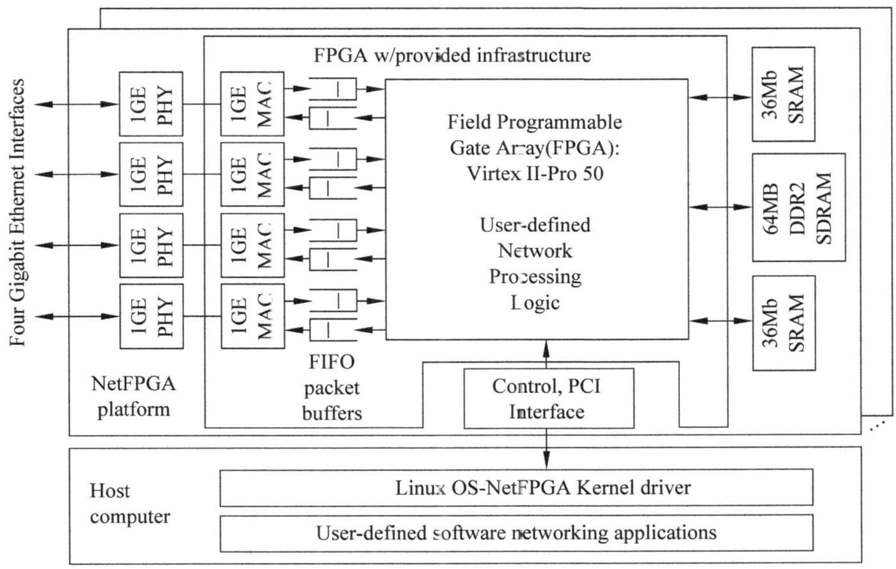

图 5.52　NetFPGA 的逻辑设计图

Click 只针对数据转发层设计，并没有指出如何与控制层的应用相结合，而且不能进行动态配置。NP-Click 使用网络处理器(Intel IXP1200)实现了 Click 方案。

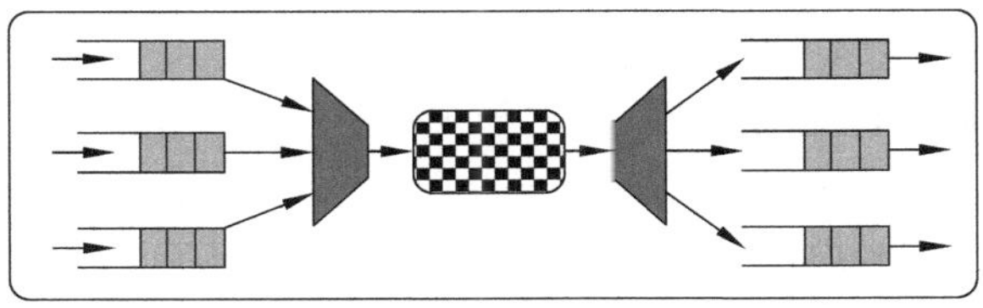

图 5.53　Click 路由器中的"元素"模型

XCRP[173]：Mark 等设计了一个可扩展的开放式软路由器平台。它的底层以 Click 作为数据转发引擎，上层采用多进程方式处理各种网络协议。进程间采用类似于 URL 的 XRL(XORP Resource Locators)通信机制，具有可扩展、高性能、健壮等优点。其模型如图 5.54 所示。

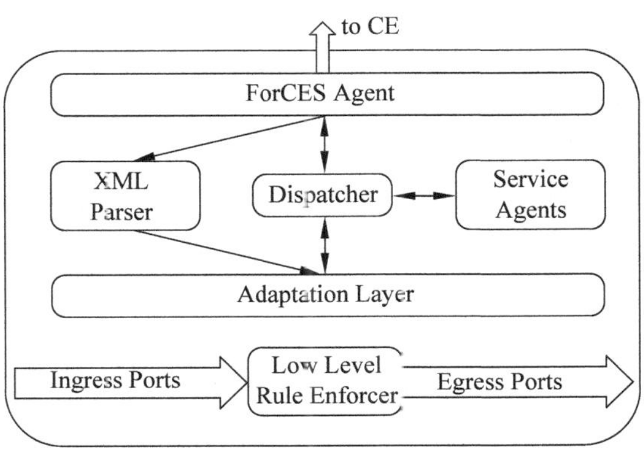

图 5.54　XCRP 路由器模型

Scout[174]与 Router Plugin[175]：Scout 是一款针对网络应用的操作系统，具有可配置性。Router Plugin 则是在 NetBSD 操作系统内核基础上设计的高性能、模块化、可扩展的软件路由器体系结构。

基于网络处理器的方案：文献[176]中作者使用 Intel IXP1200 网络处理器开发板结合 PC 构建了一个路由器实现方案。

基于 PC 的方案：文献[177]中作者在 Linux 基础上设计了一套增强性的软件架构，并部署在多核处理器上，获得了较强的数据交换能力。

2. 可编程路由器的数据路径可编程性

为了使可编程路由器达到组件和功能分解、数据与控制面分离和定制数据流路径选择的目的，研究人员在这方面提出了一系列的标准和方案。

ForCES[178]：由 IETF 路由领域中关注开放可编程路由器体系结构和协议的工作组倡导的一种将路由器转发和控制层面分离的框架方案。其思想是把路由器分解为转发元素(Forwarding Elements，FE)和控制元素(Control Elements，CE)及连接二者的 ForCES 协议，从而使控制和转发层面所交换的信息标准化。

OpenFlow[179]：OpenFlow 是斯坦福大学 Clean Slate 计划资助的一个开放式协议标准，是 GENI 的一个子项目，主要用于企业网络的控制和在现有网络上部署新协议。该技术主要包含 3 部分：交换机上的数据流表、控制器和 OpenFlow 协议。控制器利用 OpenFlow 协议与交换机进行通信，将控制策略下发给数据流表，交换机根据数据流表对数据流进行处理，其结构如图 5.55 所示。厂商只需在设备中支持 OpenFlow 协议，而无须改动硬件架构，用户则可以使用支持 OpenFlow 协议的网络设备连接异构的网络或创建网络测试床。该协议现已被 Cisco、HP、Juniper 和 NEC 等许多厂商所支持。本书第 9 章会详细介绍 OpenFlow 相关技术。

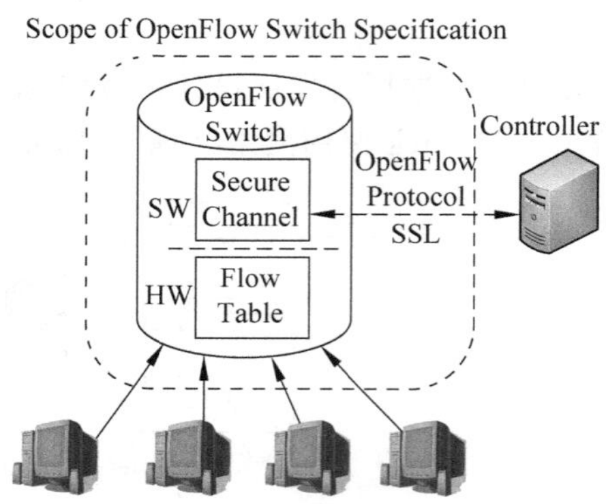

图 5.55 OpenFlow 交换机结构图

CAFE[180]：CAFE 是基于 NetFPGA 所开发的一种可配置的数据包转发硬件引擎，目的是转发自定义数据包并提高数据中心网络(Data Center Network)的吞吐率。

GFE[181]：GFE 是一种基于 Click 的通用转发元素(Generic Forward Element)框架，其架构如图 5.56 所示。它使用网络处理器执行 XML 所定义的包的各种操作，如分类、转发、封装、解封装、整形等，具有很强的动态性和灵活性。

网络服务处理平台：文献[182]提出的网络处理平台分离了数据包的处理、处理器之间的通信、状态管理及 IO 操作等功能，可对数据流重新定义数据路径，具有一定的可扩展性，但对服务的粒度欠考虑。

4D[183]、Ethane[184]与 Tesseract[185]：4D 将路由器架构定义为决策(Decision)、分发(Dissemination)、发现(Discovery)及数据(Data)4 个层面，提高了路由器的健壮性，同时将网络逻辑与分布式系统进行分离，使用户可以使用已有的分布式系统技术和协议解决非网络化问题；Ethane 允许管理员在一个集中控制器上定义和下发全网的策略，用户接入的

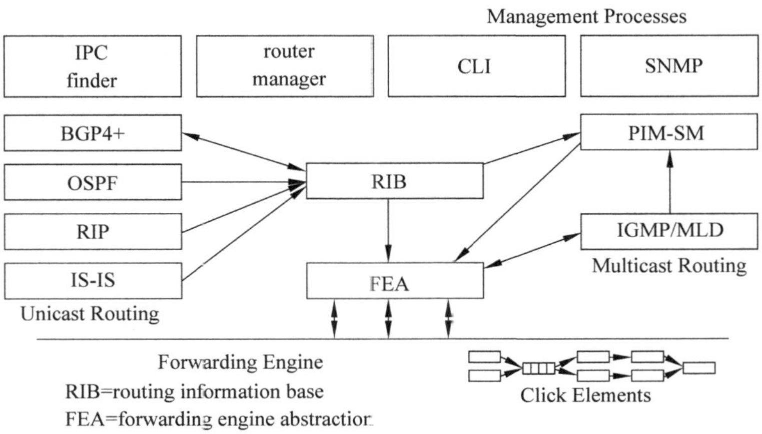

图 5.56　GFE 架构图

OpenFlow 交换机根据这些策略对用户数据流进行细粒度的控制；Tesseract 是一个基于 4D 的实验网络系统，它也采用在一个单独的管理域上直接控制全网节点，以实现提高系统性能、减轻部署压力和增强平台灵活度等目标。

还有研究[186]通过融合 Linux 内核源代码进行路由器数据层面的虚拟化，以便处理自定义的数据流。

3. 可编程路由器的其他应用

为了达到节能、高效及简化设计等目的，一些学者还对已有的网络操作系统或平台进行了改进。这些研究结果包括文献[187]～[191]。

由于可编程路由器支持控制层面上的功能自定义，这为路由器的配置与管理带来新思路。这些研究结果包括文献[192]～[196]。

可编程路由器的诸多优点也带来了一些网络创新应用，感兴趣的读者可以参考文献[197]。

5.6.3　可重构路由器

随着新业务和新应用的不断推出，传统路由器在业务升级能力及升级响应速度方面已不能满足网络发展的需求。实时电路重构技术利用可编程器件可多次重复配置逻辑状态的特性，能够在系统运行时根据需要动态地改变系统的电路结构，利用可重构技术实现的路由器能够支持新业务模块的硬件电路在芯片内动态加载，同时又不影响其他功能模块的正常运行，为传统路由器功能扩展能力差的问题提供了解决思路。

可重构路由器(Reconfigurable Router)[107,112]是指在相同的平台上对路由器的各种资源进行重构组合，从而实现对路由器服务功能的灵活重组，产生支持不同业务或者相同业务的不同指标的路由器。可重构是指系统中的硬件功能或硬件功能模块间通信连接可以重新配置，以达到用户多样化的需求。

可重构路由器的核心可以归纳为开放性、可重构性以及可进化性。开放指对路由器底层资源充分向用户开放，采用开放标准和积木式构件模型，不同厂商的积木构件可互操作，软件代码可重用，移植方便。可进化是指利用可重构技术实现对底层资源的编程控制，实现对路由设备服务功能的灵活重组，产生支持不同业务功能需要的网络节点设备，并支持多业务融合服务，使得可重构路由器能够跟随业务的发展而不断演进，从而具有很强的自进化能力。

图 5.57 所示为开放可重构路由器的基本体系结构。该基本体系结构包括 4 大类模块：

(1) 可重构中央控制模块(Control Element, CE)实现总控和路径发现等功能，控制各被控模块间拓扑连接，各被控模块内部各底层转发资源的属性以及拓扑连接，从而完成底层资源的充分可重构，它对底层资源的控制没有 IP 限制。

(2) 可重构链路层处理模块(Linking Element, LE)主要完成对数据包的链路层处理。

(3) 可重构网络层转发模块(Forwarding Element, FE)完成数据包的网络层转发处理。

(4) 可重构交换网络模块(Switching Element, SE)完成快速数据交换功能。

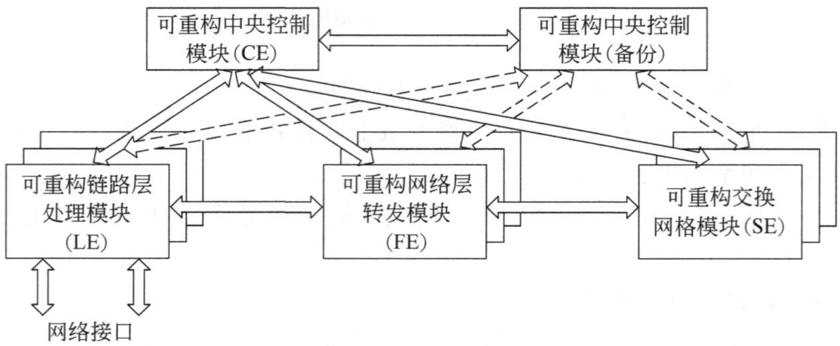

图 5.57 开放可重构路由器的基本体系结构

可重构路由交换平台是可重构路由器的关键，其基础是平台化支撑下的构件化处理技术。主要有 3 个等级：平台、组件和构件。平台是可重构完成多种任务的系统，组件是可重构实现特定功能的单元，构件是可重构实施给定处理的模块，即平台就是任务系统，组件就是功能单元，构件就是处理模块。

平台化支撑下的构件化处理技术的特征体现在 3 个方面：

(1) 平台为各种组件、组件为各种构件提供可重构的运行支撑环境，构件是基本处理模块。

(2) 平台、组件和构件均服从统一的系列标准化规范，任意第三方提供的标准化组件都可以在同一平台上参与完成给定任务，任意第三方提供的标准化构件都可以在同一组件上参与完成特定功能。

(3) 平台级和组件级均能实现功能升级重组、性能编程分配和管理分层配置，构件级具有较强的可维护性。

构件可以在不同的环境中使用，也可在同一环境中被复合使用，因此构件需要提供清楚的接口规范与对应环境进行交互。构件的封装、设计与外部表征尽量分离。构件对外发生作用或构件间的交互都是通过规范定义的外部接口进行的，构件使用者只需要知道构件的接口，而不关心其内部实现，这是设计与实现分离的关键。

目前，基于“十一五”国家 863 计划重大专项“新一代高可信网络”，解放军信息工程大学等单位提出了可重构路由器体系结构及相关标准，清华大学等单位设计了可重构路由交换开发环境（见图 5.58），国防科学技术大学等单位研发了可重构路由器系统（见图 5.59）。此外，项目组还利用研制的设备在上海未来宽带中心机房、复旦大学、上海交通大学等 5 个节点搭建了可重构柔性实验床。

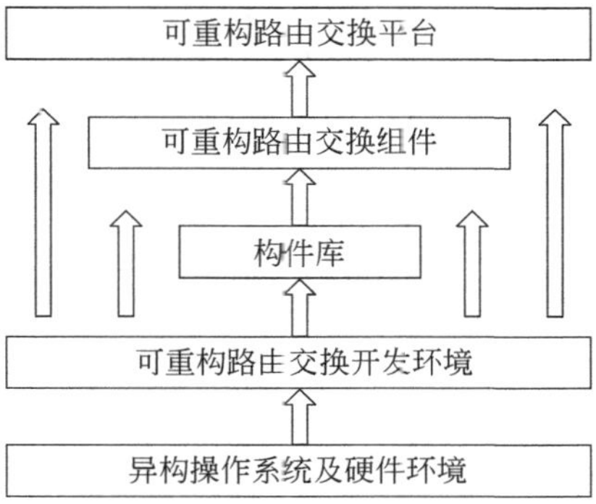

图 5.58　可重构路由交换开发环境模型

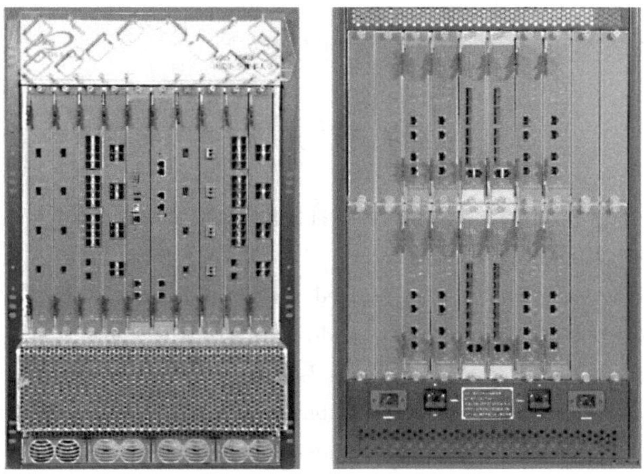

图 5.59　国防科技大学等单位研制的可重构路由器系统（正面、背面）

总的来说，路由器的可重构技术研究正处于起步阶段，以往研究大都是针对路由器的某一关键技术给出相应的研究成果。另外，由于可重构技术面向的使用环境不同，因此其在网络研究中的应用策略与可重构计算中的应用策略不尽相同。可重构计算中的重构技术偏重的是时分方式的可重构，而在网络设备中的重构技术则偏重于空分结构下的重构。如何将可重构设计思想引入网络中所有路由器的设计中，构成一个可重构网络，这也是当前可重构路由器技术研究的热点之一。

5.7　结论和进一步的研究工作

从 1969 年 12 月 ARPANET 包含 4 个节点的实验网络开始运行至今，Internet 经历了历史上任何一种技术都未曾经历的飞速发展，在 50 多年的时间内已经演变为一个全球性的巨大商业网络，并对人类社会的各个领域产生了深远的影响。近年来，随着各种新型应用在 Internet 上的大规模部署，尤其是 P2P 应用和视频流媒体的流行，Internet 的流量快速增长；另一方面，超高速光通信技术、无线通信技术以及其他革命性技术的研究进展使得网络接入和传输方式日新月异，新的网络应用模式和网络协议不断涌现。在此情况下，用户对 Internet 的性能提出了多维度的要求，其中速度仍为主要指标。路由器作为 Internet 的核心设备，对 Internet 的性能有重要影响。历史上，路由器体系结构的变迁体现了由通用器件向专用器件、由串行处理向并行处理、由集中式到分布式的趋势，依此可将路由器体系结构划分为四代：单处理器集中式总线结构、多处理器分布式共享总线结构、多处理器分布式交换结构、多机互连的可扩展集群结构。第一代路由器中，单一的中央处理器和总线成为系统计算能力和通信能力的瓶颈。第二代到第四代路由器体系结构逐步解决了这方面的问题：第二代体系结构提高了线卡的分组转发能力，主要贡献为将中央处理器从分组转发中解放出来；第三代体系结构中采用交换结构代替了总线，通过构造"无阻塞"的交换网络大幅提高交换性能；第四代体系结构通过某种互连方式将多个路由节点有机地结合在一起，实现了可扩展路由器。

路由器本身的基本体系结构短期内很难有较大突破，但是随着互联网技术本身的发展，路由器的可编程能力越来越重要，特别是随着新型网络体系结构的提出，作为网络核心设备的路由器必须也不断取得进步，以适应未来网络的新需求。

参考文献

[1] Chao J H, Deng Kung-Li, Jing Zhigang. A Petabit Photonic Packet Switch (P3S)[C]. In Proceedings of IEEE INFOCOM, 2003.

[2] Chao J H. Next Generation Routers[J]. Proceedings of the IEEE, 2002, 90(9): 1518-1558.

[3] Schaller R R. Moore's law: Past, present, and future[J]. IEEE Spectrum, 1997, 34(6): 52-59.

[4] Coffman K G, Odlyzko A M. Internet growth: Is there a "Moore's Law" for data traffic? Handbook of massive data sets[M]. Kluwer Academic Publishers, 2002.

[5] Gated[EB/OL]. [2020-08-10]. http://www.gated.org.

[6] GNU Zebra[EB/OL]. [2020-08-10]. http://www.zebra.org.

[7] Schmidt D C.GPERF. A perfect hash function generator[EB/OL]. [2020-08-01]. http://www.cs.wustl.edu/~schmidt/PDF/gperf.pdf.

[8] Rekhter Y, Li T. An Architecture for IP Address Allocation with CIDR[M]. RFC 1518, IETF, 1993.

[9] Fuller V, Li T, Yu J, et al. Classless Inter-domain Routing (CIDR): An Address Assignment and Aggregation Strategy[M]. RFC 1519, IETF, 1993.

[10] Hinden R, Deering S. IP Version 6 Addressing Architecture[M]. RFC 2373, IETF, 1998.

[11] Partridge C. Locality and route caches[C]. In Proceedings of NSF workshop on Internet Statistics Measurement and Analysis, 1996.

[12] Morrison D R. PATRICIA-Pratical Algorithm to Retrieve Information Coded in Alphanumeric[J]. Journal of ACM, 1968, 15(4): 514-534.

[13] Sklower K. A Tree-based Routing Table for Berkeley Unix[M]. University of California, Berkeley, 1993.

[14] Internet Routing Table Statistics[EB/OL]. [2020-08-10]. http://www.merit.edu/ipma/routing_table.

[15] Cheung G, McCanne S. Optimal Routing Table Design for IP Address Lookups under Memory Constraints[C]. In Proceedings of IEEE INFOCOM, 1999.

[16] Cheung G, McCanne S. Dynamic memory model based framework for optimization of IP address lookup algorithms[C]. In Proceedings of IEEE ICNP, 1999.

[17] Chiueh T C, Pradhan P. High Performance IP Routing Table Lookup using CPU Caching[C]. In Proceedings of IEEE INFOCOM, 1999.

[18] Srinivasan V, Varghese G. Fast IP Lookups Using Controlled Prefix Expansion [J]. ACM Transactions on Computer Systems, 1999, 17(1): 1-40.

[19] DegerMark M, et al. Small Forwarding Tables for Fast Routing Lookups[C]. In Proceedings of ACM SIGCOMM, 1997.

[20] Nilsson S, Karlsson G. IP Address Lookup Using LC-Tries[J]. IEEE Journal on Selected Areas in Communications, 1999, 17(6): 1083-1092.

[21] Henry H T, Tony Pr. On Fast Address-Lookup Algorithms[J]. IEEE Journal on Selected Areas in Communications, 1999, 17(6): 1067-1082.

[22] Pankaj G, StevenL, Nick M. Routing Lookups in Hardware at Memory Access Speeds[C]. In Proceeding of the IEEE INFOCOM, 1998.

[23] Nen-Fu H, Shi-Ming Z. A Novel IP-Routing Lookup Scheme and Hardware Architecture for Multigigabit Switching Router[J]. IEEE Journal on Selected Areas in Communications, 1999, 17(6): 1093-1104.

[24] Waldvogel M, Varghese G, Turner J, et al. Scalable High Speed IP Routing Lookups[C]. In Proceedings of ACM SIGCOMM, 1997.

[25] Butler L, Srinivasan V, George V. IP Lookups Using Multiway and Multicolumn Search[J]. IEEE/ACM Transactions on Networking, 1999, 7(3): 324-334.

[26] Funda E, Suvo M, Suleyman C S, et al. A Dynamic Lookup Scheme for Bursty Access Patterns[C]. In Proceedings of IEEE INFOCOM, 2001.

[27] McAuley A, Francis P. Fast Routing Table Lookup Using CAMs[C]. In Proceedings of IEEE INFOCOM, 1993.

[28] Masayoshi K, Tutomu M, Atsushi K. A Longest Prefix Match Search Engine for Multi-Gigabit IP Processing[C]. In Proceedings of IEEE ICC, 2000.

[29] DevavratS, Pankaj G. Fast Updating Algorithms for TCAMS[J]. IEEE Micro, 2001, 21(1): 36-47.

[30] Labovitz C, Malan G, Jahanian F. Internet Routing Instability [C]. In Proceedings of ACM SIGCOMM, 1997.

[31] The BGP Instability Report[EB/OL]. [2020-08-01]. http://bgpupdates.potaroo.net/instability/bgpupd.html.

[32] Huan L. Routing Table Compaction in Ternary TCAM[J]. IEEE Micro, 2002, 22(1): 58-64.

[33] Girija N, Francis Z. Performance Modeling for Fast IP Lookups[C]. In Proceedings of ACM SIGMETRICS, 2001.

[34] Sandeep S, George. Memory-Efficient State Lookups with Fast Updates[C]. In Proceedings of ACM SIGCOMM, 2000.

[35] Xu Ke, Wu Jian-ping, Wu Jian. The Analysis and Design of Fast Route Lookup Algorithms for High Performance Router[C]. In Proceeding of IEEE International Conference on ATM, 2001.

[36] Srinivasan V. Fast and Efficient Internet Lookups [D]. PhD thesis, Washington University, 1999.

[37] Internet Routing Table Statistics[EB/OL]. [2020-08-10]. http://www.merit.edu/ipma/routing_table.

[38] Gray M, Internet Growth Summary[EB/OL]. [2020-08-10]. http://www.mit.edu/people/mkgray/net/internet-growth-summary.html.

[39] 徐恪，熊勇强，吴建平. 宽带 IP 路由器的体系结构分析[J]. 软件学报，2000，11(2)：179-186.

[40] Decasper D, Dittia Z, Parulka G. Router Plugins: A Software Architecture for Next Generation Routers[C]. In Proceedings of ACM SIGCOMM, 1998.

[41] Shreedhar M, Varghese G. Efficient Fair Queuing Using Deficit Round-Robin[J]. IEEE/ACM Transactiions on Networking, 1996, 4(3): 375-385.

[42] Bellovin S, Cheswick W. Network Firewalls[J]. IEEE Communications Magazine, 1994, 32(9): 50-57.

[43] Jyh-haw Y, Randy C. Interdomain Access Control With Policy Routing[C]. In Proceedings of the IEEE Computer Society Workshop on Future Trends of Distributed Computing Systems, 1997.

[44] Weiss W. QoS with Differentiated Services[J]. Bell-labs Technical Journal, 1998, 3(4): 48-62.

[45] Guerin R, Orda A, Williams D, et al. QoS routing mechanisms and OSPF extensions[C]. In Proceedings of IEEE Global Telecommunications Mini-Conference, 1997.

[46] Richard E, Nick M, Pravin V. Billing Users and Pricing for TCP[J]. IEEE Journal on Selected Areas in Communications, 1995, 13(7): 1162-1175.

[47] Woo T. A Modular Approach to Packet Classification: Algorithms and Results[C]. In Proceedings of IEEE INFOCOM, 2000.

[48] Feldmann, Muthukrishnan. Tradeoffs for packet classification [C]. In Proceedings of IEEE INFOCOM, 2000.

[49] Gupta P, Nick M. Packet classification on multiple fields [C]. In Proceedings of ACM SIGCOMM, 1999.

[50] Kruse R, Tondo C L, Leung B. Data structure & program design in C[M]. 2nd ed. New Jersey: Prentice Hall, 1997

[51] Xu Ke, Wu Jianping, Yu Zhongchao, et al. A Non-Collision Hash Trie-Tree based Fast IP Classification Algorithm[J]. Journal of Computer Science and Technology, 2002, 17(2): 219-226.

[52] Chiueh T, Pradhan P. High Performance IP Routing Table Lookup using CPU Caching[C]. In Proceedings of IEEE INFOCOM, 1999.

[53] Breslau L, Cao P, Fan L, et al, Web Caching and Zipf-like Distribution: Evidence and Implications [C]. In Proceedings of IEEE INFOCOM, 1999.

[54] Srinivasan V, Suri S, Varghese G. Packet classification using tuple space search[C]. In Proceedings of ACM SIGCOMM, 1999.

[55] Merit Inc. IPMA Statistics[EB/OL]. [2020-08-10]. http://nic.merit.edu/ipma.

[56] Stevens W. UNIX Networking Programming[M]. 2nd ed. New Jersey: Prentice Hall, 1998.

[57] Bailey M, Gopal B, Pagels M, et al. PATHFINDER: A Pattern-Based Packet Classifier[C]. In Proceedings of 1st symposium on Operating System Design and Implementation, Usenix Association, 1994.

[58] Lakshman T V, Stiliadis D. High Speed Policy-based Packet Forwarding Using Efficient Multi-dimensional Range Matching[C]. In Proceedings of ACM SIGCOMM, 1998.

[59] Zhang X, Liu B, Wang X. IPv6-Oriented 4 * OC768 Packet Classification with Deriving-Merging

Partition and Field-Variable Encoding Scheme[C]. In Proceedings of IEEE INFOCOM, 2006.
[60] Karthik L, Srinivasan R V. Algorithms for Advanced Packet Classification with Ternary CAMs[C]. In Proceedings of ACM SIGCOMM, 2005.
[61] Villamizar C, Song C. High Performance TCP in Ansnet[J]. ACM Computer Communications Review, 1994, 24(5): 45-60.
[62] Barker K, Chernikov A, Chrisochoides N, et al. A Load Balancing Framework for Adaptive and Asynchronous Applications[J]. IEEE Tramsactions. on Parallel and Distributed Systems, 2004, 15(2): 183-192.
[63] Gu Dazhang, Yang Lin, Welch L R. A Predictive, Decentralized Load Balancing Approach[C]. In Proc. of the IEEE International Parallel and Distributed Processing Symposium, 2005.
[64] Appenzeller G, Keslassy I, McKeown N. Sizing router buffers[C]. In Proceedings of ACM SIGCOMM, 2004.
[65] McKeown N. Scheduling Algorithms for Input-Queued Cell Switches [D]. Ph.D. Thesis, California: University of California Berkeley, 1995.
[66] Cisco.过去 20 年回顾[EB/OL]. [2020-07-10]. http://www.Cisco.com/web/CN/abouCico/nes_info/innovation/ router/step_two.htm.
[67] Karol M, Hluchyj M, Morgan S. Input versus output queueing on a space division switch[J]. IEEE Transactions on Communications, 1987, 35(12): 1347-1356.
[68] Li S-Y. Theory of periodic contention and its application to packet switching[C]. In Proceedings of IEEE INFOCOM, 1988.
[69] Demers A, Keshav S, Shenker S. Analysis and simulation of a fair queuing algorithm[J]. Internetworking: Research and Experience, 1990, 1(1): 3-26.
[70] Elwalid A I, Mitra D. Effective bandwidth of general Markovian traffic sources and admission control of high speed networks[J]. IEEE/ACM Transactions on Networking, 1993, 1(3): 329-343.
[71] Kelly F P. Effective bandwidths at multiclass queues[J]. Queuing Systems Theory and Applications, 1991, 9(1): 5-15.
[72] Keshav S. On the efficient implementation of fair queueing. Internetworking[J]. Research and Experience, 1991, 2(3): 157-173.
[73] Kesidis G, Walrand J, Chang C-S. Effective bandwidths for multiclass Markov fluids and other ATM sources[J]. IEEE/ACM Transactions on Networking, 1993, 1(4): 424-428.
[74] Zhang H, Keshav S. Comparison of rate-based service disciplines[J]. Computer Communication Review, 1991, 21(4): 113-121.
[75] Zhang L. Virtual Clock: A New Traffic Control Algorithm for Packet Switching Networks[J]. ACM Transactions on Computer Systems, 1991, 9(2): 101-124.
[76] Shreedhar M, Varghese G. Efficient fair queuing using deficit round robin[J]. IEEE/ACM Transactions on Networking, 1996, 4(3): 375-385.
[77] Parekh A, Gallager R. A generalized processor sharing approach to flow control-The single node case[C]. In Proceedings of IEEE INFOCOM, 1992.
[78] Zhang H. Service disciplines for guaranteed performance service in packet-switching networks[J]. Proceedings of the IEEE, 1995, 83(10): 1374-1396.
[79] Keshav S, Sharma R. Issues and trends in router design[J]. IEEE Communications Magazine, 1998, 36(5): 144-151.
[80] Anderson T, Owicki S, High-speed switch scheduling for local-area networks[J]. ACM

Transactions on Computer Systems, 1993, 11(4): 319-352.

[81] Karol M, Hluchyj M. Queuing in high-performance packet-switching[J]. IEEE Journal on Selected Areas in Communications, 1998,6(9): 1587-1597.

[82] Partridge C, Carvey P, Burgess E, et al, A 50-Gb/s IP router[J]. IEEE/ACM Transiaction Networking, 1998, 6(3): 237-248.

[83] McKeown N, Izzard A, Mekkittikul A, et al. The tiny tera: A packet switch core[C]. In Proceedings of IEEE Hot Interconnects V, 1996.

[84] McKeown N, Anantharam V, Walrand J. Achieving 100% throughput in an input-queued switch [C]. In Proceedings of IEEE INFOCOM, 1996.

[85] Mekkittikul A, McKeown N. A starvation-free algorithm for achieving- 100% throughput in an input-queued switch[C]. In Proceedings of IEEE ICCCN, 1996.

[86] Chiussi F, Kneuer J, Kumar V. Low-cost scalable switching solutions for broadband networking: The ATLANTA architecture and chipset[J]. IEEE Communications Magazine, 1997, 35(12): 44-53.

[87] Oki E, Yamanaka N. Tandem-crosspoint ATM switch with input and output buffers[J]. IEEE Communication Letters, 1998, 2(7): 189-191.

[88] Chen M, Georganas N D. A fast algorithm for multi-channel port traffic scheduling[C]. In Proceedings of IEEE Supercom ICC, 1994.

[89] Huang A, Knauer S. Starlite: A wideband digital switch[C]. In Proceedings of IEEE GLOBECOM, 1984.

[90] Anderson T, Owicki S, Saxe J, et al. High speed switch scheduling for local area networks[J]. ACM Transactions on Computer Systems, 1993, 11(4): 319-352.

[91] Karol M, Eng K, Obara H. Improving the performance of input-queued ATM packet switches. INFOCOM 1992: Proceedings of IEEE INFOCOM, Florence, Italy, May 4-8, 1992[C]. IEEE, 1992.

[92] Tamir Y, Frazier G. High performance multi-queue buffers for VLSI communication switches[C]. In Proceedings of 15th Annual Symposium on Computer Architecture, 1988.

[93] Tarjan R E. Data structures and network algorithms[M]. Pennsylvania: Society for Industrial and Applied Mathematics, 1983.

[94] Hopcroft J E, Karp R M. An n5/2 algorithm for maximum matching in bipartite graphs[C]. In Proceedings of IEEE Switching and Automata Theory 12th Annual Symposium on, 1988.

[95] Dinic E A. Algorithm for solution of a problem of maximum flow in a network with power estimation [J]. Soviet Math Dokladv, 1970, 11: 1277-1280.

[96] Ali M, Nguyen H. A neural network implementation of an input access scheme in a high-speed packet switch[C]. In Proceedings of IEEE GLOBECOM, 1989.

[97] Brown T X, Liu K H. Neural network design of a Banyan network controller[J]. IEEE Journal on Selected Areas in Communications, 1990, 8(8): 1428-1438.

[98] Marrakchi A, Troudet T P. A neural net arbitrator for large crossbar packet switches[J]. IEEE Transactions on Circuits and Systems, 1989, 36(7): 1039-1041.

[99] Troudet T P, Walters S M. Hopfield neural network architecture for crossbar switch control[J]. IEEE Transactions on Circuits and Systems, 1991, 38(1): 42-57.

[100] Hopfield J J. Neural networks and physical systems with emergent collective computational abilities [J]. Proceedings of the National Academy of Science, 1982, 79: 2554-2558.

[101] Andrew S Tanenbaum.计算机网络[M]. 4 版. 潘爱民，译. 北京：清华大学出版社，2004.

[102] Karol M, Eng K, Obara H. Improving the performance of input-queued ATM packet switches[C]. In Proceedings of IEEE INFOCOM, 1992.

[103] Matsunaga H, Uematsu H. A 1.5Gb/s 8x8 cross-connect switch using a time reservation algorithm [J]. IEEE Journal on Selected Areas in Communications, 1991, 9 (8) : 1308-1317.

[104] Obara H. Optimum architecture for input queueing ATM switches[J]. IEE Electronics Letters, 1991, 27(7): 555-557.

[105] Obara H, Hamazumi Y. Parallel contention resolution control for input queueing ATM switches [J]. IEE Electronics Letters, 1992, 28(9): 838-839.

[106] Obara H, Okamoto S, Hamazumi Y. Input and output queueing ATM switch architecture with spatial and temporal slot reservation control[J]. IEE Electronics Letters, 1992, 28(1): 22-24.

[107] Ke Xu, Wenlong Chen, Chuang Lin, et al. Toward a practical reconfigurable router: a software component development approach[J]. In IEEE Network, 2014.

[108] Iliadis I Denzel W. Performance of packet switches with input and output queueing [C]. In Proceedings of IEEE ICC, 1990.

[109] Gupta A L, Georganas N D. Analysis of a packet switch with input and output buffers and speed constraints[C]. In Proceedings of IEEE INFOCOM, 1991.

[110] Oie Y, Murata M, Kubota K, et al. Effect of speedup in nonblocking packet switch[C]. In Proceedings of IEEE ICC, 1989.

[111] Chen J S-C, Sten T E. Throughput analysis, optimal buffer allocation, and traffic imbalance study of a generic nonblocking packet switch[J]. IEEE Journal on Selected Areas in Communications, 1991, 9(3): 439-449.

[112] 刘强，汪斌强，徐恪.基于构件的层次化可重构网络构建及重构方法[J].计算机学报，2010，33(9)：1557-1568.

[113] Leland W E, Willinger W, Taqqu M, et al. On the self-similar nature of Ethernet traffic[C]. In Proceedings of ACM SIGCOMM, 1999.

[114] Heffes H, Lucantoni D M. A Markov modulated characterization of packetized voice and data traffic and related statistical multiplexer performance [J]. IEEE Journal on Selected Areas in Communications, 1986, 4(6): 856-868.

[115] Jain R, Routhier S A. Packet Trains: measurements and a new model for computer network traffic [J]. IEEE Journal on Selected Areas in Communications, 1986, 4(6): 986-995.

[116] Anick D, Mitra D, Sondhi M. Stochastic theory of a data-handling system with multiple sources [J]. Bell System Technical Journal, 1982, 61: 1871-1894.

[117] Stiliadis D, Verma A. Providing bandwidth guarantees in an input-buffered crossbar switch[C]. In Proceedings of IEEE INFOCOM, 1995.

[118] Lund C, Phillips S. Fair prioritized scheduling in an input-buffered switch[C]. In Proceedings of IEEE IFIP international conference on Broadband Communications, 1996.

[119] Mekkittikul A , McKeown N. A practical scheduling algorithm to achieve 100% throughput in input-queued switches[C]. In Proceedings of IEEE INFOCOM, 1998.

[120] Tassiulas L, Ephremides A. Stability properties of constrained queueing systems and scheduling policies for maximum throughput in multihop radio networks[J]. IEEE Transactions on Automatic Control, 1992, 37(12): 1936-1948.

[121] Ahuja R K, Magnanti T L. Network Flows: Theory, Algorithms and Applications[M]. New

Jersey: Prentice-Hall, 1993.

[122] Tassiulas L. Linear complexity algorithms for maximum throughput in radio networks and input queued switch[C]. In Proceedings of IEEE INFOCOM, 1998.

[123] Li S, Ansari N. Provisioning QoS features for input-queued ATM switches[J]. IEEE Electronics Letters, 1998, 34(19): 1826-1827.

[124] Marsan M A, Bianco A,Giaccone P, et al. Packet Scheduling in Input-Queued Cell-Based Switches [C]. In Proceedings of IEEE INFOCOM, 2001.

[125] Andrews M, Zhang L. Achieving Stability in Networks of Input-Queued Switches [C]. In Proceedings of IEEE INFOCOM, 2001.

[126] Prabhakar B, McKeown N. On the speedup required for combined input and output queued switching[M]. STAN-CSL-TR-97-738, 1997.

[127] Leonardi E, Mellia M, Marsan M A, et al. On the Throughput Achievable by Isolated Interconnected Input-Queuing Switches under Multiclass Traffic [C]. In Proceedings of IEEE INFOCOM, 2002.

[128] Gale D, Shapley L S. College Admissions and the stability of marriage[J]. American Mathematical Monthly, 1962, 69: 9-15.

[129] Gusfield D, Irving R. The Stable Marriage Problem: Structure and Algorithms[M]. Cambridge, MA: The MIT Press, 1989.

[130] Knuth D E. Marriages Stables[M]. Les Presses de l'Université de Montréal, Montréal, 1976.

[131] Eng K, Hluchyj M, Yeh Y. Multicast and broadcast services in a knockout packet switch[C]. In Proceedings of INFOCOM, 1988.

[132] Even S, Tarjan R E. Network flow and testing graph connectivity [J]. SIAM Journal on Computing, 1975, 4: 507-518.

[133] Giacopelli J, Hickey J, Marcus W, et al. Sunshine: A high-performance self-routing broadband packet switch architecture[J]. IEEE Journal on Selected Areas in Communications, 1991, 9(8): 1289-1298.

[134] Kumar P R, Meyn S P. Stability of Queuing Networks and Scheduling Policies [J]. IEEE Transactions on Automatic Control, 1995, 40(2): 251-260.

[135] Charny A, Krishna P, Patel N, et al. Algorithms for providing bandwidth and delay guarantees in input-buffered crossbars with speed up[C]. In Proceedings of 6th IEEE/IFIP IWQoS, 1998.

[136] Chuang S, Goel A. Matching output queueing with a combined input/output-queued switch[J]. IEEE Journal on Selected Areas in Communications, 1999, 17(6): 1030-1039.

[137] KamA C, Siu K. Linear-complexity algorithms for QoS support in input-queued switches with no speedup[J]. IEEE Journal on Selected Areas in Communications, 1999, 17(6): 1040-1056.

[138] Cruz R. A calculus for network delay, part I: network elements in isolation[J]. IEEE Transactions on Information Theory, 1991, 37(1): 114-121.

[139] Turner J. New directions in communications (or which way to the information age)[J]. IEEE Communication Magazine, 2002, 40(5): 50-57.

[140] Zhang L. A New Architecture for Packet Switching Network Protocols [D]. Ph.D. Dissertation, MA: MIT, 1989.

[141] Krishna P, Patel N, Charny A, et al. On the speedup required for work-conserving crossbar switches[J]. IEEE Journal on Selected Areas in Communications, 1999, 17(6): 1057-1065.

[142] Chang C S, Chen W J, Huang H Y. On Service Guarantees for Input-Buffered Crossbar Switches:

A Capacity Decomposition Approach by Birkhoff and von Neumann[C]. In Proceedings of IEEE IWQoS, 1999.

[143] Chang C S, Chen W J, Huang H Y. Birkhoff-von Neumann Input Buffered Crossbar Switches[C]. In Proceedings of IEEE INFOCOM, 2000.

[144] Birkhoff G. Tres observaciones sobre el algebra lineal[J]. Univ. Nac. Tucuman Rev. Ser, 5: 147-151, 1946.

[145] Von N J. A Certain Zero-Sum Two-Person Fame Equivalent to the Optimal Assignment Problem. Contributions to the Theory of Games[J]. Princeton University Press, 1953, 2: 5-12.

[146] Chang C S, Lee D S, Jou Y S. Load Balanced Birkhoff-von Neumann Switches Part I: One-Stage Buffering[J]. Computer Communications, 2002, 25(6): 611-622.

[147] Bennett J C R, Patridge C, Shectman N. Packet Reordering Is Not Pathological Network Behavior [J]. IEEE/ACM Transactions on Networking, 1999, 7(6): 789-798.

[148] Blanton E, Allman M. On Making TCP More Robust to Packet Reordering[J]. ACM Computer Communication Review, 2002, 32(1): 20-30.

[149] Baker F. Requirements for IP Version 4 Routers[M]. RFC 1812, IETF 1995.

[150] Chang C S, Lee D S, Lien C M. Load Balanced Birkhoff-von Neumann Switches Part II: Multi-stage Buffering[J]. Computer Communications, 2002, 25(6) : 623-634.

[151] Keslassy I, McKeown N. Maintaining Packet Order in Two-Stage Switches[C]. In Proceedings of IEEE INFOCOM, 2002.

[152] William J Dally, Brian Towles. Principles and practices of interconnection networks [M]. San FranCisco: Morgan Kaufmann Publishers, 2004.

[153] Yue Z, Wu J, Zhao Y. CR: Scalable Routers Based on a New Architecture[J]. Journal of Software, 2007, 18(10) : 2624-2634.

[154] 乐祖晖，赵有健，吴建平. 利用直连网络实现可扩展路由器[J]. 软件学报，2007，18(10)：2538-2550.

[155] Wang W, Dong L, Wolf W. A Distributed Switch Architecture with Dynamic Load-Balancing and Parallel Input-Queued Crossbars for Terabit Switch Fabrics [C]. In Proceedings of IEEE INFOCOM, 2002.

[156] Iyer S, Awadallah A, McKeown N. Analysis of a Packet Switch with Memories Running Slower than the Line-Rate[C]. In Proceedings of IEEE INFOCOM, 2000.

[157] Iyer S, McKeown N. Making Parallel Packet Switches Practical [C]. In Proceedings of IEEE INFOCOM, 2001.

[158] Bianco A, Franceschinis M, Ghisolfi S, et al. Frame-Based Matching Algorithms for Input-Queued Switches[C]. In Proceedings of IEEE Workshop on High Performance Switching and Routing (HPSR) , 2002.

[159] Kar K, Lakshman T V, Stiliadis D, et al. Reduced Complexity Input Buffered Switches[C]. In Proceedings of Hot Interconnects VIII, 2000.

[160] Iyer S, McKeown N. Analysis of the Parallel Packet Switch Architecture [J]. IEEE/ACM Transactions on Networking, 2003, 11(2): 314-324.

[161] Zhang X, Liu Z, Zhao Y, et al. Scalable Router[J]. Journal of Software, 2008, 19(6): 1452-1464.

[162] Tennenhouse D L, Smith J M, Sincoskie W D, et al. A survey of active network research[J]. IEEE Communications Magazine, 1997, 35(1): 80-86.

[163] 徐恪，吴建平，徐明伟. 高等计算机网络——体系结构，协议机制，算法设计与路由器技术[M]. 北

京：机械工业出版社，2003.

[164] David C Lee, Scott F Midkiff, Peter M Athanas. Reconfigurable Routers: A New Paradigm for Switching Device Architecture[EB/OL]. [2020-08-01]. http://www.ccm.ece.vt.edu/papers/lee_1998_report_routers.pdf.

[165] Wu J, Liu Y, Wu Q. The Theoretic Research Progress of Next Generation Internet Architecture [J]. Science in China Series F, 2008, 38(10): 1540-1564.

[166] Programmable logic device[EB/OL]. [2020-08-10]. http://www.fpga.com.cn.

[167] Freitas H C, Santos T G. Design of programmable NoC router architecture on FPGA for multi-cluster NoCs[J]. IEEE Electronics Letters, 2008, 44(16): 969-971.

[168] Jad N, Glen G, Sara B, et al. NetFPGA: reusable router architecture for experimental research [C]. In Proceedings of the 2nd workshop on ACM SIGCOMM, 2009.

[169] Taylor D E, Turner J S, Lockwood, et al. Dynamic hardware plugins: Exploiting reconfi-gurable hardware for high-performance programmable routers[J]. Computer Networks, 2002, 38(3): 295-310.

[170] Sproull T S, Lockwood J W, Taylor D E. Control and Configuration Software for a Reconfi-gurable Networking Hardware Platform[C]. In Proceedings of Field-Programmable Custom Computing Machines, 2002.

[171] Kohler E, Morris R, Chen B, et al. The Click modular router[J]. ACM Transactions on Computer Systems, 2000, 18(3): 263-297.

[172] Shah N, Plishker W, Ravindran, et al. NP-Click: A productive software development approach for network processors[J]. IEEE Micro, 2004, 24(5): 45-54.

[173] Handley M, Hodson O, Kohler E. XORP: An open platform for network research[J]. ACM SIGCOMM Computer Communications Review, 2003, 33(1): 53-57.

[174] Montz AB, Mosberger D, O'Malley SW, et al. Scout: A communications-oriented operating system[C]. In Proceedings of the 5th Workshop on Hot Topics in Operating Systems (HotOS-V), 1995.

[175] Decasper D, Dittia Z, Parulkar G, et al. Router plugins: A software architecture for next generation routers[J]. IEEE/ACM Transactions. on Networking, 2000, 8(1): 2-15.

[176] Spalink T, Karlin S, Peterson L, et al. Building a robust software-based router using network processors [C]. In Proceedings of the 18th ACM Symposium on Operating Systems Principles, 2001.

[177] Raffaele B, Roberto B. PC-based Software Routers: High Performance and Application Service Support[C]. In Procedings of the 1st workshop on ACM SIGCOMM, 2008.

[178] Yang L, Dantu R T, Anderson R Gopal. Forwarding and Control Element Separation (ForCES) Framework. RFC 3746, IETF 2004.

[179] Nick M, Tom A, Hari B, et al. OpenFlow: Enabling Innovation in Campus Networks[EB/OL]. [2020-08-01]. http://www.openflowswitch.org/documents/openflow-wp-latest.pdf.

[180] Guohan L, Yunfeng S, Chuanxiong G, et al. A Configurable pAcket Forwarding Engine for Data Center Networks[C]. In Proceedings of the 2nd PRESTO workshop on ACM SIGCOMM, 2009.

[181] Ran G, Niv Y. A programmable, generic forwarding element approach for dynamic network functionality[C]. In Proc.of the 2nd PRESTO workshop on ACM SIGCOMM, 2009.

[182] Qiang W, Tilman W. Design of network service processing platform for data path customization [C]. In Proceedings of the 2nd PRESTO workshop on ACM SIGCOMM, 2009.

[183] Greenberg A, Hjalmtysson G, et al. A Clean Slate 4D Approach to Network Control and Management[J]. ACM SIGCOMM Computer Communication Review, 2005, 35(5): 41-54.

[184] Casado M, Freedman M J, Pettit J, et al. Ethane: Taking Control of the Enterprise[C]. In Proceedings of ACM SIGCOMM, 2007.

[185] Yan H, Maltz D A, Eugene T S, et al. Tesseract: A 4D Network Control Plane[C]. In Proceedings of NSDI, 2007.

[186] Eric K, Evan G. Virtualizing the data plane through source code merging[C]. In Proceedings of the 1st workshop on ACM SIGCOMM, 2008.

[187] Qing L, Kip M. Optimizing the BSD routing system for parallel processing[C]. In Proceedings of the 2nd workshop on ACM SIGCOMM, 2009.

[188] James K, Wladimir A, Kallol B. Rapid service creation using the JUNOS SDK[C]. In Proceedings of the 2nd workshop on ACM SIGCOMM, 2009.

[189] Domenico G, Eduard G, Alberto L T, et al. WiSwitcher: An Efficient Client for Managing Multiple Aps[C]. In Proc. of the 2nd workshop on ACM SIGCOMM, 2009.

[190] The MadWiFi driver[EB/OL]. [2020-08-10]. http://madwifi-project.org.

[191] Raffaele B, Roberto B, Franco D, et al. Energy-aware performance optimization for next-generation green network equipment[C]. In Proc.of the 2nd PRESTO workshop on ACM SIGCOMM, 2009.

[192] Philip J T, Timothy G G. A model of configuration languages for routing protocols[C]. In Proceedings of the 2nd PRESTO workshop on ACM SIGCOMM, 2009.

[193] Griffin T G, Sobrinho J L. Metarouting[C]. In Proceedings ACM SIGCOMM, 2005.

[194] Laurent V, Bruno Q, Olivier B. A Hierarchical Model for BGP Routing Policies[C]. In Proceedings of the 2nd PRESTO workshop on ACM SIGCOMM, 2009.

[195] Xu C, Yun M, Z Morley M, et al. DECOR: DEClaritive network management and OpeRation[C]. In Proceedings of the 2nd PRESTO workshop on ACM SIGCOMM, 2009.

[196] Hideyuki S, Takashi Y, Atsushi I. Off-the-path flow handling mechanism for high-speed and programmable traffic management[C]. In Proceedings of the 1st PRESTO workshop on ACM SIGCOMM, 2008.

[197] 胡光武,华婷,姚姜源.可编程路由器技术研究[J].小型微型计算机系统, 2011, 32(9): 1814-1820.

第6章 网络安全

6.1 引　言

网络和信息技术的飞跃促进了信息资源的共享和流通,为人类提供了方便、自由和丰富的资源,但是网络(特别是互联网)的开放性也引发了大量的网络安全事件,蠕虫、病毒、垃圾邮件泛滥,严重威胁着网络信息的安全。

1988年,当时就读于康奈尔大学的Robert Morris编写了一个包括99行代码的程序,利用UNIX系统的漏洞查询联机用户的名单并破译其用户口令,然后通过互联网不断自我复制扩散,造成全球6000多台计算机的UNIX系统崩溃,这就是第一只互联网蠕虫——"Morris蠕虫"[1]。按照Robert Morris自己的说法,他本意是想测量互联网的规模,没想到代码中的一些错误造成了恶意的攻击,"Morris蠕虫"感染了当时互联网中近1/10的系统,并最终使得整个互联网瘫痪,导致全世界损失1500万美元到1亿美元,这一事件首次向人们展示了网络攻击的基本方式和巨大威力。可以说,"Morris蠕虫"缔造了蠕虫病毒在网络攻击中令人生畏的地位。

1994年,俄罗斯黑客Vladimir Levin在互联网上上演了精彩的偷天换日,他侵入花旗银行的电汇系统窃取了几个公司的账号密码并盗走1000多万美元,随后将这笔巨额资金转移至自己位于美国、芬兰、荷兰、德国等地的账户中。Vladimir Levin是第一位历史上有记录的通过入侵银行计算机系统获利的黑客。他的三个同伙在取款时被当场逮捕,他本人直到1995年才在伦敦机场被逮捕。

1999年,David Smith在新泽西通过一个盗用的AOL账号发布了一个通过邮件传播的宏病毒:梅利莎病毒(Melissa)。这是第一个通过邮件大量传播的病毒,它自动给感染者Outlook中的前50名联系人发送嵌入附件的邮件。这一病毒导致包括微软、英特尔、朗讯科技等在内的共300多家公司的计算机系统被感染并被迫关闭邮件系统,造成的损失接近4亿美金,它是首个具有全球破坏力的病毒。这一病毒也促进了微软软件更新机制的发展。

2000年以后,黑客队伍不断壮大,网络安全事件的规模和次数不断攀升,攻击影响范围不断扩大,传播速度和破坏力不断增强,红色代码、Nimda蠕虫、SQL杀手蠕虫、冲击波蠕虫一次次考验着互联网的防御能力;每一台联网的计算机几乎都有过与垃圾邮件、网页病毒"过招"的经历。惨痛的经历告诉我们,一个很小的网络安全事件却可能在短短的几分钟之内给用户造成巨大的损失,甚至威胁到国家的稳定和安全。网络安全已经成为影响网络发展的一个重大课题。

2013年6月,美国前中情局职员爱德华·斯诺登,向美国《华盛顿邮报》和英国《卫报》提供了一系列有关美英特工部门进行互联网监视跟踪计划的机密材料,引发"棱镜门(PRISM)"事件。事件暴露出美国国家安全局和联邦调查局可直接进入美国网际网络公司的中心服务器挖掘数据、收集情报,包括微软、雅虎、谷歌、苹果等在内的国际网络巨头皆参与其中。

2017 年 5 月，WannaCry 勒索蠕虫大规模爆发，导致全球至少 150 个国家、30 万名用户受到攻击影响，造成损失达 80 亿美元，影响到金融、能源、医疗等众多行业，造成世界范围内的严重影响。

ISO 7498-2 中定义安全为最大程度地减少数据和资源被攻击的可能性。而就网络安全而言，是指通过各种技术和管理措施保证网络系统及网络服务连续、可靠、正常地运行，保护网络系统的资源（包括硬件、软件及其系统中的数据等计算资源、信息资源和通信资源）不因偶然或恶意的原因而遭到破坏、更改、滥用和泄露，确保其保密性、完整性和可用性。

本章研究的网络安全问题分为两方面：

(1) 网络本身及计算机系统的安全：保护端系统和网络自身的可用性和功能的完整性，防止计算资源或通信资源的非法使用。

(2) 信息安全：为网络中的信息提供保密与完整性传输、抗抵赖等安全服务。

网络安全作为网络研究中的一个重要的研究领域，其内容相当广泛。本章并不打算覆盖网络安全研究的各个方面，而是就其中的几个关键技术问题进行讨论。首先介绍计算机网络安全的一些基本概念和基础，6.3 节对网络安全的基本技术（即密码学及其应用）进行讨论，6.4 节介绍网络基础协议相关的威胁及防范技术，6.5 节讨论网络安全防范中面临的一个重要安全问题，即分布式拒绝服务攻击，6.6 节讨论恶意软件和僵尸网络，最后是总结。

6.2 计算机网络安全基础

网络安全是一门涉及计算机科学、通信技术、网络技术、密码技术、信息论等多个学科的综合性学科。本章主要关注互联网安全，包括互联网环境下计算机系统、互联网自身的安全保护，以及基于互联网的通信和分布式应用系统的安全保护。

6.2.1 网络安全风险

网络安全要保护的对象实际上是指网络中的资产，即网络中的信息、信息传输和处理系统等资源。例如，计算机系统中的硬件、软件、外设；网络中的路由器、交换机、拓扑结构信息、信道、带宽等，以及网络中的信息资源，如业务数据、商业计划、工资表、私人信息等。

事实上，网络面临多方面的威胁，包括电源故障、硬件故障、软件故障等网络自身的威胁，以及风雨雷电、地震、火灾、战争等自然灾害。最具破坏力的则是人为的威胁，包括误操作、泄密、窃密、篡改数据、盗用资源（如计算资源、通信资源、存储资源）、拒绝服务攻击（主机，网络设备，通信带宽）、病毒、蠕虫等恶意代码的侵袭。而人为威胁产生的主要原因是计算机和网络自身存在的严重脆弱性，即计算机网络的设计阶段、实现阶段、管理阶段存在诸多的漏洞和不合理的配置。

互联网在设计之初仅面向可信的、少量的用户群体，它的目的是提供研究应用的环境，因此并未考虑安全性的问题。互联网早期的数据传输都是基于明码的，不提供任何保密性的服务，大多数互联网协议的早期版本也没有提供必要的安全机制，正如早期的很多 RFC 文档中提到的 security issues are not discussed in this memo。随着互联网的发展，尽管网络安全的问题逐渐受到重视，但是互联网的应用越来越丰富，软件越来越复杂、庞大，许多代码没有经过严格的质量控制，无意的或有意的后门、管理的漏洞等为攻击者创造了机会。

攻击者通过多种手段实现自己的非法目的。从攻击的方式区分，可以分为被动攻击和主动攻击两种方式。被动攻击的主要目标是进行信息收集，并从通信流量的特征中寻找有用的有利可图的信息。攻击者通过 sniffer、wiretapping、interception 等工具进行窃听，然后进行流量分析达到自己的目的。主动攻击与被动攻击不同，它包含主动的访问行为，主要方式包括以下七大类。

(1) 阻断(interruption)：切断通信路径或端系统，破坏网络和系统的可用性。

(2) 篡改(modification)：未经授权，修改信息，破坏系统或数据的完整性。

(3) 重放 (replay)：捕获通信路径中的数据单元，在以后的某个时机重传。

(4) 伪造(fabrication)：假冒另一个实体发送信息。

(5) 拒绝服务(denial of service)：通过耗尽目标系统的资源(计算资源、通信资源、存储资源)危害目标系统的正常使用。

(6) 恶意代码(malicious mobile code)：如病毒(Virus)、蠕虫(Worm)、特洛伊木马(Trojan)、恶意脚本等(Java Script、Java Applet、Activex 等)。

(7) 抵赖(repudiation)：包括源发抵赖和交付抵赖。

6.2.2 网络安全目标、安全服务和安全机制

如图 6.1 所示，网络通过各种安全服务实现网络的保密性、完整性、可用性等安全目标。安全服务是安全系统的功能体现；而安全机制则是实现安全服务的保证。一种安全服务可以由多种安全机制实现；同时，一种安全机制也可用于实现多种安全服务。

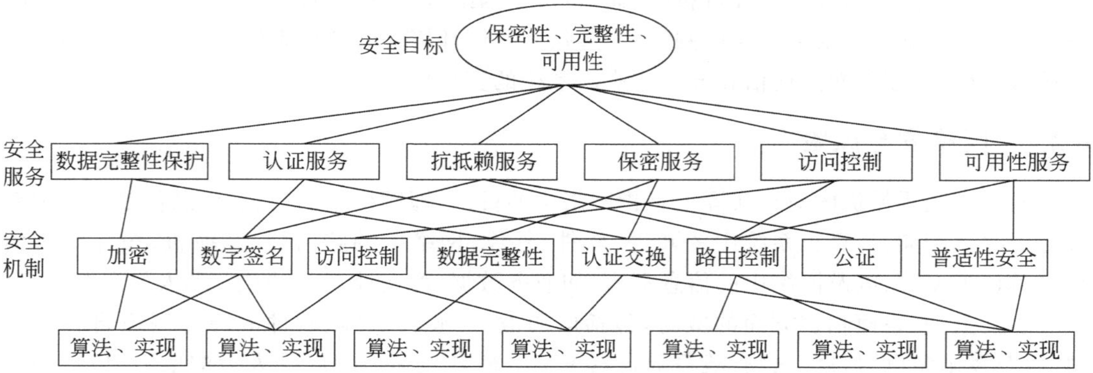

图 6.1　网络安全目标、安全服务和安全机制关系图

1. 网络安全目标

网络安全的本质目的是保护网络信息的保密性、完整性、可用性。具体而言：

(1) 保密性(Confidentiality)：也称为机密性，是指阻止非授权的被动攻击，保护网络中的信息内容(包括业务数据、网络拓扑、流量特征等)不泄露给未授权的实体。

(2) 完整性(Integrity)：主要针对主动攻击而言，指保证信息不被未经授权的篡改，或者能够保证检测出被修改的内容。

(3) 可用性(Availability)：是指防止对计算机系统可用性的攻击(拒绝服务攻击)，保证资源的授权用户能够访问到应得资源或服务，如路由交换设备的分组处理能力、缓冲区、

链路带宽等。

2. 网络安全服务

网络安全服务是指计算机网络提供的安全防护措施。国际标准化组织(ISO)定义了以下几种基本的安全服务：认证服务、保密服务、数据完整性保护、访问控制、可用性服务及抗抵赖服务。

(1) 认证服务：包括对等实体认证和数据源发认证。前者是面向连接的应用，目的是确保参与通信的实体身份的真实性。后者面向无连接的应用，目的是验证收到的信息的确来自它所宣称的来源。

(2) 保密服务：分为连接保密服务与无连接保密服务。保密服务主要进行信息流的保密。保密粒度分为流、消息、选择字段等。

(3) 数据完整性保护：同保密服务类似，分为面向连接和无连接的完整性保护。保护粒度也分为流、消息、选择字段等。数据完整性包括访问控制方式(未授权者无法修改信息)和验证码方式(通过消息验证码实现数据完整性保护，消息被未授权用户修改可以被检查出来)两种实现方式。

(4) 访问控制：指通过不同的授权限制实体的访问权限。访问控制实现的前提是标识与认证。

(5) 可用性服务：指通过资源冗余(备份)防止针对计算机系统可用性的攻击，以及灾难恢复。

(6) 抗抵赖服务：指通过有效的措施和机制(如数字签名)防止用户否认其行为(如已发送的消息)，包括源发抗抵赖和交付抗抵赖。

3. 网络安全机制

网络安全机制是用于实现安全服务的机制。安全机制既可以是具体的、特定的，也可以是通用的。主要的安全机制有：加密机制、数字签名机制、访问控制机制、数据完整性机制、认证交换机制、路由控制机制、公证机制和普适性安全机制。

(1) 加密机制：又称为密码机制，用于支持数据保密性、完整性等安全服务。加密机制的算法可以是可逆的，也可以是不可逆的。

(2) 数字签名机制：包括签名和验证。签名应采用签名者独有的私有信息。验证则应使用公开的信息和规程。

(3) 访问控制机制：根据事先确定的规则检测主体访问客体的合法性及权限。访问控制可以基于多种手段进行，例如集中的授权信息库，主体的能力表，客体的访问控制链表，主体和客体的安全标签或安全级别以及路由、时间、位置等。访问控制的位置可以在源点、中间或目标节点。

(4) 数据完整性机制：包括单个数据单元的完整性以及数据单元序列的完整性。前者主要通过添加标记进行检测，后者主要通过添加序列号和时间戳等进行检测。

(5) 认证交换机制：用交换信息的方式确定身份的技术。交换的内容包括认证信息，如口令、密码技术、被认证实体的特征等。为防止重放攻击，常与时间戳、两次或三次握手、数字签名等机制结合使用。

(6) 路由控制机制：动态地或根据事先预设的方式选择路由，以确保只使用物理安全的子网、中继站或链路。例如，检测到持续的操作攻击时，端系统可指示网络服务提供者经不同的路由建立连接;带有某些安全标记的数据可能被安全策略禁止通过某些子网、中继或链路,此时,连接的发起者(或无连接数据单元的发送者)可以指定路由选择,请求回避这些特定的子网络、链路或中继。

(7) 公证机制:确保在两个或多个实体之间的可靠身份、通信数据的性质(如完整性、源发、时间和目的地等)的机制。公证机制由通信实体都信任的第三方实体-公证机构提供,公证机构须掌握必要的信息,以确保提供所需的公证服务。

(8) 普适性安全机制:包括安全标签(security labels)、事件检测(event detection)、审计跟踪(security audit trail)、安全恢复(security recovery)等。

6.3 密码学基础及其应用

密码学是研究如何隐秘地进行通信的一门学科。密码学被认为是数学和计算机科学的分支,和信息论也密切相关。同时,密码学也是提供认证、访问控制、数据完整性保护等信息安全服务的核心功能。

密码学的目的是采取一定的秘密保护措施或转换方法传送信息,防止未授权的信息窃取。要传递的信息即明文,采用的保护信息的方法称为加密,经过加密得到的消息则称为密文,而把密文还原为明文的过程称为解密。加密和解密过程中实施的保护措施或变换算法则称为加密算法和解密算法,它们实际上是用来进行加密和解密的函数,密码算法中的变量称为密钥。

密码学研究的主要应用包括:

(1) 数据保密,即数据的加密/解密。

(2) 认证技术:包括实体身份认证和数据源发认证。

(3) 信息完整性保护:保证数据在传输过程中没有被插入、篡改、重发。

(4) 数字签名和抗抵赖(Non-repudiation):包括源发抗抵赖和交付抗抵赖。

密码学有很多重要的文献,对于初学者,参考文献[2]提供了很好的学习材料,感兴趣的读者可以进一步阅读。

6.3.1 密码学历史

密码学的历史悠久,其起源可以追溯到几千年前。早期的密码主要用于军事、情报、外交、间谍、战争等领域。最古典的两个加密技巧包括替代和换位。

1. 替代式密码

替代式密码就是将明文中的字符按照一定的规律替换成另一个字符,从而得到密文。Caesar 密码是最经典的一种替代式密码,据传,它是古罗马帝国的凯撒大帝为与远方将领进行通信而发明的。它用字母表中的某个字符取代明文中的特定字符,替代规律(加密算法)就形成了特定的密码本。例如,每个明文字符都使用其右边第三个字符代替,即加密算法为 $c=(m+3) \bmod 26$ 时,得如表 6.1 所示的密码本。

表 6.1 Caesar 密码的密码本

明文	A	B	C	D	E	F	G	H	I	J	K	L	M	N	O	P	Q	R	S	T	U	V	W	X	Y	Z
密文	D	E	F	G	H	I	J	K	L	M	N	O	P	Q	R	S	T	U	V	W	X	Y	Z	A	B	C

根据表 6.1，当明文为 Caesar was a great soldier 时，得到的密文为 Fdhvdu zdv d juhdw vroglhu。显然，这是一种很简单的替代密码，密文字符即明文字符的循环移动，因此仅有 26 种可能性，极易破译。事实上，公元 9 世纪，阿拉伯的密码破译专家 Kindi 提出使用统计字母出现频率的方法破译简单的替代密码[3]。他提出在每种语言中每个字母出现的频率不同，通过统计这些字母出现的频率，再统计密文中各个字母出现的频率，然后对应互换，大致就可以得到想要的明文。

2. 换位密码

换位密码即保持明文的内容不变，通过打乱其顺序得到密文的一种加密方式。在美国南北战争中就使用了一种简单的纵行换位密码：明文以固定的宽度从左往右横向循环排列，随后，按照纵向的循环方式读取排列好的明文即得到密文。如图 6.2 所示，明文 CANYOUUNDERSTAND 以固定的宽度 4 循环排列后得到密文 CODTAUEANURNYNSD。解密的过程只要将密文纵向写出，然后水平读出即可得到明文。

3. 简单异或

异或（XOR）的数学符号为⊕，是一种基于位的操作。异或运算如图 6.3 所示。

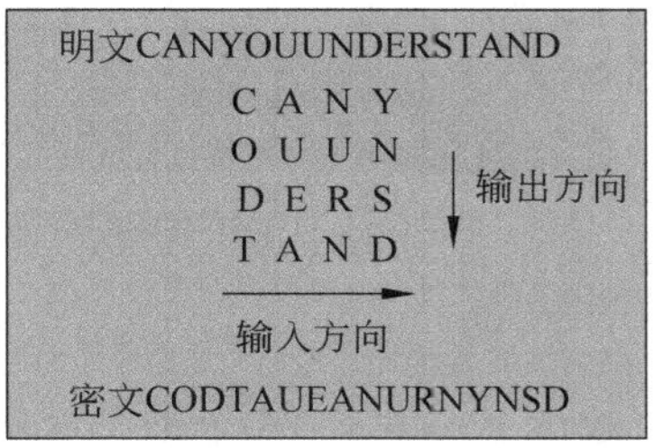

图 6.2 纵行换位密码示意图

$x\oplus 0=x$	$0\oplus 0=0$
$x\oplus x=0$	$1\oplus 1=0$
$x\oplus 1=x^{-1}$	$1\oplus 0=1$
$x\oplus x^{-1}=1$	$0\oplus 1=1$

图 6.3 异或运算

因为异或是对称算法，因此基于异或的加密算法很容易破译。设密文 $C=P\oplus K$，则明文 $P=C\oplus K$。表 6.2 为异或操作加密和解密的一个示例。

表 6.2 异或的加密和解密算法

异或运算（不带进位加法）					
加密	明文 P	0	0	1	1
	密钥 K	0	1	0	1
	密文 C	**0**	**1**	**1**	**0**
解密	密钥 K	0	1	0	1
	明文 P	0	0	1	1

攻击者获得密文后，便可以使用重合码计数法结合移位得到明文，详情请参考文献[2]。

4. 轮转密码

早期的密码都是使用手工编码，也就是铅笔加纸的方式，加密的算法包括简单的替代和换位。手工编码需要加密人员和解密人员通过查表逐个字母进行处理，效率很低，同时，简单的加密方法根本不能抵挡数学分析方法进行解密。实际上，早期的密码通过统计频率分析就可以很容易地破解。鉴于此,人们开始想办法对加密的方法进行改进。1467 年,Alberti 发明了多字符加密法(The Alberti Cipher)[4],并发明了基于轮转概念的自动加密设备,以实现自动加密。

最经典的轮转密码机称为 ENIGMA,由德国人 Arthur Scherbius 于 1919 年发明,并于二次世界大战中为德军带来了巨大的作战利益。下面介绍的 ENIGMA 的主要内容来自文献[5],更详细的资料可以参考文献[6]。

1) ENIGMA 加密原理

图 6.4(a)为 ENIGMA 基本组成部分示意图,它包括键盘、转子和显示器三部分。图 6.4(b)为 ENIGMA 转子的实物图,它们隐藏在 ENIGMA 机器面板的下方,面板的上方包括键盘和显示器。

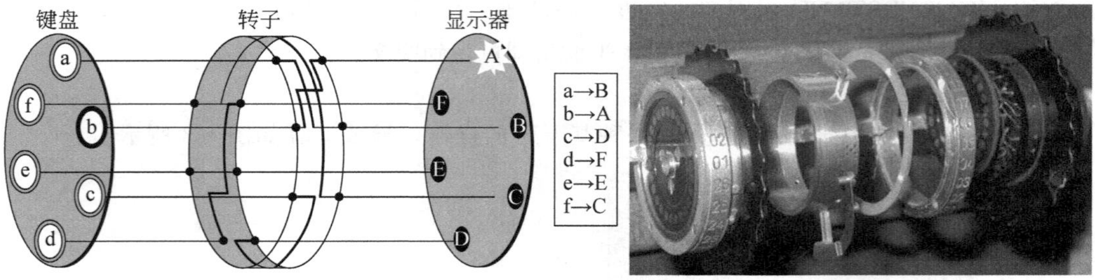

(a) ENIGMA基本组成部分示意图　　(b) ENIGMA转子的实物图

图 6.4　轮转密码机 ENIGMA

ENIGMA 的键盘、转子和显示器由电线相连。键盘上一共有 26 个键。显示器由标示了同样字母的 26 个小灯组成。转子本身也集成了 26 条线路,把键盘的信号对应到显示器不同的小灯上。当键盘上的某个键被按下时,经过转子加密后的密文对应的小灯就会点亮。从图 6.4(a)中可以看到,a 键对应的是 B 灯,即 a 会被加密成 B,同理,f 被加密成 C,b 被加密成 A。如果明文为 bad,则 ABF 灯会依次点亮。这实际上使用的是替代原理。

当然,ENIGMA 的核心并不是使用简单的替代,既然 ENIGMA 中间的部分是由转子构成的,这就意味着它是可转动的。ENIGMA 最重要的设计是当键盘上的一个键被按下,相应的密文显示在显示器上后,转子的方向会自动转动一个位置。因此,同一个明文字母在不同的位置会对应不同的密文。也就是说,密文中的同一个字母并不代表同一个明文字母,因此,频率分析的破译方法在此并不适用。图 6.5 显示了连续键入三个字母 b 的情况:第一次字母 b 对应的密码为 A;之后,转子转动一格,明文和密文的对应关系发生改变,因此,第二次键入字母 b 时,对应的密文变为 C;然后,第三次字母 b 对应的密文变为 E,即 bbb 对应的密文为 ACE。这种较替代密码更为复杂的加密方式被称为"复式替代密码"。

由于转子总共为 26 个字母,因此当连续键入 26 个字母后,ENIGMA 的转子就会转一圈,回到初始的位置,这样后续的编码又开始重复,这种规律引入了被破译的危险。因此,Scherbius 在第一个转子的后面又加上了一个转子。一旦第一个转子转完一圈,它上面的齿轮就会拨动第二个转子转一个字母位置,如图 6.6 所示。

如图 6.6(a)所示,当字母 b 键被按下时,显示器上 D 灯亮;第一个转子转一个字母位置,假设此时第一个转子刚好转完一圈,第二个转子随即转动一个字母位置,因此,此时再按

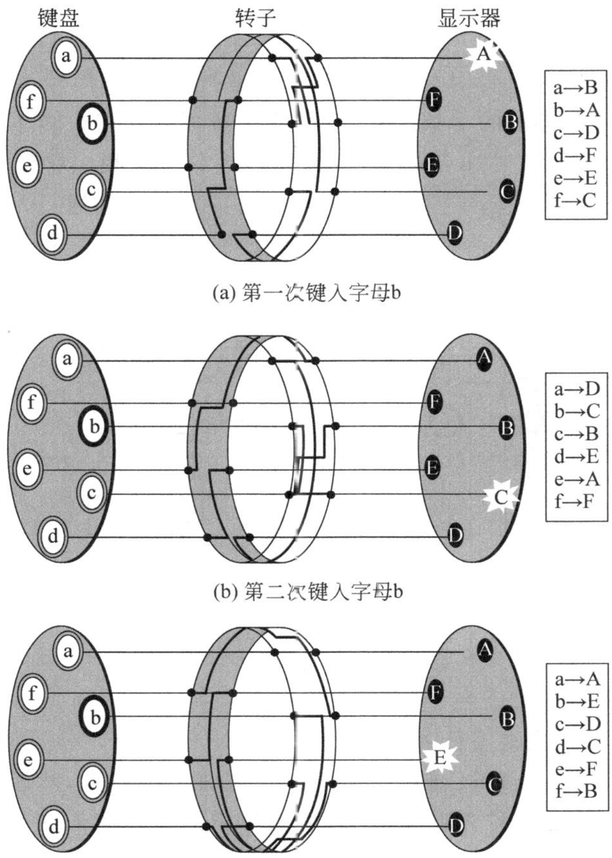

(a) 第一次键入字母b

(b) 第二次键入字母b

(c) 第三次键入字母b

图 6.5　连续键入三次字母 b 时，ENIGMA 的变化情况

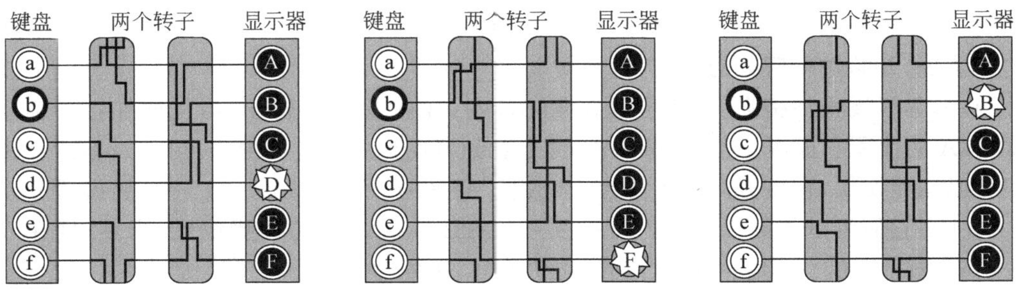

(a) 按b键，显示器D灯亮　(b) 再次按b键，得到密文F　(c) 第3次按b键，得到密文B

图 6.6　使用两个转子的 ENIGMA 输入字母 bbb 的示意图

下 b 键（见图 6.6(b)），得到的密文为 F；然后，第二个转子不转，第一个转子转动一个字母位置，于是图 6.6(c)中第三次键入字母 b 时，得到的密文为 B。

事实上，ENIGMA 是由三个转子组成的，除此以外，Scherbius 还十分巧妙地把键盘和显示器中的相同字母由电线连在一起，同时，在三个转子的一端加上了一个反射器，如图 6.7 所示。反射器和转子一样，把某一个字母连在另一个字母上，但是它并不转动，因此也不增加可以使用的编码数目，它主要用于解码。当一个键被按下时，信号不是直接从键盘传到显示器，而是通过三个转子连成的一条线路，经过反射器再回到三个转子，然后通过另一条线路到达显示器。例如，图 6.7 中 b 键被按下时，亮的是 D 灯。我们看到如果这时按的不是 b 键，而是 d 键，那么信号恰好按照上面 b 键被按下时的相反方向通行，最后到达 B 灯。换句话说，在这种设计下，反射器虽然没有像转子那样增加可能的不重复的方向，但是它可以使译码的过程和编码的过程完全一样。

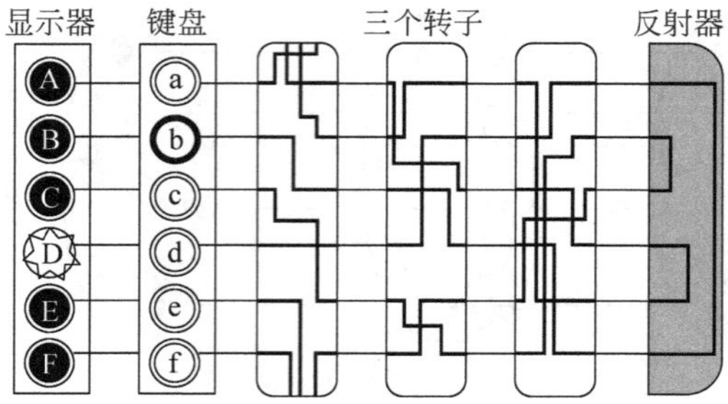

图 6.7　三个转子的 ENIGMA 示意图

ENIGMA 的工作过程如下：

(1) 发信人从密码本取得当日的密钥。

(2) 根据密钥，调节好连接板、转子的顺序和转子的初始位置，然后选择一个新的密钥。新密钥根据以下操作发送到对方：例如，新密钥为 PGH，发信人在键盘上连续输入两次 PGH(防止错误)，得到密文 KIVBJE，然后把 KIVBJE 放到密文的最前面。

(3) 调整三个转子的方向到初始位置 PGH。

(4) 对明文实施加密。

当收信方收到密文后，使用一台设计相同的 ENIGMA，根据预先约定的密钥把 ENIGMA 调整好，然后输入 KIVBJE，得到本次的新密钥 PGH 后再将转子转动到 PGH 这个初始位置，开始进行后续的解密，得到明文。

当然，为了增强加密强度，还可以在 ENIGMA 上加更多的转子，但是增加转子会增加 ENIGMA 的体积和成本。于是，Scherbius 又想到可以把三个转子做成可拆卸的，这样每个转子可以互相交换，初始方向的可能性就变成了原来的六倍。假设三个转子的编号分别为 1、2、3，那么它们可以依据 123-132-213-231-312-321 六种不同的位置放置，当然，现在收发消息的双方除了要预先约定转子自身的初始方向，还要约定三个转子的排列顺序。

Scherbius 还在键盘和第一个转子之间增加了一个连接板。这块连接板允许使用者用一根连线把某个字母和另一个字母连接起来，这样这个字母的信号在进入转子之前就会转变为另一个字母的信号。早期最多可以有六根这种连线，后期的 ENIGMA 具有更多的连线，这样就可以使 6 对字母的信号互换，其他没有插上连线的字母保持不变。由此，连接板上两两交换 6 对字母的可能性为 $C(26,6)*C(20,6)*6!/64=100391791500$。于是，转子自身的初始方向，转子之间的相互位置，以及连接板连线的状况就组成了所有可能的密匙，共有 $17576\times 6\times 100391791500$，约为一亿亿种可能性，这使得暴力破译无能为力。

自 1925 年,ENIGMA 开始正式生产,并于次年开始在德军中使用。在接下来的十年中,德军大约装备了三万台 ENIGMA。ENIGMA 使德军具有了最可靠的加密系统。它在第二次世界大战中为德军通信的保密性起到了决定性的作用。当然,德国人对 ENIGMA 的绝对信任最终也导致了严重的后果。

2) ENIGMA 解密原理

一战期间,英国情报机关严密监控了德军的通信并保持了很高的破译率,但从 1926 年 ENIGMA 投入德军使用后,英国的破译遇到了很大的困难,美国和法国对此也一筹莫展。直到 1929 年,波兰密码局招聘的数学家 Marian Rejewski 在 ENIGMA 的破译工作方面取得了突破性进展。

Rejewski 认为找到重复的规律是破译密码的关键,而事实上,ENIGMA 密码中,最具重复规律的就是每条电文开始的六个字母——新密钥。在每天拦截的军国电报中,可以收到很多由新密钥加密形成的密文。如图 6.8 所示,收到的四个电报中,每个电报的前六个字母都是由同一个密钥形成的有规律的电文。

```
        123456
第一封电报: LOKRGM
第一封电报: MVTXZE
第三封电报: JKTMPE
第四封电报: DVYPZX
```

图 6.8　ENIGMA 每封电报的新密钥

根据 ENIGMA 的密码生成原理,对于每封电报来说,它的第一个字母和第四个字母都是由同一个字母加密而来,同样,第二和第五个字母以及第三和第六个字母也是分别由同一个字母加密而来。只不过由于期间转子向前转动了三个字母的位置,因此第二次加密同一个字母得到的结果和第一次的不一样。Rejewski 正是根据这一线索进行初始位置判断的。也就是说,可以通过电文得到初始情况下的字母对应关系,如图 6.8 中的 L 和 R、M 和 X、J 和 M、D 和 P。

因此,如果 Rejewski 每天可以得到充分多的电报,他就可以把新密钥和其对应的密码关系表补充完整,如图 6.9 所示。单凭图 6.9 的对应表格,还不能得到某天的通用密钥,即连接板、转子的顺序以及转子的初始位置。但是,我们知道这个表格来源于通用密钥,如果密钥不同,表格也就不同。为了从这个对应表中推断出通用密钥,Rejewski 对表格进行了仔细观察。请看表格的第三行和第四行,从字母 A 出发,它被对应成 F;而 F 在表中又被对应成 W,W 又被对应成 A,又回到了最先开始的字母,于是就有了一个循环的字母圈 A→F→W→A。考虑所有的字母,Rejewski 得到了关于此对应表的所有的循环圈(见图 6.9)。

```
第一个字母: ABCDEFGHIJKLMNOPQRSTUVWXYZ
第四个字母:    P        M    RX
第一个字母: ABCDEFGHIJKLMNOPQRSTUVWXYZ
第四个字母: FQHPLWOGBMVRXUYCZITNJEASDK

A→F→W→A  3个字母的循环圈
B→Q→Z→K→V→E→L→R→I→B  9个字母的循环圈
C→H→G→O→Y→D→P→C  7个字母的循环圈
J→M→X→S→T→N→U→J  7个字母的循环圈
```

图 6.9　ENIGMA 分组对应关系及循环圈

随后，经过多次试验，Rejewski 发现：虽然这些循环圈是由当日密钥(连接板、转子的顺序以及转子的初始位置)产生的，但是循环圈的个数和每个循环圈的长度却是由转子的位置和它们的初始方向决定的，和连接板上字母交换的情况无关。由此得到 ENIGMA 解密的一个重大突破：在破译过程中分离转子的状态和连接板的状态，状态空间缩小为 105456。虽然这还是一个很大的数字，但是这使得把所有的可能性都试验一遍成为可能。

除了 Rejewski 以外，另外两位科学家对 ENIGMA 的破译也做出了重大贡献。他们是 Rejewski 的同事，数学家 Jerzy Rozycki 和 Henryk Zygalski。值得一提的是，最终取得对 ENIGMA 破译胜利的是英国数学家，计算机之父 Alan Mathison Turing。他凭借天才的设想，设计出一台 ENIGMA 破译机(被称为 Turing Bombe)。这台机器主要由继电器和电子管构成，由光电阅读器直接读入密码，每秒可读字符 2000 个。正是在它的帮助下，盟军才取得了二战的胜利。Turing 在密码破译方面做出的重大贡献和其作为计算机之父的贡献同样名垂青史。2000 年 7 月 17 日，波兰政府向 Rejewski、Rozycki 和 Zygalski 追授了波兰最高勋章。

这里还要说明一点，最终 ENIGMA 被破译并不是其加密机制出了问题，实际上，如果使用得当，哪怕是现在的超级计算机，也很难实时破解 ENIGMA 的加密分组。ENIGMA 的问题本质上是使用过程中出现了漏洞，包括机器操作程序、分组处理程序、无线电发送程序等方面，最终被对方利用，进而导致被破解。

6.3.2 密码学基本概念

前面介绍过，密码学中的主体包括明文、密文、密钥、加密算法和解密算法。图 6.10 简单介绍了密码学的基本模型：发送方将明文(plaintext，可以是文本文件、位图、位序列等)通过加密器加密后得到密文(ciphertext)，然后到达接收方后通过解密器进行解密还原。

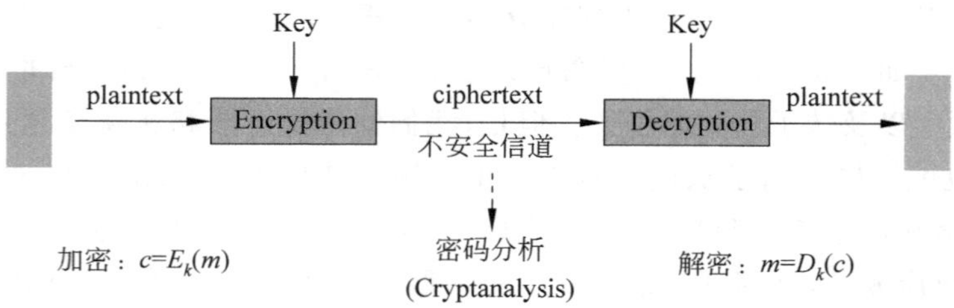

图 6.10　密码学基本模型

假设明文用 m 表示，密文用 c 表示，加密算法用 E 表示，解密算法用 D 表示，则可以得到：$c=E(m)$，$m=D(c)$，即有 $D(E(m))=m$。

当然，在加密和解密过程中，密钥会发生改变，因此又得到：

$c=E_{K_e}(m)$，$m=D_{K_d}(c)$，即 $D_{K_d}(E_{K_e}(m))=m$

其中，K_e，K_d 分别为加密密钥和解密密钥。

由密码学的基本模型可以引申出密码学的两个科学体系：密码编码学和密码分析学。通过信息编码使信息保密的技术和科学称为密码编码学；反之，采用一定的分析方法解密信息的科学称为密码分析学。

1. 密码编码

在密码编码中,按照密码应用年代可分为古典密码和现代密码。按照密钥使用的数量不同,编码体系分为对称密码(单钥密码)和非对称密码(公钥密码)两种。对称密码是一种传统的编码方式,它采用的加密密钥和解密密钥相同或彼此之间很容易确定。而非对称密码中使用的加密密钥和解密密钥不同。按照明文加密的方式,编码体制还可以分为流密码和分组密码两种。下面对古典密码和现代密码、对称密码和非对称密码进行简单介绍。

1) 古典密码

古典密码主要使用替代密码和换位密码以及两种密码的组合进行编码。但是,古典密码算法本身存在一定的缺陷,它不适合大规模使用,也不适合人数较多或人员变动较大的组织。由于用户无法了解算法的安全性,因此古典密码是一种受限密码。

2) 现代密码

现代密码将密码算法和密钥分开,它公开密码算法,通过对密钥的保护实现密码系统的安全性,如图 6.11 所示。

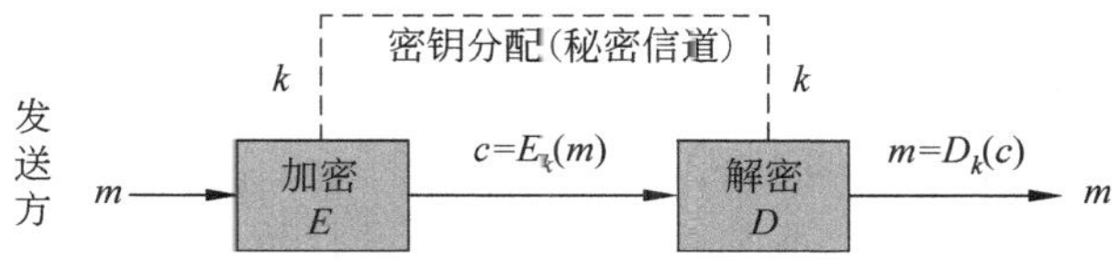

图 6.11　现代密码学模型

3) 对称密码算法

对称密钥密码算法,又称为传统密码算法或秘密密钥密码算法。对称密码算法中,对等通信实体共享一个秘密密钥(Secret Key)K,同时用于加密和解密数据。实体 A 向实体 B 发送信息 m 的过程可以表示为

$$A: c=E_K(m)\xrightarrow{c}B: m=D_K(c)=D_K(E_K(m))$$

由于速度快、易于硬件实现等特点,对称密钥密码技术目前使用较为广泛,最为普遍的是 DES[7] 及其各种变种(如 3DES),其他还有 IDEA[8]、Blowfish[9]、CAST、RC2、RC4、RC5、以及 AES 等。然而,由于密钥空间随通信实体平方量级(两两用户分别适用一个密钥,则 n 个用户彼此通信需要 $n(n-1)/2$ 个密钥)的急剧增长,以及密钥分发信道的安全性需求,在开放式、大规模应用环境中,密钥管理问题变得非常困难,一般要结合公开密钥技术解决。

4) 非对称密码算法

非对称密码算法,又称公开密钥密码算法。在非对称密码算法中,一个实体拥有两个数学上相关的密钥,即加密和解密使用不同的密钥:公开密钥 K_p 和私有密钥 K_s。公开密钥对外公开,用于数据加密和数字签名的验证;私有密钥严格保密,用于数据解密和数字签名。

如图 6.12 所示,通信实体 A 具有一对密钥(K_A, K_A^{-1}),其中 K_A 为对外公开的公钥,K_A^{-1} 为对外保密的私钥,通信实体 B 同样具有一对密钥(K_B,K_B^{-1})。假设 A 向 B 发送信息 m,其加密和解密过程如下:

加密:$A\rightarrow B$:$C=E_{K_B}(m)$;解密:$B\rightarrow A$:$m=D_{K_B^{-1}}(C)$

由于公钥密码体制的效率较低,常用来加密少量数据,如会话密钥。公钥密码体制还可用来验证数据的真实性与完整性,因此大量用于数据签名中,如 RSA[10]。数字签名的操作过程如下:

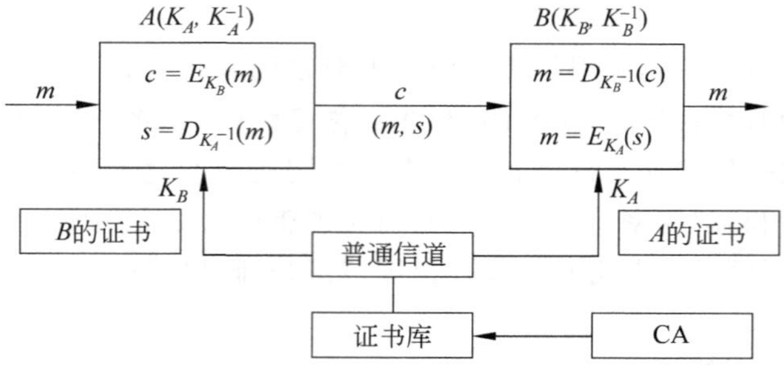

图 6.12 公钥密码体制

签名(A): $s=D_{KA^{-1}}(m)$;验证(B): $E_{KA}(s)=m$

在众多公钥密码算法中,RSA 是目前使用最为普遍的一种,它可以同时用于数字签名的产生与验证,其安全性的保证来源于大素数分解的困难性。DSA 算法是 NIST(美国国家标准与技术研究院)采纳的数据签名标准[11],DSA 的安全性基于有限域中的离散对数问题,只用于数字签名。椭圆曲线密码系统[12]的安全性基于椭圆曲线的离散对数问题,它可以用较短长度为 160 位的密钥得到与 RSA 1024 位密钥大致相同强度的安全性,特别适用于存储器、带宽和计算能力有限的应用。

非对称密码算法中,密钥分配不必通过保密信道进行传递。密钥的个数与通信方的数量 n 相同。它可以用来完成签名和抗抵赖,但非对称密码加密速度慢,不便于硬件实现和大规模使用。

2. 密码分析

密码分析是在未知密钥的前提下,从密文恢复出明文,或者推导出密钥,对密码进行分析的过程。根据已知信息量的多少,可以将密码分析方法分为 5 类。

(1) 唯密文攻击(Ciphertext Only):分析者已知一些经过同一加密算法产生的消息密文。分析者的任务是尽可能恢复足够多的明文,或者能推算出加密消息的密钥。

(2) 已知明文攻击(Known Plaintext):分析者已知部分明文及其对应的密文。分析者的任务是推出用来加密的密钥或可以对用同一密钥加密的新消息进行加密的算法。

(3) 选择明文攻击(Chosen Plaintext):分析者不仅已知部分明文及其对应的密文,而且他们可以选择被加密的明文。这比已知明文攻击更有效,因为密码分析者能选择特定的明文块加密,可能获得更多关于密钥的消息。分析者的任务是推出用来加密的密钥或导出一个可以对用同一密钥加密的新消息进行加密的算法。

(4) 选择密文攻击(Chosen Ciphertext):密码分析者能选择不同的被加密的密文,并可以得到对应的解密的明文,密码分析者的任务是推出密钥。该类攻击主要针对公钥算法。

(5) 选择密钥攻击(Chosen Key):并不表示密码分析者能够选择密钥,只表示密码分析者具有不同密钥之间关系的有关知识。

Parker Hitt 在文献[13]的开场白中指出密码分析成功的关键是:毅力、审慎的分析方法、直觉、运气。

6.3.3 对称密钥算法

对称密钥密码体制也称秘密密钥密码体制或传统密码体制,对等通信实体共享一个秘密密钥(Secret Key)K,同时用于加密和解密数据,即 $E_K=D_K$。密钥的安全性代表了加密的安全性,因此密钥必须使用秘密的信道进行分配(见图 6.11)。

由于速度快、易于硬件实现等特点,对称密钥密码技术目前使用较为广泛,这里将介绍使用最为普遍的 DES (Data Encryption Standard)算法以及 IDEA (International Data Encryption Algorithm)算法。

1. DES 算法原理

由 IBM 公司研制的对称密码算法 DES(数据加密标准)[7]是目前为止使用最广泛的加密算法。它于 1977 年被正式批准为美国联邦信息处理标准,直到 1998 年 12 月才被 AES 取代。DES 对国际保密通信的发展和应用起到了重要的作用。

DES 是一种分组加密算法,以 64 位为一个分组对数据进行加密。DES 作为一种对称密码算法,采用相同的加密算法和解密算法,其密钥长度是 56 位(加上奇偶校验,通常写成 64 位,每个字节的第 8 位是奇偶校验位)。

1) DES 算法的工作过程

DES 算法使用标准的算术和逻辑运算,其加密过程如图 6.13 所示。首先,DES 将明文分成以 64 位为单位的块 m,对于每个 m,执行如下操作:

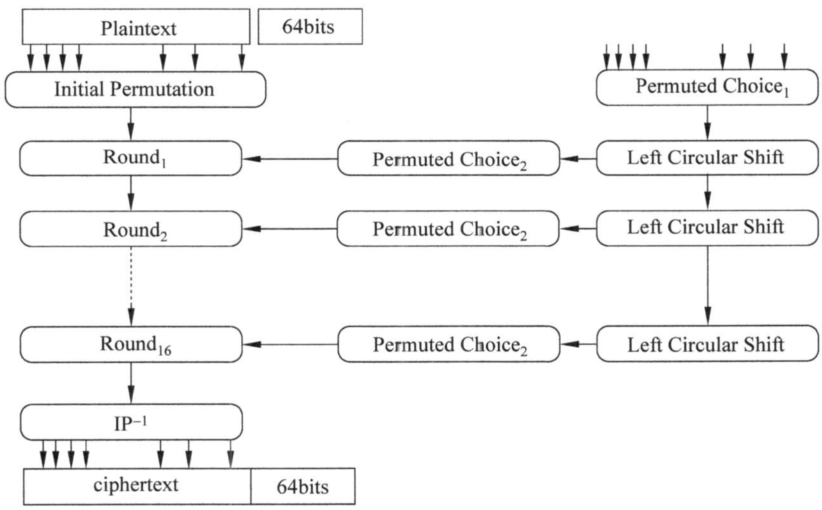

图 6.13 DES 算法概要

(1) 执行初始置换 IP(Initial Permutaticn):64 位明文 m 经过初始置换,得到一个乱序的 64 位明文分组。

(2) 将得到的乱序的 64 位明文分成左、右等长的 32 位,分别记为 L_0 和 R_0;然后进行 16 轮完全类似的迭代运算,得到左右长度相等的 L_{16} 和 R_{16}。

(3) 交换 L_{16} 和 R_{16} 后得到 64 位数据,然后进行末置换 IP^{-1},得到密文数据组。

以上过程记为:$\mathrm{DES}(m)=\mathrm{IP}^{-1}\cdot T_{16}\cdot T_{15}\cdot\cdots\cdot T_2\cdot T_1\cdot \mathrm{IP}(m)$。

初始置换和末置换的目的是将 64 位的数据按照一定的规则重新排列。初始置换和末置换分别对应一个置换表,表中自左向右、自上而下的 64 个位置对应 64 个数,该数字表示放置 64 位分组的哪一位。初始置换和末置换对 DES 的安全性没有影响,只是便于硬件实现。因此，在许多软件实现的 DES 算法中并不进行初始置换和末置换。

2）DES 迭代过程

DES 算法的核心是 16 轮迭代运算。如图 6.14 所示，每一次迭代中，DES 将输入的 64 位分组分成左右两部分 L_{i-1} 和 R_{i-1}，然后使用轮函数 f（E 盒置换、与密钥 K_i 的异或、S 盒代替以及 P 盒置换共同实现了 f 函数，其中，K_i 是由密钥 K 生成的子密钥）对 R_{i-1} 进行变换，再将得到的结果（32 位数据）与 L_{i-1} 进行逐位异或，所得的数据作为本轮输出的 64 位数据的右半部分 R_i。L_i 为上一轮的右半部分，即 $L_i=R_{i-1}$。

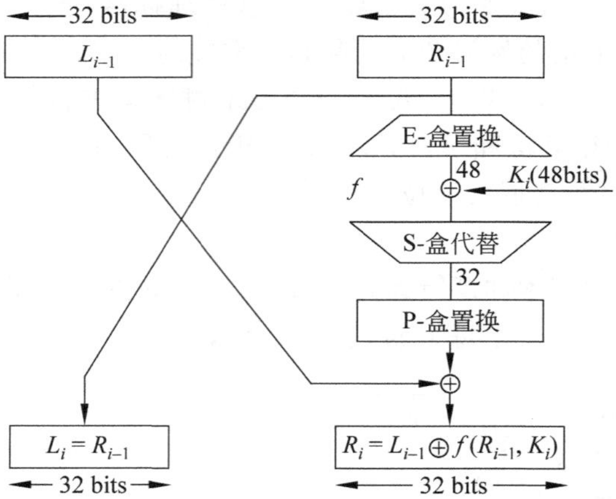

图 6.14　DES 迭代过程

E 盒置换又称为扩展置换，其目的是将 R_i 从 32 位扩展到 48 位，便于和密钥 K_i 进行操作。其操作规则如图 6.15 所示，其中输入的第 32 位作为输出的第一位，输入的第 1 位作为输出的第 48 位。

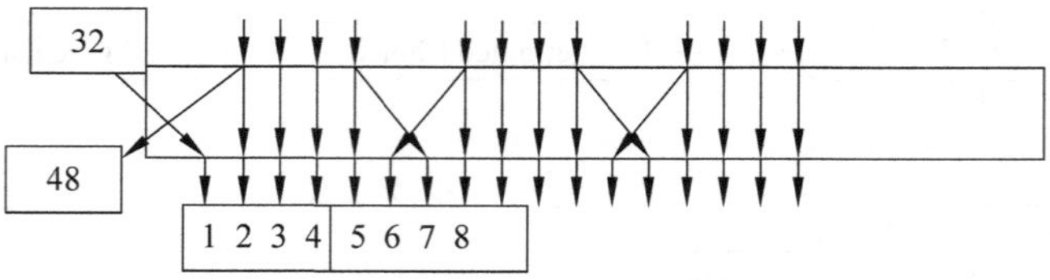

图 6.15　E 盒置换过程

S 盒代替是 DES 算法的关键部分，它由 8 个盒子组成，每个盒子将 6 位输入（设为 $b_1b_2b_3b_4b_5b_6$）缩减置换为 4 位输出，过程如图 6.16 所示：将 6 位输入的第一位和最后一位组成一个 0～3 的二进制数，将 6 位输入的中间 4 个数组成一个 0～15 的二进制数，由此两个二进制数组成代表 4×16 矩阵的一对行号和列号值，即 $S(b_1b_6, b_2b_3b_4b_5)$。通过这个值就可以在 S 盒的置换表矩阵中找到对应的一个位置，由此得到一个数，将其表示为一个四位的二进制，完成 6 位到 4 位的置换。经过 8 个盒子的置换，最终将 48 位的输入缩减置换为 32 位的输出。S 盒是 DES 安全性的关键，因为它是非线性的，较难分析。

P 盒置换对 S 盒输出的 32 位数据实现简单的置换。P 盒置换按照表 6.3 的方式改变输入数据的顺序，输出的结果仍然是 32 位。P 盒置换的结果和每轮迭代最初输入的 64 位分

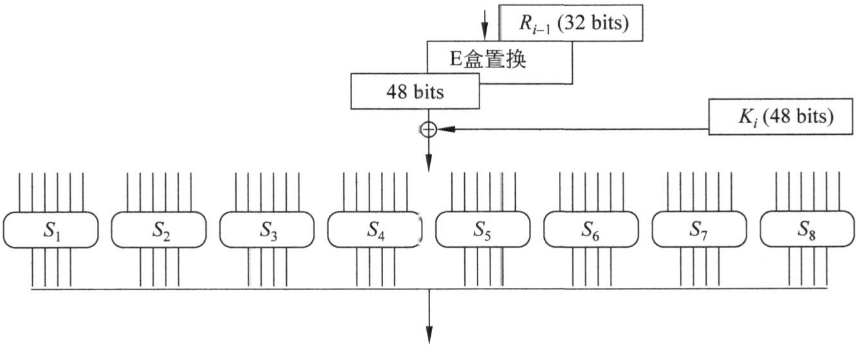

图 6.16　S 盒代替

组的左半部分异或，接着左、右两半部分交换，开始新一轮的迭代。

表 6.3　P 盒置换表

原位置	1	2	3	4	5	6	7	8	9	10	…	30	31	32
变换后位置	16	7	20	21	29	12	28	17	1	15	…	11	4	25

子密钥 K_i 的产生通过循环左移和两个缩减变换 PC-1 和 PC-2 实现，如图 6.17 所示。PC-1 将输入的 64 位密钥去除奇偶校验位，即第 8、16、24、…、64 位后，缩减变化为 56 位，然后根据置换表将其顺序打乱，得到一个 56 位的密钥。这 56 位的密钥随后被分成左右两部分，各 28 位，这里分别记作 C_0 和 D_0。然后 C_0 和 D_0 分别循环左移 16 次，第 1、2、9、16 次左移 1 位，其他 12 次左移 2 位。每一轮左移后得到的两个 28 位密钥将作为 PC-2 的输入进行压缩（56 位中选择 48 位）得到一个 48 位的子密钥。经过 16 次左移、压缩，就可以得到 DES 算法 16 轮迭代需要的 16 个子密钥。

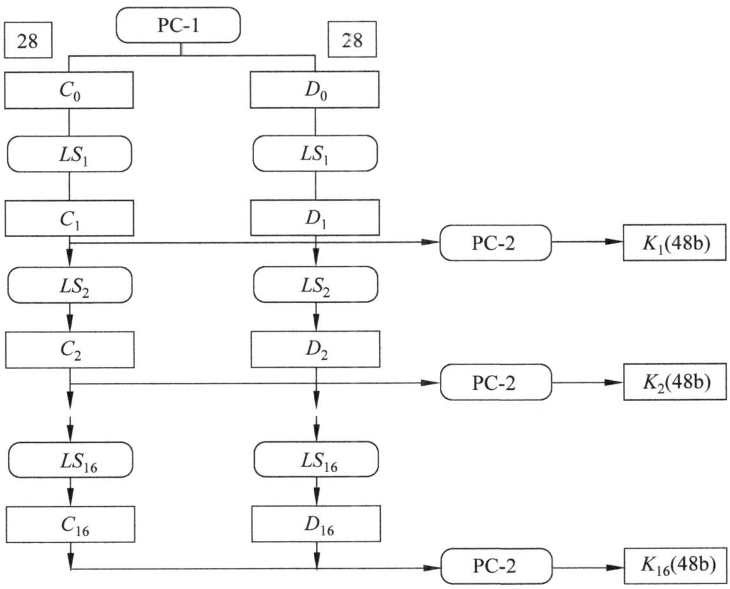

图 6.17　子密钥的产生

3）DES 的解密过程

DES 的解密过程与加密过程完全相似，只不过将 16 次迭代的子密钥顺序倒过来，并且子密钥的产生通过循环右移实现，即 $m=\mathrm{DES}^{-1}(c)=\mathrm{IP}^{-1}\cdot T_1\cdot T_2\cdot\cdots\cdot T_{15}\cdot T_{16}\cdot \mathrm{IP}(c)$

可以证明，$\mathrm{DES}^{-1}(\mathrm{DES}(m))=m$。

DES 的解密过程并不复杂，但是需要巨大的时间开销。这就从应用上保证了 DES 算法的安全性：虽然 56 位密钥长度 20 小时即可破译，但 128 位密钥长度需要 5.4×10^{18} 年破译，168 位密钥长度需要 5.9×10^{30} 年才能破译（见图 6.18）。注意，这个时间随着 CPU 性能的不断提升会越来越短。

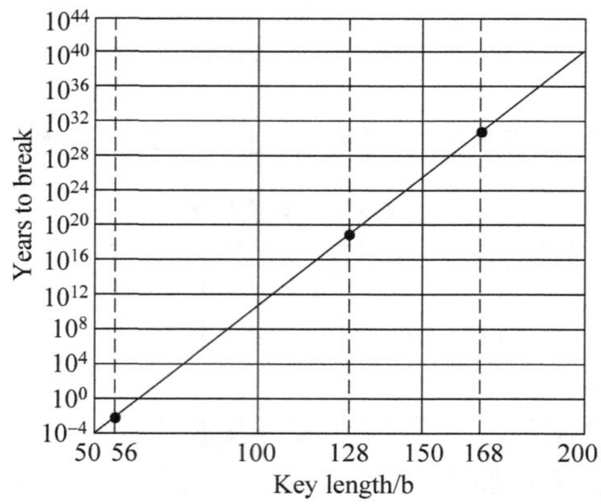

图 6.18　不同密钥长度下 DES 算法破译的用时

4）DES 的算法模式

DES 的算法模式有四种：

（1）电子密码本（Electronic CoodBook，ECB）模式：一个明文分组被加密成一个密文分组，相同的明文总是得到相同的密文。电子密码本模式的安全性能不高。

（2）密码分组链（Cipher Block Chaining，CBC）模式：引入反馈机制，前一个分组的加密结果被反馈到当前分组的加密中。每个密文分组不仅依赖于产生它的明文分组，而且依赖于所有前面的明文分组。有时需要引入初始向量（IV），使相同的明文加密后得到不同的密文。

（3）密文反馈（Cipher FeedBack，CFB）模式：类似于 CBC 模式，不过可以对比 CBC 的分组小得多的单位进行操作，如一次加密一个 ASCII 码。可以把 CFB 理解成 DES 在序列密码中的应用。

（4）输出反馈（Output FeedBack，OFB）模式：类似于密文反馈模式。

2. IDEA 简介

IDEA（International Data Encryption Algorithm）是由中国学者来学嘉（Xuejia Lai）博士和著名的密码专家 James Massey 提出的一种基于分组加密的对称密码算法[8]，加密的分组长度为 64 位，密钥长度为 128 位。IDEA 的设计原则是使用来自**不同代数群**中的混合运算。它的软件实现比 DES 快 2 倍。参考文献[2]中对 IDEA 给予了如下评价：“依我看来，该算法是目前公开的最好和最安全的分组密码算法”。

IDEA 的加密算法和解密算法相同，IDEA 使用的代数群包括异或、模 2^{16} 加、模 $2^{16}+1$

乘(可以看成 IDEA 的 S 盒)都很容易使用硬件或软件实现。据分析,IDEA 的弱密钥有 2^{51} 个,比 DEA 的弱密钥多很多。但是,IDEA 的密钥长度为 128 位,使用二进制表示有 2^{128} 种可能,除了弱密钥,还有 2^{77} 个密钥可供选择。文献[14]指出赢得彩票头等奖并且在同一天被闪电杀死的可能性为 $1/2^{55}$,那么,可以想象从 2^{77} 个密钥中破译出 IDEA 使用的那一个是多么困难,因此,IDEA 被认为是极为安全的。

3. 其他对称密码算法

除 DES 和 IDEA 以外,还有一些典型的对称密码算法,我们将其综合总结到表 6.4 中。

表 6.4 典型对称密码算法的比较

算　法	密钥长度/b	迭代次数	数学操作	应　用
DES	56	16	XOR,S-Box	Kerberos,SET
3DES	112 或 168	48	XOR,S-Box	PGP,S/MIME
IDEA	128	8	XOR,+,×	PGP
BlowFish	最大 448	16	XOR,S-Box,+	
RC5	最大 2048	<255	+,-,XOR	
CAST-128	40~128	16	+,-,S-Box	PGP

6.3.4 非对称密码算法

对称密钥密码系统使用相同的密钥进行加密和解密,密钥的安全代表了系统的安全性,因此,对称密码算法中的密钥必须经过安全的信道进行分配,而且无法用于数字签名,密钥管理也很复杂。1976 年,Whitfield Diffie 和 Martin Hellman 提出公开密钥密码学的概念[15],也称为非对称密钥密码。公开密钥密码使用两个密钥分别用于加密和解密,这一思想对密钥分配、数字签名、认证等有深远影响。公开密钥密码基于数学函数,而不是替代和换位的算法,实现了密码学历史上的一次真正的革命。Diffie 和 Hellman 也因此获得 2015 年 ACM 图灵奖。

公钥密码系统中,每个通信实体拥有一对密钥,包括公钥和私钥,其中公钥是公开的,用于加密和验证签名,私钥是保密的,用作解密和签名。如图 6.19 所示,A 向 B 发送消息时,A 用 B 的公钥对要传输的消息进行加密,B 收到密文后,用自己的私钥进行解密。任何人向 B 发送信息都可以使用同一个密钥(B 的公钥)加密,但是没有其他人可以得到 B 的私钥,所以只有 B 可以解密,由此保证了消息传输的安全性。

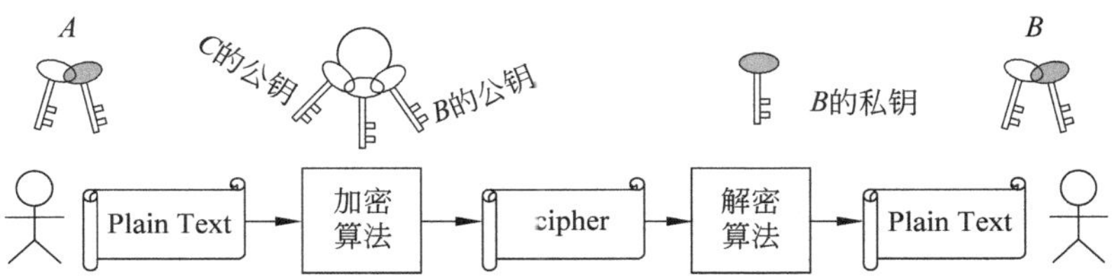

图 6.19 公钥密码系统的加解密原理

公钥密码系统还可以对发送方的消息进行签名。如图 6.20 所示，A 向 B 发送消息时，使用自己的私钥对消息进行加密（签名），B 收到密文后，使用 A 的公钥进行解密（验证）。图 6.21 是公钥密码系统同时使用数字签名和加密策略的情况。

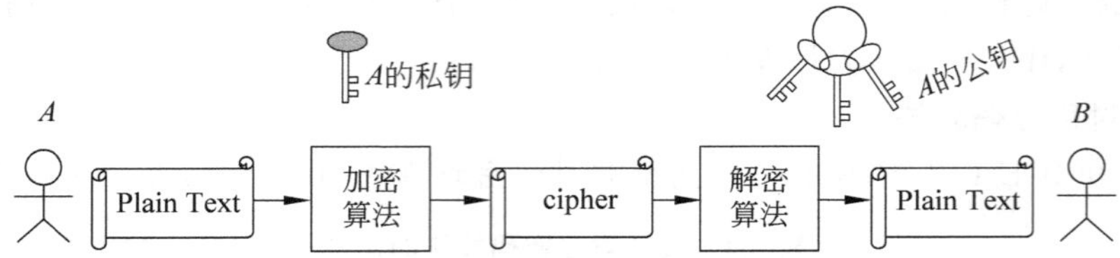

图 6.20　公钥密码系统的签名原理

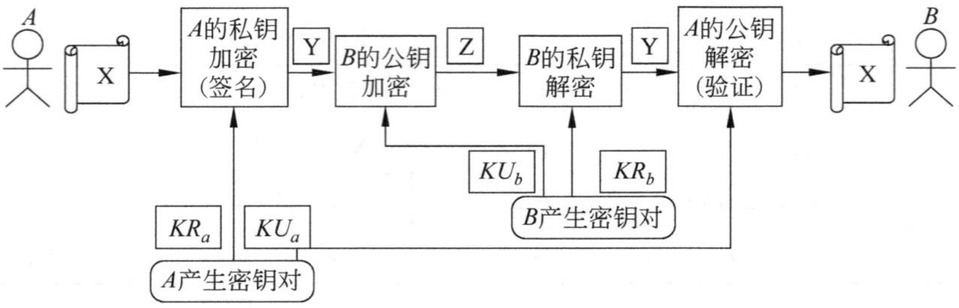

图 6.21　数字签名和加密同时使用的公钥密码系统

对称密钥密码系统中使用同一个密钥进行加密和解密。假设密钥为 K_s，那么对明文 P 的加密函数可以表示为 $C=E_{K_s}(P)$，解密函数则表示为 $D_{K_s}(C)$。而公开密钥系统使用不同的密钥进行加密和解密。假设通信方 A 的一对密钥为 (KU_a, KR_a)，B 的一对密钥为 (KU_b, KR_b)，当 A 向 B 发送消息 P 时，加密的函数为 $C= E_{KU_b}(P)$，签名的函数为 $E_{KR_a}(P)$，解密的函数为 $P= D_{KR_b}(C)$，验证的函数为 $D_{KU_a}(C)$。当需要对明文消息 P 同时使用加密和签名策略时，函数为 $Y=E_{KR_a}(X)$，$Z=E_{KU_b}(Y)= E_{KU_b}(E_{KR_a}(X))$，解密函数为 $Y=D_{KR_b}(Z)$，$X=D_{KU_a}(Y)= D_{KU_a}(D_{KR_b}(Z))$。为了保证系统的安全性，对公开密钥密码算法密钥的产生有如下要求：

（1）参与方 B 能容易地产生密钥对 (KU_b, KR_b)。

（2）已知 KU_b，A 的加密操作是容易的，即 $C=E_{KU_b}(P)$。

（3）已知 KR_b，B 的解密操作是容易的，即 $P=D_{KR_b}(C)=D_{KR_b}(E_{KU_b}(P))$。

（4）已知 KU_b，求 KR_b 是计算上不可行的。

（5）已知 KU_b 和 C，欲恢复 P 是计算上不可行的。

公钥密码系统主要有加密/解密、数字签名和密钥交换三种用途。数字签名即发送方使用自己的私钥签署分组，接收方用对方的公钥验证对方的签名。密钥交换即双方协商会话使用的密钥。主要的公钥密码算法包括 RSA、Diffie-Hellman 和 DSA，其用途见表 6.5。

公钥密码算法的出现给人们带来一些误解。有人认为公钥密码算法使用一对密钥对明文进行加密和解密，因此公开密钥算法比对称密钥密码算法更安全。但事实上，任何一种算法的安全性都依赖于其密钥长度、破译密码的工作量，从抗分析角度而言，没有一种算法更优越。因此认为公开密钥算法使对称密钥成为过时的技术也是不正确的，公开密钥很慢，只能用在密钥管理和数字签名中，对称密钥密码算法仍然将长期存在。还有人认为使用公开密钥加密，密钥分配非常简单，但事实恰好相反，公开密钥加密系统的密钥分配既不简单，也不有效。

表 6.5　公钥密码系统的应用

算　法	加密/解密	数字签名	密钥交换
RSA	Y	Y	Y
Diffie-Hellman	N	N	Y
DSA	N	Y	N

1. RSA 算法

RSA[10]算法是已提出的公开密钥算法中最易实现和理解的算法。它的名称来源于其发明者 Ron Rivest、Adi Shamir 和 Leonard Adleman(这三位发明者获得了 2002 年 ACM 图灵奖)。RSA 在美国申请了专利(已经过期)，目前在除美国以外的国家已经成为事实上的工业标准。RSA 的安全基于大数分解的难度，因为 RSA 使用的一对密钥是一对大素数的函数。

在介绍 RSA 算法之前，先了解一些数论的基本原理。

【定义 6.1】 最大公因数：a 与 b 的最大公因数记为 $\gcd(a, b)$，例如 $\gcd(20, 24)=4$，$\gcd(15, 16)=1$。

【定义 6.2】 互素：如果 $\gcd(a, b)=1$，则称 a 与 b 互素。

【定义 6.3】 模运算 mod：如果 $a=qn+r, (0\leqslant r<n)$，那么 $a\equiv r \pmod n$；其中 $q=[a/n]$（$[x]$ 表示小于或等于 x 的最大整数)，则有 $a=[a/n]\,n+(a \bmod n)$，且 $r=a \bmod n$。如果$(a \bmod n)=(b \bmod n)$，则称 a 与 b 模 n 同余，记为 $a\equiv b \bmod n$。例如，$23\equiv 8 \bmod 5$，$8\equiv 1 \bmod 7$。模运算的加法和乘法可交换、可结合、可分配，例如：

(1) $(a+b) \bmod n=((a \bmod n)+(b \bmod n)) \bmod n$；

(2) $(a-b) \bmod n=((a \bmod n)-(b \bmod n)) \bmod n$；

(3) $(a\times b) \bmod n=((a \bmod n)\times(b \bmod n)) \bmod n$；

(4) $(a\times(b+c)) \bmod n=((a\times b) \bmod n+(a\times c) \bmod n) \bmod n$。

模运算将所有中间结果和最后结果限制在一定的范围内，对于指数的模运算而言，可以采用一定的方法提高计算的速度，例如：

(1) $m^2 \bmod n=(m\times m) \bmod n=(m \bmod n)^2 \bmod n$；

(2) $m^4 \bmod n=(m^2 \bmod n)^2 \bmod n$；

(3) $m^8 \bmod n=((m^2 \bmod n)^2 \bmod n)^2 \bmod n$；

(4) $m^{25} \bmod n=(m\times m^8\times m^{16}) \bmod n$。

【定义 6.4】 欧拉函数 $\Phi(n)$：$\Phi(n)$定义为比 n 小且与 n 互素的正整数的个数。由定义得 $\Phi(2)=1$，$\Phi(3)=2$，$\Phi(4)=2$，$\Phi(5)=4$，$\Phi(6)=2$，$\Phi(7)=6$，$\Phi(10)=4$。实际上，如果 p 是素数，则 $\Phi(p)=(p-1)$，例如 $\Phi(2)$，$\Phi(5)$，$\Phi(11)$；如果 p、q 是素数，则 $\Phi(pq)=\Phi(p)\Phi(q)=(p-1)(q-1)$，如 $\Phi(10)=\Phi(5)\Phi(2)=4$。

欧拉定理：若整数 m 和 n 互素，及 $\gcd(m,n)=1$，则 $m^{\Phi(n)}\equiv 1 \bmod n$，即 $m^{\Phi(n)+1}\equiv m$

mod n。例如，$m=3,n=10$ 时，m 和 n 互素，且 $\Phi(10)=4, m^{\Phi(n)}=81, 81 \bmod 10 = 1$，即 $81 \equiv 1 \bmod 10, 3^{(4+1)}=243 \equiv 3 \bmod 10$。

由此，有以下推论：给定两个素数 p、q，两个整数 n 和 m，使得 $n=pq(0<m<n)$，则对于任意整数 k，$m^{k\Phi(n)+1} \equiv m \bmod n$ 在任意时刻均成立。

1）RSA 算法的操作过程

RSA 在进行加密运算之前，首先需要产生两个密钥，过程见表 6.6。

表 6.6　RSA 密钥的产生

步骤	描　　述	示　　例
1	取两个大素数 p、q（保密）	$p=7, q=17$
2	计算 $n=pq$，公开 n	$n=119$
3	计算欧拉函数 $\Phi(n)=(p-1)(q-1)$	$\Phi(n)=96$
4	任意取一个与 $\Phi(n)$ 互素的小整数 e，即 $\gcd(e, \Phi(n))=1, (1<e<\Phi(n))$	选择 $e=5$
5	寻找 $d, d<\Phi(n)$，使得 $de \equiv 1 \bmod \Phi(n), de=k\Phi(n)+1$	$5d=k\times 96+1$，令 $k=4$，得到 $d=77$

假设有一对密钥，其中公开密钥 $KU=\{e, n\}$，秘密密钥 $KR=\{d, n\}(ed = k\Phi(n)+1)$。当 RSA 进行加密时，首先把待加密的内容分成 k 比特的分组（$k \leqslant \log_2 n$），设一个消息分组为 $M(M^{k\Phi(n)+1} \equiv M \bmod n)$，则加密后的密文 $C=M^e \bmod n$。解密时，取每个分组加密后的密文进行如下计算：$M = C^d \bmod n$，得到明文。图 6.22 所示为 RSA 算法的一个实例。

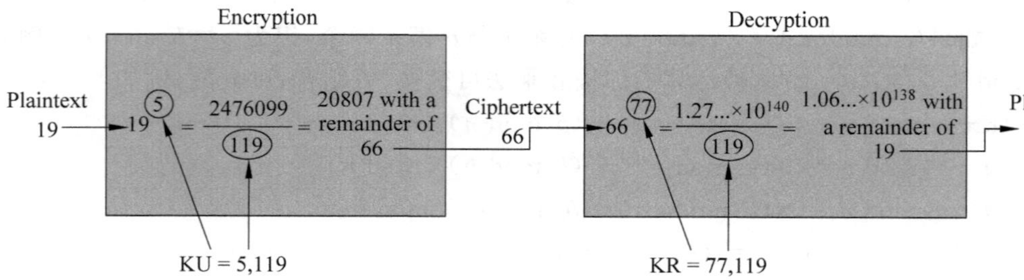

图 6.22　RSA 算法实例

2）RSA 算法安全性

RSA 是基于大数密钥的算法，尽管大数的因子分解是数论中的一个难题，但是并没有严格的数学证明表示破译 RSA 必须分解两个素数的乘积。

目前主要的破译方法包括蛮力攻击和数学攻击。前者对所有密钥都进行尝试，后者等效于对两个素数乘积（n）的因子分解。

2. Diffie-Hellman 密钥交换算法

前文提到过，Diffie-Hellman 是第一个发表的公开密钥算法，1976 年由 Whitfield Diffie 和 Martin Hellman 提出[15]，该算法奠定了公开密钥密码编码学的基础。Diffie-Hellman 用于通信双方安全地协商一个会话密钥，是一种建立密钥的方法，而非加密方法，因此被称为密钥交换算法。

Diffie-Hellman 密钥交换算法的有效性依赖于离散对数计算，主要是模幂运算（如 $a^p \bmod n$）的困难性。因此，这里先介绍一下离散对数的相关知识。

【定义 6.5】 对数：是指数的反函数。若 $b=a^i$，则有 $i=\log_a b$。

【定义 6.6】 离散对数：若 $b\equiv a^i \bmod p$，则有 $i = \log_a b \bmod p$。

【定义 6.7】 素根（Primitive Root）：如果 $a \bmod p, a^2 \bmod p, \cdots, a^{p-1} \bmod p$ 是 1～$p-1$ 的排列，则称 a 是素数 p 的一个素根。对于任何整数 b 和素数 p 的一个素根 a，可以找到一个唯一的指数 i，使得 $b=a^i \bmod p$ 成立，其中 $0\leqslant i\leqslant(p-1)$，$i$ 称为 b 的以 a 为底模 p 的离散对数，记为 $\mathrm{ind}_{a,p}(b)$。

Diffie-Hellman 的密钥交换过程如下：

（1）假设有两个全局公开的参数，一个素数 q 和一个整数 a，$a<q$，且 a 是 q 的一个素根，例如 $q=97$，$a=5$。

（2）假设用户 A 和 B 希望交换一个密钥，用户 A 首先选择一个随机数 X_A（$X_A<q$）作为私有密钥，并计算公开密钥 Y_A，$Y_A=a^{X_A} \bmod q$。如 $X_A=36$，则 $Y_A=50$。然后 A 将 X_A 保存起来，把 Y_A 公开。类似地，用户 B 也选择一个随机数 $X_B<q$ 作为私有密钥，并计算公开密钥 $Y_B=a^{X_B} \bmod q$，如 $X_B=58$，$Y_B=44$。B 对 X_B 的值保密，公开 Y_B。

（3）用户 A 计算会话密钥 $K = (Y_B)^{X_A} \bmod q$，根据上面的例子，$K=75$。同样，用户 B 计算会话密钥 $K = (Y_A)^{X_B} \bmod q$，这里也为 75，即用户 A 和 B 计算产生相同的结果，相当于双方交换了一个相同的秘密密钥。

Diffie-Hellman 密钥交换算法的安全性依赖于这样一个事实：虽然计算以一个素数为模的指数相对容易，但计算离散对数却很困难。对于大的素数，计算出离散对数几乎是不可能的。

3. 其他公钥密码算法

1991 年，NIST 提出了数字签名算法（DSA），并把它作为用户数字签名标准（DSS），只能用于数字签名。该算法的安全性也是基于计算离散对数的难度。但是，DSA 并不受欢迎，理由包括：DSA 不能用于加密或密钥分配；DSA 是由 NSA（美国国家安全局）研制的，可能有后门；DSA 的选择过程不公开，提供的分析不充分；DSA 的时间开销是 RSA 的 10～40 倍；DSA 密钥长度太短（512 位）；DSA 可能侵犯其他专利以及 RSA 已经是事实上的标准等。

除此以外，椭圆曲线密码系统[12]也是一种公钥密码算法。这种算法的有限域为 GF(2^n)，运算器容易构造且加密速度快，它利用更小的密钥长度实现了同等的安全性，详情请参考文献[2]。椭圆曲线密码已经用在比特币等实际系统中。

4. 公开密钥的密钥分配

公开密钥的分配方式包括公开宣布和公布到目录服务两种。

证书颁发机构（CA）负责将公钥绑定到特定的实体 E，实体 E 向 CA 注册自己的公钥，注册过程中 E 需要向 CA 提供自己的身份证明，CA 为 E 创建包括其公钥的证书，CA 用自己的私钥对证书做签名，图 6.23 显示了用户 Bob 公钥的生成过程。当 Alice 想要获取 Bob 的公钥时，首先要获取 Bob 的证书，然后将 CA 的公钥作用于此证书上，就得到 Bob 的公钥。

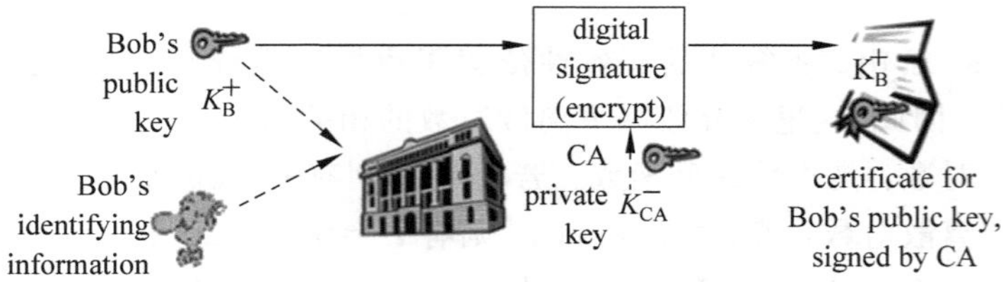

图 6.23　CA 管理机制

PKI 是一个基于非对称密钥算法的身份认证体系，由 CA、证书注册系统、数字证书库、密钥备份及恢复系统、应用程序接口等基本构成部分组成。

6.3.5　信息认证与单向散列函数

认证也称鉴别，是指验证一个实体与其所声称的身份是否一致的过程。认证服务是其他多种安全服务的依据，如访问控制、记账、抗抵赖等。认证包括实体身份认证和数据源发认证。实体身份认证一般发生在连接建立阶段，而数据源发认证一般发生在数据传输阶段。

实体身份认证机制按照强度可分为弱认证、强认证和连续认证三种。基于用户名/口令的认证最简单，也是使用最为普遍的弱认证机制。Telnet、FTP、SNMP 等协议中的认证机制都是基于用户名/口令实现的。由于弱认证中的口令是可重用的，且口令存在被窃听的威胁，因此弱认证的安全性有限。强认证机制在认证过程中引入了密码技术，正式通信之前，双方执行一定的密码操作交换不可重用的认证信息。最简单的密码认证机制是一次性口令(OPIE)[16]，每次认证都动态地产生不可预测、不可重用的口令。S/Key 和 SecurID[17] 分别是一次性口令基于软件和基于硬件的实现。强认证技术不能防止连接劫持类型的攻击，即在认证过程结束以后，攻击者窃听已经建立的连接，并可以假冒其中一方向连接写入数据。连续认证是安全性最强的一种认证机制，它不仅在认证阶段，也在认证之后的数据传输阶段使用密码机制，使得攻击者无法越过认证过程劫持连接，如 SSL[18] 中基于公钥证书和签名的认证、基于对称密钥的 Kerberos[19] 认证等都使用了连续认证。在实际应用系统中，认证技术通常和密钥分配机制结合使用，即在认证结束时协商会话密钥，以加快认证和密钥分配的速度。

数据源发认证主要用加密机制实现，其主要作用是防范攻击者非法获取消息的内容进行业务流分析，属于信息保密的范畴。例如，使用对称密钥加密的方法只有发送方和接收方共享密钥，其他人无法成功地解析加密信息。除了被动攻击外，网络安全还要防范主动的攻击，即假冒、篡改、重发消息。这就涉及信息的完整性和抗否认性，需要依赖信息认证和数字签名实现。信息认证要求必须能够验证信息的来源是真实的，信息的内容没有被修改，且信息是新的，即没有被重发或延迟。尽管信息发送中可以使用序列号(Sequence Number)防止重放，使用时间戳(Time Stamp)防止延迟，但是依然不能完全保证信息不被假冒。使用公钥密码系统的签名机制是防范主动攻击的有效办法，除此以外，使用散列函数、消息认证码(Message Authentication Code, MAC)也是进行消息认证的有效手段。数字签名是抗抵赖的有效手段。本节将对这三种机制进行简单的介绍。

1. 单向散列函数

单向散列函数(Hash Function)又称为哈希函数或杂凑函数。单向散列函数把任意长度的输入消息串通过散列算法映射成一个定长的、较短的输出串。这种转换是不可逆的过程，即无法解密的过程。散列函数记作：$h = H(m)$，其中 H 表示单向散列函数，m 表示明文，h 表示固定长度的散列值，也称为消息摘要。为了实现信息认证，散列函数 H 应具有如下特性：

(1) 可以操作任意大小的分组 m。

(2) 给定任意长度的 m，产生固定长度的 h。

(3) 给定 m 很容易计算 $h=H(m)$，软硬件实现均实际可行。

(4) 给定 h 很难得到 m，使得 $H(m)=h$(保持单向性)。

(5) 给定 m，要找到 m'，$m' \neq m$ 且 $H(m)=H(m')$是计算上不可行的。

(6) 寻找任何(x, y)，$x \neq y$，使得 $H(x) = H(y)$是计算上不可行的。

纵向奇偶检验就是一种简单的散列函数。纵向奇偶校验中，设输入分组序列为 $M=B_1||B_2||,\cdots,B_n$(B_i 为 n 位分组)，则输出散列值为 $h=B_1 \oplus B_2 \oplus B_3 \oplus \cdots \oplus B_n$(按位异或)。

在单项散列函数中增加一个密钥作为输入参数，称为密码散列函数(Keyed Hash Function)，即 f(key，message)。密码散列函数保证只有知道密钥才能计算出正确的散列值，因此具有认证功能，此时的散列值称为信息认证码(Message Authentication Code，MAC)。

单向散列函数在许多安全机制中都有应用，它是实现完整性、数字签名和认证的重要工具。目前常用的单向散列函数包括 MD2[20]、MD4[21]、MD5[22]、SHA-1[23]、RIPEMD[24]，其中 MD5 和 SHA-1 最常用。MD5 对于任意长度的字符串产生 128 位的输出，而 SHA-1 和 RIPEMD 则产生 160 位的输出。Hans Dobbertin 指出 MD5 存在弱点[25]，SHA-1 和 RIPEMD 的强度更高。

1) MD5 算法简介

MD5(Message Digest 5，消息摘要算法)[22]是目前应用最广泛的散列算法之一。MD5 算法是由 MIT 的 Ron Rivest 教授设计的，它经历过 MD2、MD4 等不同的版本。MD5 基于 32 位进行操作，简单而紧凑，没有复杂的过程和大数据结构，适合软件或微处理器实现(特别是 Intel)。MD5 对任意输入均产生 128 位的输出。

MD5 摘要生成的过程如图 6.24 所示。

(1) 报分分组与填充：划分每个分组长度为 512 位，最后一个分组长度为 448 位，不满 448 位的进行填充，填充串的首字符为 1，其余为 0。

(2) 附加消息长度：将消息长度填充到最后一个分组后(64 位)，使得总长度为 $N=L \times 512$。填充的方式采用低字节优先的顺序，即先填充低 32 位，后填充高 32 位。

(3) 初始化 MD 缓存：MD5 会产生 128 位的摘要，因此使用 4 个 32 位的寄存器(A，B，C，D)进行摘要的缓存。初始化寄存器，使得 A= 01 23 45 67 ，B= 89 AB CD EF，C= FE DC BA 98，D= 76 54 32 10。

(4) 压缩函数(按 512 位分组处理消息)：这是 MD5 算法的核心，主要处理每个分组分组(512 位)的算法。每一轮压缩函数的输入是本轮消息分组和前一组压缩函数的输出(第一个压缩函数的输入为消息分组 1 和初始化向量 IV)。每一轮进行的操作都相似，详情请参考文献[2]。

(5) 输出：所有 L 个 512 位的分组处理完之后，将第 L 阶段的输出作为 128 位的分组摘要。

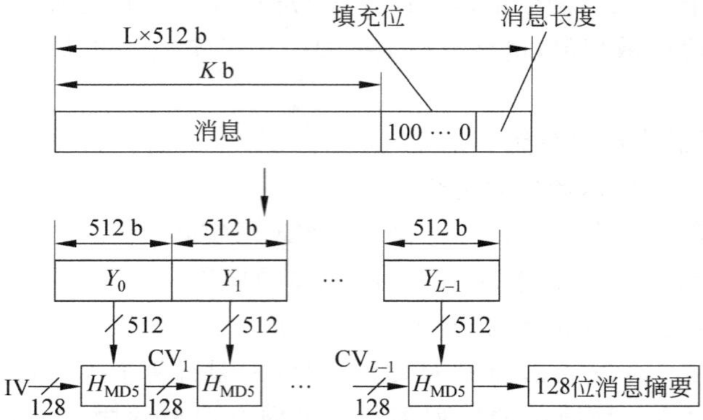

图 6.24 MD5 摘要生成过程

2) 其他散列函数

SHA(Secure Hash Algorithm)和 SHA-1 是由 NIST 和 NSA 共同设计的,用于 DSS (Digita Signature Standard,数字签名标准)中。SHA-1 是 SHA 的修改版,于 1995 年作为美国联邦信息处理标准公告(FIPS PUB 180-1)发布。

SHA 摘要产生的过程与 MD5 非常相似,也是基于 MD4 的原理进行设计的。与 MD5 不同的是,它有 5 个参与运算的 32 位寄存器,对长度不超过 2^{64} 二进制位的消息产生 160 位的消息摘要输出,按 512 比特块处理其输入,因此抗穷举性更好。

SHA 算法经过加密专家多年来的发展和改进已日益完善,是目前公认的最安全的散列算法之一,并被广泛使用。SHA 算法的思想是接收一段明文,然后以一种不可逆的方式将它转换成一段(通常更小)密文,也可以简单地理解为取一串输入码(称为预映射或信息),并把它们转化为长度较短、位数固定的输出序列,即散列值(也称为信息摘要或信息认证代码)的过程。散列函数值可以说是对明文的一种"指纹"或是"摘要",所以,对散列值的数字签名就可以视为对此明文的数字签名。

RIPEMD 是为欧盟 RIPE 项目而研制的。RIPEMD 是 MD4 的一种变型,它产生 128 位的散列值。

表 6.7 对 SHA-1、MD5、RIPEMD-160 这三种散列函数进行了比较。

表 6.7 SHA-1、MD5、RIPEMD-160 的比较

主要特征	算法		
	SHA-1	MD5	RIPEMD-160
摘要长度	160 位	128 位	160 位
单元分组长度	512 位	512 位	512 位
处理次数	80(4 轮循环,每轮处理 20 组)	64(4 轮循环,每轮处理 16 组)	160(5 对循环,每轮处理 32 组)
最大消息长度	$2^{64}-1$ 位	∞	∞

2. 消息认证码

消息认证码(MAC)是一个与密钥相关的单向散列函数。MAC 中,通信双方 A 和 B 共享一个密钥 K,因此可以在没有保密的情况下提供消息认证。MAC 还可用于单个用户确定自己的文件是否被改变了或感染了病毒。

消息认证过程中,A 计算散列值 $\mathrm{MAC}=H(M, K)$,并将该值附在 M 之后发送给 B,例如 $\mathrm{MAC}=\mathrm{MD5}(M+K)$或者 $\mathrm{MAC}=\mathrm{DES}_K(\mathrm{MD5}(M))$,$B$ 收到 M 之后计算 $H(M, K)$,并与收到的 MAC 值进行比较,实现消息的认证。

HMAC(散列消息身份验证码)是一种基于密钥与 MD5 或 SHA-1 散列函数结合使用的消息认证机制。HMAC 的表达式为:

$\mathrm{HMAC}_K=\mathrm{Hash}((K^+\ \mathrm{XOR}\ opad)\ ||\ \mathrm{Hash}((K^+\ \mathrm{XOR}\ ipad)||M)))$,其中 K^+ 表示数据块长度的密钥,$ipad$ 和 $opad$ 分别为输入、输出助记符。

HMAC 的计算过程如图 6.25 所示。

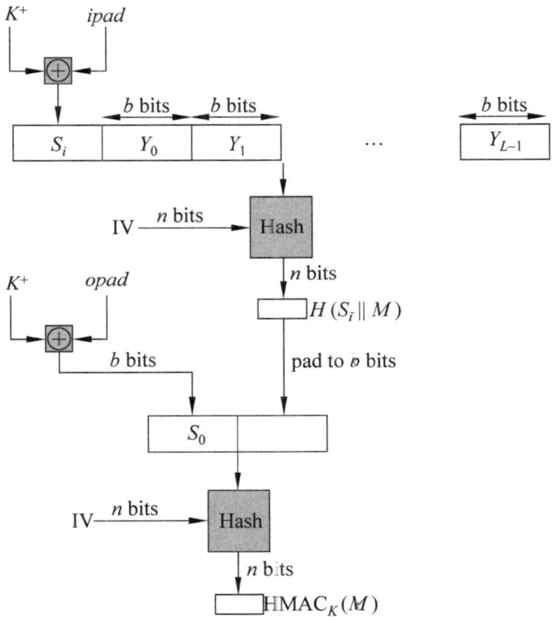

图 6.25　HMAC 的计算过程

(1) 在密钥 K^+ 后面添加 0 创建一个长度为 b 位的字符串。

(2) 将(1)的结果与 $ipad$ 做异或运算。

(3) 将需要认证的消息填充到(2)的结果后面。

(4) 用 H 作用于(3)生成的数据流。

(5) 将(1)的结果与 $opad$ 做异或运算。

(6) 将(4)产生的结果填充到(5)的结果后。

(7) 用 H 作用于(6)生成的数据流,得到最终结果。

3. 数字签名

消息认证能保护消息不被篡改,但无法确认通信方的身份。为了防止通信双方的一方被另一方欺骗，除了认证之外，还需要其他机制防止通信双方的抵赖行为，最常见的一种方法是采用数字签名。目前已经提出许多数字签名机制，这里介绍使用散列函数的数字签名过程。

如图 6.26 所示，使用散列函数签名的方法中，要签名的消息作为散列函数的输入，产生一个定长的安全散列码。签名者使用私有密钥对此散列码进行加密形成签名，将签名附在要传输的消息后。接收方根据收到的消息产生一个散列码，同时使用签名者的公开密钥对签名进行解密，如果计算得到的散列码与解密后的签名匹配，则认为签名是有效的。因为只有签名者知道私有密钥，因此只有签名者才能产生有效的签名。由此可以实现抗抵赖。

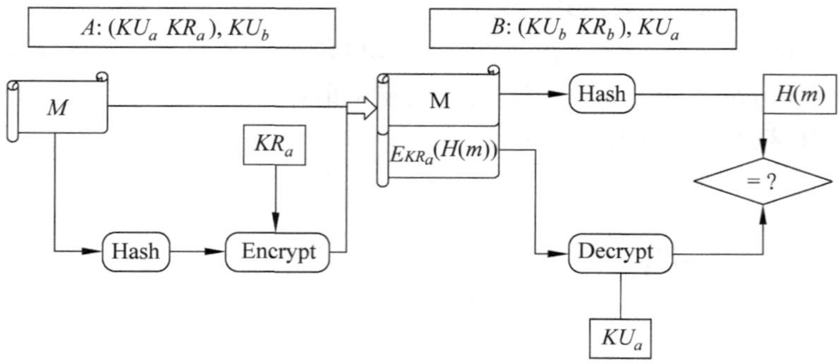

图 6.26　散列函数签名机制

一直以来，计算机安全专家都认为散列函数是相当安全的，它被认为是用于数据完整性验证和消息认证的“数字指纹”，几个数据位的原始信息改变就会引起对应摘要发生很大的变化。理论上而言，散列函数的安全性与消息摘要的长度成正比，对于具有 128 位消息摘要的 MD5 算法和具有 160 位摘要的 SHA 算法而言，要任意制造出冲撞(即存在两个或多个不同的消息具有相同的消息摘要)耗时太长，在实际情况中几乎不可能发生。然而，2004 年 8 月，山东大学王小云教授打破了这个必然性。

在美国加州圣芭芭拉召开的国际密码大会(密码学界称为美密会)上，王小云教授展示了 MD5、SHA-0 及其他相关散列函数的散列碰撞[26]和相关的破译结果，这一事件在密码学界产生了很大的影响。事实上，在此之前，各国著名密码学家、数学家和顶级黑客们对 MD5 算法进行了多年的分析和攻击，并提出过诸如“生日攻击”“袋鼠攻击”等一系列攻击方法，但是都没有突破性的进展，可以说 MD5 算法的安全性是经过考验并被大众公认的。但是，王小云教授的研究成果证实了利用 MD5 算法的碰撞可以严重威胁信息系统安全，它使伪造符合标准的数字证书成为了可能[27-28]。在 MD5 被破译之后，世界密码学界仍然认为 SHA-1 是安全的。但 2005 年 2 月，王小云教授与其同事再次提出 SHA-1 散列函数的散列碰撞[29]，该算法证明了只需要少于 2^{69} 次的运算，就能找到散列碰撞，远少于长期以来被接受的 2^{80} 次运算。2017 年 2 月，经过两年的联合研究和花费了巨大的计算机时间之后，荷兰阿姆斯特丹 Centrum Wiskunde & Informatica (CWI) 研究所和谷歌公司的研究人员在谷歌安全博客上发布了世界上第一例公开的 SHA-1 散列碰撞实例。研究人员给出两个内容不同，但是具有相同 SHA-1 消息摘要的 PDF 文件(PDF 1、PDF 2)，这代表着 SHA-1 算法的攻击由理论走向了实际，同时也标志着 SHA-1 算法走向了生命的末期。

6.4 基础协议威胁分析与防范

本节主要介绍计算机网络基础协议面临的攻击威胁，以及可能的应对防范措施。下面依据网络层、传输层和路由层三个层次分别论述，而关于应用层的攻击威胁，如 DNS 安全、HTTP 安全等不在本节的论述范围内，感兴趣的读者可以参考文献[30-31]。

6.4.1 网络层攻击与防范

互联网网络层的主要协议是 IP，负责 Internet 主机之间的通信，并规定了将数据从一个网络传输到另一个网络应遵循的规则，是 TCP/IP 的核心。由于 IP 的基础性和重要性，如何保证 IP 的安全就显得尤为重要。

1. IP 地址欺骗

IP 地址欺骗或伪造是最常见的一种 IP 安全问题。IP 地址欺骗是指网络上传输的 IP 分组带有假的源 IP 地址，即分组生成主机并不拥有分组所携带的源 IP 地址，该源 IP 地址由分组生成主机恶意伪造，目的是冒充另一个主机身份，使分组接收方信任该分组来自合法通信端，同时真实的发送方可以保持匿名，隐藏自己的身份。

如图 6.27 所示，假设 $Host_1$ 和 $Host_2$ 为正常合法通信的两台主机，按照 IP 规范，$Host_1$ 发送给 $Host_2$ 分组，分组的目的地址为 y.y.y.y，源地址为 x.x.x.x。此时假设有一个恶意攻击者 Attacker，其 IP 地址为 z.z.z.z，Attacker 企图进行 IP 地址欺骗，进行源地址伪造攻击，则其可将发送给主机 $Host_2$ 的分组源地址恶意指定为 x.x.x.x。这些分组虽然源自攻击者，但为了达到欺骗接收端、使其相信数据包来源于合法的 $Host_1$，攻击者将数据包的源地址设置成 $Host_1$ 的地址。这样，一方面，攻击者欺骗了主机 $Host_2$，使其误认为该分组来自于合法的远程通信端 $Host_1$；另一方面，Attackers 也隐藏了自己的真实地址和身份，避免被追踪溯源。

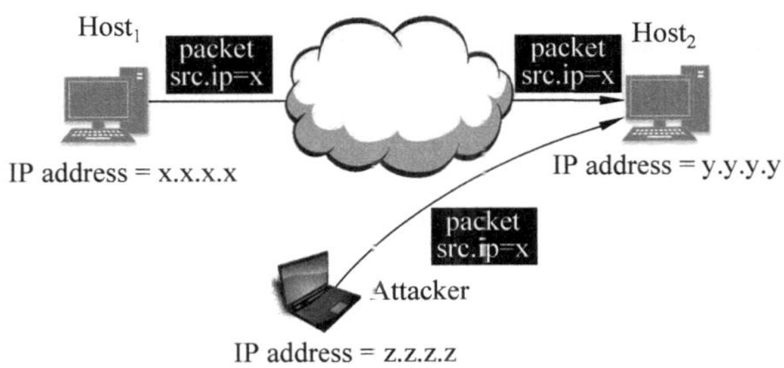

图 6.27 IP 地址欺骗

IP 地址伪造通常是攻击者须具备的基本能力和手段，也是进行后续恶意数据注入、连接劫持等攻击行为的基础。IP 地址在最早设计之初，并没有对源地址进行有效的过滤或校验，导致近些年 IP 地址欺骗成为互联网面临的主要威胁之一。随着真实地址、真实身份等技术标准的出现，这一问题得到了有效缓解，但要彻底解决这一攻击威胁，仍需持续的技术推动和投入。根据 CAID Spoofer 的数据显示，目前互联网上仍然有 16.1% 的 IPv4 地址和 10.9% 的 IPv6 地址可以被伪造[32]。

2. IP 碎片攻击

如图 6.28 所示，当互联网上的两台远程主机进行数据传输时，如果传输路径上的各跳间存在不同的链路最大传输单元(Maximum Transmission Unit, MTU)，就可能发生 IP 分组分片。IP 允许分组分片，当 IP 分组比链路 MTU 大时，就可能被分为很多的小片段，以满足链路 MTU 的要求。

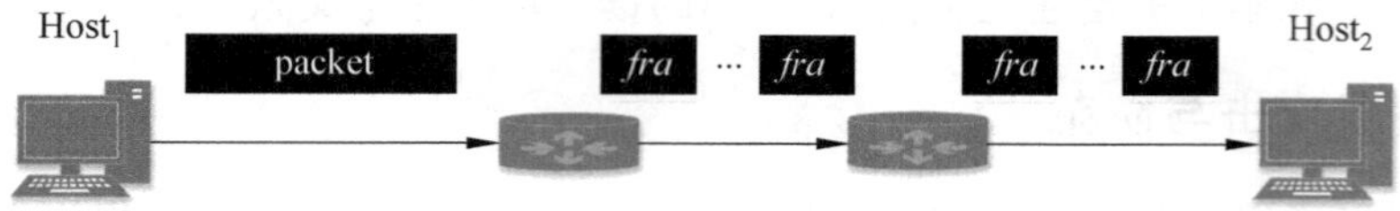

图 6.28 IP 分片

IP 分组的这种先分片、再重组的机制，为攻击者暴露出 IP 层的一个攻击面，攻击者可以利用这个分片再整理的过程，实施恶意破坏，这种攻击常常被称为 IP 碎片攻击。通常，分组的碎片化发生在源主机或中间路由器上，而重组往往都在目标接收端发生。根据不同的攻击效果，IP 碎片攻击大致可以分为以下 3 种。

(1) **拒绝服务攻击**。计算机在处理分片分组的时候，会把先到的分片分组缓存起来，然后一直等待后续的分片分组，这个过程会消耗一部分内存，以及一些 IP 协议栈的数据结构。如果攻击者给目标计算机只发送一部分分片分组，而不发送所有的分片分组，这样目标计算机便会一直等待(直到一个内部计时器到时)，如果攻击者发送了大量的分片分组，就会消耗目标计算机的大量资源，形成拒绝服务攻击。

理论上，一个 IP 分组的最大长度是 65535B，攻击者通过发送一个长度超过 65535B 的 Echo Request 数据包给目标主机，该数据包经过中间路由器的分片，然后到达目标主机，如果目标主机存在漏洞、对这些分片不进行过滤审查，那么目标主机在重组分片的时候会发生事先分配的 65535B 缓冲区溢出，从而引起系统崩溃或挂起，这种攻击也被称为 Ping of Death[33]。

此外，还有一些更高级的利用 IP 分片进行拒绝服务攻击的技术，如利用 IP 分片机制，让正常 TCP 或 UDP 分组的校验和出错造成正常分组的丢失，形成拒绝服务攻击等。

(2) **污染攻击**。利用 IP 分片进行污染攻击是一种更高级的攻击方式。通常，源端到目的端的分组在经过中间分片后，会陆续到达接收端，在这个过程中，攻击者可以伪造一些分片，注入正常分片流中，形成对合法流量的污染。在这一过程中，攻击者需要具备源地址欺骗的能力，将伪造分组的源 IP 地址指定为合法通信端的 IP 地址。此外，由于分片的重组还依赖于分组的标识(Packet Identification，IPID)，因此攻击者还需猜测出合法分组流的分组标识，以及欺骗原始分组的校验和等。这一攻击技术已被广泛应用到 DNS 缓存污染、流量拦截等场景中[34]。

(3) **安全策略逃逸**。IP 分片也被应用到安全机制逃逸等场景中，如逃逸网络防火墙等。通常，网络防火墙会对 IP 分片进行重组，然后审查其中的恶意载荷，但防火墙在重组 IP 分片时，往往和接收主机存在不一致，攻击者可以通过设置合理的分片偏移，逃逸防火墙的审查，但形成对接收端的破坏。

为了避免 IP 分片，一些相关技术标准也陆续被提出。例如，RFC 1191 描述了“路径

MTU 发现(PMTUD)[35]”,该技术用于确定两台 IP 主机间的路径 MTU,这样就可以避免 IP 分片。在 Internet 协议 IPv4 版本和较新的 IPv6 版本中,分片机制的细节和分片机制的整体框架是有所不同的。IPv4 协议框架中,分片可能发生在源主机或者中间路由器上,而 IPv6 中,中间路由器不再允许分片,分片操作只能由源主机执行。

3. IPSec

1995 年,IETF 提出一系列针对网络层的安全机制,这一系列为 IP 网络提供完整性保护的协议和服务的集合被统称为 IPSec。IPSec 是提供网络层安全防护的互联网标准,IPv6 协议要求必须使用 IPSec 协议进行通信保护(当然,很多实现并没有执行这一强制要求),IPv4 可自由选择对 IPSec 的使用。IPSec 由认证协议(AH 为验证头)、加密和认证协议(ESP 为封装安全载荷)、密钥管理协议(默认为 ISAKMP/Oakley)组成。它提供的服务包括数据加密、消息完整性验证、数据源认证、防御特定类型的攻击(如重放检测)、信息私有性保证以及为通信双方之间提供安全算法和密钥协商。IPSec 提供隧道模式和传输模式两种信息传输机制。

6.4.2 传输层攻击与防范

传输层是 TCP/IP 协议族中的关键层,负责端到端的通信。常见的传输层协议包括 UDP 和 TCP。下面将传输层的攻击威胁分为两类讨论。

1. 拒绝服务攻击

拒绝服务攻击是目前最常见的一种攻击威胁,第 6.5 节将对整个攻击原理和过程进行详细描述,这里聚焦于传输层,对传输层特有的一些拒绝服务攻击进行简要讨论。

传输层常见的拒绝服务攻击包括:

(1) **SYN FLOOD 攻击**。攻击者可以通过利用 TCP 的一些特性发动恶意攻击,通过发送大量伪造的带有 SYN 标志位的 TCP 分组使目的服务器连接耗尽,达到拒绝服务的目的。SYN FLOOD 攻击是在三次握手机制的基础上实现的,攻击者通过伪造 IP 分组,在 IP 分组的原地址字段随机填入伪造的 IP 地址,目的地址填入要攻击的服务器 IP 地址,TTL、源端口等随机填入合理数据,TCP 的目的端口填入目的服务器开放的端口,如 80、8080 等,SYN 标志位置 1。然后不停循环,将伪造好的数据包发送到目的服务器,洪泛攻击目的服务器。攻击者还可以采用一些放大的方式,扩大攻击效果。

(2) **ACK FLOOD 攻击**。ACK FLOOD 攻击同样是利用 TCP 三次握手的缺陷实现的攻击,它利用的是三次握手的第二段,也就是 TCP 标志位 SYN 和 ACK 都置 1。攻击主机伪造海量的虚假数据包发送给目标主机,目标主机每收到一个带有 SYN 和 ACK 标志位的数据包时,都会去自己的 TCP 连接表中查看有没有与该数据包的发送者建立连接,如果有,则发送三次握手的第三段 ACK,完成三次握手建立 TCP 连接;如果没有,则发送 ACK+RST 断开连接。在这个过程中会消耗一定的 CUP 计算资源,如果攻击者发送大量的 SYN+ACK 数据包,将会消耗大量的 CPU 资源,使得正常的连接无法建立或者增加延迟,甚至造成服务器瘫痪、死机。

(3) **UDP FLOOD 攻击**。该攻击是利用 UDP 进行目标服务资源消耗。UDP FLOOD 攻击可以分为两种:小数据包冲击设备和大数据包阻塞链路耗尽带宽。两种方式很相似,差别是 UDP 的数据部分带有多少数据。相比 TCP FLOOD 攻击而言,UDP FLOOD 攻击更直接，也更容易实现，UDP 攻击可以产生很高的流量。目前，结合物联网技术，拒绝服务攻击的流量可以达到每秒 TB 级，通常中小型企业的出口带宽都在 GB 级，如果遇到这种攻击，单凭企业自身是很难防御的，必须依赖运营商或配置专用设备等做清洗防御。

2. 注入攻击

恶意注入是指一个会话外的非法攻击者，将自己伪造的 TCP 分组或 UDP 分组注入会话双方合法的数据流中，进而对会话进行攻击破坏。

首先看一下 TCP 分组注入。TCP 的实现引入随机 32 位的序列号和确认号，以及 16 位的源端口号。因此，攻击者要成功将恶意数据注入目标 TCP 流中，必须正确预测这些值。此外，RFC 5961 中引入了 challenge ACK，并在 Linux 内核中实现(从 3.6 版开始)，这使得 TCP 注入攻击更加困难。举例说明，假设源端口的变化范围是 5000(实际上，源端口的变化范围是大于 5000 的，例如，Linux 上的默认范围是 32768～61000)，TCP 连接的接收窗口大小为 256 KB(这个设置符合实际情况，如 Linux 的窗口大小默认为 229376B)，MSS 为 1460B，则在 RFC793[36] 和 RFC5961[37] 实现下，攻击者要成功注入一个恶意分组，需要发送的分组数量分别约为 6×10^4 个和 3×10^8 个，这在实际环境中显然很难成功实施。

因此，如何寻找协议缺陷或侧信道漏洞，从而加速猜测，是 TCP 注入攻击的主要研究方向。近年来不断有学者成功发现 TCP 漏洞实施恶意分组注入。例如，Qian 等利用 challenge ACK 机制中共享计数器侧信道漏洞，可以在完全路径外的条件下推断 Internet 上的终端主机是否正在使用 TCP 连接，并对连接进行注入劫持[38-39]。随后，该团队发现并分析了 IEEE 802.11 或 WiFi 环境下的时间侧信道，利用该信道可以成功实施 TCP 分组的注入[40]。如何消除资源的共享状态、减少共享资源泄露信息，或者增加资源随机性，是缓解 TCP 侧信道注入攻击的主要手段。

相比 TCP，UDP 是无连接的，也没有随机化的序列号机制提供安全认证，因此，UDP 在抵御恶意分组注入方面往往安全性较低。如果应用程序没有自己的安全防御能力，那么对于攻击者而言，要注入一个恶意的 UDP 分组，难度仅在于猜测一个四元组(source IP，source port，destination IP，destination port)。而四元组中源地址、目的地址、目的端口往往都是确定的，只有源端口在现在操作系统上是随机化实现的。端口号仅是一个 16 位的域，而且往往都有固定的取值范围，猜测难度也不是很大。因此，基于 UDP 的协议往往都会引入自己的安全防御，例如 DNS 的 TXID(Transaction ID)字段，该字段用于表征 DNS 请求的唯一性和可验证性。但即使如此，相比较而言，UDP 分组的注入攻击复杂度仍然较低，成为目前的典型安全威胁[41-43]。

6.4.3 路由层攻击与防范

本节主要对控制平面的路由协议面临的安全威胁及防范手段进行分析。域内路由协议我们主要以 OSPF 协议为例进行讨论，域间路由协议我们以 BGP 协议为例进行讨论。

1. 域内路由协议威胁及防范

在攻击破坏 OSPF 协议时，攻击者通常假装成合法路由器，伪造多个 LSA(链路状态通告)分组广播出去，迷惑其他路由器路由表的计算，从而实现对网络路由的控制。但是，通常 OSPF 协议有自己的安全防护机制 fight-back，该机制负责对无效伪造分组进行撤销。由于 OSPF 协议具有广播属性，因此伪造的 LSA 通常也会被源合法路由器收到，在发现有其他路由器冒充自己发送 LSA 后，源合法路由器会启动 fight-back 机制，重新通告新的、正确的 LSA 分组，去除伪造 LSA。因此，现有关于 OSPF 协议的威胁破坏，其核心是如何在伪造 LSA 的时候，避免触发源合法路由器的 fight-back 机制。

先来看一下 Periodic injection 攻击。fight-back 纠正分组的通告是有时限的，依据 OSPF 协议规范，路由器 LSA 分组的通告不能超过 5s，这样，如果攻击者发送伪造 LSA 的间隔小于 5s，即使 flooding 后、源合法路由器收到这样的 LSA，但是每当他要发送纠正分组时，一旦发现伪造的 LSA 与当前时刻小于 5s，就会阻止 fight-back 动作，等待时钟到达 5s，但是，当真到 5s 时，下一个伪造的 LSA 又会到达，则又会继续等待，从效果上看，整个 fight-back 动作被抑制了。

另外一种攻击被称为 Disguised LSA 攻击。在判别两个 LSA 分组相同与否时，OPSF 主要依靠 LSA 分组中的 Sequence Number、Checksum 和 Age 三个字段判断，而不是分组内容的全匹配。因此，如果攻击者能够预测出源合法路由器发送的纠正分组的这三个值（顺序有规律或者可猜测），他就可以依据这三个值伪造 LSA 分组，这样，即使该分组被广播到源合法路由器、路由器 fight-back 一个纠正分组，但是其他路由器接收到该纠正分组后，会认为该分组和原来的伪造 LSA 分组一样，是一个重复分组，丢弃掉，导致 fight-back 机制失效。

在早期的一些 OSPF 协议实现中，上述两种漏洞被攻击者利用后，会对网络路由传输造成很大影响，但随着协议的不断改进，OSPF 的安全性目前已经大为改善。

2. 域间路由协议威胁及防范

由于 BGP 对路由宣告并不进行可信验证，因此互联网上的 BGP 路由器可以宣告任意一个不属于自己的网络，进而影响正常的路由传输。近些年，恶意 BGP 宣告引起的路由劫持层出不穷，例如，2015 年发生的巴基斯坦电信对 YouTube 的流量劫持就属于典型的 BGP 劫持[44]。整体而言，针对域间路由协议 BGP 的攻击威胁主要分为两类：一类是 BGP 路由劫持（Hijacking）；另一类是 BGP 路由拦截攻击（Intercepting）。前者强调的是攻击者通过宣告恶意的路由通告，实现对特定受害域的流量劫持，并且劫持后不再将流量重新路由到受害域，造成受害域的信息隔离。不同于前者，后者虽然也会对流量进行劫持，但同时也会将流量再次转发到受害域，相比前者，后者的攻击更加隐蔽。BGP 劫持攻击会危及网络中的分布式系统的正常工作，本书第 7 章将介绍采用 BGP 劫持攻击比特币系统的实例。

目前，针对 BGP 暴露出的安全问题，美国国家标准与技术研究院（NIST）主导制定了 BGPsec（RFC 8205）[45]。BGPsec 要求每一个 AS 都对它接收到的路由通告消息进行签名，签名内容作为路由消息的路径属性通告给邻居 AS。这样实际上就完成了 AS 的签名和路径验证，有助于检测出恶意路由通告，但 BGPsec 协议的实际部署还需要很长一段时间。

6.5 分布式拒绝服务攻击防范

拒绝服务（Denial-of-Service, DoS）攻击与分布式拒绝服务（Distributed DoS, DDoS）攻击是破坏网络服务的常见方式，它们通过发送具有虚假源地址的数据包请求或其他非法请求，消耗受害主机或网络的资源，使其不能正常工作。这种攻击很容易实现，效果明显，很受黑客青睐，给网络带来巨大的威胁和经济损失[46-48]。

拒绝服务的攻击方式有很多种，广义上来说，任何可以通过合法的方式使服务器不能提供正常服务的攻击手段都属于 DoS 攻击的范畴。最基本的 DoS 攻击手段是利用合理的服务请求占用过多的服务器资源，从而使合法用户无法得到服务器的响应。被攻击的受害者包括联网主机、路由器或者是整个网络。

目前，研究人员已经达成共识，DDoS 攻击已经成为 Internet 稳定运行的主要威胁。一方面，目前已经出现许多使用很方便的 DDoS 攻击工具，这使发动 DDoS 攻击变得相当容易。另一方面，目前还没有有效的手段能够防范 DDoS 攻击，也很难对 DDoS 攻击的发动者进行追踪。近年来，研究人员在这个领域进行了广泛深入的研究并取得了许多成果。有一些专门的公司也开始提供相关产品。例如，NETSCOUT Arbor 公司的基于多层交叉防御的 DDoS 解决方案[49]，Akamai 公司的基于 CDN 的 DDoS 解决方案[50]，Verisign 公司的基于云服务的 DDoS 解决方案[51]，Cloudflare 公司的针对应用层的 DDoS 解决方案等[52]，这些 DDoS 解决方案大部分已在实践中得到了广泛的应用和部署。

6.5.1 DDoS 攻击的基本方式

DDoS 攻击可以粗略地分成两大类：直接攻击（direct attacks）和反射攻击（reflector attacks），如图 6.29 所示。

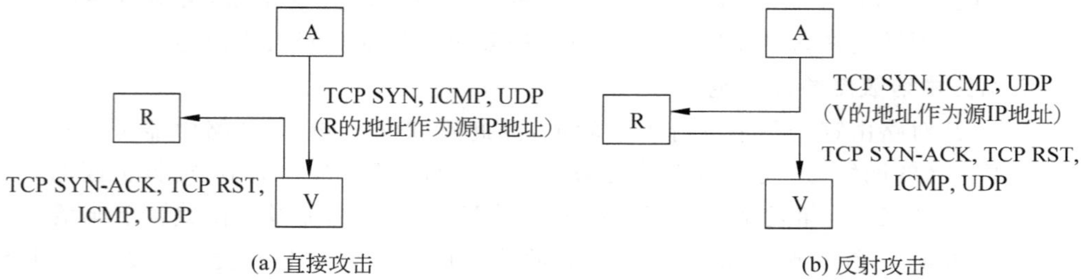

图 6.29 两种类型的 DDOS 攻击

1. 直接攻击

直接攻击是攻击者直接向被攻击主机发送大量攻击分组。攻击分组可以是各种类型，如 TCP、ICMP 和 UDP，也可以是这些分组的混合。使用 TCP 作为攻击分组时，最常见的攻击方式是 TCP SYN 洪泛(SYN Flooding)，这种攻击利用了 TCP 的三次握手机制。使用这种攻击方式的攻击者向被攻击主机的 TCP 服务器端口发送大量的 TCP SYN 分组。如果该端口正在监听连接请求，那么被攻击主机将通过发送 SYN-ACK 分组对每个 TCP SYN 分组进行应答。由于攻击者发送的分组的源地址往往是随机生成的，因此，SYN-ACK 分组将被发往对应随机源地址的主机 R，当然也就不可能建立 TCP 连接，如图 6.29(a)所示，其中 A 表示攻击者，V 表示被攻击主机，R 表示攻击者分组源地址对应的主机。这种情况下服务器端一般会重试(再次发送 SYN-ACK 给客户端)并等待一段时间后丢弃这个未完成的连接，这段时间的长度我们称为 SYN 超时周期(SYN Timeout)。如果服务器的 TCP/IP 协议栈不够健壮，最后的结果往往是过多的这种伪造请求，会造成服务器堆栈溢出，导致系统崩溃。

另一种基于 TCP 的攻击是用大量分组消耗被攻击主机输入链路的带宽，这时被攻击主机只会对 RST 分组做出响应，也发出 RST 分组并导致某个正常连接被切断，正常连接的客户方将再次发起连接，导致情况进一步恶化。ICMP 分组（echo requests 和 timestamp requests）和 UDP 分组也可以用来进行这种带宽攻击，这时被攻击主机通常会发回 ICMP 应答和错误消息，以及相应的 UDP 分组作为响应。根据文献[47]的研究结果，超过 94%的攻击采用 TCP 分组，UDP 分组攻击占 2%，ICMP 分组攻击占 2%。一般来说，通过 SYN-ACK 分组的异常增加可以判断系统是否遭受了 SYN 洪泛攻击。

在进行直接攻击之前，攻击者首先建立一个 DDoS 攻击网络，攻击网络由一台或者多台攻击主机、一些控制傀儡机和大量的攻击傀儡机组成，如图 6.30(a)所示。攻击主机是攻击者实际控制的主机，攻击者通过攻击主机运行扫描程序寻找有安全漏洞的主机并植入 DDoS 的傀儡程序（如 Trinoo、Tribe Flood Network 2000 和 Stacheldraht）。每台攻击主机控制一台或者多台控制傀儡机，每台控制傀儡机又和一组攻击傀儡机相连。文献[53]中给出构造一个 DDoS 攻击网络的详细过程。当攻击网络准备就绪后，攻击主机就可以向控制傀儡机下达攻击命令了，攻击命令包括被攻击主机的 IP 地址、攻击的周期和攻击的方法等内容。在 Trinoo 中，攻击主机和控制傀儡机之间的通信是基于 TCP 的，而在 Stacheldraht 中甚至采用了加密信道。在接受攻击命令后，控制傀儡机将通知攻击傀儡机展开攻击。目前的 DDoS 攻击工具可以同时发起对多个被攻击主机的攻击，并且针对不同的被攻击主机可以采用不同的攻击分组类型。

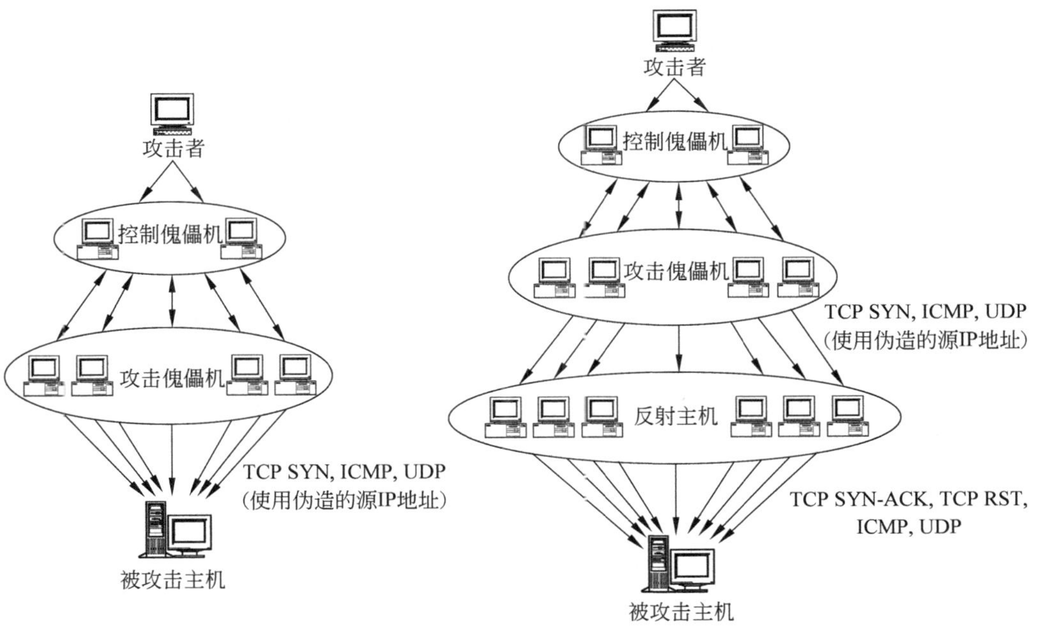

图 6.30　DDoS 攻击体系结构

2. 反射攻击

反射攻击是一种间接攻击，在反射攻击中，攻击者利用中间节点（包括路由器和主机，又称为反射节点）进行攻击。攻击者向反射节点发送大量需要响应的分组，并将这些分组的源地址设置为被攻击主机的地址。由于反射节点并不知道这些分组的源地址是经过伪装的，反射节点将把这些分组的响应分组发往被攻击主机。如图 6.29(b)所示，真正发往被攻击主机的攻击分组都是经过反射节点反射的分组，如果反射节点数量足够多，那么反射分组将淹没被攻击主机的链路。

反射攻击并不是一种全新的攻击方法[54]。Smurf 就是一种传统的反射攻击。Smurf 攻击通过向被攻击主机所在的子网的广播地址发送 ICMP 的 echo request 分组（也就是 Ping 包）来触发。该 ICMP 分组的源地址被设置为被攻击主机的源地址。这样，子网中的每台主机都会向被攻击主机发回响应分组导致被攻击主机被拥塞。严格地说，Smurf 并不是 DDoS 攻击，因为攻击源（反射节点）位于攻击者所在的子网。Smruf 攻击可以通过过滤发向子网广播地址的分组进行防范。

表 6.8　反射攻击的方法

攻击类型	攻击者发送给反射节点的分组 （被攻击主机的地址是源地址）	反射节点发往被攻击主机 的响应分组
Smurf	发往子网广播地址的 ICMP echo 请求	ICMP echo replies
SYN 洪泛	发往公用的 TCP 服务器（如 Web 服务器）的 TCP SYN 分组	TCP SYN-ACK 分组
RST 洪泛	发往不处于监听状态的 TCP 端口的 TCP 分组	TCP RST 分组
ICMP 洪泛	ICMP 请求（通常是 echo 请求） 发往不处于监听状态的 UDP 端口的 UDP 分组 带有很小的 TTL 值的 IP 分组	ICMP 响应（通常是 echo 响应） ICMP 端口不可达分组 ICMP 超时分组
DNS 响应洪泛	发往 DNS 服务器的 DNS 递归查询	DNS 响应（一般来说，分组大小应大于 DNS 查询）

除了 ICMP echo 分组之外，其他的 ICMP 错误报告分组也可以被攻击者用来进行反射攻击。例如，攻击分组中可以包括当前没有使用的目的端口号，这就会触发主机发出 ICMP 端口不可达分组。攻击分组可以使用非常小的生存时间（Time to Live，TTL），这可以触发路由器发出 ICMP 超时分组。还可以使用更具攻击性的带宽放大策略，例如可以采用 DNS 递归查询作为攻击分组，从而触发分组长度更长的反射分组[55]。这些攻击方法见表 6.8[56]。除了这些攻击类型之外，Paxson 在文献[57]中还分析了 Gnutella[58] 和 T/TCP[59] 可以被反射攻击利用的弱点。和直接攻击不同，反射攻击很难通过分析被攻击主机的响应情况发现，因为被攻击主机几乎不发送任何响应分组。

如图 6.30(b)所示，反射攻击的攻击体系结构和直接攻击很类似，当然，两者也存在重要的区别。最重要的一点是，发起反射攻击之前，必须有一组预先确定的反射节点，可能包括 DNS 服务器、HTTP 服务器和路由器。攻击分组的数量由反射节点的数量、分组发送速率和反射分组的大小决定。而在直接攻击中，攻击分组的数量由攻击傀儡机的数量决定。在反射攻击中，反射节点的物理位置可能更加分散，因为攻击者并不需要在反射节点上运行傀儡程序。另外，在反射攻击中，攻击分组实际上是正常的 IP 分组，具有合法的 IP 源地址和分组类型，因此，基于地址欺骗的分组过滤技术和基于路由的 DDoS 检测机制就很难发挥作用。此外，还有一些针对传输链路的 DDoS 攻击，近些年也成为一个研究热点，这种攻击不再聚焦于如何破坏或致瘫服务器，而是设法让中间链路拥塞丢包，从而也达到拒绝服务的效果[60-61]。

6.5.2 现有 DDoS 攻击防范方案

DDoS 攻击防范是一个非常困难的问题，目前还没有很好的解决方案。如果从 DDoS 攻击的过程分析，那么可以设置三条防线防范 DDoS 攻击。首先是做好 DDoS 攻击的预防工作，其次是在攻击发生时能够迅速进行攻击检测并实施过滤，第三是在攻击过程中或者攻击结束后进行攻击源追踪和标识。这三条防线必须协同工作，以取得最佳的防范效果。典型的防御技术包括 Ingress/egress 过滤[62]、SPM[63]、Passport[64]、StackPi[65]、SAVE[66]、BASE[67]、DPM[68]、PPM[69]等下面分类进行介绍。

1. IP Traceback

发动 DDoS 攻击的攻击者通常都采用了地址欺骗，也就是说，在他们通过攻击傀儡机发出的 IP 分组中的源地址都是随机生成的地址，这就为追查攻击者的真正位置设置了障碍。我们知道，采用 IPSec 等安全方案是可以防止地址欺骗的，但是，在 Internet 中提供公共服务的服务器是不可能采用 IPSec 这种安全方案的，而最容易遭受 DDoS 攻击的恰恰是这些服务器。这就要求我们能够提出比较简单的追查攻击者真正源地址的方案（也被称为 IP Traceback）。

2. IP Traceback 问题定义

Savage 在文献[70]中提出一种概率分组标记方案(probabilistic packet marking)可以部分解决 IP Traceback 问题。下面首先介绍文献[70]中提出的 IP Traceback 问题的定义。

如图 6.31 所示，V 表示被攻击主机或者是主机前端的防火墙设备。每个可能的攻击者 A_i 都是以 V 为根的树的叶子节点，而 R_i 表示网络中的路由器。从 A_i 到被攻击主机的攻击路径是 A_i 和 V 之间的路由器的有序列表。例如，图 6.31 中给出了从 A_2 到 V 的一条攻击路径(R_6，R_3，R_2，R_1)。

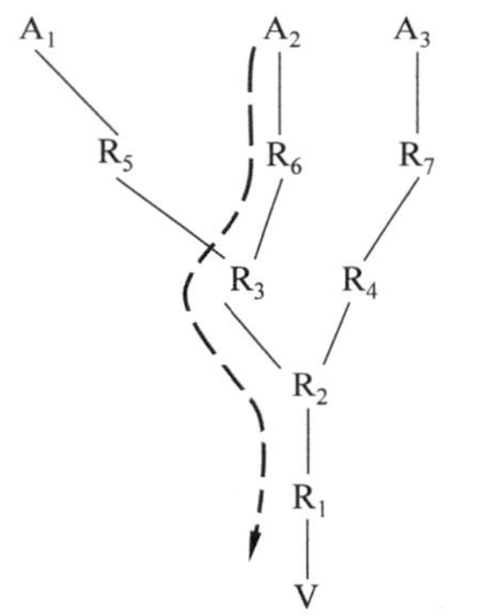

图 6.31 IP Traceback 示意图

精确的 traceback 问题是当攻击发生时确定每个攻击者的攻击路径和攻击发起点。为了使问题更容易解决，文献[70]中还定义了近似 Traceback 问题。近似 Traceback 问题是为每个攻击者找到一条包括真实攻击路径的候选攻击路径。例如，(R_5，R_6，R_3，R_2，R_1)是图 6.31 中攻击路径的近似解，因为它包括真正的攻击路径。当攻击者不能阻止被攻击主机发现包括真实攻击路径的候选攻击路径时，我们说该 Traceback 问题的解是有效的。其他一些基于类似 IP Traceback 的方法，进行 DDoS 防御的研究还包括[71-74]等。

3. 安全覆盖网服务

安全覆盖网服务(Secure Overlay Services，SOS)[75-76]是防范 DDoS 攻击的一个典型模型。DDoS 利用 overlay 网络控制经过授权的合法用户访问目标，而非授权的攻击者则不能到达目标。具体步骤如下：

(1) 靠近目标的路由器基于 IP 地址进行分组过滤，来自合法用户的 IP 地址允许通过，非法用户禁止通信。但是，当非法用户使用 IP 地址欺骗进行攻击时，无法进行检测。另外，合法用户可能由于移动 IP 地址发生改变，系统也无法正常识别。

(2) 在过滤区域外，使用代理服务器完成访问控制，代理仅转发来自合法用户的分组，过滤器仅允许来自代理的分组通过。但是，代理引入了新的问题，攻击者可以伪造代理地址进行通信，或者利用 DDoS 攻击导致代理，阻止合法用户的通信。

(3) 使用多个代理进行秘密转发：系统创建多个代理，由目标主机制定一组代理为秘密转发者(仅秘密转发者自己知道自己的身份)。过滤器仅允许秘密转发者的分组通过。用户发送消息到目标机时，首先将消息发送给任意的代理，然后代理在代理之间随机路由分组，如果目标代理为秘密转发者，它将消息再转发给目标。使用这种方式，攻击者无法确定攻击的目标(代理)，而同时攻击所有的代理开销太大或者根本无法完成。

需要指出：这种策略并不能解决我们通常意义上说的 DDoS 攻击，因为不可能对一个公共服务器(如 google)的访问进行授权。

本节详细讨论了 DDoS 攻击的原理和攻击防范的基本方法。可以说，DDoS 攻击是 Internet 最难解决的问题之一，它的产生根源在于 Internet 本身的开放性。由于 Internet 的用户数量众多，总有一部分用户安全意识薄弱，这也给攻击者带来了可乘之机。理论上，直接攻击可以通过同时采用输入分组过滤很好地防范，但是实际中几乎不可能在 Internet 上同时部署这么多的分组过滤器。Internet 防火墙策略是目前看来比较好的 DDoS 防范方案。另外，反射攻击还没有得到很好的解决。

除了 DoS 攻击之外，攻击者还不断设计出新的攻击方式，如 DeS(Degradation of Service)，DeS 通过一次使用一组攻击傀儡主机在一小段时间内进行集中攻击的攻击方式，降低服务器的性能，而不是使服务器彻底丧失服务能力。由于 DeS 攻击的攻击时间短，流量相对 DoS 要小，而且在攻击过程中攻击者还可以不断更换攻击傀儡机，这都增大了 DeS 攻击的防范难度。

总的来说，DDoS 攻击防范任重而道远，需要用户、网络管理员和 ISP 共同努力，一方面，用户需要提高安全意识，防止系统被攻击者利用；管理员也需要切实负起责任。另一方面，需要 ISP 之间的通力合作。DDoS 攻击检测和过滤中的相关理论和实践问题也需要研究人员付出更大的努力研究并解决。

6.6 恶意软件和僵尸网络

多年来，恶意软件，即广义上的计算机病毒，正日趋严重地危害计算机系统以及网络安全。有别于传统的计算机病毒，广义上的计算机病毒(包括传统病毒、蠕虫、木马等所有恶意软件)是指具有恶意和入侵特性的软件和程序代码，其设计目的是为了实施干扰和阻断进程，获取和泄露用户隐私，非法访问系统资源以及其他非法行为[77]。

随着互联网用户规模的不断增长，以及各种网络应用的不断丰富推广，恶意软件的数量也在呈增长趋势。根据瑞星公司研究报告[78]，2018 年，我国计算机恶意软件总体数量比 2017 年上涨 55.63%。此外，由于利益的驱使，更多领域的犯罪分子投入到挖矿病毒与勒索病毒领域，病毒与杀毒软件的对抗越来越激烈，攻击者持续更新迭代病毒，导致病毒有了极大的增长。2018 年，新增木马病毒占总体数量的 61.60%，依然是第一大种类病毒。灰色软件病毒(如垃圾软件、广告软件、黑客工具、恶意软件等)为第二大种类病毒,占总体数量的14.53%。第三大种类病毒为病毒释放器,占总体数量的12.52%,如图6.32所示。本节依据传统定义,将恶意软件分为传统计算机病毒、蠕虫和木马三类,并对它们的工作机制和防御策略进行简要论述。

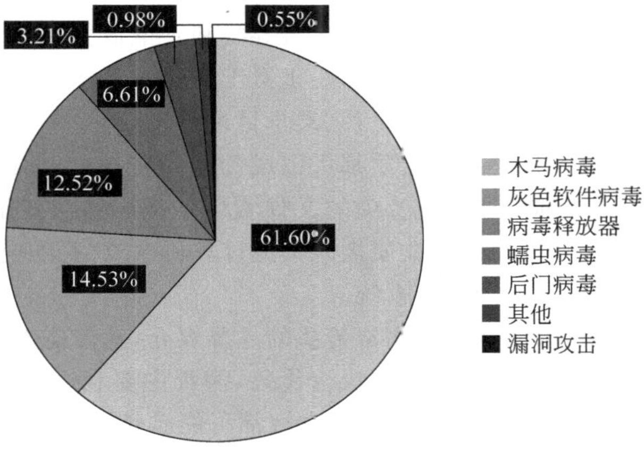

图6.32　2018年恶意软件分类统计

(注:该图参考文献[78])

6.6.1　传统计算机病毒

公认的计算机病毒定义是Cohen博士1984年提出的,"计算机病毒是一种程序,它可以感染其他程序,感染的方式为在被感染程序中加入计算机病毒的一个副本,这个副本可能是在原病毒基础上演变过来的。"[79]正如在生物活细胞内寄生并以复制方式增殖的微生物病毒一样,计算机病毒附着在宿主程序中,以复制方式不断感染新的宿主,其感染目标可能是可执行文件、引导区以及支持宏命令的文档,并利用宿主文件或移动传输介质传播到新的计算机系统。

1. 工作机制

传统病毒通常最常见的感染方式是附着在可执行文件上,一旦用户运行被感染的可执行文件,病毒就可以被激活。病毒可感染多种操作系统的可执行文件,包括UNIX系统下的二进制文件和多种脚本文件、Windows系统下的.com和.exe文件,以及可执行文件的链接文件。利用前置感染和附加感染技术,多数病毒只是依附在宿主上,而不破坏可执行文件。

病毒的第二类感染方式是附着在计算机磁盘的某一个引导区中。在操作系统的启动过程中,计算机首先启动BOIS程序,执行本机第一个硬盘的第一个分区(也称"主引导区")中的"主引导记录"程序,再由本程序引导启动"分区引导区",并由嵌入分区引导区中的程序定位操作系统。该类病毒正是利用主引导区或分区引导区的可执行的特点感染这两类引导区,并在操作系统启动过程中启动自身。值得注意的是,为提高自身的传播能力,引导区病毒除了感染硬盘引导区,还可以感染软盘、光盘的引导区。

病毒的最后一类常见感染目标是一些支持"宏"的文档或模板。简单理解,宏是为了增强应用程序功能而嵌入文档或模板中的命令，比较常见的支持宏的产品包括 Word、Excel、PowerPoint 等 Microsoft Office 系列产品以及 AutoCAD 绘图工具软件，由这些软件生成的文档可能会成为此类病毒的攻击目标。为便于被触发运行，病毒通常包含多个子例程，这些例程的名字对于受攻击软件具有特殊意义，如 Document_Open()，当受感染的文档被打开时，Word 会执行该例程，从而触发病毒。

在病毒传播方面，一旦病毒被触发，它将自行寻找和感染宿主，在操作系统内不断传播，破坏计算机软硬件，占用系统资源，影响计算机正常工作。病毒感染新的操作系统和主机的主要方式包括移动存储、电子邮件、网络下载、共享目录等。

软盘、光盘、闪存等多种移动存储介质都可以成为病毒传播的载体，一旦人们利用这类介质交换文件，病毒就可以利用这些受感染的文件实现传播。病毒甚至可以感染这些介质的引导区，在这种情况下，只要受感染介质插入其他计算机并以“我的电脑”或自动播放等模式打开，病毒就可以迅速感染新的操作系统。

随着互联网的不断普及，网络成为病毒传播的主要媒介，其传播方式主要包括电子邮件和网络下载。普通的电子邮件不能携带可执行代码，病毒主要利用电子邮件的附件实现传播，另外，利用 Web 服务器下载的程序软件和文档都可能已经被病毒感染。

共享目录，特别是多人共享的文件服务器是病毒以及其他恶意软件传播的绝佳场所，这是因为用户通常理所当然认为文件服务器上的文件都是“干净”的，因此，一旦文件服务器感染病毒，用户会不加防备地下载和打开文件，造成病毒高效、快速传播。

2. 防御策略

理论上，阻止病毒的传播和感染，都能有效防止病毒入侵系统。在传播方面慎用移动存储介质，使用前尽量搞清其来历，不要双击或使用“自动播放”模式，而采用“资源管理器”方式打开此类介质；只打开“可靠的”邮件附件，尽量使用授权网站上下载的程序安装软件；网络管理员须确保文件服务器的系统安全以及共享目录文件无毒。在感染方面，安装杀毒软件和定期更新病毒库，可有效识别和查杀病毒；强化系统的安全设置，可以有效防止病毒的感染和传播。

值得注意的是，恶意软件制造者一直在努力规避上述防范措施，恶意软件防御与反防御之间的技术斗争将是一个长期的过程。

6.6.2 蠕虫

早期恶意代码的主要形式是计算机病毒。前文提到过，1988 年 Morris 蠕虫爆发，研究者认为其自身的主动性和独立性有别于传统病毒，从而提出了“蠕虫”的定义。随着蠕虫开发技术的不断深入，以及人们对其认识的不断加深，研究者提出多种蠕虫的定义。为体现新一代网络蠕虫智能化、自动化和高技术化的特征，文伟平等学者于 2004 年提出一个比较全面的定义[80]：“网络蠕虫是一种智能化、自动化的，综合网络攻击、密码学和计算机病毒技术，不需要计算机使用者干预即可运行的攻击程序或代码。它会扫描和攻击网络上存在系统漏洞的节点主机，通过局域网或者国际互联网从一个节点传播到另外一个节点。”

由于蠕虫具有自我传播能力，因此可以实现病毒以及其他恶意软件不易达到的攻击效果。首先，蠕虫可以快速控制大量攻击目标。由于蠕虫的传播过程无须用户交互，因此它可以按指数形式快速增长，攻击者可以只用几个小时控制上万台用户主机系统。其次，蠕虫可以高效隐藏攻击者的位置。蠕虫代码是分段的，每个受控系统上运行同一个代码段，而不同的受控系统运行不同的代码段.蠕虫可以实现段与段之间的任意连接，在这种前提下，在数以万计的受控主机中找出直接受攻击者主机控制的系统，从而定位攻击者，这无异于大海捞针。最后，利用蠕虫控制的大量主机，可以扩大一些网络攻击的攻击效果。例如，在分布式拒绝服务攻击中，攻击者操控受控者主机向受害者发送数据包，单台或几台主机的访问对受害者的网络服务质量不会造成明显的影响，可一旦受控主机数以万计，受害者的带宽很快被大量的数据包淹没。

1. 工作机制

蠕虫与传统病毒拥有非常类似的感染机制，事实上，很多病毒同时具备病毒、蠕虫、木马的特征，例如 2001 年 9 月 8 日发现的 Nimda 病毒，NAI 公司把它归为病毒，CERT 把它归为蠕虫，而 Internet Storm Center 则把它同时归为病毒和蠕虫。

如其定义，与其他恶意软件相比，蠕虫最大的特点是其无须计算机使用者干预即可运行攻击程序或代码。具体地，其传播过程的攻击行为可以分为图 6.33 所示的 5 个阶段：选定目标主机列表、地址探测、漏洞扫描、攻击渗透和自我推进。

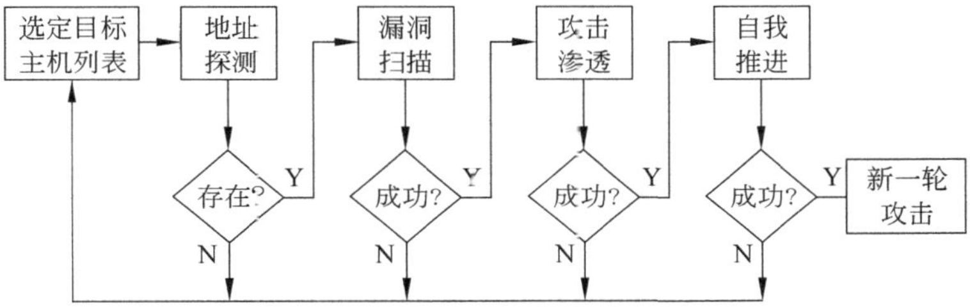

图 6.33　蠕虫的工作机制

信息收集的目的是搜集本地和目标节点主机的漏洞信息，扫描探测主要完成对具体目标主机服务漏洞的检测，攻击渗透利用已发现的服务漏洞实施攻击，自我推进完成对目标节点的感染。

蠕虫利用系统漏洞进行传播，首先要进行主机探测，其探测手段包括发送 ICMP Ping 包和 TCP SYN、FIN、RST 及 ACK 包。理想化的扫描策略能够使蠕虫在最短时间内找到互联网上全部可以感染的主机，加速蠕虫传播。各种扫描策略的差异主要是目的地址空间的选择.按照蠕虫对目的地址空间的选择方式进行分类，具体策略包括选择性随机扫描、顺序扫描、基于目标列表的扫描、分治扫描、基于路由的扫描、基于 DNS 扫描等。目前，网络蠕虫扫描的最佳选择是先采用路由扫描，再利用随机扫描。

2. 防御策略

由于网络蠕虫具有相当的复杂性和行为不确定性，因此网络蠕虫的防范需要综合应用多种技术，包括网络蠕虫监测与预警、网络蠕虫传播抑制、网络蠕虫漏洞自动修复、网络蠕虫阻断等。近几年的网络蠕虫检测防御技术主要包括：根据网络活动行为检测网络蠕虫、基于可编程逻辑设备构建蠕虫防范系统、基于蜜罐的蠕虫检测和防御、良性蠕虫抑制恶意蠕虫、建立疾病控制网络中心对抗网络蠕虫攻击等，这些技术都存在着自身的优点与不足。

由于网络蠕虫的种类繁多，形态千变万化，而且难以对可能出现的新型网络蠕虫进行准确预测，因此需要研究者在掌握当前网络蠕虫的实现机理的基础上，加强对未来网络蠕虫发展趋势的研究，做到防患于未然。

6.6.3 特洛伊木马

在希腊神话中，木马作为进攻方的礼物，被防守方“请”进了自己严防死守的城门，木马中的希腊战士随后打开了城门，城外的希腊大军蜂拥而入，久攻不下的特洛伊城被洗劫一空。木马程序采取同样的方式，以欺骗手段越过计算机安全防线，使攻击者获取被攻计算机系统的访问权限。作为当前数量最多的恶意软件，木马一直没有一个公认的形式化定义，维基百科给出的定义如下：木马是伪装成可以实现用户预期功能的可执行文件或安装软件，但其真实目的(除了实现用户期望功能)是为了窃取信息或损毁操作系统[81]。

与病毒和蠕虫不同，木马通常不会自行复制，其功能与远程控制软件相似，不以破坏系统、占用资源为目的，而且其入侵和工作过程相对隐蔽，因此难以被用户识别。一些攻击者利用木马控制其他用户操作系统后，甚至还会为目标主机升级系统和应用软件补丁，并且清理其他可能已经提前入侵目标系统的木马，其目的是为了防止更多的攻击者入侵，达到自己独享系统的目的。用户主机系统被攻击者非法入侵，其主要危害如下：

首先，利用木马，攻击者可以浏览和获取受控主机上的信息，包括文档资料、照片、银行卡账号口令、电子邮箱口令等隐私信息。

其次，以受害者主机为跳板，攻击者可以获取更高的权限。

再次，受害者主机可能成为攻击者实施内网渗透的跳板。通常，企业网的进口防护严密，攻击者无法穿透企业网边界防火墙控制网内主机，但一旦利用木马控制了企业网内部某台主机，攻击者就成功绕过防火墙，可以直接攻击其他企业网内网主机。

最后，攻击者可以利用受害者主机实施网络攻击，并成功将攻击责任嫁祸给受害者。

1. 工作机制

木马由服务端和控制端两部分组成，控制端安装在攻击者主机上，用以对安装在受害者主机上的服务端进行远程控制，并由服务端实施攻击行为。木马设计的核心技术是如何保证服务端上的攻击行为不被识别和发现，以及如何保证服务端和控制端之间的信息安全传输。

在传播方式上，木马通常不会自行复制，也不会主动传播，而是利用电子邮件、软件下载、网络钓鱼等方式传播，其传播过程主要分配置、发送和运行三个阶段。与传统病毒和网络蠕虫相比，木马传播最主要的特点是它的隐蔽性。

配置的内容主要包括木马伪装和信息反馈。伪装的目的是为了尽可能地隐藏木马的服务端程序，信息反馈的设置内容包括反馈方式和反馈地址，其中反馈方式可以是网页浏览，也可以是木马控制端的控制窗口，而反馈地址可以被直接设置为 IP 地址，也可以被设置成域名，再通过域名设置映射到相应的计算机系统。

木马控制者通常利用电子邮件或网页下载等方式发送木马服务端，服务端自身是可执行文件。由于接收方防火墙可能识别木马，或者拒绝接收可执行文件，发送者通常事先对服务端压缩或加壳；为防止接受者对可执行文件安全性的怀疑，发送者可能会更改服务端文件的后缀和图标；最隐蔽的方式是把木马服务端捆绑在其他合法的可执行文件或文档文件中。

此外，发送者在发送挂马邮件前可能事先利用邮件或其他通信手段与受害者联系，建立信任关系，最大限度地增加接收者打开木马服务端的可能。

一旦木马服务端或其捆绑文件被受害者接收并打开，木马就会自动进行安装和启动，通过与木马控制端的远程通信实现对受害者操作系统的远程控制。为防止受害者重启系统后失效，木马通常通过修改 Windows 系统文件和注册表等手段实现自启动。

在行为隐藏方面，启动后服务端程序以及进程名与正常的系统文件和系统服务类似；在隐藏通信方面，木马通常利用 1024 以上的非常用端口，或者 80 等常用端口传输数据，用户难以简单利用端口号识别。

2. 防御策略

由于木马的隐蔽性，其防御难度较大。除了安装杀毒软件、增强系统安全设置，还要求用户掌握一些必要的操作系统和网络管理知识，以便能够识别木马的操作和链接行为。另外，除了掌握防御技术，用户还有必要掌握一些被称为“社会工程学”方面的基础知识，防止因受骗而错误接收和触发木马。

6.6.4 僵尸网络

根据方滨兴院士等给出的定义[82]，僵尸网络(botnet)是通过入侵网络空间内若干非合作用户终端构建的、可被攻击者远程控制的通用计算平台。其中，“非合作”是指被入侵的用户终端没有感知；“攻击者”指的是对所形成的僵尸网络具有操控权力的控制者(botmaster)；“远程控制”指的是攻击者可以通过命令与控制(Command and Control, C&C)信道一对多地控制非合作用户终端。一个被控制的受害用户终端成为僵尸网络的一个节点，可称之为“僵尸主机”，俗称“肉鸡”。一个僵尸网络可以控制大量的用户终端，可以获得强大的分布式计算能力和丰富的信息资源储备，因此可能对个人用户、企业网以及整个互联网及国家安全造成严重危害。

僵尸网络对互联网个人用户安全的威胁主要包括窃取受害主机上的用户敏感信息，利用被感染主机作为实施其他恶意行为的跳板，依托僵尸主机搭建钓鱼网站，发送垃圾邮件、投送虚假广告等行为。僵尸网络对企业互联网业务安全的威胁主要包括：以僵尸网络作为发动 DDoS 攻击的平台，以僵尸网络作为散发广告业务的平台。此外，僵尸网络严重危害互联网安全并由此危及国家安全。

1. 工作机制

僵尸网络的工作过程包括传播、加入和控制三个阶段。

要达到预期的攻击效果，攻击者通常需要控制一定数量的受控主机，其实现手段是利用一种或多种传播手段不断扩大网络规模，当前主要的传播手段包括利用系统漏洞主动攻击、利用邮件发送病毒，以及恶意脚本、特洛伊木马等。

无论被何种恶意软件感染，隐藏在恶意软件中的僵尸程序都会发作，将被感染主机加入僵尸网络中，根据控制方式和通信协议的不同，加入方式不尽一致，如在基于 IRC 协议的僵尸网络中，感染僵尸程序的主机会登录到指定的服务器和频道中，并在频道中等待控制者发来的恶意指令。

在控制阶段，攻击者通过中心服务器发送预先定义好的控制指令，让被感染主机执行恶意行为，如发起 DDoS 攻击、窃取主机敏感信息、更新升级恶意程序等。

从僵尸网络的工作过程看，僵尸网络具有网络可控、采用多种恶意传播手段、可以一对多执行相同的恶意行为等特点，而不是多个受控主机系统的简单叠加，因此能够在快速扩散的基础上，实现对单台受害主机的远程控制。

2. 防御策略

对僵尸网络的研究可归纳为检测、追踪、测量、预测和对抗五个部分。其中，检测的目的是发现新的僵尸网络；追踪的目的是获知僵尸网络的内部活动；测量的目的是掌握僵尸网络的拓扑结构、活跃规模、完全规模和变化轨迹；预测的目的是考虑未来可能出现的攻击技术并预先研究防御方法；对抗的目的是接管僵尸网络控制权或降低其可用性[83]。

本节首先给出了恶意软件的定义与分类，继而对数量最多、对互联网安全危害最大的病毒、蠕虫和木马三类恶意软件的工作机制和防御策略进行了简单介绍，最后介绍了从传统蠕虫和木马发展形成的僵尸网络。

多年来，网络攻击者不断推出新的攻击工具和技术手段，因此网络攻防的斗争将不断发展。详细了解恶意软件的工作机制的确有助于恶意软件防护，然而，即便有一个顶级的网络管理员，企业网内部的某台主机也可能因为一个缺乏安全意识的用户的一次随意单击而感染恶意软件，乃至造成整个网络主机被控，因此我们认为，一个好的策略不会单纯依赖技术手段保障网络安全，而是在此基础上制定科学、规范的安全制度并严格落实，从传播、感染、识别等多个环节入手，防止恶意软件入侵和危害主机和网络系统。

6.7 结论和进一步的研究工作

网络安全是一个很大的研究领域，本章在介绍网络安全基本技术的基础上，重点介绍了网络安全的几个研究热点。实际上，网络安全是渗透在网络技术的各个层次和各个方面的。在 IP 层、TCP 层、应用层(如 Web 应用)都有相应的安全技术保证系统的安全。在移动和无线网络中，安全问题也是一个研究的重点问题，由于篇幅有限，这些内容不再详细介绍，感兴趣的读者可以参考文献[84]。

俗话说“道高一尺，魔高一丈”。无论我们配置了多少安全措施，在实践中都有可能被攻破。目前，在网络安全研究领域，基本的方法和技术已经成熟，但是在网络安全体系结构方面还有待进一步研究[85]。随着 IPv6 体系结构的发展，基于真实地址的安全体系结构开始受到重视。清华大学在国际上首次提出“基于真实 IPv6 源地址的网络寻址体系结构”，设计和实现了一种包括接入、域内、域间三个层次的真实源地址验证系统，并于 2008 年 5 月，推动 IETF 成立专门工作组 SAVI(Source Address Validation Improvements)。2008 年 6 月，相关的标准草案 Source Address Validation Architecture (SAVA) Testbed and Deployment Experience 被 IETF 批准为 RFC 5210，这是在互联网核心技术领域以我国学者为主体署名的第一个互联网 RFC。该技术为解决下一代互联网的安全可信问题提供了可行的技术路线。

源地址验证体系结构(Source Address Validation Architecture，SAVA)[86]通过接入子网内源地址验证、自治域内源地址验证和自治域间源地址验证三个层次协同实现网络真实地址的验证和管理。

接入子网内 IPv6 源地址验证将真实有效的 IP 地址动态绑定到交换机的端口上，通过建立三元绑定关系＜终端 IPv6 地址，终端 MAC(Media Access Control)地址，接入设备的端口号＞对流量进行过滤，确保网络中的分组来自拥有该分组源地址所有权的某子网内的终端主机，接入的终端无法使用伪造地址访问网络，实现了端系统细粒度的真实 IPv6 源地址验证。目前，IETF SAVI(Source Address Validation Improvements)工作组正在针对接入子网内源地址验证技术制定相关标准，因此该技术简称为 SAVI 技术[87-88]。基于 SAVI，本书作者的研究组进一步提出一种域内源地址验证技术(SAVT)[89]。

自治域内真实 IPv6 源地址验证通过在路由器上部署入口过滤验证规则(Ingress/egress)实现 IP 地址欺骗的防范，这些规则把每一个路由器的接口和一组真实有效的 IP 地址前缀关联起来，实现 IP 地址前缀粒度的真实 IPv6 源地址验证，保证网络中的分组应该来自拥有该分组源地址所有权的自治域内的某子网，伪造源地址的分组将无法通过过滤。

自治域间真实 IPv6 源地址验证实现了自治系统粒度的真实 IPv6 源地址验证，保证网络中的分组应该来自拥有该分组源地址所有权的某自治域。由于不同自治系统对真实 IP 源地址验证机制的支持不同，对于两个直接互联的支持真实 IPv6 源地址验证体系结构的自治系统，我们设计了一种基于自治域互联关系生成验证规则的方案。它根据自治域的互联关系将一组真实有效的地址前缀和路由器接口关联起来，为自治域边界路由器的每一个接口建立一个验证规则表。对于不直接互联的两个支持真实 IPv6 源地址验证体系结构的自治系统，我们设计了一种基于标签的自治域间真实源地址验证的方法。其基本思想是建立信任联盟，在分组传输时为属于同一信任联盟的源和目的自治系统对分配一对标签，实现真实源地址验证。

SAVA 将真实 IPv6 源地址验证的问题分解为三个部分，在互联网的边界，实现了细粒度的端系统 IP 地址一级的验证；而在高流量的核心网络中，通过简单并且可扩展的解决方案实现粗粒度的自治系统一级的验证，具有简单、松耦合、多重防御、支持增量和激励部署等特点，本书第 10 章还会对这部分内容进行详细介绍。

此外，值得注意的是 2014 年 Google 提出了 BeyondCorp[90]。BeyondCorp 是一个零信任模型，它认为内网和外网都是不安全的。与传统的边界安全模型不同，BeyondCorp 不是以用户的物理登录地点或来源网络作为访问服务或工具的判定标准，其访问策略是建立在设备信息、状态和关联用户的基础上，更偏向用户行为和设备状态的分析。企业资源的所有访问都是完全验证，充分授权，并根据设备状态和用户凭证完全加密。BeyondCorp 针对企业不同资源实现了不同粒度的访问控制。这样做的结果是实现了所有谷歌员工可以在任何网络下工作，从而不再需要 VPN 这类复杂的技术。随着 BeyondCorp 的提出与逐渐发展，未来零信任模型也将会成为一个热点方向。

互联网安全是一个重要的研究课题，目前远没有彻底解决，仍然需要广大科研人员和工程技术人员继续努力，未来在互联网安全可信体系结构方面仍然有大量工作需要开展。

参考文献

[1] Morris 蠕虫[EB/OL]. [2020-08-09]. http://www.pbs.org/wgbh/pages/frontline/shows/hackers/whoare/notable.html.

[2] Schneier B. 应用密码学：协议、算法与 C 源程序[M]. 2 版. 吴世忠，祝世雄，张文政，等译. 北京：机

械工业出版社，2014.
[3] Ibrahim A，Al-Kadi. The origins of cryptology：The Arab contributions[J]. Cryptologia，1992，16(2)：97-126.
[4] Alberti Cipher[EB/OL]. [2020-08-09]. http://www.cs.trincoll.edu/~crypto/historical/alberti.html.
[5] 异调. ENIGMA 的兴亡[EB/OL]. [2020-08-09]. http://ufownl. blog. 163. com/blog/static/125012220072411445968З/.
[6] 西蒙 辛格. 密码故事-人类智力的另类较量[M]. 朱小蓬，林金钟，译. 天津：百花文艺出版社，2013.
[7] Coppersmith D. The Data Encryption Standard (DES) and its Strength Against Attacks[J]. IBM Journal of Reserach and Development，1994，38(3)：243-250.
[8] LaiXuejia，Massey J L. A Proposal for a New Block Encryption Standard[C]. In Proceedings of the theory and application of cryptographic techniques on Advances in cryptology，1991.
[9] Schneier B. Description of a new variable-length key，64 bit block cipher (blowfish)[C]. In Proceedings of Fast Software Encryption Workshop，1994.
[10] Rivest R L，Shamir A，Adleman L. A method for obtaining digital signatures and public key cryptosystems[J]. Communications of the ACM，1978，21(2)：120-126.
[11] NIST. Digital Signature Standard(DSS)[J]. FIPS PUB 186，1994.
[12] Koblitz N. Elliptic curve cryptosystems[J]. Mathematics of Computation，1987，48(177)：203-209.
[13] Parker Hitt. Manual for the solution of military ciphers[R]. BiblioLife，2009.
[14] Bbfish security[EB/OL]. [2020-08-09]. http://www.bbfish.net/sec/sec_6713.html.
[15] Diffie W，Hellman M. New Direction in Cryptography[J]. IEEE Transactions on Information Theory，1976.
[16] Haller N. A one-time password system[R]. RFC 1938，1996.
[17] Haller N. The S/KEY one time password system[R]. RFC 1760，1995.
[18] Dierks T，Allen C. The TLS Protocol[R]. RFC 2246，1999.
[19] Kohl J，Neuman C. The Kerberos Network Authentication Service (v5)[R]. RFC 1510，1993.
[20] Kaliski B. The MD2 message digest algorithm[R]. RFC 1319，1992.
[21] Rivest R L. The MD4 message digest algorithm[R]. RFC 1320，1992.
[22] Rivest R L，Dusse S. The MD5 message digest algorithm[R]. RFC 1321，1992.
[23] NIST. Secure Hash Standard (SHS)[J]. FIPS PUB 180，1995.
[24] Dobbertin H，Bosselaers A，Preneel B. RIPEMD-160：A Strengthened Version of RIPEMD[C]. In Proceedings of the Third International Workshop on Fast Software Encryption，1996.
[25] Dobbertin H. The statues of MD5 after a recent attack[J]. RSA Laboratories' CryptoBytes，1996，2(2)：136-139.
[26] Wang Xiaoyun，Lai Xuejia，Feng Dengguo et al. Collisions for hash functions MD4，MD5，HAVAL-128 and RIPEMD[R]. Report 2004/199. Cryptology ePrint Archive，2004.
[27] Lenstra A K，Weger B. On the possibility of constructing meaningful hash collisions for public keys[C]. In Proceedings of ACISP，2005.
[28] Mikle O. Practical Attacks on Digital Signatures Using MD5 Message Digest[R]. Cryptology ePrint Archive，Report 2004/356. http://eprint.iacr.org/2004/356.pdf.
[29] Wang Xiaoyun，Yu Hongbo. How to Break MD5 and Other Hash Functions，Advances in Cryptology[C]. In Proceedings of EUROCRYPT，2005.
[30] Jacobson D. Introduction to Network Security[M]. CRC Press，2016.
[31] 斯托林斯. 网络安全基础：应用与标准[M]. 5 版. 北京：清华大学出版社. 2014.

[32] Spoofer[EB/OL]. [2020-08-09]. https://www.caida.org/projects/spoofer/.
[33] Ping of Death[EB/OL]. [2020-08-09]. https://insecure.org/sploits/ping-o-death.html.
[34] Brandt M, Dai T, Klein A, et al. Domain validation++ for mitm-resilient pki[C]. In proceedings of the 2018 ACM SIGSAC Conference on Computer and Communications Security, 2018.
[35] Mogul J, Deering S. Path MTU Discovery[R]. RFC 1191, 1990.
[36] Postel J. Transmission Control Protocol[R]. RFC 793, 1981.
[37] Ramaiah A, Stewart R, Dalal M. Improving TCP's Robustness to Blind In-Window Attacks[R]. RFC 5961, 2010.
[38] Cao Yue, Qian Zhiyun, Wang Zhongjie et al. Off-path tcp exploits: Global rate limit considered dangerous[C]. In Proceedings of 25th USENIX Security Symposium, 2016.
[39] Cao Yue, Qian Zhiyun, Wang Zhongjie et al. Off-path tcp exploits of the challenge ack global rate limit[J]. IEEE/ACM Transactions on Networking, 2018, 26(2): 765-778.
[40] Chen Weiteng, Qian Zhiyun. Off-path tcp exploit: How wireless routers can jeopardize your secrets [C]. In Proceedings of 27th USENIX Security Symposium, 2018.
[41] GiladY, Herzberg A. Fragmentation considered vulnerable[J]. ACM Transactions on Information and System Security, 2013, 15(4): 16.
[42] Herzberg A, Shulman H. Fragmentation considered poisonous, or: One-domain-to-rule-them-all. org[C]. In Proceedings of IEEE Conference on Communications and Network Security (CNS), 2013.
[43] Herzberg A, Shulman H. Towards adoption of dnssec: Availability and security challenges[R]. IACR Cryptology ePrint Archive, 2013, 2013: 254.
[44] BGP 劫持[EB/OL]. [2020-08-09]. https://en.wikipedia.org/wiki/BGP_hijacking.
[45] Lepinski M, Sriram K. BGPsec Protocol Specification[R]. RFC 8205, 2017.
[46] Chang R K C. Defending against flooding-based distributed denial-of-service attacks: a tutorial[J]. IEEE Communications Magazine, 2002, 40(10): 42-51.
[47] Moore D, Voelker G, Savage S. Inferring Internet Denial-of-Service Activity[C]. In Proceedings of USENIX Security Symposium, 2001.
[48] Acharya S, Tiwari N. Survey of ddos attacks based on tcp/ip protocol vulnerabilities[J]. IOSR Journal of Computer Engineering, 2016, 18(3): 68-76.
[49] Netscout DDoS protection[EB/OL]. [2020-08-09]. https://www.netscout.com/arbor-ddos.
[50] Akamai DDoS protection[EB/OL]. [2020-08-09]. https://www.akamai.com/cn/zh/resources/ddos-protecti-on.jsp.
[51] Verisign DDoS protection[EB/OL]. [2020-08-09]. https://www.verisign.com/zh_CN/security-services/index.xhtml.
[52] Cloudflare DDoS protection[EB/OL]. [2020-08-09]. https://www.cloudflare.com/zh-cn/ddos/.
[53] Dittrich D. The DoS Project's "Trinoo" Distributed Denial of Service Attack Tool[EB/OL]. [2020-08-09]. http://staff.washington.edu/dittrich/misc/trinoo.analysis.
[54] Gibson S. Distributed Reflection Denial of Service: Description and Analysis of a Potent, Increasing Prevalent, and Worrisome Internet Attack[EB/OL]. [2020-08-09]. http://grc.com/dos/drdos.html.
[55] Computer Emergency Response Team Incident Note IN-2000-04. Denial of Service Attacks Using Name Servers[EB/OL]. [2020-08-09]. http://www.cert.org/incident_notes/IN-2000-04.html.
[56] BabaT, Matsuda S. Tracing Network Attacks to Their Sources[J]. IEEE Internet Computing, 2002, 6(2): 20-26.
[57] Paxson V. An Analysis of Using Reflectors for Distributed Denial-of-Service Attacks[J]. ACM

Computer Communications Review, 2001, 31(3): 3-14.

[58] Gnutella[EB/OL]. [2020-08-09]. http://gnutella.wego.com.

[59] Braden R. T/TCP: TCP Extensions for Transactions Functional Specification[R]. RFC 1644, 1994.

[60] Smith J M, Schuchard M. Routing around congestion: Defeating ddos attacks and adverse network conditions via reactive bgp routing[C]. In Proceedings of the 2018 IEEE Symposium on Security and Privacy (SP). IEEE, 2018.

[61] Muoi T, Min K, Suk H, et al. On the feasibility of rerouting-based ddos defenses[C]. In Proceeding of the 2019 IEEE Symposium on Security and Privacy (SP). IEEE, 2019.

[62] Ferguson P, Senie D. Network Ingress Filtering: Defeating Denial of Service Attacks which employ IP Source Address Spoofing[R]. RFC 2827, 2000.

[63] Bremler-Barr A, Levy H. Spoofing prevention method [C]. In Proceedings of IEEE INFOCOM, 2005.

[64] Liu Xin, Li Ang, Yang Xiaowei, et al. Passport: Secure and adoptable source authentication[C]. In Proceedings of the 5th USENIX Symposium on Networked Systems Design and Implementation (NSDI), 2008.

[65] Perrig A, Song D, Yaar A. StackPi: a new defense mechanism against IP spoofing and DDoS attacks [R]. Tech Report CMU-CS-02-208, Carnegie Mellon University, School of Computer Science, 2003.

[66] Li Jun, Mirkovic J, Wang Mengqiu, et al. SAVE: Source address validity enforcement protocol[C]. In Proceedings of IEEE INFOCOM, 2002.

[67] Lee H, Kwon M, Hasker G, et al. BASE: An incrementally deployable mechanism for viable IP spoofing prevention[C]. In Proceedings of the 2nd ACM symposium on Information, computer and communications security, 2007.

[68] Belenky A, Ansari N. IP traceback with deterministic packet marking[J]. IEEE Communications Letters, 2003, 7(4): 162-164.

[69] Park K, Lee H. On the effectiveness of probabilistic packet marking for IP traceback under denial of service attack[C]. In Proceedings of IEEE INFOCOM, 2001.

[70] Savage S, Wetherall D, Karlin A, et al. Network Support for IP Traceback [J]. IEEE/ACM Transactions on Networking, 2001, 9(3): 226～2370.

[71] Theilmann W, Rothermel K. Dynamic Distance Maps of the Internet[C]. In Proceedings of IEEE INFOCOM, 2000.

[72] SongD X, Perrig A. Advanced and Authenticated Marking Schemes for IP Traceback [C]. In Proceedings of IEEE INFOCOM, 2001.

[73] Krawczyk H, Bellare M, Canetti R. HMAC: Keyed-hashing for Message Authentication[R]. RFC 2104, 1997.

[74] Park K, Lee H. On the Effectiveness of Probabilistic Packet Marking for IP Traceback under Denial of Service Attack[C]. In Proceeding of IEEE INFOCOM, 2001.

[75] Keromytis A D, Misra V, Rubenstein D. SOS: secure overlay services[C]. In Proceedings of ACM SIGCOMM, 2002.

[76] Xuan Dong, Chellappan S, Wang Xun, et al. Analyzing the Secure Overlay Services Architecture under Intelligent DDoS Attacks[C]. In Proceedings of the 24th IEEE International Conference on Distributed Computing Systems (ICDCS), 2004.

[77] Malware[EB/OL]. [2020-08-09]. http://en.wikipedia.org/wiki/Malware.

[78] 2018年中国网络安全报告[EB/OL]. [2020-08-09]. http://it.rising.com.cn/dongtai/19507.html.

[79] Cohen F. Computer viruses theory and experiments[J]. Computers and Security, 1987, 6 (1) : 22-35.

[80] 文伟平，卿斯汉，蒋建春，等. 网络蠕虫研究与进展[J]. 软件学报，2004，15(8)：1208-1219.

[81] 特洛伊木马[EB/OL]. [2020-08-09]. http://en.wikipedia.org/wiki/Trojan_horse_(computing).

[82] 方滨兴，崔翔，王威. 僵尸网络综述[J]. 计算机研究与发展，2011，48(8)：1315-1331.

[83] 王天佐，王怀民，刘波，等. 僵尸网络中的关键问题[J]. 计算机学报，2012，35(6)：1192-1208.

[84] Deng Hongmei, Li Wei, Agrawal D P. Routing Security in Wireless Ad Hoc Networks[J]. IEEE Communications Magazine, 2002.

[85] 段海新. 基于多视图的计算机网络安全体系结构研究[D]. 博士学位论文. 北京，清华大学，2000.

[86] Wu Jianping, Bi Jun, Li Xing, et al. A source address validation architecture (sava) testbed and deployment experience[R]. RFC 5210, 2008.

[87] Wu Jianping, Bi Jun, M.Bagnulo, et al. Source address validation improvement (SAVI) framework [R]. RFC 7039, 2013.

[88] Bi Jun, Wu Jianping, Yao G, et al. Source Address Validation Improvement (SAVI) Solution for DHCP[R]. RFC 7513, 2015.

[89] Hu Guangwu, Wu Jianping, Xu Ke, et al. SAVT: A Practical Scheme for Source Address Validation and Traceback in Campus Network[C]. In Proceedings of IEEE ICCCN, 2011.

[90] Ward, Rory, Beyer B. Beyondcorp: A new approach to enterprise security[C]. In Proceedings of USENIX Security Symposium, 2014.

第7章　P2P系统原理

7.1　引　　言

P2P(Peer-to-Peer)又称对等网络技术，是一种分布式的应用架构。P2P技术能够不依赖中心节点而依靠边缘网络节点自组织与对等协作的方式进行资源发现与共享，具有自组织、自管理、可扩展性好、鲁棒性强以及负载均衡等优点。

与传统的客户/服务器模式不同，P2P系统中的节点作为平等的个体参与到系统中，节点贡献自身的部分资源，如处理能力、存储空间和网络带宽等，以供其他参与者利用，而不再需要提供服务器或者稳定主机。传统的客户/服务器模式中，服务器仅作为资源的提供者，客户端仅作为资源的消费者，而P2P系统中的节点既作为资源的供应者，同时也是资源的消费者。

P2P应用从Napster等文件分享系统出现后开始流行，并在短短几年时间内迅速发展，目前已经成为互联网上用户数量最大的应用之一。目前，P2P技术广泛应用于文件共享、网络语音和网络视频等领域，近年来出现的基于P2P的区块链技术更是热点话题之一，从2009年的比特币到如今的区块链应用于各个领域，区块链技术进一步加强了P2P对互联网的影响力。P2P技术以其分布式资源共享和分布并行传输的特点，为用户提供了更多的存储资源、更高的可用带宽以及更好的服务质量，同时也减少了内容提供商的带宽消耗，节省了内容提供商的费用开销。自P2P技术出现以来，P2P应用快速增长，涌现出许多新的P2P协议与应用，丰富的P2P应用以及庞大的P2P用户群也带来了巨大的网络带宽开销。即使在今天，P2P应用依然是网络带宽的主要消费者，据统计，2019年P2P的代表性应用BitTorrent就已经占据了运营商业务总量的27%[1]，给运营商带来沉重的网络负载。从P2P的实现原理看，P2P并不是一种高效率的传输模式，因为在P2P应用的传输过程中有很多重复的数据分组，占用了大量的网络带宽，甚至造成网络拥塞，从而降低其他业务的性能，但是，P2P网络利用多路并行传输带来的快速传输性能却使其他应用难以望其项背。

本章对P2P技术进行详细介绍，首先介绍P2P的发展历史，然后介绍P2P的组织结构，并对无结构的P2P系统与有结构的P2P系统进行详细介绍，以BT、迅雷和PPLive为例对目前典型的P2P应用进行分析，最后对区块链这一P2P的革新式应用进行详细介绍。

7.2　P2P技术的发展历史

1998年，美国东北大学的一年级新生，18岁的肖恩·范宁(Shawn Fanning)开发出Napster系统，成为P2P文件共享的先锋和范例。开发Napster是为了解决他室友的一个问题——如何在网上找到音乐，肖恩·范宁编写了一个简单的程序，这个程序能够搜索音乐文件并提供检索，把所有的音乐文件地址存放在一个集中的服务器中，这样使用者就能够方便地找到自己需要的MP3文件。到了1999年，令他们没有想到的是，这个叫作Napster的程序成为人们争相转告的“杀手程序”——它令无数音乐爱好者美梦成真，无数人在一夜之间开始使用 Napster。在最高峰时，Napster 网络有 8000 万的注册用户，考虑到当时的互联网普及程度，这是一个非常了不起的数字。Napster 被认为是第一个真正有影响力的 P2P 软件，虽然 Napster 仍然需要借助集中的服务器完成查找功能。1999 年，《时代周刊》和《财富》把肖恩·范宁放上了封面，那时他才 19 岁。

1999 年 5 月，Napster 公司成立，也正是从那时起，P2P 开始了它曲折但极富生命力的发展历程。就拿 Napster 来说，由于 Napster 开发的软件可以把音乐作品从 CD 转换成 MP3 的格式，同时它提供软件，供用户上传、检索和下载音乐作品。很明显，它一定会成为侵犯版权的有力工具。1999 年，美国唱片业协会（Recording Industry Association of America，RIAA）起诉 Napster，指控其涉及侵权歌曲数百万首，要求每支盗版歌曲赔偿 1 万美元。2000 年 2 月，法院判定 Napster 败诉。Napster 提出上诉，二审依然判其败诉。2002 年 6 月，Napster 宣告破产。后来，肖恩·范宁创办了新的服务——Snocap，他尝试把文件共享合法化，在和相关的唱片公司合作下，Snocap 要求消费者对其下载作品向创作者支付报酬。但是，当时免费共享是互联网的核心理念，免费自由的文件共享程序像病毒一样泛滥，而用户则热衷于利用文件共享程序填满他们的音乐硬盘，要从这些文件交易中收到钱根本是不可能的，肖恩·范宁创造了一个连他自己都无法击败的怪物。

Napster 倒下后，以 Gnutella、Morpheus 和 KaZaA 为代表的基于 P2P 技术的“新 Napster”立即填补了 Napster 所留下的市场空白并加以发扬光大。更让传统唱片公司头痛的是，这些新秀们接受了 Napster 的教训，更新了技术，避开了采用集中服务器存储用户文件信息的做法，所有信息全部放在用户的计算机上，换句话说，它们只提供了 P2P 技术，至于用户用这种技术做什么，与它们是没有关系的。

Gnutella 的作者贾斯汀·法兰科（Justin Frankel）是肖恩·范宁免费共享精神的继承者。与肖恩·范宁不同的是，他很早就收获了自己的第一桶金，在 1999 年，也就是他 19 岁时，AOL 公司以 1 亿美元的价格购买了他的杰作 Winamp 和他的公司 Nullsoft。不过，作为这笔交易的附加条款，贾斯汀·法兰科不得不继续留在 Nullsoft 中为 AOL 公司工作。显然，崇尚自由的贾斯汀·法兰科进入控制森严的 AOL 公司后感到非常不适应，所以不愿意适应“公司文化”的贾斯汀·法兰科时不时给他的老板制造麻烦，其中最大的麻烦就是 Gnutella。2000 年 3 月，贾斯汀·法兰科未经 AOL 公司允许私自通过 Nullsoft 公司网络服务器发布了这个 P2P 文件共享系统。Gnutella 类似于 Napster，不过与 Napster 不同的是，Gnutella 允许用户共享任何类型的文件，而不仅是 MP3。更重要的是，Gnutella 还避免了 Napster 的致命弱点，它没有集中式索引信息库，不会记录用户信息和传输内容。

对“新 Napster”的这种变通，传统唱片公司试图故伎重施。然而，这次它们很失望。2002 年 3 月 28 日，在荷兰音乐产权组织 BumaStemra 状告 KaZaA 案中，荷兰上诉法院裁定 KaZaA 可以发售用于网上音乐和电影共享的软件程序。2003 年 4 月，美国联邦法庭又宣判 Streatmcast Networks 和 Grokster 等与 KaZaA 类似的提供 P2P 文件交换服务的公司胜诉，驳回了音乐与电影制片商的多项指控。从服务器的泥潭里拔出腿的“新 Napster”们的理由很充足。KaZaA 公司律师认为，既然 1984 年美国最高法院曾判决录像机厂商对消费者使用其产品侵犯版权的行为不负责任，那么，KaZaA 就不应该为自己的软件负责。也就是说，不能因为用户用 VCD 看盗版光盘，就要求生产 VCD 的厂商负责，更不能因为这种现象就不准生产VCD机。P2P软件的目的只是通过文件交换帮用户实现资源共享，不能因为它也能传送盗版资源就不准应用P2P软件。

法院的裁决使得版权组织无法再从提供P2P软件的公司身上打主意，只好起诉利用P2P获取盗版资源的用户。然而，侵犯版权的网络用户人数众多，加之网络共享的相对隐蔽性，注定了这是一场没有结果的斗争。网络用户和版权组织玩起了一场猫捉老鼠的游戏。2003年4月，RIAA起诉了几名参与P2P网络盗版的学生，后来几名学生同意赔偿12000～17000美元，双方达成了和解。RIAA似乎尝到了甜头，很快又在6月25日表示，它计划起诉通过互联网非法传输版权音乐作品的个人，意图将反盗版战线扩展到数以百万计的网络用户。

当然，RIAA主要目的不是想与数不清的用户打官司，而是想通过这种威胁让P2P用户不再进行音乐文件交换。不过，RIAA的愿望恐怕会落空，因为虽然短时间内P2P用户在交换文件方面有所收敛，但他们在朝着不暴露自己真实身份的匿名交换方向努力。版权组织揭发用户侵权时，主要是通过IP地址确认网络用户的真实身份，所以，只要能够隐藏自己的IP地址，就不会遇到麻烦。在RIAA宣布起诉个人用户后，能够隐藏用户IP地址的Freenet得到人们的青睐，Freenet网站的访问量立刻增加了3倍。此外，很多黑客工具都具有隐藏用户IP的功能，RIAA对用户的追查难度也显著增加。

P2P技术除了应用于文件共享领域，还在音频通话、视频直播和视频点播等流媒体领域得到了广泛应用，采用P2P模式能够显著减少流媒体服务器的带宽消耗，降低服务提供商的成本消耗。网络即时语音沟通工具Skype[2]利用P2P技术实现语音服务，Skype网络中除了注册服务器，没有其他任何集中的服务器，语音与文本数据均通过P2P传输方式完成。CoolStreaming[3]是第一个真正意义上的P2P视频直播软件，通过构建数据驱动的P2P覆盖网络实现数据的传输，无须复杂的控制结构。此后，PPLive[4]、PPStream[5]等基于P2P技术的视频直播、点播软件开始逐渐流行，并吸引了大量的用户。此外，PPLive公司开发的PPVA[6]能够提供透明的、可扩展的P2P服务，可以为YouTube、优酷等非P2P视频服务提供商提供P2P加速，提升用户视频播放体验。2009年，比特币的诞生给P2P技术带来了新的应用场景。

随着社会的进步与技术的发展，人们的版权保护意识日益增强，越来越多的P2P应用开始重视版权问题。从目前的情况看，越来越多的视频直播与点播网站都已经注意到版权问题，通过购买版权为用户提供正版的内容资源，如PPLive[4]、PPStream[5]等公司已经删除了缺少版权的内容资源，而BitTorrent则成为20世纪福克斯、派拉蒙、华纳兄弟和米高梅影业公司的合作伙伴，和他们共同组成了种子娱乐网络(Torrent Entertainment Network)，主要提供电影、电视和电子游戏的购买和零售。

P2P技术在20余年时间里发展极其迅速，已经成为互联网上广泛应用的一种服务。P2P技术的成功一方面为文件传输以及多媒体文件共享提供了无可比拟的方便途径，另一方面，这种基于端系统协作并能够自适应网络变化进行传输的技术无疑是最适应当前Internet环境的应用。随着网络规模的不断扩大，当前互联网已成为全球信息基础设施的主体。而作为特殊传输协议与连接模式的信息传播载体，P2P的蓬勃发展在提升用户体验及增加网络流量的同时，也对网络中的其他应用，甚至对作为其载体的互联网本身都产生了重要的影响。

7.3 P2P的组织结构

P2P 系统通常在物理网络拓扑的基础上构造一个抽象的网络覆盖层，用于索引或者发现节点，使得 P2P 系统能够独立于物理网络拓扑。本节首先介绍 P2P 组织结构的发展以及它与覆盖层网络的关系，然后深入介绍各种无结构和有结构 P2P 网络的具体实现以及工作原理。

7.3.1 P2P 与应用层网络

P2P 应用的组织结构的发展可以简单地分成 3 代，如图 7.1 所示。

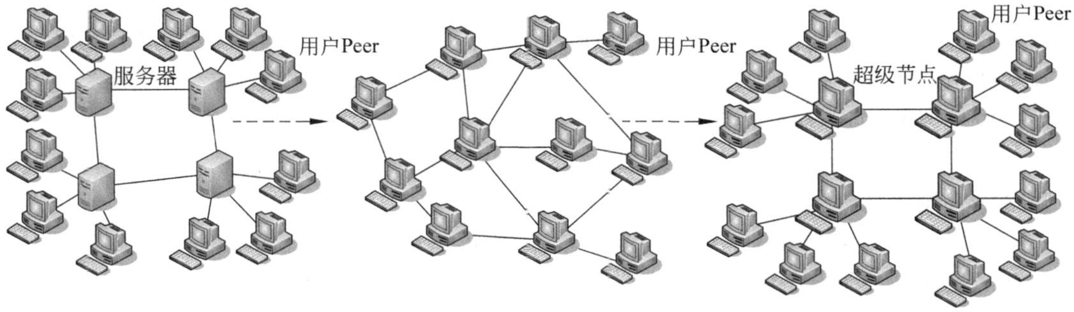

(a) 第一代P2P系统 (b) 第二代P2P系统 (c) 第三代P2P系统

图 7.1 P2P 体系结构的发展

第一代 P2P 应用的主要特点是集中控制，系统中存在中央服务器，用户向中央服务器提出查询请求，由服务器返回满足查询条件的文件列表。服务器负责维护所有的文件信息并一直处于在线状态。第一代的 P2P 协议简单，查询回复快，但是由于中央服务器容易成为系统的单一故障点和性能瓶颈，系统的鲁棒性和可扩展性相对较差。第一代 P2P 应用的主要代表是 Napster。

第二代 P2P 是一种完全无中心的分布式网络。所有的查询和响应均在分布式的 P2P 节点之间完成。它们以广播的方式散发查询消息，这种分布式的网络容错性能好，但由于查询请求在网络中广泛传播，因此带宽消耗比较大。第二代 P2P 应用的主要代表包括 Gnutella 和 Freenet 等。

第三代 P2P 采用混合式的体系结构，同时具备前两代体系结构高效性和容错性的优点。这种混合式结构的维护由处于主干位置的超级节点承担，各个 P2P 节点通过和超级节点交互，以获得文件信息并进行文件传输，这种结构具有合理的查询时间和良好的扩展性能，对现有的网络具有更好的适应性。第三代 P2P 应用的主要代表包括 KaZaA 和 PPLive 等。

应用层网络(Application Layer Network)又称为覆盖网络(Overlay Network)，是在现有的 Internet 传输网络之上构建一个位于应用层的网络系统。应用层网络自己定义主机之间通信的寻址方式、路由方式和服务模型。无论是 OSI 模型，还是 Internet 模型，网络都是具有层次结构的，应用层位于层次结构的最高层，它利用传输层提供的服务完成相应的应用功能，如 Web 浏览、FTP 服务和电子邮件服务等。但随着应用的模式越来越复杂，只依赖于传输层的应用层已经不能满足需要。

就以 P2P 系统来说，单个 P2P 系统中往往有数千台甚至更多的计算机构成了统一的分布式系统为客户提供文件下载等服务，P2P 系统中的每台计算机既是服务器，又是客户机。P2P 系统本身就构成了一个应用层网络，Peer 需要自己发现其他节点，选择到其他 Peer 的路由等，这些功能与 P2P 系统提供的服务模式是紧密相关的，因此不能放到传输层完成，只能在应用层构建应用层网络执行这些功能。

又如，由于目前互联网的传输网络还不能完全支持组播，而多媒体应用的发展又迫切需要网络能够支持组播功能，因此，人们提出在应用层实现组播[7-8]，具体的做法是参加组播的计算机自己构成一个覆盖网络，然后在应用层维护组播树的结构并由应用节点参与进行组播转发。实际上，可以把应用层网络看作一个基于互联网的大规模的分布式应用。由于这种分布式应用的规模相当大，导致它必须借助类似网络层功能的一些技术进行成员之间的寻址和路由，从而具有了网络层的某些特征。正是从这个意义出发，它们才被统称为应用层网络。应用层网络具有易于部署和不依赖网络设备升级的特点，并且具有良好的可扩展性；但是，应用层网络增加了复杂性和处理开销，无法利用最佳路由而增加了网络延迟，还破坏了网络的分层结构模型。

应用层网络可用于实现应用层组播，目前网络层组播并没有全局性部署，因此只能在应用层实现组播。不同于网络层组播基于路由器实现，应用层组播基于端系统实现，端系统在应用层利用节点间的多次单播实现组播，如图 7.2 所示，经过 3 次单播，可以将内容从节点 S 发送到节点 E_1、E_2 和 E_3。应用层组播可以分为基于树的组播与基于网的组播。在基于树的组播中，节点组织成树结构，内容源作为树的根将内容发送至子节点，子节点又发送至它们的子节点，如此递归实现内容分发，该方法中单点失效会导致整棵子树失效，具有较长的恢复时间。而在基于网的组播中，单个节点维护多个节点的状态信息，可以在各个节点间自由地交换内容，实现内容分发，可以克服基于树的组播的缺点；但节点间需要频繁地交换状态信息，因此具有较高的控制信息开销。

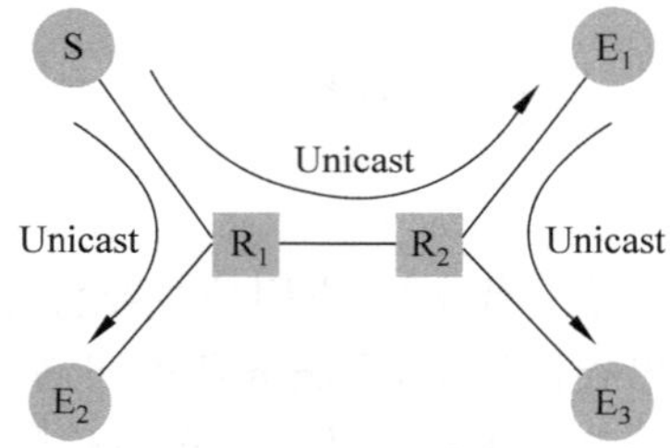

图 7.2　应用层组播

P2P 系统中节点通过自组织的应用层网络实现文件分发、流媒体以及语音等服务。应用层网络的组织方式又可以分为无结构的网络和有结构的网络。无结构的应用层网络通过一些松散的规则组织在一起，其文件的存放也表现出很大的随机性和不确定性。特别需要指出，一般来说，由于无结构的覆盖网络缺乏严格的组织结构，因此不能保证查询的正确性。换句话说，即使系统中存在某个文件资源，也可能出现查询失败的情况。而有结构的 P2P 应用层网络是指应用层的网络有确定的拓扑特征，目的是使其内容的存放也相对有序。有结构的 P2P 应用层网络通常使用分布式哈希表(Distributed Hash Table，DHT)实现，文件资源由哈希产生的标识符唯一标识，文件存放的位置也由文件标识符决定。

7.3.2　无结构的 P2P 网络

不同于结构化的 P2P 网络，无结构网络中 Peer 间的连接关系并不是由特定算法确定的。无结构化的 P2P 网络不提供任何内容组织或者网络连接优化算法。无结构化的 P2P 网络结构可以分为 3 类。

(1) 集中式 P2P 网络：该网络中存在中心服务器用于提供索引服务引导整个系统，第一个流行的 P2P 文件分享系统 Napster 即集中式 P2P 网络的代表。

(2) 纯 P2P 网络：该网络由全部对等的节点构成，只有单一的路由层，该类型网络的典型代表为 Gnutella 与 Freenet。

(3) 混合 P2P 网络：该网络存在固定的节点，又称为超级节点，其代表为 KaZaA。

无结构的 P2P 网络出现在 P2P 发展的早期。下面仅对早期比较著名的无结构 P2P 网络进行简单介绍，包括 Gnutella[9]、Freenet[10]、FastTrack[11]和 KaZaA[12]。

1. Gnutella 原理

Gnutella[9]是一款流行的网络交换文件软件，为用户提供一种简单的交换文件方式。Gnutella 是一种非集中式控制的协议，Gnutella 目前仍被广泛使用并且有了很多新的改进。Gnutella 的特别之处是它的分布式的文件定位和响应方法。图 7.3 给出了 Gnutella 文件的定位方法。

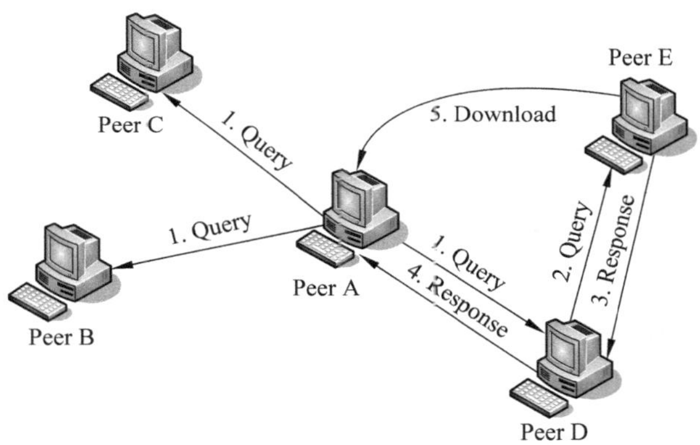

图 7.3　Gnutella 文件的定位方法

图 7.3 中，每一个节点既是服务器，又是客户端。这个系统没有任何集中控制，也无法事先掌握网络的拓扑结构。由于数据的查询不依赖任何有结构的网络组织形式，节点发起查询的方式只能是把请求发送到自己的所有邻居节点，邻居节点再进一步向它们的邻居节点转发。为了控制这种广播流量，Gnutella 会设置 TTL 值(Time to Live)限制广播的半径。这种网络的突出优势是良好的健壮性和可扩展性，明显的缺点是会带来很大的查询开销。

节点想要加入 Gnutella 网络，首先需要连接一些众所周知的节点，一旦建立连接，节点通告其他节点它的存在，这种通告就以广播的方式进行。一开始每一个消息被赋予一个唯一的随机产生的标识，其他节点记录到该节点的路由信息，用来防止重新广播和后向传播。通过给消息打上 TTL 和经过的跳数的信息控制消息洪泛的范围。这样，当节点加入 Gnutella 网络，其他节点也知道它的存在和如何到达。节点之间通过周期性的类似 ping 的消息维护彼此的连接，每个节点建立的连接都是根据它自己拥有的信息选择的。这些功能使得 Gnutella 成为一个动态的、自组织的具有独立实体的网络。最新的 Gnutella 引入超级节点(具有较好的带宽和性能的节点)的概念用来提高路由查找的效率。但是，网络本身的自组织特性使得这种超级节点的部署优势不能充分发挥。

网络的背后是人组成的虚拟社会，Gnutella 网络没有严格的拓扑结构，使其看起来更像一个随机图，这种随机图使得节点度呈现出幂率分布的特点。有少数节点的度十分低，由于部分节点失效而造成网络形成几个不相交子图的概率加大。Gnutella 带来的分布式无结构的思想已经广为流传，对 Gnutella 的分析研究[13]为有结构的 P2P 网络提供了丰富的思路和借鉴，它是无结构 P2P 网络的典型代表。

2. Freenet 原理

Freenet 是 Ian Clarke 设计的可以防止审查机构探测的分布式文件存储系统，其目的是通过 P2P 网络提供高度匿名的访问为用户提供更多的自由度[10]。Freenet 通过聚合成员节点贡献的带宽与存储资源允许用户匿名发布与获取不同种类的信息。

Freenet 是一种自适应的 P2P 网络，节点自己负责文件的查找和数据的交换。每一个文件用唯一的关键字 Key 表示，通过 SHA1 哈希算法[23]生成一个 160 位的二进制串作为文件的唯一标识。Freenet 并没有机制保证不会出现不同文件具有相同 Key 的情况，这一点依赖 SHA1 的哈希算法本身的抗碰撞性。每一个节点维护一个动态的路由表，该路由表中包含其他节点的地址及其拥有的文件。每个表项可以表示为(id，next_hop，file)组成的三元组，其中 id 表示文件标识，next_hop 表示存储 id 标识的文件的另一个节点，file 表示 id 标识的本节点存储的文件。当节点收到请求标识为 id 的文件的消息时，若本节点存储有 id 标识的文件，则已找到，否则在路由表中查找合适的下一跳路由。Freenet 协议利用基于键值的路由协议，不同版本的 Freenet 使用的路由协议不同。Freenet 0.3 与 0.5 版本均使用启发式路由算法，0.3 版本路由选择时会选取拥有与请求文件键值最相近的文件标识所指示的下一跳节点作为下一跳，而 0.5 版本则选择与本节点连接质量好的节点。确定下一跳节点后，本节点会将请求消息转发到下一跳指示的节点。每次查询请求会设置一个 TTL 值，并且每次转发会使 TTL 值减 1，当 TTL 值为 0 时，查询请求消息失效。每个节点会维持经过该节点的未完成请求的状态，以防止产生路由回路。当请求的文件按照反向的查询请求路径返回源请求节点时，中间节点会缓存文件内容。

图 7.4 表示了 Freenet 的查询过程。

首先，Peer A 发出一个文件请求，根据路由协议选择下一跳为 B，请求转发到 B，再由 B 转发到 C，由于 C 节点没有和其他节点连接，C 将发送一个查询失败的消息给 B，B 继续发送请求给 E，E 转发请求到 F，然后请求回到 B，B 会意识到发生了消息回路(B 会保存一段时间内自己发出的未完成的查询请求)，所以 B 将发送一个查询失败的消息给 F，该查询失败消息一直传播到 E，E 节点再继续转发查询请求给 D，最终在节点 D 找到查询的文件。在文件传输给 A 的过程中会经过 E 和 B，文件同时会被缓存在 E 和 B 上。在 B 和 E 缓存 A 请求的文件的好处是，如果在网络内再次请求这个文件，E 和 B 就都可以提供这个文件了，这意味着越热门的文件，在系统中的副本就会越多，这样查询起来就会越快。当然，如果该

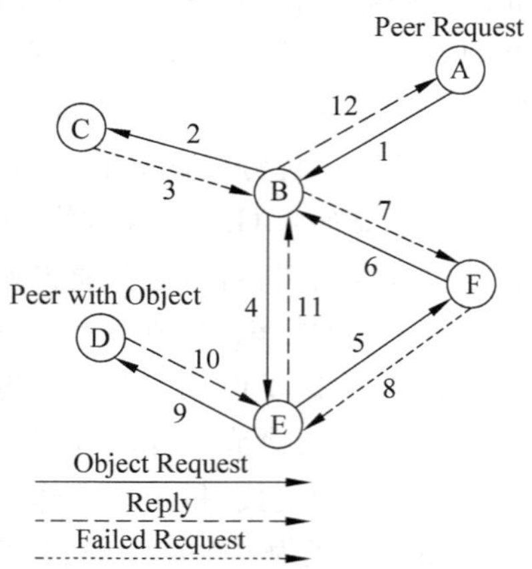

图 7.4　Freenet 的查询过程

文件并不是热门文件，将会浪费一定的存储空间和传输带宽。

Freenet 就像它的名字一样，其设计的目的是提供一个自由、安全、匿名的共享资源的平台，所有的 Peer 计算机划分出一个空间作为公共的存储空间，其中存取的数据是加密的，用户并不知道实际存放数据的内容；Freenet 匿名性的本质是它提供的安全、隐秘的路由机制，当数据通过某个节点传输时，该节点仅知道“前一跳”和“后一跳”的地址，无法知道全局的路由信息。当节点发布新的文件资源时，需要先根据文件的标识在系统中查找，如果找不到，再存入系统，存入时路径上的每个节点都会以一定的概率把文件的发布者改成自己，起到保护文件真正的发布者的目的。Freenet 的主要问题是无法保证一定能够找到网络中存储的文件，即使这个文件存在。从 Google Scholar 的数据看，Freenet 的论文已经被引用超过 3500 次，广大网民对自由和匿名的共享方式的热爱可见一斑。

3. FastTrack 与 KaZaA 原理

FastTrack 是一种混合分布式 P2P 系统，可以实现快速检索以及网络的可测量性。FastTrack 采用树状对等网络模型。处于网络模型中的节点自动组成树状结构，其中计算能力较强的或者带宽更宽的节点成为超级节点，超级节点的功能类似于集中目录式网络中的服务器。客户节点加入超级节点的树中之后，当需要查询某个文件时，客户节点会向超级节点发出文件查询请求。超级节点进行相应的检索和查询后，会返回符合查询要求的客户节点地址信息列表。发起查询的客户节点接收到应答后，会根据网络流量和延迟等信息选择合适的客户节点直接建立连接，并开始文件传输。

FastTrack 是一个基于超级节点的无结构文件分发网络。它的体系结构十分有利于文件的查找和定位。超级节点是具备高带宽、大磁盘以及较强的 CPU 计算能力的节点，并且自愿为其他节点提供查询服务，普通节点首先向超级节点提出查询请求，由超级节点负责返回一个文件的位置信息，超级节点之间可以通过洪泛的方式进行查询，如果没有超级节点，节点仍然可以通过洪泛等方式定位到所需要的文件。

FastTrack 节点启动时首先在服务器上注册，并从服务器获取 200 个节点的列表。节点上的程序会自动检查返回的列表中的节点是否有超级节点，如果有，则连接到该超级节点作为父节点，否则选择任一节点作为父节点。用户查询文件，发送查询请求到父节点，父节点向其连接的超级节点广播此查询请求，然后父节点从超级节点的应答中提供可用的文件列表，以及文件所在节点的信息。用户从父节点获取到文件列表与节点信息后，选择一个节点建立 TCP 连接，发送文件共享请求，文件所有者响应文件请求并传输文件。

图 7.5 显示了 FastTrack 的工作机制。$Peer_3$ 与 $Peer_2$ 将自己的共享文件信息发送到超级节点，$Peer_1$ 加入查询 $Object_2$ 时向超级节点发送查询请求，超级节点向 $Peer_1$ 发送拥有 $Object_2$ 的 $Peer_2$ 信息作为回应，$Peer_1$ 获取到 $Peer_2$ 的信息后向 $Peer_2$ 发送文件请求，从 $Peer_2$ 处获取到所请求的文件。

FastTrack 可以说是与 Gnutella 齐名的无结构的 P2P 协议，它最突出的特点是引入了超级节点的概念，率先实现了层次化的 P2P 网络。著名的 Skype[3] 软件就是基于 FastTrack 协议的，这也使得 FastTrack 成为为数不多的能够在激烈的竞争中生存下来的早期 P2P 协议之一。

KaZaA 也是使用 FastTrack 协议的 P2P 应用，其中的超级节点具有很高的可用带宽，在相关的超级节点上存储了许多经常被请求的文件，并且所有的查询都指向超级节点。

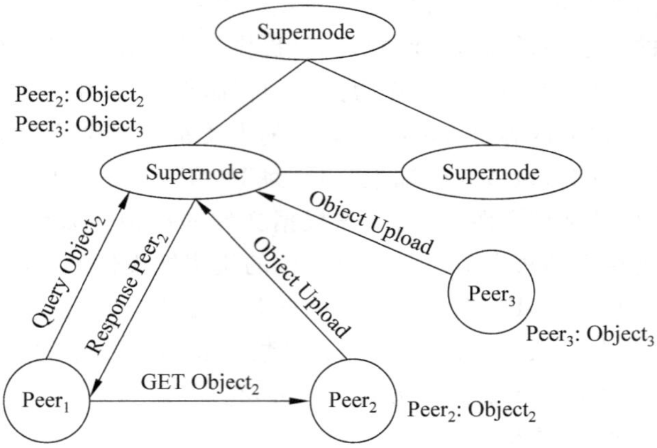

图 7.5　FastTrack 的工作机制

KaZaA 的数据传输是通过非加密的 HTTP 完成的,但是所有的 HTTP 头都包含特定的特征码(X-KaZaA-IP),这样就很容易检测出 KaZaA 和普通的 HTTP 流量的区别,KaZaA 还提供了自动的升级机制,周期性地查询是不是有更高级的版本,如检测到存在更高级的版本,就自动下载并且执行新的 KaZaA 程序。

KaZaA 的出现实际上是 FastTrack 协议的成功,KaZaA 用户之间频繁交互各自的超级节点信息,根据列表发现更多可用、稳定的资源,提高了 KaZaA 的稳定性和自适应性;它采用动态端口避免了使用固定端口的脆弱性,同时提供连接反转的方法,有效地解决了 NAT 穿越问题。

7.3.3　有结构的 P2P 网络

有结构的 P2P 网络中,节点通过特定的协议组织起来,形成拥有特定拓扑与特性的覆盖层网络。有结构的 P2P 网络利用全局一致的协议保证任意节点能够有效地将查询请求传送到拥有请求内容的节点,即使在请求内容极度稀缺的情况下,也能返回正确的结果。有结构的覆盖层网络通常利用**分布式哈希表**(Distributed Hash Table, DHT)组织。

随着 Napster、Gnutella 和 Freenet 等 P2P 系统的流行,学术界注意到当时的此类 P2P 系统都存在着缺陷,Napster 容易受到攻击或者法律诉讼,Gnutella 的广播协议存在效率低下的问题,而 Freenet 则难以保证查找的正确性。2001 年,Chord[13]、CAN[14]、Pastry[15] 和 Tapestry[16] 等基于 DHT 的分布式资源查找方案由不同的研究组提出,并在以后几年的时间内成为研究热点。

哈希表(Hash Table,也叫散列表)如图 7.6 所示,是根据关键码值(Key,Value)而直接进行访问的数据结构,图中的例子是采用关键码值模 8 取余数进行组织的。哈希表通过把关键码值映射到表中的一个位置以加快查找的速度。关键码值与位置的映射函数叫作哈希函数,存放记录的数组叫作哈希表。不同的关键字可能得到同一哈希地址,即 $key_1 \neq key_2$,而 $f(key_1)=f(key_2)$,这种现象称为冲突。具有相同函数值的关键字对该哈希函数来说称为同义词。

如图 7.7 所示,分布式哈希表与传统的哈希表将每个关键码值(key)映射到的位置不

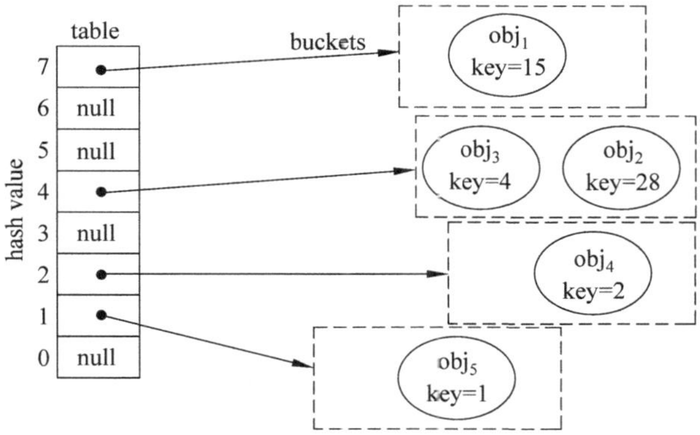

图 7.6　哈希表示意图

同,分布式哈希表利用**相容哈希算法**(Consistent Hashing)将内容的 key 映射到对应的网络中不同的节点,这也是分布式这一名称的由来。DHT 存储(key, value)对,能够提供与基于键值的哈希表类似的查找服务,任意加入系统的节点都能够高效地利用给定的键值获取对应的值。而维护键值与值的对应关系的任务则分布到各个节点。DHT 具备良好的可扩展性,能够处理连续的节点加入、退出和失效等情况。DHT 系统还需要支持随时根据现有节点的情况划分哈希范围、识别邻居节点、支持新节点冷启动等。

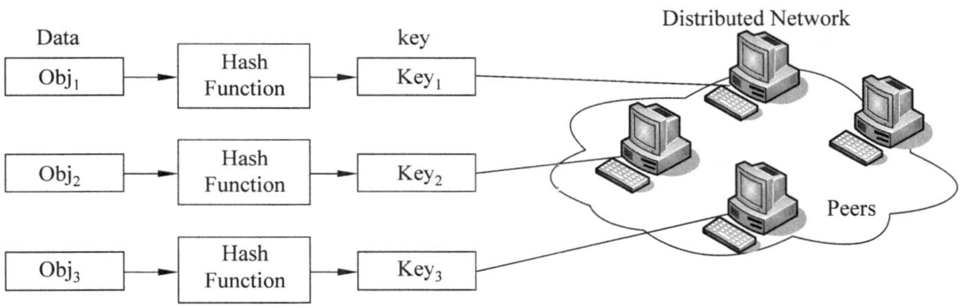

图 7.7　分布式哈希表示意图

分布式哈希表的工作过程主要分为以下两部分:

(1) 哈希步骤。分布式哈希表引入哈希函数把查找的内容映射为唯一的键值,同时保证将哈希函数的键值空间划分为相等的区间分布到网络中的各个节点。每个节点必须了解自己负责的键值空间中任一键值对应的内容的至少一个副本的存放位置,即该节点必须存储指向自己所负责的键值区间对应的内容副本或者指向内容副本的指针。

(2) 路由步骤。该步骤使得节点能够找到所请求的内容,不同的 P2P 网络应用的路由算法不同。路由算法需要考虑系统的可扩展性,有效地处理节点加入、退出和失效等情况。

DHT 虽然能够解决大规模资源定位和查找问题,但是仍然存在以下问题:

(1) 只能进行精确匹配,实用价值有限。

(2) 适应节点动态变化的能力低。

(3) 哈希会破坏节点的位置信息,同一个子网的节点可能节点号相距甚远,不利于查询性能的优化。

(4) 基于哈希表的系统不能利用应用本身的信息，许多应用（如文件系统）的数据本身是按照层次结构组织的，哈希函数会丢弃此类信息。TerraDir[19]提出一种面向层次结构的查找机制，可以对此进行优化。

基于分布式哈希表构造的网络能够广泛应用于建立 P2P 网络。此外，DHT 还可以用于构建分布式文件系统，典型的应用有协作文件系统（Cooperative File System，CFS）[20]、PAST[21]和 OceanStore[22]。

下面对基于分布式哈希表的 P2P 网络的工作原理进行简单介绍。

1. Chord 原理

Chord[13]是一种 P2P 分布式哈希表的协议与算法，2001 年由加州大学伯克利分校提出，其核心思想是解决在 P2P 应用中遇到的基本问题：如何在 P2P 网络中找到存有特定数据的节点。如名字所示，Chord 算法通过构造环形拓扑组织查找结构，Chord 算法本身具有负载均衡、分布性、可扩展性、可用性以及命名灵活性等特点。

Chord 可以实现这样一种操作：给定一个关键字（key），将 key 映射到某个节点。如果给 P2P 应用的每个数据都分配一个 key，那么应用中的数据查找问题就可以很容易地用 Chord 解决。

Chord 采用相容哈希算法的变体为节点分配关键字。相容哈希算法具有良好的特性，首先是哈希函数可以做到负载平衡，即所有节点可以接收到基本相同数量的关键字。另外，当第 N 个节点加入或者离开网络时，只有 1/N 的关键字需要移动到另外的位置。

Chord 进一步改善了相容哈希算法的可扩展性。在 Chord 中，节点并不需要知道所有其他节点的信息。每个 Chord 节点只需要知道关于其他节点的少量的"路由"信息。在由 N 个节点组成的网络中，每个节点只需要维护其他 $O(\log N)$个节点的信息，同样，每次查找只需要 $O(\log N)$条消息。当节点加入或者离开网络时，Chord 需要更新路由信息，每次加入或者离开需要传递 $O(\log^2 N)$条消息。

相容哈希函数为每个节点和关键字分配 m 位的标识符，此标识符可以用 SHA-1[23]等哈希函数产生。节点的标识符可以通过哈希节点的 IP 地址产生，而关键字的标识符可以直接哈希此关键字。标识符长度 m 必须足够长，这样才能保证两个节点或者关键字哈希到同一个标识符上的概率足够小。

Chord 中每个关键字都保存在它的后继（successor）节点中。后继节点是节点标识符大于或等于关键字 k 标识符的第一个节点，将其记为 successor(k)。图 7.8 中，假设 IP 地址为 198.10.10.1 的节点经过 SHA-1 哈希之后得到的标识符为 123，而关键字 LetItBe 哈希之后

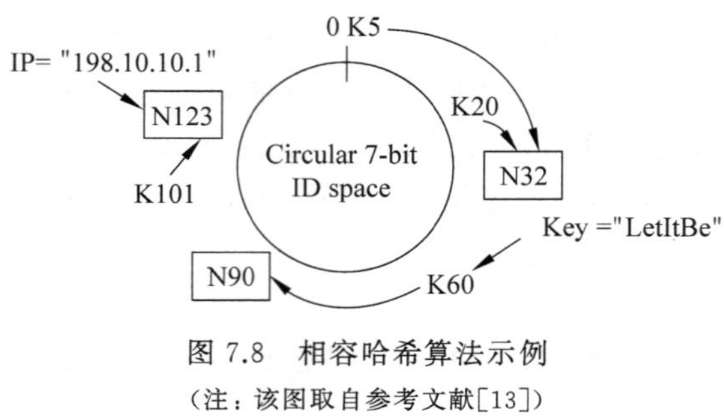

图 7.8　相容哈希算法示例

（注：该图取自参考文献[13]）

的标识符为 60。关键字 LetItBe 的标识符为 60，其后继节点为 90，因此它被保存在 90 节点中。从图 7.9 中可以看出，如果标识符采用 m 位二进制数表示，并且将 $0 \sim 2^m-1$ 的数排列成一个圆圈，那么 successor(k)就是从 k 开始沿顺时针方向距离最近的节点。

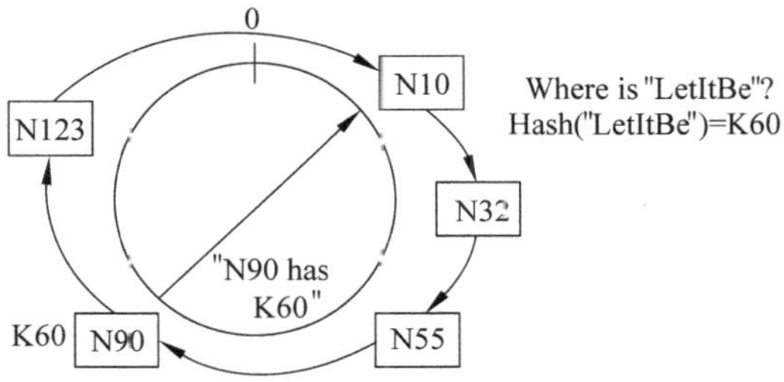

图 7.9 一种关键字查找方案

（注：该图取自参考文献[13]）

相容哈希算法的另一个特点是，当节点加入或者离开网络时，对网络带来的冲击可以达到最小。当节点 n 加入网络时，为了保持相容哈希映射，某些原来分配给 n 的后继节点的关键字将分配给 n；当节点 n 离开网络时，所有分配给它的关键字将重新分配给 n 的后继节点。除此之外，网络中不会发生其他变化。以图 7.9 为例，当节点 N90 离开网络时，关键字 LetItBe 将被分配给节点 N123。

下面看看 Chord 如何进行关键字查找。

首先考虑最简单的情况。假设每个节点都知道整个网络中的节点和关键字的信息，也就是说，每个节点都维护 $O(N)$大小的路由表。当网络规模很大时，这种策略的扩展性存在问题，甚至是不可行的。当然，这种策略的优点也很明显，它只进行一次路由表查找，就可以找到关键字所在的节点。

再看图 7.9 中的方案。图中每个节点只知道其后继节点的信息。这样，当进行查找时，节点依次查询其后继节点，直到找到关键字或者遍历完整个网络为止。这种方式的优点是可扩展性好，每个节点需要知道的信息很少；缺点是查询速度比较慢，为 $O(N)$数量级，当网络规模很大时(设想一下大的 P2P 系统可能有百万以上的主机参与)，这样的速度是不能接受的。

Chord 采用了上述两种方案的折中方案。在 Chord 中，每个节点维护少量的路由信息，通过这些路由信息，可以大幅提高查询的效率。

如果 m 是关键字和节点标识符的位数(采用二进制表示)，那么每个节点只需要维护一张最多 m 个表项的路由表，我们称之为指针表(finger table)。节点 n 的查找表的第 i 个表项包括的是 $s=\text{successor}(n+2^{i-1})$，这里，$1 \leqslant i \leqslant m$ 并且所有的计算都要进行 mod 2^m，s 称为节点 n 的第 i 个指针，我们用 n.finger[i].node 表示。Chord 指针表中各项的含义见表 7.1。

表 7.1 Chord 指针表中各项的含义

符　　号	含　　义
finger[k].start	$(n+2^{k-1}) \bmod 2^m$，$1 \leqslant k \leqslant m$
.interval	[finger[k].start，finger[$k+1$].start)
.node	第一个大于或等于 n.finger[k].start 的节点

续表

符　　号	含　　义
successor	标识符环中的下一个节点；finger[i].node
predecessor	标识符环中的前一个节点

以图 7.10 为例，节点 1 的指针表的表项应该分别指向标识符 $(1+2^0) \bmod 2^3=2$，$(1+2^1) \bmod 2^3=3$，$(1+2^2) \bmod 2^3=5$。而标识符 2 的后继是节点 3，因为它是 2 之后的第一个节点，标识符 3 的后继是节点 3，而标识符 5 的后继是节点 0。

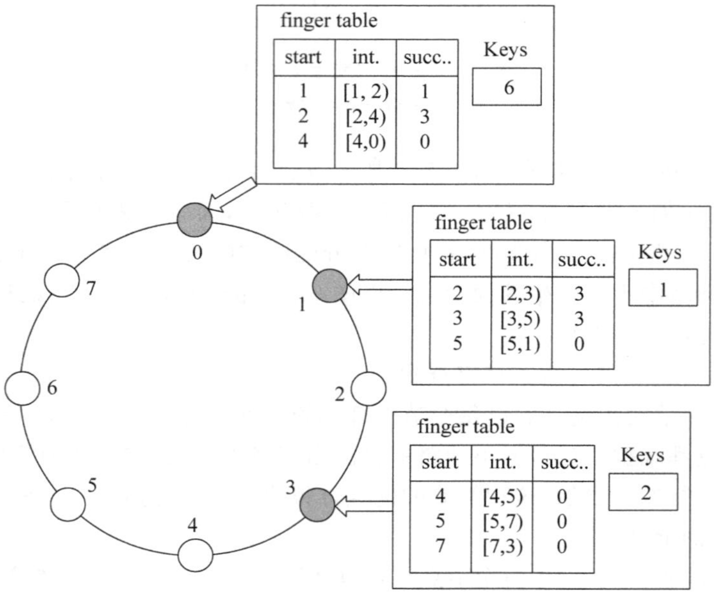

图 7.10　Chord 数据组织实例

这一方案有两个重要的特性：首先，每个节点都只需要知道一部分节点的信息，而且离它越近的节点，它知道的信息越多；其次，每个节点的指针表通常并不包括足够的信息可以确定任意一个关键字的位置。例如，图 7.10 中的节点 3 就不知道关键字 1 的位置，因为 1 的后继节点信息并没有包含在节点 3 的指针表中。

当节点 n 不知道关键字 k 的后继节点时怎么办？如果 n 能够找到一个节点，这个节点的标识符更接近 k，那么这个节点将会知道该关键字的更多信息。根据这一特性，n 将查找它的指针表，找到节点标识符大于 k 的第一个节点 j，并询问节点 j，看 j 是否知道哪个节点更靠近 k。通过重复这个过程，n 最终将会知道 k 的后继节点。

仍然考虑图 7.10 中的例子，节点 3 需要查找关键字 1 的后继节点。由于 1 属于循环区间[7,3)，它属于 3.finger[3].interval，因此节点 3 查找其指针表的第 3 项，返回 0。由于 0 在 1 之前，因此节点 3 将要求 0 寻找关键字 1 的后继节点。以此类推，节点 0 将查找它的指针表并发现 1 的后继节点是 1 本身，于是节点 0 将告诉节点 3，节点 1 是它要找的节点。

下面讨论 Chord 中如何处理新节点的加入。节点 n 的加入分为以下 3 个阶段。

(1) 初始化新节点的指针表：假设节点 n 在加入网络之前通过某种机制知道网络中的某个节点 n'。这时，为了初始化 n 的指针表，n 将要求节点 n' 为它查找指针表中的其他表项。

(2) 更新现有其他节点的指针表：节点加入网络后将调用其他节点的更新函数，让其他节点更新其指针表。

(3) 从后继节点把关键字传递到节点 n：把所有后继节点是 n 的关键字转移到 n 上。整个加入操作的时间复杂度是 $O(\log^2 N)$，如果采用更复杂的算法，可以把复杂度降低到 $O(\log N)$。

在对等网络中，某个对等节点随时可能退出系统或者发生失效，因此处理节点失效是一个重要的问题。在 Chord 中，当节点 n 失效时，所有在指针表中包括 n 的节点都必须把 n 替换成 n 的后继节点。另外，节点 n 的失效不能影响系统中正在进行的查询过程。

在失效处理中最关键的步骤是维护正确的后继指针。为了保证这一点，每个 Chord 节点都维护一张包括 r 个最近后继的后继列表。如果节点 n 注意到它的后继节点失效了，它就用后继列表中的第一个正常节点替换失效节点。

2. CAN 原理

CAN(Content-Addressable Network)[14]可以在 Internet 规模的大型对等网络上提供类似哈希表的功能，与其他分布式哈希表类似，CAN 具有良好的可扩展性、容错性以及自组织特性。CAN 的结构设计基于虚拟的多维笛卡儿坐标空间，形成多环的覆盖网络，该多维笛卡儿坐标空间基于虚拟的逻辑地址，完全独立于节点的物理位置与物理连接，空间的节点通过坐标值表示。

CAN 类似于一张大哈希表，CAN 的基本操作包括插入、查找和删除(关键字，值)对。CAN 由大量自治的节点组成。每个节点保存哈希表的一部分，称为一个区(zone)。此外，每个节点还保存少量的邻接区的信息。对每个特定关键字的插入(或者查找、删除)请求由中间的 CAN 节点进行路由，直到到达包括该关键字的 CAN 节点所在的区。CAN 的设计完全是分布式的，它不需要任何形式的中央控制点。CAN 具有很好的可扩展性，节点只需要维护少量的控制状态，而且状态数量独立于系统中的节点数量。CAN 支持容错特性，节点可以绕过错误节点进行路由。CAN 基于虚拟的 d 维笛卡儿坐标空间实现其数据组织和查找功能。整个坐标空间动态地分配给系统中的所有节点，每个节点都拥有独立的互不相交的一块区域。图 7.11 给出了一个二维的$[0,1]\times[0,1]$的笛卡儿坐标空间划分成 5 个节点区域的情况。

虚拟坐标空间采用下面的方法保存(key，value)对。当保存(K1，V1)时，使用统一的哈希函数把关键字 K1 映射成坐标空间中的点 P。那么这个值 V1 将被保存在该点所在区域的节点中。当需要查询关键字 K1 对应的值时，任何节点都可以使用同样的哈希函数找到 K1 对应的点 P，然后从该点对应的节点取出相应的值。如果此节点不是发起查询请求的节点，CAN 负责将此查询请求转发到对应的节点。因此，有效的路由机制是 CAN 中的一个关键问题。

CAN 中的路由机制非常简单，只需要计算目的点的坐标，然后寻找从发起请求的点到目的点的一条路径就可以。首先需要给出两个节点区域邻接的含义，在 d 维坐标空间中，当两个区域在 d-1 维上都覆盖相同的跨度而在另一维上相互邻接，则称这两个区域邻接。

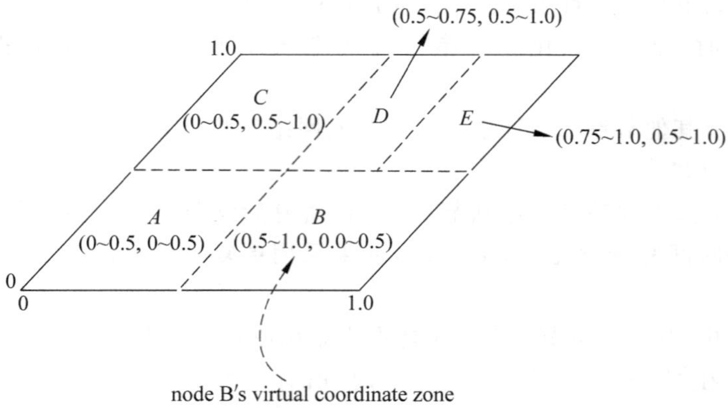

图 7.11　笛卡儿坐标空间的区域划分

（注：该图取自参考文献[14]）

例如，图 7.11 中 D 和 E 是邻接节点，而 D 和 A 就不是邻接节点。每个 CAN 节点都保存一张坐标路由表，其中包括它的邻接节点的 IP 地址和虚拟坐标区域。每条 CAN 消息都包括目标点坐标。路由时节点只要朝着目标节点的方向把请求转发给自己的邻接节点就可以了。

图 7.12 给出了查找过程的一个简单的例子。如果一个 d 维空间划分成 n 个相等的区域，那么平均路由长度就是$(d/4)(n^{1/d})$，每个节点只需要维护 $2d$ 的邻接节点信息。这个结果表明 CAN 的可扩展性很好，节点数增加时每个节点维护的信息不变，而且路由长度只是以 $O(n^{1/d})$的数量级增长。可以看到，在坐标空间中，两点之间可以有许多条不同的路径。因此，单个节点的失效对 CAN 基本上没有太大的影响。遇到失效节点时，CAN 节点会自动沿着其他的路径进行路由。

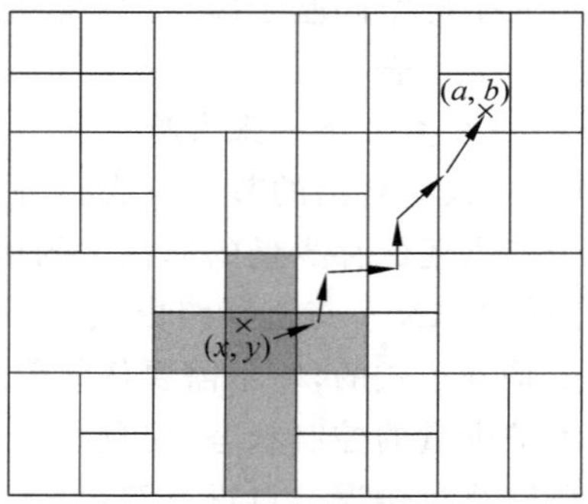

图 7.12　CAN 查找的实例

（注：该图取自参考文献[14]）

CAN 是一种动态网络，当一个新的节点加入网络时，必须得到自己的一块坐标空间。CAN 通过分裂现有的节点区域实现这一过程。它把某个现有节点的区域分裂成同样大小的两块，把其中一块分给新加入的节点。整个过程分为以下 3 步：

(1) 新节点必须首先找到一个已经在 CAN 中的节点。

(2) 新节点使用 CAN 的路由机制找到一个区域将要被分隔的节点。

(3) 执行分裂操作，然后原有区域的邻接区域必须被告知发生了分裂，这样新节点才能被别的节点路由到。

当节点离开 CAN 时，必须保证它的区域被 CAN 系统收回，也就是分配给其他仍然在系统中的节点。一般过程是由某个节点接管这个区域和所有的(key，value)数据库。如果这个区域可以和相邻区域合并形成一个大的区域，那么 CAN 将执行合并操作。如果合并不能进行，那么该区域将交给其邻接节点中区域最小的节点。也就是说，这个节点将临时负责两个区域。

在正常情况下，CAN 的相邻节点之间将交换周期性的更新消息。如果连续多次没有接收到某个节点的更新消息，那么相邻节点就认为这个节点失效了。这时，相邻节点将启动取代操作，并启动一个时钟。失效节点的每个相邻节点相互独立地执行该过程。如果时钟超时，节点将向失效节点的所有相邻节点发送取代消息，该消息中包括它自己的区域面积信息。当某个节点接收到取代消息后，如果它的区域面积比发出消息的节点大，则它将取消取代操作。否则它将发出自己的取代消息。采用这种机制可以保证选择面积最小的节点取代失效节点。

文献[17]中第 3 部分给出了许多改进建议，包括增加空间的维数，每个点控制多个区域，采用多个哈希函数以提高可靠性等。文献[18]中给出了一种 binning 机制，可以把根据延迟计算比较接近的节点放到同一个节点柜(bin)中，这样可以显著地提高 CAN 的性能。

Pastry[15]是类似于 Chord 的一种分布式哈希表实现，(key, value)对冗余地存储在 P2P 网络的节点中。冗余性与分布式的特点使得系统中不存在单一的故障节点，并且任意单个节点能够在任意时刻离开网络，而几乎不会造成数据丢失。该协议还能够利用诸如 ping、traceroute 等外部程序提供的路由度量数据决定路由表中存储的最优路由。与其他分布式哈希表算法不同的是，Pastry 的路由覆盖层网络建立在分布式哈希表之上，能够使 Pastry 具有分布式哈希表的可扩展性与容错性，同时能够避免在将数据从一个节点传输到另一个节点时进行洪泛而减少网络开销。

而 Tapestry[16]是一种提供分布式的内容定位、高效的路由以较小的消息延时功能的分布式哈希表，Tapestry 构建并维护局部最优的路由表，允许应用自行决定内容分布，并允许应用在覆盖层网络中实现组播功能。Tapestry 是用于覆盖网络的定位和路由机制，它可以对消息进行位置无关的路由，把消息传递到最近的存放所要求的对象副本的节点。Tapestry 的路由机制完全是基于软状态的并且易于修复。Tapestry 具有自我管理、容错和灵活平衡负载等特点。

上述 4 种分布式资源查找方案具有很多相似的特点，比如都采用了 SHA-1 哈希函数获得标识符，都采用了路由表机制进行路由转发，在处理节点的加入和退出时都采取了相似的步骤，等等，这几种方案的比较见表 7.2。基于这些系统，研究人员还设计了改进的路由机制，可以具有更好的性能[18]。

表 7.2 分布式哈希路由查找系统的比较

名称	节点加入复杂度	空间复杂度	查找复杂度	是否支持负载平衡
Chord	$O(\log^2 n)$	$O(n\log n)$	$O(\log n)$	支持
CAN	$O(r)$	Nr	$Rn^{1/r}$	支持
Pastry	$O(\log^2 n)$	$O(n\log n)$	$O(\log Bn)$	支持
Tapestry	$O(\log^2 n)$	$O(n\log n)$	$O(\log n)$	支持

有些研究人员已经认识到基于分布式哈希表的路由机制也有无法解决的问题。首先，哈希破坏了节点的位置信息，来自同一个子网的站点很可能节点号相距甚远，这不利于查询性能的优化。其次，基于哈希表的系统不能利用应用本身的信息，许多应用(如文件系统)的

数据本身是按照层次结构组织的，哈希函数丢失了应用的层次结构信息。

和本节讨论的分布式哈希表机制不同，TerraDir[19]中提出了一种面向层次结构的查找机制。假定数据和服务器之间存在一一映射的关系，TerraDir 假定输入数据已经按照层次结构组织好了，并且路由过程可以在这种层次树结构中进行。查询请求首先被路由到源和目的的最长共同前缀节点，然后再发送到目标节点。举例来说，假设/a 是树的根节点。从/a/b/c/d 到/a/b/f/g/h 的查询请求将首先被上传到/a/b，然后再下传到目标节点。如果源节点是目标节点的祖先节点（或者子孙节点），那么共同最长前缀就是源节点（或者目标节点）。该机制也可以推广到每个服务器保存多个数据项的情况，通过缓存机制可以进一步提高查找性能。

此外，目前绝大部分应用仅利用 DHT 链接库，应用程序中增加 DHT 代码实现分布式哈希表功能，如图 7.13(a) 所示，该方法具有更高的灵活性高性能。而 OpenDHT[24]提出了将 DHT 构建为统一服务的研究思路，如图 7.13(b) 所示，可以使应用程序更快、更方便地利用 DHT。OpenDHT 利用 PlanetLab 的数百个节点部署 DHT 服务，互联网的任意节点可以作为客户端通过基于 TCP 的 RPC 访问 DHT，该 DHT 服务提供基本的 Put/Get 操作，Put(key, value) 操作基于 key 值在 DHT 内存储 value 值，而 get(key) 操作则返回 key 映射的 value 值。OpenDHT 服务自从 2004 年 4 月运行以来已经吸引了许多用户，他们基于 OpenDHT 构建了许多应用。由于缺乏后续支持，OpenDHT 服务已经于 2009 年关闭，用户仍可以从网上获取到 OpenDHT 的源代码用于自行部署服务。同时，值得一提的是，目前商业公司 Amazon 已经利用自行研发的 DHT 服务 Dynamo[25]为自己的云计算平台提供支持。

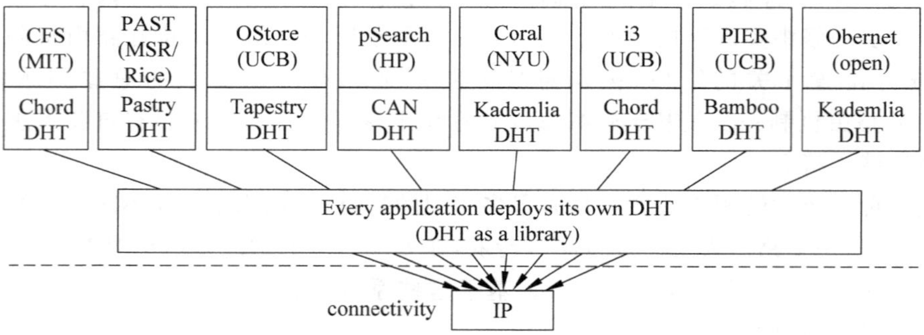

(a) 将DHT作为函数库

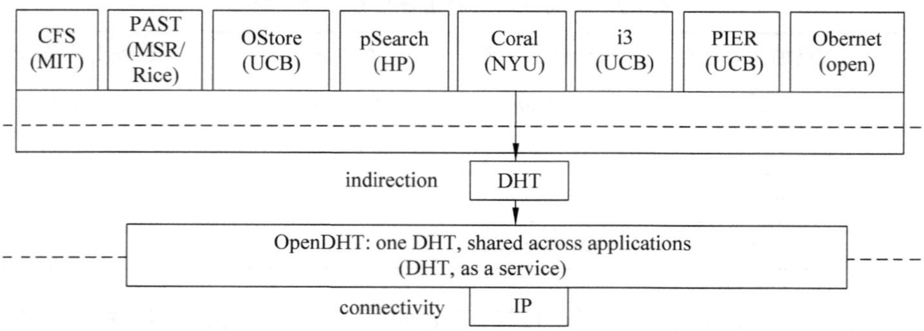

(b) 将DHT作为服务

图 7.13　两种 DHT 应用方法

本节详细介绍了 P2P 网络与覆盖层网络的关系，介绍了无结构的 P2P 网络与结构化的 P2P 网络，并分别举例分析了两种类型的 P2P 网络的特点与实现原理。结构化 P2P 网络主要利用 DHT 进行组织，对稀缺资源的查找效果好，但是不支持内容关键字查找，网络变化剧烈时效果差；而无结构化 P2P 网络则支持通用的查找，能够适应动态的网络环境，但是查找稀缺内容时效果较差。7.4 节将对 P2P 的应用进行阐述，并分析目前典型的 P2P 系统。

7.4 P2P 应用以及典型 P2P 系统分析

P2P 网络自从出现以来的短短几年内迅速发展，涌现出许许多多的应用。总体上，P2P 应用可以分为 3 类。

(1) 文件分发：该类型的 P2P 应用主要用于文件分享服务，如最初的 Napster 就用于分享音乐文件。目前国内应用广泛的 P2P 文件分发软件有 BitTorrent[26]、Emule[27] 以及迅雷[28]等。统计数据[29]显示，利用 BitTorrent、eDonkey、FastTrack 与 Gnutella 4 种 P2P 软件共享的文件内容分布中视频文件占 60%以上。

(2) 语音服务：该类型应用用于提供语音服务，Skype 是该类型应用的代表。Skype 可以实现与其他用户的高清晰语音对话，也可以拨打国内国际电话，还具备即时通信所需的其他功能。Skype 在实现中采用了 P2P 技术，当通信双方的互联网连接质量不佳时，可以选择系统中的一个其他节点作为中继。

(3) 流媒体服务：该类型应用用于提供在线的音频、视频流媒体服务。流媒体应用又分为非实时流媒体服务和实时流媒体服务。非实时流媒体应用主要是目前应用广泛的视频点播应用，其典型代表为 PPLive[4] 与 PPStream[5]。P2P 实时流媒体应用为用户提供直播服务，可以分成基于组播树（Tree-based）的实时流媒体应用（EMS）和网状结构（Mesh-based）的流媒体应用（CoolStreaming[3]、PPLive[4]）。典型的 Mesh-based 的实时流媒体应用借用 P2P 文件分发应用中的数据分块传输机制，实现对流媒体的实时播放。此外，PPVA[6] 能够提供透明的可扩展的 P2P 服务，能够为 YouTube、优酷等非 P2P 视频服务提供商提供 P2P 加速。流媒体视频服务最近几年增长迅速，网络带宽消耗持续增加，采用 P2P 模式能够显著减少服务器带宽消耗，降低服务提供商成本消耗。

目前，Emule 和 BitTorrent 是全球最热门的 P2P 文件分发软件，它们产生的流量占 P2P 总流量的 50%以上。PPLive 等实时的流媒体应用发展也极其迅速，用户数目迅速增长。

7.4.1 BitTorrent

BitTorrent 既是一种 P2P 内容分发协议，也是一种 P2P 内容分发软件。一般的文件下载服务器为每一个发出下载请求的用户提供下载服务，而 BitTorrent 的工作方式与之不同。BitTorrent 能够将大文件分为许多小的片段并保存在多个用户节点，这样用户可以并发地从多个其他用户请求未下载的片段，再合并为完整文件，从而显著提高下载速度。

BitTorrent 协议是架构于 TCP/IP 之上的一个 P2P 文件传输协议，处于 TCP/IP 协议栈的应用层。BitTorrent 协议本身也包含了很多具体的内容协议和扩展协议，并在不断扩充中。根据 BitTorrent 协议，文件发布者会根据要发布的文件生成一个.torrent 文件，即种子文件。.torrent 文件本质上是文本文件，包含 Tracker 信息和文件信息两部分。Tracker 信息主要是 BitTorrent 下载中需要用到的 Tracker 服务器的地址和针对 Tracker 服务器的设置；文件信息是根据对目标文件的计算生成的，计算结果根据 BitTorrent 协议内的编码规则进行编码。它的主要原理是需要把提供下载的文件虚拟分成大小相等的块，块大小必须为 2 的整数次方（由于是虚拟分块，硬盘上并不产生各个块文件），并把每个块的索引信息和散列验证码写入.torrent 文件中。因此，.torrent 文件就是被下载文件的“索引”。下载者要下载文件内容，需要先得到相应的.torrent 文件，然后使用 BT 客户端软件进行下载。下载时，BT 客户端首先解析.torrent 文件得到 Tracker 服务器的地址，然后连接 Tracker 服务器。Tracker 服务器回应下载者的请求，向下载者提供其他下载者（包括发布者）的 IP。下载者再连接其他下载者，根据.torrent 文件，两者分别向对方告知自己已经有的块，然后交换对方没有的数据。此时不需要其他服务器参与，因此减轻了服务器负担。下载者每得到一个块，需要算出下载块的散列验证码与.torrent 文件中的对比。如果一样，则说明块正确；如果不一样，则需要重新下载这个块，以此解决下载内容正确性的问题。

为了完成内容的发布，至少需要一个 Tracker 服务器和一个 Seed。Seed 又称为种子，通常是第一个向 Tracker 服务器注册的节点，然后它就开始进入循环，等待为别人提供文件，也就是说，第一个 Seed 只负责上传文件。一旦有 Peer 向 Tracker 服务器注册后，就可以取得 Seed 的信息，从而与 Seed 建立连接。由于原始的文件只有 Seed 拥有，所以 Seed 至少要上传原始文件的一份完整副本。

BitTorrent 客户端的核心源程序用 Python 语言编写，我们首先通过分析源代码对 BitTorrent 的文件传输过程做一个概要性的描述。

BitTorrent 客户端需要完成以下功能：

（1）解析.torrent 文件，获取要下载的文件的详细信息，并在磁盘上创建空文件。

（2）与 Tracker 服务器建立连接，并交互消息。

（3）根据从 Tracker 得到的信息，与其他 Peer 建立连接，并下载需要的文件片段。

（4）监听某端口，等待其他 Peer 的连接，并提供文件片段的上传。

BitTorrent 客户端需要处理两种协议：

（1）与 Tracker 服务器交互的 Track HTTP。

（2）与其他 Peer 交互的 BitTorrent 对等协议。

BitTorrent 客户端进行连接的过程如下：假设一个 BitTorrent 客户端为 A，另一个客户端为 X。如果是 X 主动向 A 发起连接，那么在 TCP 连接建立之后，A 立刻利用这个连接向 X 发送 BitTorrent 对等协议的“握手”消息。同样，X 在连接建立之后也向 A 发送 BitTorrent 对等协议的“握手”消息。A 一旦接收到 X 的“握手”消息，它就认为“握手”成功，并建立 BitTorrent 对等协议层次上的连接。因为在该过程中，A 发送了一个消息，同时接收了一个消息，所以这个握手过程是两次“握手”。同样，对 X 来说，因为连接是它主动发起的，所以它在发送完“握手”消息之后，就等待 A 的“握手”消息，如果收到，那么它也认为“对等连接”建立了。一旦“对等连接”建立之后，双方就可以通过这个连接传递消息了。

Tracker 服务器是 BitTorrent 下载中的重要角色。一个 BitTorrent 客户端在下载开始以及下载进行的过程中要不停地与 Tracker 服务器进行通信，同时报告自己的信息，并获取其他下载客户端的信息。这种通信是通过 HTTP 进行的（现在已经出现了基于 UDP 的实现),又称为 Tracker HTTP,具体过程如下:客户端向 Tracker 发一个 HTTP 的 GET 请求,并把它自己的私有信息放在 GET 的参数中;Tracker 服务器对所有下载者的信息进行维护,当它收到一个请求后,首先把对方的信息记录下来,然后将一部分参与下载同一个文件的下载者的信息返回给对方。客户端在收到 Tracker 服务器的响应后,就能获取其他下载者的信息,于是它就可以根据这些信息与其他下载者建立连接,从它们那里下载文件片段。图 7.14 说明了 BitTorrent 的工作原理。

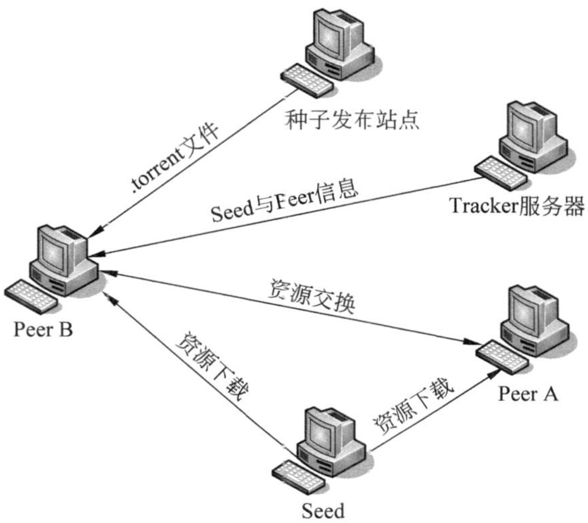

图 7.14　BitTorrent 工作原理

BitTorrent 通过 Tracker 服务器或者 DHT 网络获得节点列表。图 7.15 显示了 BitComet(这是目前常用的 BitTorrent 程序)连接 Tracker 服务器的情况。这里要说明一点,新版 BitComet 允许同时连接 DHT(分布式哈希表)网络和 Tracker 服务器,也就是说,在完全不连接 Tracker 服务器的情况下,也可以利用结构化的 P2P 网络寻找下载同一文件的其他用户而实现下载。这里使用的 DHT 算法是 Kademlia[30](在 eMule 中也有使用,常把它叫作 KAD,具体实现细节略有区别)。从这里也可以看出,作为一种有效的分布式查找技术,DHT 已经逐渐被业界接受,特别是用于服务器端的维护和管理。

Tracker服务器	重试	剩余时间	状态
http://bt.5qzone.net:8080/	1	00:00:04	10:44: Can't Connect Tracker(11001), waiting 10s t
http://bt4.5qzone.net:9090/	0	00:00:04	
http://bt3.5qzone.net:8080/	0	00:00:04	
http://itv.5qzone.net:8080/	2	00:00:14	10:44: Can't Connect Tracker(10061), waiting 20s t
DHT Network	0	00:19:40	10:44: Tracker return 442 peers

图 7.15　BitComet 连接服务器状态图

通过 Tracker 服务器返回可用节点列表。Tracker 服务器维护一个四级的字典结构,如图 7.16 所示,当用户请求到达的时候,Tracker 服务器会查询二级字典的 HashID,这样就可以获得三级字典的内容,即下载这个文件的所有的 Peer。四级字典详细描述了这个 Peer 的 IP 地址和端口等情况。Tracker 服务器调用函数 Peerlist()随即返回给用户一个三级字典的子集。集合的大小为默认值 30 或者是用户指定的返回大小(不能超过 BitTorrent 设置的最大值)。因此,可以称 BitTorrent 的节点选择策略为随机的节点返回策略,客户端根据返回的列表连接并下载所需要的数据。客户端本身并不进行地址的优先值划分和过滤。因此,可以在服务器端优化节点的返回策略(比如说优先返回同一个 ISP 的 Peer),从而提高用户的下载速率并减少 ISP 之间的 BitTorrent 流量。

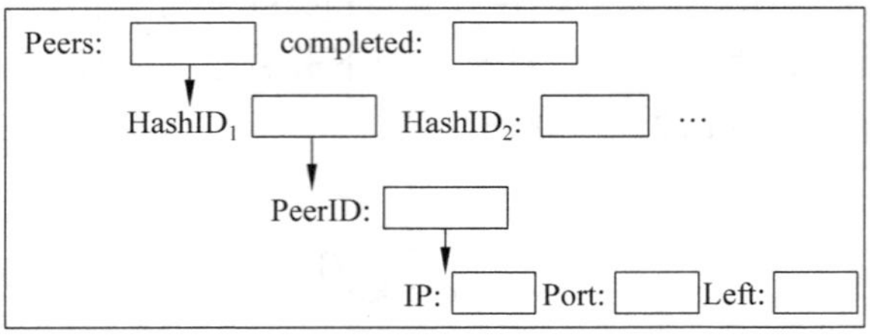

图 7.16　Tracker 服务器的四级字典

具体的 BitTorrent 协议除了实现上述功能外,还增加了流水作业、片段选择和阻塞算法等策略。

1. 流水作业

BitTorrent 下载文件时为了增加传输速率,会同时发送多个请求,以避免在两个片段发送之间的延迟。为了实现目标,BitTorrent 将每个片段又进一步分为子片段,每个子片段的大小一般是 16KB,同时,它一直保持几个请求通过流水方式同时发送。流水作业所选择的请求数目能使得大多数连接满速率工作。

2. 片段选择

片段的下载顺序对于 BitTorrent 的性能有重要影响,差的片段选择算法可能导致所有片段都处于下载中,或者导致另一种情况,即没有任何片段被上传给其他节点。BitTorrent 的片段选择策略包括以下 4 个方面。

(1) 严格的优先级:BitTorrent 一旦请求了某个片段的子片段,那么该片段剩下的子片段优先被请求,可以尽可能快地获得一个完整的片段。

(2) 最少优先策略:BitTorrent 在选择下一个被下载的片段时,通常选择它的邻居节点所拥有的最少的那个片段,也就是所谓的"最少优先"。最少优先策略确保了每个下载者都拥有它的邻居最希望得到的那些片段,从而一旦有需要,上传就可以开始。这也确保了那些越常见的片段越放在最后下载,从而减少了这样一种可能性,即某个节点当前正提供上传,却没有任何其他节点需要的片段。此外,最少优先策略能够保证某些片段不会仅存在于一个或者数目很少的节点中,通过尽快地复制最少的片段,减少了节点离开带来的资源紧张的风险。

(3) 随机的第一个片段:最少优先的一个例外是在下载刚开始的时候,此时下载者没有任何片段可上传,所以,需要尽快地获取一个完整的片段。而最少的片段,通常只有某一个节点拥有,所以,它可能比多个节点都拥有的那些片段下载得慢。因此,第一个片段是随机选择的,直到第一个片段下载完成,才切换到"最少优先"策略。

(4) 最后阶段模式:节点有时需要从一个速率很慢的节点那里请求一个片段。在下载的中间阶段节点同时下载多个片段,这种情况可以接受,但是下载完成阶段低速率的连接却可能延迟下载的完成。为了防止这种情况,在最后阶段节点向它的所有邻居都发送某片段的子片段的请求,一旦某些子片段到了,就会向其他节点发送取消消息,取消对这些子片段的请求，以避免带宽的浪费。

3. 阻塞(Choking)算法

P2P 网络中，每个 Peer 自己有责任尽可能地提高资源的下载速率。节点从它可以连接的节点处下载文件，并根据对方提供的下载速率给予同等的上传回报。对于合作者，提供上传服务；对于不合作者，会阻塞对方。阻塞是一种临时的拒绝上传策略，虽然停止上传，但是下载仍然继续。在阻塞停止的时候，连接并不需要重新建立。

阻塞算法并不属于 BitTorrent 对等协议的技术部分，但是对提高性能是必要的。一个好的阻塞算法应该利用所有可用的资源，为所有下载者提供一致可靠的下载速率，并适当惩罚那些只下载而不上传的节点。

为了避免因为频繁的阻塞和疏通 Peers 造成的资源浪费，BitTorrent 每隔 10s 计算一次哪个 Peer 需要被阻塞，然后将这种状态保持到下一个 10 秒。10 秒已经足够使 TCP 调整它的传输性能到最大。同时，为了发现那些空闲的连接是否比当前正使用的连接更好，在任何时候，每个节点都拥有一个称为最优非阻塞连接(Optimistic Unchoking)，该连接总是保持畅通状态。每隔 30 秒重新计算一次哪个连接应该是最优非阻塞连接。某些情况下，节点可能被它所有的邻居节点阻塞，这种情况下，它将会保持较低的下载速率，直到通过最优非阻塞连接测试找到更好的连接节点。

一旦某个节点完成了下载，它不能再通过下载速率决定为哪些 Peers 提供上传。目前采用的解决办法是，优先选择那些从它这里得到更好的上传速率的节点，尽可能地利用该节点的上传带宽。

最后说明如何利用 BitTorrent 发布内容，过程如下：

(1) 启动 Tracker 服务器：首先检查保证所使用的服务器拥有固定的 IP 地址以及稳定的连接，利用 bittorrent-tracker.py 启动 Tracker，具体命令如下：

```
./bittorrent-tracker.py --port 6969 --dfiledstate
```

其中 Tracker 服务器运行在 6969 端口，Tracker 必须是网络可以访问的，必须知道其 IP 地址或者域名。Tracker 会输出日志记录，可以通过索引页了解 Tracker 当前正在服务的文件列表。

(2) 创建种子文件：可以利用 GUI 程序 maketorrent.py 或者命令行程序 maketorrent-console.py 创建种子文件。为了创建种子文件，需要指定分享的文件以及 Tracker 服务器的 URL，具体命令如下：

```
./maketorrent-console.py myfile.ext http://my.tracker: 6969/announce
```

生成的种子文件为 myfile.ext.torrent，执行该命令时需要用 Tracker 的域名或 IP 地址替换 my.tracker。利用 GUI 程序制作种子文件的对话框如图 7.17 所示。

(3) 在 Web 服务器上发布种子文件：该步骤的具体操作取决于使用的 Web 服务器类型，用户将通过 Web 服务器获取到种子文件。

(4) 启动上传完整文件：发布前必须启动一个拥有完整文件的下载者，作为新的下载者的下载源，具体命令如下：

```
./bittorrent-console.py --url http://my.server/myfile.torrent --save_as
myfile.ext
```

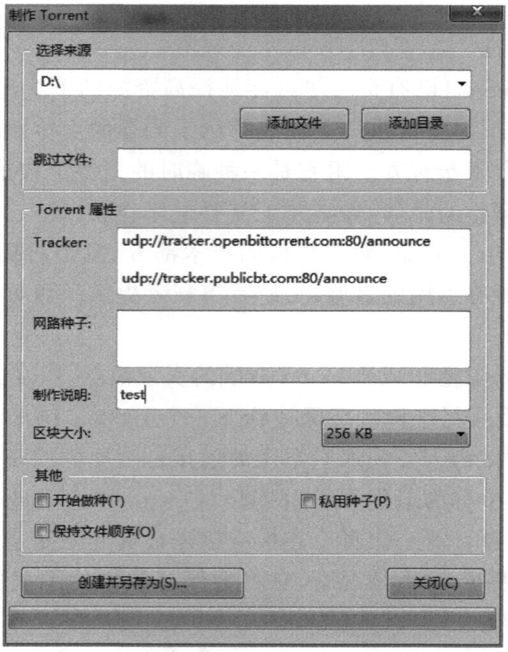

图 7.17　制作种子示意图

save_as 的参数需要指定为完整共享文件的路径。

现在其他下载者就可以从 Web 站点的指定 URL 上获取.torrent 文件，利用 BitTorrent 下载共享的文件了。

7.4.2　CoolStreaming

2004 年发布的 CoolStreaming[3] 是第一款真正意义上的 P2P 视频直播软件，CoolStreaming 通过构建 P2P 覆盖网络实现数据的传输，无须复杂的控制结构。CoolStreaming 采用数据驱动(Data-driven Overlay Network, DoNet)模式，即数据的有效性决定流的方向，而不需要维护转发树等固定的数据拓扑结构，每个节点随机选择一些邻居节点并定期和邻居交换自己的数据信息，节点可以从相连的邻居节点获取自己需要的数据。

不同于应用层组播(Application Layer Multicast, ALM)采用的树状结构，CoolStreaming 采用的 DoNet 机制没有固定的数据拓扑结构，节点间可以相互请求数据，如图 7.18 所示。图 7.18 中左图是一棵以 A 为根节点的树，右图则是网状拓扑。

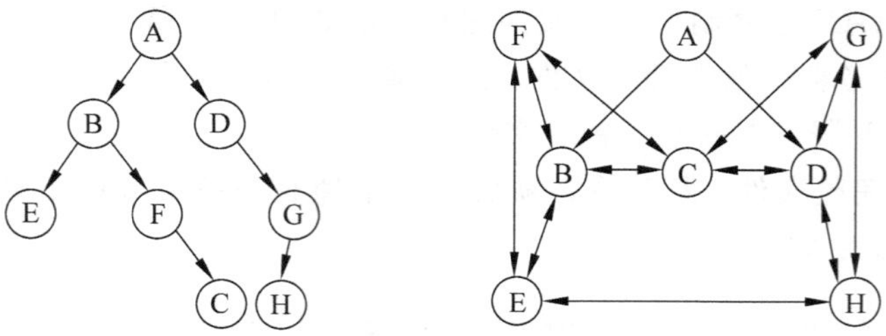

图 7.18　ALM 与 DoNet 对比

CoolStreaming 系统设计框图如图 7.19 所示，CoolStreaming 系统可以分为如下 6 个模块：

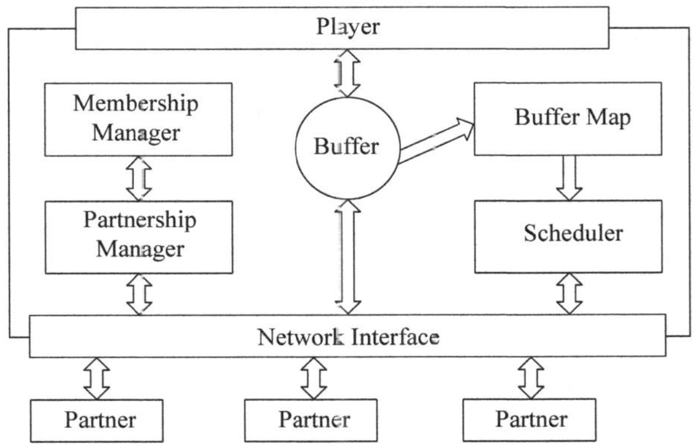

图 7.19　CoolStreaming 系统设计框图

（注：该图取自参考文献[3]）

(1) 缓存管理模块：负责管理缓存，从数据调度模块接收数据，同时为发送模块提供数据。

(2) 数据调度模块：负责决定数据来源节点，发送请求并接收数据。

(3) 数据发送模块：负责在接收到邻居节点的发送请求后，从缓存得到数据并发送至请求成员。

(4) 邻居管理模块：负责邻居节点管理，新节点加入时会首先连接源节点，源节点从自身成员列表里选取一个代理负责新节点的加入过程。新节点从代理节点那里获得候选节点列表后，向这些候选节点发送连接请求，建立协作关系。加入成功后，每个节点都会保持一个节点列表。每个节点会发送消息给其他节点宣布自己的存在，其他节点收到信息会将该节点加入自己的成员列表。成员列表中每一项有一个生命周期时间，过期之后会从成员列表中去除。节点计算它和邻居之间的双向流量（包括它给邻居的，和邻居给它的），评价邻居节点并选择更优的邻居节点（带宽更高或者有效数据更多）。

(5) 信息交互模块：负责邻居间的信息交互，信息更新通过 SCAM (Scalable Gossip Membership)协议周期性地交互节点的状态消息实现，消息的格式为 4 元组：消息序号(seq num)、节点标识(id)、伙伴数量(num partner)和消息存活时间(TTL)，当节点接收一个消息时，就会按照其中的信息为相应节点更新状态信息或者建立一个新的状态信息记录，通过 SCAM 协议进行状态信息的交互，可以在较低的控制负载下实现成员的管理。

(6) 数据调度模块：负责数据请求调度，CoolStreaming 中视频流被分割成固定长度的片段，节点缓存中每个片段的有效性通过缓冲图(Buffer Map，BM)表示，可以采用 120 位的 BM，其中 1 表示数据有效，0 表示数据无效，则 120 位的 BM 可以表示 120 个片段的有效信息，节点间通过和协作节点交互 BM 获得数据的有效信息，确定可以从哪些协作节点获取自身没有的视频片段。数据调度模块需要满足数据可用性、视频播放时间要求、邻居间带宽限制 3 个约束，为每个数据段选择邻居数据源，保证延迟最小，达到流畅播放的效果。CoolStreaming 计算每个视频片段潜在的提供者的数目，通过视频片段的提供者数目确定优先顺序，然后从少到多进行调度处理；具有多个提供者的情况，再按照节点的带宽和延时确定优先顺序。

通过以上模块的协作以及策略设计，CoolStreaming 能够利用 P2P 技术提供视频直播服务，减少服务器带宽消耗。CoolStreaming 发布之后，许多公司认识到 P2P 在流媒体应用中的巨大价值，开始纷纷进入 P2P Streaming 服务市场。

7.4.3 PPLive

PPLive 实现了基于 P2P 的网络电视直播平台，在同类系统中，PPLive 拥有的用户数量和版权资源最多，最多时曾经拥有 1000 多万用户和 300 多路的节目直播频道。PPLive 平均日访问量约为 40 万独立 IP，最高达到 60 万独立 IP，日访问量达 100 万左右，PPLive 网络电视软件是目前国内知名度最高、用户数最多、覆盖面最广的 P2P 网络电视软件。

PPLive 的优点很多：播放流畅、稳定；接入的节点越多，效果越好。个别节点的退出不影响整体性能；系统配置要求低，占系统资源非常少；使用时数据缓存在内存里，不在硬盘上存储数据，对硬盘无任何伤害；多点下载，动态地找到较近连接；支持多种格式的流媒体文件。虽然 PPLive 并不是一个开源软件，但仍可以通过抓包的方法获得它的工作机制：PPLive 应用程序先是向域名为 www.pplive.com 的主机建立 TCP 连接。正常的 HTTP 在建立 TCP 连接之后，主机发送的第一个数据包的内容是 GET/HTTP/1.1，然后站点就将 HTTP 网页信息发送给 IE 浏览器。而 PPLive 协议在建立 TCP 连接后，主机发送的第一个数据包是 GET /web/xml/ newchannel_2052.xml?%20a=143427 HTTP/1.1，然后对方将一个 XML 数据页面发送给 PPLive 应用软件。根据多次实验，GET 信息中的%20a=143427 字段是可变的，143427 标识了不同时刻的 XML 信息。在后面可以看到它对应的是动态变化的节目频道信息。通过协商更新间隔时间，PPLive 软件按照一定的频率更新频道列表和固定节点通信，获取网络资源拓扑信息。获得频道信息后，PPlive 应用程序通过 UDP 端口 8296 与域名为 x.G1D.net 的目标主机通信(其中 x 可以为 1～5)，由于其采用域名方式访问，可以假定为固定的服务器提供 P2P 网络中的资源信息。

PPLive 的工作机制和 BitTorrent 十分类似，PPLive 将视频文件分成大小相等的片段，第三方提供播放的视频源，用户启动 PPLive 以后，从 PPLive 服务器获得频道的列表，用户单击感兴趣的频道，然后从其他 Peer 获得数据文件，并且开放本地端口 8888 (http://127.0.0.1: 8888)作为视频服务器，PPLive 的客户端播放器连接此端口，因此，任何同一个局域网内的用户都可以通过连接这个地址收看到喜欢的节目。图 7.20 为 PPLive 视频直播的工作原理图。

下面通过一个例子理解 PPLive 的工作机制，如直播 NBA 火箭队对爵士队的比赛，视频源的编码器不断地从视频卡上采集数据并且编码后将数据传给视频源；视频源到 PPLive 上注册节目(关键事件 0)；客户端向 PPLive 请求频道列表或者请求播放某一个频道(关键事件 1)；PPLive 服务器返回客户端感兴趣的频道或者是 Peer 节点信息(关键事件 2)；客户端向返回的列表中的 Peer 请求文件信息，并且在本地循环播放。不难发现，在数据组织和传输机制上 PPLive 和 BitTorrent 十分类似，不同之处是一个用于流媒体数据的传输，另一个用于普通文件的传输。

目前除了视频直播外，越来越多的 P2P 服务提供商开始提供视频点播(Video on Demand，VOD)服务，如 PPLive 和 PPStream 都推出了点播业务。下面以 PPLive 的点播系统为例，介绍 P2P VOD 系统的参考模型和对其中用户行为的基本分析。点播系统由于

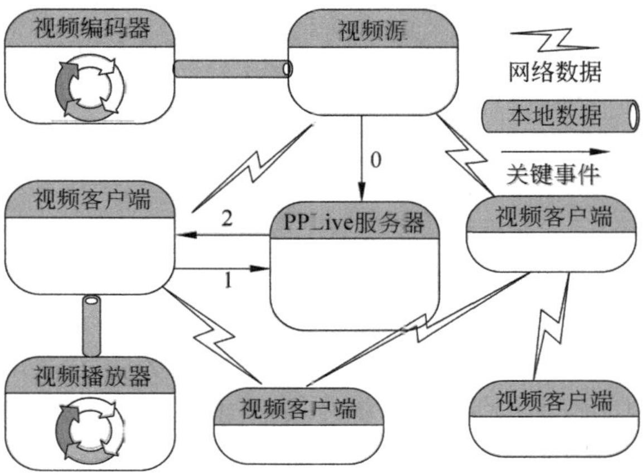

图 7.20　PPLive 视频直播的工作原理图

不具备大量用户同时在线观看相同视频这一特点，而且用户随时可以进行视频拖动选择播放点，因此比视频直播的设计难度更大，这里必然更需要强调服务器（也就是服务提供商放置的超级节点）的作用。

因此，目前的 P2P VOD 系统一般都采用带中央服务器的 P2P 模式，最大的好处是可以提升用户体验，例如减少播放缓存延迟，提高播放流畅度。但是，为了提高系统的可扩展性，中央服务器只完成其必要的工作，绝大部分决策仍然在 Peer 端完成。

典型的 P2P VOD 系统部署[31]如图 7.21 所示，主要由 Tracker、Publish Server、Image Server、Trans Server、Log Server 和 Peer 构成，各部分的功能如下。

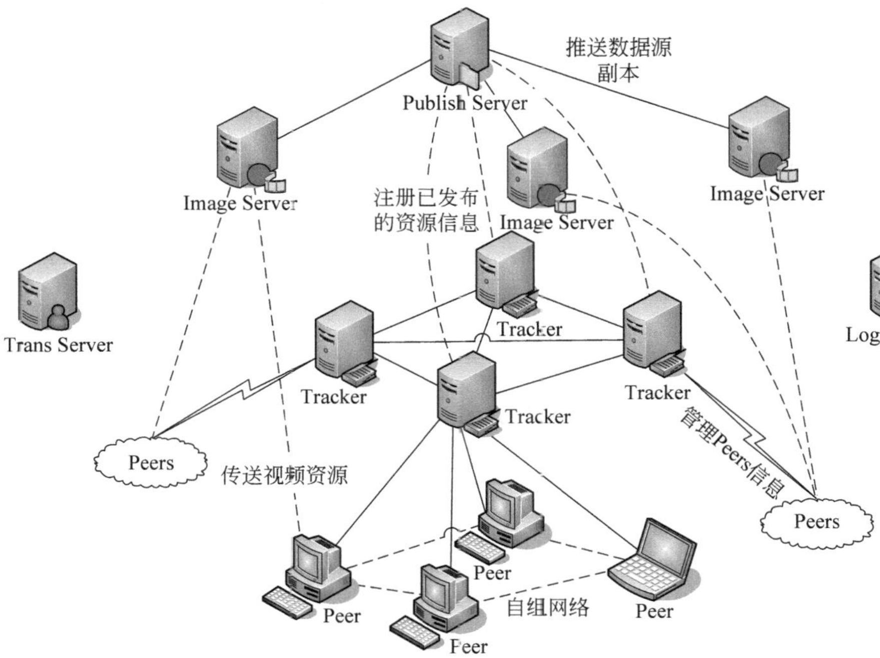

图 7.21　P2P VOD 部署图

(1) Tracker：系统 P2P 索引服务器，用来管理各区域内的节点，存储客户端节点所拥有的数据资源信息，负责 P2P 网络中资源 Peers 的发现和查找功能。客户端在启动时需向 Tracker 注册加入，并定期汇报自己所拥有的资源信息。

(2) 发布服务器(Publish Server)：主要负责节目的发布，向 Tracker 注册已发布的资源信息，同时推送节目数据到镜像服务器，建立节目的多个数据源副本。

(3) 镜像服务器(Image Server)：存储节目源数据，驱动整个 P2P 网络的数据扩散，待节目数据扩散到一定程度后，作为数据补足服务器。

(4) 穿透服务器(Trans Server)：专门用于 UDP 分组的 NAT 穿透。

(5) 日志服务器(Log Server)：收集日志信息的服务器，后台数据分析系统可进行用户的行为分析和统计。以 PPLive 的点播系统为例，整套 PPLive 点播系统拥有一个 Publish Server，系统支持跨异构网络运行(教育网、电信和网通等 ISP)，在每个支持的网络中至少拥有一个 Tracker，在每个异构网络中拥有自己的 Image Server。通过让整个系统的网络实行区域化管理，减小 ISP 骨干网的数据传输量，区域内的节点进行自组织(flooding()方法)，网络也便于管理和维护，有很好的可控性。

(6) 客户端(Peer)：直接面向用户的应用软件，在 P2P 网络中作为一个普通节点，可以从网络获取流媒体数据，进行视频的重组、解码及播放，同时对网络提供物理数据存储和服务，可与 P2P 网络中的其他节点交换资源。

P2P VOD 系统数据主要分布存储在 Image Server 和各个客户端中。每个客户端会根据其自身的磁盘空间情况分配一定的空间。例如，在 PPLive 点播系统中客户端设置了 1GB 的磁盘空间作为缓存存储流媒体数据，同时可用于数据共享。

如图 7.22 所示，典型的 P2P VOD 数据组织为 3 个层次：片段(Piece)、页面(Page)和块(Block)。将整个流媒体分成大小相等的片段，若干固定长度的连续片段组成一个页面，若干固定长度的页面组成一个块，其中一个块包含若干页，一页包含若干片段数据。请求传输以片段为粒度，缓存替换以页为粒度，磁盘存储以块为粒度。P2P VOD 系统维护两个位图(Bitmap)：一个是块位图(Block Bitmap)；一个是片位图(Piece Bitmap)(以下分别简称 BBM 和 PBM)，当有某个 Piece 数据时，PBM 中对应的位置为 1，否则为 0；而 BBM 是在网络中传播的资源索引信息，以一个块为最小单位，仅当块中的所有 Piece 数据都被占满后，

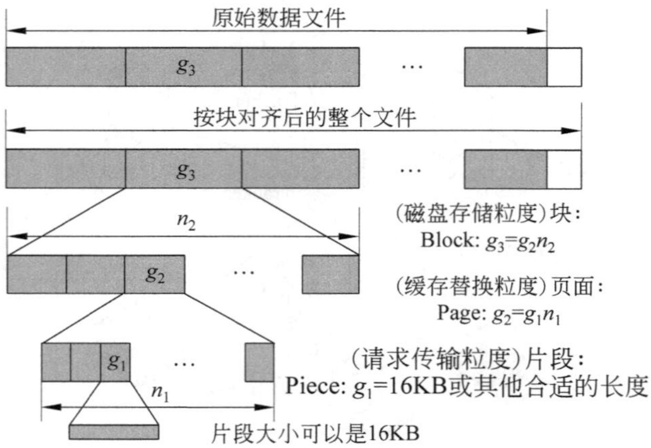

图 7.22　数据组织层次图

该 BBM 中对应的位置为 1，否则为 0。

下面简单说明数据发布的过程。如图 7.23 所示，首先片源方在 Publish Server 发布节目时被切片成单位为 mKB 的 Piece，并以 n 个 Piece 组成 1 个块，对数据进行加密并以私有格式文件形式存储在磁盘中，同时生成该节目资源的 MD5 值，作为该节目的唯一标识 ID。随后，节目资源会被推送到预设的 Image Server 中，作为节目的发布源。同时，把节目资源 ID 注册到各个 Tracker 中。

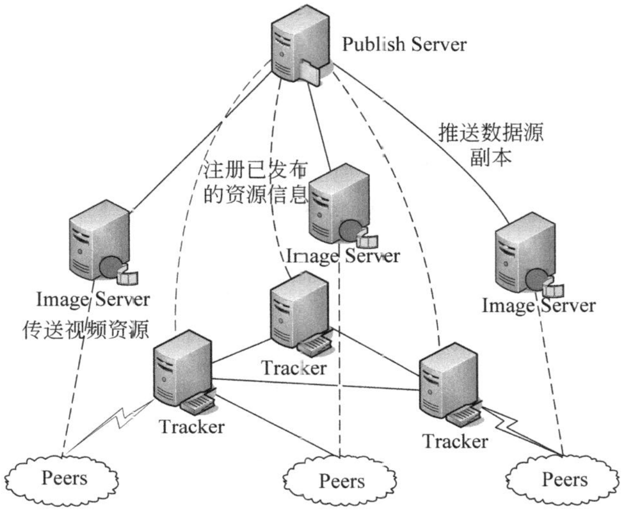

图 7.23　节目分发示意图

节目的上线主要以客户端节目单的形式出现，旦面记录了最初的多个源服务器，客户端从节目单中获取源服务器，即可开始向其下载数据分片，重组分片，解码并播放节目，其中节目的发布采用了多源服务器的方式。待节目资源数据扩散且分布存储到网络普通 Peer 中后，客户端之间便可直接进行所需数据的交换，达到更好的观看效果。

如图 7.24 所示，客户端操作从用户的角度看主要分为启动和退出、观看节目、拖动和暂停。下面分布进行简要介绍。

1. 启动和退出

客户端启动后，首先加入 P2P 网络，先连接启动服务器(BootStrap Server)，获取本节点所在 ISP 网络内的 Tracker 列表，向这些 Tracker 列表发送连接请求，选择响应时间最短且同意其加入的 Tracker，向其注册本地基本信息(如拥有的资源情况等)，同时每隔一段时间向 Tracker 进行保活注册操作，如果本地资源记录有变化，则通知该 Tracker。

客户端退出系统，首先要退出 P2P 网络，通知自己的邻居节点和所有正在向自己请求数据的节点退出消息，向所注册的 Tracker 通知退出消息。

2. 观看节目

客户端播放一部影片时，首先从节目列表中得到源服务器地址，同时向 Tracker 获取一批拥有该影片数据的在线 Peer 地址(包括正在观看的 Peer 和本地有数据而不在观看该影片的 Peer)，分别向这些 Peer 请求 BBM 信息，同时把正在观看影片的 Peers 加入邻居列表中。当收到 Peer 的资源索引信息后，即可向这些 Peer 发送数据下载请求。当可下载的

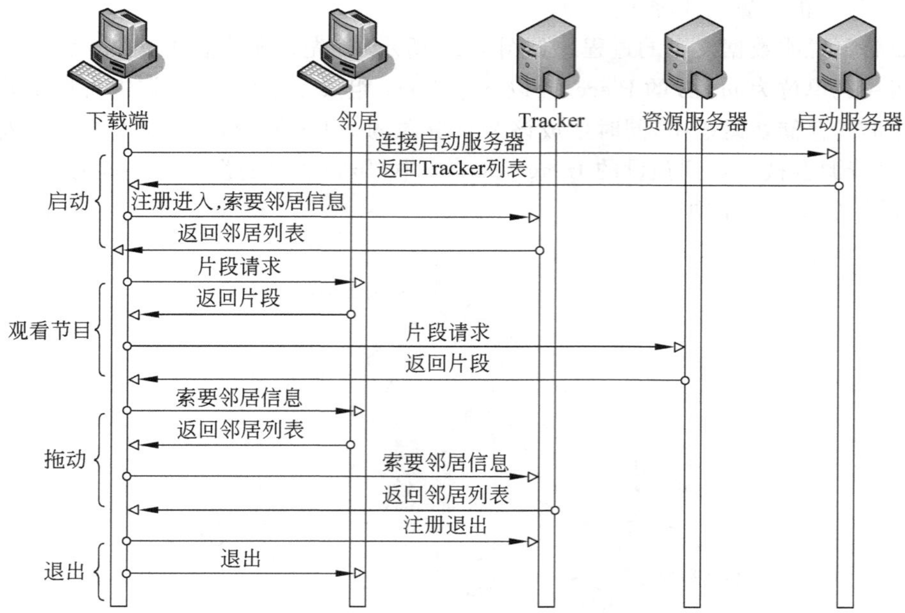

图 7.24　客户端操作流程图

Peer 数低于阈值时,会从邻居列表中的 Peers 处获取它们当前使用的 Peers 补充本地的记录。所有拥有影片资源数据的节点组成一个网状网络,其中正在观看影片的节点作为该网络的建立和维护者的角色出现。

在下载数据的初始阶段,源服务器作为一个普通的 Peer 加入下载请求列表中,数据会有一部分从源服务器获得,当本地的缓冲数据到达一定数量后,源服务器会逐渐退出下载任务,数据下载全部向 Peer 获取。当 Peer 的数量及资源分布不够时,源服务器会被重新使用,作为数据下载的补足,保证数据下载及播放质量。

影片数据的下载是按照数据的请求顺序,根据每个 Peer 的资源拥有情况和网络能力,分别向不同的 Peer 分配分片的下载任务,下载的数据放入缓冲区中,等待达到 10～30 秒播放时间的缓冲数据即可启动播放器播放影片,同时继续下载到的数据会不断地填满缓冲。

已经播放过的影片数据会被存储到本地磁盘缓存中,可以提供影片快速回拖播放的功能,同时可以提供这些数据给网络中的其他节点使用。

3. 拖动和暂停

用户向前或向后拖动进度条,定位到某个时间点开始播放影片,系统会先检查本地磁盘是否已有数据,如有,则直接快速启动播放器播放影片,否则继续向正在使用的 Peers 下载所需的数据,待缓冲区充足后再启动播放器播放影片。

当影片播放完毕或用户手动停止时,系统会通知当前的邻居节点停止播放,这些邻居节点会删除相应记录。此时数据下载任务结束,但数据上传服务不会停止。

7.4.4　PPVA

PPVA[6] (Peer-to-Peer Video Accelerator) 是一款通用的、透明的视频加速平台,用户

可以利用 PPVA 在浏览视频站点时实现后台加速。PPVA 可以为 YouTube、优酷等视频站点提供透明的 P2P 加速服务，可以屏蔽不同站点的差异，实现统一的视频加速，减少视频站点服务器的带宽消耗，增加用户播放体验。PPVA 的部署如图 7.25 所示。

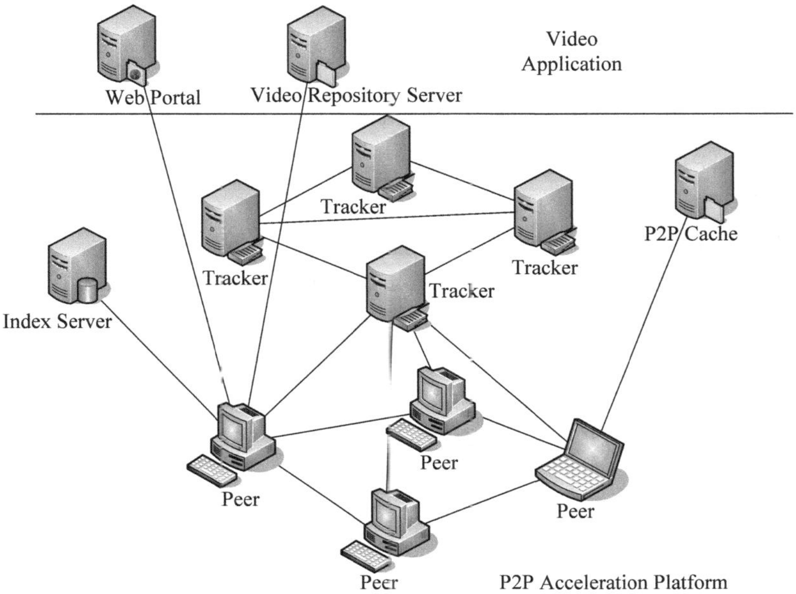

图 7.25　PPVA 部署图

PPVA 平台的主要参与者包括：

(1) 视频服务商：包括视频站点的存储服务器与 Web 站点，如 YouTube、优酷等视频服务商。PPVA 可以支持任意的存储服务器与 Web 站点架构，对于视频的格式、比特率和大小均没有限制，可以为不同的视频站点提供统一的、透明的 P2P 加速服务。

(2) Peer 节点：运行 PPVA 客户端，用户可以通过传统方式在视频站点上观看视频，PPVA 会探测观看请求并提供 P2P 视频加速服务，与视频站点服务器一同提供下载内容。PPVA 采用与 PPLive-VOD 相同的引擎，仅对引擎的透明性与通用性进行了改进。

(3) Tracker 服务器：用于管理 Peer，可以为节点提供需要的视频内容的存储节点信息，节点加入系统时需要向 Tracker 服务器注册，并周期性地向 Tracker 服务器更新节点观看与存储视频的信息。

(4) Index 服务器：用于获取用户的行为，如开始观看视频、拖动视频等，同时 Index 服务器可以提供视频的索引信息。由于每个视频分享网站均具有自身的视频识别特征，PPVA 需要为每个视频设置全局的视频标识(Global Video ID，GVID)来全局性地区分不同视频。PPVA 采用视频内容的哈希值作为 GVID.

(5) P2P Cache 服务器：存储视频副本，为视频播放提供缓存加速服务。

PPVA 的工作流程可以分为如下 3 步：

(1) 请求探测：PPVA 可以作为用户与浏览器的代理，可以抓取用户的视频观看请求，然后对用户的视频观看进行加速。PPVA 会忽略下载视频格式(如 FLV、MP4 等)文件之外的请求，捕捉到视频观看请求后，PPVA 会启动 P2P 加速引擎。

(2) 加入系统：P2P 加速引擎启动后，PPVA 客户端会向 Tracker 服务器注册自身 ID、IP 地址、共享的视频信息以及观看视频的信息，并且周期性地更新。同时，PPVA 客户端会从 Tracker 获取一组候选的邻居列表用于获取视频数据。

(3) 播放视频：PPVA 启动后，有 3 种视频下载模式可供选择，即仅从服务器下载、仅 P2P 下载和以上两者的混合模式。PPVA 默认采用混合模式下载，以达到最大的下载速度，待下载足够多的数据后，便可以在浏览器中播放。

PPVA 平台设计需要克服可扩展性和透明性等难点。由于每个流行的视频分享站点都存在大量的用户，PPVA 需要为数千个视频网站的百万级的视频内容以及千万级的用户提供视频加速服务，面临着巨大的可扩展性挑战。此外，PPVA 需要透明地兼容不同的视频站点，屏蔽视频站点的异构性来提供透明的加速服务。

但是，PPVA 也有着自身独一无二的优势，通过为不同的视频站点提供加速服务，可以将不同站点观看同一视频的用户汇聚在单一系统之内，增加 P2P 系统的规模与健壮性，提升视频观看用户的观看体验。

7.5 P2P 的革新式应用——区块链

区块链是近几年兴起的一项新技术，也是 P2P 技术的一次革新式应用。区块链建立在 P2P 网络架构之上，从而天然具备去中心化的特点。此外，密码学、共识机制等技术的加入还赋予了区块链可审计、不可篡改等特性，使得区块链成为近年来最热门的话题之一。

7.5.1 区块链的发展

区块链技术最早起源于 2008 年 11 月中本聪发表的著名论文 *Bitcoin: A peer-to-peer electronic cash system*[49]，当时中本聪在文章中阐述了一种不可篡改的、去中心化运行的加密货币——比特币，这也是最早、影响力最大的区块链应用。中本聪在文章中详细阐述了比特币的原理，概括起来就是：比特币基于 P2P 技术构建了一个去中心化的网络，每个新产生的交易都通过该网络传播到每一个节点；节点则将所收到的交易组织成默克尔树并打包成区块，通过工作量证明(Proof of Work，PoW)机制争夺记账权；获胜节点所广播的区块将被所有节点接受，获胜节点同时获得一定的比特币奖励。

虽然中本聪的文章中并没有明确给出区块链的定义，但是比特币作为最重要的区块链应用，为区块链的后续发展奠定了坚实的基础，其中涉及的 P2P、区块、共识、激励等概念成为后来区块链技术不可或缺的一部分。

区块链时代的正式开启时间是 2009 年 1 月 3 日，当时中本聪用比特币的第一版软件挖出了创世区块，并将当日泰晤士报头条中的一个标题记录在其中，“The Times 03/Jan/2009 Chancellor on brink of second bailout for banks”，这句话像魔咒一样揭开了比特币时代的帷幕。

2010 年 9 月，第一个矿场 Slush 发明了多个节点合作挖矿的方式，有效解决了单一用户挖矿所造成的收益不确定性，开启了比特币挖矿行业。

2011 年 4 月，比特币官方有正式记载的(https://bitcoin.org/en/version-history)第一个版本：0.3.21 发布，这个版本开始支持 uPNP，允许不具有公网 IP 地址的普通用户参与其中，至此，比特币才开始进入寻常百姓家。

2013 年，比特币发布了 0.8 版本，这是比特币历史上最重要的版本，该版本完善了比特币节点本身的内部管理、网络通信的优化，使得比特币真正支持全网的大规模交易，成为中本聪设想的电子现金，开始产生全球影响力。

比特币作为区块链技术的开创之作包含着巨大的技术创新，但当时中本聪设计比特币的目的只是为了实现一种加密货币，因此比特币无法支撑其他区块链应用的开发，区块链应用也仅仅局限于数字货币领域。而就在 2013 年年末，时年 19 岁的 Vitalik Buterin 发布了以太坊初版白皮书"Ethereum white paper: a next generation smart contract & decentralized application platform"[50]，首次公开提出以太坊相关概念，开启了区块链的另一个新时代。以太坊引入了图灵完备的语言用于编写智能合约，支持开发者基于该平台实现各种去中心化的应用，使得区块链得以进入数字货币以外的其他应用领域。

以太坊每个节点都运行图灵完备的以太坊虚拟机(EVM)，智能合约就运行在 EVM 上。智能合约本质上就是一段代码，所以以太坊中的交易不仅是资金的流动，还可以通过调用智能合约中的代码实现各种复杂的功能，从而真正支持去中心化的应用。以太坊在设计时沿用了比特币的工作量证明(PoW)作为共识机制，然而，2016 年 6 月，分布式自治组织"The DAO"遭受黑客攻击，导致 360 万个以太币被非法转出，为了追回该资金，以太坊采取了硬分叉的办法(本质上就是修改代码后重新启动)，因此，目前以太坊上存在旧链 ETC 和新链 ETH 两条链，其中 ETC 依然使用着 PoW 共识机制，ETH 则计划从 PoW 共识机制逐渐向权益证明(Proof of Stake，PoS)共识机制过渡。

比特币、以太坊都是公有区块链的典型代表，其特点是向所有用户开放，每个用户都可以参与区块链的共识、读取区块链上的数据以及发布交易。随着区块链技术的快速发展，其去中心化、不可篡改等诸多特点吸引了越来越多企业的目光，但对于企业来说，向所有用户开放并不是主要需求，因为企业需要对区块链具有一定的管控力。2015 年 12 月，由开源世界的旗舰组织 Linux 基金会牵头，包括 IBM、Intel、J.P.Morgan、R3、DAH 在内的 30 家初始企业成员共同宣布超级账本(Hyperledger[51])联合项目成立。Hyperledger 是联盟链的典型代表，相比于公有链中任意节点都能参与区块链的共识过程，联盟链特点是只对特定用户开放。Hyperledger 引入了身份管理系统和权限管理系统，每个节点都需要申请证书获取自己的数字身份，不同的身份对应不同的权限，只有特定身份的节点才有权限参与区块链的共识过程。Hyperledger 主要目的是借助区块链去中心化、可信等特点，以联盟链的形式推动跨行业的区块链应用，促进各行各业相互合作。当前区块链相关应用已经遍布物联网、数字身份、供应链管理、版权保护等各个领域，对各行各业都产生了深远的影响。

7.5.2 区块链的体系结构

自 2009 年比特币的出现，区块链技术已经经历了十余年的发展，从最初的仅应用于数字货币，到后来以太坊引入图灵完备的智能合约语言拓展了区块链的应用范围，再到如今区块链应用于版权、供应链、云游戏各个领域，区块链的体系结构也在不断演进，呈现出一种多样化的趋势。尽管这些区块链的体系结构存在着一定的差异性，但也存在着诸多共性，总体上可以概括为如图 7.26 所示的数据层、网络层、共识层、智能合约层、应用层以及激励机制六个部分。

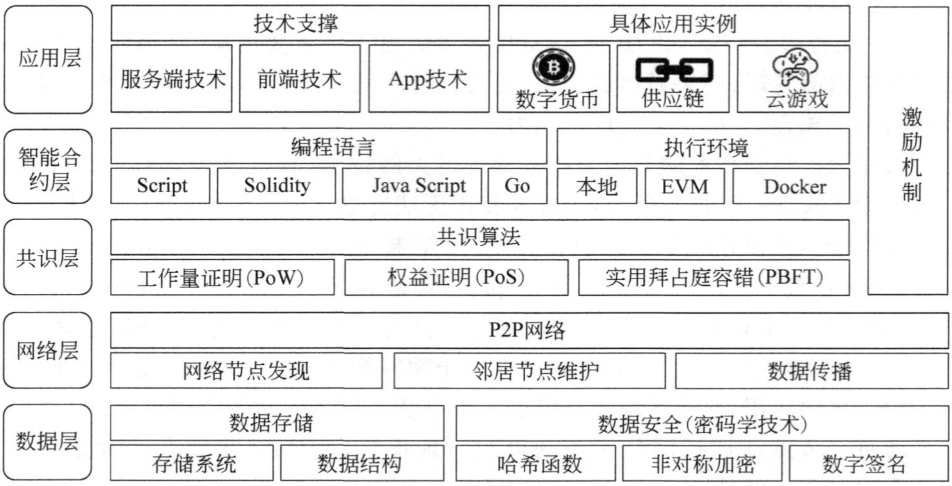

图 7.26　区块链体系结构

1. 数据层

数据层主要定义区块链的数据存储并借助密码学技术确保数据的安全性。其中，数据存储具体包括存储系统和数据结构两部分，区块链的数据通常采用文件系统（如比特币）或数据库（例如以太坊）进行存储，区块链的具体结构则因为区块链体系结构中的共识层、智能合约层等其他部分不同而存在一定的差异，但交易的组织方式和区块的链接方式大体相同。每个区块都包含头部区域和数据区域，如图 7.27 所示，节点将交易打包成区块时，先将交易构建成默克尔树[52]，即将交易作为一个二叉树的叶子节点，每个中间节点为其左右子节点数据连接后的哈希值，从而得到一个树根节点，即默克尔树根；默克尔树根、前一区块头部的哈希值以及其他和具体区块链应用相关的字段一起组成区块头部，默克尔树除去树根以外的部分则作为区块的数据区域。

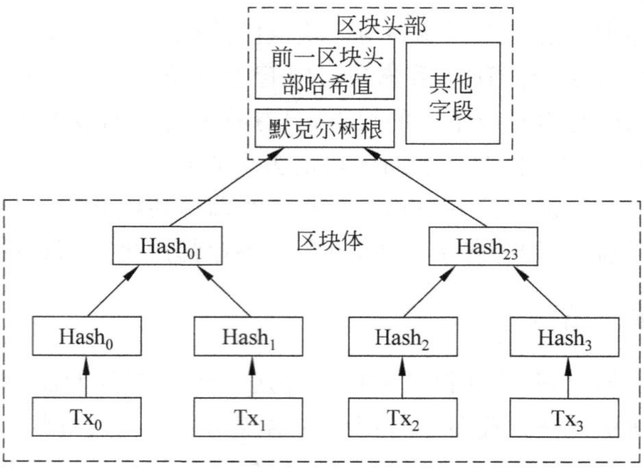

图 7.27　区块数据结构

之所以在区块头部添加前一区块头部的哈希值这一字段，是为了确保区块链的可审计性。基于哈希函数的防碰撞性，节点只需要存有任意区块头部，就可以对该区块之前的区块头部进行哈希计算，并与所存区块头部中的哈希值进行对比，从而对当前区块之前的所有区块头部的正确性进行验证。

之所以用默克尔树结构组织交易，是为了确保用户能对区块中单个交易的完整性进行快速验证。当用户需要对交易 Tx_0 进行验证时，可以请求区块链全节点返回 $Hash_{01}$、$Hash_{23}$；然后将 Tx_0 进行哈希获得 $Hash_0$，并结合全节点所返回的哈希值计算出一个根哈希；将计算出的根哈希与本地存储的哈希头部中的根哈希进行比对，即可验证交易的完整性。

2. 网络层

网络层主要定义了区块链节点之间组网流程以及数据在节点间的传播方式。现阶段区块链主要是采用 P2P 方式构建网络层，功能具体包括网络节点发现、邻居节点维护以及数据传播机制三个方面。如图 7.28 所示，每个区块链节点在加入 P2P 网络时，都会通过网络节点发现功能获取其他节点地址信息并与多个节点建立邻居关系。当节点产生交易、区块等数据时，会将其传播至邻居节点，邻居节点在收到新的交易、区块等数据后继续向邻居节点传播，直到数据扩散至全网所有区块链节点。每个节点都会根据收到的交易、区块等数据构建本地区块链，节点与节点之间互为冗余备份，从而构成去中心化的分布式系统，因此可以有效解决单点故障问题。

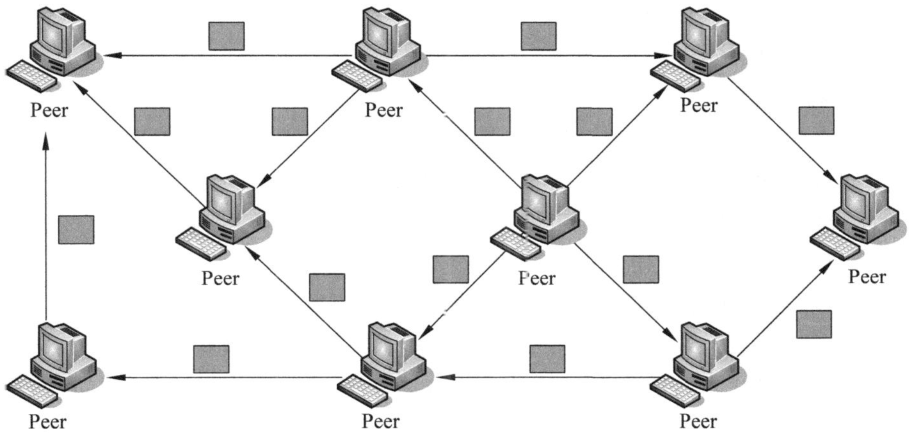

图 7.28　区块数网络层结构

3. 共识层

共识层主要定义了在完全不可信的环境下分布式节点如何对区块链上的数据达成一致，即在每个区块链节点都通过网络层获取到全网所有交易、区块等数据的前提下，即使部分节点可以随意发布恶意信息，也能确保它们所构造的本地区块链是一致的。现阶段的主要共识算法有 Proof-of-Work (PoW)[49]、Proof-of-Stake (PoS)[53]、Practical Byzantine Fault Tolerance (PBFT)[54] 等，在每轮共识过程中，共识算法会选举或竞争出一个领导节点将收集的交易打包成区块并传给其他所有节点，每个节点会对区块中的哈希值、签名以及交易的有效性等进行验证，并将通过验证的区块加入本地区块链。由于在共识过程中所有节点都对区块进行了验证，因此区块链可以解决矿工节点间的信任问题；此外，用户在访问区块链时，可以同时访问多个节点，并根据少数服从多数原则选择合适的结果，因此，在大多数节点遵守规则的情况下，区块链可以解决中心化系统所存在的单点信任问题。

4. 智能合约层

智能合约层建立在共识层之上，主要定义了编写智能合约的语言以及智能合约的执行环境，如早期比特币采用脚本语言 Script 编写数字货币相关逻辑，并直接在本地执行交易，尽管这种方式因功能受限并不完全算是智能合约，但却可以被认为是区块链智能合约的早期雏形；以太坊则开发了图灵完备的智能合约语言 Solidity，并且智能合约的执行放在以太坊虚拟机（EVM）中运行；超级账本中智能合约则被叫作链码被部署在 Docker 容器中，并支持 Go、JavaScript 等各种语言。

当区块链节点对本地区块链达成一致后，若区块链中的交易对智能合约进行调用，或某些状态信息满足智能合约的执行条件，区块链节点将自动执行这段程序，并将程序结果记录在本地区块链中。基于共识层所实现的全网节点本地区块链的一致性，全网节点共同基于本地一致的区块链数据库执行智能合约并将执行结果记录到本地区块链中，从而全网节点能够对智能合约的执行结果达成共识。因此，基于区块链共识层所提供的一致性以及数据层所提供的可审计，区块链具有智能合约自动执行、执行结果不可篡改等特点。

5. 应用层

应用层则是在智能合约层的基础上，通过前端技术、服务端技术、App 技术等对智能合约的调用接口进行封装，并设计友好的用户接口，为用户提供区块链钱包、区块链浏览器等去中心化的、可信任的应用服务。

6. 激励机制

激励机制在早期作为激励层体现在区块链架构中，但随着区块链的发展，激励机制可以和区块链不同部分相结合，从而产生不同的激励效果。

(1) 激励机制与共识层相结合，主要是为了激励节点积极参与区块链的维护。区块链节点在打包区块的过程中，会遵守共识在区块中包含一个将区块产生奖励发放到自己账户的特殊交易，然后参与争夺记账权；当区块链节点成功获取记账权后将区块发布出去，全网所有节点对该区块达成共识，因此特殊交易也将自动生效，激励也就随着共识的完成自动发放到区块产生者的账户中；此外，用户为了让区块链节点尽可能将自己的交易快速打包进区块，会选择支付一笔费用，该费用也会随着交易的生效自动发放到区块产生者的账户中。比特币和以太坊就是激励机制与共识层相结合的典型代表。

(2) 激励机制与智能合约层相结合，主要是借助智能合约自动执行以及执行结果不可篡改的特点，将激励以及获取激励的条件写到智能合约中，吸引大家参与到某个项目中。由于区块链智能合约可以直接对币进行操作，且币的发放流程和数量都可以公开在区块链中，从而确保激励发放公开、透明，因此激励机制与智能合约层相结合的方式在近几年的研究中大量出现，例如，以智能合约的形式发布漏洞赏金吸引大家参与漏洞检测[55]，或者以智能合约的形式发放恶意行为举报奖励激励大家积极检举恶意行为[56]。

(3) 激励机制与应用层相结合则是借助应用直接面向用户的特点，根据区块链记录的用户历史行为对其进行评分，并根据评分对用户进行区别化服务，从而激励用户保持良好的行为习惯。

7.5.3 区块链中的 P2P 网络

P2P 技术作为区块链的网络层部分，是区块链稳定运行的基础，也是区块链去中心化特性的来源。从区块链体系结构的介绍中我们知道，由 P2P 网络构建的网络层处于数据层和共识层之间，主要目的是为了确保节点产生的数据安全有效地到达全网所有节点，是确保全网节点对区块链数据达成一致的前提。为了实现这样一个目标，区块链中的 P2P 网络主要定义了网络节点发现、邻居节点维护、数据传播机制三方面功能。

(1) **网络节点发现**主要是指区块链节点获取网络中其他区块链节点地址，从而能够与这些节点建立邻居关系。根据节点所处阶段不同，获取其他节点地址的方式也不同，具体包括节点初始化、节点加入网络后以及节点重启三个阶段。节点初始化时，由于没有与任何邻居节点的交互记录，因此主要通过读取开发人员在客户端程序中事先写好的信息获取网络节点地址；节点加入区块链网络后，主要通过邻居节点获取更多其他区块链节点的地址信息；当节点重启时，由于在之前运行过程中通过与邻居节点交互所获得的大量网络节点地址会存储在本地，因此可以读取该地址列表发现网络中的其他节点。

(2) **邻居节点维护**主要定义了区块链节点在获取到网络节点地址信息后，如何选择邻居节点并维护邻居关系，具体包括邻居节点的选取、建立连接的方式以及邻居节点的更新。节点可以在地址列表中随机选取节点并建立 TCP 连接，比特币就采用了这种方式。也可以按节点 ID 所呈现的特征选取邻居并建立 TCP 连接，例如以太坊中数据信息的交换；或者可以选择建立 UDP 连接，例如以太坊中网络节点地址信息的交换；又或者与所有节点建立邻居关系，但不建立具体的连接，而只在需要交互的时候通过 HTTP 交换信息，超级账本采用的就是最后这种方式。在与邻居节点建立关系后，节点之间通常会定期发送消息确认邻居节点是否存活，并重新选取节点替换掉失去联系的邻居节点。

(3) **数据传播机制**主要是指节点所产生的交易、区块等数据传播到其他节点并进行后续扩散的方式，包括两点间数据交互协议以及全网数据流向。两点间数据交互协议定义了节点数据如何传播到其邻居节点，例如，在收到或产生数据后直接将数据发送到邻居节点；或者先向邻居节点发送该数据的哈希值，当邻居节点判断本地没有该数据并发出数据请求后，再将数据发送给邻居节点。全网数据流向主要是指节点在收到或产生交易、区块等数据时，后续的传播方向，即选择哪些邻居节点传播该数据，例如节点可以选择将数据发往所有邻居节点，也可以只选择一部分节点进行发送。

下面分别以比特币、以太坊、超级账本为例，从网络节点发现、邻居节点维护以及数据传播机制三个方面具体介绍区块链中的 P2P 网络。

1. 比特币

比特币作为第一个也是目前影响力最大的区块链应用，其 P2P 网络最初采取的是一种无结构化的完全对等式设计(见图 7.1(b))，节点与节点之间建立对等连接，但随着比特币的发展，比特币网络中逐渐出现各种不同类型的节点，使得比特币 P2P 网络呈现出一种混合式的网络结构(见图 7.1(c))。

如图 7.29 所示，在整个比特币网络中，节点可以分为全节点、轻节点、以矿池服务器为中心的集群矿工节点三种类型。全节点保存完整的区块链副本并参与整个区块链的维护过程，可以对其中的任意一笔交易进行验证，因此对性能要求较高，早期用户都部署在计算机上或者服务器上，现在则主要部署在专用的挖矿机上，全节点之间构成一个无结构化的完全对等式 P2P 结构。

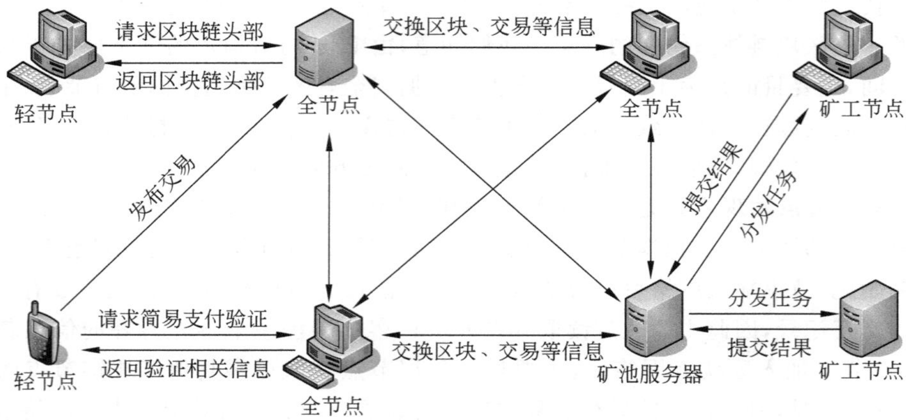

图 7.29　比特币中的 P2P 网络

轻节点主要是为了使用区块链所提供的服务，并不参与区块链的具体维护过程，因此只存有区块链的头部信息，主要用于验证某个交易是否存在于区块链中，因此对设备性能要求较低，可以部署在普通计算机或手机等移动设备中。轻节点随机选取全节点进行连接并通过全节点发布交易向其请求头部、简易支付验证等相关消息。矿池由大量矿工节点共同组成，矿池服务器代表矿池作为一个全节点参与比特币的维护，并将工作量证明计算任务分发给矿池中的矿工节点，从而集合矿池中所有节点的计算能力竞争记账权。

从整个比特币 P2P 网络架构看，全节点之间处于完全对等的关系，并充当网络中的超级节点为轻节点提供信息查询服务或者领导矿工节点参与区块链的维护。全节点是整个比特币网络的核心，全节点数量越多，比特币网络越安全，每个用户都可以根据自己的能力选择成为任何一种节点。整个比特币的 P2P 网络运行流程如下：

(1) 网络节点发现：比特币网络节点地址获取（见图 7.30）主要有两种方式：第一种方式是通过 DNS Seed 服务器获取，该方式主要用于比特币节点初始运行处于孤立状态时。开发人员在比特币客户端代码中编入了 DNS Seed 服务器地址，因此节点在初始化后会向 DNS Seed 服务器请求网络节点地址，服务器则会返回比特币节点地址的一个列表，初始化节点则从地址中随机选取一部分并请求建立 TCP 连接。第二种方式是向邻居节点请求，该方法主要用于节点已经加入 P2P 网络中的情况，目的是确保比特币节点本地的地址列表一直处于更新状态。当节点之间已经建立邻居关系后，节点每天都会向其邻居节点发送一个地址列表信息，该地址列表最多包含 1000 个本地存储的网络节点 IP 地址。通过这两种方式，比特币能确保每个节点都能获取其他节点的地址信息，从而实现后续邻居节点维护，确保 P2P 网络稳定运行。

(2) 邻居节点维护：比特币网络通过 IP 地址和端口号标识节点，任意用户都可以在能联网的终端上部署比特币节点，并与其他节点建立邻居关系。比特币节点在加入 P2P 网络后，会从所获得的网络节点地址信息中随机选择邻居并与其建立的 TCP 连接，每个具有公网 IP 的节点维护最多 8 条向外请求建立的 TCP 连接和最多 117 条被请求建立的 TCP 连

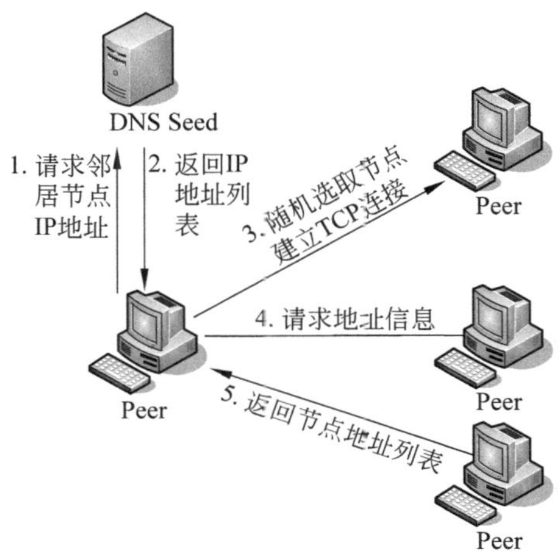

图 7.30 比特币中的网络节点发现

接;每个具有私网 IP 的节点则只维护最多 8 条向外请求的 TCP 连接用于将交易、区块发布给其他节点。为了选取节点并建立邻居关系,每个比特币节点都维护两张表:一张是 tried 表,用于记录曾经建立过出口或入口 TCP 连接的节点地址;另一张是 new 表,用于记录未曾建立过 TCP 连接的节点地址。tried 表里划分有 64 个区域,每个区域记录最多 64 个节点地址以及与该地址最近一次连接的时间戳,节点根据地址、端口号以及地址的 16 位地址前缀将该节点地址映射到某个区域,确保每个地址只能映射到一个区域、每个地址前缀最多只能映射到四个固定区域,从而使该表所记录的地址尽量分散在不同的地址前缀中。当节点成功连接上一个邻居节点后,则将该邻居地址插入 tried 表对应区域中并更新时间戳,当该区域地址已满,则将时间戳最早的节点替换出去;new 表则划分为 256 个区域,每个区域最多记录 64 个地址,这些地址主要通过 DNS 种子服务器以及邻居节点获得。当节点每次需要建立连接时,随即从 tried 表或 new 表中选取地址,确保新节点和老节点都能建立足够的连接,以确保 P2P 网络的稳定性。

(3) 数据传播机制:比特币节点之间数据交互是基于广播式的请求管理系统,并且针对交易的传播和区块的传播存在些许不同。在传统的比特币数据传播流程中,节点每产生或接收一个交易并决定继续传播时,会将该交易的哈希值发送给其所有邻居节点;邻居节点则通过哈希值判断是否存有该交易,若没有,则请求获取该交易信息,并在获得后继续向其邻居广播该交易的哈希值。当节点产生或接收到一个区块时,同样先向其邻居节点广播该区块的哈希值,或者直接向邻居节点发送该区块的头部信息;邻居节点判断是否存有该区块,若没有,则请求该区块信息,并将完整的区块链接在本地区块链上。后来考虑到区块在传播的过程中,其中大多数交易实际早已经传播给邻居节点,从而造成大量的带宽浪费,于是在 2017 年 10 月,比特币社区发布了比特币改进协议 BIP-0152[57],其中对区块的传播提出了高低带宽两种模式,在高带宽模式(见图 7.31(c))中,节点在产生或收到区块后,直接将压缩区块发送给邻居节点,压缩区块中仅包含交易的 ID;邻居节点收到区块后先判断自己是否拥有该区块;若没有,则再根据压缩区块中的交易 ID 查询本地所缺失的交易并请求;收到缺失交易后组建区块并链接在本地区块链上。低带宽模式(见图 7.31(d))则是在高带宽模式的传播流程前加了区块头部/哈希的广播和请求压缩区块这样两个流程。

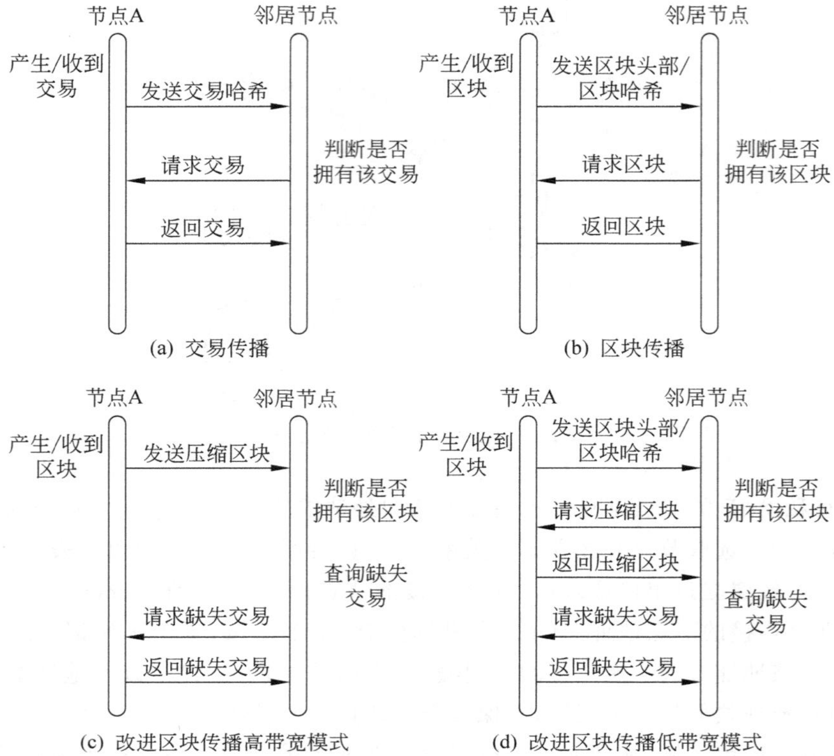

图 7.31　比特币数据传播过程

2. 以太坊

比特币 P2P 网络无结构化设计虽然实现了节点间建立邻居关系过程中的随机性和公平性，但却缺乏严格的证明确保节点产生的每个信息都能在有限次传播后扩散到全网所有节点，而以太坊的 P2P 网络则有效地解决了这个问题。与比特币无结构化的 P2P 网络不同，以太坊采取的是有结构化的完全对等式设计，基于 Kademlia DHT[58] 构建 P2P 网络。以太坊 P2P 网络中每个节点都拥有 512 位的椭圆曲线数字签名算法的公钥，该公钥同时作为 ID 对节点进行标识。Kademlia DHT 还定义了节点与节点之间的距离为两节点标识哈希值的异或，并对不同的距离区间设置一个 k 桶用于记录与自己距离在该区间的最多 k 个节点的地址信息。

如图 7.32 所示，以 4 位标识为例，每个节点对与自己异或距离为 $2^{i-1}\sim(2^i-1)$ 的节点设置一个 1-桶记录该距离范围内的 1 个节点地址信息；倘若 0011 需要找到节点 1101 的地址信息，从它的视角看，节点 1101 与其异或所在的距离区间为 $2^3\sim(2^4-1)$，该区间的节点个数为 8，因此其准确记录节点 1101 地址信息的概率为 1/8；在最坏的情况下，节点 0011 所存节点在 $2^3\sim(2^4+2^2-1)$，例如 1010，此时节点 1101 与 1010 异或距离所在区间为 $2^2\sim(2^3-1)$，该区间节点个数为 4，则节点 1010 存有节点 1101 地址信息的概率为 1/4；倘若其正好存有节点 1100 的地址信息，由于节点 1101 与节点 1100 异或距离为 1，所以必定可以通过节点 1100 找到节点 1101 的地址信息。正是基于 Kademlia DHT 构建 P2P 网络，以太坊可以确保每个节点在 $O(\log n)$ 次查询必定可以找到任意节点的地址，其中 n 为用于计算节点异或距离的标识位数。

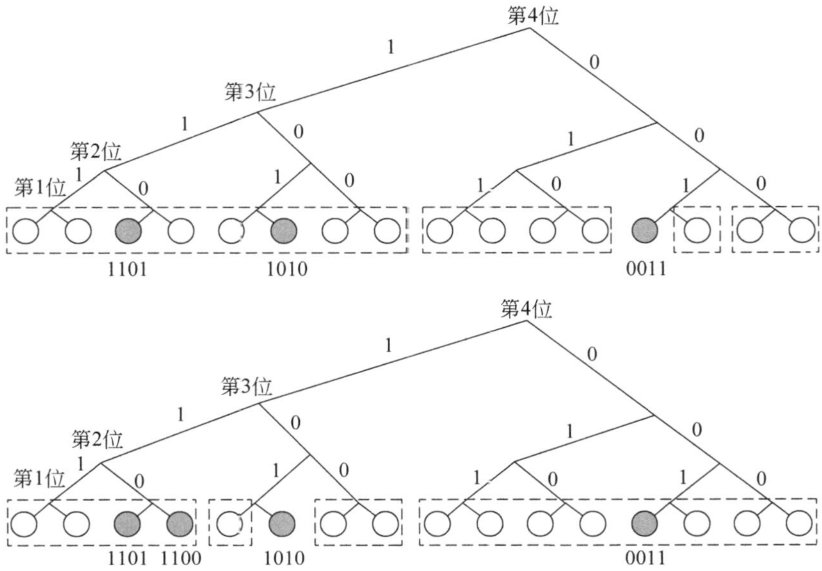

图 7.32　以太坊节点标识示意图

整个以太坊 P2P 网络的运行过程如下：

(1) 网络节点发现：当以太坊节点初始化新加入网络时，会直接读取编码在客户端程序中的六个种子节点地址并试图建立连接；当以太坊节点成功与邻居节点建立连接后，则可以通过发送 findnode 消息向邻居节点查询某 ID 的 IP 地址，邻居节点在接收到该请求后返回该 ID 的 IP 地址或者返回本地存储的节点列表中与该 ID 距离最近的 16 个 ID 对应的 IP 地址，节点则继续向接收到的 IP 地址发送 findnode 请求，直到找到目标节点为止，并且在查询过程中所接收的所有地址信息都会存储在本地；当以太坊节点中途重新启动后，则会根据之前存储在本地的节点地址信息选择节点建立邻居关系。

(2) 邻居节点维护：与比特币节点间通过 TCP 连接实现所有信息交互不同，以太坊中节点之间存在 UDP 交互和 TCP 交互两种情况。其中，以太坊节点通过 UDP 向邻居节点查询节点地址信息，并定期通过 UDP 查询邻居节点状态；TCP 连接则主要用于邻居节点之间传播交易、区块等数据信息。以太坊以三种方式存放节点信息：第一种方式是存在本地磁盘中，用于记录所见过的所有节点，具体记录内容包括节点 ID、节点 IP 地址、TCP 端口号、UDP 端口号、上一次发送信息时间、上一次获得回应的时间以及历史上发送 findnode 消息未获得回应的次数；第二种方式是存储在内存中的一张节点表中，该表分为 256 个区域，其中第 i 个区域存放与自己距离为 2^{i-1}～(2^i-1) 的节点，每个区域最多只存 16 个表项，包括节点 ID、节点 IP 地址、TCP 端口号、UDP 端口号四条信息；第三种方式是存在一个缓存表中，用于记录所发现的与自己距离最近的 16 个节点，表项与节点表表项相同。在选择节点建立邻居关系时，其中一半在节点表中选取，另一半在缓存表中选取。

(3) 信息传播：以太坊信息传播同样可以分为交易传播和区块传播。交易传播过程中，为了减少交互次数，以太坊节点会在产生并累积到一定数目的交易后，再将交易广播到邻居节点。在区块传播过程中，以太坊在比特币的基础上做出了一些变化，每当以太坊节点产生或收到一个区块时，倘若其有 n 个邻居节点，则会随机选取$\sqrt{n}$个节点将区块直接发送给它们；剩余邻居节点则先发送区块哈希值，当邻居节点查询发现未收到该区块并请求该区块后，再将区块发送给邻居节点。

3. 超级账本

超级账本[51]作为联盟链，在设计 P2P 网络时与比特币、以太坊都不同，其采用的是混合式 P2P 设计(见图 7.33)，节点之间不建立连接，而是通过 HTTP 实现信息的交互。超级账本中引入了身份管理功能，每个节点都需要向 PKI(Public Key Infrastructure)申请一个数字证书，将节点的身份信息与公钥进行绑定，节点在交互过程中需要附上数字签名，以验证身份。根据身份的不同，超级账本中的节点分为排序节点和 Peer 节点，Peer 节点又可以具体分为记账节点、锚节点、背书节点、主节点。

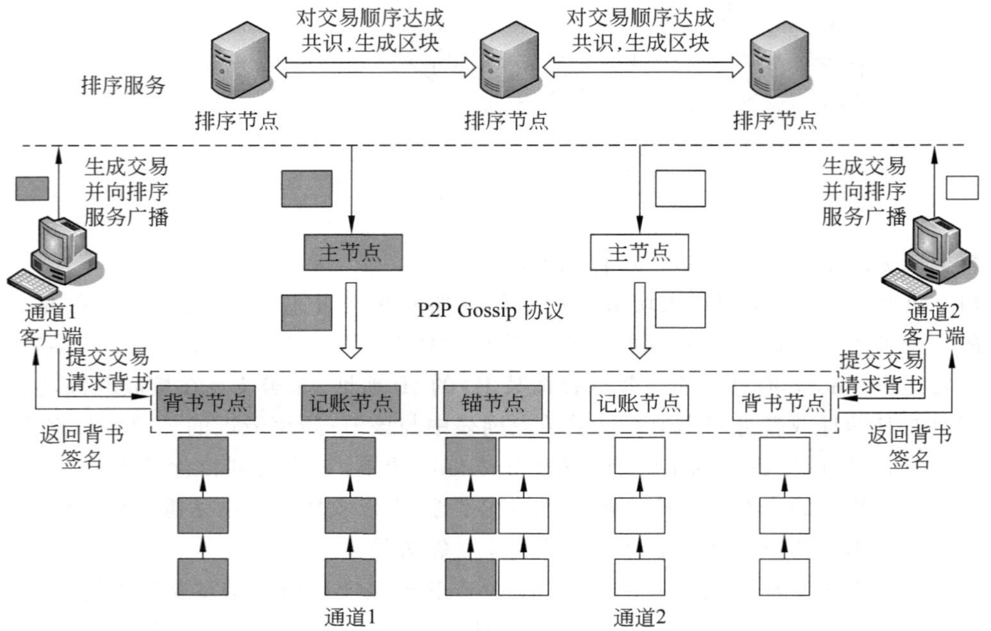

图 7.33　超级账本系统架构

在超级账本中，交易的排序和实际交易的验证执行被分开并放在不同节点上执行，交易在生成前需要先发往 Peer 节点中的背书节点请求签名背书，并将收到的背书内容组织起来后生成一个有效的交易；所有生成的交易都会发往由排序节点所组成的排序服务，由排序服务排序并生成区块后发送给 Peer 节点；Peer 节点收到区块后再对其中的交易进行验证并更新本地区块链中的状态信息。

超级账本还将区块链分为多个通道，每个 Peer 节点都是记账节点并加入一个或多个通道；记账节点只记录自己所在通道交易所组成的区块链，而同时加入多个通道的记账节点被称为锚节点，该节点可以作为两个通道之间交互的桥梁；背书节点主要伴随智能合约而出现，每份智能合约都设有背书策略，即调用该智能合约的交易需要由特定身份的 Peer 节点进行签名背书才能生效，因此，对于这份智能合约来说，这些特定身份的Peer节点就是背书节点，每个Peer节点都可能成为背书节点；主节点在Peer节点中被选举出来充当Peer节点与排序服务之间的桥梁，即排序服务生成区块后会将区块先发送给主节点，再由主节点通过P2P网络中的Gossip协议发往其对应通道内的所有Peer节点。

整个超级账本网络可以看作一个混合式的P2P网络，排序节点充当超级节点收集交易并对交易进行排序，生成区块后再将区块发送给Peer节点，整个超级账本的P2P网络运行流程如下：

(1) 网络节点发现：当新节点初始化加入网络时，会从配置文件中读取活跃节点集合，并与这些节点建立邻居关系，从而加入区块链网络中；超级账本节点加入区块链网络后，会周期性地互相发送存活确认信息，该信息中包含本地已知的活跃节点地址列表以及证书信息，确保每个节点都获取到联盟链中所有活跃节点的地址和证书，实现后续安全交互。

(2) 邻居节点维护：与比特币、以太坊不同的是，超级账本邻居节点之间并不建立长久的TCP连接，而是在需要的时候通过HTTP进行交互。在超级账本中，节点会和其所在联盟链中的所有已知存活节点建立邻居关系，并定期相互发送存活确认消息。新节点加入联盟链前，需要先向联盟链管理员所指定的PKI申请证书，请求加入联盟链时则需要发送自己的证书以及签名，其他节点收到相应信息并验证签名后，才会将该节点视为联盟链成员。

(3) 数据传播机制：超级账本节点之间的信息传播分为多个流程。首先，联盟链所服务的用户通过客户端根据背书政策将交易提案发送给背书节点请求背书；背书节点在本地模拟执行交易提案后，先模拟执行一遍，并将执行过程中读取的数据集和修改的数据集打包签名发送给客户端；客户端将所收到的背书节点返回的背书信息与交易提案组合成一个交易，然后将交易发送到排序节点；排序节点之间对客户端所提交的交易顺序达成共识并生成区块后发送给对应通道的主节点；主节点再通过Gossip协议将该区块传播给通道内的所有Peer节点。整个通信过程中，客户端和背书节点之间的数据交互为点到点的加密通信；排序节点则充当超级节点负责接收客户端生成的交易信息，排序节点之间的数据交互通过广播的形式进行，并基于Kafka[59]或者BFT-SMaRT[60]对交易顺序达成共识，而主节点相当于连接排序服务与通道中其他节点的桥梁，主节点会对属于自己通道的区块信息进行订阅，并在收到区块后会从所有邻居节点中随机选取一定数量将区块发送出去，节点在收到该区块后重复发送操作，直到区块到达联盟链内的所有节点。

7.5.4 P2P网络对区块链的影响

从区块链的体系结构中我们了解到，在以P2P技术为核心的网络层上存在着共识层，因此，与传统P2P应用只存在信息交互不同，区块链共识层需要确保所有区块链节点对网络层所交互的信息(如交易、区块、区块顺序等)达成一致。区块链节点达成共识的前提条件是所有信息顺利通过底层P2P网络到达全网节点，因此，P2P网络的安全稳定对区块链的共识过程至关重要，接下来从网络延迟和网络分区两个方面详细介绍P2P网络对区块链的影响。

1. 网络延迟

网络延迟主要是指区块从产生并传播到全网所有节点所需要的延迟。网络延迟是造成区块链节点在争夺记账权的共识过程中出现分叉的主要原因之一。比特币、以太坊等基于PoW共识机制的公有链中，所有节点都从本地交易池中选取交易打包成区块并争夺记账权，先找到使该区块哈希值小于某个特定值的随机数则获胜，获胜者的区块将传播到全网所有节点并达成共识。然而，因为网络延迟的存在，可能先后两个节点几乎同时找到了满足条件的随机数，并都将自己的区块广播给其他节点。如图 7.34 所示，这种情况最终将导致所有节点都收到两个链接在本地区块链后面的区块(图中的灰色和白色部分)，从而造成区块链分叉。为了确定最终的链，两条链将进行竞争，最终更长的链将成为主链，在侧链上消耗的算力将全部浪费。

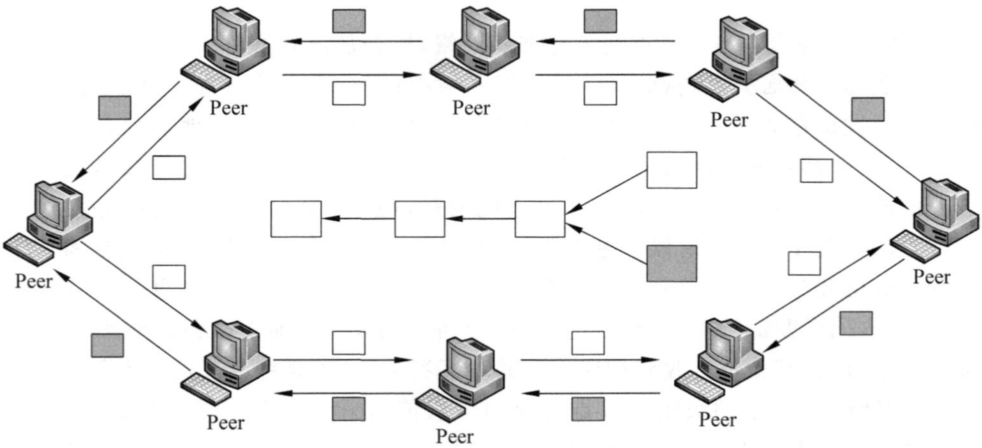

图 7.34　网络延迟分叉示意图

在 P2P 网络的设计中，影响网络延迟的主要因素有区块大小、区块传播方式以及网络拓扑结构。

(1) 区块大小：区块大小主要影响的是区块在链路上的传输延迟，区块越大，传输一个区块需要的时间也就越多。因此，在 P2P 网络拓扑以及区块传播方式一定的情况下，区块越大，其成功传播到全网所有节点所需要的延迟就越高。正是因为这个原因，尽管增加区块的容量可以有效提升区块链的交易吞吐量，但现有区块链都对区块的大小进行限制。例如，比特币将区块限制为不能超过 1MB；零币(ZCash)则将区块大小限制为不超过 2MB；以太坊则通过限制最大 Gas 值对区块大小进行控制，即区块中所包含的所有交易运行消耗不能超过 Gas 限额。所以，在区块传播方式以及网络拓扑不变的情况下，为了有效控制网络延迟，除非全网带宽大幅提升，否则不能随意扩大区块。

(2) 区块传播方式：现阶段区块链 P2P 网络中，区块产生后，节点都会试图将其传播给所有邻居节点，并由邻居节点慢慢扩散至全网节点。尽管最快的传播方式是在产生或收到新的区块后直接将其广播给所有邻居节点，但为了节省网络带宽，公有区块链通常采用公告式的传播方式。节点通常会先发送该区块的哈希值给邻居节点，邻居节点判断自己没有该区块后再请求该区块，之后节点才将区块发送给邻居节点，这就造成区块在一次传播过程中实际存在三次交互，从而对网络延迟造成了巨大的影响。而以太坊则采取了一种折中的方式，即每次选择部分邻居节点进行广播区块，另一部分则采取广告式的传播方式。所以，区块传播方式的有效设计是减小区块延迟的一种方式，而在设计的同时需要在带宽消耗和网络延迟之间进行平衡。

(3) 网络拓扑结构：网络拓扑结构主要是指 P2P 节点之间的组网方式。组网方式决定了区块传播至全网需要经过的跳数。例如，比特币中每个节点最多只有 8 个主动和其他节点建立的 TCP 连接，假设节点不存在基于人向请求建立的 TCP 连接，因此，当节点产生区块后，至少需要 5 跳才能够传播到全网超过 10 000 个节点；倘若所有节点都连接一个中心服务器并由中心服务器完成区块的收集与分发，那么，无论对于多大规模的网络，都只经过两跳就能将区块传至全网节点，但这也造成了潜在的单一故障点和带宽瓶颈。因此，在设计网络拓扑结构时，需要在区块链去中心化特性与区块传播至全网所需跳数之间进行平衡。

2. 网络分区

分布式系统领域的一个著名定理 CAP[61] 提出：一致性（consistency）、可用性（availability）以及分区容错性（partition-tolerance）这三个目标不可能同时实现。将该定理沿用到区块链领域，一致性主要是指共识机制确保所有节点本地区块链的一致性；可用性则是指区块链节点能够对外提供应用服务；分区容错性则是指区块链中允许分区的出现。CAP 定理对分区的定义是：当网络出现分区时，一个区域的数据无法到达另一个区域。因此，在确保现有区块链可用性的前提下，消除网络分区至关重要，因为一旦出现分区，区块链就不可能实现一致性。

在区块链这样一个分布式系统中，P2P 网络承担着消除分区的重任。根据前面对区块链中的 P2P 网络的介绍，我们了解到，每个新加入的区块链节点都会主动获取节点地址列表并与多个邻居主动建立连接，交易、区块等信息产生后都将通过邻居节点慢慢扩散至全网节点，因此，整个 P2P 网络都处于同一个分区内是全网对区块链达成共识的前提。P2P 网络不出现分区需要确保两点：一是每个节点的地址都能被其他节点获知，从而能够成功与邻居建立连接；二是每两个节点之间都存在一条有效链路。尽管现阶段区块链中的 P2P 网络都能保证这两点，但是却存在着如日蚀攻击[62-63]、BGP 劫持[64] 等针对区块链 P2P 网络的攻击，通过恶意操作人为地制造分区，并对其中一个分区进行攻击。

(1) **BGP 劫持**是通过 BGP 发布虚假的路由信息，对通往某地址前缀的数据流量进行劫持，使得这些节点与其他节点之间的数据无法互通，从而人为地制造分区。如图 7.35 所示，AS_1 和 AS_5 本可以直接到达受害 AS，AS_2 和 AS_3 可以通过 AS_1 到达受害 AS，AS_4 也可以通过 AS_5 到达受害 AS，但恶意 AS 可以选择宣告一个虚假的路由源信息，向其他 AS 宣称受害 AS 的部分地址属于自己（例如，路由前缀劫持[65]，即宣告一个更长的前缀），将其他 AS 通往受害地址区域的 Peer 节点流量都吸引到自己的网络，从而造成受害地址区域中的

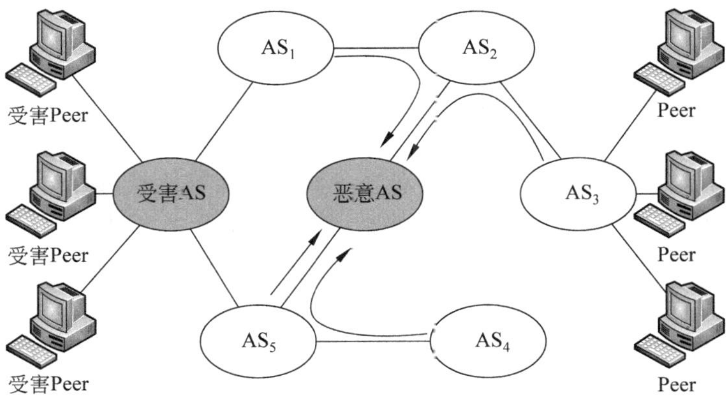

图 7.35　BGP 劫持示意图

Peer 节点与外界 Peer 节点形成分区。

(2) **日蚀攻击**是针对区块链 P2P 网络中的网络节点发现以及邻居节点维护两个过程进行攻击,使得目标节点的所有邻居节点都是由攻击者所控制的恶意节点。如图 7.36 所示,攻击者通过对受害者所有邻居节点进行控制,在收到外界传播过来的交易或区块等数据时,攻击者可以选择拒绝将信息传播至受害 Peer 节点或者传播部分数据,从而造成受害 Peer 节点的本地区块链与全局区块链不一致。

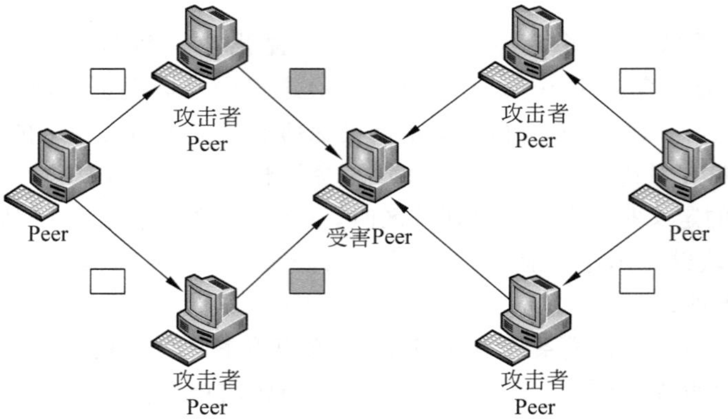

图 7.36 日蚀攻击示意图

综上可以了解到 P2P 网络对区块链的重要性,P2P 网络的安全可靠是区块链节点最终能对数据达成一致形成一个全局区块链的前提,因此,如何优化区块链 P2P 网络的结构有效遏制分区的产生,是未来区块链安全研究的重要方向。

7.6 结论和进一步的研究工作

P2P 技术是一种基于对等网络的新兴技术。与传统客户/服务器模式不同,P2P 技术的最大意义是其不依赖于中心节点,而依靠网络边缘节点自组织与对等协作实现资源发现和共享,从而拥有自组织、可扩展性好、鲁棒性好、容错性强以及负载均衡等优点。

P2P 技术在出现后的短短 20 年时间里得到迅速发展,已经成为互联网上用户广泛使用的一种应用。P2P 的概念和应用已经成为当今互联网的主流,P2P 技术同样被广泛应用于文件共享、网络视频和网络电话等领域,以其分布式资源共享和分布并行传输的特点,为用户提供了更多的存储资源、更高的可用带宽以及更好的服务质量。

P2P 应用的体系结构经过了几代的发展。第一代 P2P 属于集中控制的网络,由中心服务器提供资源索引功能,存在单一故障点和服务器压力大等缺点;第二代 P2P 是一种完全无中心的分布式网络,利用洪泛进行资源定位,存在通信开销大、效率不高等缺点;第三代 P2P 则基于混合式的体系结构,同时具备前两代体系结构高效性和容错性的优点,由超级节点提供路由和资源定位等功能,普通节点只需提供资源共享的功能。

P2P 技术的相关研究有很多方向: P2P 网络的组织结构、资源管理、激励机制和安全问题等。P2P 网络的组织结构主要研究资源如何在 P2P 网络中存放,节点如何定位需要下载的资源等。P2P 资源管理侧重于考虑资源如何管理,包括在网络中存储资源的更多副本来提高 P2P 应用的性能等。P2P 激励机制研究如何防止节点只享受别人提供的服务，而不为其他节点提供服务。P2P 中的安全问题包括数据存取安全、P2P 路由安全和资源访问安全等。P2P 技术的研究仍在不断地进行，技术也在不断地发展。

为了管理 P2P 流量，首先需要检测 P2P 流量。P2P 流量检测研究是一个困难的问题，其原因是各种 P2P 应用种类繁多，单一特征很难刻画它们的性质。此外，很多 P2P 应用为了躲避检测，采用了很多隐蔽流量的办法，如动态端口、协议加密和 HTTP 伪装等，由此造成了 P2P 检测的困难，现有的几类检测方法存在各自的不足。工业界关于 P2P 监控和管理的软件往往都使用基于分组内容的方法，实现较为简单，并且精确度较高。然而，它们的缺点也正如基于分组内容的检测方法一样：对 P2P 的识别能力受限于规则库，无法检测不在规则库中的 P2P 流量，对类似 Skype 这样的对流量加密的 P2P 应用无法识别，这些问题的解决都有待 P2P 检测技术[32-44]的进一步发展。

识别 P2P 流量的目的是为了更好地管理网络，优化网络性能，基于流量识别的网络优化服务模型是 P2P 流量识别之后进一步研究的方向。现在对网络提供商而言，可以选择封禁或者带宽限制的方法，不过，单纯的封禁限制手段只会带来运营商和用户之间的博弈和对抗，使得 P2P 应用采取更加复杂的方法逃避检测。如何优化管理 P2P 流量，从而优化网络性能，减少 P2P 流量对网络性能的影响是研究者需要思考的问题。在这方面已经有一些研究成果，包括流量工程、流量缓存[45-47]以及尽量让 P2P 流量本地化[48]等，不过还较为初步，仍然有待进一步研究。

区块链是建立在 P2P 网络上的一个革新式应用，进一步推动了 P2P 技术的发展。P2P 作为区块链的底层网络，承担着区块链节点间邻居节点维护、信息传递等工作，是区块链去中心化特性的来源，更是区块链得以稳定运行的根基。目前具有代表性的区块链如比特币、以太坊、超级账本，它们底层 P2P 网络的设计存在着一定的差别。其中比特币的全节点之间采取无结构完全对等式设计，以太坊采用的是有结构的完全对等式设计，超级账本则采用无结构混合式设计。由于区块链的底层 P2P 网络目的是将交易、区块等数据信息传递到全网所有节点，因此不同的 P2P 网络设计主要从网络延迟和网络分区两个方面影响着区块链的性能以及安全性。近几年，在这两个方面也逐渐出现了一些新工作，例如针对区块链网络延迟进行数据传播优化[66-69]，针对区块链网络分区的新攻防手段[70-72]。如何对区块链底层 P2P 网络进行优化设计来提升区块链的性能以及安全性是值得研究的课题。

参考文献

[1] Sandvine releases 2019 Global Internet Phenomena Report[R/OL]. 2019-09-10 [2020-08-09]. https://www.sandvine.com/press-releases/sandvine-releases-2019-global-internet-phenomena-report.

[2] Get the most out ofSkype[EB/OL]. [2020-08-09]. https://wiki.tw.lvfukeji.com/wiki/Skype.

[3] Zhang Xinyan, Liu Jiangchuan, Li Bo, et al. CoolStreaming/DONet: A Data-Driven Overlay Network for Efficient Live Media Streaming[C]. In Proceedings of IEEE INFOCOM, 2005.

[4] PPLV[EB/OL]. [2020-08-09]. https://baike.baidu.com/item/PP%E8%A7%86%E9%A2%91/22691221?fromtitle=pptv&fromid=5819129&fr=aladdin.

[5] PPStream[EB/OL]. [2020-08-09]. https://baike.baidu.com/item/pps/26736?fromtitle=PPstream&fromid=968377&fr=aladdin.

[6] Xu Ke, Li Haitao, Liu Jiangchuan, et al. PPVA: A universal and transparent peer-to-peer accelerator for interactive online video sharing[C]. In Proceedings of IEEE IWQoS 2010.

[7] Banerjee S, Bhattacharjee B, Kommareddy C. Scalable application layer multicast[C]. In Proceedings of ACM SIGCOMM, 2002.

[8] Chu Yanghua, Rao S G, Zhang Hui. A case for end system multicast[C]. In Proceedings of ACM SIGMETRICS, 2001.

[9] Gnutella[EB/OL]. [2020-08-09]. https://wiki.tw.lvfukeji.com/wiki/Gnutella.

[10] Clarke I, Sandberg O, Wiley B, et al. Freenet: A distributed anonymous information storage and retrieval system[C].in Designing privacy enhancing technologies, 2001.

[11] FastTrack[EB/OL]. [2020-08-09]. https://baike. baidu. com/item/FastTrack/7182843? fr = aladdin.

[12] KaZaA[EB/OL]. [2020-08-09]. https://baike.baidu.com/item/kazaa/6024959? fr=aladdin.

[13] Stoica I, Morris R, Liben-Nowell D, et al. Chord: a scalable peer-to-peer lookup protocol for internet applications[J]. IEEE/ACM Transactions on Networking, 2003, 11(1): 17-32.

[14] Ratnasamy S, Francis P, Handley M, et al. A Scalable Content-Addressable Network[C]. In Proceedings of ACM SIGCOMM, 2001.

[15] Rowstron A, Druschel P. Pastry: Scalable, decentralized object location and routing for large-scale Peer-to-Peer systems[C]. In Proceedings of IFIP/ACM International Conference on Distributed Systems Platforms, 2001.

[16] Kubiatowicz J D, Joseph A D, Zhao B Y. Tapestry: An infrastructure for fault-tolerant wide-area location and routing[R]. UCB: Technical Report CSD-01-114, 2001.

[17] Ratnasamy S, Handley M, Karp R, et al. Topologically-Aware Overlay Construction and Server Selection[C]. In Proceeding of IEEE INFOCOM, 2002.

[18] Keleher P, Bhattacharjee B, Silaghi B. Are virtualized overlay networks too much of a good thing[C]. In Proceedings of Workshop on IPTPS, 2002.

[19] Silaghi B, Bhattacharjee S, Keleher P. Routing in the TerraDir Directory Service[C]. In Proceedings of SPIE ITCOM, 2002.

[20] Dabek F, Kaashoek M F, Karger D, et al. Wide-area cooperative storage with CFS[J]. ACM SIGOPS Operating Systems Review, 2001, 35(5): 202-215.

[21] Rowstron A, Druschel P. Storage management and caching in PAST, a large-scale, persistent peer-to-peer storage utility[C]. In Proceedings of ACM SOSP, 2001.

[22] Rhea S, Wells C, Eaton P, et al. Maintenance-free global data storage[J]. IEEE Internet Computing, 2001, 5(5): 40-49.

[23] Gallagher P, Director A. Secure hash standard[S]. FIPS PUB, 1995, 180: 183.

[24] Rhea S, Godfrey B, Karp B, et al.OpenDHT: a public DHT service and its uses[C]. In Proceedings of ACM SIGCOMM, 2005.

[25] DeCandia G, Hastorun D, Jampani M, et al. Dynamo: amazon's highly available key-value store[J]. ACM SIGOPS operating systems review, 2007, 41(6): 205-220.

[26] BitTorrent[EB/OL]. [2020-08-09]. https://baike. baidu. com/item/BitTorrent/142795? fr = aladdin.

[27] eMule[EB/OL]. [2020-08-09]. https://baike. baidu. com/item/% E7% 94% B5% E9% AA% A1? fromtitle=emule&fromid=161996.

[28] Xunlei[EB/OL]. [2020-08-09]. https://baike. baidu. com/item/% E8% BF% 85% E9% 9B%

B7/33354.

[29] CacheLogic Releases P2P Study [EB/OL]. 2005-08-10 [2020-08-09]. https://www.lightreading.com/ethernet-ip/cachelogic-releases-p2p-study/d/d-id/616798.

[30] Kademlia[EB/OL]. [2020-08-09]. http://en.wikipedia.org/wiki/Kademlia.

[31] Huang Yan, XuKe, Li Haitao, et al. Large-scale P2PVOD system: Focusing on clients [J]. SCIENCE CHINA Information Sciences, 2011, 54(8): 1677～1690.

[32] Karagiannis T, Broido A, Brownlee N, et al. Is p2p dying or just hiding[C]. In Proceedings of IEEE GLOBECOM, 2004.

[33] Leibowitz N, Ripeanu M, Wierzbicki A. Deconstructing the kazaa network[C]. In Proceedings of Workshop on Internet Applications, 2003.

[34] Sen S, Spatscheck O, Wang Dongmei. Accurate, scalable in-network identification of p2p traffic using application signatures[C]. In Proceedings of ACM WWW, 2004.

[35] Karagiannis T, Broido A, Faloutsos M, et al. Transport layer identification of P2P traffic[C]. In Proceedings of ACM IMC, 2004.

[36] Moore A, Papagiannaki K. Toward the accurate identification of network applications [C]. In Proceedings of Workshop on PAM, 2005.

[37] Dedinski I, De Meer H, Han L, et al. Cross-layer peer-to-peer traffic identification and optimization based on active networking[C]. In Proceedings of IWAN, 2005.

[38] Zander S, Nguyen T, Armitage G. Self-learning IP traffic classification based on statistical flow characteristics[C]. In Proceedings of PAM, 2005.

[39] Zander S, Thuy Nguyen, Armitage G. Automated Traffic Classification and Application Identification using Machine Learning[C]. In Proceedings of IEEE LCN, 2005.

[40] MooreA W, Zuev D. Internet traffic classification using bayesian analysis techniques [C]. In Proceedings of the ACM SIGMETRICS, 2005.

[41] McGregor A, Hall M, Lorier P, et al. Flow clustering using machine learning techniques[C]. In Proceedings of PAM, 2004.

[42] Roughan M, Sen S, Spatscheck O, et al. Class-of-service mapping for QoS: a statistical signature-based approach to IP traffic classification[C]. In Proceedings of ACM IMC, 2004.

[43] Zuev D, Moore A W. Traffic classification using a statistical approach [C]. In Proceedings of PAM, 2005.

[44] Ohzahata S, Hagiwara Y, Terada M, et al. A traffic identification method and evaluations for a pure P2P application[C]. In Proceedings of PAM, 2005.

[45] Karagiannis T, Rodriguez P, Papagiannaki K. Should internet service providers fear peer-assisted content distribution[C]. In Proceedings of ACM IMC, 2005.

[46] Ye Mingjiang, Wu Jianping, Xu Ke. Caching the P2P traffic in ISP network[C]. In Proceedings of IEEE ICC, 2008.

[47] Xu Ke, Zhang Ming, Liu Jiangchuan, et al. Proxy caching for peer-to-peer live streaming [J]. Computer networks, 2010, 54(7): 1229-1241.

[48] Xie Haiyong, Yang Y R, Krishnamurthy A, et al. P4P: Provider portal for applications[J]. ACM SIGCOMM Computer Communication Review, 2008, 38(4): 351-362.

[49] Nakamoto S. Bitcoin: A peer-to-peer electronic cash system [R/OL]. 2008-10-31 [2020-08-09]. https://github.com/xiaolai/bitcoin-whitepaper-chinese-translation.

[50] Buterin V. Ethereum white paper: a next generation smart contract & decentralized application

platform[R/OL]. [2020-08-09] https://ethereum.org/en/whitepaper/.

[51] Androulaki E, Barger A, Bortnikov V, et al. Hyperledger fabric: a distributed operating system for permissioned blockchains[C]. In Proceedings of EUROSYS, 2018.

[52] Merkle R C. A digital signature based on a conventional encryption function[C]. In Proceedings of the Advances in Cryptology, 1987.

[53] King S, Nadal S. Ppcoin: Peer-to-peer crypto-currency with proof-of-stake[R/OL]. 2012-08-19 [2020-08-09]. https://decred.org/research/king2012.pdf.

[54] Castro M, Liskov B. Practical Byzantine fault tolerance[C]. In Proceedings of USENIX OSDI, 1999.

[55] Wu Bo, Xu Ke, Li Qi, et al. SmartCrowd: Decentralized and Automated Incentives for Distributed IoT System Detection[C]. In Proceedings of IEEE ICDCS, 2019 .

[56] Matsumoto S, Reischuk R M. IKP: Turning a PKI around with decentralized automated incentives [C]. In Proceedings of IEEE S&P, 2017.

[57] BIP-152[S/OL]. 2016-04-27 [2020-08-09]. https://github.com/bitcoin/bips/blob/master/bip-0152.mediawiki.

[58] Maymounkov P, Mazieres D. Kademlia: A peer-to-peer information system based on the xor metric [C]. In Proceedings of IPTPS, 2002.

[59] Kreps J, Narkhede N, Rao J. Kafka: A distributed messaging system for log processing[C]. In Proceedings of the NetDB, 2011.

[60] Sousa J, Bessani A, Vukolic M. A byzantine fault-tolerant ordering service for the hyperledger fabric blockchain platform[C]. In Proceedings of IEEE/IFIP DSN, 2018.

[61] Gilbert S, Lynch N. Brewer's conjecture and the feasibility of consistent, available, partition-tolerant webservices[J]. Acm Sigact News, 2020, 33(2): 51-59.

[62] Marcus Y, Heilman E, Goldberg S. Low-Resource Eclipse Attacks on Ethereum's Peer-to-PeerNetwork[J]. IACR Cryptology ePrint Archive, 2018, 2018: 236.

[63] Heilman E, Kendler A, Zohar A, et al. Eclipse attacks on bitcoin's peer-to-peer network[C]. In Proceedings of USENIX Security Symposium, 2015.

[64] Apostolaki M, Zohar A, Vanbever L. Hijacking bitcoin: Routing attacks on cryptocurrencies[C]. In Proceedings of IEEE S&P, 2017.

[65] Ballani H, Francis P, Zhang X. A study of prefix hijacking and interception in the Internet[J]. ACM SIGCOMM Computer Communication Review, 2007, 37(4): 265-276.

[66] Naumenko G, Maxwell G, Wuille P, et al. Erlay: Efficient Transaction Relay for Bitcoin[C]. In Proceedings of ACM CCS, 2019.

[67] Ozisik A P, Andresen G, Levine B N, et al. Graphene: efficient interactive set reconciliation applied to blockchain propagation[C]. In Proceedings of ACM SIGCOMM, 2019.

[68] Falcon - A Fast BitcoinBackbone[EB/OL]. [2020-08-09]. https://www.falcon-net.org/.

[69] Fast Internet Bitcoin RelayEngine [EB/OL]. [2020-08-09]. https://github. com/bitcoinfibre/bitcoinfibre.

[70] Saad M, Cook V, Nguyen L, et al. Partitioning attacks on bitcoin: colliding space, time, and logic [C]. In Proceedings of IEEE ICDCS, 2019.

[71] Apostolaki M, Marti G, Müller J, et al. SABRE: Protecting Bitcoin against Routing Attacks[C]. In Proceedings of NDSS, 2019.

[72] Tran M, Choi I, Moon G J, et al. A Stealthier Partitioning Attack against Bitcoin Peer-to-Peer Network[C]. In Proceedings of IEEE S&P, 2020.

第 8 章 物 联 网

8.1 引 言

从有语言开始，人类一直没有停止对自由交流的追求，从传统的信笺到电话、手机，再到遍布全球的互联网。随着网络基础设施的日趋普及，人们又把目光投向身边的各种大大小小的物体，开始设想如何与它们交流，这就是物联网的由来。继计算机、互联网和移动通信之后，业界普遍认为物联网将引领信息产业革命的又一次新浪潮，成为未来社会经济发展和进步、科技创新的新动力。物联网融合了半导体、传感器、计算机和移动通信网络等多种技术，成为电子信息产业发展的新制高点[1-2]。德国著名研究机构 IoT Analytics 预测，到 2025 年物联网设备市场规模将达到 1310 亿美元[3]，因此，“物联网”被称为下一个万亿元级的高新技术产业，其市场前景相当广阔。当前，世界主要发达国家都加大了这方面的投入，研究开发新技术，力图占据领先位置。我国也已将这项技术发展列入国家中长期科技发展规划。

本章将从下面几个方面对物联网进行简要介绍：首先是物联网概述，无线传感器网络是物联网的重要技术基础，我们对其进行了简介；接下来介绍物联网的体系结构，自下而上对物联网典型协议分别进行了介绍；然后将阐述物联网体系结构的主要研究问题，并给出物联网的典型应用；最后是结论和进一步研究工作。

8.2 物联网概述

8.2.1 物联网的起源及发展

物联网的英文说法其实更清楚。The Internet of Things 直译过来是“物体的互联网”[4]。物联网理念的较早提出者中包括比尔·盖茨，他在 1995 年出版的《未来之路》一书中提到“物联网”的构想，即互联网仅实现了计算机的联网，而未实现与万事万物的联网，但当时网络终端技术的局限使得这一构想无法真正实现。

1998 年，美国麻省理工学院(MIT)创造性地提出了“产品电子代码(Electronic Product Code，EPC)”系统[5-6]，把所有物品通过射频识别等信息传感设备与互联网连接起来，实现了智能化识别和管理。1999 年，MIT 自动识别中心(Auto-ID)[7]提出，要在计算机互联网的基础上，利用射频识别(Radio Frequency Identification，RFID)、无线传感器网络(Wireless Sensor Network，WSN)和数据通信等技术，构造一个覆盖世界上万事万物的“物联网”。在这个网络中，物品(商品)能够彼此进行“交流”，而无须人的干预[4]。

2005 年 11 月 17 日，在突尼斯举行的信息社会世界峰会(World Summit on the Information Society，WSIS)上，国际电信联盟(International Telecommunications Union，ITU)发布了《ITU 互联网报告 2005：物联网》[8]，正式提出物联网的概念。报告指出，无所不在的“物联网”通信时代即将来临，世界上所有的物体，从轮胎到牙刷、从房屋到纸巾，都可以通过互联网主动进行数据交换。射频识别技术、传感器技术、纳米技术和智能嵌入[9]这4项技术将得到更加广泛的应用。2012年6月,国际电信联盟电信标准化部门(International Telecommunication Union,Telecommunication Standardization Sector,ITU-T)发布了《物联网概述》ITU-T Y.2060[10],明确了物联网的概念和范围,确定了物联网的基本特性和高层要求并描述了物联网的参考模型。

欧洲智能系统集成技术平台(The European Technology Platform on Smart Systems Integration, EPoSS)在2008年5月27日发布了 *Internet of Things in 2020*[11]报告,该报告分析预测了未来物联网的发展,认为RFID和相关的识别技术是未来物联网的基石,建议更加重视RFID的应用及物体的智能化。IDTechEx研究报告指出,2019年全球RFID市场规模已达116亿美元,在2022年将达到130亿美元,其中包括标签、读卡器,以及支持RFID的软硬件设备等[12]。

8.2.2 射频识别技术

射频识别技术(RFID)是一种无线通信技术,可通过无线电信号识别特定目标并读写相关数据,而无须识别系统与特定目标之间建立机械或光学接触,俗称"电子标签"。射频识别技术自20世纪90年代开始兴起,从信息传递的基本原理来说,RFID在低频段基于变压器耦合模型(初级与次级之间的能量传递及信号传递),在高频段基于雷达探测目标的空间耦合模型(雷达发射电磁波信号碰到目标后携带目标信息返回雷达接收机)。1948年,Harry Stockman发表的《利用反射功率的通信》[13]奠定了射频识别技术的理论基础。

RFID技术的基本工作原理并不复杂:标签进入磁场后,接收解读器发出的射频信号,凭借感应电流所获得的能量发送出存储在芯片中的产品信息(Passive Tag,无源标签或被动标签),或者主动发送某一频率的信号(Active Tag,有源标签或主动标签),解读器读取信息并解码后,送至中央信息系统进行有关数据处理。

一套完整的RFID系统由阅读器(Reader)、电子标签(Tag,即应答器 Transponder)及应用软件系统3部分组成,其工作原理是Reader发射特定频率的无线电波能量给Transponder,用以驱动Transponder电路将内部的数据送出,此时Reader便依序接收解读数据,送给应用程序做相应的处理。图8.1为阅读器通过有线或无线的方式,将所获取数据接入互联网。

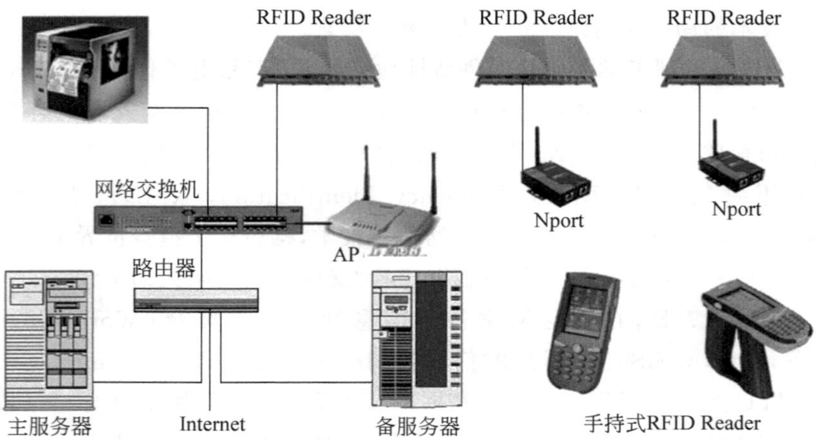

图8.1　RFID系统

以 RFID 卡片阅读器及电子标签之间的通信及能量感应方式看，大致可以分成感应耦合(Inductive Coupling)及后向散射耦合(Backscatter Coupling)两种，一般低频的 RFID 大多采用第一种方式，而较高频的 RFID 大多采用第二种方式。

阅读器根据使用的结构和技术不同可以是读或读/写装置，是 RFID 系统信息控制和处理中心。阅读器通常由耦合模块、收发模块、控制模块和接口单元组成。阅读器和应答器之间一般采用半双工通信方式进行信息交换，同时阅读器通过耦合给无源应答器提供能量和时序。在实际应用中，可进一步通过以太网或者无线局域网等实现对物体识别信息的采集、处理及远程传输等管理功能。应答器是 RFID 系统的信息载体，目前应答器大多由耦合原件(如线圈、微带天线等)和微芯片组成无源单元。图 8.2 为一些常见的 RFID 设备。

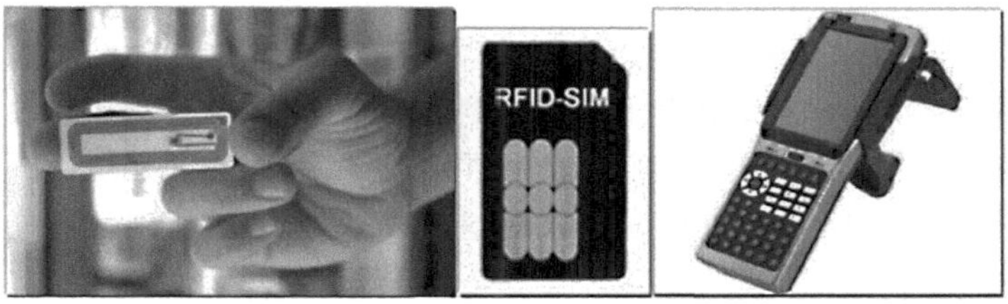

图 8.2 常用 RFID 设备

RFID 标签依据是否内置电源可以分为被动式、半被动式(也称作半主动式)和主动式 3 种类型。

1) 被动式标签

被动式标签没有内部供电电源。其内部集成电路通过接收到的电磁波进行驱动，这些电磁波由 RFID 读取器发出。当标签接收到足够强度的信号时，可以向读取器返回数据。这些数据不仅包括 ID 号(全球唯一标识 ID)，还可以包括预先存在于标签内 EEPROM 中的数据。

由于被动式标签具有价格低廉、体积小巧、无须电源的优点，因此目前市场的 RFID 标签主要是被动式的。

2) 半被动式标签

一般而言，被动式标签的天线有两个任务：第一，接收读取器所发出的电磁波，借以驱动标签电路；第二，标签回传信号时，需要靠天线的阻抗作切换，才能产生 0 与 1 的变化。问题是，想要有最好的回传效率，天线阻抗必须设计为“开路与短路”，这样又会使信号完全反射，无法被标签电路接收，半被动式标签就是为了解决这样的问题而提出的。半主动式标签类似于被动式标签，不过它多了一个小型电池，电力恰好可以驱动标签电路，使得电路处于工作的状态。这样的好处是，天线可以不负责接收电磁波，而是专门用于回传信号。比起被动式标签，半被动式标签有更快的反应速度，更好的效率。

3) 主动式标签

与被动式标签和半被动式标签不同的是，主动式标签本身具有内部电源供应器，用以供应内部电路所需电源，以产生对外的信号。一般来说，主动式标签拥有较长的读取距离和较大的记忆体容量，可以用来存储读取器所传送来的一些附加信息。

RFID 标签的广泛应用引起了人们对物联网研究的热潮[14]。虽然由于标准、成本、相关法规和技术成熟度等诸多因素的阻碍，仅基于RFID技术实现理想中的物联网还远远不够，但RFID技术在物流、仓库管理、物品防伪、快速出入和动植物管理等诸多领域的应用已经如火如荼，展现出"革命性"技术的实力和魅力[15]。随着数字信息技术在各行业的广泛深入，RFID将逐步在零售、医疗等行业以及政府部门进一步拓展应用场景，各厂商的标准化问题也会逐步得到解决，其潜在的商业价值也将逐渐显现。

8.2.3 智慧的地球

"智慧的地球"的概念是美国IBM公司在2008年提出的。2008年11月初，IBM董事长兼CEO彭明盛发表了《智慧的地球：下一代领导人议程》(*A Smarter Planet*: *The Next Leadership Agenda*)[16]。奥巴马就任美国总统后，2009年1月28日与美国工商业领袖举行了一次"圆桌会议"，会议上，彭明盛再次提出"智慧的地球"这一概念，建议新政府在未来几年内，每年在宽带网络、智慧的医疗和智慧电网等新一代的智慧型基础设施方面投入300亿美元，这样每年可以产生100万个就业岗位，同时还将帮助美国建立21世纪的长期竞争优势，并阐明其短期和长期效益。物联网就是这些所谓智慧型基础设施中间的一个概念。奥巴马对此给予了积极的回应："经济刺激资金将会投入宽带网络等新兴技术中，毫无疑问，这就是美国在21世纪保持和夺回竞争优势的方式。"

IBM提出"构建一个更有智慧的地球"，是因为IBM认识到互联互通的科技将改变这个世界的运行方式。这一系统和流程将能够实现实体商品的开发、制造、运输和销售；服务的交付；从人、金钱到石油、水和电子等万事万物的运动；数十亿人的工作、自我管理和生活。

IBM认为建设"智慧的地球"需要3个步骤：首先，各种创新的感应科技开始被嵌入各种物体和设施中，从而使得物质世界极大程度地实现数据化；第二，随着网络的高度发达，人、数据和各种物体都将以不同方式联入网络；第三，先进的技术和超级计算机可以对这些海量的数据进行整理、加工和分析，将生硬的数据转化成实实在在的洞察，并帮助人们做出正确的行动决策。同时，IBM提出将在六大领域建立智慧行动方案，分别是智慧的电力、智慧的医疗、智慧的城市、智慧的交通、智慧的供应链、智慧的银行。

IBM的"智慧的地球"实际上就是要将新一代的IT技术充分运用到各行各业中，把感应器嵌入和装备到全球各个角落的电网、铁路、桥梁、隧道和公路等各种物体中，并且将它们普遍连接，形成物联网。再通过以互联网为核心的架构将物联网整合起来，从而使人类能以更加精细和动态的方式管理生产和生活，实现全球"智慧"状态，形成"互联网＋物联网＝智慧的地球"。

随着信息技术的发展，信息系统通过各种传感器与物理世界不断融合。信息物理系统(Cyber Physical Systems，CPS)成为一个重要的发展方向。美国总统科技顾问委员会(President's Council of Advisors on Science and Technology，PCAST)和美国国家科学基金会(National Science Foundation，NSF)已将它列为信息技术最重要的研究主题[17]。CPS的意义在于将物理设备联网，特别是连接到互联网上，使得物理设备具有计算、通信、精确控制、远程协调和自治五大功能。CPS本质上是一个具有控制属性的网络，但它又有别于现有的控制系统。NSF认为，CPS将让整个世界互联起来，如同互联网改变了人与人的互动一样，CPS将会改变人们与物理世界的互动。由此可见，CPS是物联网的另一种表现形态，其本质与物联网是相通的。

8.2.4 感知中国

2009 年 8 月 7 日，时任国务院总理温家宝考查中国科学院无锡高新微纳传感网工程技术研发中心时提出“感知中国”的战略构想，表示中国要抓住机遇，加快推进物联网技术。2009 年 11 月 3 日，温家宝发表了题为《让科技引领中国可持续发展》[18]的重要讲话，在这次讲话中，物联网被列入国家五大新兴战略性产业（新能源、新材料、生物科学、信息网络和空间海洋开发）之一。要求“着力突破传感网、物联网关键技术，及早部署后 IP 时代相关技术研发，使信息网络产业成为推动产业升级、迈向信息社会的发动机”。2009 年 11 月 13 日，国务院正式批准同意支持无锡建设国家传感网创新示范区（国家传感信息中心）。

2010 年 3 月 5 日，温家宝总理在十一届人大三次会议上所做政府工作报告中给出了物联网的定义：物联网是指通过信息传感设备，按照约定的协议把任何物品与互联网连接起来，进行信息交换和通信，以实现智能化识别、定位、跟踪、监控和管理的一种网络。它是在互联网基础上延伸和扩展的网络[19]。物联网概念如图 8.3 所示。业内人士表示，这是“物联网”首次被写进政府工作报告，这也意味着物联网的发展进入了国家层面的视野，已经被提升到国家战略。人们通常将 2010 年定位为我国物联网元年。

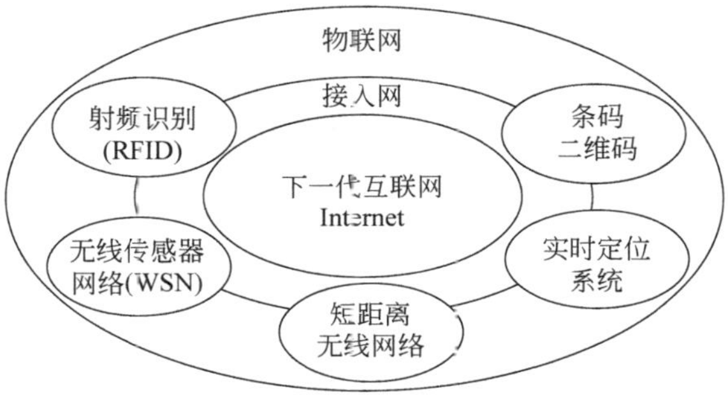

图 8.3　物联网概念示意图

8.2.5 物联网的概念

物联网可被视为技术和社会影响方面的长期愿景。从技术标准化的角度看，物联网可以被看作全球信息社会的基础设施，以物理和虚拟互连的方式，在现有和新兴互操作信息通信技术（Information Communications Technology，ICT）的基础上提供先进的业务。通过识别、数据捕获、处理和通信能力，物联网可充分利用“物”为各种应用提供服务，同时确保安全和隐私方面的要求。物联网预计将大面积集成先进技术，例如先进的设备间通信技术、自动网络化技术、数据采掘与决策、安全与隐私保护、云计算，以及先进的感测和激励技术[10]。

文献[20]中，作者将物联网归结为一个简单的公式，这一公式简明扼要地概括了物联网的本质：

物联网＝物理对象＋控制器、传感器、执行器＋互联网

物联网包括一组物理对象的集合，其中每个对象包括一个能够提供智能决策的微控制器；一个能够测量一些物联网参数的传感器，或基于一些物理参数执行动作的执行器；并且通过某种方式进行通信，例如互联网或其他网络。

大多数文献将物联网看作智能物件之间的通信。ITU-T Y.2060 扩展了这个观点，引入了虚拟物件的概念，将物联网描述为在“随时”和“随地”通信的基础上，为信息通信技术提供了“任意物间通信”功能，如图 8.4 所示。

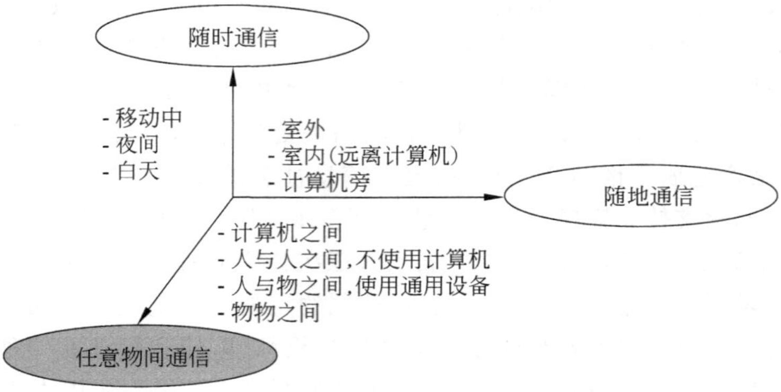

图 8.4　物联网概念的 3 个维度[10]

在物联网中，“物”指物理世界(物理装置)或信息世界(虚拟事物)中的对象，可以被标识并整合入通信网。“物”存在静态和动态信息。“设备”应具有强制性通信能力，以及具有选择性传感、激励、数据捕获、数据存储和数据处理的能力。物理装置存在于物理世界中，能够被感知、激励和连接。物理装置的实例包括周边环境、工业机器人、端口和电器设备。虚拟事物也存在于信息世界，能够被存储、处理和访问。虚拟事物的实例包括多媒体内容和应用软件。

8.3　无线传感器网络

物联网的核心仍然是互联网，它是在互联网基础上进行的延伸和扩展，其客户端拓展到物体与物体之间的互联及通信。而无线传感器网络(Wireless Sensor Networks，WSN)[21]由于比物联网出现得更早，也发展得更成熟，因此成为物联网的重要支撑技术，无线传感器网络可以实现对环境的感知和物体之间的感知与信息交换。互联网为人们提供了快捷的通信平台，而无线传感器网络能够联系客观世界和传输网络，获取大量数据信息，从而扩展了传统的信息获取能力。它广泛应用于军事国防、工农业控制、环境检测、医疗监护、海洋探索、城市管理和智能家居等诸多领域，有广阔的应用前景。下面对无线传感器网络进行简要介绍，感兴趣的读者可以继续参阅相关文献[22]和[23]。

8.3.1　无线传感器网络的概念

无线传感器网络是由部署在监测区域内大量的传感器节点组成的，通过无线通信方式形成的一个多跳的自组织网络系统[24]。传感器节点是一种非常小型的计算机，一般由处理器和内存、各类传感器、通信设备、电池以及其他设备组成。网络中通常有一个或多个汇聚节点(也称 sink 节点)或基站，来收集各个传感器所收集的数据。整个网络协作地感知、采集和处理网络覆盖区域中被感知对象的监测信息，并报告给用户。无线传感器网络概念图如图 8.5 所示。

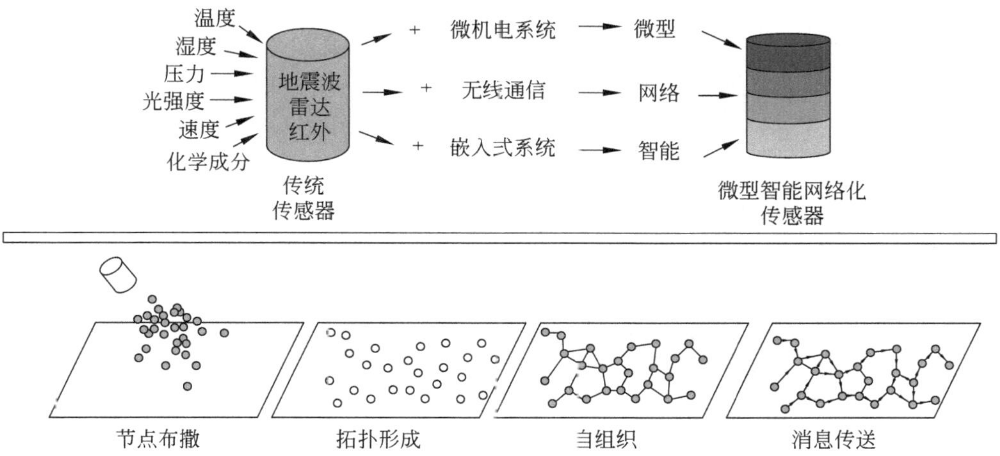

图 8.5　无线传感器网络概念图

8.3.2　无线传感器网络的技术特点

无线传感器网络是一种独立的计算机网络，它的基本组成单元是节点，而大量的节点通过随机部署形成一定的拓扑结构自组织成网络，所以无线传感器网络的重点关注对象首先是节点和操作系统，其次是网络。下面分别从不同视角进行简要介绍。

1. 传感器节点

1996 年，在美国国防部的资助下，美国加州大学洛杉矶分校开展了旨在开发低功耗的无线传感器设备的 LWIM(Low-power Wireless Integrated Microsensors)项目[25]。LWIM 团队将多种传感器、控制和通信芯片集成在一个设备上，开发了 LWIM 节点。两年后，LWIM 团队和 Rockwell 科学中心合作开发了 WINS(Wireless Integrated Network Sensors)[26]节点。1999 年，这个项目演变为美国国防部的 SenIT(Sensor Information Technology)计划[27]，该计划于 2003 年结束，研究重点有两个：①开发用于可部署微传感器的新型联网方法；②利用分布式计算范式从传感器领域提取正确和及时的信息，包括目标的检测、分类和跟踪。

几乎同时，美国加州大学伯克利分校发起了“智慧尘埃”(Smart Dust)[28]项目，旨在开发微型化的传感器节点。项目参与者 Kristofer S. J. Pister 为了早日实现智慧尘埃项目的商业化运作，于 2002 年成立 Dust Networks 公司，并担任 CTO。1999 年，该校发布了 WeC 节点，在此之后又发布了一系列微型化、低功耗的节点平台，包括后来被研究者广泛使用的 Mica、Mica2Dot、MicaZ 和 Telos[29]。Mica2Dot 节点采用 4MHz 的 Atmel ATmega 128L 微处理器，具有 868/916MHz 多通道射频收发器和 512KB 的片上存储，并集成多种传感器，直径仅为 25mm，基于 TinyOS 操作系统完成节点数据采集、数据处理和通信。这几类传感器节点如图 8.6 所示。

Crossbow 一直专注于无线传感器网络和智能尘埃(Mote)，同时也是业界最大的无线传感器网络产品供应商。其推出的 IRIS 节点有能够提供低功耗和远距离传输的双重优势，

(a) Mica　　(b) Mica2Dot

(c) MicaZ　　(d) Telos

图 8.6　传感器节点

并将节点成本大大降低。它工作在 2.4GHz，支持 IEEE 802.15.4/ZigBee 协议，具有更广的作用范围，传输距离较以往产品提高 3 倍，并且具有超低功耗，相对于以往产品休眠电流减半，从而使电池寿命更长。Crossbow 技术人员表示，在湖面测试环境下，IRIS 节点的最大传输距离可达 1km，另外，由于 IRIS 采用提高接收灵敏度的方式实现更远的传输距离，因此它也兼顾了低功耗的需求。Crossbow IRIS 节点如图 8.7 所示。

图 8.7　Crossbow IRIS 节点

对于研究单位或者需要高精度监控的工业环境(如机床状态监测)，需要对数据作预先的分析处理，这就要求传感器节点同时具有强大的计算能力。Crossbow 同时推出的 Imote2 搭载了一个强大的 PXA271 Intel XScale 处理器芯片，既可以设置成低电压(0.85V)、低频率(13MHz)模式，也可设置为 416MHz 频率的可升级处理模式。与以往无线传感器网络的硬件平台相比，Imote2 提供了更多的存储资源，包括 256KB 的 SRAM、32MB 的 SDRAM 和 32MB 的 Flash。

与所有正在发展的新技术一样，除了成本问题外，物联网节点产品仍然缺乏一个统一的标准解决互操作性问题，采用加州大学伯克利分校开发的 TinyOS 将会有所帮助。Crossbow 的 MoteWorks 软硬件无线 Mesh 网络开发平台就采用了 TinyOS，它支持基于 IEEE 802.15.4/ZigBee 标准的快速、灵活和开放式的设计。该开放架构能够使高智能多用途传感装置动态地、可靠地进行自我调整，以便在任何时间、任何地点有效地获取和发送物理数据。

随着传感器节点的微型化，美国加州大学伯克利分校的 Dongjin Seo 等在 2013 年研制出仅约一粒沙子大小的“神经尘埃”(Neural Dust)，尺寸为 3mm×1mm×0.8mm，将其散布在大脑皮层中，使用超声波对其进行远程查询，并且为神经尘埃提供能量[30]。神经尘埃将展现一种全新的学习方式，并可以与大脑互动。

传感器节点通常具有如下技术特点。

(1) 微型化：通常，传感器节点的尺寸从几厘米至几毫米不等，通过一定规则的部署嵌入物理世界。

(2) 智能化：具有一定能力的CPU和存储，能进行数据采集、处理和通信。

(3) 自治化：节点具有一定的容错性，并在区域内自治。

(4) 多样化：传感器节点尽可能感知周围感兴趣的物理参数。

由于无线传感器节点主要用于监测，分布密度大且范围广，因此必须低成本、低功耗和小尺寸。从现有技术条件看，值得考虑的是节点成本和能源补给。节点不可能采用太高的频率，因为频率与能量的消耗是正相关的，频率高，则能量消耗大。另外，无线电通信模块的能量消耗也大，传送距离同能量消耗也是正相关的，因而必须在发送距离和节点数之间做出权衡。

根据摩尔定律，当价格不变时，集成电路上可容纳的晶体管数目约每隔18个月增加一倍，性能也将提升一倍。纵观传感器节点的发展历程，其性能并没有按照摩尔定律预测的速度发展。1999年，WeC节点采用8位4MHz主频的处理器，2002年，Mica节点采用8位7.73MHz的处理器，2004年，Telos节点采用16位4MHz的处理器，并且它仍是目前普遍采用的传感器节点。传感器节点的发展曲线如图8.8所示。

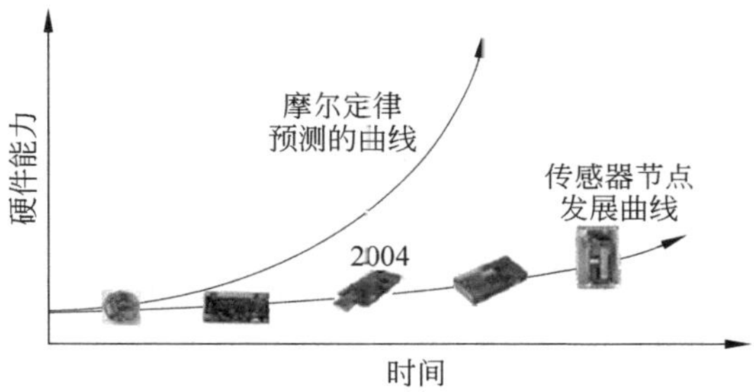

图8.8 传感器节点的发展曲线
(注：该图取自参考文献[31])

由此可看出，传感器节点的性能发展十分缓慢。通过节点的实际应用分析可以得出限制节点性能提升的主要因素有以下3点：

(1) 电源限制。传感器节点体积微小，通常携带能量十分有限的电池。由于传感器节点数目庞大、要求成本低廉、分布区域广，而且部署环境复杂，有些区域甚至人员不能到达，所以，无线传感器网络节点通过更换电池的方式补充能量是不现实的。传感器节点消耗能量的模块包括传感器模块、处理器模块和无线通信模块。随着集成电路工艺的进步，处理器和传感器模块的功耗变得很低，绝大部分能量消耗在无线通信模块上，无线通信模块有发送、接收、空闲和睡眠4种状态。无线通信模块在空闲状态一直监听无线信道的使用情况，检查是否有数据发送给自己，而在睡眠状态则关闭通信模块。无线通信模块在发送状态的能量消耗最大；在空闲状态和接收状态能量消耗接近，略少于发送状态的能量消耗；在睡眠状态能量消耗最少。如何让网络通信更有效率，减少不必要的转发和接收，不需要通信时尽快进入睡眠状态，是无线传感器网络协议设计需要重点考虑的问题。

(2) 价格制约。传感器节点的部署一般是非常大量的和密集的，其硬件的设计必须重点考虑价格因素，由此其性能的提高受到极大的制约。

(3) 体积微小。传感器节点要求体积微小，容易携带，便于部署，而且还必须有一定的计算和存储能力，因为无线传感器网络是自组织的，所以它还要兼顾传统网络节点的终端和路由器的双重功能，将如此多的特性加入一个体积微小的节点中，这无疑是一个难度极大的技术挑战。体积这个因素大大限制了其性能的迅速提升。

2. 操作系统

面对节点硬件数量和种类繁多、资源受限、通信不可靠等问题，节点操作系统应该具有较好的可移植性，为无线传感节点提供有效的编程模型，简化上层应用程序的设计开发，提高分布式开发的编程效率。与 Linux、Mac OS 等传统操作系统和 uCLinux、PalmOS 等传统嵌入式操作系统相比，节点操作系统占用的 RAM(数据内存)和 ROM(程序内存)非常小，是微型化的。加州大学伯克利分校开发的 TinyOS[32]是最早的微型节点操作系统。除此之外，还有 Contiki[33]、SOS[34]、Mantis OS[35]、Nano-RK[36]、Pixie OS[37]、LiteOS[38]和 RETOS[39]等节点操作系统。

1) TinyOS

TinyOS 是一个开放源码的、基于组件的、专为低功率无线设备(如传感网、普适计算、个域网、智能建筑和智能仪器等)设计的操作系统。TinyOS 最初由美国加州大学伯克利分校的 David Culler 团队开发，相继与 Crossbow Technology、Intel Research 合作过，逐渐演变为国际化的 TinyOS 联盟。TinyOS 操作系统、库和应用程序都是用 NesC(Networked Embedded System C)编写的，NesC 是 C 语言的扩展，可用于开发组件化结构。它设计之初的目的是制作一个专属嵌入式无线传感器网络的操作系统。但事实上，由于良好的可扩展性和足够小的代码尺寸，TinyOS 在物联网的应用领域中也占有非常重要的地位。

TinyOS 引入了 4 种技术：轻线程、主动消息、事件驱动和组件化编程。轻线程主要是针对节点并发操作可能比较频繁，且线程比较短、传统的进程/线程调度无法满足(使用传统调度算法会导致大量能量浪费在无效的进程互换过程中)的问题提出的。主动消息是并行计算机中的概念。在发送消息的同时传送处理这个消息的相应处理函数 ID 和处理数据，接收方得到消息后可立即进行处理，从而减少通信量。整个系统的运行基于事件驱动，没有事件发生时，微处理器进入睡眠状态，从而可以达到节能的目的。组件化就是对软硬件进行功能抽象。整个系统由组件构成，通过组件提高软件重用度和兼容性，程序员只关心组件的功能和自己的业务逻辑，不必关心组件的具体实现，从而可以提高编程效率。

TinyOS 采用基于组件的架构方式，组件之间可以灵活组合，与应用程序静态编译成单个程序映像，快速实现各种应用。组件与对象一样，可包含代码和数据，不同的是，组件只能在编译时实例化。TinyOS 组件含有接口，接口内定义了命令和事件。I/O 操作需要分阶段完成，首先触发一个 I/O 请求，I/O 完成时，再触发相应的回调函数。

TinyOS 的调度器实现了任务和事件驱动的两级调度，两者共享一个系统堆栈。任务调度采用先入先出的简单策略，一个任务从执行直至完成，不能挂起，也不能被其他任务抢占。底层硬件中断具有比所有任务更高的优先级，一旦触发中断，处理器将停止执行任务，转而执行相应的中断服务程序。TinyOS 的这种运行方式被称为事件驱动。事件能抢占任务，并且事件之间也能互相抢占。图 8.9 所示为 TinyOS 调度示意图。TinyOS 2.x 调度器被实现为一个 TinyOS 组件。调度器既支持最基本的任务模型，也支持任务接口模型，并且由调度器负责协调不同的任务类型。采用事件驱动执行模型对节省能量有十分重要的作用，如果在持续的一段时间内没有中断事件的发生，任务队列为空，TinyOS 的处理器就进入休眠模式。

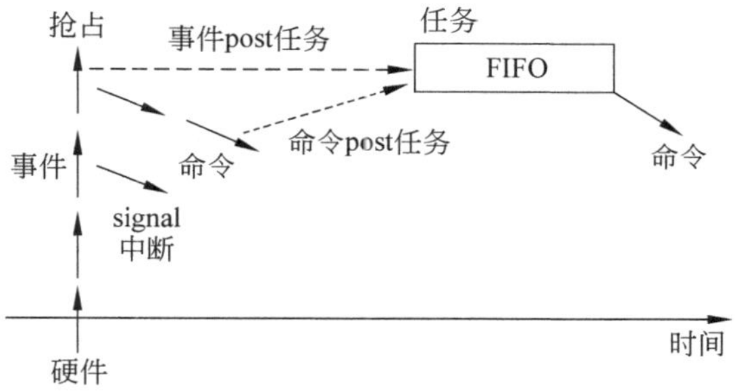

图 8.9 TinyOS 调度示意图

2）Contiki

嵌入式 Contiki 操作系统是支持多任务的、开源的操作系统，最早由瑞典计算机科学院 Adams Dunkels 开发设计，现在是专门为嵌入式系统和无线传感器网络而设计的。它能够在要求条件十分苛刻的开发环境中运行，同时只需要几 K 字节的 RAM 和几十 K 字节的 ROM，占用的系统资源非常少。Contiki 已经提供了一个基础性的 IP 协议栈，同时维持最小硬件抽象，以便有一个共同的软件基础架构，使它能够广泛地在不同的试验平台应用。如今，Contiki 已经被广泛应用在嵌入式操作系统中，美国的通用汽车公司和美国国家宇航局都在使用它。

Contiki 是基于事件驱动的嵌入式操作系统，它的程序执行流程也是基于事件的，事件通过硬件请求或者是底层请求触发，可抢占的多线程以可选的函数库实现。Contiki 硬件资源的抽象以系统库的形式实现，并和其他程序任意连接。为了能够实现优先执行的原则，Contiki 并不禁止中断。

Contiki 的进程状态只有 3 种：等待执行（PROCESS_STATE_CALLED）、执行（PROCESS_STATE_RUNNING）、退出（PROCESS_STATE_NONE）。进程状态的转换为：NONE→RUNNING→CALLED。

如果要执行某一进程，则首先查询进程链表，如果该进程不在 process_list 中，则把进程加入进程队列 process_list 的首部；然后将进程状态设置为 PROCESS_STATE_RUNNING；最后通过函数 process_post_synch()给进程传递一个 PROCESS_EVENT_INIT 事件，让其开始执行。注意：如果该进程已经在 process_list 中，则不做任何处理。从 PROCESS_STATE_RUNNING 到 PROCESS_STATE_CALLED 的流程是：首先把 process_current 指向将要执行的进程，然后把进程的状态改为 PROCESS_STATE_CALLED，同时执行进程中的函数并将返回值保存在 ret 中，如果返回值表示退出，便执行 exit_process()函数退出进程，否则程序就应该再挂起等待事件的状态，继续把进程的状态维持为 PROCESS_STATE_RUNNING，如图 8.10 所示。

Contiki 支持两种内存分配方式：系统动态内存分配和预分配的内存块分配。由于 Contiki 支持运行时系统模块的更新，同时支持在运行时对特定模块和服务的加载和卸载，

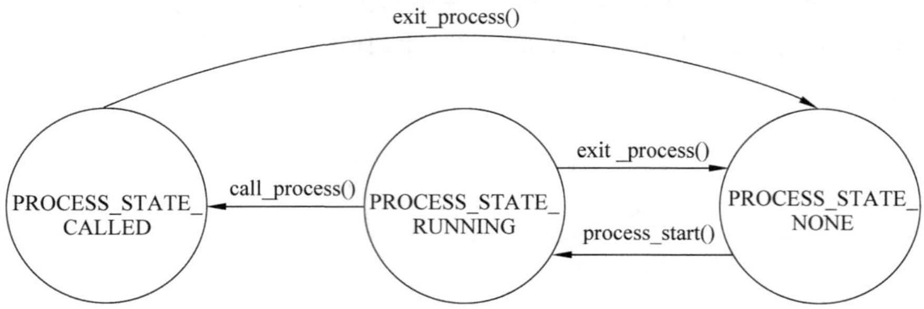

图 8.10　Contiki 进程状态转换图

所以 Contiki 具有良好的可扩展性，便于在复杂的环境甚至是难以接近的环境中对软件进行及时更新，对硬件节点做到良好的维护和升级。

在节能方面，Contiki 无显式低功耗模式，需要用户程序自行实现，事件调度器提供事件队列长度，便于用户程序判断，这就使 Contiki 能够根据用户需要调配功耗，在节能方面起到了事半功倍的作用。Contiki 能够非常方便地实现仿真和应用，在 Contiki 仿真环境中，每一个传感器节点被自己的进程表示，在仿真环境中开发的应用程序能直接被编译，并运行在传感器硬件上。

更为重要的是，在以前的嵌入式操作系统中，不同的程序可以相互独立地被执行，其执行部分就叫作线程，并把这些线程排入队列中，每一个线程都有自己独有的物理地址和使用机制，这必将提高系统的能耗与内存的负荷。而在 Contiki 内，所有这些线程都与总线程 Protothreads 有关。Protothreads 是轻量级的无堆栈线程，专为内存受限的系统而设计。在内存受限的系统（例如深度嵌入式系统）中，传统的多线程可能具有太大的内存开销。而 Protothreads 的目的是实现顺序控制流，无须使用复杂的状态机或完整的多线程，因此大大节省了内存的使用负荷和系统能耗。Protothreads 还在基于推送原理的基础上提供了有效的同步机制，便于与其他网络实现互联。

在与互联网互联方面，Contiki 已经有了基于 IPv6 的基础性的协议栈 uIP。uIP 是一种轻量型的网络协议，专门适用于嵌入式系统，它的代码非常少，有很低的内存使用率，uIP 的句柄协议同样使用 TCP/IP 的 RFC 标准。

3. WSN 的特点

WSN 除了具有 Ad Hoc 网络的移动性、断接性和电源能力局限性等共同特征以外，还具有很多其他鲜明的特点[40]。

（1）密集性：为了获取精确信息，在监测区域通常需要部署大量传感器节点，传感器节点数量可能成千上万，甚至更多。通过不同空间视角获得的信息具有更大的信噪比；通过分布式方式处理大量的采集信息能够提高监测的精确度，降低对单个节点传感器的精度要求；大量冗余节点的存在使得系统具有很强的容错性能；大量节点能够增大覆盖的监测区域，减少盲区。

（2）灵活性：WSN 是一个动态的网络，通过“撒豆成兵”可以迅速灵活地部署网络。节点也可以随处移动：一个节点可能会因为电池能量耗尽或其他故障退出网络运行；另一节点也可能由于工作的需要而被添加到网络中。WSN 的拓扑结构可能因为下列因素而改变：环境因素或电能耗尽造成的传感器节点出现故障或失效；环境条件变化可能造成无线通信链路带宽变化，甚至时断时通；传感器网络的传感器、感知对象和观察者这三要素都可能具有移动性；新节点的加入。这就要求传感器网络系统要能够适应拓扑结构的变化，具有动态的系统可重构性。

(3) 自组织：在 WSN 应用中，通常情况下传感器节点被放置在没有基础结构的地方。传感器节点的位置不能预先精确设定，节点之间的相互邻居关系预先也不知道，如通过飞机播撒大量传感器节点到面积广阔的原始森林中，或随意放置到人不可到达的或危险的区域。这就要求传感器节点具有自组织的能力，能够自动进行配置和管理，通过拓扑控制机制和网络协议自动形成转发监测数据的多跳无线网络系统。

在无线传感器网络的使用过程中，部分传感器节点由于能量耗尽或环境因素造成失效，也有一些节点为了弥补失效节点、增加监测精度而补充到网络中，这样，在 WSN 中的节点个数就会动态地增加或减少，从而使网络的拓扑结构随之动态地变化。WSN 的自组织性必须能够适应这种网络拓扑结构的动态变化。

(4) 多跳性：网络中节点通信距离有限，一般在几十到几百米范围内，节点只能与它的邻居直接通信。如果希望与其射频覆盖范围之外的节点进行通信，则需要通过中间节点进行路由。传统网络的多跳路由使用网关和路由器实现，而 WSN 中的多跳路由由普通网络节点完成，没有专门的路由设备。这样，每个节点既可以是信息的发起者，也可以是信息的转发者。因此，节点的能耗问题是必须考虑的，由于其尺寸微小，所以要求尽可能的低能耗。

(5) 鲁棒性：传感器网络特别适合部署在恶劣环境或人类难以到达的区域，传感器节点可能工作在露天环境中，遭受太阳的暴晒或风吹雨淋，甚至遭到无关人员或动物的破坏。传感器节点往往采用随机部署，如通过飞机撒播或发射炮弹到指定区域进行部署。这些都要求传感器节点非常坚固，不易损坏，能适应各种恶劣环境条件。

由于监测区域环境的限制以及传感器节点数目巨大，不可能人工看管每个传感器节点，网络的维护十分困难，甚至不可维护。因此，传感器网络的软硬件必须具有鲁棒性和容错性。传感器网络的通信保密性和安全性也十分重要，要防止监测数据被盗取或者收到伪造的监测信息。

(6) 以数据为中心：目前的互联网是先有计算机终端系统，然后再互联成为网络，终端系统可以脱离网络独立存在。在互联网中，网络设备用网络中唯一的 IP 地址标识，资源定位和信息传输依赖于终端、路由器和服务器等网络设备的 IP 地址。如果想访问互联网中的资源，首先要知道存放资源的服务器 IP 地址。可以说，目前的互联网是一个以地址为中心的网络。

而 WSN 是任务型的网络，脱离传感器网络谈论传感器节点没有任何意义。传感器网络中的节点采用节点编号标识，节点编号是否需要全网唯一取决于网络通信协议的设计。由于传感器节点随机部署，构成的传感器网络与节点编号之间的关系是完全动态的，表现为节点编号与节点位置没有必然联系。用户使用传感器网络查询事件时，直接将所关心的事件通告给网络，而不是通告给某个确定编号的节点。网络在获得指定事件的信息后汇报给用户。这种以数据本身作为查询或传输线索的思想更接近自然语言交流的习惯。所以，通常说传感器网络是一个以数据为中心的网络。

例如，在应用于目标跟踪的传感器网络中，跟踪目标可能出现在任何地方，对目标感兴趣的用户只关心目标出现的位置和时间，并不关心哪个节点监测到目标。事实上，在目标移动的过程中，必然是由不同的节点提供目标的位置消息。

8.3.3 传感器网络的应用

WSN具有非常广泛的应用前景，各国都非常重视其发展。美国MIT 2003年的《技术评论》杂志在论述未来十大新兴技术时，将WSN列为第一项未来新兴技术[41]。而物联网的应用是从传感器网络的应用发展而来的，其重要的区别是其区域性的划分。换句话说，就是其涵盖的范围不同，传感器网络可以看成物联网的一个子集。因此，对传感器网络应用的认识和学习很有必要，下面对其进行简单介绍。

1. WSN的军事应用

传感器网络在军事中的应用非常广泛。因为它具有部署快速、隐蔽性强和容错性高等特点，所以非常适合应用在恶劣的战场环境。利用传感器网络能够实现监控敌军兵力、装备和物资，监视冲突区域，侦察敌方地形和布防，定位攻击目标以及评估损失，等等，并且对使用了核辐射、生物和化学攻击等大规模杀伤性武器的区域和危险区域的侦察和探测也可以发挥重要的作用。

1）战场侦察与监视

在敌方阵地附近、道路、桥梁和港口等关键地区部署各种类型的传感器，了解敌方动向以及武器装备的部署情况，如图8.11所示。

图8.11 无人值守的地面传感系统

分布式传感器在军事领域的应用已有几十年的历史，最早可以追溯到20世纪70年代越南战争时期使用的传统的传感器系统。当年美越双方在密林覆盖的“胡志明小道”进行了一场血腥较量，这条道路是胡志明部队向南方游击队源源不断地输送物资的秘密通道，美军曾经绞尽脑汁动用航空兵狂轰滥炸，但效果不大。后来，美军投放了2万多个“热带树”传感器。所谓“热带树”，实际上是由振动和声响传感器组成的系统，它由飞机投放，落地后插入泥土中，只露出伪装成树枝的无线电天线，因而被称为“热带树”。只要对方车队经过，传感器探测出目标产生的振动和声响信息，就会自动发送到指挥中心，美机立即展开追杀，在“热带树”的协助下，美军总共炸毁或炸坏4.6万辆越南方面的卡车。传感器在越南战场的成功使用促使许多国家纷纷研制和装备各种无人值守的地面传感系统（Unattended Ground Sensors，UGS）。美军的远程战场监视传感器系统（Remote Monitored Battlefield Sensors System，REMBASS）[42]已经为UGS的成功使用进行了验证。REMBASS使用了远距离监视传感器，由人工放置在敌人可能经过的道路上。这些传感器可以对敌人的活动行为引起的信号做出响应，记录地面震动、声音、红外和磁场变化等物理量。REMBASS可以在本地节点处理传感器获取的数据，然后通过无线中继设备把探测、分类的信息传输到监视设备，通过对信息的解码获取敌方活动的完整记录。

2）核、生、化监测

借助生物和化学传感器，可以尽早发现己方阵地上的生化或核污染，能够较为安全地获取一些核、生、化爆炸现场的详细数据，为己方组织防护提供快速反应时间，从而减少损失。传感器网络也可避免核反应部队直接暴露在核辐射的环境中。

2002年5月，美国Sandia国家实验室与美国能源部合作，共同研究能够尽早发现以地铁、车站等场所为目标的生化武器袭击，并及时采取防范对策的系统。该研究属于美国能源部恐怖袭击对策项目的重要一环。该系统融检测有毒气体的化学传感器和网络技术于一体。安装在车站的传感器一旦检测到某种有害物质，就会自动向管理中心通报，自动进行引导旅客避难的广播，并封锁有关入口等。该系统除了能够在专用管理中心进行监视之外，还可以通过互联网进行远程监视。

3）C4ISRT系统

WSN的研究直接推动了以网络技术为核心的新军事革命，诞生了网络中心战的思想和体系。传感器网络将会成为C4ISRT(Command，Control Communication，Computing，Intelligence，Surveillance，Reconnaissance and Targeting)系统[43]不可或缺的一部分，如图8.12所示。C4ISRT系统的目标是：利用先进的高科技技术，为未来的现代化战争设计一个集命令、控制、通信、计算、智能、监视、侦察和定位于一体的战场指挥系统。该系统目前已经受到军事发达国家的普遍重视。因为传感器网络是由密集型、低成本且随机分布的节点组成的，自组织性和容错能力使其不会因为某些节点在恶意攻击中的损坏而导致整个系统的崩溃，这一点是传统的传感器技术无法比拟的。也正是这一点，使传感器网络非常适合

图8.12　C4ISRT系统

应用于恶劣的战场环境中，包括监控兵力、装备和物资，监视冲突区，侦察敌方地形和布防，定位攻击目标，评估损失，侦察和探测核、生物和化学攻击。在战场上，指挥员往往需要及时准确地了解部队、武器装备和军用物资供给的情况，铺设的传感器将采集相应的信息，并通过汇聚节点将数据送至指挥所，再转发到指挥部，最后融合来自各战场的数据形成完备的战区态势图。在战争中，对冲突区和军事要地的监视也是至关重要的，当然，也可以直接将传感器节点撒向敌方阵地，在敌方还未来得及反应时迅速收集利于作战的信息。传感器网络也可以为火控和制导系统提供准确的目标定位信息。在军事应用中，与独立的卫星和地面雷达系统相比，传感器网络的潜在优势表现在以下几个方面：分布节点中多角度和多方位信息的综合有效地提高了信噪比，这一直是卫星和雷达这类独立系统难以克服的技术问题之一；传感器网络低成本、高冗余的设计原则为整个系统提供了较强的容错能力；传感器节点与探测目标的近距离接触大大消除了环境噪声对系统性能的影响，节点中多种传感器的混合应用有利于提高探测的性能指标；通过多节点联合，能够形成覆盖面积较大的实时探测区域，借助个别具有移动能力的节点对网络拓扑结构的调整能力，可以有效地消除探测区域内的阴影和盲点。

2. 基于位置的服务

在过去十年中，随着物联网、云计算、移动计算和智能终端的迅速发展和普及，基于位置的服务(Location-Based Services, LBS)的应用引起学术界和行业的广泛关注。根据用户的位置信息，LBS 提供商可以提供更丰富、更快、更准确的服务。如图 8.13 所示，新技术催生了许多新应用。在室外环境中，基于卫星的定位技术可以为人们提供便捷的定位服务，例如基于全球定位系统(GPS)的车辆导航和货物跟踪。LBS 还可以为单个用户提供附近的生活娱乐信息和智能路径导航服务。遇到紧急情况时，公共服务部门可以根据人员位置信息提供紧急情况咨询和医疗援助服务。

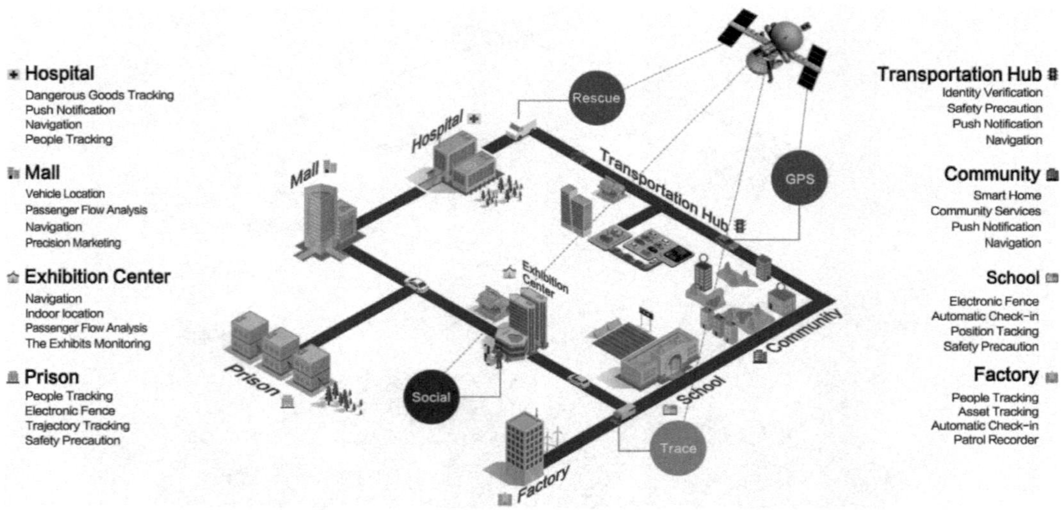

图 8.13　基于位置的服务(LBS)概况图[44]

但是，在室内环境中，由于严重的物体遮挡和信号传播的多径效应，基于卫星的定位技术面临巨大挑战，无法满足人们的日常需求。自 20 世纪 90 年代以来，室内定位技术一直是学术和工业研究的重点，并取得了许多成就。图 8.13 中描述了八种典型的室内场景，包括医院、购物中心、展览中心、监狱、交通枢纽、办公室、社区、学校和工厂。在不同的室内场景中，对基于 LBS 的不同应用的需求也不同。例如，医院管理员需要实时跟踪危险物品和特殊患者，并为患者提供导航服务。在商场中，个人需要找到他们的车停在哪里以及商店的位置。此外，购物中心经理需要获取客户流分析数据，并将其定向到精确的广告和营销。为了确保安全，监狱和学校的 LBS 系统可以设置电子围栏，以防止特殊人员走出指定区域。LBS 的应用已广泛应用于交通枢纽。该系统可以自动识别到达的乘客并推送交通信息。如今，快速发展的 LBS 和智能家居技术为人们提供了更舒适、便捷的生活环境。在照明系统中，当一个人进入时，灯可以打开，但是当他/她离开时，灯可以关闭。当人们在回家的路上时，智能家居服务系统可以根据他们的位置信息和日常习惯智能地调节家中的温度控制系统。在工厂中，人们可以使用 LBS 系统监视和跟踪人员或资产，例如自动值机和巡逻记录仪。LBS 已应用于人类生活的各个方面，它们在不同的应用领域中具有自己的特点。

文献[44]从机器学习的角度介绍了 LBS 和定位技术的概况以及未来的发展方向，总结了一些基于不同信号的定位技术，如卫星、超声波、UWB、RFID、蓝牙和 WiFi，并且介绍了基于机器学习定位的新研究成果和应用。定位技术很值得研究的方向是异构 LBS 系统的集成以及室内和室外环境之间的无缝连接，未来仍有许多挑战可以进一步探索。

虽然传感器网络最初主要应用于军事领域，但是随着技术的发展，传感器节点的成本越来越低，而功能却日益强大，以前造价昂贵的传感器网络现在已经能够进入民用领域。现在传感器网络在民用领域中已经有很多应用，越来越多的可能的应用领域也不断展现在人们的面前，毫无疑问，传感器网络中隐藏着巨大的商机。传感器网络在民用方面的应用主要有生态环境监测、基础设施安全、先进制造、物流管理、医疗健康、工业传感、智能交通控制和智能能源等。传感器网络还有很多其他方面的应用，前景无限，这里就不一一列举了。可以肯定的是，随着技术的进步和经济的发展，传感器网络必将越来越多地应用到社会生活的各个方面。

本节对无线传感器网络的概念、技术特点和应用作了简要介绍。无线传感器网络为物联网奠定了传感和监控的技术基础。物联网是广义联网的无线传感器网络，不仅是感知，还要做到控制。物联网面临更多的技术挑战，包括端到端的寻址、控制方法和模型、安全性以及海量信息的高效处理模型等。

8.4 物联网体系结构

可以预见，物联网的广泛应用将彻底改变人们的工作方式、生活方式及行为模式等。然而，当前物联网的发展正遭遇严峻的技术瓶颈。一方面，以 IPv4 协议为核心技术的互联网体系自身正面临着严峻的考验，如 IP 地址枯竭、安全机制不足和移动性欠缺等；另一方面，物联网作为互联网的网络延伸，其端到端通信需求、感知层等外围网络带来的额外安全需求以及无线为主的通信方式，都进一步加重了当前互联网体系的负担。因此有必要设计融合物联网的下一代互联网体系结构，应对物联网的引入对当前互联网体系提出的挑战。对比当前互联网体系，以 IPv6 为标志的下一代互联网体系具有地址空间大、传输速率更快、更安全可靠、服务质量更高、无线通信方便等特点，这为设计融合物联网的下一代互联网体系结构提供了技术基础。下一代互联网的研究进展可参考本书第10章。

当前研究物联网和下一代互联网的组织很多，也已经提出了多种应用架构，但由于只针对某种特定场景设计，这些体系欠缺对于互联网的继承性和对于不同场景的兼容性。在参考IETF和IEEE等工作组现有工作的基础上，我们提出了一种融合物联网的下一代互联网体系结构，该体系结构具有兼容性好、自适应性强、简单高效等特点。总体上，该体系的底层是由各种物体联网组成的异构的低功耗松散末梢网络，末梢网络通过网关接入以IPv6为核心的互联网；在层次上，末梢网络与互联网具有相似的体系，都具有5层结构（物理层、数据链路层、网络层、传输层及应用层），只是对各层做了少量的改动。

本节首先通过分析物联网的特性和与互联网的差异，提出物联网发展面临的难点与挑战，然后通过全面分析物联网体系结构的架构原则，结合上述应用提出物联网应用场景的通用模型，并针对该模型提出一种融合物联网的下一代互联网体系结构。

8.4.1 物联网的特性

物联网虽然是在互联网的基础上提出的，但二者在很多层面上都存在较大的差异。通过对物联网和传统互联网的分析比较，可总结出二者的主要差异如下。

(1) 从网络体系结构看，物联网由主干网、末梢网络和二者之间的物联网网关构成，主干网是互联网，末梢网络是终端设备（节点）联网组成的异构的低功耗松散网络，因此可以说物联网涵盖了互联网。末梢网络节点作为信息源感知信息，信息通过末梢网络传递给互联网。

(2) 从应用角度看，物联网一般是为专门功能部署的信息采集、分析和智能处理系统，而互联网则是一个互联的资源共享的综合应用服务平台。物联网不仅提供了各种终端设备的连接，其本身也具有智能处理的能力，能够对物体实施智能控制。物联网将终端设备和智能处理相结合，利用云计算和模式识别等各种智能技术扩充其应用领域。

(3) 从终端设备形态看，物联网设备多种多样，但通常体积较小、无人看管、定期休眠、内存小、带宽低、功能受限、能量供应受限。而互联网设备一般具备较大的内存和带宽，可以持续供电，对能耗没有特殊限制，功能也较为齐全。

(4) 从设备操作系统看，由于物联网节点硬件资源受限，因此其操作系统一般比较简单（如前面介绍过的TinyOS[32]和Contiki[33]等），内存和带宽占用少，能量消耗小，功能较为单一。而传统互联网操作系统则比较复杂，内存和带宽占用较多，几乎不用考虑能量消耗问题，功能也很完备。

(5) 从路由形式看，由于物联网节点具有休眠的特性，因此物联网网络的拓扑结构和路由会动态变化，通常要求路由协议具有自适应性。相比物联网节点，传统互联网终端节点通常路由变化较小。

综上，物联网与传统互联网之间存在着诸多差异，这些差异导致物联网节点和末梢网络不能直接支持采用多数互联网的传统协议和技术，这给融合物联网的下一代互联网体系结构的设计工作带来了较大挑战。但物联网起源于互联网，二者在体系结构上存在着某些共性，例如节点都需要身份标识（物联网节点较常用的是设备ID，互联网采用的是IP地址），都需要一定的路由方案（物联网节点采用简单的路由结构，如RPL协议；互联网有较为复杂的路由结构，如 OSPF 和 BGP 等)，这些共性说明当前互联网使用的多数策略、方案与技术都对新体系结构的设计工作具有重要的参考和借鉴意义。

8.4.2 物联网的演化与发展面临的挑战

物联网的演化与发展对当前互联网体系结构带来了极大的挑战，当前研究机构提出的解决方案通常只针对特殊应用场景，并没有一个明确、清晰的通用体系结构，因此，当前物联网的演化与发展面临诸多挑战。下面分析物联网独有的特点。

(1) 物联网的末梢网络节点能力受限，通信方式以无线为主，这些特点导致物联网节点和末梢网络无法直接支持当前多数互联网的协议和技术，需要为其设计新的通信体系。

(2) 由于欠缺通用性和全局性的考虑，各个研究组织提出的应用模型与相关技术通常只适用于其特有的应用场景，这些应用场景的感知方式、底层接入技术、信息存储和传输以及智能处理手段都不尽相同，导致其形态各异，难以实现整个体系内部节点之间的端到端通信。

(3) 实现全局端到端通信的一个前提是为每个通信节点分配不同的 IP 地址，物联网的日益推广导致海量节点向互联网提出了海量地址需求，然而，当前 IPv4 互联网自身的 IP 地址已经枯竭。

(4) 当前互联网体系缺乏必要的安全防御手段以及难以支持多种无线接入通信方式。

综上，由于没有一个明确的物联网通用体系结构，当前物联网的发展不仅影响互联网的功能与性能，更日益严重地制约其自身发展，因此非常有必要对物联网体系结构进行设计，使其具有兼容性、自适应性、简单性和高效性等特点。

8.4.3 物联网体系结构设计原则

物联网有别于互联网。互联网的主要目的是构建一个全球性的计算机通信网络，而物联网则主要从应用出发，利用互联网和无线通信网络资源进行业务信息的传送，是互联网和移动通信网应用的延伸，是自动化控制、遥控遥测及信息应用技术的综合展现。当物联网概念与近程通信、信息采集与网络技术、用户终端设备结合后，其价值才逐步得到展现。因此，设计物联网体系结构时应遵循以下 6 条原则。

(1) 多样性原则：物联网体系结构需根据物联网的服务类型和节点的不同，分别设计多种类型的体系结构，没有必要建立统一的标准体系。

(2) 时空性原则：物联网尚在发展之中，其体系结构应能满足在物联网的时间、空间和能源方面的需求。

(3) 互联性原则：物联网体系结构需要平滑地与互联网实现互联互通；试图完全重新设计一套互联通信协议及其描述语言是不现实的。

(4) 扩展性原则：对于物联网体系结构的架构，应该具有一定的扩展性设计，以便最大限度地利用现有网络通信基础设施保护已有投资。

(5) 安全性原则：物物互联之后，物联网的安全性将比计算机互联网的安全性更重要，因此物联网的体系结构应能够防御大范围内的网络攻击。

(6) 健壮性原则：物联网体系结构应具备相当好的健壮性和可靠性。

8.4.4　一种物联网应用参考模型

针对上述难点，我们提出了如图 8.14 所示的物联网应用参考模型，该模型底层是由各种物体联网组成的异构的低功耗松散末梢网络，其通信方式和网络接口各异，其网络体系与 IPv6 体系类似，并通过不同类型的网关接入作为骨干网络的互联网。

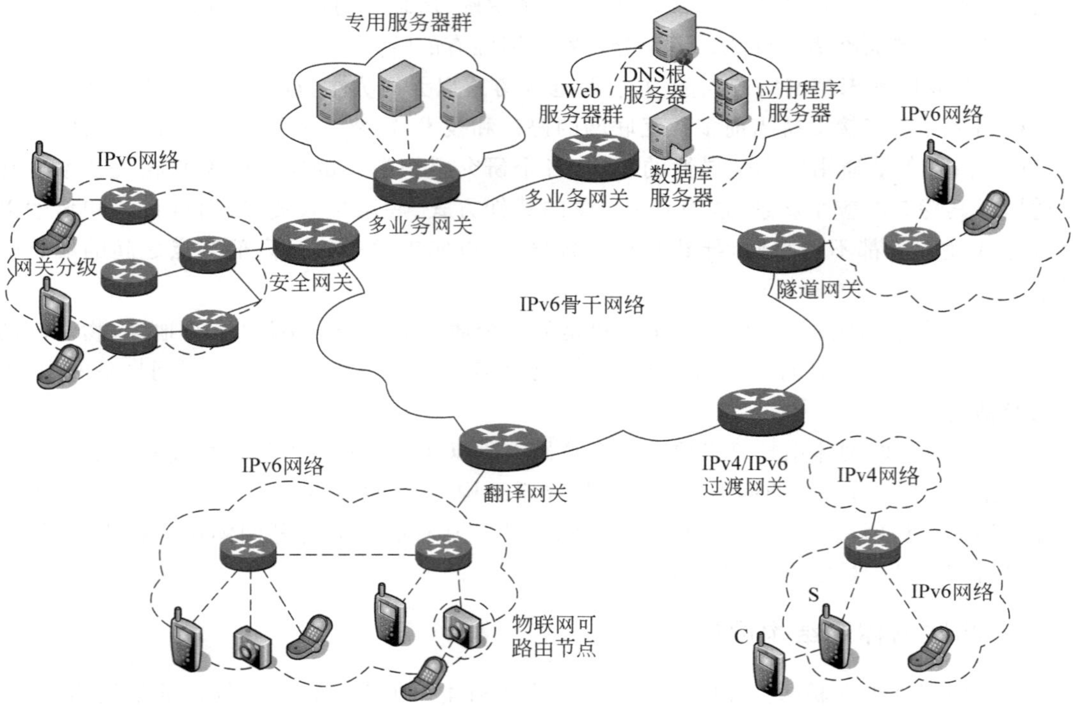

图 8.14　物联网应用参考模型

该模型选择以 IPv6 为标志的下一代互联网作为物联网的骨干网络，主要出于以下几点考虑。首先是 IPv6 将地址空间扩充到了 128 位，为节点预留了足够的地址空间，可为节点分配 IPv6 地址，以保证节点间的端到端通信；其次是 IPv6 具有的邻居发现、安全防御等机制可降低部署难度并提升物联网的网络安全能力[45]；再次，引入 IPv6 可更好地支持多种无线通信方式；最后，引入 IP 机制可使物联网与互联网具有类似的结构，对于两者向互相兼容的方向发展具有重要意义。另外，由于当前 IPv4 互联网向以 IPv6 为代表的下一代互联网过渡需要一个过程，因此该模型设计了 IPv4/IPv6 过渡模式。

以该模型为基础设计的融合物联网的下一代互联网体系结构具有诸多优点。首先，融合的体系结构可以忽略底层接入设备的差异。接入设备千变万化，而对应设备上运行的系统也多种多样，不可能为每个新增加的设备设计一种对应的体系结构。其次，这种体系结构可以打破不同设备间相互通信的障碍。对于在不同设备上运行的不同系统，由于其体系结构的差异，互相通信的信息格式不尽相同，造成不同设备间通信的障碍，而采用两者融合的体系结构，规定统一的信息格式，制定统一的通信标准，这些障碍将不复存在。最后，该体系结构可以提高通信效率。当不同设备都具有统一的结构时，设备间通信就不再需要复杂的转换机制，能够有效地提高通信效率。

8.4.5 一种层次化物联网体系结构

根据物联网的服务类型和节点等情况，本节给出一个划分为由感知层、网络层和应用层组成的三层物联网体系结构，如图 8.15 所示。

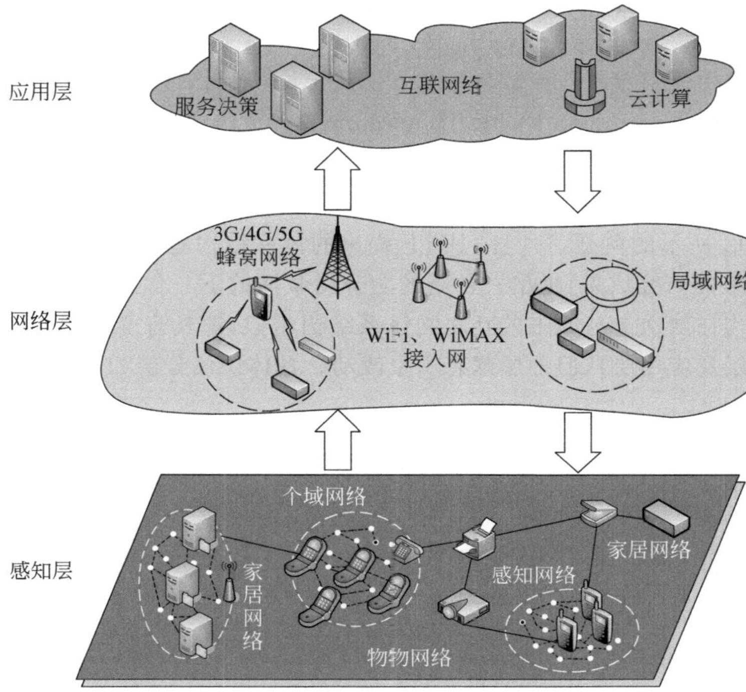

图 8.15 物联网 3 层体系结构

(1) 感知层。感知层的主要功能是信息的感知与采集，是“物”的集合，其中包括但并不限于二维码标签和识读器、RFID 标签和读写器、各种传感器、执行器和视频摄像头等。传感器可以采集温湿度、声音、光线、震动、压力等变量；执行器可以开启或关闭某个设备，或者改变阀门状态等操作设置，它们联合起来进行物联网应用的数据采集和设备控制。

(2) 网络层。网络层包括各种通信网络形成的承载网络。承载网络主要是现行的通信网络，如 3G、4G、5G 蜂窝网络，或者是企业网等局域网络，完成物联网接入层与应用层之间的信息通信。

(3) 应用层。应用层由各种应用服务器组成(包括数据库服务器)，主要功能包括对采集数据的汇聚、转换和分析，以及用户层呈现的适配和事件触发等。对于信息采集，由于从末梢节点获取了大量原始数据，且这些原始数据对用户来说只有经过转换、筛选和分析处理后才有实际价值；这些有实际价值内容的应用服务器将根据用户的呈现设备不同完成信息呈现的适配，并根据用户的设置触发相关的通告信息。同时，当需要对末梢节点控制时，应用层还能完成控制指令生成和指令下发控制。

8.4.6 融合物联网的下一代互联网体系结构与协议栈

当前全球拟制定的物联网相关标准很多，2000 年 12 月 IEEE 标准委员会成立了 802.15.4 工作组[46]，目标是开发一个低速率的 WPAN(LR_PAN)标准。2004 年 11 月，IETF 成立了 6LoWPAN(IPv6 over Low power WPAN)工作组[47]，目标是制订基于 IPv6 的以 IEEE 802.15.4 作为底层标准的低速无线个域网标准[48-50]。2008 年 2 月，IETF 成立了 ROLL(Routing Over Low-Power and Lossy Networks)工作组[51]，目标是使得公共的、可互操作的第 3 层路由能够穿越任何数量的基本链路层协议和物理媒体[52-53]。2010 年 3 月，IETF 成立了 CoRE(Constrained Restful Environments)工作组[54]，目标是研究资源受限物体的应用层协议(Constrained Application Protocol, CoAP)[55]。2011 年 3 月，IETF 成立了 Lwip(Light-weight IP)工作组[56]，目标是在小微设备中实现轻量级 IP 协议栈[57]。

为实现图 8.14 所示的模型，我们在 IETF 提出的体系结构基础上集成了 IETF 工作组和 802.15.4 工作组的研究成果，提出一种新的融合物联网的下一代互联网体系结构的协议栈层次。这种结构在层次上与原来的互联网体系结构相似，都具有 5 层(物理层、数据链路层、网络层、传输层及应用层)，但各层都有少量改动。具体协议分层如图 8.16 所示。

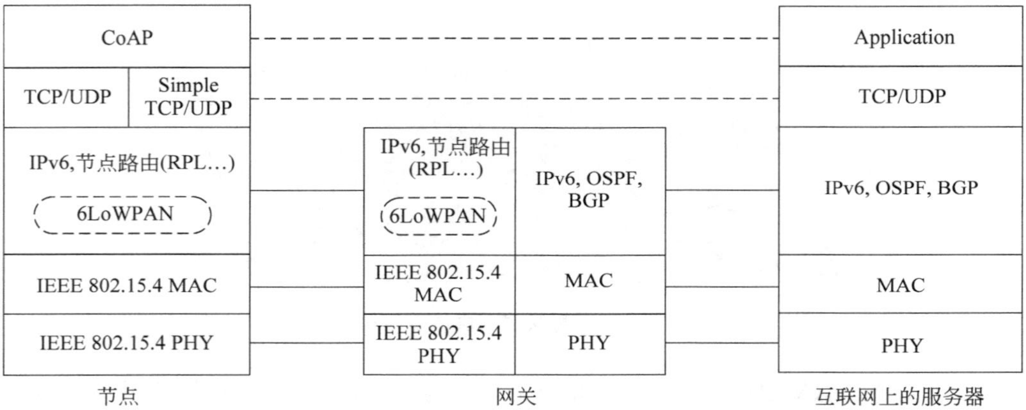

图 8.16　物联网节点、网关、服务器协议栈层次结构图

在图 8.16 中，物联网节点通过物联网网关接入互联网；物联网的物理层和数据链路层采用 IEEE 802.15.4 标准；网络层使用 IPv6 协议，IETF 的 ROLL 工作组提出的用于解决低功耗损耗网络的路由问题的 RPL 协议以及用于兼容 IEEE 802.15.4 和 IPv6 的 6LoWPAN，6LoWPAN 仅作为网络层的一个可选功能，如果是普通网络的终端，则不使用适配层；如果是物联网节点，则使用适配层；传输层根据网络需求，自适应选择加载完整的 TCP/UDP 或者采用简化的 TCP/UDP，以适应物联网传输的要求；应用层使用 IETF 的 CoRE 工作组提出的用于解决资源受限环境中的应用程序问题的 CoAP。而物联网网关是装有物联网协议栈和互联网协议栈的双协议栈网关，能够将物联网协议数据和互联网协议数据进行双向转换。物联网节点这样的 5 层协议栈结构和互联网形成了统一的体系结构。

在上面的体系结构中，如果是物联网节点在使用 6LoWPAN 适配层的情况下，数据的封装和解封装在网络层要经过特殊处理。以数据的封装为例，分组在传输过程中的变化情况如图 8.17 所示。

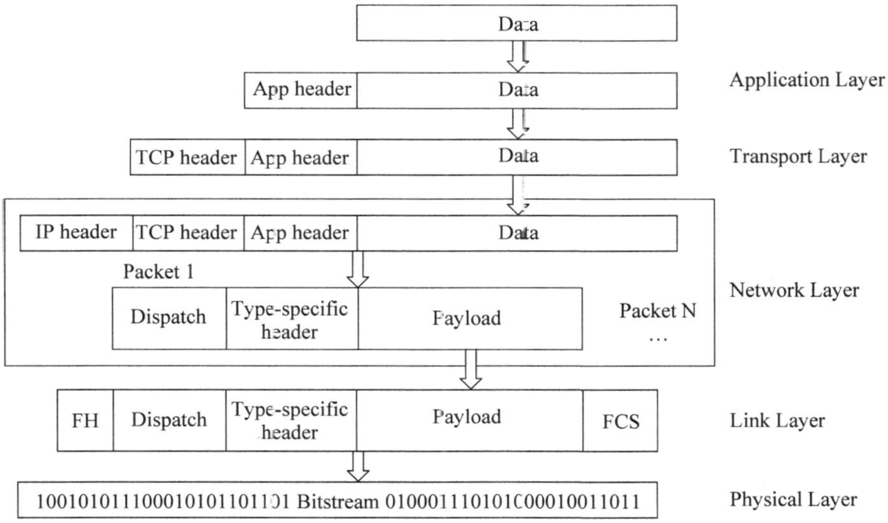

图 8.17　数据封装过程

在分组传输到网络层以前，分组的格式与传统互联网是一致的。数据首先经过应用层的封装，再经过传输层的分组，变成传输层分组送往网络层；当分组进入网络层后，与传统的处理方式不同的是，先给传输层分组加上包括源、目标主机 IP 地址的 IP 报头，再对此分组进行报头的压缩和分片，形成若干个由选择报头（前两位为 01 的一个 8 位的报头）和特殊形式的压缩报头以及载荷组成的 IP 数据包，进入链路层。链路层在其 MAC 帧的数据部分装载此 IP 数据包，再加上源、目标主机的 MAC 地址和帧头，形成 MAC 数据帧。MAC 帧到达物理层，转换成二进制数据流发往传输介质中，根据其目的 MAC 地址送往目标主机或 IP 路由器。

在目标主机一侧执行相反的过程，对数据包进行解封装。

8.5　物联网典型协议

物联网典型的协议栈包括 ZigBee/IEEE 802.15.4、6LoWPAN 适配层、RoLL、精简 TCP/UDP 和 CoRE。本节按照体系结构自下而上的顺序对其进行简要介绍。

8.5.1　IEEE 802.15.4 标准

IEEE 标准委员会在 2000 年 12 月正式批准并成立了 802.15.4（Low-Rate Wireless Personal Area Network，LR-WPAN）工作组，任务是开发一个低速率的无线个域网（WPAN）标准，它具有复杂度低、成本极少、功耗很小的特点，能在低成本的设备之间进行低数据率的传输。IEEE 802.15.4 标准[46]主要定义物理层（PHY）和媒体访问控制层（MAC）的协议，其余协议主要参照和采用现有的标准，主要应用场合是自动化读表、自动化控制和传感器网络。2003 年，IEEE 推出了 IEEE 802.15.4-2003 标准，这一标准构成 ZigBee

协议和众多无线传感器网络的基础。IEEE 802.15.4-2006 标准也于 2006 年 9 月正式发布。

IEEE 802.15 有以下 4 个任务组。

(1) TG1：制定 IEEE 802.15.1 标准[58](蓝牙无线个人区域网络标准)，研究中等速率、近距离的 WPAN 网络标准。

(2) TG2：制定 IEEE 802.15.2 标准[59]，研究 IEEE 802.15.1 与 IEEE 802.11(无线局域网标准)的共存问题。

(3) TG3：制定 IEEE 802.15.3 标准[60]，研究高传输速率 WPAN 标准。

(4) TG4：制定 IEEE 802.15.4 标准[46]，研究低速 WPAN 标准。

1. IEEE 802.15.4 网络的物理特性

IEEE 802.15.4 定义了两个物理层标准，分别是 2.4GHz 物理层和 868/915MHz 物理层。两个物理层都基于直接序列扩频(DSSS)，使用相同的物理层数据包格式，两者的区别在于工作频率、调制技术、扩频码片长度和传输速率不同。2.4GHz 频段为全球统一的无须申请的 ISM 频段，有助于低功耗无线设备的推广和生产成本的降低。2.4GHz 频段有 16 个信道，能够提供 250kb/s 的传输速率；868MHz 是欧洲的 ISM 频段，915MHz 是美国的 ISM 频段，这两个频段的引入避免了 2.4GHz 附近各种无线通信设备的相互干扰。868MHz 频段只有一个信道，传输速率为 20kb/s；915MHz 频段有 10 个信道，传输速率为 40kb/s。由于在这两个频段上无线信号传播损耗较小，因此可以降低对接收机灵敏度的要求，获得较远的有效通信距离，从而可以用较少的设备覆盖给定的区域。MAC 层采用 CSMA-CA 机制，同时为需要固定带宽的通信业务预留了保证时隙(GTS)，避免了发送数据时的竞争和冲突。这些都能有效地提高传输的可靠性。IEEE 802.15.4 网络的构成如图 8.18 所示。

<table>
<tr><td colspan="2">Upper Layer</td></tr>
<tr><td colspan="2">IEEE 802.15.4 MAC</td></tr>
<tr><td>IEEE 802.15.4
868/915 MHz(PHY)</td><td>IEEE 802.15.4
2.4GHz(PHY)</td></tr>
</table>

图 8.18　IEEE 802.15.4 网络的构成

一个符合 IEEE 802.15.4 标准的系统由多个部件组成，其中最基本的是常见的终端或者终端节点设备。IEEE 802.15.4 有两种类型的设备：简化功能设备(Reduced-Function Device，RFD)和全功能设备(Full-Function Device，FFD)。多个在同一信道上的设备组成一个 WPAN，其中，一个 WPAN 至少需要一个 FFD 充当 PAN Coordinator 的角色。Coordinator 指一个经过特别配置的 FFD(典型的情况是一个簇状网络的簇首节点)，该设备通过定期发送信标帧 Beacon 向其他终端设备提供同步服务。如果该 Coordinator 是一个 PAN 内的主控制器，则该 Coordinator 就称为 PAN Coordinator，即协调者。与常见局域网中的服务不同，IEEE 802.15.4 支持两种拓扑：单跳星状拓扑或多跳对等拓扑，如图 8.19 所示。

星状拓扑由一个充当中央控制器的 PAN Coordinator 和一系列的 FFD 和 RFD 组成。网络中的设备可以使用唯一的 64 位长地址，也可以使用 PAN Coordinator 分配的 16 位短地址。在这种拓扑中，除了 PAN Coordinator 以外的设备，大部分都由电池供电，且只与 PAN Coordinator 通信。星状拓扑实现较为简单，可以最大限度地节省 FFD 和 RFD 的能

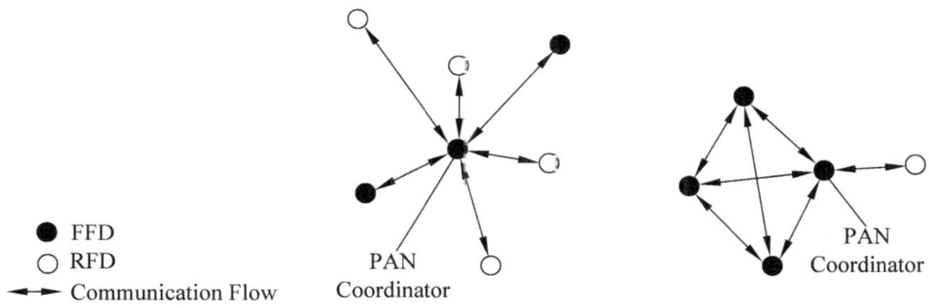

图 8.19　IEEE 802.15.4 支持的网络拓扑

量消耗。P2P 拓扑(也称对等拓扑或者点对点拓扑)也需要一个 PAN Coordinator,但与星状拓扑不同的是,对等拓扑中的每个设备均可与在其范围内的其他设备进行通信。对等拓扑允许实现更复杂的网络构成,如树状拓扑或网状拓扑等。同时,在网络层支持的情况下,对等拓扑还可以实现设备间的多跳路由。

2. IEEE 802.15.4 网络的工作模式

IEEE 802.15.4 网络可以工作在两种不同的模式:信标使能(Beacon-enabled)模式和无信标使能(Nonbeacon-enabled)模式。在信标使能模式中,Coordinator 定期广播 Beacon,以达到相关 Device 实现同步及其他目的。在无信标使能模式中,Coordinator 不采用定期广播 Beacon 的方式,而是在 Device 主动向它请求 Beacon 时再向它单播 Beacon。

IEEE 802.15.4 中有 3 种不同的数据传输流:从 Device 到 Coordinator;从 Coordinator 到 Device;在对等网络中从一方到另一方。为了实现低功耗,又把数据传输分为以下 3 种方式。

(1) 直接数据传输:适用于以上 3 种数据转移。采用非时隙 CSMA-CA(多路载波侦听-冲突避免)还是时隙 CSMA-CA 的数据传输方式,要视使用模式是 Beacon-enabled 模式,还是 Nonbeacon-enabled 模式而定。

(2) 间接数据传输:仅适用于从 Coordinator 到设备的数据传输。在这种方式中,数据帧由 Coordinator 保存在事务处理队列中,等待相应的设备提取。通过检查来自 Coordinator 的 Beacon 帧,设备就能发现在事务处理队列中是否挂有一个属于它的数据分组。在确定有属于自己的数据时,设备使用非时隙 CSMA-CA 或时隙 CSMA-CA 进行数据传输。

(3) 有保证时隙(GTS)数据传输:适用于设备与其 Coordinator 之间的数据传输。在 GTS 传输中不需要 CSMA-CA。

低功耗是 IEEE 802.15.4 最重要的特点。IEEE 802.15.4 在数据传输过程中引入了多种延长设备电池寿命或节省功率的机制。多数机制是基于 Beacon-enabled 模式的,主要是限制设备或 Coordinator 的收发器的开通时间,或者在无数据传输时使它们处于休眠状态。

安全性是 IEEE 802.15.4 考虑的另一个重要问题。为了提供灵活性并支持简单器件,IEEE 802.15.4 在数据传输中提供了 3 种安全模式:第一种是无安全性方式,这是考虑到某些安全性并不重要或者上层已经提供了安全保护的应用。第二种安全模式,设备可以使用访问控制列表(ACL)防止外来节点非法获取数据,在这一级不采取加密措施。第三种安全模式则在数据传输中使用高级加密标准(AES)[61]进行对称加密保护。

IEEE 802.15.4 的主要特点如下。

(1) 允许传输的分组长度较短。MAC 层允许的最大分组长度为 127B,除去 MAC 头部 25B 后,仅剩下 102B 的 MAC 数据。如果在 MAC 加入安全机制,则另外需要最大 21B 的安全相关字段,因此提供给上层的分组长度仅剩下 81B。

(2) 支持两种地址。长度为 64b 的标准 EUI-64 长 MAC 地址以及长度仅为 16b 的短 MAC 地址,可以视协议实现选用两种地址。

(3) 低带宽。IEEE 802.15.4 协议在不同的工作频率下提供不同的数据速率: 250kb/s (2.4GHz), 40kb/s (915MHz), 20kb/s (868MHz)。

(4) 网络拓扑简单,支持星状网络、树状网络以及 Mesh 网络,可以在拓扑中进行多跳路由的操作。

(5) 低耗电量。一般运行 IEEE 802.15.4 的节点都要求使用低功耗的硬件设备,使用电池供电。

(6) 低开销。通常无线节点上都会附着某些传感器(如温度传感器、湿度传感器等),而控制这类传感器所采用的微控制单元通常都是低速率的,内存空间也相当有限。

(7) 网络内部署的节点数量较大。根据具体的应用需求,一般地,无线传感器网络都会部署大量的传感器节点,以达到数据采集的目的。

(8) 无法预知传感器节点的物理位置。通常情况下,传感器节点是通过随机布撒的方式进行部署,而且某些部署的地方是人类难以触及的地方。同时,节点也有一定的移动性,但是其对移动性的要求并没有 IEEE 802.11 协议所要求的那么高。

(9) 为了达到省电的目的,节点通常具有休眠模式,绝大部分时候处于休眠模式,并通过一定方式与其他节点进行同步。

8.5.2 ZigBee

ZigBee[62]是一种新兴的短距离、低复杂度、低功耗、低数据速率、低成本的无线网络技术,依据的是 IEEE 802.15.4 标准。由于 IEEE 802.15.4 标准并没有为网络层和应用层等高层通信协议建立标准,为了保证采用 IEEE 802.15.4 标准的设备间的互操作性,必须对这些高层协议的行为作出规定。ZigBee 联盟的任务就是制定这些规范。ZigBee 联盟是一个由芯片制造商、OEM 厂商、服务提供商及无线传感器市场的客户组成的工业联盟,联盟中的大部分成员都曾经参加过 IEEE 802.15.4 标准的开发。除了制定上层规范,联盟还负责基于 IEEE 802.15.4 的产品的市场开发及兼容性管理,这与 WiFi 联盟同 IEEE 802.11 WLAN 标准之间的关系类似。

ZigBee 网络规范的第 1 版于 2004 年上半年完成,它支持星状和点对点的网络拓扑结构,并提出了第一个应用原型。其第 2 版于 2006 年年底推出,它进一步支持在工业领域应用非常广泛的 Mesh 网络,对第 1 版进行了全方位的改进和提高,在低功耗、高可靠性等方面有了全面进步。2007 年 10 月,发布了 ZigBee 的 2007 版本。随着无线传感器网络应用领域的不断发展,ZigBee 联盟也在不断改进,推出支持新功能的协议栈和应用原型。ZigBee 联盟已将 IPv6 over ZigBee 列入开发进程中。

8.5.3 6LoWPAN

IETF 于 2004 年 11 月正式成立 6LoWPAN(IPv6 over Low-Power Wireless Personal Area Networks)工作组[47]，制定基于 IPv6 的低速无线个域网标准，旨在将 IPv6 引入以 IEEE 802.15.4 作为底层标准的无线个域网中。目前已制定出关于综述和协议适配的标准草案 RFC 4944 和 RFC 4919，提出了一些关于报头压缩、邻居发现、安全和移动性管理等方面的草案。同 ZigBee 技术一样，6LoWPAN 技术也采用 IEEE 802.15.4 规定的物理层和 MAC 层，不同之处是 6LoWPAN 技术在网络层上使用 IETF 规定的 IPv6，采用 IPv6 协议栈，其协议栈参考模型如图 8.20(a)所示。图 8.20(b)为标准 IPv6 协议栈。

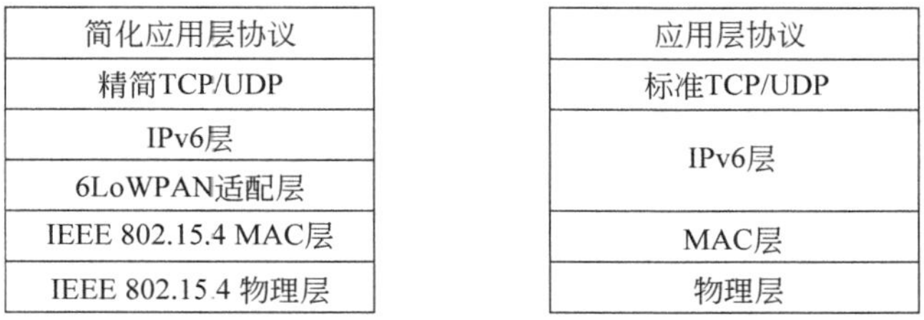

(a) IPv6协议栈参考模型　　(b) 标准IPv6协议栈

图 8.20　6LoWPAN 协议栈结构

将 IPv6 与 IEEE 802.15.4 结合能够较好地满足 LoWPAN 的许多需求：IPv6 的巨大地址空间能够满足 LoWPAN 网络的地址需求；IPv6 的一些新技术，如邻居发现、无状态的地址自动配置等技术使构建 IPv6 环境下的 LoWPAN 网络相对容易一些；在 LoWPAN 网络数据包的包长度受限的情况下，可以选择用 IPv6 地址直接包含 IEEE 802.15.4MAC 地址等，将 IPv6 与 LoWPAN 结合，那么 LoWPAN 与 Internet 互联就能轻松实现[63-64]。然而，IEEE 802.15.4 的网络特性使得 IPv6 不能直接构建于 IEEE 802.15.4 网络上，在实现 IPv6 over IEEE 802.15.4 时将会面临一系列问题，主要包括以下 6 点[48]。

(1) IP 的连通性：IPv6 巨大的地址空间和无状态地址自动配置技术使数量巨大的传感器节点可以方便地接入包括 Internet 在内的各种网络。但是，由于有分组长度和节点能量等方面的限制，标准的 IPv6 分组传输和地址前缀通告无法直接用于 IEEE 802.15.4 网络。

(2) 网络拓扑：IPv6 over IEEE 802.15.4 网络需要支持星状和 Mesh 拓扑。当使用 Mesh 拓扑时，分组可能需要在多跳网络中进行路由，这与 Ad Hoc 网络在功能上是相同的。但是，同样是由于分组长度和节点能量的限制，IEEE 802.15.4 网络的路由协议应该更简单，管理的消耗也应该更少。此外，还需要考虑节点计算能力和存储的限制。

(3) 分组长度限制：IEEE 802.15.4 物理层支持的最大帧长度是 127B，而 IPv6 的报头就占据了 40B，再加上 MAC 层报头、安全报头和传输层报头的长度，实际能够给应用层使用的分组长度变得非常小。IPv6 协议(RFC2460)中规定的 MTU 值最小是 1280B。如果链路层支持的 MTU 小于此值，则链路层需要自己负责分片和重组。这样，一方面需要 IEEE 802.15.4 网络的应用尽量发送小的分组，以避免分片，另一方面也需要节点在链路层对超负荷的 IPv6 分组进行分片和重组。

(4) 组播限制：IPv6 特别是其邻居发现协议的许多功能均依赖于 IP 组播。然而，

IEEE 802.15.4 仅提供有限的广播支持，不论在星状还是 Mesh 拓扑中，这种广播均不能保证所有的节点都能收到封装在其中的 IPv6 组播分组。

(5) 有限的配置和管理：在 IEEE 802.15.4 网络中，大量设备被期望能布置于各种环境中，而这些设备仅拥有有限的显示和输入功能。因此，IEEE 802.15.4 网络使用的协议应该是只需要最少量配置并且易于初始化。

(6) 安全性：IEEE 802.15.4 提供基于 AES 的链路层安全支持，然而，该标准并没有定义诸如初始化、密钥管理以及上层安全性之类的任何细节。此外，一个完整的安全方案还需要考虑到不同应用的需求，这都是 6LoWPAN 需要解决的。

为了解决 IPv6 over IEEE 802.15.4 所面临的问题，6LoWPAN 协议工作组针对上述问题提出了要实现的目标，降低分组消耗、带宽消耗、处理需求以及能量消耗，主要解决思路包括以下 6 点[49]。

(1) 分片与重组：为了解决 IPv6 最小 MTU 为 1280B，而 IEEE 802.15.4 Payload 长度仅有 81B 的冲突问题，6LoWPAN 需要对 IPv6 分组进行链路层的分片和重组，这也是 RFC 2460 中所规定的。

(2) 报头压缩：在使用 IEEE 802.15.4 安全机制时，IP 分组只有 81B 的空间，而 IPv6 头部需要 40B，传输层的 UDP 和 TCP 头部分别为 8B 和 20B，只留给上层数据 33B 或 21B。如果不对这些报头进行压缩，6LoWPAN 数据传输的效率将非常低。

(3) 地址自动配置：RFC 2462 中定义的无状态地址自动配置机制对 6LoWPAN 非常有吸引力，但实现该机制需要 6LoWPAN 提供从 IEEE 802.15.4 的 EUI-64 地址获得接口标识(Interface Identifier)方法。

(4) 组播支持：IEEE 802.15.4 并不支持组播，也不提供可靠的广播，6LoWPAN 需要提供额外的机制，以支持 IPv6 在这方面的需要。

(5) Mesh 路由：一个支持多跳的 Mesh 路由协议是必要的，但现有的一些无线网络路由协议(如 AODV 等)并不能很好地适应 LoWPAN 的特殊情况。此外，减小路由协议开销以及避免分组超过 IEEE 802.15.4 最大帧长也是必须考虑的问题。

(6) 安全：不同层次的安全威胁都应该被考虑到，6LoWPAN 需要提供将设备加入安全网络的解决方案。

6LoWPAN 工作组为 IEEE 802.15.4 设计了一个适配层，把 IPv6 数据包适配到 IEEE 802.15.4 规定的物理层和链路层之上，支持分组分片和重组。同时，6LoWPAN 规定了 IPv6 报头的无状态压缩方法，以减小 IPv6 协议带来的负荷。

除了 IPv6 无状态报头压缩的方法之外，6LoWPAN 工作组还制定了一系列相关标准，包括支持 Mesh Routing 的方法、简化的 IPv6 Neighbor Discovery 协议、应用场景和路由需求等几个关键的技术规范。6LoWPAN 工作组是 IETF 物联网感知层工作的发源地，其中的很多研究和探索直接影响了另外几个工作组的成立和方向，下面将分别介绍。

8.5.4 路由机制

低速率无线个域网(WPAN)在诸多特点上与 Ad Hoc 网络非常相似，Ad Hoc 网络的路由协议有很多[65]，而 AODV [66] (Ad hoc On-Demand Distance Vector Routing，无线自组网按需平面距离矢量路由协议)是其中的典型协议。WPAN 的路由协议设计可以从中得到一些启发，因此本节对 AODV 协议进行简要介绍。

1. AODV 简介

AODV 协议是基于洪泛的。在 Ad Hoc 网络的初始状态，整个网络是静止的，没有任何信息的交互。所以，当有连接建立的需求时，洪泛是一种很自然的选择：一个网络节点要建立连接时洪泛广播一个连接建立请求，其他节点转发这个请求消息，并记录源节点和回到源节点的临时路由。

AODV 是一种按需驱动的路由协议，它能够在移动节点之间建立动态多跳路由并维护一个 Ad Hoc 网络。AODV 能让节点快速建立到新目标节点的路由，而且并不需要节点维护处于非活动状态路径的路由。在链路损坏或者网络拓扑发生变化时，网络中多个移动节点能够及时做出响应，网络能够快速自愈。当网络链路出现断裂时，AODV 能够通知所有受影响的节点，让它们及时删除使用该链路的路由。

AODV 的一个重要特点是对每一条路由都使用了一个目的序列号，任何一个路由表项必须包含到目标节点的最新的序列号信息。每一个目标节点在它发送给请求节点的任何路由信息中都会包含这个序列号。使用目的序列号可以保证路由无环路，也利于编程实现。当出现两条路由到达目标节点时，请求节点会选择序列号大的路由。节点收到任何有关分组，只要其中有关于目的序列号的信息，该目标节点序列号都会更新。网络中的节点各自保存和维护自己的序列号。一个目标节点在发送路由请求时会增加自己的序列号，为的是不会与以前建立的到该节点的反向路由冲突。同样，发送路由回复时将自己节点的序列号更新为目前节点的序列号和路由请求中该节点序列号两者的最大值。序列号更新的唯一例外是发现到目标节点的下一跳链路丢失。这时，对于使用该下一跳的每一条路由，节点都将其目的序列号加 1，并将该路由标记为失败。只有再次收到“足够新”的路由信息时(序列号等于或大于该记录的序列号)，该节点才会将路由表中相应的信息更新。

AODV 定义了 3 种消息类型：路由请求(RREQ)、路由回复(RREP)和路由错误(RERR)。这些消息包装在 UDP 分组之中，使用 UDP 端口号 654，并使用通常的 IP 报头，请求节点使用自己的 IP 地址作为路由消息中的“源 IP 地址”字段。

AODV 的路由发现算法如下。

(1) 源节点：应用层有数据发送请求，并且指向目标节点的路由有效，源节点直接通过该路由发送数据包；如果从源节点没有到达目标节点的有效路径，则产生 RREQ 广播帧，RREQ 的序列号和 ID 字段加 1，将源节点的 IP、序列号和目标节点的 IP、序列号等信息添加到该 RREQ 中，广播至网络。

(2) 中间节点：如果中间节点路由表中记录的到目标节点的路由有效，并且记录的目标节点的序列号比 RREQ 中的目标节点序列号更新(大于或者等于)，则该中间节点可以产生路由应答帧；如果该中间节点不产生应答帧，更改 RREQ 中的目标节点序列号至当前最大序列号，跳数字段加 1，然后转发。

(3) 目标节点：目标节点的序列号加 1，并产生 RREP 应答帧(包括源节点的 IP、目标节点的 IP 和更新后的序列号)，单播发送至源节点。图 8.21 为 AODV 路由发现示意图。

广播消息使用 IP 广播地址 255.255.255.255。这意味着这些消息不会被盲目地转发。但是，AODV 确实需要某些分组(例如路由请求消息)能够大范围甚至在整个网络中泛洪，IP 分组的 TTL 字段可以用来限定传播范围。只要通信的两端有到对方的有效路由，

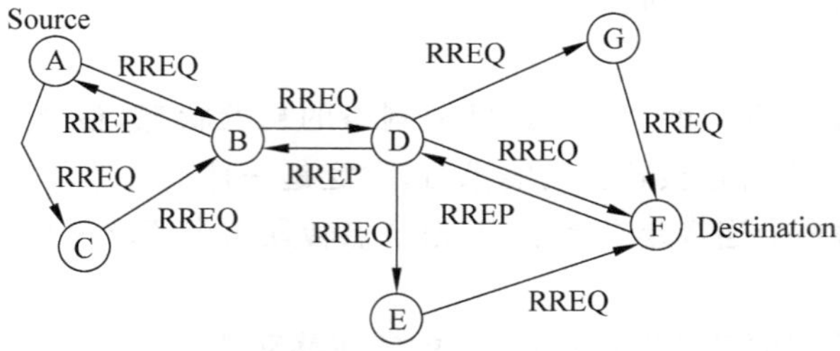

图 8.21　AODV 路由发现示意图

AODV 并不起任何作用。当节点需要一个到新目标节点的路由时，该节点会广播路由请求进行寻找。当该路由请求到达目标节点，或者一个中间节点具有一个到目标节点的“足够新”的路由时，这条新路由便可以确定下来。当一条到目标节点的路由项序列号大于或等于路由请求中该目标节点的序列号时，这条路由便是“足够新”的路由。具有“足够新”路由的节点会通过单播“路由回复”的方法将该路由信息告诉路由请求节点。每一个收到路由请求的节点都会缓存一个到路由请求源节点的反向路由，这样，“路由回复”便会从最终目标节点或者满足请求条件的中间节点顺利传递到请求节点。

节点会一直监测有效路由下一条链路的状态。当监测到有链路发生断连时，节点会发送路由错误消息通知其他节点链路已经丢失，需要重新寻找路由。“路由错误”消息用来表明一些节点通过该断开的链路已经不可达。为了采用这种错误报告的机制，所有节点保存一个前驱列表，前驱列表包含一些邻居的源地址，这些邻居节点可能使用本节点作为到达目的地的下一跳。前驱列表的信息可以很容易地在路由回复的时候获取，因为从定义上来说，路由回复就是要发送给前驱列表中的节点的。

AODV 有自己的路由表管理机制。即使是暂时的路由信息（如到路由请求源节点的暂时的反向路由），也需要在路由表中保存。AODV 的路由表由以下几个部分组成：目的 IP 地址、目的序列号、有效目的序列号标志以及其他标志（如有效、无效、可修复和正在修复中）、网络接口、跳数、下一跳、前驱列表和生命期（路由表的失效或删除时间）。管理序列号对避免路由环路十分重要，甚至在链路断裂和节点不能提供自己的信息时也是如此。当链路断裂或者失效时，目标节点便处于不可达状态，此时这条路由被标志为失效。

2. RoLL 工作组介绍

RoLL（Routing over Lossy and Low-power Networks）工作组[51]主要研究低功率有损网络的路由问题。研究的目标是以 IPv6 为中心，修正现有的路由协议或创造一个新协议，使路由能够穿越复杂的基本链路层协议和数目巨大的物理媒体，以解决低功率设备由于干扰和移动性等因素容易丢包的现象。

有损链路是指有着高错误比特率（Bit Error Rate，BER）和均匀错误分布的链路，在有损链路上丢包极为频繁，链路可能会在相当长的一段时间内变得完全不可用，可能的原因有很多，如能量耗尽、休眠以及干扰。这些问题对协议设计的影响很大。实际上，如果链路错误是频繁的，并且通常是短暂的，则意味着路由协议不应该对错误过度反应，也不应该在不稳定的状态下试图稳定化。例如，节点 A 原本选择了节点 B 作为它优先的下一跳，突然灾难降临了，节点 B 或者被某个好奇的猩猩抱回窝研究一番，或者是被闪电击中了，或者节点

B的电池能量不足了，总之A和B之间无法连通，那么节点A立即选择节点C作为替代的下一跳并马上重新计算路由表。这不仅会引起路由的不稳定，也会在控制层面产生相当多的数据流，对整个网络产生影响。

IETF RoLL工作组于2008年2月成立，属于IETF路由领域的工作组，致力于制定低功耗网络中IPv6路由协议的规范。RoLL工作组的主要挑战之一是决定工作的范围。与传统IP网络（如核心的服务提供商）相比，低功耗有损网络（Low-power and Lossy Network，LLN）彼此之间可能差异很大。一个用于研究野生动植物的移动的延时可容忍网络（Delay Tolerant Network，DTN）与一个用于工业自动化的密集“全时在线”网络之间可能只有很少的共同点。所以，RoLL工作组的思路是从各个应用场景的路由需求开始，将应用范围划为4个主要领域，并制订了相应的路由需求：家庭自动化应用（RFC 5826）[67]、工业控制应用（RFC 5673）[68]、城市应用（RFC 5548）[69]和楼宇自动化应用（RFC 5867）[70]。这些应用领域可以代表其他类型的网络，如果一个低功耗有损网络的路由协议能够满足这些应用场景的路由需求，就能够满足物联网中的大多数路由需求。

为了制定出适合低功耗网络的路由协议，RoLL工作组首先对现有的传感器网络的路由协议进行了综述分析，工作组文稿draft-ietf-roll-protocols-survey[71]分析了相关协议的特点以及不足，然后研究了路由协议中路径选择的定量指标，并最终形成RFC6551[52]，具体包含两个方面：一方面是节点选择指标，包括节点状态、节点能量和节点跳数（Hop Count）；另一方面是链路指标，包括链路吞吐率、链路延迟、链路可靠性、预期传输计数（Expected Transmission Count，ETX）[72]和链路着色（区分不同流类型）。为了辅助动态路由，节点还可以设计目标函数（Objective Function）指定如何利用这些定量指标选择路径。

在路由需求和链路选择定量指标等工作的基础上，RoLL工作组研究制定了RPL（Routing Protocol for LLN）协议（RFC 6550）[53]。

3. RPL协议

RPL是专门为低功耗有损网络设计的路由协议，因此其设计出发点是由LLN的诸多特性所决定的。首先，在LLN中包交付率比较低，链路错误比较常见，因而一个节点应该尝试判断一条链路是否失效，是否适合流量转发，同时还要判断一条链路是否应该作为第一条可用链路。因此，记住LLN中链路的有损特性对理解RPL协议的设计选择是非常有帮助的。

其次，因为资源稀少，控制流量必须严格限制为尽可能少，以节约带宽和能量。因此，使用快速探测机制以及其他传统的路由协议是行不通的，理想情况下控制流量应该随着路由拓扑的稳定而减少。节点本身也是受限的，意味着RPL协议不应维护很多的状态。因此，RPL被设计为一个距离向量协议，而不是链路状态协议。

再者，由于LLN中节点采集到的信息需要向边界路由器汇聚，类似于WSN中信息流量向汇聚点（sink）汇聚，所以RPL中的节点通过交换距离向量创建一个面向目的地的有向无环图（Destination Oriented Directed Acyclic Graph，DODAG），并把一个或多个节点配置为根，即LBR。

RPL使用新定义的ICMPv6消息的节点发现机制创建DODAG。RPL定义了两种新的ICMPv6消息，称为DODAG信息对象（DODAG Information Object，DIO）消息和目的地通告对象（Destination Advertisement Object，DAO）信息。DIO消息是由节点发送的，用于通告有关 DODAG 的信息。当一个节点发现多个 DODAG 邻居(可能是父节点或兄弟节点),它会使用多种规则决定是否加入 DODAG,或从哪儿加入 DODAG。这允许通过增加节点的方式创建 DODAG。一旦一个节点加入一个 DODAG 中,它就会拥有到 DODAG 根的路由,用来支持从叶节点到 DODAG 根的 MP2P(多点到点)流量(方向向上)。

PRL 使用"上"和"下"表示方向术语,向上表示从叶到 DODAG 根,向下则相反。通常也使用表示父子关系的术语。在 DODAG 中,一个节点的父节点是向上的直接后继,而 DODAG 兄弟指的是相同级别的节点。如果 DODAG 连接到一个与外部 IP 专网或互联网相连的节点,RPL 称为"终点"(GOAL),它就被认为是连网的。反之,一个非连网的 DODAG 称为"漂浮的"。

至此,DODAG 已经为网络中的每个节点提供了到 DODAG 根的默认路由,现在需要一种机制对下行(从根到叶)的流量提供路由信息。RPL 使用 DAO 消息向叶子节点通告前缀可达性。DAO 携带前缀信息以及生命周期(用来判断目的地通告的新鲜度)和深度(用来确定目的地有多远的路径成本信息)。注意,这个方向的路径是由 RPL 在另一个方向创建的 DODAG 所规定的。在一些情况下,DAO 也会记录访问过的节点集合。当中间节点不能存储任何路由状态时,这会非常有用。如果父节点收到从多个子节点聚集的目的地通告,则可以使用本地策略执行前缀聚集,以减少路由表和 DAO 消息的大小。注意,冗余的 DAO 消息是沿着 DODAG 聚集的。

RPL 协议支持 3 种类型的数据通信模型,即低功耗节点到主控设备的多点到点(MP2P)的通信,主控设备到多个低功耗节点的点到多点(P2MP)的通信,以及低功耗节点之间点到点(P2P)的通信。注意,此处的 P2P 是 Point-to-Point 的缩写,指 LLN 中的任意两台节点设备。当节点 A 向节点 B 发包时,如果 B 不是直接可达的,它会把包转发给它的 DODAG 父节点。对于父节点,如果目的地从它的一个子节点是可达的,那么它把包向下转发给那个子节点,如果它的所有子节点都不可达,它就继续向其父节点转发,如此重复(注意这是向上的),直到某个节点的子节点可达目的地,这个包才会向下转发。

DIO 和 DAO 消息的发送是用"滴流"定时器管理的。"滴流"定时器使用动态的计时器管理 RPL 控制消息的发送,以减少冗余信息。当 DODAG 不稳定时(如 DODAG 正在重建),RPL 控制信息将会更频繁地发送。另一方面,当 DODAG 变得稳定时,消息发送会减少,以降低控制层面的开销。这种"滴流"机制在 LLN 中很重要,可以极大地限制 RPL 的控制信息流,以降低能耗和链路开销。

DIS(DODAG Information Solicitation)消息与 IPv6 路由请求消息相似,用于发现附近的 DODAG 和从附近的 RPL 节点请求 DIO 消息。DIS 消息没有附加的消息体。

RPL 路由协议是 IETF ROLL 工作组为低功耗有损网络设计的高效的距离向量路由协议,通过一系列的新机制设计,支持 LLN 的 MP2P、P2MP 和 P2P 流量。RPL 被设计成高度模块化的,它只有很少的封装,能够在受限环境中运行时,根据不同的环境支持多种度量和限制,从而尽可能减少控制流量。RPL 通过回路避免和回路检测以及"滴流"机制动态地维护路由的稳定,减少振荡的发生,保证了高度的健壮性和灵活性。

8.5.5 TCP/IP 协议栈的简化

Berkeley UNIX 中标准 TCP/IP 协议栈具有上万行代码,开销大,物联网节点无法支持，需要将 TCP/IP 协议栈简化。简化的 TCP/IP 协议栈也称为轻量级 TCP/IP 协议栈，其主要目的是减少存储器利用量和代码量，使 IP 适合应用于小的、资源有限的处理器，并能与运行标准 TCP/IP 或其他简化的 TCP/IP 的系统互相通信。

现有的几种简化的 TCP/IP 协议栈有 uC/IP[73]、TinyTCP[74]、LwIP[56]和 uIP[75]等。此外，IETF 已于 2011 年 1 月成立 LWIP 工作组，致力于建立一个精简的 TCP/IP 协议栈的标准。以下分别进行简要介绍。

uC/IP 是由 Guy Lancaster 编写的一套基于 uC/OS 且开放源码的 TCP/IP 协议栈，也可移植到其他操作系统，是一套完全免费的、可供研究的 TCP/IP 协议栈。uC/IP 的大部分源码是从公开源码 BSD 发布站点和 KA9Q(一个基于 DOS 单任务环境运行的 TCP/IP 协议栈)移植过来的。uC/IP 具有如下特点：带身份验证和报头压缩支持的 PPP，优化的单一请求/回复交互过程，支持 IP/TCP/UDP，可实现的网络功能较为强大，并可裁减。uC/IP 协议栈被设计为一个带最小化用户接口及可应用串行链路网络的模块。根据采用 CPU、编译器和系统所需实现协议的多少，协议栈需要的代码容量空间在 30～60KB。

TinyTCP 栈是 TCP/IP 的一个非常小的简单实现，其初衷是为了固化到 ROM 中，现在开始支持大端结构(初始目标是 68000 芯片)。TinyTCP 包括一个 FTP 客户，以及一个简单的以太网驱动器，用于 3COM 多总线卡。

LwIP 是由瑞典计算机科学院(Swedish Institute of Computer Science)网络嵌入式系统小组的 Adam Dunkels 等开发的一套用于嵌入式系统的开放源代码 TCP/IP 协议栈。LwIP 的含义是 Light Weight(轻型)IP，相对于 uIP(micro-IP，微型 IP)。LwIP 可以移植到操作系统上，也可以在无操作系统的情况下独立运行。LwIP 中 TCP/IP 实现的重点是在保持 TCP 主要功能的基础上减少对 RAM 的占用，一般它只需要几十 KB 的 RAM 和 40KB 左右的 ROM 就可以运行，这使 LwIP 协议栈适合在低端嵌入式系统中使用。LwIP 的特性包括：支持多网络接口下的 IP 转发，支持 ICMP，包括实验性扩展的 UDP(用户数据报协议)、阻塞控制、RTT 估算以及快速恢复和快速转发的 TCP(传输控制协议)，提供专门的内部回调接口(Raw API)用于提高应用程序性能，并提供了可选择的 Berkeley 接口 API。

uIP 也是 Adam Dunkels 开发的，其源代码由 C 语言编写，并完全开源，可移植到各种不同的结构和操作系统上。uIP 是专门为 8 位和 16 位微处理器嵌入式系统设计的一个极小的 TCP/IP 协议栈，一个编译过的栈可以在几 KB 的 ROM 或几百字节的 RAM 中运行。uIP 协议栈去掉了完整的 TCP/IP 中不常用的功能，简化了通信流程，但保留了网络通信必须使用的协议，它实现了 TCP/IP 协议集的 4 个基本的协议：ARP(地址解析协议)、IP(网际互联协议)、ICMP(网络控制分组协议)和 TCP(传输控制协议)，保证了其代码的通用性和结构的稳定性。

8.5.6 CoRE

资源受限 IP 的网络情况是指包大小受限、较高的丢包率、设备随时断电、设备周期性唤醒、节点吞吐量有限、电量有限、内存受限。IETF 的 CoRE(Constrained RESTful Environments)工作组[54]提供一个面向 IP 网络资源受限的应用程序架构，基于该架构的应用程序可以操作一些简单资源。

2010 年 3 月，CoRE 工作组正式成立，属于应用领域(Application Area)。CoRE 起源于 6LowApp 兴趣组，主要讨论受限节点上的应用层协议。随着讨论的深入，IETF 技术专家把工作组的内容界定在为受限节点制定相关的 REST(Representational State Transfer)形式的协议上。REST 是指表述性状态转换架构，是互联网资源访问协议的一般性设计风格。REST 提出了一些设计概念和准则：网络上的所有对象都被抽象为资源，每个资源对应一个唯一的资源标识，通过通用的连接器接口，对资源的各种操作不会改变资源标识，对资源的所有操作是无状态的。HTTP 就是一个典型的符合 REST 准则的协议。在资源受限的传感器网络中，HTTP 过于复杂，开销过大，因此也需要设计一种符合 REST 准则的协议，这就是 CoRE 工作组正在制订的 CoAP[55](Constrained Application Protocol)。

应用 CoAP 之后，互联网上的服务就能够直接通过 CoAP 或者通过 HTTP 与 CoAP 之间的网关进行资源读取、修改和删除等操作，节点和网关的协议栈都是建立在 IPv6 和 6LoWPAN 协议栈之上的。图 8.22 显示了 CoAP 在传感器、网关和互联网服务器上的呈现。其中，图 8.22(a)显示了 CoAP 通过网关与 HTTP 进行转换的方式，图 8.22(b)显示了传感器节点直接与支持 CoAP 的互联网服务器进行信息交互的方式。在这两种方式中，节点和网关的协议栈都建立在 IPv6 和 6LoWPAN 协议栈之上。

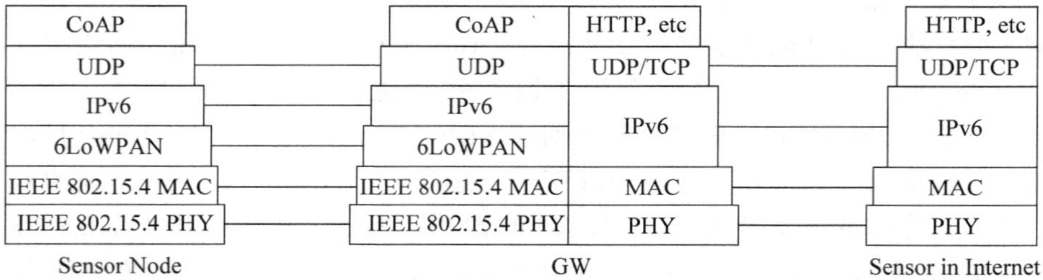

(a) CoAP通过网关与HTTP进行转换

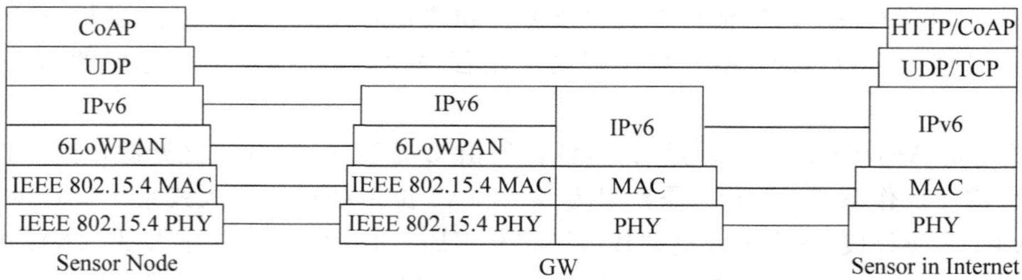

(b) 传感器节点与支持CoAP的互联网服务器进行信息交换

图 8.22　CoAP 在传感器、网关和互联网服务器上的呈现

除了 CoAP，资源受限环境中的资源发现、安全和 API 等都在工作组的工作范围之内，相关的工作正在积极地展开。

本节由下而上对物联网的典型协议栈进行了简要介绍，从低速率无线个域网标准 IEEE 802.15.4 到 ZigBee 协议，重点介绍了基于 IPv6 的低速无线个域网标准 6LoWPAN 适配层，旨在将 IPv6 引入以 IEEE 802.15.4 作为底层标准的无线个域网中；然后对物联网的路由机制进行了介绍，由 Ad Hoc 网络的经典路由协议 AODV 为开端，启发式地引出了 ROLL 工作组专门为 LLN 设计的 RPL 路由协议；而后对现有的几种简化的 TCP/IP 协议栈 uC/IP、TinyTCP、LwIP 和 uIP 分别进行了简要介绍；最后对 IETF 的 CoRE 工作组以及其致力研究的受限节点上的应用层协议 CoAP 进行了简单介绍。至此已经展现了物联网典型的协议栈结构，为进一步的研究工作提供了参考。

8.6 物联网体系结构的主要研究问题

设计融合物联网的下一代互联网体系结构应主要考虑两个制约因素，如图 8.23 所示。一个因素是，在新的体系结构中，物联网末梢网络通常以无线通信为主，且节点具有移动性、周期休眠等特点，其能源和资源受限；另一个因素是，要尽量减轻末梢网络对互联网性能的影响，即减轻新的体系结构对互联网原有功能和性能造成的影响。

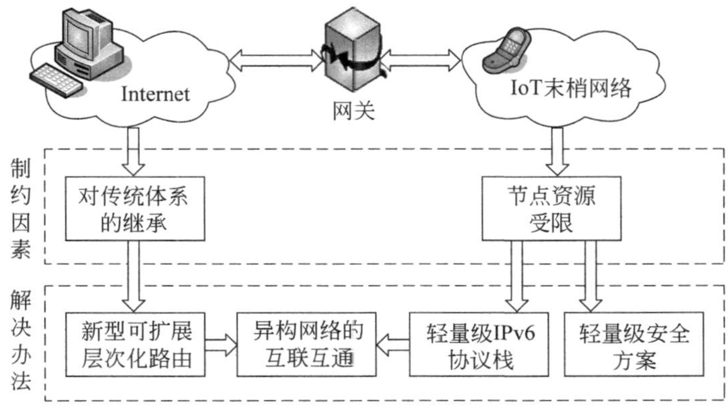

图 8.23 融合物联网的互联网体系结构需要解决的主要问题

在减轻对互联网性能的影响方面，核心问题是设计合理的路由体系，新的路由体系在保障物联网节点之间以及物联网节点与互联网节点之间端到端通信的同时，必须对传统互联网路由协议栈有较好的继承性。为同时实现上述两个目的，新路由体系在互联网层保留传统 IPv6 体系结构的同时，针对末梢网络自身的特点，设计保持传统互联网路由体系层次的新型可扩展层次化路由。

节点能耗和资源受限，还会造成末梢网络物理层和数据链路层信息传输受限，无法直接支持传统 IPv6 协议栈，需要设计轻量级 IPv6 协议栈。由于同样的原因，末梢网络无法支持传统互联网通用的安全策略与技术，需要设计轻量级安全方案。

最后一个问题是，由于路由体系的异构性以及网络协议的不同，互联网与末梢网络无法直接通信，需要研究二者的互通机制，支持异构网络的物联网服务发现。

8.6.1 新型可扩展层次化路由

物联网的主干网仍然是互联网，新体系结构应当尽量避免改变互联网原有的路由方案，因此在互联网上沿用传统的路由协议，即 AS 内部使用 OSPF、RIP 等域内协议，AS 之间使用 BGP 等域间协议。末梢网络路由体系设计是融合物联网的互联网路由体系设计工作的难点与核心，一个成功的路由体系，除了能够保障末梢网络节点之间以及末梢网络节点与互联网节点之间的端到端通信，还必须尽量减轻对互联网性能的影响，归纳起来，其路由体系应具备低功耗、高汇聚、可扩展、抗有损、可融合和层次化等特点。

可以参考 IETF ROLL 工作组提出的 RPL 协议，提出如图 8.24 所示的路由体系，根据网络规模和节点密度把末梢网络分成单跳网络、节点转发网络和规模层次网络 3 类，并针对不同类型的网络设计相应的路由方案。

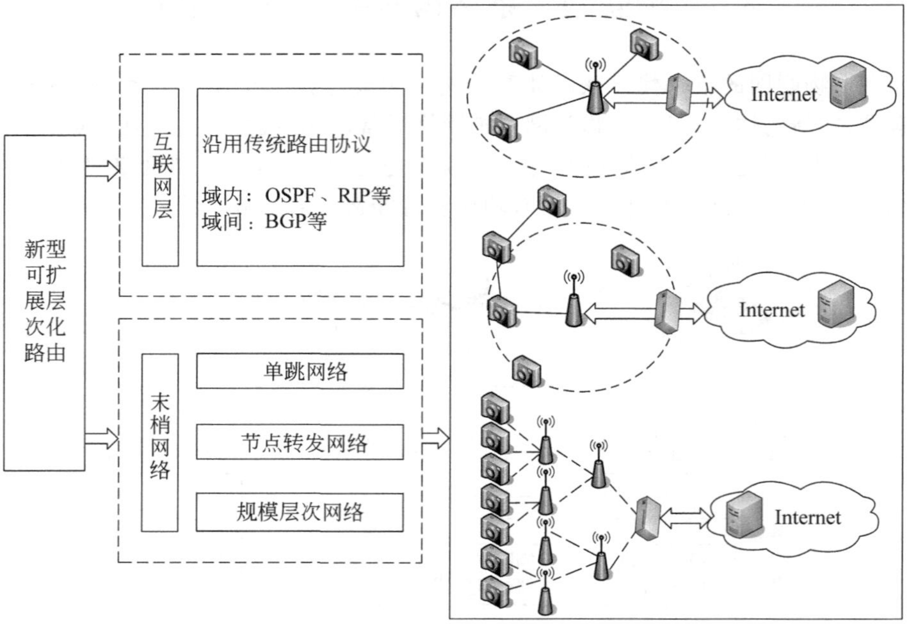

图 8.24　融合物联网的互联网总体路由体系

8.6.2　轻量级 IPv6 协议栈

为实现末梢网络对互联网的无缝接入，实现末梢网络节点之间以及末梢网络节点与互联网节点之间的端到端通信，需要把 IP 引入末梢网络。引入 IPv6 的另一个好处是可以解决无线传感器网络固有的难点问题，如需要数量巨大的地址资源，需要实现有效地址管理机制，缺乏应有的安全机制等。

本章提出的融合物联网的互联网体系结构与当前互联网体系具有类似的层次结构，但在每层都有所不同。在网络层，由于节点能耗低、存储和处理能力差，其物理层和链路层通常采用低速率、低功耗、低成本的接入方式，如 IEEE 802.15.4、蓝牙和低功耗 WiFi 等，这类标准协议帧小，且不支持组播，这导致传统 IPv6 协议栈无法直接在物联网末梢网络应用。为实现末梢网络与互联网的无缝接入，必须以当前 IPv6 协议为基础，并对其简化和修改，设计适用于物联网的可重构轻量级 IPv6 协议。

如图 8.25 所示，IPv6 协议栈的轻量化包括两个方面：一是在物联网节点上，通过应用层的简化、传输层的简化、IPv6 报头压缩和分组的分片重组等技术实现协议的轻量化；二是通过多协议层翻译技术设计物联网双协议栈网关，保障末梢网络对互联网的无缝接入。

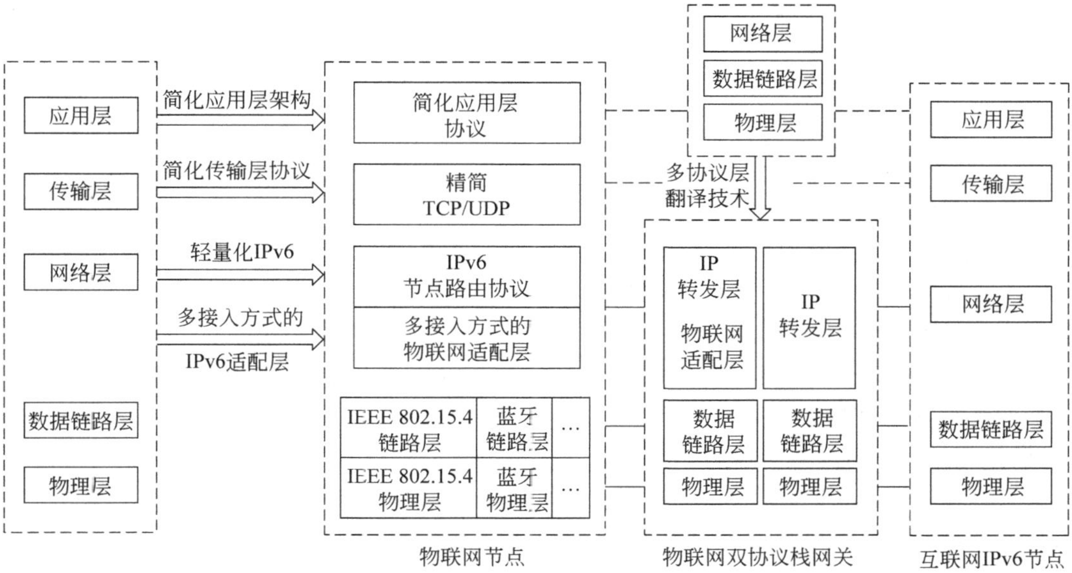

图 8.25　IPv6 协议栈的轻量化

8.6.3　物联网节点和互联网的互联互通问题

受物联网节点传输能力的限制，互联网路由体系无法直接移植到物联网上，导致物联网末梢网络与互联网的异构性，而物联网末梢网络自身链接互联网接入方式的多样性加大了异构程度，因此必须研究物联网与互联网节点的互联互通机制，设计新型路由体系，实现多形式、异构网络系统间端到端互联互通，支持异构网络的物联网服务发现。物联网的总体异构性和解决方案如图 8.26 所示。

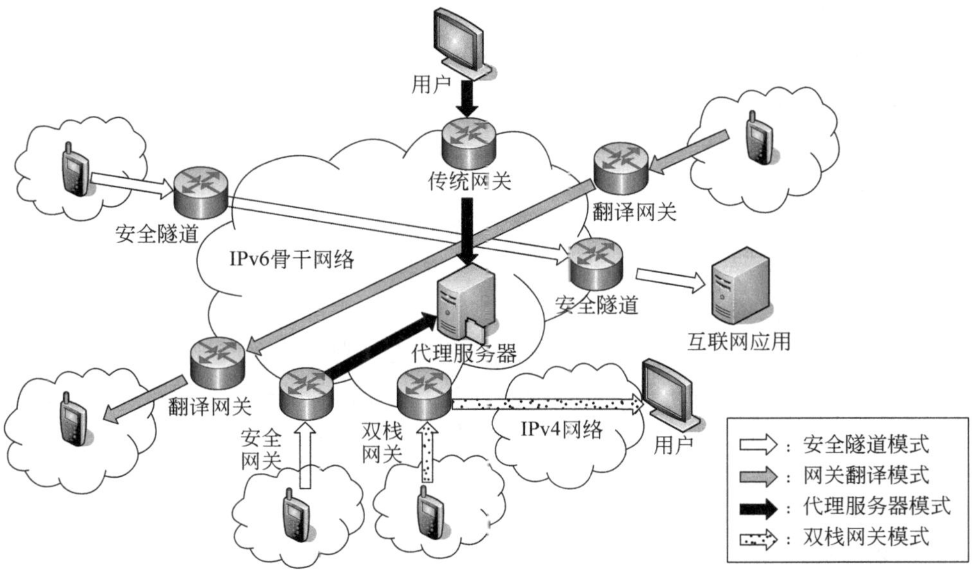

图 8.26　物联网节点与互联网的互联互通

按通信终端、接入互联网类型和方式的不同，互联互通问题包括安全隧道模式、网关翻译模式、代理服务器模式和双栈网关模式 4 种场景，其解决方案包括路由机制设计、协议翻译方案、能力协商机制、通信角色定位、域名解析方法以及数据分析技术等。

8.6.4 物联网安全问题

物联网的安全问题包括三类：一是作为物联网核心层的互联网层需要面对的传统安全问题；二是末梢网络（包括网关）面对的安全问题，如针对物联网网关实施 DoS 攻击，这类问题除了传统安全问题，还包括由于末梢网络节点自身的物理特性导致的特殊问题；最后是信息综合处理平台（通常是云端）上要面临的问题。

末梢网络面临的传统安全问题包括保密性、安全性、可用性、真实性和可验证性，利用传统手段解决这些问题时，必须考虑到节点的存储规模、处理能力和能源供给能力受限的特点，设计和运用轻量级加密机制、节点认证机制、访问控制技术和态势分析等保障末梢网络的安全。在特殊安全问题方面，由于节点通常处在无人看管的环境，因此易被破坏、移除和更换组件；同时，节点能源匮乏，易遭受以耗尽能源为目的的攻击，这两种类型的攻击可利用加外壳等物理防护手段。值得注意的是，由于末梢网络通常运用无线方式接入互联网，其上保留的用户信息容易被攻击者获取、伪造和篡改，也必须部署轻量级安全防御方案。

网络安全更多的相关内容，可以参考本书第 6 章。

8.7 物联网典型应用

物联网所具有的诸多特点使其广泛应用于各行各业，渗入每个人的生活，改变了人们的生活方式与行为模式，提高了人民的生活质量与工作效率，加速了国民经济的发展。本节列举一些物联网的典型应用，分别从智能家居、智能交通、智慧城市、智能制造四个方面进行介绍。

8.7.1 智能家居

随着信息技术产业的爆炸性增长及其经济的快速增长，人们对日常生活的智能要求也越来越高，智能家居作为充满希望的朝阳产业，已经处于快速发展阶段。2014 年年初，Google 以 32 亿美元的价格收购了一家专注于智能家居设备的公司 Nest LABS，该公司由 iPod 之父 Tony Fedell 创立，智能家居领域的新时代应运而生。同年，在国际消费电子展上，大量智能家居设备首次出现，例如专注于睡眠健康的 SleepNumber 智能床、Kolibree 智能牙刷和 Belkin 智能平底锅。在展览中，思科首席执行官 John Chambers 表示，物联网将带来价值 19 万亿美元的商业机会，到 2020 年全世界将有 500 亿个物品与互联网相连。

但是，对于普通消费者而言，随着家里的智能设备越来越多，管理也越来越困难；并且不同家庭对设备、互联性和用户偏好等存在广泛的差异，因此很难开发和管理这些设备的应用软件。为避免烦琐的操作，用户更倾向于一次性添加一些设备或应用[76]。由此，一些制造商开始建立相应的管理平台，例如 Apple 的 HomeKit、阿里巴巴的 Smart Living 和 QQ 的 IoT。HomeKit 及其标准由 Apple 监管，其应用程序接口（API）不向公众开放，所有输入设备均由 Apple 验证，然后通过 iOS 平台向客户提供智能设备。阿里巴巴的 Smart Living 充分利用其大型在线购物平台，通过销售智能设备，提供从购买到安装再到使用的整个服务，用户可以在

App 的不同设备之间手动配置和操作。QQ 的 IoT 与阿里巴巴的 Smart Living 不同，它利用其增强的通信应用程序，强调了设备与用户之间或不同用户之间进行操作的可行性。这些平台的使用令智能家居概念吸引了许多智能设备制造商和用户。但是，当前的智能家居管理平台倾向于将日益复杂的系统简化为应用，让用户进行管理和操作。随着智能设备的增加和应用场景的复杂化，当前的智能管理策略很难满足普通用户对智能家居的需求。

为解决智能硬件差异、用户需求差异和监控数据使用不足的问题，文献[77]将软件定义网络(Software-Defined Networking，SDN)[78]集中式、开放式、虚拟化的核心思想作为参考，应用于智能家居所面临的困难，提出"软件定义的智能家居"(Software Defined Smart Home，SDSH)来解决上述问题，具体如图 8.27 所示。

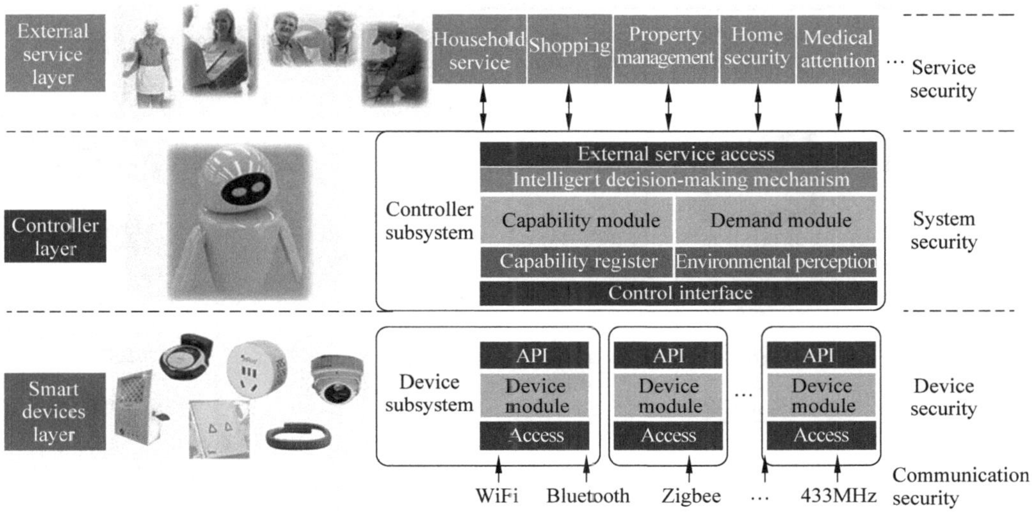

图 8.27　软件定义智能家居平台体系结构[77]

SDSH 将智能家居平台分为三个级别：智能硬件层、控制器层和外部服务层。智能硬件层包括家用的各种智能硬件，例如智能插座、智能手环、传感器和摄像头。控制器层提供中央管理服务，旨在将硬件细节与智能硬件层隔离开，感知并分析用户需求，并自动智能地管理智能家居。它既可以是某个智能设备或部署在用户家中的物理硬件，也可以是部署在云中的抽象设备。外部服务层整合现有的家庭服务资源，提供高效、高质量以及个性化服务。

SDSH 以与各种智能设备兼容的控制器为中心，提供开放的 API 与第三方服务连接。其关键技术包括无感化需求感知、智能设备自组网、系统资源虚拟化以及基于人工智能的决策算法。SDSH 发现客户的潜在需求，并提供通用的智能平台控制设备。在此基础上，SDSH 可以与外部家庭服务连接，并形成一个广义、标准化和开放的智能家居服务市场。基于技术和商业创新的开放架构，SDSH 具有巨大的潜力和广阔的前景。

U-home 是海尔在物联网时代推出的美好住居生活解决方案。它采用有线与无线相结合的方式把所有设备通过信息传感设备与网络连接，超越了单个产品的局限，从客厅到厨房，从黑电到白电，从生活电器到计算机和手机等移动终端，都不再是一个个孤单的产品，而是一个互联互通、人性化、智能化的整体。图 8.28 所示为海尔"智慧屋"解决方案，其核心部分为家庭网络控制中心，通过智能遥控器、红外转发器和协议转换器等设备，根据主人的生活习惯将室内环境调节为最佳状态，例如维持适宜的室温和水温，以减少能源损耗；自动开启家庭影院、电饭锅、洗衣机等家电，保证主人的饮食起居和身心娱乐；更重要的是，能够进行记忆存储和智能学习，以适应主人新的习惯变化。用一句话概括智能家居带给消费者的物联网生活，那就是：身在外，家就在身边；回到家，世界就在眼前。未来物联网必将在智能家居领域大显身手[79]。

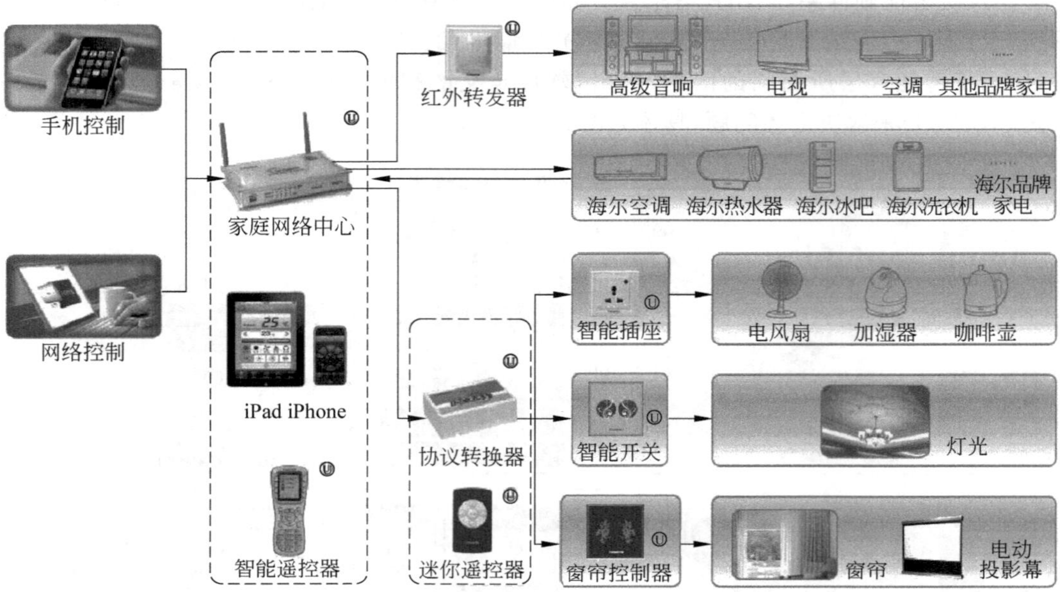

图 8.28　智能家居示意图

（注：该图取自参考文献[80]）

8.7.2　智能交通

智能交通的理念源于智能交通运输系统（Intelligent Transportation System，ITS）。最早源于美国国家体系结构发展计划（National Architecture Development Program），1991 年综合地面运输效率方案（Intermodal Surface Transportation Efficiency Act，ISTEA）对建立 ITS 相关标准提出的要求。美国运输部于 1992 年开始进行国家 ITS 体系框架的准备工作，于 1996 年 6 月建立国家级系统架构的最初版本[81-82]。我国于 2000 年年初，由智能运输系统协调领导小组组织，国内 100 多家单位共同努力，于 2003 年 1 月正式制定出版了《中国智能运输系统体系框架》第 1 版，并于 2005 年进行修订完成第 2 版。该体系框架采用面向过程的方法，确定了 8 个服务领域，34 项服务，框架的主要组成部分有用户主体、服务主体、用户服务、系统功能、逻辑框架、物理框架、标准和经济技术评价[83]。

物联网技术是智能交通系统发展的重要依托手段。先进的物联网技术有效地集成运用于整个地面交通管理系统而建立的一种在大范围内、全方位发挥作用的实时、准确、高效的综合交通运输管理系统。其中很重要的一个元素是“智能车辆”。所谓“智能车辆”，就是在普通车辆的基础上增加了先进的传感器（雷达、摄像头）、控制器、执行器等装置，通过车载传感系统和信息终端实现与人、车、路等的智能信息交换，使车辆具备智能的环境感知能力，能够自动分析车辆行驶的安全及危险状态，并使车辆按照人的意愿到达目的地，最终实现替代人操作。图 8.29(a)为智能汽车示意图，通过安装在车身的摄像头、雷达和超声传感器，可以准确地判断车与障碍物之间的距离，遇紧急情况，车载计算机能及时发出警报或自动刹车避让，并根据路况自行调节行车速度，从而实现道路恒速控制和自适应导航控制。图 8.29(b)为智能控制调度系统，以基于 IPv4 或 IPv6 的互联网为核心，通过移动通信网以及无线局域网分别用多个基站和路由器搭建交通信息网络，实时获取路况信息，监视和控制交通流量；可以实现车辆与网络相连，优化行车路线；可以无缝地检测、标识车辆并收取行驶费用。

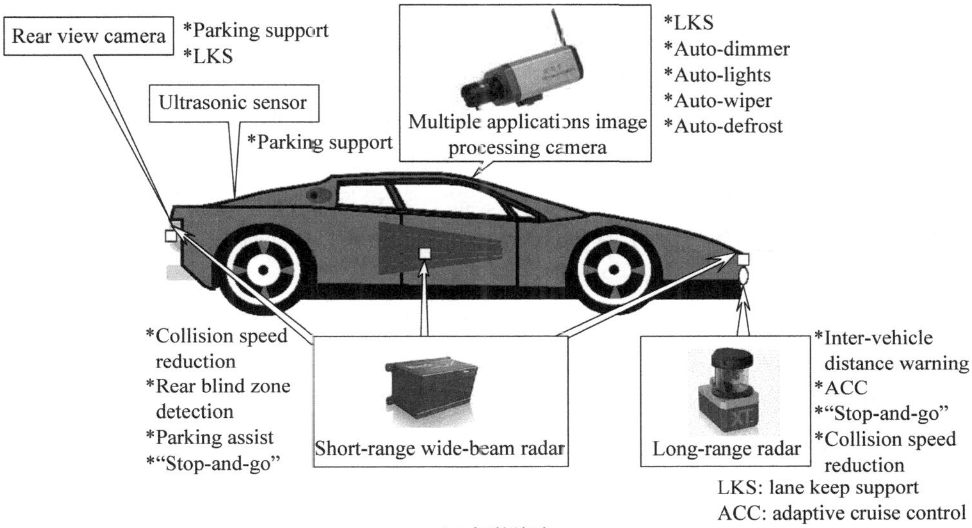

(a) 智能汽车

(注：该图取自日立公司)

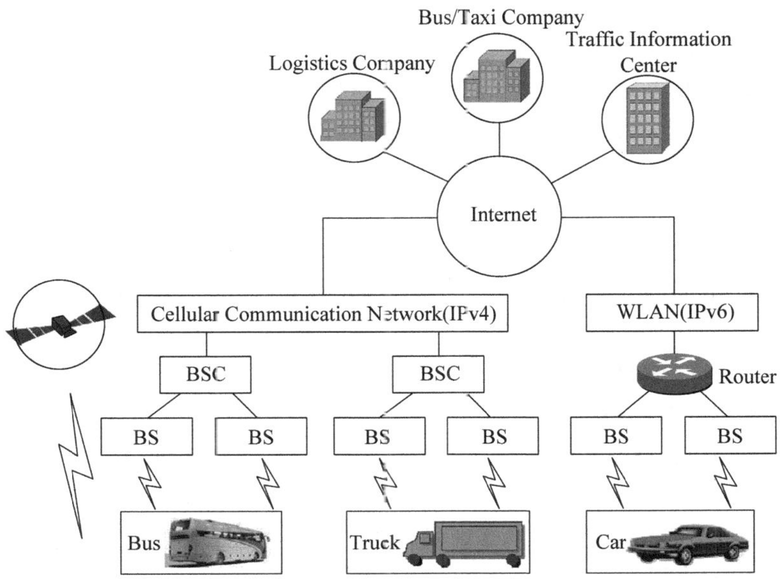

(b) 智能控制调度系统

图 8.29　智能交通示意图

如今，智能交通融合了物联网、云计算、大数据、无线传感等先进技术，使人、车、路更加协调，使公共交通服务形成更加人性化的智慧出行服务系统。智能交通的构建对我国的可持续发展意义重大，可以有效地减少交通负荷和环境污染，保证交通安全，提高运输效率。一个智慧的、通畅的、安全的交通网络将彻底改变人们的出行方式和交通体验，并且有助于低碳经济的发展，是提高国民生活水平和国家综合实力的强大助力。

8.7.3 智慧城市

1. 智慧城市的发展背景

随着经济社会的不断发展，城市快速扩张，中国城镇化已进入高速增长期。城市正面临着前所未有的可持续发展挑战：各类人员大量涌入，交通拥堵不堪，资源消耗过度，环境污染严重，碳排放的不断增加导致全球气温变化等。而面临这些实质性的挑战，城市必须应用新的措施和技术，探索新的发展路径和模式。信息通信技术的迅猛发展，使城市智慧化已成为继工业化、电气化、信息化之后的“第四次浪潮”。建设智慧城市是当今世界城市复杂化的前沿趋势，是城市转变经济发展方式、提升城市功能品质、更好地保障和改善民生的重大举措。

1990 年，美国加州旧金山的一次国际会议上，以“智慧城市(smart cities)，快速系统(fast systems)，全球网络(global networks)”为主题，讨论探索城市通过信息技术聚合“智慧”，以形成可持续的城市竞争力的成功经验，会后正式出版的文集 *The Technopolis phenomenon：smart cities，fast systems，global networks*，成为关于智慧城市研究的早期代表性文献[84]。

2008 年，IBM 公司首先提出“智慧地球”概念，并于 2009 年提出“智慧地球，赢在中国”，建议优先建设智慧的电力、智慧的医疗、智慧的城市、智慧的交通、智慧的供应链、智慧的银行六大行业[85]。同年提出“智慧城市”愿景，将城市中的水、电、油、气、交通等公共服务资源信息通过互联网有机连接起来，智能化做出响应，更好地服务于市民学习、生活、工作、医疗等方面的需求，以及改善政府对交通的管理、环境的控制等。现在，世界许多国家将智慧城市当作应对国际金融危机、扩大就业、振兴经济、提升城市竞争力的重要战略，国际智慧城市组织(Intelligent Community Forum，ICF)等相关机构也相继成立[86]。

根据德勤公司 2019 年 12 月发布的《超级智能城市 2.0》[87]，目前全球已启动或在建的智慧城市有 1000 多个，中国在建 500 个，远超排名第二的欧洲(90 个)。从在建智慧城市的分布看，我国已初步形成以北京、天津、大连、青岛、济南为主的环渤海，以南京、无锡、上海、合肥、杭州、宁波为主的长三角，以广州、佛山、深圳、厦门为主的珠三角，以及以西安、成都、重庆、武汉为主的中西部四大智慧城市群。

2. 智慧城市概念与特征

智慧城市是指在城市发展过程中，在城市基础设施、资源环境、社会民生、经济产业、市政治理领域中，充分利用物联网、互联网、云计算、大数据、人工智能等技术手段，对城市居民生活工作、企业经营发展和政府行政管理过程中的相关活动，进行智慧地感知、分析、整合与应对，为人们提供一个更美好的生活和工作环境，为企业创造一个更有利的商业发展环境，为政府构建一个更高效的城市运营管理环境。智慧城市的核心是构建智慧型城市运行生态系统和城市产业生态系统。

具体来说，智慧城市通常需具备以下四大特征：

(1) 全面感知：遍布各处的传感器、执行器以及其他智能物件组成物联网，对城市运行的核心系统进行数据采集、监控、测量与分析。

(2) 充分整合：物联网与互联网系统完全连接与融合，将收集的数据整合为城市核心系统的运行全图，提供智慧的基础设施。

(3) 激励创新：鼓励政府、企业和个人在智慧基础设施之上进行科技和业务的创新应用，为城市提供源源不断的发展动力。

(4) 协同运作：基于智慧的基础设施，城市里的各个关键系统和参与者进行和谐高效的协作，以达成城市运行的最佳状态。

3. 智慧城市解决方案

当大数据、AI、云计算、物联网等信息通信技术日趋成熟，作为智慧城市技术催生的土壤，智慧城市开始二次进化。智慧城市是数字经济的核心载体，目标是实现兴业、善政、利民，打动政府的“智慧”是将新兴的信息通信技术深度融入政府业务服务和城市应用服务之中，真正让政府感知数字技术带来的价值，推动数字经济的发展，改善人民的生活水平。华为提出了一种智慧城市解决方案总体架构[88]，如图 8.30 所示。

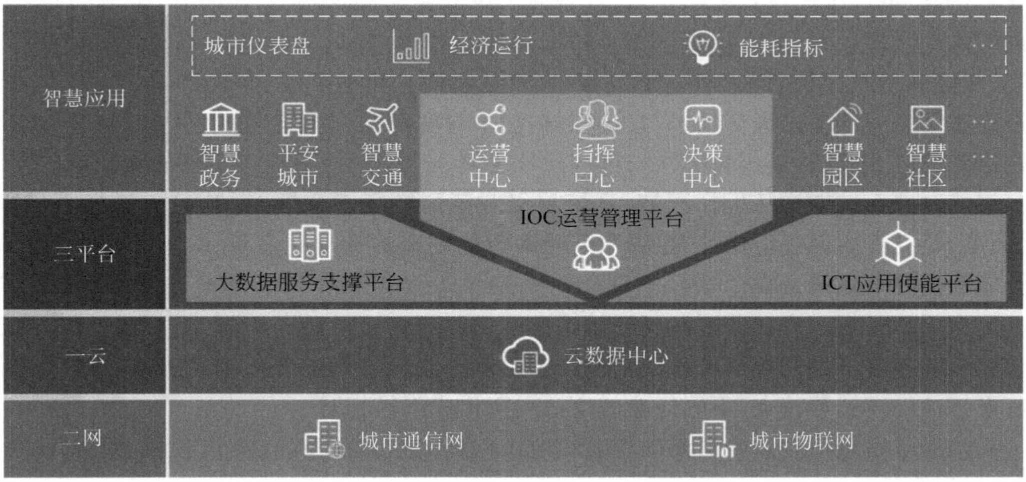

图 8.30　华为智慧城市解决方案总体架构

(1) 云数据中心

基于开放架构，为城市建设融合、开放、安全的云数据中心，从而整合、共享和利用各类城市信息资源，是建设智慧城市的基础。

(2) 城市通信网和城市物联网

为智慧城市建设提供有线＋无线宽带网络，为城市构建无处不在的宽带，让城市公共服务触手可及。物联网实现智慧城市解决方案与物理系统的互通。华为提供多种类型的物联网接入网关和无线接入技术。这些技术适配各种复杂的接入环境，包括高密度、大容量和地下场景。

(3) 大数据服务支撑平台、ICT 应用使能平台和 IOC 运营管理平台

通过大数据服务支撑平台，实现数据的共享与交换，为城市智慧应用提供数据支撑；基

于ICT应用使能平台，合作伙伴能够轻松开发基于华为ICT基础架构的智能应用；IOC运营管理平台整合大量数据，基于大数据实现城市运行状态可视化，方便城市管理者进行可视化跨部门应急协同调度，提高城市管理决策的效率和科学性。

全球城市化的进程依然以不可阻挡的趋势向前推进，到2050年，接近70%的世界人口将生活在城市，拥有中国和印度这两个人口大国的亚洲将成为全球城市化最快的地区。在城市急速扩张的过程中，物联网技术将帮助城市实现可持续发展，引领城市走向更美好的未来。

8.7.4 智能制造

制造业是国民经济的主体，是立国之本、兴国之器、强国之基。智能制造是落实我国制造强国战略的重要举措，加快推进智能制造，是加速我国工业化和信息化深度融合、推动制造业供给侧结构性改革的重要着力点，对重塑我国制造业竞争新优势具有重要意义。

为了推进制造业发展，2015年5月19日国务院印发《中国制造2025》[89]，全面推进实施强国战略，这是我国实施制造强国战略的第一个十年的行动纲领，强调加快推动新一代信息技术与制造技术融合发展，把智能制造作为两化深度融合的主攻方向；着力发展智能装备和智能产品，推进生产过程智能化，培育新型生产方式，全面提升企业研发、生产、管理和服务的智能化水平。

《智能制造发展规划(2016—2020年)》(工业和信息化部联规〔2016〕349号)指出，智能制造是基于新一代信息通信技术与先进制造技术深度融合，贯穿于设计、生产、管理、服务等制造活动的各个环节，具有自感知、自学习、自决策、自执行、自适应等功能的新型生产方式。

智能制造系统架构从生命周期、系统层级和智能特征三个维度，对智能制造涉及的活动、装备、特征等内容进行描述，主要用于明确智能制造的标准化需求、对象和范围，指导国家智能制造标准体系建设[90]。

生命周期是指从产品原型研发开始到产品回收再制造的各个阶段，包括设计、生产、物流、销售、服务等一系列相互联系的价值创造活动。生命周期的各项活动可进行迭代优化，具有可持续性发展等特点，不同行业的生命周期构成不尽相同。

系统层级是指与企业生产活动相关的组织结构的层级划分，包括设备层、单元层、车间层、企业层和协同层。

智能特征是指基于新一代信息通信技术使制造活动具有自感知、自学习、自决策、自执行、自适应等一个或多个功能的层级划分，包括资源要素、互联互通、融合共享、系统集成和新兴业态五层智能化要求。

制造业是现代工业的基石，随着信息技术、新能源、新材料等重要领域和前沿方向的革命性突破和交叉融合，智能制造正在引发新一轮产业变革。《中国制造2025》指出，加快开展物联网技术研发和应用示范，培育智能监测、远程诊断管理、全产业链追溯等工业互联网新应用。

本节介绍了物联网在家居、交通、城市建设和制造业的综合应用场景，展示了其广阔的应用前景和极具潜能的产业效益。物联网使物品和服务功能都发生了质的飞跃，这些新的功能将给使用者带来进一步的效率、便利和安全，它将彻底改变人们的生产和生活方式，并由此形成基于这些功能的新兴产业，刺激经济快速稳定增长。

8.8 结论和进一步的研究工作

2019 年习近平主席在致第六届世界互联网大会的贺信强调："各国应顺应时代潮流，勇担发展责任，共迎风险挑战，共同推进网络空间全球治理，努力推动构建网络空间命运共同体。"随着当前网络技术的繁荣发展，物联网的概念正逐步深入人们的日常生活当中。物联网以移动技术为特征，通过智能感知、识别技术、普适计算和泛在网络的融合应用，使物联网成为继计算机技术和互联网技术之后的信息技术的第三次革命。物联网可以看作互联网技术的应用拓展，应用创新是物联网技术的发展核心。物联网是泛在网的起点，是信息化与工业化融合的切入点，在今后社会经济的发展中，物联网将对加快经济发展方式转变起到重要的作用，物联网技术与产业必将成为国际竞争的新热点。

移动互联网的高速发展以及固话宽带的普及是物联网海量信息传输交互的基础。依靠网络技术，物联网将生产要素和供应链进行深度重组，成为信息化带动工业化的现实载体。物联网使物品和服务功能都发生了质的飞跃，这些新的功能将给使用者带来进一步的高效、便利和安全，由此形成基于这些功能的新兴产业。

各式各样的智能设备、电子产品的大量涌现，产生了海量的数据。这些分散的物联网终端设备生成的数据存储于大量的边缘节点，为边缘计算和人工智能应用提供了数据来源。2017 年，伯克利 14 位专家提出的云-边缘人工智能系统的概念[91]，进一步催化了物联网融合边缘计算和人工智能的研究。文献[92]提出一种基于区块链的框架 BlockEdge，可提供受信任的协作边缘计算服务。然而，传统的以云计算为主的架构面临数据收集的成本问题、终端敏感数据的隐私保护问题、终端数据与云计算交互的时延问题等，越来越无法满足当前物联网的数据需求。边缘计算和区块链技术都提供了分布式的架构与计算方式，可有效解决数据的异构性问题。边缘计算将数据的交互限制在防火墙内，保证了数据安全性的同时减少了数据量。通过上传关键的物联网数据，区块链从数据的链式结构上保证了数据的安全性和不可篡改，同时通过共识机制与分布式网络可以对物联网设备进行去中心化管理。因此，将中心化计算和存储下放到边缘网络的新型人工智能范式，以及具有分布式的架构和计算方式的区块链技术，逐渐成为物联网具有重要意义的研究方向。

参 考 文 献

[1] Atzori L, Iera A, Morabito G. The Internet of Things: A survey[J]. Computer Networks, 2010, 54(15): 2787-2805.

[2] Broll G, Paolucci M, Wagner M, et al. Perci-Pervasive Service Interaction with the Internet of Things[J]. IEEE Internet Computing, 2009, 13(6): 74-81.

[3] IoT Analytics. Equipment as a Service Market Report 2020-2025[EB/OL]. 2020-03-04[2020-08-10]. https://iot-analytics.com/entering-the-decade-of-equipment-as-a-service/.

[4] Ashton K.That "Internet of Things" Thing[J]. RFID Journal, 22 July 2009.

[5] Sarma S. A History of the EPC, RFID: Applications, Security and Privacy[M]. S. Garfinkel and B. Rosedberg, eds., Addison-Wesley, 2005: 37-55.

[6] Thiesse F, Floerkemeier C, Harrison M, et al. Technology, Standards, and Real-World Deployments

of the EPC Network[J]. IEEE Internet Computing，2009，13(2)：36-43.

[7] Auto-ID Labs[EB/OL]. [2020-08-10]. http://www.autoidlabs.org/.

[8] International Telecommunication Union. ITU Internet Reports 2005：Internet of Things[EB/OL]. [2020-08-10]. http://www.itu.int/dms_pub/itu-s/opb/pol/S-POL-IR.IT-2005-SUM-PDF-E.pdf.

[9] Kortuem G，Kawsar F，Fitton D，et al. Smart objects as building blocks for the Internet of things[J]. IEEE Internet Computing，2010，14(1)：44-51.

[10] International Telecommunication Union. Telecommunication Standardization Sector. Overview of the Internet of things[EB/OL]. [2020-08-10]. https://www.itu.int/rec/T-REC-Y.2060-201206-I.

[11] Bassi A，Horn G. Internet of Things in 2020：A Roadmap for the Future[M]. European Commission：Information Society and Media，2008.

[12] Das R. RFID Forecasts，Players and Opportunities 2019-2029[EB/OL]. [2020-08-10]. https://www.idtechex.com/en/research-report/rfid-forecasts-players-and-opportunities-2019-2029/700.

[13] Stockman H. Communication by Means of Reflected Power[C]. In Proceedings of the IRE，1948.

[14] Welbourne E，Battle L，Cole G，et al. Building the Internet of Things Using RFID - The RFID Ecosystem Experience[J]. IEEE Internet Computing，2009，13(3)：48-55.

[15] Michael K，Roussos G，Huang G，et al. Planetary-Scale RFID Services in an Age of Uberveillance [J]. Proceedings of the IEEE，2010，98(9)：1663-1671.

[16] PalmisanoS J. A Smarter Planet：The Next Leadership Agenda[EB/OL]. [2020-08-10]. IBM，https://www.ibm.com/ibm/cioleadershipexchange/us/en/pdfs/SJP_Smarter_Planet.pdf.

[17] Lee E. Cyber-physical systems - are computing foundations adequate[EB/OL]. 2006-10-16[2020-08-10]. NSF Workshop on Cyber-Physical Systems，http://citeseerx.ist.psu.edu/viewdoc/download?doi=10.1.1.84.8011&rep=rep1&type=pdf.

[18] 温家宝. 让科技引领中国可持续发展[EB/OL]. 2009-11-23[2020-08-10]. http://www.gov.cn/ldhd/2009-11/23/content_1471208.htm.

[19] 温家宝. 政府工作报告(十一届人大三次会议)[EB/OL]. 2010-03-15[2020-08-10]. http://www.gov.cn/2010lh/content_1555767.htm.

[20] McEwen A，Cassimally H. Designing the Internet of Things[M]. New York：Wiley，2013.

[21] 任丰原，黄海宁，林闯. 无线传感器网络[J]. 软件学报，2003，14(7)：1282-1291.

[22] 李晓维，徐勇军，任丰原. 无线传感器网络技术[M]. 北京：北京理工大学出版社，2007.

[23] 孙利民，李建中，陈渝，等. 无线传感器网络[M]. 北京：清华大学出版社，2005.

[24] Akyildiz I，Su W，Sankarasubramaniam Y，et al. Wireless sensor networks：a survey[J]. Computer Networks，2002，38(4)：393-422.

[25] Bult K，Burstein A，Chang D，et al. Low Power Systems for Wireless Microsensors[C]. In Proceedings of IEEE ISLPED，1996.

[26] Pottie G，Kaiser W. Wireless Integrated Network Sensors[J]. Communications of ACM，2000，43(5)：51-58.

[27] Kumar S，Shepherd D. SensIT：Sensor information technology for the warfighter[C]. In Proceedings of Information Fusion，2001.

[28] Warneke B，Last M，Liebowitz B，et al. Smart dust：Communicating with a cubic-millimeter computer[J]. IEEE Computer Magazine，2001，34(1)：44-51.

[29] Johnson M，Healy M，Ven P，et al. A Comparative Review of Wireless Sensor Network Mote Technologies[J]. IEEE Sensors，2009.

[30] Seo D，Carmena J M，Rabaey J M，et al. Neural Dust：An Ultrasonic，Low Power Solution for

Chronic Brain-Machine Interfaces [EB/OL]. 2013-07-08 [2020-08-10]. https://arxiv.org/abs/1307.2196.

[31] 刘云浩. 物联网导论[M]. 北京：科学出版社，2010.

[32] TinyOS[EB/OL]. [2020-08-10]. http://www.tinyos.net/.

[33] Contiki[EB/OL]. [2020-08-10]. http://contiki-os.blogspot.com/.

[34] Han C, Rengaswamy R, Shea R, et al. SOS: A dynamic operating system for sensor networks[C]. In Proceedings of MobiSys, 2005.

[35] Bhatti S, Carlson J, Dai H, et al. MANTIS OS: An Embedded Multithreaded Operating System for Wireless Micro Sensor Platforms[J]. Mobile Networks and Applications, 2005, 10: 563-579.

[36] Nano-RK[EB/OL]. [2020-08-10]. https://msu.edu/~liyang5/docs/nanork_tutorial.pdf.

[37] Lorincz K, Chen B, Waterman J, et al. Pixie: An Operating System for Resource-Aware Programming of Embedded Sensors[C]. In Proceedings of HotEmNets, 2008.

[38] Cao Qing, Abdelzaher T, et al. LliteOS: a lightweight operating system for C++ software development in sensor networks[C]. In Proceedings of SenSys, 2006.

[39] RETOS[EB/OL]. [2020-08-10]. http://retos.yonsei.ac.kr/.

[40] Akyildiz I, Su W, Sankarasubramaniam Y, et al. A survey on sensor networks [J]. IEEE Communication Magazine, 2002, 40(8): 102-114.

[41] Wade R, Mitchell W M, Petter F. Ten Emerging Technologies that will change the world[J]. MIT's Technology Review, 2003.

[42] Remote Battlefield Sensor System (REMBASS)[EB/OL]. [2020-08-10]. http://www.fas.org/man/dod-101/sys/land/rembass.htm.

[43] Department of Defense. Department of Defense Dictionary of Military and Associated Terms[M]. Joint Publication 1-02, 2010.

[44] Li ZW, Xu K, Wang H Y, et al. Machine-Learning-Based Positioning: A Survey and Future Directions[J]. IEEE Network, 2019, 33(3): 96-101.

[45] Hui J, Culler D, Chakrabarti S. 6LoWPAN: Incorporating IEEE 802.15.4 Into the IP Architecture [EB/OL]. 2009-01[2020-08-10]. White Paper #3, https://www.omaspecworks.org/wp-content/uploads/2018/03/6lowpan.pdf.

[46] IEEE 802.15.4[EB/OL]. [2020-08-10]. http://www.ieee802.org/15/pub/TG4.html.

[47] 6LoWPAN[EB/OL]. [2020-08-10]. http://www.ietf.org/html.charters/6lowpan-charter.html.

[48] Kushalnagar N, Montenegro G, Schumacher C. IPv6 over Low-Power Wireless Personal Area Networks (6LoWPANs): Overview, Assumptions, Problem Statement, and Goals[R]. IETF RFC 4919, 2007.

[49] Montenegro G, Kushalnagar N, Hui J, et al. Transmission of IPv6 Packets over IEEE 802.15.4 Networks[R]. IETF RFC 4944, 2007.

[50] Hui J, Culler D. Extending IP to Low-Power, Wireless Personal Area Networks[J]. IEEE Internet Computing, 2008, 12(4): 37-45.

[51] ROLL[EB/OL]. [2020-08-10]. https://datatracker.ietf.org/wg/roll/charter/.

[52] Vasseur J, Kim E, Pister K, et al. Routing Metrics used for Path Calculation in Low Power and Lossy Networks[R]. IETF RFC 6551, 2012.

[53] Winter E, Thubert E, Brandt A, et al. RPL: IPv6 Routing Protocol for Low power and Lossy Networks[R]. IETF RFC 6550, 2012.

[54] CoRE[EB/OL]. [2020-08-10]. https://datatracker.ietf.org/wg/core/charter/.

[55] Shelby Z, Hartke K, Bormann C. Constrained Application Protocol (CoAP)[R]. IETF RFC 7252, 2014.

[56] LwIP[EB/OL]. [2020-08-10]. http://savannah.nongnu.org/projects/lwip/.

[57] Chen Wei. Implementation Techniques of the Lightweight TCP/IP Stack[R], draft-chen-lwip-implementataion-01, 2010.

[58] IEEE 802.15.1[EB/OL]. [2020-08-10]. http://www.ieee802.org/15/pub/TG1.html.

[59] IEEE 802.15.2[EB/OL]. [2020-08-10]. http://www.ieee802.org/15/pub/TG2.html.

[60] IEEE 802.15.3[EB/OL]. [2020-08-10]. http://www.ieee802.org/15/pub/TG3.html.

[61] Daemen J, Borg S, Rijmen V. The Design of Rijndael: AES-The Advanced Encryption Standard [M]. Springer-Verlag, 2002.

[62] ZigBee[EB/OL]. [2020-08-10]. http://zigbeealliance.org/.

[63] Hui J, Culler D. IP is Dead, Long Live IP for Wireless Sensor Networks[C]. In Proceedings of SenSys, 2008.

[64] Hui J, Culler D. IPv6 in Low-Power Wireless Networks[J]. In Proceedings of the IEEE, 2010.

[65] Liu Changling, Kaiser J. Survey of Mobile Ad Hoc network Routing Protocols[R]. University of Ulm Tech. Report Series, 2003.

[66] Perkins C, Belding-Royer E, Das S. Ad hoc On-Demand Distance Vector (AODV) Routing[R]. IETF RFC 3561, 2003.

[67] Brandt A, Buron J, Porcu G. Home Automation Routing Requirements in Low-Power and Lossy Networks[R]. IETF RFC 5826, 2010.

[68] Pister K, Thubert P, Dwars S, et al. Industrial Routing Requirements in Low-Power and Lossy Networks[R]. IETF RFC 5673, 2009.

[69] Dohler M, Watteyne T, Winter T, et al. Routing Requirements for Urban Low-Power and Lossy Networks[R]. IETF RFC 5548, 2009.

[70] Martocci J, Pieter DM, Vermeylen W, et al. Building Automation Routing Requirements in Low Power and Lossy Networks[R]. IETF RFC 5867, 2010.

[71] Levis P, Tavakoli A, Dawson-Haggerty S. Overview of Existing Routing Protocols for Low Power and Lossy Networks[R]. draft-ietf-roll-protocols-survey-07, 2009.

[72] Douglas S, De C, et al. A High-Throughput Path Metric for Multi-Hop Wireless Routing[C]. In Proceedings of MobiCom, 2003.

[73] uC/IP[EB/OL]. [2020-08-10]. http://ucip.sourceforge.net/.

[74] TinyTCP[EB/OL]. [2020-08-10]. https://github.com/rkimball/tinytcp.

[75] uIP[EB/OL]. [2020-08-10]. https://github.com/adamdunkels/uip.

[76] Dixon C, Mahajan R, Agarwal S, et al. An Operating System for the Home[C]. In Proceedings of NSDI, 2012.

[77] Xu Ke, Wang Xiaoliang, Wei Wei, et al. Toward Software Defined Smart Home[J]. IEEE Communications Magazine, 2016, 54(5): 116-122.

[78] McKeown N. Software-Defined Networking[C]. In Proceedings of IEEE INFOCOM keynote speech, 2009.

[79] Gomez C, Paradells J. Wireless Home Automation Networks: A Survey of Architectures and Technologies[J]. IEEE Communications Magazine, 2010, 48(6): 92-101.

[80] 海尔 U-home 智慧屋[EB/OL]. [2020-08-10]. http://www. haier. com/cn/business/uhome/uhomejjfa/zhjt/.

[81] Blain J R, Heftfhwa R C. IVHS Architecture Development Program[R]. Washington: Federal Highway Administration US Department of Transportation, 1994.

[82] Simmons L, PB Farradyne Inc. (Architecture Development Team). National ITS Architecture Executive Summary [R]. Washington: Federal Highway Administration US Department of Transportation, 2003.

[83] "九五"国家重点科技攻关项目《中国智能运输系统体系框架》专题组. 中国智能运输系统体系框架[M]. 北京：人民交通出版社，2003.

[84] Gibson D V, Kozmetsky G, Smilor R W. The Technopolis phenomenon: smart cities, fast systems, global networks[M]. Lanham, Md.: Rowman & Littlefield Publishers, 1992.

[85] IBM 商业价值研究院. 智慧地球[M]. 北京：东方出版社，2009.

[86] 国际智慧城市组织（Intelligent Community Forum）[EB/OL]. [2020-08-10]. https://www.intelligentcommunity.org/.

[87] 德勤管理咨询有限公司. 超级智能城市 2.0[EB/OL]. [2020-08-10]. https://www2.deloitte.com/cn/zh/pages/public-sector/articles/super-smart-city-2-0.html.

[88] 华为智慧城市[EB/OL]. [2020-08-10]. https://e.huawei.com/cn/solutions/industries/smart-city/.

[89] 中国制造 2025[EB/OL]. 2015-05-19[2020-08-10]. http://www.gov.cn/zhengce/content/2015-05/19/content_9784.htm.

[90] 工业和信息化部，国家标准化管理委员会. 国家智能制造标准体系建设指南（2018 年版）[EB/OL]. 2018-10-18 [2020-08-10]. http://www.miit.gov.cn/n973401/n4965332/n4965342/c6437915/content.html.

[91] Stoica I, Song D, Popa R, et al. A berkeley view of systems challenges for AI[R]. Technical Report No. UCB/EECS-2017-159, 2017.

[92] Wu Bo, Xu Ke, Li Qi, et al. Toward Blockchain-Powered Trusted Collaborative Services for Edge-Centric Networks[J]. IEEE Network 2020, 34(2): 30-36.

第 9 章 软件定义网络

9.1 引 言

软件定义网络(Software-Defined Networking，SDN)是互联网研究领域的热点问题之一，被业界认为是未来网络发展的方向，对于下一代互联网建设有重要的参考意义[1]。SDN起源于 2006 年前后的学术研究课题，紧接着 2008 年 OpenFlow 出现，2009 年 SDN 的概念正式被提出[2]。与传统网络不同，SDN 将网络中的控制平面和数据转发平面分离，提供了开放、可编程的控制平面和标准化的接口，便于网络管理者能够更加全面地掌握网络视图、灵活地管理和配置网络，降低运营成本，并推动新协议开放部署。SDN 的诞生和发展，促进了相关产业和研究的兴起，为未来网络的演进提供了新思路。本章将对 SDN 技术进行介绍，首先简要回顾了 SDN 的由来，紧接着介绍 SDN 的基本架构，然后重点对 SDN 接口协议中受到广泛关注的 OpenFlow 协议和 P4 编程语言进行详细介绍，最后进行总结并简要介绍了进一步的研究工作。

9.2 SDN 的由来

随着网络规模的发展，网络流量快速增长，网络变得日益复杂和难以管控，传统互联网的技术瓶颈逐渐显现，难以满足新的需求，需要探索未来网络的革新[3]。在此背景下，SDN作为一种新的技术思路开始登上未来网络发展变革的舞台。

SDN 可追溯到“可编程网络”[4]的思想，通过将网络的控制与转发解耦，开放网络的可编程能力，以对传统网络架构进行重组的方式解决网络发展的瓶颈问题。互联网标准化组织 IETF 2001 年成立了转发与控制分离工作组(Forwarding and Control Element Separation，ForCES)，致力于将路由交换设备的转发组件和控制组件分离，这样转发和控制功能可以各自独立演进。

2005 年，Albert Greenberg 等[5]在 ACM SIGCOMM 发表论文，提出一种新的网络控制和管理 4D 架构，该架构将网络元素之间交互的协议与决策逻辑完全分离，推动了网络控制和管理的架构创新。

2006 年和 2007 年，斯坦福大学的 Martin Casado 等提出 SANE[6]和 Ethane[7]两种面向企业网的管理架构，运用了转发与控制分离的设计原则、基于流表的转发策略和逻辑集中且具有全局网络拓扑的控制器，能够对基于网络流的安全控制策略进行灵活配置。

2008 年，斯坦福大学 Nick McKeown 在 ACM SIGCOMM 发表论文 *OpenFlow: Enabling Innovation in Campus Networks*[8]，详细阐述了 OpenFlow 的概念和原理，提出了基于 OpenFlow 协议的新型网络原型设计，通过集中式的控制器(Controller)以标准化的接口对网络设备进行管理和配置，将传统网络设备的数据转发(Data Plane)和路由控制(Control Plane)分离。截至 2020 年 3 月，这篇论文的 Google Scholar 引用数量已经超过

9000 次。2009 年，Mckeown 团队等正式提出 SDN[9] 的概念，力图打破传统网络控制平面和数据平面的耦合、构建控制与转发相分离的新型网络架构，标志着 SDN 时代的开启[10]。

2011 年，McKeown 团队及谷歌、雅虎、微软等公司联合建立了开放式网络基金会(Open Networking Foundation，ONF)[11]，致力推动相关标准的制定和推广，极大地促进了 OpenFlow 和 SDN 的标准化工作[12]，掀起了相关领域的研究热潮。

随着 SDN 成为新一代互联网架构领域的研究热点，美国、欧洲、日本等国家和地区先后在 GENI、Internet2、OFELIA、JGN2plus 等实验网络中开展了 SDN 部署和研究。在标准化方面，IETF(互联网工程任务组)、ITU-T(国际电信联盟电信标准化部门)、ETSI(欧洲电信标准化协会)等标准化组织也纷纷开展了 SDN 的研究和标准制定工作。产业界紧随其后，Nicira、Big Switch 等 SDN 创业公司相继诞生，Juniper、NEC、HP、IBM 、Cisco 等厂商陆续推出支持 OpenFlow 协议的 SDN 硬件交换设备[10,13]。2012 年，谷歌已经将 OpenFlow 应用于数据中心之间的数据转发，2014 年，Facebook 推出了“Wedge”SDN 交换机，华为也推出了基于协议无感知转发(Protocol Oblivious Forwarding, POF)的相关产品[14]。以 Onix[15]、HyperFlow[16]、OpenDayLight[17] 等为代表的控制器和以 Open vSwitch、微软 Hyper-V Virtual Switch 等为代表的 SDN 交换机在不同场景下得到了广泛应用[18]。

随着一系列论文、标准和实现的不断涌现，SDN 技术不断演进和发展，形成以下核心的特性：平面分离、简单设备、集中控制、网络自动及虚拟化、开放可编程等[19]。SDN 的这些特性使新型网络业务能够得到快速便捷的部署，新的网络管理功能和策略能够在不依赖设备厂商的情况下快速实现[20]，促进了 SDN 技术在数据中心、5G 移动通信网络、物联网等领域的应用。例如，在数据中心领域，SDN 的特性大大降低了数据中心网络设备的复杂度和运维成本，网络性能获得了显著提升。SDN 作为新一代互联网的代表性技术之一，仍处于不断发展和完善的进程之中，具有较大的发展潜力和广阔的应用前景，有待更进一步探索和研究。

9.3 SDN 的基本架构

SDN 的体系结构最早由 ONF 提出，SDN 的基本架构(见图 9.1)主要包含数据平面、控制平面、应用平面 3 层。其中，数据平面由 SDN 交换设备组成，负责数据的处理和高效转发；控制平面由 SDN 控制器组成，负责维护包含网络拓扑及网络状态信息的全局网络视图，对全网进行集中式的全局控制和路由决策。控制平面通过南向接口将决策结果下发到数据平面的交换设备，通过北向接口向应用平面提供网络编程能力[21]；应用平面主要是一些网络应用，根据不同应用需求，调用与控制平面之间的 API，实现不同的业务功能。本节主要对 SDN 架构中核心的控制平面和数据平面进行介绍。

9.3.1 SDN 控制平面

控制平面由一个或多个 SDN 控制器实现，是整个架构的核心。控制平面向上为应用层提供编程接口(北向接口)，向下通过开放的 API(南向接口)控制数据平面的网络设备。除了向交换设备下达转发规则外，控制器还需要监测网络环境，并具备实时流量管理相关的转发决策能力。控制器通过集中维护网络的全局视图，方便网络管理人员动态、高效地对网络

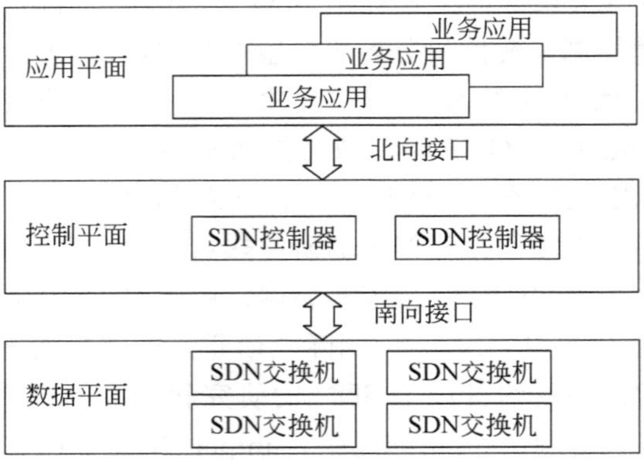

图 9.1 SDN 架构图

资源进行灵活的配置、优化、管理[22]。控制器内部结构示意图如图 9.2 所示，主要包含控制器核心功能模块、南向接口和北向接口。

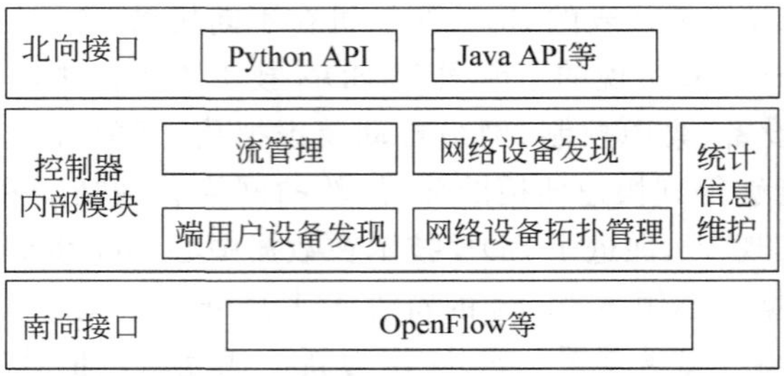

图 9.2 控制器内部结构示意图

1. 控制器核心功能模块

如图 9.2 所示，位于 SDN 控制器中间位置的是控制器内部模块，内部模块下方是南向接口，上方是北向接口，控制器内部模块为南向接口和北向接口提供了核心的功能特性。控制器的核心功能，如流管理、网络设备发现、端用户设备发现、拓扑管理、统计信息维护等，都是在控制器内部的这些核心模块中实现的。这些核心模块主要包括：

(1) 流管理。流管理模块负责维护控制器管理的流数据库，并负责与其他设备的交互和协同，从而确保其他设备的流表信息与控制器流数据库中的信息保持同步。

控制器负责在交换设备上配置流条目，从而配置网络中的每一条流。控制器通常以两种模式将流条目信息添加到数据平面的设备。

主动模式(proactive)，即控制器一旦产生流条目后，立即发送给数据平面的设备。在这种模式下，数据包到达交换设备时，交换设备就已经知道该对数据包进行何种操作，避免了流条目设置延迟，减少了数据包处理时延。

被动模式(reactive)，即控制器只有当需要的时候，才会将流条目信息发送给数据平面。在被动模式中，当数据平面设备向控制器发送建立流的请求时，控制器首先检查应用层的策略并判断采取何种操作，而后根据应用层的策略，控制器确定包传输的路径并将流条目信息载入路径上的每一个设备。在被动模式下，管理员能够更加灵活地应对网络环境的变化。

在网络管理的过程中需要权衡流的建立延迟和网络中维护转发表所需的内存消耗。增加的每一条流条目都带有一个特定的超时参数，该参数决定了这条规则在转发表中存储的时长，当流中止时，则将该条流条目信息删除。

总的来看，被动模式使得网络设备无须维护所有流表，减轻了网络设备的负担。实际中，主动模式和被动模式结合使用。

(2) 网络设备发现。网络设备发现模块主要负责发现数据平面中的网络设备，包括交换机、路由器、无线接入设备等。

(3) 端用户设备发现。端用户设备发现模块主要负责发现端用户设备，包括笔记本电脑、台式机、打印机、移动设备等。

(4) 网络设备拓扑管理。网络设备拓扑管理模块主要负责维护数据平面网络设备的互连信息，以及和网络设备直连的端用户设备信息。

(5) 统计信息维护，该模块主要负责维护控制器功能相关的统计信息。

上述模块需要维护包含当前拓扑和统计信息的本地数据库，使 SDN 控制器能够动态地掌握 SDN 交换设备及端用户设备的状态、追踪设备之间的连接活动，从而掌握拓扑的动态变化。此外，控制器中还维护一个“流缓存”，复制并存储了控制器所控制的不同交换设备中的流表信息。控制器还可以设计成支持模块可插拔的模式，从而使控制器的特性能够针对网络环境的需求量身定制。

2. 控制器接口

控制平面通过三类通信接口和 SDN 的其他基础设施进行交互并实现特定的功能，这三类接口通常被称为南向、北向和东西向接口(这里，东南西北名称的由来据说就是因为用图表示结构关系时，大家参考地图的做法按照上北下南，左西右东的方式称呼各个接口)。前文中已经多次提到这几个名称，下面介绍它们的具体功能。

(1) 南向接口：主要实现控制器对转发设备的通信、交互和管理。南向接口用于管理转发层的网络设备时，一方面能够实现对底层网络设备的监控和统计，另一方面能够实现对网络设备的统一控制。通过开放南向接口，SDN 能够突破设备厂商的限制，使控制器的策略能够在不同厂商的设备中运行，降低了网络运维的成本和复杂程度。南向接口的协议有多种实现形式，其中 OpenFlow 是最常见的典型代表。

(2) 北向接口：主要实现应用层的应用对控制器的编程，从而间接实现应用对网络设备的控制。通常，北向接口能够为厂商或者运营商的多种业务应用管理提供 API，一方面向应用层传递全局网络资源状态，另一方面支持应用层对控制器进行调度。在某些情况下，应用层的应用可以通过北向接口，以一种通用、一致的方式对网络设备进行访问，在应用看来，访问的虽然是不同的网络设备，但设备之间的区别被屏蔽掉了。在另一些情况下，控制器可以提供抽象层次更高的北向接口(对网络本身的抽象)，应用不需要关心具体的单个设备，而是只关注网络的整体。总体来看，北向接口虽然有多种协议，但暂时还没有出现像南向接口中的 OpenFlow 那样被广泛接受的标准协议。

(3) 东西向接口：实现控制群(组)之间的通信。单一的控制器存在性能、安全等方面的瓶颈问题，因此有些场景下需要控制器集群进行控制，而集群中控制器之间交互的接口即东西向接口。与北向接口一样，东西向接口目前也没有形成被广泛接受的标准协议。

3. 现有的控制器实现

目前市面上已有许多SDN控制器可供选择，包括一些开源的控制器和一些商用的控制器。开源的SDN控制器有不同的实现形式，有采用C++和Python实现的控制器（如NOX），还有一些基于Java实现的控制器（如Beacon和Floodlight），以及基于其他编程语言实现的控制器等。此外，一些设备厂商也陆续推出了SDN控制器的商用版本，如NEC、IBM、HP等企业都提出了自己的SDN控制器，这些控制器大多基于OpenFlow实现。多数网络设备制造商推出的私有的、专用的SDN控制器所支持的OpenFlow版本不一，由于OpenFlow标准迅速发展演进，这些商用控制器很难及时实现对最新版本OpenFlow标准的支持。本节对NOX、Maestro等一些常见的控制器进行简单介绍。

1）NOX

NOX控制器是2008年以Nicira公司为主开发的全球第一个开源SDN控制器，具有里程碑意义。NOX使用C++和Python两种语言实现，其核心组件提供了用于与OpenFlow交换机进行交互的API（包括连接处理器和事件引擎等），实现对OpenFlow网络的集中管理。

为了解决NOX代码量和复杂度的问题，2011年Nicira公司重新推出了NOX的兄弟版、完全采用Python实现的POX，保持与NOX一致的事件处理机制和编程模式，得到广泛关注。

2）Maestro

Maestro控制器是美国莱斯大学开发的、基于Java的开源控制器，遵循GNULGPL v2.1（GNU Lesser General Public License，GNU宽通用公共许可证），具有丰富的接口，且能够有效支持多线程操作，扩展性较好，能够更容易地实现跨平台开发和部署。

3）Beacon

Beacon控制器是斯坦福大学开发的基于Java的开源OpenFlow控制器，它具有快捷、跨平台、模块化等特点，能够支持多线程操作，支持定制、扩展性好。

4）ONOS

ONOS（Open Network Operating System）是ON.LAB在2014年提出的分布式开源控制器，能够作为大规模网络下高可用的分布式控制平面。ONOS的一个主要特点是其分布式架构的横向扩展能力和容错能力[23]。ONOS由AT&T、华为、英特尔、思科等多家企业赞助。ONOS采用分布式哈希表（DHT）数据库设计，并利用了Cassandra的一致性存储特点，确保网络视图最终的一致性，支持包括OpenFlow在内的多种南向协议，同时提供开放的北向接口，其分布式核心架构在迭代过程中采用了多种分布式技术。ONOS基于Java开发，能够支持模块热插拔，其整体架构包含应用层、北向接口层、分布式核心层、南向接口层、适配层、南向协议层等，其整体架构围绕分布式核心层展开。ONOS已经迅速成为具有一定影响力的开源控制器。

5）OpenDaylight

2013年，Linux Foundation和Cisco、Juniper、Dell等厂商和机构推动建立了OpenDayLight开源组织，试图通过厂商之间的技术融合共同建立一个开放标准的SDN平台，降低网络运营复杂度、创建通用的SDN控制平台、支持SDN业务和能力的创新，促进SDN产业化。

OpenDaylight 包含不少子项目，控制器是其中之一。OpenDaylight 提供开放的北向 API，能够支持 OpenFlow、OVSDB、Netconf 等多种南向协议，是一个更加广义的 SDN 控制平台。OpenDaylight 控制器具有模块化、可插拔、灵活便捷等特点，目前有氢、氦、锂、铍、硼、碳(化学符号命名)等多个版本。

OpenDaylight 控制器包含以下几个主要模块：服务抽象层、拓扑管理、统计管理、主机追踪、转发规则管理、交换机管理、ARP 处理器等。其中，服务抽象层是整个控制器模块化设计的核心，其为上层控制模块屏蔽了不同南向接口协议之间的差异。

9.3.2 SDN 数据平面

数据平面也可以称为基础设施平面，由 SDN 网络设备组成，主要任务是将数据从发送者传送到接收者。这些 SDN 网络设备可以是纯 SDN 交换设备，也可以是兼有传统网络设备数据转发能力及 SDN 转发功能的设备，能够基于控制器下发的策略建立流表，并基于流表进行数据的处理、数据包的转发以及网络状态的收集。通常，除了与控制器的通信之外，数据平面设备本身不产生和接收保存数据，只扮演数据"管道"的角色。因此，相对于传统网络设备来说，SDN 数据平面设备只是接收控制器的指令完成数据的转发任务，最大化转发数据的性能。数据平面设备有两种常见的实现形式：①基于软件实现，如 Open vSwitch；②基于硬件实现，如支持 OpenFlow 的 HP 交换机。本节主要对 SDN 数据平面设备进行介绍，首先简要介绍数据流表，之后分别介绍 SDN 软件交换机和 SDN 硬件交换机。

1. 流表

流表是 SDN 网络设备的核心数据结构。网络设备收到数据包后，将根据流表以及数据包的内容判断如何处理该数据包。在传统的方式下，网络设备收到数据包之后，是根据特定的字段判断该采取何种处理方式的，这些处理方式包括路由查找和分组分类(本书第 5 章有详细介绍)、向特定的端口转发数据包、丢弃数据包、将该数据包向所有端口洪泛等。SDN 设备和传统方式的设备并不存在本质上的不同，差异主要体现在 SDN 设备通过流表和相关的逻辑对数据包进行基本操作，更加通用化并且支持可编程能力。

流表由一系列按优先级排序好的流表项组成，每条流表项主要包含两个字段：匹配字段和操作字段。匹配字段用于收到数据包进行比对。收到的每个数据包都将按照优先次序和匹配字段进行比对，第一个匹配的条目将被选中。如果收到的数据包匹配上了某条流表项中的匹配字段，那么流表项中的操作字段将指明网络设备如何对这个数据包进行操作。

当匹配字段中的部分字段与匹配规则无关时，这部分字段用通配符填充。例如，当仅靠 IP 地址或子网匹配数据包时，其他所有无关的字段均填充成通配符。类似地，如果仅按照 MAC 地址或者 TCP/UDP 端口号匹配时，其他无关字段也将用通配符代替。在某些场景下，如果实际应用需要，也可能不出现通配符，这时候匹配字段中的所有部分都是重要的。流表和流表项的组织结构，使 SDN 应用开发者根据需要能够灵活设置数据包的匹配规则并对数据包进行合适的操作。

2. SDN 软件交换机

SDN 软件交换机如图 9.3 所示。以软件的形式实现 SDN 设备是一种最简单的方式，因为基于软件的方法比较容易实现将流表、流表项、相关匹配字段等映射到常见的软件数据结构中，如数组、哈希表等。

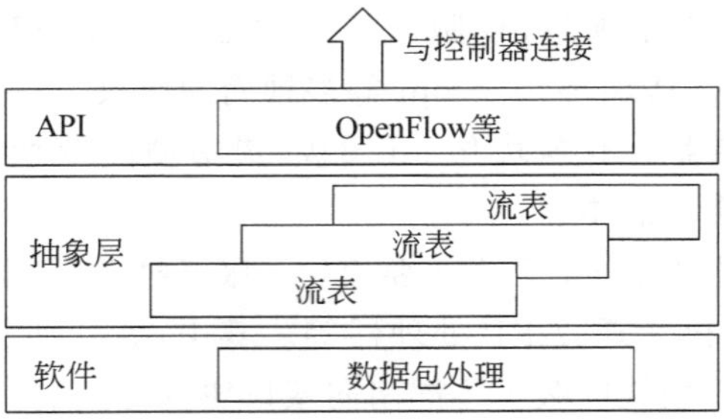

图 9.3　SDN 软件交换机

为了实现对匹配字段等快速查询,图 9.3 中的数据包处理模块需要使用复杂的软件逻辑,其中通配符的匹配也增加了问题的难度。在早期的 SDN 中,不同的 SDN 软件交换机在性能上差异非常巨大,这与他们查询功能实现方式的效率密切相关。值得庆幸的是,软件 SDN 设备实现越来越成熟,特别是被广泛接受的 Open vSwitch 和 Indigo 出现后,由于这两者使用了复杂且高效的查询方法,使得 SDN 软件设备的性能更加趋于一致水平。

以软件方式实现的设备更不容易受资源限制的影响,在软件实现中,不需要特别考虑处理器性能和内存大小这些问题。因此,SDN 软件设备能够支持的流表项的数量往往比硬件设备大几个数量级,硬件 SDN 设备能够支持的流表项数量相对有限。此外,SDN 软件设备的实现具有更大的灵活性,能够实现更加复杂的操作,更容易实现丰富的功能特性。但由于没有硬件加速的优势,SDN 软件设备在性能上比基于硬件的 SDN 交换设备速度慢。对于一些对运行速度要求很高(如 100Gb/s 接口)的网络设备,当前 SDN 软件交换设备还难以达到要求,需要采用基于硬件的实现方式[19]。

3. SDN 硬件交换机

基于硬件实现的 SDN 设备比基于软件实现的 SDN 设备在分组处理性能上高很多,因此更适用于对性能敏感的环境中,如数据中心、骨干网络等。图 9.4 展示了 SDN 硬件交换机的内部结构。为了更好地理解流表、流表项等 SDN 对象是如何转换成硬件实现的,下面对网络设备中的硬件组件进行简要介绍。

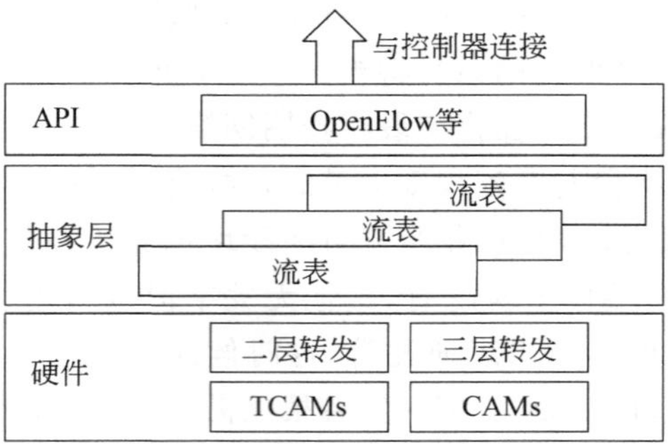

图 9.4　SDN 硬件交换机

目前,网络设备中可以使用专用硬件实现更快速的数据包检查,并加速基于数据包匹配操作的决策执行。将图 9.3 和图 9.4 进行对比可以看到,SDN 硬件交换机中的数据包处理逻辑换成了专用硬件。这种硬件包括用 CAMs(Content-Addressable Memories)或者

TCAMs(Ternary Content-Addressable Memories)实现的二层和三层的转发表。随着随机访问存储器(RAM)技术的性价比越来越高,二层和三层转发表使用得越来越多。其中,三层转发表用于 IP 层的路由决策。路由决策指通过将目的 IP 地址与路由表项进行匹配,从而决定采取某个合适的路由动作(如将数据包通过某个接口向外转发),是路由器的核心操作。二层转发表则是用于 MAC 层的转发决策,是交换机上的核心操作,指的是将目的 MAC 地址与表项进行匹配,并基于匹配结果采取相应转发操作的过程。

虽然硬件的功能特性能够使设备以非常快的速度完成数据包匹配并执行相应操作,但对 SDN 设备的开发者也带来了一些挑战。例如,开发者需要考虑这些问题:①怎样最有效地将流表项转化为硬件实现?例如,硬件开发者该如何在 CAMs、TCAMs 或者基于 RAM 的哈希表中做出选择?②如何处理硬件操作的局限性问题?例如,数据包修改之类的一些操作,如果用硬件处理将很难实现,这时是否因为这类因素而考虑放弃使用硬件并转向软件实现?③硬件实现的流表容量有限,导致能够支持的流的数量受限,而且可能导致无法实现对一些特殊功能的支持。上述列举的问题以及其他未提到的因素都有可能影响 SDN 设备的质量、功能和效率,在设计过程中都必须予以考虑,这些挑战对 SDN 设备设计者来说是不容忽视的。此外,使用专用的硬件芯片能够带来速度快、成本低等优势,但难以实现复杂的转发规则,因此有时候还需要使用 CPU 及网络处理器进行软件处理,以解决硬件设备灵活性差、存储空间受限等问题[19,24]。

4. 现有 SDN 设备实现

现在市面上已有许多种 SDN 设备实现可供选择,既有开源版本,也有商业版本。软件 SDN 设备大多都是开源的,其中 Open vSwitch 和 Indigo 占据了主流。一些设备制造商,如 Cisco、HP、NEC、IBM、Juniper 等公司,也在其传统交换机设备上增加了 OpenFlow 支持,使这些交换机设备既能够以传统模式运行,也能够以 OpenFlow 模式运行。

9.4 SDN 接口协议

SDN 接口协议定义了不同层之间信息传递的标准。9.3 节已经提到,SDN 接口可以分为北向接口、南向接口、东西向接口。东西向接口协议和北向接口协议目前缺少业界公认的标准,不同的参与者从自身角度出发提出了许多方案。南向接口协议呈现出百花齐放的态势,其中既有伴随 SDN 一起出现的新协议,如 OpenFlow、P4 等,还有一些传统协议因其本身契合 SDN 的业务需求也焕发了生机,如 NETCONF、XMPP。本节主要对南向接口协议进行介绍,着重介绍目前关注度比较高的 OpenFlow 和 P4 协议。

9.4.1 OpenFlow 协议

在 9.2 节 SDN 的由来中已经提到,OpenFlow 起源于斯坦福大学的研究课题并很快得到广泛关注,特别是 2008 年斯坦福大学 Nick McKeown 教授在 ACM SIGCOMM 上发表论文 *OpenFlow: Enabling Innovation in Campus Networks*[8],以及 2011 年 ONF(Open Networking Foundation,开放式网络基金会)[11]成立等具有里程碑意义的事件,极大促进了 OpenFlow 的发展,有力地推动了 OpenFlow 的标准化工作[12]。

如图 9.5 所示,2009 年 OpenFlow 发布了 v1.0 版本,目前已经更新至 v1.5。v1.0 版本

只支持单流表，并且只能同一台控制器通信，v.1.1 增加了多级流表形成了流水线匹配，v1.2 增加了对 IPv6 的支持、对多控制器的支持等，v1.3 增加了计量表控制流表的传输效率，v1.4 增加了流表同步机制，v1.5 增加了出口流表实现了出向匹配。从 v1.0 到 v1.5，协议的控制层面功能更加灵活，转发层面功能更加丰富，可以匹配更多的关键字，执行更多样的转发操作。OpenFlow 各版本之间并不兼容，其中 v1.0 和 v1.3 是长期稳定支持版，下文对 OpenFlow 机制的介绍也主要基于 v1.3 版本。

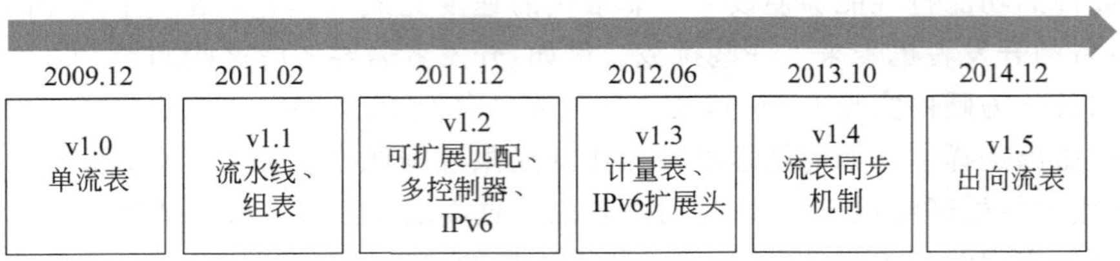

图 9.5　OpenFlow 版本变化

1. 基于 OpenFlow 协议的 SDN 结构

基于 OpenFlow 协议的 SDN 结构如图 9.6 所示，包含控制器、网络设备（交换机）、OpenFlow 协议。控制器和交换机之间的通信遵循 OpenFlow 协议。其中控制器相当于 SDN 的控制平面，交换机中的流表（Flow Table）相当于 SDN 的数据平面。

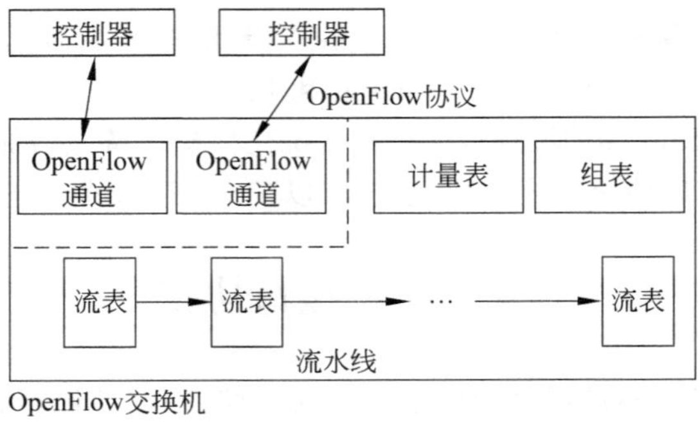

图 9.6　基于 OpenFlow 协议的 SDN 结构

OpenFlow 控制器通过向交换机下发流表指导交换机中的数据转发，同时收集网络资源的使用情况，以便进一步指导网络资源的管理。在 9.3 节 SDN 基本架构中提到的几款开源控制器，如 NOX/POX、ONOS（Open Network Operating System）、OpenDaylight 均能够支持 OpenFlow。商用控制器往往结合其他协议完成更复杂的功能，如 H3C 的 VCFX（Virtual Converged Framework Controller），南向协议包含 OpenFlow、OVSDB、NETCONF 协议，北向则提供开放的 Rest API 以及 Java 编程接口。

OpenFlow 交换机由 OpenFlow 端口、OpenFlow 表以及与控制器进行通信的安全通道构成。根据是否同时支持 OpenFlow 转发和传统网络转发可以分为 OpenFlow-Hybrid Switch 和 OpenFlow-Only Switch。

OpenFlow 端口用于 OpenFlow 交换机与其他网络设备传递数据包。数据包从入端口进入，经过流水线的流表处理从出端口发送出去。OpenFlow 端口可以分为物理端口、逻辑端口、保留端口，前两类端口都属于标准端口，可以用作入端口和出端口。保留端口可以根据需要用作入端口或出端口。

物理端口指的是与交换机的硬件接口对应的端口。

逻辑端口是指交换机定义的端口，如链路集合接口、Tunnel 接口，可以映射到各种物理端口。

保留端口是由转发操作定义的端口，如发送到控制器、泛洪或使用非 OpenFlow 方法进行转发。一台交换机不必包含所有种类的保留端口，但须包含必需的保留端口（如 ALL、CONTROLLER 等）。

OpenFlow 的表包含流表、组表及计量表。不同版本的协议中流表项的字段如图 9.7 所示，版本越高，流表项的字段越丰富，代表可以执行的功能更复杂。

v1.0	Header Field	Counters	Actions				
v1.3	Match Fields	Priority	Counters	Instructions	Timeouts	Cookie	
v1.5	Match Fields	Priority	Counters	Instructions	Timeouts	Cookie	Flags

图 9.7　不同版本 OpenFlow 流表的组成

Match Field：匹配域。用来匹配数据包，包括入端口、分组头、流表间数据。

Priority：流表项的优先级。一个流表内优先级越高的流表项越优先匹配。

Instructions：处理指令。定义匹配到该条流表项后进行的操作。一条指令可以修改数据包处理的流水线，例如将包定向到另一个流表，或者包含一组要添加到操作集的操作，或者包含一组要立即应用到数据包的操作。OpenFlow 的操作集包含许多操作，如将数据包转发到特定端口、满足条件时丢弃数据包、将数据包转交组表处理等。数据包的操作集在每个流表处理包时累积，并且在数据包退出处理流水线时应用到该数据包。

Counters：计数器。统计多少个数据包匹配到该流表项。

Timeouts：该流表项的超时时间。超时时间分为 Idle Time 和 Hard Time，超过 Idle Time 后若没有分组匹配到该流表项，则该流表项被删除；超过 Hard Time 后，无论是否有分组匹配到该流表项，该流表项都会被删除。

Cookie：控制器下发的流表项的标识。

流表项中比较特殊的是 table-miss 项，优先级为 0，可以匹配任何包。当数据包在该流表中未匹配到流表项时，则进入 table-miss 项。

组表控制着数据包更高级的转发特性，如 Flooding、Multipath 等，一台交换机只有一个组表。图 9.8 展示了组表的字段，其中 Group Identifier 是组表项的唯一标识，Counters 统计被该组表项处理过的数据包量，Group Type 是对数据包的处理行为，Action Buckets 是一个操作集的有序列表。当流表将数据包传递到组表时，组表开始进行数据包处理。

Group Identifier	Group Type	Counters	Action Buckets

图 9.8　OpenFlow 组表表项

计量表关联流表项，对匹配流表项的分组实施 QoS 策略。图 9.9 展示了计量表表项的字段。其中 Meter Indentifier 是计量表项的唯一标识，Counters 记录了被该表项处理过的数据包数量。Meter Bands 是一个无序的 Meter Band 的集合，每个 Meter Band 又由 Band Type 等 4 个字段组成。Band Type 定义了数据包的处理行为，Rate 唯一标识 Meter Band，规定了该 Meter Band 可以应用的最低速率，Counters 记录了被该 Meter Band 处理过的数据包数量，Type specific arguments 定义了一些其他的参数。流表中的 Meter 指令将执行该指令的数据包发送至指定的计量表项中，一个计量表项可以统一测量和控制多个流表项的流。

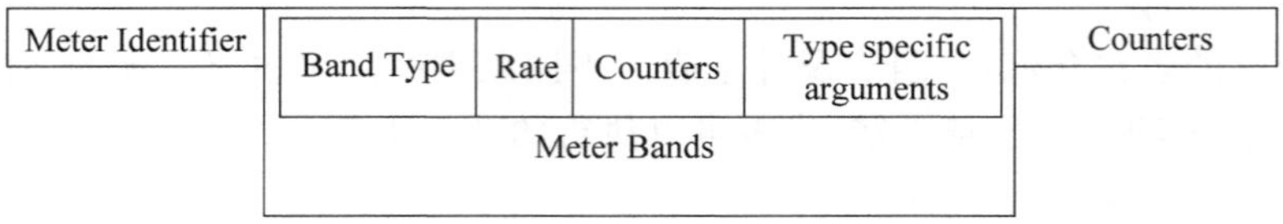

图 9.9　OpenFlow 计量表表项

2. OpenFlow 协议流表更新与匹配

和 9.3 节 SDN 基本架构中介绍的流表更新模式一致，OpenFlow 流表的更新包括主动和被动两种模式。主动模式下，控制器将自己的流表信息下发给网络设备。被动模式下，当网络设备收到一个没有匹配的数据包转发给控制器后，控制器决定如何转发并下发对应流表。

数据包在交换机中的匹配过程如图 9.10 所示。数据包进入交换机后首先进入流表 0，如果在流表 0 中无匹配项，而且流表 0 中无 table-miss 项，则该数据包会被丢弃。若存在 table-miss 项，则执行 table-miss 项中的指令。若在流表 0 中存在匹配的流表项，则更新计数器，执行其中的指令。若指令中需要跳转到某一流表，则继续循环上述流程，否则执行该数据包对应的操作集。注意，流表跳转只能从编号小的流表跳转到编号更高的流表。

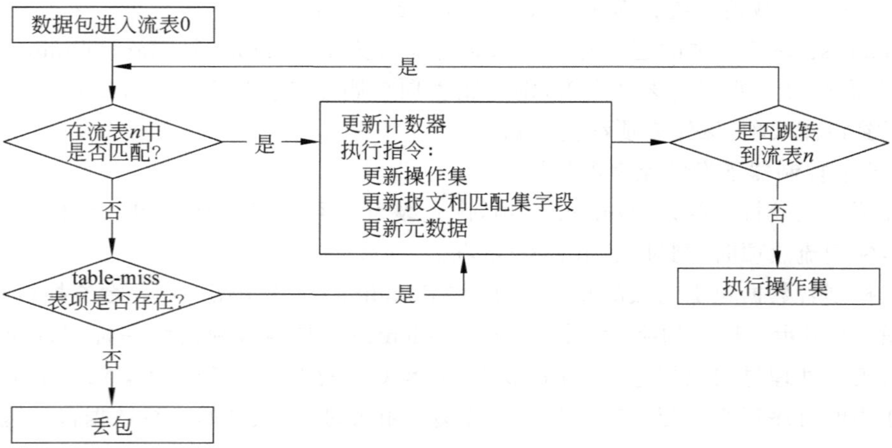

图 9.10　数据包在交换机中的匹配过程

3. OpenFlow 协议中信息交互

OpenFlow 网络设备与控制器通过建立 OpenFlow 安全通道进行消息交互，进行表项下发、状态上报等，通道通常采用 TLS 加密。OpenFlow 通道消息包括以下三类。

Controller-to-Switch：控制器发送给交换机，进行状态查询、配置修改等操作的消息。例如，Features 消息用于控制器获取交换机参数，Modify-State 用于管理交换机状态。

异步消息：交换机发送给控制器，进行事件上报的消息。例如，Packet-in 消息转移分组控制权到控制器，Flow-Removed 消息用来通知控制器交换机中某表项被删除等。

同步消息：控制器和交换机双向对称的消息，主要用于建立连接等，例如 Hello 消息和 Echo 消息。

图 9.11 展示了控制器和交换机建立安全通道以及进行流表修改的流程。首先控制器和交换机通过 TCP 的三次握手建立连接，然后互相发送 Hello 消息，Hello 消息用于协商 OpenFlow 版本。双方支持的最高版本不一致时，使用较低的 OpenFlow 版本，否则产生 Error 消息。之后控制器向交换机发送 Feature Request 消息，获取交换机的性能、系统参数等信息。交换机收到消息后通过 Feature Reply 消息发送控制器需要的信息。控制器通过发送 Set Config 消息修改流表配置，然后控制器发送 Get Config Request 消息获取 OpenFlow 交换机修改后的配置信息。OpenFlow 交换机通过 Get Config Reply 消息向控制器发送当前的配置信息。控制器和交换机之间可以通过发送和回复 Echo Request 和 Echo Reply 消息检测对方是否在线，保证二者之间的有效连接。

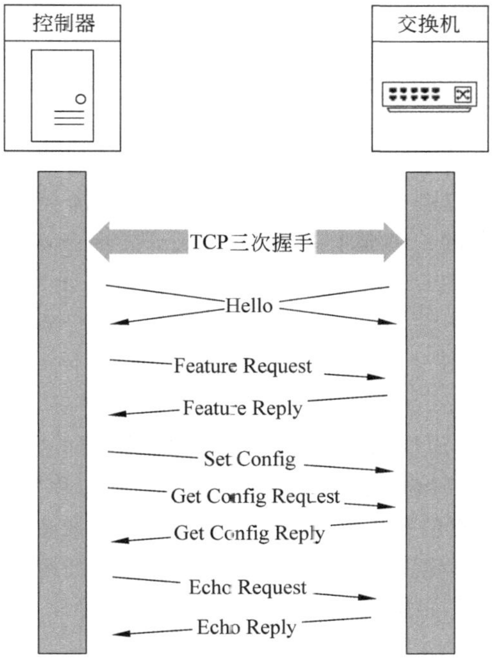

图 9.11　安全通道建立以及交互流程

OpenFlow 协议是 SDN 早期最重要的协议，是传统 SDN 技术的代表。但是，OpenFlow 规范将控制功能和转发行为定义合并到一个标准中，因此必须修改整个规范，才可以支持新的数据路径协议和用例。所以，OpenFlow 协议的匹配域个数从 v1.0 的 12 个变为 v1.3 的 40 个，再到 v1.5 的 45 个匹配域，每增加一个匹配域，需要重新编写控制器以及交换机两端的协议栈和交换机中的数据包处理逻辑，这严重限制了 OpenFlow 的扩展。因此，未来 ONF 计划将 OpenFlow 的核心标准功能与特定于应用程序和数据路径的元素分离开。

9.4.2 P4 编程语言

如果说 SDN 是网络的未来，P4 则可以被称为 SDN 的未来。严格来说，P4 是数据平面的一种编程语言，支持对交换机等转发设备的数据处理流程进行软件编程定义。它打破了 OpenFlow 扩展性不足的问题，因此也被称为 OpenFlow 2.0。

2014 年，Pat Bosshart、Nick McKeown 等在 SIGCOMM 会议发表了 *P4: Programming Protocol-Independent Packet Processors*[25]一文，正式提出 P4。P4 出现后迅速在 SDN 界引起广泛的关注，ONF 成立了协议无关转发的开源项目（Protocol Independent Forwarding，PIF），目的是为 P4 提供配套的中间表示（Intermediate Representation，IR）。另外，PIF 工作的成果将被用来设计下一代的 OpenFlow 协议。2013 年，Nick McKeown 成立了 Barefoot Networks 公司，致力于开发基于 P4 的网络芯片 Tofino 和软件开发套件 Capilano。Tofino 是世界上第一个终端用户可编程以太网交换机，它基于协议独立的交换架构建立，而且是 P4 可编程的。

2014 年 9 月，P4 规范 v1.0.0 版本发布，2016 年，为解决 P4 语言的语法问题和限制，社区开发了 P4_16 语言（之前的 P4 语言被称为 P4_14），并基于 P4_16 语言做了新的前端编译器 p4c。p4c 既支持 P4_16 语言，也支持 P4_14 语言，各厂商可以设计后端编译器适应各自的硬件。2017 年，P4_16 语言的标准发布。P4 最初设计用于编程交换机，但现在其范围已扩大到涵盖各种各样的设备。

P4 作为编程语言主要用在数据平面，为了与控制器交互，还需要搭配运行控制（Runtime Control）。运行控制主要完成表项的增删、外部控制以及转发设备与控制器之间数据包的传递。已有的一些运行控制如 OpenFlow、BMv2 CLI 都无法同时实现设备和协议的独立。因此，2017 年 P4 的设计人员专门设计出一个南向协议——P4 Runtime，P4 Runtime 是一套基于 Protobuf 以及 gRPC 框架的协议。P4 结合 P4 Runtime 有以下三个特点。

（1）灵活配置

基于 OpenFlow 的传统 SDN 专注于可编程的控制平面，数据平面仍然由固定功能的 ASIC 组成，也就是说，OpenFlow 的实现仍然需要配套的芯片支持，OpenFlow 是与目标硬件相关的。P4 专注于可编程的数据平面，可以自定义转发设备对数据包的处理流程，因此 P4 可以完全涵盖 OpenFlow 定义的数据处理逻辑，而且处理逻辑部署到转发设备后，也可以动态修改数据处理逻辑，不必中断现有的转发行为。

（2）协议独立

P4 不局限于某种协议，开发人员可以利用 P4 语言定义新协议，重写旧协议栈，还可以自定义相应的包解析器、匹配-操作集，进而形成自定义的流表、流水线。

（3）设备独立

P4 不局限于某种设备，数据包处理逻辑与底层平台是独立的。P4 代码能够通过不同设备的编译器生成对应设备的指令，从而同样的处理逻辑可以移植到硬件交换机、FPGA、SmartNIC 等不同设备上运行，这大大提高了开发的效率。

接下来介绍 P4 语言从编写到编译,再到移植到不同设备的整个流程。

1. P4 程序

首先是 P4 程序的编写。P4 是一种高级编程语言,包含以下 5 个关键元素。

首部(Header):定义分组头,包括分组字段的允许取值和长度。

解析器(Parser):定义不同分组头的关系以及如何处理分组头。

表(Table):定义匹配-操作,即匹配域和对应执行的操作。

操作(Action):与 OpenFlow 中的操作类似,但是更加抽象。支持协议无关的原语构造复杂的执行操作。

控制程序(Control Program):定义了处理一个数据包的流程。

P4 语言有多种编程架构,如官方提供的 V1 Model、针对 NetFPAG SUME 板设计的 Simple Sume Switch 架构。图 9.12 展示了 P4 语言的 V1 Model 编程架构,从左到右 Parser 解析器用于解析数据包,Ingress 定义入口数据包处理的流水线,TM(Traffic Manager)在一些场景下进行流量控制,Egress 定义出口数据包处理的流水线,与 Ingress 类似,Deparser 重组在处理中被分解的数据包。

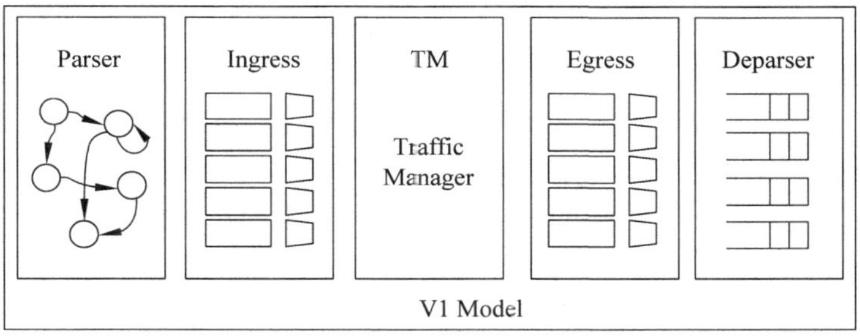

图 9.12　P4 语言的 V1 Model 编程架构

编程架构对应于程序中的 Package,例如 V1 Model 对应的 Package 为 package V1 Switch(Parser p, VerifyChecksum vr, Ingress ig, Egress eg, ComputeChecksum ck, Deparser dep)。一个完整的 V1 Model 的 P4 程序首先需要定义 Headers 以及元数据等内容,然后通过组合关键元素实现 Package 中的 p、vr、ig、eg、ck、dep 函数。

2. P4 程序编译运行

P4 编译运行架构如图 9.13 所示,厂商需要提供转发设备、P4 后端编译器,以及 P4 程序的架构。用户根据 P4 程序架构编写数据包处理逻辑,P4 程序首先通过前端编译器 p4c 生成 P4Info(包含程序名称、ID 信息、调用信息等)和中间表示(IR)。然后 IR 通过各厂商的编译器生成特定设备的配置,P4Info 和生成配置一起传给交换机。同时,P4Info 也会传给控制器,这样控制器和交换机之间就可以通过 P4 Runtime 协议进行交互。

9.4.3　其他接口协议

1. NETCONF 协议

NETCONF 协议起源于 IAB(Internet Architecture Board),2001 年、2002 年 IAB 组织的会议讨论了当时网管协议的弊端,并整理形成 RFC 3535[26]。2003 年,NETCONF 工作

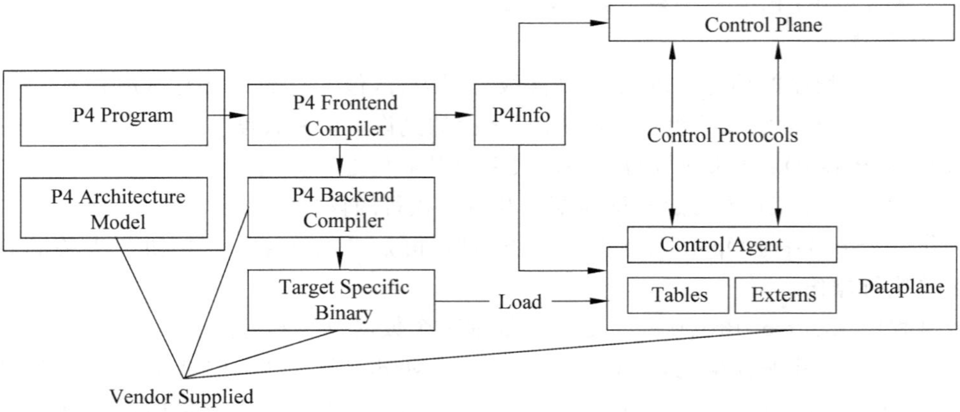

图 9.13 P4 编译运行架构

组成立,2006 年 RFC 4741[27]发布,首次定义了 NETCONF 协议标准,2011 年发布的 RFC 6241[28]重新定义了 NETCONF 协议。

NETCONF 是一个网络管理配置的协议,用户可以通过 NETCONF 协议增加、修改、删除、查询网络设备的配置。SDN 出现后,NETCONF 协议作为南向接口协议也迅速应用到 SDN 中。NETCONF 协议使用分层机制,分为传输层、消息层、操作层和内容层。传输层用于建立控制器和交换机的安全通道,消息层采用基于 RPC 的通信机制,用于控制器和交换机之间安全通信。操作层定义了 RPC 中应用的基本的原语操作集,例如<edit-config>用于修改、删除、新增配置数据,内容层以 YOUNG 语言建模,描述了网络资源的配置数据。

NETCONF 可以有多个配置数据库,如图 9.14 所示。当服务器下发<edit-config>操作时,首先修改 Candidate 数据库。Running 数据库中有目前在运行的配置数据,<commit>操作会使 Candidate 数据库覆盖 Running 数据库。Startup 数据库是设备重启后使用的配置数据库,<copy-config>操作会使 Running 数据库覆盖 Startup 数据库。其中 Candidate 数据库和 Startup 数据库可选。

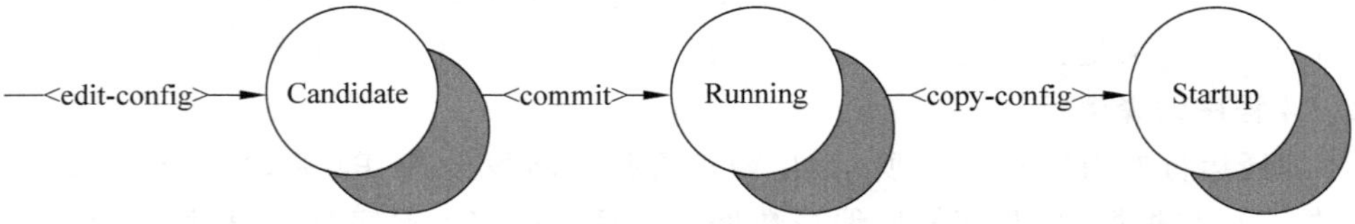

图 9.14 NETCONF 协议配置数据库

2. XMPP

可扩展消息与存在协议(Extensible Messageing and Presence Protocol,XMPP)是一种即时通信的协议。XMPP 的前身是 Jabber,2004 年 RFC3920[29]定义了 XMPP。XMPP 基于 XML,XMPP 传输的是 XML 格式的纯文本。XMPP 通常是客户端-服务器架构,客户端通过 TCP 连接直接连接到服务器,然后和服务器建立一个 XML 流进行通信,进而获得服务器提供的功能。

如果将 SDN 中的控制器看作 XMPP 中的服务器,SDN 中的交换机看作 XMPP 中的客户端，XMPP 同样可以作为 SDN 中的南向协议。SDN 利用 XML 流传递网络状态，指导交换机进行数据转发。

3. OVSDB 协议

OVSDB(Open vSwitch Database)是一个网络可访问的数据库系统，OVSDB 管理协议定义了一套 RPC 接口，用于客户端远程配置和管理服务器上的 OVSDB。OVSDB 协议的 RPC 接口包括 lists databases(列出 OVSDB 中的数据库)、transact(对一个给定的数据库操作的指令)等。transact 指令中又包括 insert(向数据库插入数据)、select(查询数据)等操作。

SDN 网络中，控制器相当于客户端，交换机相当于运行 OVSDB 的服务器，因此 OVSDB 也可以作为 SDN 的南向接口协议。

4. REST 协议

REST(Restful API)是主流的北向接口设计方式。REST(Representational State Transfer，表述化状态转移)在 2000 年首次由 Roy Thomas Fielding 在其毕业论文 *Architectural Styles and the Design of Network-Based Software Architectures*[30] 中提出，遵循 REST 约束条件和原则的设计规范或者架构风格称为 RESTful，遵循 RESTful 设计的 API 就是 REST API。

REST 是基于客户端-服务器的协议，可以通过统一接口、无状态、可高速缓存、冗余备份的系统直接为各客户端提供所需的数据资源。REST 是面向资源的设计，因此也常被用在 Web 服务的设计中。

5. ForCES 协议

为了使网络处理器更灵活，互联网工程任务组(IETF) 2001 年成立了 ForCES 工作组，致力于可编程 IP 路由器的组成结构和协议设计。ForCES 协议同样包含转发和控制相分离的思想，对 SDN 的发展起到了一定的推动作用。ForCES 将 IP 路由器分为转发件和控制件，二者之间的通信遵从 ForCES 协议。ForCES 协议分为协议层和传输映射层，协议层定义了消息格式和语法，传输映射层负责协议层消息的传输。

ForCES 协议包括 Pre-Association 阶段和 Post-Association 阶段。前一阶段主要是初始化阶段，如读取配置文件。后一阶段是连接阶段，转发件向控制件发起请求建立连接，之后控制件可以对转发件进行配置、查询等，工作结束后双方都可以主动断开连接。

9.5 结论和进一步的研究工作

从 2011 年成立 ONF 组织开始推动 SDN 架构、技术标准的制定到现在还不到十年的时间，SDN 已经在学术界和产业界掀起了一股热潮。OpenFlow 协议将控制平面和数据平面分离，使得网络配置和管理的效率大大提升，P4 语言使数据平面可编程可自定义，又使得 SDN 网络的发展前进了一大步，SDN 已经被看作网络的未来趋势。SDN 为网络发展带来更多机遇的同时，也面临许多挑战[31]。SDN 领域目前的研究集中在以下几个方面：

(1) SDN 各方面性能的优化。SDN 由于发展时间较短，存在许多需要解决和优化的问题。这些问题涵盖 SDN 控制平面和数据平面，此外，也有传统网络的一些问题。按照问题所在层次的不同，可以分为以下几个方面：第一是提升已有 SDN 协议功能，如在 Open vSwitch 管道中集成状态过滤和监视功能[32]，为 P4 程序提供正确性检查[33]、自动生成测试用例[34]、网络模拟器[35]等；第二是扩展控制平面的编程能力，如实现基于场景的编程[36]，SDN 编程中集成网络功能(NF)中提取到的信息[37]，开发支持协议无关转发和自动多表流水线的 SDN 编程环境[38]等，此外也有编程的理论性研究，如对 SDN 底层数据路径编程能力的理论分析[39]等；第三是数据平面的流表优化，如流表有限问题的解决[40]、多组网络配置更新的合成[41]、有依赖关系的流表的并行[42]、多表到单表的优化[43]等。最后，SDN 依靠其全局视图，也可以解决网络层的一些问题，如在域间路由更新期间保持服务可用性[44]，重叠流空间的策略冲突问题[45]，控制网络流的缓冲位置、缓冲时间和缓冲方式[46]，视频流量转发路径选择[47]等。

(2) SDN 用于网络测量。SDN 控制器中全局视图的存在使得 SDN 很自然地可以承担网络测量的任务。这部分研究一部分是对网络元素的测量，如检测 Heavy Hitter[48]，测量网络延迟[49]等，另一部分是对宏观网络测量的优化，如从多个角度探索 Open vSwitch 上流量测量的设计[50]，实现流量工程中快速原型化和性能评价的软件框架[51]等。

(3) SDN 在各个场景中的应用扩展。SDN 中数据平面和控制平面相分离的思想可以应用到许多场景中，帮助传统网络焕发出新的活力。这部分研究可以分为两类：一是两类网络结构融合产生新的体系结构，如 SDN＋IPv6 产生新的 IPv6 企业网络架构[52]，SDN＋WIFI 进行边缘缓存[53]，SDN＋物联网形成物联网网络切片系统[54]等；二是 SDN 助力解决融合场景中的问题，如 SDN＋Fog 网络优化资源服务[55]，SDN＋云服务以可编程的虚拟交换机实现虚拟机网络策略[56]，SDN＋物联网将物联网中的厂商使用说明策略转换为 SDN 执行的流规则[57]，以及使用 SDN 监控物联网中的行为遵从性[58]，SDN＋智能家居构建软件定义的智能家居平台等[59]。

(4) SDN 架构本身的可扩展性。未来随着业务需求的丰富，应用层会出现多种新型应用。目前 SDN 北向接口协议尚无统一标准，如何使得 SDN 对新应用的支持更灵活是未来需要研究的问题。未来 SDN 中控制器与网络设备的关系一定是多对多的形式。分布式控制器可以避免单一控制器负载过重、单点失效等问题，控制器之间如何进行交互[60]、同步[61]，如何使多控制器的扩展更灵活也是亟待解决的问题。分布式控制器的部署可以借鉴当前数据中心、分布式集群的一些方式。

(5) SDN 的安全性。无论是应用层同控制层交互，还是控制层同数据层交互，都需要网络通信。SDN 使得网络可以更方便地进行配置，但是，一旦 SDN 中的网络通信遭到劫持，就会对该 SDN 覆盖的网络造成严重影响。SDN 安全问题根据漏洞的来源可以分为两类：一类来源于协议本身，如 SDN 中网络管理数据存储体系结构(Network Management Datastore Architecture，NMDA)协议存在安全漏洞[62]等；另一类是 SDN 本身性质带来的新安全漏洞，如 SDN 中的拓扑攻击(篡改控制器看到的网络拓扑带来的攻击)[63]、DDoS 攻击[64]、流量分析攻击[65]等。这对保障 SDN 网络通信的安全性提出了更高的要求。另一方面，SDN 控制平面与数据平面相分离，控制器可以获取到更全面的网络资源状态，为网络防护带来更多的可能。例如，利用 SDN 被动路由实现恶意流量监测[66]，通过将信号嵌入流量中实现匿名通信系统(如 Tor 网络)中的恶意流量检测[67]，结合信息流跟踪检测多种攻击[68]等。未来随着数据平面可编程可自定义的发展，数据包的处理逻辑也会更加丰富，从而使网络设备可以进行更多样、更完善的网络防护。

SDN 作为网络领域的一项新技术已经显露出巨大的潜力，但还存在很多值得进一步研究的问题，特别是 SDN 集中化管控的思想和互联网分布式处理的基础设计相悖，在学术界和工业界一直存在争议。当然，我们也相信经过学术界和工业界的共同努力，SDN 在未来互联网的发展和建设中会发挥越来越重要的作用。

参考文献

[1] 宛考，罗雪峰，江勇，等. 软件定义网络系统中面向流的调度算法[J]. 计算机学报，2016,39(6)：1208-1223.

[2] 郑正，徐明伟，李琦，等. SDN 网络拓扑污染攻击防御机制研究[J]. 计算机研究与发展，2018,55(1)：207-215.

[3] 谢高岗，张玉军，李振宇，等. 未来互联网体系结构研究综述[J]. 计算机学报，2012,35(6)：1109-1119.

[4] Merwe J，Rooney S，Leslie I，et al. The Tempest-a Practical Framework for Network Programmability[J]. IEEE Network，1998,12(3)：20-28.

[5] Greenberg A，Hjalmtysson G，Maltz D A，et al. A Clean Slate 4D Approach to Network Control and Management[J]. ACM SIGCOMM Computer Communication Review，2005，35(3)：41-54.

[6] Casado M，Garfinkel T，Akella A，et al. SANE：A Protection Architecture for Enterprise Networks[C]. In Usenix Security Symposium，2006.

[7] Casado M，Freedman M J，Pettit J，et al. ETHANE：Taking Control of the Enterprise[C]. In Proceedings of the ACM SIGCOMM，2007.

[8] McKeown N，Anderson T，Balakrishnan H，et al. OpenFlow：Enabling Innovation in Campus Networks[C]. In Proceedings of ACM SIGCOMM，2008.

[9] Open Networking Foundation. Software-Defined Networking：The New Norm for Networks[EB/OL]. 2012-04-13[2020-08-01]. ONF WhitePaper. https://www.opennetworking.org/images/stories/downloads/sdn-resources/white-papers/wp-sdn-newnorm.pdf.

[10] Nunes B，Mendonca M，Nguyen X，et al. A Survey of Software-defined Networking：Past，Present，and Future of Programmable Networks[J]. IEEE Communications Surveys & Tutorials，2014,16(3)：1617-1634.

[11] Open Networking Foundation (ONF)[EB/OL]. [2020-08-01]. https://www.opennetworking.org.

[12] Hu Fei，Qi Hao，Ke Bao. A Survey on Software-defined Network and OpenFlow：From Concept to Implementation[J]. IEEE Communications Surveys & Tutorials，2014,16(4)：2181-2206.

[13] Sezer S，Scott-Hayward S，Chouhan PK，et al. Are We Ready for SDN? Implementation Challenges for Software-defined Networks[J]. IEEE Communications Magazine，2013,51(7)：36-43.

[14] 宋浩宇. 从协议无感知转发到 OpenFlow 2.0[J]. 中国计算机学会通讯，2015.

[15] Koponen T，Casado M，Gude N，et al. Onix：A Distributed Control Platform for Large-scale Production Networks[C]. In Proceedings of the OSDI，2010.

[16] Tootoonchian A，Ganjali Y. Hyperflow：A Distributed Control Plane for OpenFlow[C]. In Proceedings of NSDI INM/WREN，2010.

[17] Medved J，Varga R，Tkacik A，et al. Opendaylight：Towards A Model-driven SDN Controller Architecture[C]. In Proceedings of IEEE WoWMoM，2014.

[18] 戴冕，程光，周余阳. 软件定义网络的测量方法研究[J]. 软件学报，2019,30(6)：1853-1874.
[19] Paul G，Chuck B，Timothy C. Software Defined Networks：A Comprehensive Approach[M]. 2nd ed. Morgan Kaufmann：Elsevier，2017.
[20] 黄韬，刘江，张晨，等. 基于 SDN 的网络试验床综述[J]. 通信学报，2018,39(06)：159-172.
[21] 张少军，兰巨龙，胡宇翔，等. 软件定义网络控制平面可扩展性研究进展[J]. 软件学报，2018,29(1)：160-175.
[22] 柳林，周建涛. 软件定义网络控制平面的研究综述[J]. 计算机科学，2017,44(2)：75-81.
[23] 付永红，毕军，张克尧，等. 软件定义网络可扩展性研究综述[J]. 通信学报，2017,38(7)：141-154.
[24] 杨仁宇，韩毅刚，章帆，等. 基于 SDN 的内容中心网络研究综述[J]. 计算机科学，2019,46(01)：20-27.
[25] Bosshart P，Daly D，Gibb G，et al. P4：ProgrammingProtocol-Independent Packet Processors[C]. In Proceedings of ACM SIGCOMM，2014.
[26] J. Schoenwaelder. Overview of the 2002 IAB Network Management Workshop[R]. RFC 3535，2003.
[27] Enns R. NETCONF Configuration Protocol[R]. RFC 4741，2006.
[28] Enns R，Bjorklund M，Schoenwaelder J，et al. Network Configuration Protocol (NETCONF)[R]. RFC 6241，2011.
[29] P. Saint-Andre. Extensible Messaging and Presence Protocol (XMPP)：Core[R]. RFC 3920，2004.
[30] Fielding R T，Taylor R N. ArchitecturalStyles and the Design of Network-Based Software Architectures[D]. Irvine：University of California，Irvine，2000.
[31] 张朝昆，崔勇，唐翯祎，等. 软件定义网络（SDN）研究进展[J]. 软件学报，2015，26(01)：62-81.
[32] Chaignon P，Lazri K，François J，et al. Oko：Extending Open vSwitch withStateful Filters[C]. In Proceedings of ACM SOSR，2018.
[33] Freire L，Neves M，Leal L，et al. UncoveringBugs in P4 Programs with Assertion-Based Verification[C]. In Proceedings of ACM SOSR，2018.
[34] Nötzli A，Khan J，Fingerhut A，et al. P4pktgen：AutomatedTest Case Generation for P4 Programs[C]. In Proceedings of ACM SOSR，2018.
[35] Bai Jiasong，Bi Jun，Kuang Peng，et al. NS4：Enabling Programmable Data Plane Simulation[C]. In Proceedings of ACM SOSR，2018.
[36] Yuan Yifei，Lin Dong，Anil S，et al. NetEgg：A Scenario-Based Programming Toolkit for SDN Policies[J]. IEEE/ACM Transactions on Networking，2018，26(5)：2104-2117.
[37] Gao Kai，Nojima T，Yang Y R. Trident：Toward a Unified SDN Programming Framework with Automatic Updates[C]. In Proceedings of ACM SIGCOMM，2018.
[38] He Chunhui，Feng Xinyu. Pomp：Protocol Oblivious SDN Programming with Automatic Multi-Table Pipelining[C]. In Proceedings of IEEE INFOCOM，2018.
[39] Leet C，Wang Xin，Yang Y R，et al. Toward the First SDN Programming Capacity Theorem on Realizing High-Level Programs on Low-Level Datapaths[C]. In Proceedings of IEEE INFOCOM，2018.
[40] Shirali-Shahreza S，Ganjali Y. DelayedInstallation and Expedited Eviction：An alternative Approach to Reduce Flow Table Occupancy in SDN Switches[J]. IEEE/ACM Transactions on Networking，2018，26(4)：1547-1561.
[41] Li Geng，Yang Y R，Le F，et al. Update Algebra：Toward Continuous，Non-Blocking Composition of Network Updates in SDN[C]. In Proceedings of IEEE INFOCOM，2019.
[42] Leet C，Chen Shenshen，Gao Kai，et al. Precedence：Enabling Compact Program Layout By Table

Dependency Resolution[C]. In Proceedings of ACM SOSR, 2019.

[43] Sanger R, Luckie M, Nelson R. IdentifyingEquivalent SDN Forwarding Behaviour [C]. In Proceedings of ACM SOSR, 2019.

[44] Zhou Haifeng, Wu Chunming, Cheng Qiumei, et al. SDN-LIRU: A Lossless and Seamless Method for SDN Inter-domain Route Updates[J]. IEEE/ACM Transactions on Networking, 2017, 25(4): 2473-2483.

[45] Li Hao, Chen Kaiyue, Pan Tian, et al. CORA: Conflict Razor for Policies in SDN [C]. In Proceedings of IEEE INFOCOM, 2018.

[46] Lin Yikai, Kozat U C, Kaippallimalil J, et al. Pausing and Resuming Network Flows Using Programmable Buffers[C]. In Proceedings of ACM SOSR, 2018.

[47] da Costa Filho R I T, Lautenschläger W, Kagami N, et al.Scalable QoE-Aware Path Selection in SDN-Based Mobile Networks[C]. In Proceedings of IEEE INFOCOM, 2018.

[48] Harrison R, Cai Qizhe, Gupta A, et al. Network-Wide Heavy Hitter Detection with Commodity Switches[C]. In Proceedings of ACM SOSR, 2018.

[49] Ramanathan S, Kanza Y, Krishnamurthy B. SDProber: ASoftware Defined Prober for SDN[C]. In Proceedings of ACM SOSR, 2018.

[50] Zha Zili, Wang An, Guo Yang, et al. Instrumenting Open VSwitch with Monitoring Capabilities: Designs and Challenges[C]. In Proceedings of ACM SOSR, 2018.

[51] Kumar P, Yu C, Yuan Yang, et al. YATES: Rapid Prototyping for Traffic Engineering Systems [C]. In Proceedings of ACM SOSR, 2018.

[52] Lebrun D, Jadin M, Clad F, et al. SoftwareResolved Networks: Rethinking Enterprise Networks with Ipv6 Segment Routing[C]. In Proceedings of ACM SOSR, 2018.

[53] Chhangte L, Manjunath D, Karamchandani N. An SDN Based Content Cache at the WiFi Edge[C]. In Proceedings of ACM MobiCom, 2018.

[54] Wang Meng, Cheng Bo, Liu Xuan, et al. A SDN/NFV-Based IoT Network Slicing Creation System [C]. In Proceedings of ACM MobiCom, 2018.

[55] Qin Qiaofeng, Poularakis K, Iosifidis G, et al. SDN Controller Placement at the Edge: Optimizing Delay and Overheads[C]. In Proceedings of IEEE INFOCOM, 2018.

[56] Firestone D. VFP: A Virtual Switch Platform for Host SDN in the Public Cloud[C]. In Proceedings of USENIX NSDI, 2017.

[57] Hamza A, Gharakheili H H, Sivaraman V. Combining MUDPolicies with SDN for IoT Intrusion Detection[C]. In Proceedings of the SIGCOMM, 2018.

[58] Hamza A, Gharakheili H H, Benson T A, et al.Detecting Volumetric Attacks on LOT Devices via SDN-Based Monitoring of MUD Activity[C]. In Proceedings of ACM SOSR, 2019.

[59] Xu Ke, Wang Xiaoliang, Wei Wei, et al. Toward Software Defined Smart Home [J]. IEEE Communications Magazine, 2016, 54(5): 116-122.

[60] Panda A, Zheng Wenting, Hu Xiaohe, et al. SCL: Simplifying Distributed SDN Control Planes[C]. In Proceedings of USENIX NSDI, 2017.

[61] Poularakis K, Qin Qiaofeng, Ma Liang, et al. Learning the Optimal Synchronization Rates in Distributed SDN Control Architectures[C]. In Proceedings of IEEE INFOCOM, 2019.

[62] Dixit V H, Doupé A, Shoshitaishvili Y, et al. AIM-SDN: Attacking Information Mismanagement in SDN-Datastores[C]. In Proceedings of ACM CCS, 2018.

[63] Marin E, Bucciol N, Conti M. An In-depth Look Into SDN Topology Discovery Mechanisms: Novel

Attacks and Practical Countermeasures[C]. In Proceedings of ACM CCS, 2019.

[64] Gillani F, Al-Shaer E, Duan Q. In-Design Resilient SDN Control Plane and Elastic Forwarding Against Aggressive DDOS Attacks[C]. In Proceedings of ACM CCS, 2018.

[65] Wang Yulong, Chen Qingyu, Yi Junjie, et al. U-tri: Unlinkability Through Random Identifier for SDN Network[C]. In Proceedings of ACM CCS, 2017.

[66] Liu Chang, Raghuramu A, Chuah C N, et al. Piggybacking Network Functions on SDN Reactive Routing: A Feasibility Study[C]. In Proceedings of ACM SOSR, 2017.

[67] Ling Zhen, Luo Junzhou, Xu Danni, et al. Novel and Practical SDN-Based Traceback Technique for Malicious Traffic over Anonymous Networks[C]. In Proceedings of IEEE INFOCOM, 2019.

[68] OConnor T J, Enck W, Petullo W M, et al. PivotWall: SDN-Based Information Flow Control[C]. In Proceedings of ACM SOSR, 2018.

第 10 章　IPv6 与新一代互联网

10.1 引　　言

随着超高速光通信、无线移动通信、高性能低成本计算和软件等技术的迅速发展，以及互联网创新应用的不断涌现，人们对互联网的规模、功能和性能等方面的需求越来越高。20 世纪 70 年代发明的以 IPv4(Internet Protocol version 4，互联网协议第 4 版)为核心技术的互联网正面临越来越严重的技术挑战，主要包括网络地址不足，难以更大规模地扩展；网络安全漏洞多，可信任度不高；网络服务质量控制能力弱，不能保障高质量的网络服务；网络带宽和性能总是不能满足用户的需求；传统无线移动通信与互联网属于不同的技术体制，难以实现高效的移动互联网等。

为了应对这些技术挑战，美国等发达国家从 20 世纪 90 年代中期就先后开始新一代互联网的研究(本章后面的内容将不区分新一代互联网和下一代互联网的说法)。我国科技人员于 20 世纪 90 年代后期开始新一代互联网研究。经过 20 年时间，全球新一代互联网研究在大规模试验网、核心技术和标准以及基础理论研究等方面都取得了长足的进步。同时，人们也越来越深刻地认识到新一代互联网研究的重要性、复杂性、艰巨性和长期性，发达国家纷纷把新一代互联网研究列为未来信息技术领域的重点发展方向。

本章内容安排如下：首先对 IPv6 (Internet Protocol version 6，互联网协议第 6 版)进行简要介绍，然后讨论新一代互联网的主要特征，接下来介绍国内外近年来在安全可信的新一代互联网研究中取得的重要进展，并从内生安全的角度提出一种安全可信的新一代互联网体系架构，最后是本章内容总结和若干进一步的研究工作的综述。

10.2 IPv6

本节主要对 IPv6 协议进行简单介绍。首先简要介绍互联网工程任务组(IETF)，回顾 IPv6 协议的历史，接下来简单介绍 IPv6 协议并与 IPv4 协议进行对比，同时介绍 IPv6 中的几个主要协议，最后对 IPv6 进行展望。

10.2.1 IETF

互联网技术和标准化工作一直由互联网协会(Internet Society，ISOC)授权 IETF 负责。IETF 是一个由关心互联网体系结构演进和确保互联网平稳运行的网络设计者、运行者、设备制造商和研究工作者组成的国际组织[1]。它的主要目标是让互联网发展得更好，其使命是通过完成一系列高质量的称为 RFC(Request for Comments，请求注解)的技术和工程文档实现其目标。RFC 主要分为协议标准、当前最好实践和信息文档等多种类型[2]。从 1969 年第一个 RFC 诞生到目前为止，IETF 已经发布了 8500 多个 RFC。这些 RFC 是人们设计、使用和管理互联网的技术标准，也是互联网技术进步的重要标志，推动互联网从小到大，从弱到强，逐步发展到今天。

需要特别强调的是，IETF 组织和会议对世界上所有感兴趣的个人开放。目前，IETF 包括应用、通用、国际互联、操作与管理、路由、安全和传输等研究领域（Area），共 100 多个工作组（Working Group）负责实施互联网相关技术工作。这些工作组奉行开放、民主、协作和实用主义的工作风格，使得 RFC 的设计和发布主要以能否解决互联网出现的具体技术问题作为判断条件，完全不同于国际电信联盟（International Telecommunications Union，ITU）和电气和电子工程师协会（Institute of Electrical and Electronics Engineers，IEEE）等其他重要国际标准组织的工作方式，大大加快了互联网的技术进步。

1978 年，IETF 设计并发布的 IPv4 协议定义了互联网的数据包传输格式。从此，如何规划并分配好 IPv4 地址，如何设计出合理的互联网寻址体系结构和高效的路由选择算法成为影响互联网发展的最重要的技术挑战之一。IETF 在 1988 年设计发布的边界网关协议（BGP）[3]和 1992 年设计发布的无类域间路由（CIDR）[4]为解决 20 世纪 90 年代互联网迅速扩张中出现的 IPv4 协议路由和寻址问题做出了重要贡献。

10.2.2 IPv6 协议的历史

IPv6 协议和采用 IPv6 协议的大规模新一代互联网试验网的研制是新一代互联网研究的重要里程碑。早在 1991 年，IETF 预见到 IPv4 地址迅速消耗是一个亟待解决的问题，当时成立的 Address Lifetime Expectations 工作组[5]预测 IPv4 地址将在 2008 年完全耗尽（该工作组于 1995 年关闭）。后来成立的 Routing and Addressing 工作组[6]及运营商都普遍采取临时地址分配（拨号、点对点协议（PPP）和动态主机配置协议（DHCP））、严格的分配政策、CIDR 和网络地址转换（NAT）等机制减少对 IPv4 地址的使用，但 IPv4 地址耗尽的结果仍然不可避免，负责管理 IP 地址分配的顶级机构——互联网数字分配机构（IANA）在 2011 年初将最后一批 IPv4 地址分配给各个区域管理 IP 地址分配的机构。到 2019 年 12 月 25 日，RIPE NCC（欧洲地区互联网注册网络协调中心）宣布全球的最后一批 IPv4 地址被完全耗尽。

值得注意的是，NAT 机制并不足以完全解决地址空间不足的问题。因为 NAT 强制要求客户/服务器的应用模式，服务器端有拓扑上的限制。它不能用于 P2P 或者被呼叫的设备（如 IP 电话）。它阻碍了新应用和服务的部署，因为网络路径上的所有 NAT 必须在应用部署前升级。为了满足长期在线设备的连网需求，必须回到端到端的体系结构下。

互联网规模还在持续增长。为了应对互联网的迅速发展，针对 IPv4 协议设计时的局限性，1994 年，IETF 发起了下一代 IP 设计方案的征集工作，陆续收到 4 个方案，内部编号为 IPv6～IPv9。这里简单提一句，为什么从 IPv4 直接跳到 IPv6 呢？这里的历史原因是和 IPv4 同时提出的 Stream Protocol[7]占了内部 IPv5 的编号，因此新版本的 IP 就从 v6 开始编号了。

一个提案是设计 64 位固定长度的 IP 地址，这样一共有约 1.8×10^{19} 个地址。这个方案相对于当时下一代 IP 支持 10^{12} 个站点和 10^{15} 个节点的需求，只需要约 0.0001 的分配效率就可以满足；每个包的包头负载增加也相对较小；在当时的中央处理器的硬件处理能力上可以直接进行高效的软件处理。

另一个提案是变长为最多 160 位的 IP 地址。该方案与已部署的开放式系统互连（Open System Interconnect，OSI）中 NSAP（Network Service Access Point，网络服务接入点）的编址方案兼容。可以兼容使用 IEEE 802 地址的自动配置，可以为服务供应商提供足够的地址结构。

1995 年，IETF 在对两个方案进行分析讨论后综合折中，正式发布了面向下一代互联网的数据包传输格式——IPv6 协议[8]。IPv6 协议使用 128 位定长的二进制位表示源地址和目的地址（简称 IPv6 地址），为下一代互联网的大规模扩展预留了海量地址空间（约 3.4×10^{38}个地址）。它能够满足结构化、层次化的网络拓扑，能很好地支持路由聚合，减少了路由表项的增长；能够方便地址的自动配置和管理；能够支持端到端的 IPSec 协议；包括地址在内的 IPv6 头部字段的固定长度，方便了路由转发的快速处理。另外，IPv6 的设计还在数据格式上为在下一代互联网中解决目前互联网面临的安全、高性能传输、服务质量控制和移动通信等重要技术挑战预留了设计空间。

10.2.3 IPv6 协议内容

下面简要介绍 IPv6 协议，重点说明它与 IPv4 协议的区别，然后介绍 IPv6 中的几个重要的协议机制，包括 IPv6 协议、移动 IP、IPSec 协议和邻居发现协议。

1. IPv6 协议

IPv6 分组由头部和负载两部分组成。IPv6 包头一共 40B，如图 10.1 所示，依次包含如下字段：协议版本（4b，版本 6）、通信类别（8b）、流标记（20b）、负载长度（16b，字节数，不包括 40B 的 IPv6 头部）、下一个头部（8b，即 IPv6 头部之后紧接着的头部类型，可以是 Routing 等 IP 层扩展头部或者传输控制协议（TCP）等高层协议头部）、跳数限制（8b，相当于 IPv4 中的生存时间（TTL））、源地址（128b）和目的地址（128b）。

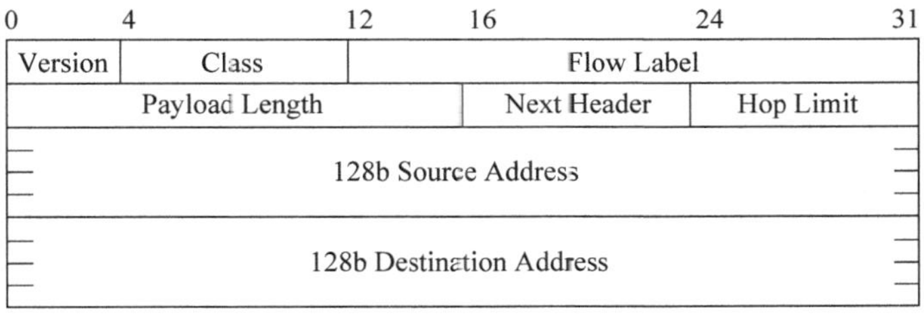

图 10.1　IPv6 协议头

图 10.2 突出显示了 IPv4 协议头部中在 IPv6 协议不再出现的字段。例如，IPv6 包头是固定长度的，所以没有头部长度（IHL）和选项字段；Fragment 字段在 IPv6 中通过 Next Header 指向的扩展头部实现。

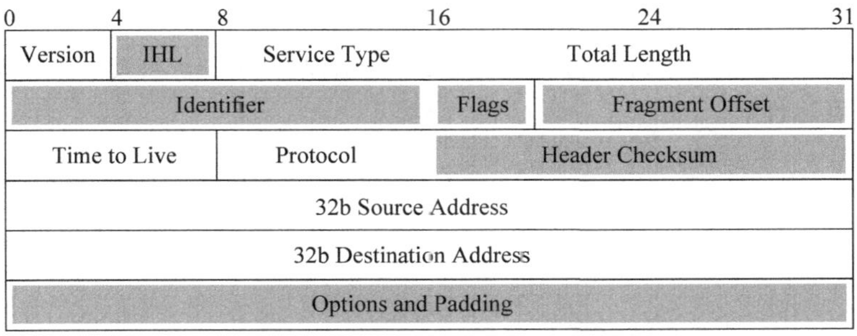

图 10.2　IPv4 协议头

2. 移动 IP

移动 IP[9]是为满足移动节点在移动中保持其连接性而设计的网络服务，实现跨越不同网段的漫游功能。现有的两个版本分别为移动 IPv4(RFC 5944，取代了 RFC 3344)和移动 IPv6 (RFC 6275，取代了 RFC 3775)。移动 IPv4 目前被广泛使用。

随着移动终端设备的广泛使用，移动计算机和移动终端等设备也开始需要接入互联网，但传统的 IP 设计并未考虑到移动节点会在连接中改变互联网接入点的问题。传统的 IP 地址具有身份和位置双重含义：一方面用来标识唯一的主机，另一方面它还作为主机的地址在数据的路由中起重要作用。但对于移动节点，由于互联网接入点会不断发生变化，所以其 IP 地址的身份和位置发生分离，一是移动节点需要一种机制唯一标识自己，二是这种标识不能被用来路由。移动 IP 就是为了让移动节点能够分离 IP 地址这两方面功能，而又不需要彻底改变现有互联网的结构而设计的。

这里着重介绍移动 IPv6 的工作过程以及它和移动 IPv4 的区别。移动 IPv6 的“双向隧道”工作过程如图 10.3 所示。

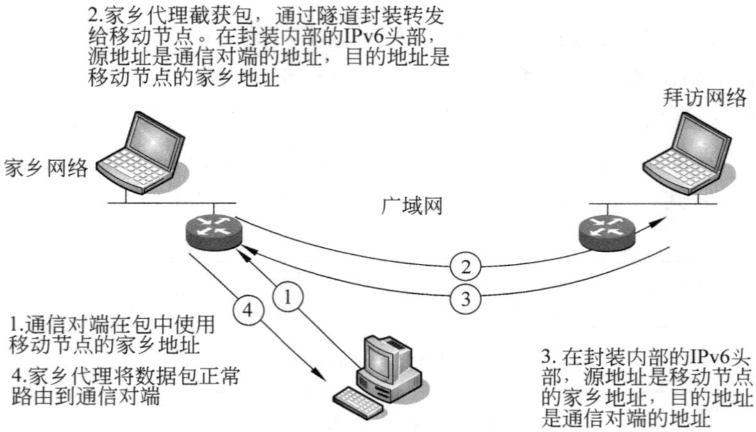

图 10.3　移动 IPv6 的工作过程

移动 IPv6 和移动 IPv4 的主要区别如下：

(1) 移动 IPv6 不需要外地代理的支持。

(2) 移动 IPv6 支持路由优化。

(3) 移动 IPv6 路由优化不需要预先指定的安全机制。

(4) 移动 IPv6 允许路由优化使得路由器兼顾效率和“入口过滤”。

(5) 移动 IPv6 的邻居不可达检测(NUD)方法确保移动节点和其所处位置的默认路由器间存在对称可达性。

(6) 移动 IPv6 主要使用 IPv6 路由头部而非 IP 封装发送数据包给离开宿主网络的移动节点，减少了开销。

(7) 移动 IPv6 不需要使用地址解析协议(ARP)，这也增强了其健壮性，与具体的链路层无关。

(8) 移动 IPv6 不需要维持隧道软状态。

(9) 移动 IPv6 的动态本地代理地址发现机制返回单独的一个回应。而移动 IPv4 中采用广播的方法，这时本地网络中的所有本地代理都会分别返回回应。

3. IPSec 协议

IPSec(Internet Protocol Security，互联网协议安全性)是通过对 IP 的分组进行加密和认证来保护 IP 的网络传输协议族。IPSec 由两大部分组成：

(1) 建立安全分组流的密钥交换协议。

(2) 保护分组流的协议。

前者为 IKE (Internet Key Exchange，互联网密钥交换)协议；后者包括加密分组流的 ESP (Encapsulating Security Payload，封装安全载荷)协议或 AH (Authentication Header，认证头部)协议，用于保证数据的机密性、来源可靠性(认证)、无连接的完整性并提供抗重播服务。IPSec 是 IPv6 必选的内容，但在 IPv4 中则是可选的。随着 IPv6 的进一步流行，IPSec 可以得到更广泛的使用。第一版 IPSec 协议在 RFC 2401-2409 中定义。第二版标准文档在 2005 年发布，较新的文档，例如 RFC 7619[10] 和 RFC 8247[11] 进一步对 IKE 的相关技术进行了更新补充。

4. 邻居发现协议

邻居发现(Neighbor Discovery，ND)协议[12-13] 是 TCP/IP 协议栈的一部分，主要和 IPv6 共同使用。它工作在数据链路层，负责在链路上发现其他节点和相应的地址，并确定可用路由和维护关于可用路径和其他活动节点的信息可达性。

协议定义了 5 种不同的 ICMPv6 包类型：路由器请求(solicitation)、路由器通告、邻居请求、邻居通告和重定向。

ND 协议为 IPv6 提供了类似于 IPv4 中的 ARP 和 ICMP 中的路由发现与路由重定向方面的功能。然而，相对于 IPv4 中的对应部分，ND 协议做了很多改进。例如，它包含邻居不可达检测功能，增强了协议在链路、路由器失效或有移动节点的场景下的鲁棒性。具体而言，ND 协议实现了如下的功能。

(1) 路由感知：主机可以发现所连接的链路上的路由器。

(2) 前缀感知：主机可以发现所连接的链路上所用的地址前缀。

(3) 参数感知：主机可以发现链路参数(如最大传输单元(MTU))。

(4) 地址自动配置：网络接口地址的无状态配置。

(5) 地址解析：IP 地址和链路地址之间的映射。

(6) 下一跳确定：主机能找到目的地址的下一跳路由器。

(7) 邻居不可达检测：确定一个邻居是否通过链路不可达。

(8) 重复地址检测：节点能够确定是否一个地址正被使用。

(9) 重定向：路由器可以将更好的下一跳路由器通告给一个节点。

这里以地址解析和邻居不可达检测功能为例，解释协议的一个工作过程。图 10.4 给出了邻居请求的过程，即确定一个邻居的链路层地址。这个功能与 IPv4 中的 ARP 类似。类似过程也用于此后验证邻居的可达性。在这种情况下，目的地址将不是组播地址，而是邻居的单播地址。邻居通告也在链路地址改变的时候使用，通告源将向所有节点的组播地址发送一个消息。

10.2.4 IPv6 展望

互联网技术是一门实验性很强的技术。互联网技术的发展过程是一个不断通过大规模

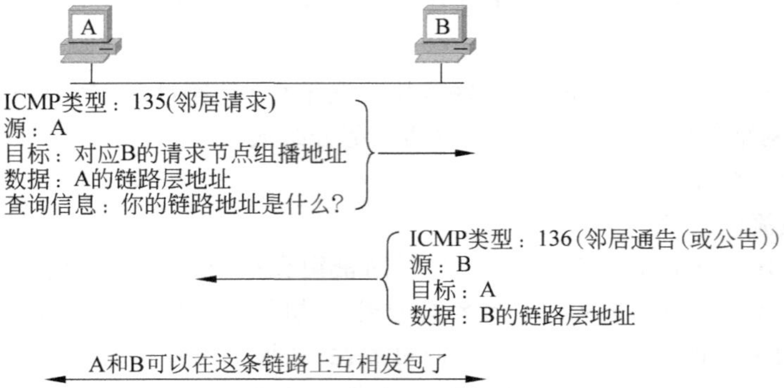

图 10.4　邻居请求的过程

试验网进行技术试验、验证和创新的过程。从 1974 年发明互联网的基本概念，1978 年设计并发布 IPv4 协议，到 1986 年美国国家科学基金会（NSF）资助研制世界上第一个大规模采用 IPv4 协议的互联网主干网 NSFNET，花费了 10 年左右的时间。从 1988 年初步建成的 IPv4 互联网 NSFNET 发展到今天的全球 IPv4 互联网，又经历了 30 多年的时间。互联网技术正是在这 30 多年的发展中不断完善、增强和进步的，互联网的应用更是随着互联网技术的进步而日新月异地不断创新和发展。

正像 IPv4 协议和 NSFNET 在互联网技术发展过程中发挥了重要的作用一样，IPv6 协议和研制采用 IPv6 协议的大规模新一代互联网试验网将是新一代互联网研究的重要里程碑。IPv6 协议不等于新一代互联网，但采用 IPv6 协议的大规模新一代互联网试验网必将是研究新一代互联网技术的重要基础设施。

10.3　新一代互联网的主要特征

10.3.1　新一代互联网的基本特征

美国政府 1996 年 10 月宣布启动的“下一代互联网（NGI）行动计划”[14]（Next Generation Internet Initiative），旨在研究和开发先进的网络技术、革命性应用，以及能够示范这些网络技术和革命性应用，且比当时互联网端到端访问速度快 100～1000 倍的先进试验网络，目的是为美国的教育和科研人员提供世界上最先进的信息基础设施，保持美国 21 世纪在科学和经济领域的核心竞争力。

20 多年来，许多发达国家持续投入大量的人力和财力进行新一代互联网研究，并且开展了广泛的国际交流活动。在研究和交流过程中，关于“什么是新一代互联网？它和目前互联网的主要区别是什么?”始终没有形成统一、确切的定义。但是，人们面对目前互联网存在的主要技术挑战，对新一代互联网的需求和基本特征还是有了比较一致的看法，就是希望新一代互联网“更大、更快、更安全、更及时、更方便、更可管理和更有效益”[15]。

“更大”是指新一代互联网应该从主要连接计算机系统扩展到连接所有可以连接的电子设备。接入终端设备的种类和数量更多，网络的规模更大，应用更广泛。

“更快”是指新一代互联网应该提供更高的传输速度，特别是端到端的传输速度应该超过 100Mb/s，用以支持更高性能的新一代互联网应用。

“更安全”是指新一代互联网应该在以开放、简单和共享为宗旨的技术优势基础上建立完备的安全保障体系，从网络体系结构上保证网络信息的真实和可追溯，进而提供安全可信的网络服务。

“更及时”是指新一代互联网应该改变目前互联网“尽力而为”的网络服务质量控制策略，提供可控制和有保障的网络服务质量控制，支持组播、大规模视频和实时交互等新一代互联网应用。

“更方便”是指新一代互联网应该采用先进的无线移动通信技术，实现一个“无处不在，无时不在”的移动互联网，真正成为人们随时可用、随处可用的生活、工作和学习环境。

“更可管理”是指新一代互联网应该克服目前互联网难以精细管理的不足，从网络体系结构上提供精细的网络管理元素和手段，实现可靠的网络、业务和用户综合管理能力。

“更有效益”是指新一代互联网应该改变目前互联网基础网络运营商“搭台”而亏损，网络信息内容提供商“唱戏”而盈利的不合理经济模式，创立合理、公平和和谐的多方盈利模式，保持它的良性和可持续的发展。

实现新一代互联网的上述基本特征是新一代互联网研究的主要目标。20 年来，各国的新一代互联网研究主要围绕实现这些基本特征展开。

10.3.2 新一代互联网的主要技术挑战

如果把前述的新一代互联网基本特征作为主要研究目标，新一代互联网面临的主要挑战可以归纳为扩展性、安全性、高性能、实时性、移动性和可管理性等。其中，扩展性、安全性和实时性是互联网面临的最主要技术的挑战，对应的科学问题我们在第 1 章已介绍过，分别是超大空间的高效路由寻址问题、开放共享网络环境中的跨域可信访问问题，以及竞争资源的实时传输控制问题。

1. 扩展性

可扩展性是目前互联网技术取得成功的最重要原因之一。无连接分组交换技术不要求网络交换节点记录数据传输的轨迹，成为互联网易于扩展的基础；分层的路由寻址结构使全球属于不同管理域的网络相互寻址变得相对简单可行。但是，由于 IPv4 地址规划策略的局限性，目前全球互联网路由表已经超过 3000 万条，并仍然保持快速增长的趋势，2020 年全球路由表条目可能达到 4000 万条[16]。这不仅大大增加了路由计算开销，也对互联网寻址路由技术的进一步扩展提出极大的挑战。尽管 IPv6 协议定义了海量的地址空间，但是如何对这些地址进行合理的规划和设计，以及如何在海量地址空间范围内实现高效的路由寻址，仍然是没有解决的技术难题。

2006 年以来，互联网体系结构委员会（IAB）开始推动 IETF 重点解决互联网路由寻址问题（简称为 ROAP）。2007 年初的第 68 届 IETF 大会更是把互联网的路由和寻址作为大会主题，提出的目标是解决 2050 年互联网发展为 100 亿个终端用户和 1000 万个多方连接用户时的路由寻址问题[17]。报告中明确指出，只有 IPv6 协议可以提供如此大的寻址空间，目前的路由寻址理论和算法将不再有效，必须建立新的路由寻址理论和解决办法。自此，人们对互联网路由寻址的扩展性、透明性、多方连接（Multihoming）、重新编址（Renumbering）、独立于运营商的编址、流量工程以及 IPv6 对互联网和路由系统的影响等一系列技术问题给予了极大的关注。作为互联网曾经的优势的可扩展性再次成为新一代互联网面临的首要技术挑战。

2. 安全性

目前的互联网中存在着种种安全问题，例如网络恶意攻击不断、网络病毒泛滥、路由系统无法验证数据包的来源是否可信、追查网络肇事者异常困难、网络敏感信息或个人隐私易泄露、关键应用系统的开发者和所有者担心受到网络的攻击，影响应用系统的可用性[18]。互联网出现的安全问题严重影响了越来越依靠互联网运行的国家经济、社会和军事系统的安全，使人们对互联网的可信任性产生怀疑。

目前的互联网安全技术相对独立，系统性不强，基本处于被动应对状态。从互联网体系结构上找出其安全问题的根源，系统地解决互联网安全问题，确保新一代互联网地址及其位置的真实可信，增强新一代互联网应用实体的真实可信，是新一代互联网研究的另一个重要技术挑战。

3. 高性能

尽管互联网的用户访问速度、互联网主干网的传输速度近年来仍在飞速增长，但是相比互联网的大量创新应用以及物联网全面覆盖带来的性能需求，互联网的速度仍相对较慢，期待新一代互联网提供更高的网络访问速度，特别是端到端的用户访问速度。

随着千兆/万兆位以太网技术、密集波分复用(DWDM)光通信技术的发展，新一代互联网主干网和接入网的超高速传输大有发展潜力。但是，应该与此相匹配的超高速分组处理技术和超高速路由寻址技术却受到目前微电子技术发展的限制，不是集成度不够，就是电功耗太大。要想突破这种限制，必须设计出新的超高速分组处理算法和大规模高效路由寻址体系结构。此外，还要解决全网范围高性能端到端传输面临的一系列技术挑战。

4. 实时性

互联网技术的重要特点之一是采用“尽力而为”的网络传输策略。对于早期实时性要求不高的数据传输服务，互联网达到了理想的传输效果。近年来，经过人们的努力，互联网已较好地解决了有一定实时性要求的语音和视频传输服务。但当互联网流量较大时，保证实时性就变得十分困难。对于其他大量非视频的实时性高需求应用，例如实时工业控制、自动指挥和测量监视等，互联网技术还远远不能满足它们的实时性要求。

如何提供与互联网“尽力而为”的设计理念完全不同的实时性处理能力，如何支持更多的实时性应用需求，成为新一代互联网最大的技术挑战之一。

5. 移动性

早期的手机无线移动通信主要采用电路交换蜂窝移动通信技术，例如 GSM (Global System for Mobile communications，全球移动通信系统)和 CDMA (Code Division Multiple Access，码分多址)。它们以低速语音无线移动通信为主要业务，与互联网完全属于两种不同的技术体制。尽管人们也能通过手机系统访问互联网，但是因为受到语音通道容量的限制，一般速度较慢，无法满足高速应用的访问需求。随着互联网的无线通信技术和接入技术的迅速发展，例如 4G、WiFi(Wireless Fidelity，无线相容性高保真技术)，除了笔记本计算机可以方便地移动接入互联网外，各种无线移动终端也层出不穷，正在使互联网越来越具有移动性。

人们希望的新一代互联网实际上也是一个移动的互联网，一个无处不在的互联网。如何基于现有的互联网技术体制，采用先进的互联网的无线接入技术，借鉴目前无线移动通信技术的成功经验，构造出真正的移动互联网。保障数据传输路径频繁变化过程中的无损通信，是新一代互联网面临的重大技术挑战之一。

6. 可管理性

互联网采用无连接分组交换技术和尽力而为的路由寻址策略，使得它的交换网络结构相对简单，网络效率较高，但同时网络中可供管理的基本要素相对贫乏，这就导致它的网络流量和业务功能管理极其困难，人们对互联网可知程度非常有限。

如何在保持互联网技术优势的基础上增加互联网体系结构和交换网络中网络管理的基本要素，实现用户数据传输和管理数据传输的相对分离，使得各种网络功能可知、可控和可管，是新一代互联网研究的又一个重大技术挑战。

10.3.3 新一代互联网研究中的几个重要问题

在新一代互联网研究中，特别是在解决新一代互联网技术挑战和难题的过程中，有几个重要的问题特别值得关注：

(1) IPv4 地址耗尽，IPv6 将成为新一代互联网的核心协议。全球最后一批 IPv4 地址已被完全耗尽。目前，IPv6 是唯一能够代替 IPv4 的新一代互联网的核心协议，已经得到国际互联网技术领域的广泛认可。IPv6 地址逐渐替代即将枯竭的 IPv4 地址成为互联网发展的必然趋势，也是目前互联网向新一代互联网过渡的重要支撑。我国于 2003 年启动了"中国新一代互联网示范工程"CNGI 项目，建成了全世界最大的 IPv6 示范网络。2017 年 11 月，中共中央办公厅、国务院办公厅及时印发《推进互联网协议第六版(IPv6)规模部署行动计划》，政府及运营商也都开始大力部署 IPv6。推进 IPv6 规模部署专家委员会于 2019 年 7 月发布的《中国 IPv6 发展状况》白皮书指出，截至 2019 年 6 月，我国 IPv6 活跃用户数已达 1.3 亿，中国基础电信企业已分配 IPv6 地址用户数达 12.07 亿，其中固定宽带接入网络已分配 IPv6 地址用户数为 1.62 亿[19]。

(2) 纯 IPv6 试验网是发展新一代互联网的重要基础。采用 IPv6 地址的新一代互联网拥有海量的地址空间，为大规模发展提供了可能，更为逐步解决目前互联网面临的重大技术挑战提供了崭新的技术试验平台。近年来的研究表明，在目前互联网上解决它面临的重大技术挑战受到 IPv4 及其相关协议的种种限制，研究进展缓慢。如何采用 IPv6 技术建设新一代互联网，如何在 IPv6 互联网中解决互联网面临的重大技术挑战，如何从当前的 IPv4 互联网及其应用过渡到 IPv6 互联网，成为新一代互联网研究面临的重大技术难题。

国际新一代互联网试验网主要采用 IPv4 和 IPv6 双栈技术路线组网，牺牲了 IPv6 的技术优势和完整性，不利于有效地解决互联网的重大技术挑战。存在的问题包括：大量使用 IPv4 的配套协议，例如域名系统(DNS)协议、简单网络管理协议(SNMP)和网络时间协议(NTP)等，使 IPv6 难以独立组网和运行；不能同时支持重要网络功能，例如组播和 Multihoming，阻碍了这些功能在 IPv6 网络中的应用；用 IPv4 有限地址空间搜索算法回避 IPv6 海量地址空间搜索问题等。因此，我国建设的纯 IPv6 大规模试验网对于解决互联网面临的重大技术挑战和开发创新性应用具有重要的发展意义。

(3) 体系结构在新一代互联网中继续发挥核心作用。一般认为，互联网的体系结构是指互联网功能的分层以及各层之间的相互关系。在计算机网络发展历史上，许多不同体系结构的计算机网络纷纷退出历史舞台，只有互联网取得了今天的巨大成功。其中，互联网与众不同的体系结构发挥了核心作用。

目前互联网体系结构的主要技术精髓包括：

① 分层分布式体系结构；

② 网络层采用无连接分组交换技术；

③ 可扩展的路由寻址技术；

④ 传输层采用端到端的可靠传输；

⑤ 层次结构的域名和命名。

这些体系结构的主要技术精髓是在互联网长期大规模技术试验的基础上逐步形成的，是人类科技创新的典范。在新一代互联网研究中，要尽可能继承和发扬目前互联网体系结构的技术精髓，特别应该找出主要技术挑战在体系结构中的根源，让体系结构继续在新一代互联网中发挥核心作用。

(4) 基础理论在新一代互联网研究中具有的重要指导作用。人类近代重大科学技术发明一般都有较为坚实的理论作为基础。但是，互联网是一个例外。人类虽然发明了互联网，并且取得了巨大的成功，但是至今人们还不能用数学描述互联网的流量行为，更不要说精确描述互联网的功能和性能了。可以说，互联网的基础理论相对于它的巨大成功显得非常单薄。面对目前互联网存在的重大技术挑战，单靠一般的技术发明和工程实践很难找到理想的解决方案。基础理论在新一代互联网研究中应该具有重要的指导作用。

10.4 安全可信的新一代互联网体系结构

新一代互联网的设计与研究引起了全球的高度关注，各国政府及研究组织纷纷投入大量人力、物力对互联网的核心技术——互联网体系结构进行了全面的探索。尤其是近二三十年，互联网体系结构的基本架构、协议、关键技术都取得了飞速发展，2017 年体系结构宗师 John Hennessy 和 David Patterson 因为在精简指令集(RISC)微处理器方面的成就获得图灵奖。然而，到今天，互联网体系结构在扩展性、安全性和实时性方面仍然面临巨大的挑战，特别是在安全性方面，由于现有的互联网体系结构是一种面向服务和性能的设计，缺乏基本的安全需求考虑和安全设计，导致互联网安全问题日益严峻。不对数据源进行验证的基于目的地址的转发方式、不能自证身份的端节点、无法保证清白的路由设备，体系结构不可信的安全缺陷导致在当前无信用约束的网络环境中，基于地址欺骗、路由劫持、路径篡改的攻击频繁发生且难以追踪。从网络体系结构自身的安全可信设计出发解决互联网的安全可信问题，保证互联网信息的真实性和可追溯性，进而提供安全可信的网络服务，成为解决互联网安全问题的主要手段。

目前，针对安全可信的新型网络体系结构的研究主要有三种思路：传统的思路是“有病治病”，针对现有互联网体系结构在不同层次存在的安全性问题进行增量式“打补丁”。例如针对地址仿冒问题提出的 SPM[20]、Passport[21]、StackPi[22] 等方案，针对路由安全提出的 S-BGP[23] 及 soBGP[24]，针对路径验证提出的 OPT[25] (Origin and Path Trace，源和路径追溯)方案等。IETF 工作组也一直在接受有关互联网地址空间、安全性、移动性及流媒体等多个方面的建议草案,并以 RFC 的形式发布标准,这也是建立在当前体系结构上对互联网的不断改良。较为革命的思路则是"破釜沉舟",不局限于当前的互联网体系结构,尝试从头开始设计全新的体系结构以解决现有的缺陷。研究的重点包括基础理论和实验平台的设计等。革命式的设计思路具有很大的灵活性,因此研究者们提出的方案在结构模型、功能部署、寻址方式、路由方式和传输模式等方面都存在差异。例如,从地址体系角度出发设计的 HIP[26]、NDN[27]、XIA[28]、MobilityFirst[29]等。鉴于目前方案百花齐放的状况下,传统方案的"保守"及革命式方案的"激进"分别存在有效性、兼容性、部署性方面的缺陷,近年来,越来越多的研究者开始寻求折中的演进方案[30],尝试基于现有网络安全问题及发展需求,在继承互联网体系结构基本设计原则和保证增量部署的前提下"增强体质",确保在体系结构稳定过渡的基础上实现主动防御提升网络安全能力。例如,针对不同地址命名体系,文献[31]和[32]提出了一种基于构件设计范型、可容纳多种异构地址机制的通用体系框架,可为安全可信体系结构的衍生演化提供研究基石。Google 提出一种基于访问控制的零信任模型 BeyondCorp[33-34],其准入策略依赖的对象不是物理位置或来源网络,而是将设备信息、状态及其关联用户作为控制服务访问的依据,基于对用户行为和设备状态的分析和管控构建新的安全模式和安全环境。

2017 年,《网络强国战略实施纲要》提出:"加强技术体系架构创新,促进(安全)技术研发由外挂式向内生性转变"[35]。显然,从体系结构自身设计出发"增强体质"已经成为解决安全问题的新方向,内生安全特性成为解决互联网安全问题的重要手段。从本质上说,革命式及演进的方案多数也将"内生安全"作为新型互联网体系结构的设计目标。本节首先介绍两种有代表性的具备"内生安全"特性的安全可信互联网体系结构设计方案,然后提出一种基于真实地址的具备内生安全特性的安全可信体系结构设计方案。

10.4.1 内生安全的互联网体系结构研究

关于内生安全,目前业界并没有统一的定义。文献[36]认为内生安全特性是指通信实体或网络活动"天生"就带有安全免疫能力,可自认证、自检测,并能够根据认证和检测结果建立安全依赖和信任关系,并自然贯穿到终端安全、网络准入控制、路由交换、行为控制、应用交互等过程中。根据字面理解,所谓内生,就是靠自身发展。可以认为内生安全体系结构是自带安全属性和安全能力的体系结构。

概括而言,内生安全的体系结构具有以下特征:

(1) 自主免疫。网络体系结构中安全要素与网络功能一体化,体系结构将安全功能作为一大基本要素耦合到功能设计中形成"安全基因",确保在不借助外力(如安全软件、防火墙等)的情况下,通过自身能力解决安全问题,可针对不同网络环境和安全需求提供足够的安全性能。

(2) 可信可控。基于内生安全体系结构可建立从终端、基础设施到应用的安全可信网络,包括网络各通信基础单元安全可信可控,接入网络用户可信可审计,应用服务可信可靠。

本节简要介绍两种具备内生安全特性的新型互联网体系结构。

1. XIA

XIA[37](eXpressive Internet Architecture,有表达能力的互联网体系结构)在保留当前互联网的一些主要特征(如"窄腰"结构)的同时增加了支持多种通信方式的"自扩展"的功能，以构建一个可支持内容、服务和端系统以及未知通信实体的安全、可信、可演进的互联网体系结构。如图 10.5 所示，XIA 的一个重要设计原则就是确保体系结构的内在安全属性。

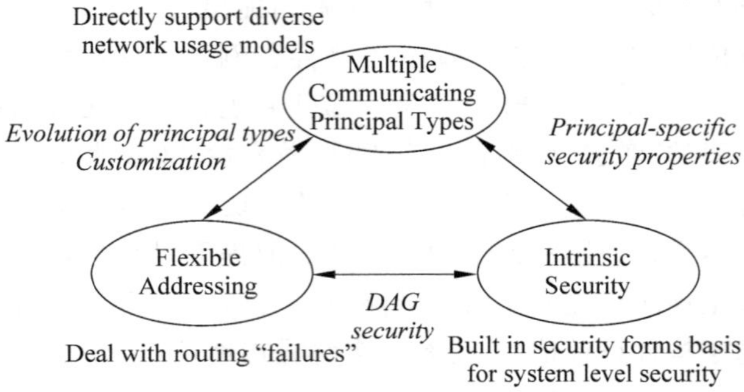

图 10.5 XIA 架构设计原则[37]

XIA 通过自验证的标识符（XID）实现内在安全属性，保证通信双方的真实性和数据的完整性。初始的 XIA 架构定义了四种类型的标识符，包括主机标识符（HID）、服务标识符（SID）、内容标识符（CID）和网络标识符（NID）。四种类型的标识符分别定义了通信的主体、通信实体的服务、通信的内容及通信的网络，且采用公钥散列的构造方式得到 160 位扁平地址，进而实现自验证性。

在数据传输过程中，路由器首先将数据包路由到以 NID 为标识的网络，再按照 HID 标识将数据包转发到对应的主机。在此过程中，可以对数据包源地址实施两次验证：首先是数据包到达第一跳路由器时，路由器负责验证与其直连的主机是否存在源地址欺骗行为（HID 验证）；其次，数据包经过边界路由器时，由其检查数据包上一跳路由是否合法（NID 验证）。通过两次验证，XIA 实现了对主机和网络域的鉴别，确保数据传输由端到路由的全局可信。

2. 全维可定义的多模态智慧网络

全维可定义的多模态智慧网络 PINet[38] 从网络构造的角度，通过自底向上全维度可定义的灵活、通用的"魔方"网络结构，构建具有多模态功能呈现、全方位覆盖、全业务承载、智慧化管理控制和内生安全特性的新型网络体系结构。

全维可定义的多模态智慧网络通过全维可定义技术实现基于 IP、内容、身份、地理空间等标识的多种寻址路由模式，同时可根据互联网的演进式发展及网络多元、个性化业务需求定义不同的交换模式、互连方式、网元形态、传输协议。全维可定义技术包括软件定义硬件（Software-Defined Hardware，SDH）、软件定义互联（Software-Defined Interconnection，SDI）、软件定义计算（Software-Defined Computation，SDC）、软件定义功能编排（Software-Defined Orchestration，SDO）、软件定义转发（Software-Defined Forwarding，SDF）、软件定义协议（Software-Defined Protocol，SDP）、拟态架构计算（Mimic Structure Calculation，MSC）、领域专用架构（Domain-Specific Architecture，DSA）等。

如图 10.6 所示，基于动态异构冗余的内生安全结构主要包括输入代理、可重构的异构执行体集、负反馈控制器和裁决器四部分。输入代理将输入请求分发到相应的功能冗余的异构执行体，由其产生满足给定语义和语法的输出矢量，交给多模裁决器进行研判并产生输出。

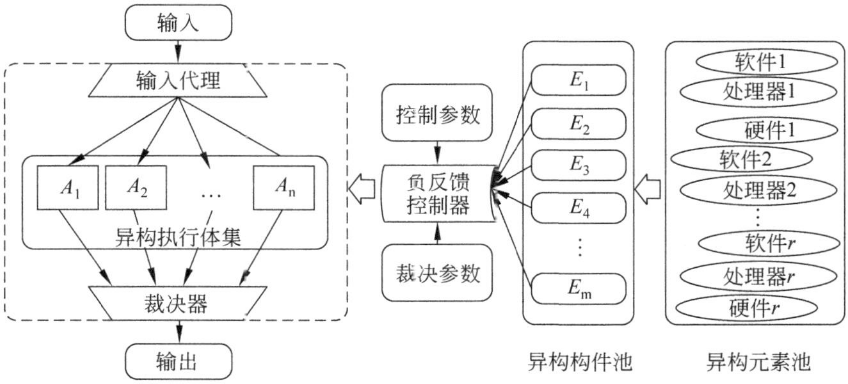

图 10.6 基于动态冗余的内生安全架构[38]

PINet 基于动态异构冗余、多模共识机制和鲁棒控制构造共同实现内生安全。一方面，基于"相对正确公理"感知不确定威胁，将系统内部漏洞后门等未知攻击归一化为可用概率表达的传统可靠性问题；其次，采用基于多模裁决的策略调度和负反馈控制机制，自动规避"问题场景"，从根本上抑制随机性失效和人为蓄意扰动，从而获得网络的内生安全效应。

10.4.2 安全可信的新一代互联网体系结构方案

互联网体系结构的信任缺失表现为频繁发生的地址仿冒、流量劫持和拒绝服务攻击等安全威胁，本节从分析现有体系结构信任缺失的根源出发，继而提出一种安全可信的新型互联网体系结构，利用去中心化的信任基础设施，以地址真实性为基础，以用户真实身份为信任锚点，基于可信路由协议与可信路由行为等安全元素，构建端到端的安全可信数据传输通道，实现用户身份标识空间和网络服务空间的互信，将被动防御变为主动防御，实现从外挂式安全向内生安全的转变。

1. 问题分析与设计目标

随着互联网的发展，与初期相比，互联网用户群体、应用环境及应用模式发生了翻天覆地的变化，用户与网络彼此信任的关系不复存在，主要体现在以下三个方面：

(1) 地址标识不可信。地址标识是互联网体系结构的基本载体，影响体系结构中数据格式、转发和路由的方式，支撑互联网通信的全过程。现有的地址标识具有位置和身份双重功能。然而，互联网体系结构并不对标识的真实性提供验证和保障。开放、未经验证、易伪造的地址标识严重破坏了网络通信的真实性，甚至造成不可挽回的损失：攻击者可通过地址仿冒实施各种类型的 DDoS 攻击或者突破专网安全防线获取敏感信息。

(2) 路由体系不可信。路由体系是互联网数据传输的核心。然而，现有体系结构中，用户无法确信数据按照预期的路径进行传输。路由体系既不对数据的到来方向进行判别，也不对数据的转发路径进行保证，导致大量流量劫持和数据包重定向的发生。

(3) 基础设施和应用服务不可信。互联网的基本功能即为用户提供各种各样的应用服务。一方面，域间路由系统、域名系统和公钥基础设施等互联网重要的基础设施存在仿冒伪造及单点故障等问题；另一方面，互联网应用的发布和执行无可信保障且缺乏监管，导致大量利用应用漏洞发起的攻击。

随着互联网规模的增长、应用模式的复杂化，解决互联网安全问题面临越来越多的挑战。首先，互联网安全涉及体系结构各个层面且相互关联，单一、针对性的方案无法从根本解决问题；其次，互联网安全问题是动态的、运行于开放环境的，既难以防范，又难以追踪；最后，安全解决方案是相对的，可能以牺牲体系结构可扩展性、实时性、可部署性为代价。我们构建内生安全的体系结构，需要在动态、开放的网络环境下，综合分组传输的全周期，权衡体系结构可部署性等需求，从体系结构整体出发，将安全可信作为基本属性嵌入体系结构，建立网络和用户的信任机制。

概括而言，安全可信新一代互联网体系结构的设计目标是以“自主免疫”和“可信可控”为前提，解决现有互联网的三大不可信问题，具体包括：

(1) 建立一种支持多类型端设备接入的可信地址命名机制，确保地址可信、可验证、可追溯。

(2) 建立一套支持路径验证及错误定位的路由行为检测体系，确保通信服务可信、可靠、可验证。

(3) 建立一套支持可信应用的可信基础设施，确保通信、应用及基础设施服务可信、可审计、可追溯。

2. 设计原则

互联网体系结构是通信系统的基础和核心，它对网络中通信系统的功能组织和通信规则进行了定义，由此确定了互联网硬件设计、传输协议、存取控制以及应用部署的实现。为确保新一代互联网体系结构的设计符合内生安全及可信的目标，在体系结构设计时除遵循原有的无连接分组交换等原则，还需要遵循以下原则：

(1) 网络实体正确命名

网络实体正确命名即对网络设备赋予的符号标识是真实的，不可伪造的，它可为建立网络层信任关系提供保证。在互联网中，网络实体正确命名有两层含义：首先，网络实体命名可正确反映网络实体的位置和身份，是真实有效的，可为路由转发的“可达性”提供基础保证；其次，网络实体命名不可伪造，可有效抵抗地址欺骗及地址仿冒。

互联网应用的本质是数据传输，它依赖地址或各种标识实现数据从某一通信实体或网元设备到另一通信实体的数据流动，无论是早期的互联网，还是目前融入大量异构复杂终端的物联网，所有的通信和访问最终都可以转化为“点到点”的信息传输，而命名正是用于确定这些通信点的符号标识。对通信实体的正确命名是实现网络可信互联互通的前提和保证。

在互联网中，IP 地址承担着标识终端实体这一重要角色，它是路由转发的依据。作为互联网通信不可或缺的基础，IP 地址不但标识了网络实体的位置，同时标识了网络实体的身份，因此在互联网用户群体规模大，构成复杂的情况下，对进入网络的实体正确标识命名，即意味着确保 IP 地址真实、可信。

(2) 网络行为真实可信

网络行为真实可信即网络为用户或运营商提供的数据传输服务是真实可信的且是符合预期的，包括具有安全可信的转发路径和转发行为，能抵御流量劫持、非法重定向等安全威胁，不实施异常操作，且有效保证数据在传输过程中的机密性、完整性和隐私性。

路由体系是互联网进行数据传输的核心支撑，它负责为数据包提供从源到目标的可达通道。现有的互联网在假设网络节点相互信任的前提下，提供"核心简单、尽力而为"的转发服务，尽可能利用可用网络资源进行高速传输。然而，这种假设并不符合互联网现状及安全需求，导致数据流传输过程中发生各种异常，使得用户和服务无法信任数据的真实有效。为构建内生安全的可信互联网体系结构，需要打破路由安全可信的假设，从多个角度确保网络空间的真实可信。

(3) 端用户自证身份

端设备自证身份即体系结构具备独立于网络的终端身份管理和身份真实性验证，既保证用户身份的真实有效，同时防止用户隐私泄露。端用户自证身份以用户身份管理为基础，预防控制用户的不自律行为，确保接入用户的可信性及可管可控。

随着互联网用户的爆发式增长，对网络用户进行身份管理、确保网络主体身份可信、行为可追溯等成为互联网安全可信建设的重要需求，构建全局可信、可协同行为验证的用户管理基础设施也成为安全可信互联网体系结构的重要研究内容。在用户管理乃至数据传输过程中，不可避免需要使用密钥分发和管理机制，传统的方法是基于可信第三方系统实施。然而，随着网络的发展，地址标识数量呈指数增长，集中式的认证体系因为通信和计算开销剧增可能严重影响认证效率，且面临单点故障等安全脆弱性及信任失效等问题。构建内生安全的可信互联网体系结构，还需要构建独立、值得信赖的互联网信任基础设施，确保互联网用户的可信性。

3. 设计思路

根据安全可信的新一代互联网体系结构设计目标与设计原则，我们提出在不改变TCP/IP基础架构的前提下，以真实地址为基础，以真实身份为信任锚点，以网络传输可信为支撑，将安全信任要素融入体系结构设计中，以解决大规模网络实体和网络行为的真实可信、可验证、可追溯问题。

如图10.7所示，安全可信的新一代互联网体系结构拟从三个层面进行设计：

(1) 以真实地址、真实身份为核心，构建可信身份标识空间。

为确保用户端真实可信，安全可信新一代互联网体系结构基于真实地址技术构建，利用IPv6地址体系强大的表达能力融合用户真实身份信息，建立可信身份标识空间，将用户物理标识与可信任的身份标识相结合，在确保端节点地址不可仿冒的同时，实现端节点身份不可伪造且全局可查证。

(2) 面向可信可靠传输，构建可信网络服务空间。

为确保网络行为真实可信，需要在分组转发全周期过程中分别保证路由控制层面和数据层面的可信、可靠，解决传输链路上存在的多种不可信安全因素。安全可信新一代互联网体系结构在网络侧保证网络实体正确命名的基础上，通过可信的BGP技术、路径验证技术、错误定位技术及路由行为验证机制等，确保网络侧的全部行为可信，包括网络位置可信、网络身份可信、网络传输可信、网络行为可信等。

(3) 面向可信服务，构建去中心化的信任基础设施。

建立去中心化的安全可信基础设施是解决现有基础设施存在单一节点安全脆弱性与信任失效等问题的重要手段，它不依赖于单一信任锚点构建安全的网络应用生态，为网络提供安全可信的所有权证明、行为审计、身份认证与追溯、应用发布与监测等能力支撑。

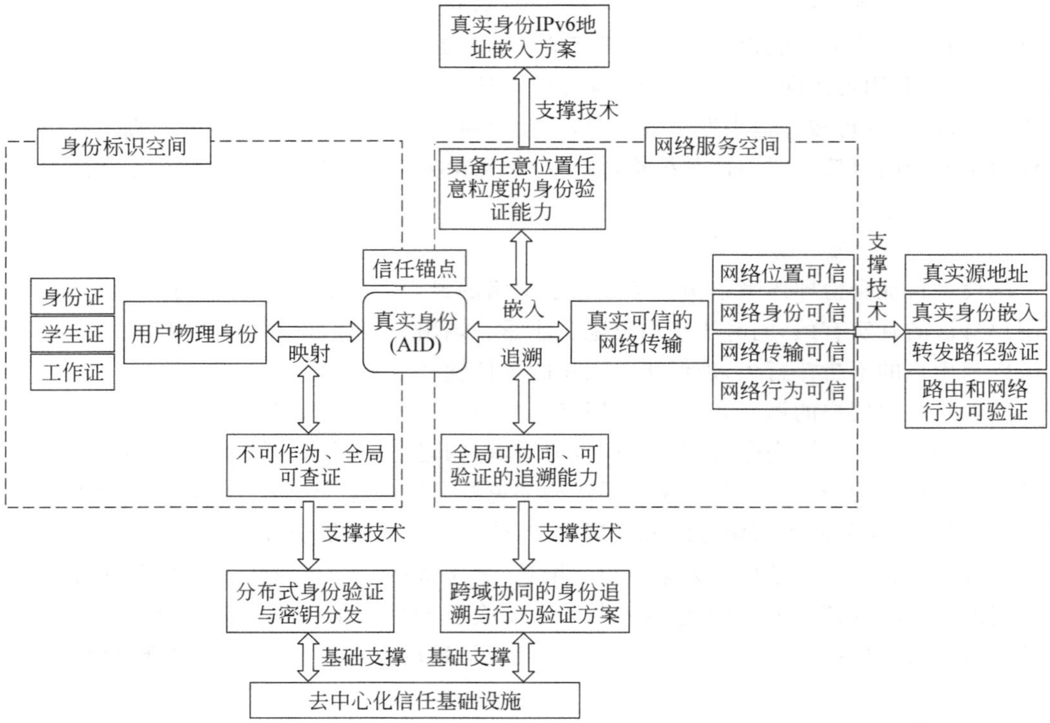

图 10.7　安全可信的新一代互联网体系结构设计思路

4. 总体架构

根据设计思路,安全可信的新一代互联网体系结构由用户标识层、网络服务层和基础设施层三部分组成。如图 10.8 所示,用户标识层通过真实源地址技术及身份标签将端节点物理位置与其物理身份有机融合形成虚拟身份,实现地址可信命名。网络服务层将真实源地址验证技术 SAVI、轻量级可信 BGP 技术、可信路径验证及错误定位、范式路由动态行为验证[39]等机制融入数据传输全生命周期,为用户提供真实可信的网络传输服务。基础设施层通过构建去中心化的基础信任设施和基础服务设施,提供可信密钥管理、可信认证追溯及可信基础服务,进而实现端节点的不可仿冒、身份的全局可查证,以及服务安全可信。安全可信的新一代互联网体系结构将安全可信功能嵌入地址命名和通信传输全过程,使互联网体系结构具备自主免疫能力,同时通过去中心化基础信任设施支撑体系结构的可信、可控、可管需求,最终实现端节点的可信不可仿冒及通信过程的可信不可篡改。

图 10.8　安全可信的新一代互联网体系结构

5. 命名可信的用户标识层

地址标识是互联网成功的基因,确保地址标识的安全可信是确保互联网通信安全可信的前提。通常,我们从两个方面着手构建标识:一是标识的类别;二是标识的形式。在此基础上,将安全可信特性与可验证性赋予地址标识中,以构建具备内生特性的用户标识层。就标识类别而言,为满足不同设备接入互联网、路由寻址及安全可追溯的需求,地址命名需要容纳设备、位置、身份甚至内容等多维度对象。就标识形式而言,我们提出的命名可信地址标识基于 IPv6 的 128 位扁平结构实现,并将身份标签融合到地址结构中实现对地址的可信验证。地址标识采用动态更新机制,达到对终端设备或终端用户的身份动态标识和隐私保护的目的。

命名可信地址标识由 40 位标识类别字符串 NID、1 位选择位,1 位预留位、22 位时间信息和 64 位身份标签字符串 AID 组成。如图 10.9 所示,40 位的 NID 包括 4 位分界位(确定组织位的长度),以及组织位和用户位。用户位由用户身份号码或设备名哈希截取而成。在保证用户位不发生碰撞的情况下,组织位取最大长度。4 位分界位可以产生数值为 0~15 的 16 个二进制数。AID 由 NID、选择位、预留位和时间信息加密产生。

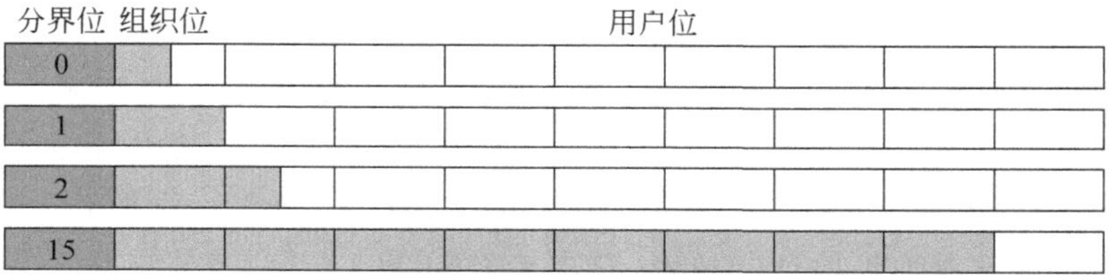

图 10.9　NID 格式

图 10.10 所示为地址标识分配和管理的示意图,它由地址生成服务器、NID 管理服务器等组成。地址生成服务器负责实现 DHCP 服务器的基本功能,根据 NID 管理服务器下发的加密密钥生成 AID,并综合终端请求中的 MAC 地址、NID 地址及 AID 形成可信地址标识。地址生成服务器维护 MAC 与地址绑定关系表,且支持安全的密钥管理。NID 管理服务器负责 NID 信息的管理和真实性认证。

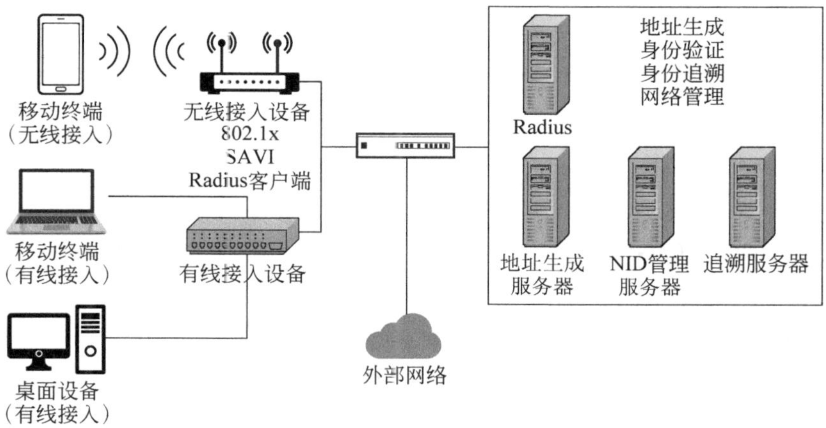

图 10.10　命名可信地址标识分配和管理示意图

命名可信地址标识基于 IPv6 强大的承载能力，利用设备与身份绑定关系的建立及动态更新的身份标签建立真实可信的用户标识空间，保障了端用户身份的真实可信，为抵御地址仿冒及 DDoS 攻击提供了技术支撑。

6. 传输可信的网络服务层

传输可信的网络服务层主要负责为用户提供“可信、可靠、可验证”的通信服务，在分组传输的全周期，首先采用真实源地址验证体系结构（Source Address Validation Architecture，SAVA[40]）对通信来源进行验证；在控制层面，通过轻量级可信 BGP（Trusted BGP，TBGP）技术[41]确保域间路由的安全可信和可验证；在数据层面，基于数据包随机标识验证（Probabilistic Packet Verification，PPV）机制[42]确保传输路径的可信和精确错误定位。

真实源地址验证。基于 IPv6 的真实源地址验证体系结构 SAVA 是由清华大学提出的一种用于对数据源地址进行验证的系统架构，用以在网络层提供一种透明的服务，确保互联网中转发的每一个分组都使用“真实 IP 源地址”。这里的“真实”包含三层含义：①经授权的，即 IP 源地址必须是经互联网 IP 地址管理机构分配授权的，不能伪造；②唯一的，即 IP 源地址必须是全局唯一的；③可追溯的，即网络中转发的 IP 分组，可根据其 IP 源地址找到其所有者和位置。正如本书第 6 章提到的，SAVA 分别从接入网内、自治域内、自治域间三个层次针对源地址的真实性进行验证，总体架构如图 10.11 所示。其中，接入网真实源地址验证技术（Source Address Validation Improvement，SAVI[43]）是一种基于分组监听生成绑定表实现端系统粒度源地址验证的技术，它支持 DHCP[44]、无状态[45]、混合[46]等多种地址分配形式。SAVA 架构支持不同层次实现不同粒度的 IPv6 源地址真实性验证，有效防止了基于地址欺骗的攻击，且在每一层次允许不同的运营商采用不同的方法，实现了整体结构简单性和各部分组成灵活性之间的平衡。

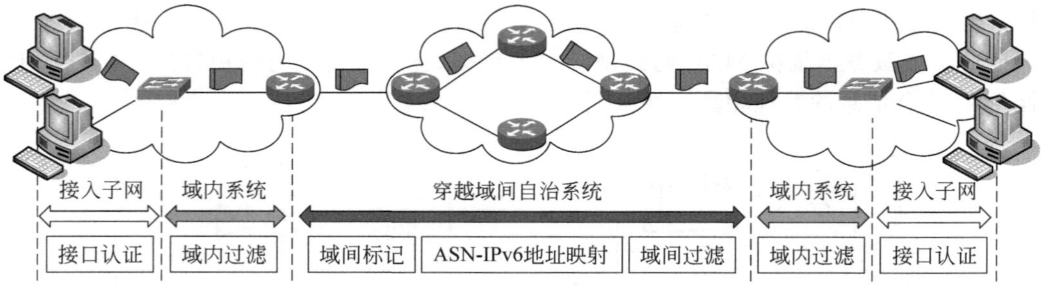

图 10.11　源地址验证体系结构

轻量级可信 BGP（TBGP）。如图 10.12 所示，TBGP[41]在路由通告路径上所有路由器的入口和出口过滤器上引入路由验证服务确保路由没有被错误配置或者恶意修改。在 TBGP 中，一个 BGP 路由器如果在出口过滤器成功验证路由通告符合路由验证规则，则路由器将签名这个路由。邻居路由器通过在入口过滤器验证路由签名的有效性可以确定这个路由通告是否符合 BGP 的路由通告规范。通过这个验证服务的接口，一个邻居路由器可以验证路由器的运行状态，包括路由器的协议状态、路由规则以及验证服务的状态等，并据此更新自己的路由表，且基于相同的路由规则把路由信息通告给它的邻居。由此，TBGP 路由器可以在每个路径中建立一个可传递的信任关系。信任关系的核心依赖于前缀所有者用前缀的私钥对路由进行的签名。和传统 BGP 安全方案相比，TBGP 通过建立这种可传递的信任关系可以有效地降低计算开销和网络资源消耗。

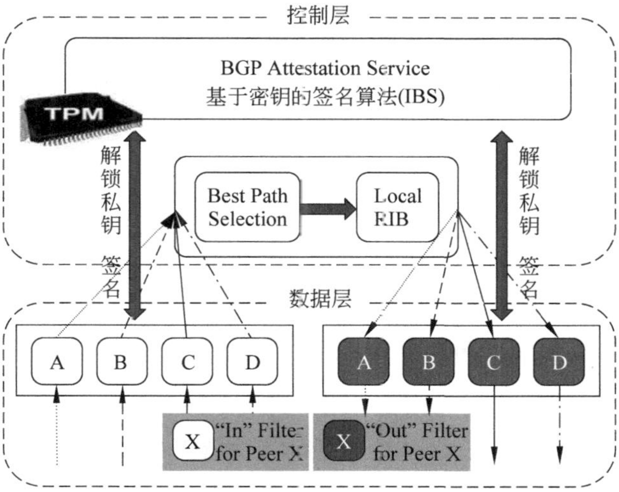

图 10.12　TBGP 系统架构

高效路径验证机制。在确定路由可信的基础上，网络空间还需要确保用户的数据按照既定的路径转发，有效应对数据劫持等攻击。安全可信的新一代互联网体系结构采用数据包随机标识的路径真实性高效验证机制 PPV[42] (Probabilistic Packet Verification)，通过路由器随机标识技术，以较小的验证开销和网络延时，保证数据包在实际转发过程中路径的可靠、可信。

为了保证转发路径的真实性，在 PPV 机制中，中间路由节点以一定的概率对每个接收到的数据包进行随机标识，该标识是通过执行基于共享密钥的 MAC(消息认证码)操作计算而来。在发送数据之前，通信源端 S 首先在网络第三层(IP 头部)和第四层(TCP 头部)之间创建一个新的 PPV 头(或使用 IPv6 协议的扩展报头)，用于数据包转发全过程的标识和验证。中间路由器在收到带有 PPV 头部的数据包之后，相邻的两个节点以一定的概率在 PPV 头部执行加密标识操作，数据包到达通信目的端后，由路径验证模块验证数据包中数据的完整性和标识的有效性，并通过验证相邻路由节点的标识判断数据包的转发是否存在异常。通过使用 PPV 机制，每个数据包最多被两个相邻的中间路由节点标识，而不会记录所有中间路由节点的标识，大大减少了因安全验证需求带来的数据包头部额外的字节长度，降低了中间路由节点和目的端的验证开销。根据安全需求粒度的不同，PPV 机制可分别应用于域内和域间的真实路径验证。

图 10.13 所示为 PPV 机制中的数据包标识过程，其中 MF 为标识字段。在收到数据包分组后，路由节点 R_i 首先检查 MF_1 和 MF_2 的状态，如果这两个字段都为空，R_i 将根据它的标识概率 P_i 在 MF_1 字段中标记自身标识 M_i。该标识 M_i 由接收到的数据包源地址 src、TTL(生存时间)、上一跳路由节点地址和数据包标识符通过执行基于共享密钥 K_i 的 MAC

运算获得。由于数据包源地址 src 是 MAC 运算中必不可少的输入，如果恶意路由节点通过篡改数据包中的源地址字段发动源地址哄骗攻击，则下游网络节点在计算自身标识时会出现错误，导致在目的端源地址验证的失败，从而有效防范地址欺骗攻击。同时，由于路由节点的标识是以数据包的 TTL 值和上一跳路由节点的地址作为输入计算得到的，如果中间路由节点通过恶意篡改数据包分组的转发路径，下游路由节点将会利用错误的数据包 TTL 值或上一跳路由节点的地址计算出错误的加密标识。目的端收到数据包后，根据数据包中的标识，使用并查集算法对数据包实际转发路径进行恢复，并比较实际转发路径和期望转发路径，以及比较重新计算的标识与接收到的标识两组关系，实现路径验证，同时准确定位数据包转发过程中存在的异常网络节点。

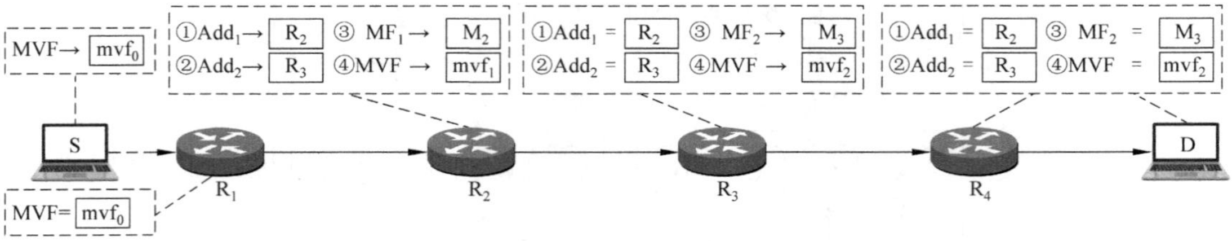

图 10.13 数据包随机标识的路径真实性高效验证机制 PPV 工作流程

7. 去中心化的基础信任设施

为解决中心节点的安全脆弱性与信任失效等问题，安全可信的新一代互联网体系结构利用区块链构建信任基础设施，提供去中心化的管理及验证等服务。如图 10.14 所示，去中心化基础信任设施通过区块链建立全局账本，记录互联网重要信息，对地址、AS 号、身份及公钥信息、AS 邻居关系等进行注册与管理，进而实现行为及身份的验证与追溯、密钥分发管理以及应用服务发布的监控与检测等。

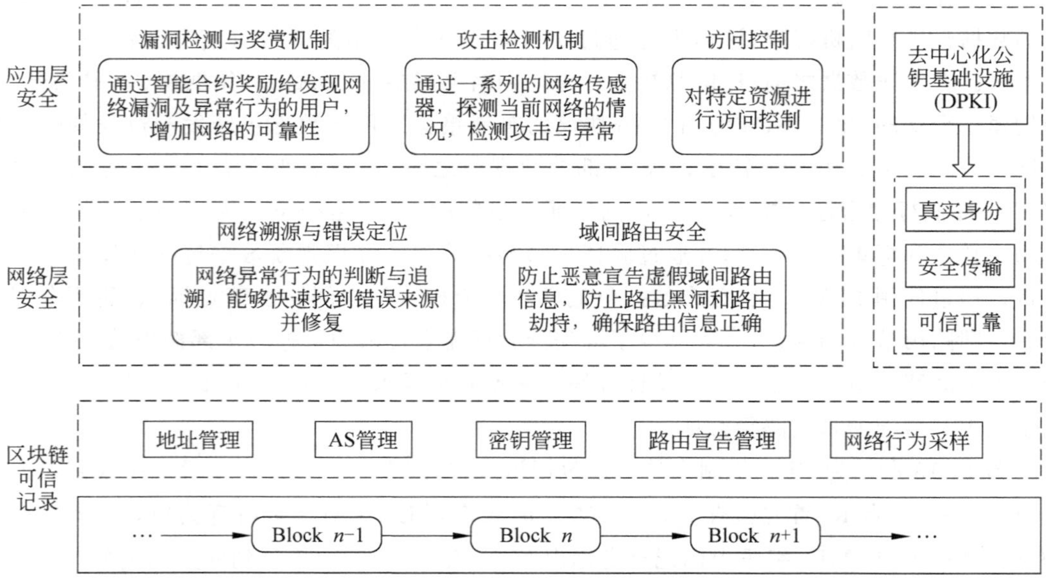

图 10.14 去中心化基础设施架构

基于去中心化的基础信任设施可以实现跨域访问身份认证，通过在各自治域内配置区块链服务器，将公开参数保存在区块链上可以支持域间实体的签名认证。针对区块链写入瓶颈问题，在存储内容上，仅将指向物理数据的链接和数据指纹（如哈希值）写入区块链，提升存储和处理效率。

去中心化的基础信任设施还可促进安全机制在真实网络环境中的部署，我们将这种基于区块链的去中心化自动激励机制称为 SmartCrowd[47]。如图 10.15 所示，SmartCrowd 架构包括网络服务供应商、安全检测者和网络用户三种角色。

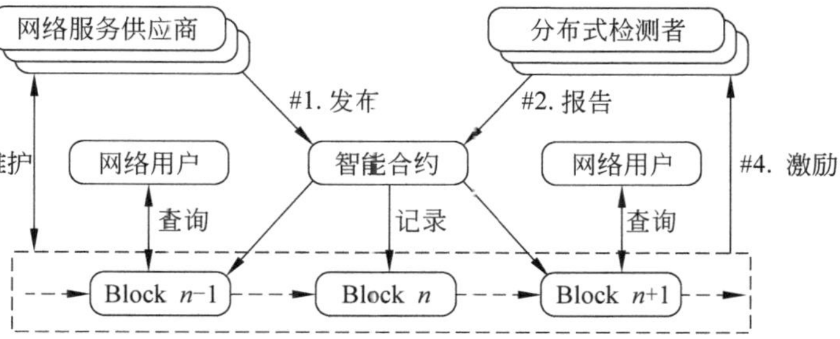

图 10.15　基于区块链的去中心化自动激励机制 SmartCrowd 设计架构

SmartCrowd 利用区块链将执行安全检测的任务通过众包的形式分发给多个分布式安全检测者，当检测者检测到数据包分组转发过程存在异常时，会通过智能合约自动获得一定的检测奖励，而相应的 ISP 也将会自动受到惩罚。整个过程由基础信任设施完成，不依赖任何集中式的可信第三方执行奖励分发，避免了单点故障、单点作恶的威胁。同时，SmartCrowd 机制的检测结果会被记录在区块链中，保持对 ISP 的安全审计。SmartCrowd 机制通过区块链账本可向网络用户提供真实的、可信的、完备的检测结果，约束应用提供商提供更安全的应用，促进地址验证及路径验证等安全可信机制的有效部署，同时激励检测者积极参与应用运行阶段的监测，实现全局“可协同、可验证、可追溯”，推动形成更可信、安全的协作生态系统。

8. 小结

如图 10.16 所示，概括而言，我们提出的安全可信新一代互联网体系结构具备分层分级（接入、域内、域间）的源地址及终端身份真实可信保障、验证能力；具备转发过程的可信认证和错误定位能力；具备终端网络行为的可信追溯能力；具备端到端的应用安全增强能力，最终形成彼此信任的用户空间及网络空间，实现网络体系结构的自主安全可信保障。其中，分布式信任基础设施为整体架构提供行为采样、域间协调、密钥分发、信息验证等基础支撑。

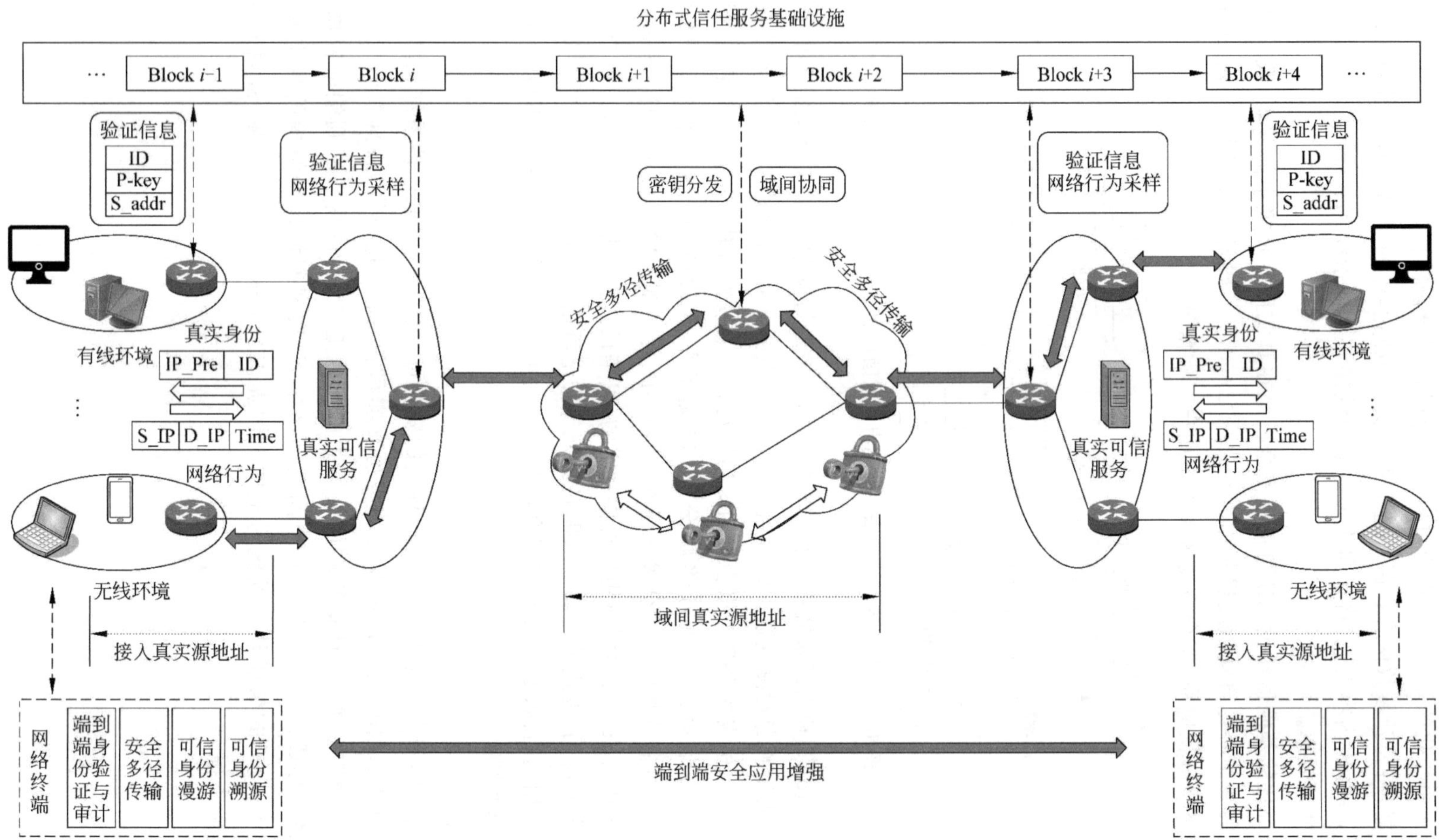

图 10.16　安全可信的新一代互联网体系结构

10.5 结论和进一步的研究工作

国际新一代互联网的研究和发展方兴未艾，目前的互联网正处于改朝换代的重要历史时期。自 IPv4 地址分配完毕，全球掀起了 IPv6 发展的高潮。2016 年 11 月 7 日，互联网架构委员会(IAB)正式建议 IETF 在未来新的 RFC 标准中支持 IPv6，这一要求成为 IPv4 向 IPv6 过渡的一个重要界线。IPv6 地址申请量逐年攀升，据 APNIC(亚太互联网络信息中心)统计数据显示，截至 2020 年 2 月底，全球 IPv6 使用率(使用 IPv6 终端和服务的用户占互联网用户总数的百分比)已达 23.99%，比利时、印度、美国等国家的 IPv6 使用率均已超过 50%。各国运营商也逐步推进网络基础设施 IPv6 改造，各顶级网站对 IPv6 的支持率也持续上升，Google、YouTube、Facebook 均已全面支持 IPv6。

我国作为较早启动 IPv6 的国家，在互联网和新一代互联网的研究方面做了大量的工作，取得了令人瞩目的成绩，以 IPv6 为基础的新一代互联网体系结构研究也在不断发展和创新。但相比而言，我国新一代互联网的研究基础还很薄弱，技术创新还很初步，产业发展还不平衡，IPv6 部署在 2018 年前明显滞后[43]。2017 年 11 月，中共中央办公厅、国务院办公厅印发《推进互联网协议第六版(IPv6)规模部署行动计划》，以国家行动推动 IPv6 规模部署，提出要用 5～10 年时间，形成下一代互联网自主技术体系和产业生态，建成全球最大规模的 IPv6 商业应用网络。随后，国内电信运营商、各类政府网站、云服务商等积极响应并投入 IPv6 的部署与推广中，国内相关科研机构和高校也纷纷开展 IPv6 研究及相关国际标准制定工作。自 2018 年起，我国 IPv6 使用率大幅提升，经过两年多的部署运行，2020 年 1 月，APNIC 统计表明我国 IPv6 使用率已超过 17%[48]，较 2018 年 10 月上升十几个百分点，但由于网民基础较大，固定终端支持 IPv6 状况不佳，一定程度上制约了我国 IPv6 的发展。

互联网体系结构基础研究从未停止过，随着网络规模和重要性不断提升，互联网核心技术的竞争越发激烈。突破关键前沿技术，构建自主技术的产业需要我们进一步探索，特别是针对互联网的安全信任、大规模路由寻址和可扩展等重大科学问题，需要从基础研究、科学攻关到大规模应用等方面做大量研究。

针对我国新一代互联网的总体发展，国家已经制定了明确的指导方向和战略目标，在《国家中长期科学和技术发展规划纲要(2006—2020)》中提出："发展高可信网络为重点，开发网络信息安全技术及相关产品，建立信息安全技术保障体系，具备防范各种信息安全突发事件的技术能力"……《国家"十三五"科学技术发展规划》也提出："研发新一代互联网技术，保障网络空间安全，促进信息技术向各行业广泛渗透与深度融合"。显然，安全可信问题是我国新一代互联网研究的一大重点。内生安全思想开辟了构建新一代安全可信的互联网体系结构的新思路，区块链、机器学习等技术也为新一代互联网体系结构的研究注入了活力，我们相信从体系结构本身出发，将信任、管控、审计等各种安全要素融入体系结构设计中，会更好地、系统地、全面地解决互联网面临的安全问题。

参考文献

[1] The Internet Engineering Task Force[EB/OL]. [2020-08-09]. https://www.ietf.org.

[2] Alvestrand H. A Mission Statement for the IETF[R]. RFC 3935, 2004.

[3] Rekhter Y, Li T. A Border Gateway Protocol 4 (BGP-4)[R]. RFC 1771, 1995.

[4] Fuller V, Li T, Yu J, et al. Classless Inter-Domain Routing (CIDR): an Address Assignment and Aggregation Strategy[R]. RFC 1519, 1993.

[5] Address Lifetime Expectations (ale) [EB/OL]. [2020-08-09]. https://datatracker.ietf.org/wg/ale/about/.

[6] Bradner S, Mankin A. The Recommendation for the IP Next Generation Protocol[R]. RFC 1752, 1995.

[7] CIP Working Group, Topolcic C Ed. Experimental Internet Stream Protocol, Version 2 (ST-II)[R]. RFC 1190, 1990.

[8] Deering S, Hinden R. Internet Protocol, Version 6 (IPv6) Specification[R]. RFC 2460, 1998.

[9] 移动 IP[EB/OL]. [2020-08-09]. https://baike.baidu.com/item/移动 IP/1193577? fr=aladdin.

[10] Smyslov V, Wouters P. The NULL Authentication Method in the Internet Key Exchange Protocol Version 2 (IKEv2)[R]. RFC 7619, 2015.

[11] Nir Y, Kivinen T, Wouters P, et al. Algorithm Implementation Requirements and Usage Guidance for the Internet Key Exchange Protocol Version 2 (IKEv2)[R]. RFC 8247, 2017.

[12] Narten T, Nordmark E, Simpson W, et al. Neighbor Discovery for IP version 6 (IPv6)[R]. RFC 4861, 2007.

[13] Neighbor Discovery Protocol[EB/OL]. [2020-08-09]. https://wiki.hk.wjbk.site/wiki/Neighbor_Discovery_Protocol.

[14] Next Generation Internet Initiative[EB/OL]. [2020-08-09]. https://ngi.eu/about/.

[15] 吴建平,吴茜,徐恪.下一代互联网体系结构基础研究及探索[J].计算机学报, 2008, 31(9): 1536-1548.

[16] 未来网络技术白皮书(2019 版)[EB/OL]. 2019-12-15 [2020-08-09]. https://www.sciping.com/33404.html.

[17] Kuhne M. Plenary Report[J]. IETF Journal, 2007, 3 (1): 6-13.

[18] Kent S, Atkinson R. Security Architecture for the Internet Protocol[R]. RFC 2401, 1998.

[19] 马丹妮,葛坚. 我国 IPv6 规模部署进展[J]. 信息通信技术与政策, 2019, 8: 22-26.

[20] Bremler-Barr A, Levy H. Spoofing prevention method[C]. In Proceedings of IEEE INFOCOM, 2005.

[21] Liu Xin, Li Ang, Yang Xiaowei, et al. Passport: Secure and adoptable source authentication[C]. In Proceedings of NSDI, 2008.

[22] Yaar A, Perrig A, Song D. StackPi: New Packet Marking and Filtering Mechanisms for DDoS and IP Spoofing Defense[J]. IEEE Journal on Selected Areas in Communications, 2006, 24(10): 1853-1863.

[23] Kent S T, Lynn C, Seo K. Secure Border Gateway Protocol (S-BGP)[J]. IEEE Journal on Selected Areas in Communications, 2000, 18(4): 582-592.

[24] White R. Securing BGP through secure origin BGP (soBGP)[J]. Business Communications Review, 2003, 33(5): 15-22.

[25] Kim T H, Basescu C, Jia L, et al. Lightweight Source Authentication and Path Validation[C]. In Proceedings of ACM SIGCOMM, 2014.

[26] Moskowitz R, Nikander P, Jokela P, et al. Host Identity Protocol[R]. RFC 5201, 2008.

[27] Zhang L X, Afanasyev A, Burke J, et al. Named Data Networking[J]. ACM SIGCOMM Computer Communication Review (CCR), 2014, 44(3): 66-73.

[28] Han D S, Anand A, Dogar F. XIA: Efficient Support for Evolvable Internetworking [C]. In Proceedings of NSDI, 2012.

[29] Raychaudhuri D, Nagaraja K, Venkataramani A. MobilityFirst: A Robust and Trustworthy MobilityCentric Architecture for the Future Internet[C]. In Proceedings of ACM SIGMOBILE, 2012

[30] 徐恪，朱敏，刘莹，等. 新一代互联网体系结构可演进性研究进展[M]. 北京：机械工业出版社,2011.

[31] 徐恪，朱亮，朱敏. 互联网地址安全体系与关键技术[J]. 软件学报，2014，25(1)：78-97.

[32] 朱亮，徐恪. 互联网通用地址体系框架[J]. 西安交通大学学报，2017，51(2)：6-12.

[33] WardR, Beyer B. BeyondCorp: A New Approach to Enterprise Security [J]. The magazine of USENIX & SAGE, 2014, 39(6): 6-11.

[34] Osborn B, McWilliams J, Beyer B, et al. BeyondCorp: Design to Deployment at Google[J]. Spring, 2016, 41(1) : 28-35.

[35] 邬江兴. 网络空间拟态防御原理——广义鲁棒控制与内生安全(第二版)上册[M].北京：科学出版社，2018.

[36] 陈钟，关志，孟宏伟，等.未来网络体系结构及安全设计综述[J].信息安全研究，2015，1(1)：9-18.

[37] Naylor D, Matthew K M, Agyapong P, et al. XIA: architecting a more trustworthy and evolvable internet[J]. Computer Communication Review, 2014, 44(3): 50-57.

[38] 胡宇翔，伊鹏，孙鹏浩，等.全维可定义的多模态智慧网络体系研究[J]. 通信学报，2019，40(8)：1-12.

[39] 徐磊，徐恪. 范式路由器：规范路由器数据层的动态行为[J]. 清华大学学报(自然科学版)，2018，58(8)：693-697.

[40] Wu Jianping, Bi Jun, Li Xing, et al. A source address validation architecture (sava) testbed and deployment experience[R]. RFC 5210, 2008.

[41] Li Qi, Xu Mingwei, Wu Jianping, et al. Enhancing the Trust of Internet Routing with Lightweight Route Attestation[C]. In Proceedings of ASIACCS, 2011.

[42] Wu Bo, Xu Ke, Li Qi, et al. Enabling Efficient Source and Path Verification via Probabilistic Packet Marking[C]. In Proceedings of IWQoS, 2018.

[43] Wu J P, Bi J, Bagnulo M, et al. Source address validation improvement (SAVI) framework[R]. RFC 7039, 2013.

[44] Bi J, Wu J P, Yao G, et al. Source Address Validation Improvement (SAVI) Solution for DHCP[R]. RFC 7513, 2015.

[45] Nordmark E, Bagnulo M, Levy-Abegnoli E, et al. FCFS SAVI: First-Come, First-Served Source Address Validation Improvement for Locally Assigned IPv6 Addresses[R]. RFC 6620, 2012.

[46] Bi J, Yao G, Halpern J, et al. Source Address Validation Improvement (SAVI) for Mixed Address Assignment Methods Scenario[R]. RFC 8074, 2017.

[47] Wu Bo, Xu Ke, Li Qi, et al. SmartCrowd: Decentralized and Automated Incentives for Distributed IoT System Detection[C]. In Proceedings of IEEE ICDCS, 2019.

[48] IPv6 in the region[EB/OL][2020-08-09]. https://www.apnic.net/community/ipv6/ipv6-in-your-region/? cc=CN.

附录 A　计算机网络实验系统 NetRiver

A.1　计算机网络实验系统 NetRiver 概述

网络实验系统 NetRiver[1] 由清华大学开发完成，为学生提供了进行网络协议编程、调试、可视化执行和自动测试的实验平台。NetRiver 系统集成了编辑和编译功能，支持学生完成代码的编辑、编译、调试和运行。系统实现的可视化多功能协议分析器，既可以方便学生直接观察协议分组的交互状况，直观了解网络核心协议的工作过程，又可以深入分析每个分组的具体包结构，实现了理论和实践的完美结合。系统不仅设计实现了自动化测试功能，自动提供详尽的测试结果，从而方便教师检查实验，而且设计的脚本描述语言能够支持教师根据实际课程情况对实验进行全方位调整。系统提供了 Web 管理界面，可以方便地维护学生信息和实验信息，并提供收集和整理实验测试结果的功能，协助教师更好地完成教学任务。

该系统为用户提供了两种基本的实验方法，即交互式实验和编程开发实验。交互式实验让用户根据协议规范，通过图形界面的方式填写消息分组中各字段的值；编程开发实验则让用户完成协议核心函数代码，以促进对协议运行过程的理解。

整个 NetRiver 网络实验系统由三部分构成：实验管理服务器、测试服务器和数量众多的客户端，三者间可以相互通信，如图 A.1 所示。

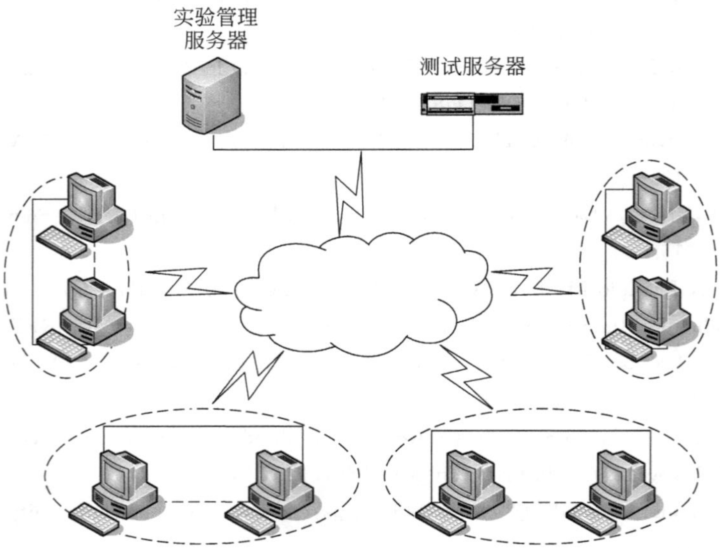

图 A.1　NetRiver 实验系统

实验管理服务器用于保存所有用户的信息，包括用户名、用户密码、实验进度、测试结果、实验成绩以及教师的管理信息等。实验管理服务器还存储了网络实验所有的测试用例。

实验管理服务器支持用户管理与认证功能，用户登录成功后，服务器会向客户端测试用例列表，并管理用户提交的实验代码与测试结果。该服务器还能接收测试服务器的连接请求及向测试服务器发送测试用例内容。

测试服务器会根据实验内容与客户端进行协议通信，完成协议一致性测试。测试服务器从实验管理服务器上获取测试用例内容，测试用例描述了详细的测试过程，测试服务器和客户端按照测试用例完成这一过程。测试服务器向客户端发送协议分组，也接收客户端发来的协议分组，并判断客户端协议行为的正确性。所有的测试结果都由测试服务器进行判定，再反馈给客户端，并通知实验管理服务器对其进行保存。

客户端是学生实验的操作平台，它不仅可以连接并登录实验管理服务器和测试服务器，还提供了一个可以编辑、编译、调试和执行实验代码的软件开发环境。在测试过程中，客户端软件还能够显示并分析协议测试分组的内容。

目前，NetRiver 实验系统支持的实验包括 IPv4 收发实验、IPv4 转发实验、TCP 实验、IPv6 收发实验、IPv6 转发实验、滑动窗口协议实验、RIP 实验和协议状态机实验等。NetRiver 系统使用了灵活的脚本语言，可以方便地扩充实验内容。接下来选取滑动窗口协议实验、IPv4 收发实验、IPv4 转发实验以及 IPv4 over IPv6 隧道协议实验详细介绍。

A.1.1 滑动窗口协议实验

A.1.1.1 实验目的

计算机网络的数据链路层协议保证通信双方在有差错的通信线路上进行无差错的数据传输，是计算机网络各层协议中通信控制功能最典型的一种协议。

本实验实现一个数据链路层协议的数据传送部分，目的是使学生更好地理解数据链路层协议中的“滑动窗口”技术的基本工作原理，掌握计算机网络协议的基本实现技术。

A.1.1.2 实验要求

在一个数据链路层的模拟实现环境中，用 C 语言实现下面三个数据链路层协议。

(1) 1 比特滑动窗口协议。

(2) 回退 N 帧滑动窗口协议。

(3) 选择性重传协议。

A.1.1.3 实验内容

充分理解滑动窗口协议，根据滑动窗口协议模拟滑动窗口协议中发送端的功能，对系统发送的帧进行缓存并加入窗口等待确认，并在超时或者错误时对部分帧进行重传。

编写停等及退回 N 滑动窗口协议函数，响应系统的发送请求、接收帧消息以及超时消息，并根据滑动窗口协议进行相应处理。

编写选择性重传协议函数，响应系统的发送请求、接受帧消息以及错误消息，并根据滑动窗口协议进行相应处理。

A.1.1.4 实验帮助

1. 窗口机制

滑动窗口协议的基本原理是在任意时刻，发送方都维持了一个连续的允许发送的帧的序号，称为发送窗口；同时，接收方也维持了一个连续的允许接收的帧的序号，称为接收窗口。发送窗口和接收窗口的序号的上下界不一定一样，甚至大小也可以不同。不同的滑动窗口协议窗口大小一般不同。发送方窗口内的序列号代表了已经被发送，但是还没有被确认的帧，或者是可以被发送的帧。下面举一个例子（假设发送窗口尺寸为 2，接收窗口尺寸为 1），如图 A.2 所示。

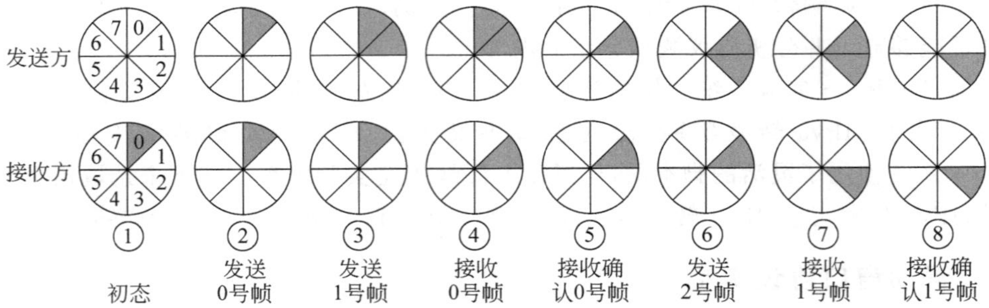

图 A.2　窗口机制示意图

分析：①初始态，发送方没有帧发出，发送窗口前后沿重合。接收方 0 号窗口打开，等待接收 0 号帧；②发送方打开 0 号窗口，表示已发出 0 号帧但尚未收到确认信息，此时接收窗口状态不变；③发送方打开 0、1 号窗口，表示 0、1 号帧均在等待确认之列。至此，发送方打开的窗口数已达规定限度，在未收到新的确认返回帧之前，发送方将暂停发送新的数据帧。接收窗口此时状态仍未变；④接收方已收到 0 号帧，0 号窗口关闭，1 号窗口打开，表示准备接收 1 号帧，此时发送窗口状态不变；⑤发送方收到接收方发来的 0 号帧确认返回信息，关闭 0 号窗口，表示从重发表中删除 0 号帧。此时接收窗口状态仍不变；⑥发送方继续发送 2 号帧，2 号窗口打开，表示 2 号帧也纳入待确认之列。至此，发送方打开的窗口又已达规定限度，在未收到新的确认返回帧之前，发送方将暂停发送新的数据帧，此时接收窗口状态仍不变；⑦接收方已收到 1 号帧，1 号窗口关闭，2 号窗口打开，表示准备接收 2 号帧，此时发送窗口状态不变；⑧发送方收到接收方发来的 1 号帧接收完毕的确认信息，关闭 1 号窗口，表示从重发表中删除 1 号帧，此时接收窗口状态仍不变。

若从滑动窗口的观点统一看待 1 比特滑动窗口、回退 N 帧和选择性重传这三种协议，它们的差别仅是各自窗口尺寸的大小不同而已。1 比特滑动窗口协议：发送窗口＝1，接收窗口＝1；回退 N 帧协议和选择性重传协议：发送窗口＞1，接收窗口＞1。

2. 1 比特滑动窗口协议

当发送窗口和接收窗口的大小固定为 1 时，滑动窗口协议退化为停等协议（stop-and-wait）。该协议规定发送方每发送一帧后就要停下来，等待接收方已正确接收的确认（acknowledgement）返回后才能继续发送下一帧。由于接收方需要判断接收到的帧是新发送的帧，还是重新发送的帧，因此发送方要为每个帧加一个序号。由于停等协议规定只有一帧完全发送成功后才能发送新的帧，因而只用 1 比特编号就够了。其发送方和接收方运行的流程图如图 A.3 所示。

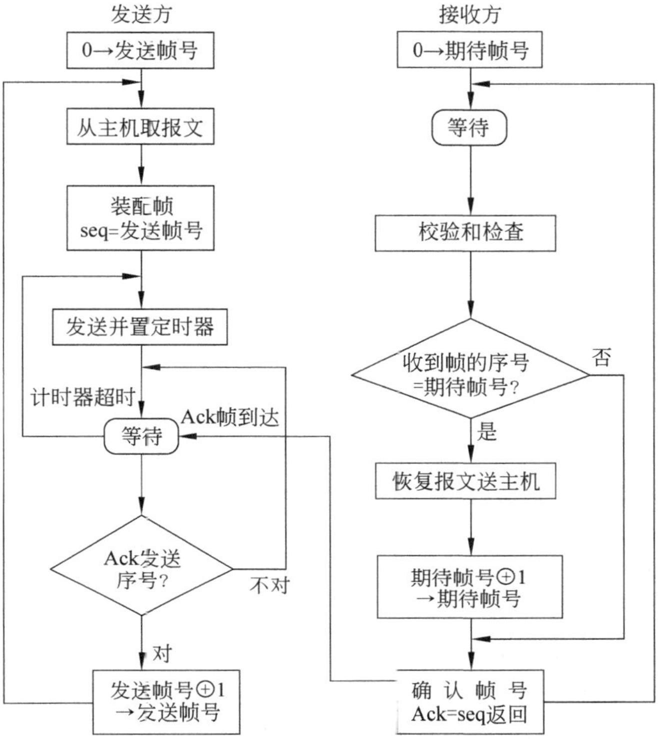

图 A.3　1 比特滑动窗口协议流程图

在两个主机端系统通信的环境中，网络的拓扑可以简化为两台主机直接相连，中间的具体连接方式可以抽象为一条简单的链路，如图 A.4 所示。滑动窗口实验就是要在实验系统客户端的开发平台上实现滑动窗口协议发送端的功能。

图 A.4　实验环境网络拓扑结构

A.1.1.5　处理流程

1. 停等协议和回退 *N* 帧协议

测试函数包括停等协议测试函数 stud_slide_window_stop_and_wait 和回退 *N* 帧协议测试函数 stud_slide_window_back_n_frame，在下列情况下，系统会调用学生的测试函数。

当发送端需要发送帧时，会调用学生测试函数，并置参数 messageType 为 MSG_TYPE_SEND，测试函数应该将该帧缓存，存入发送队列中。若发送窗口还未打开到规定限度，则打开一个窗口,并将调用 SendFRAMEPacket 函数将该帧发送。若发送窗口已开到限度,则直接返回,相当于直接进入等待状态。

当发送端收到接收端的 ACK 后,会调用学生测试函数,并置参数 messageType 为 MSG_TYPE_RECEIVE,测试函数检查 ACK 值后,应该将该 ACK 对应的窗口关闭。由于关闭了窗口,等待发送的帧可以进入窗口并发送,因此,此时若发送队列中存在等待发送的帧,则应该将一个等待发送的帧发送并打开一个新的窗口。

发送端每发送一个帧,系统都会为他创建一个定时器,当被成功 ACK 后,定时器会被取消,若某个帧在定时器超时时间仍未被 ACK,系统则会调用测试函数,并置参数 messageType 为 MSG_TYPE_TIMEOUT,告知测试函数某帧超时,测试函数应该根据帧序号重新发送该帧以及后面发送过的帧。

2. 选择性重传协议

测试函数包括 stud_slide_window_choice_frame_resend,在下列情况下系统会调用学生的测试函数。

当发送端需要发送帧时,会调用学生测试函数,并置参数 messageType 为 MSG_TYPE_SEND,测试函数应该将该帧缓存,存入发送队列中。若发送窗口还未打开到规定限度,则打开一个窗口,并调用 SendFRAMEPacket 函数将该帧发送。若发送窗口已打开到规定限度,则直接返回,相当于直接进入等待状态。

当发送端收到接收端的 ACK 后,会调用学生测试函数,并置参数 messageType 为 MSG_TYPE_RECEIVE,测试函数检查 ACK 值后,应该将该 ACK 对应的窗口关闭。由于关闭了窗口,等待发送的帧可以进入窗口并发送,因此,此时若发送队列中存在等待发送的帧,则应该将一个等待发送的帧发送并打开一个新的窗口。

当发送端收到的帧类型为 NAK(表示出错的帧号)后,系统会调用学生测试函数,并置参数 messageType 为 MSG_TYPE_RECEIVE,学生测试函数在检查该帧的帧类型为 NAK 值后,通过帧序号查找出在本地帧缓存队列里的该帧数据,并且将该帧重新发送给接收端。

A.1.1.6 接口函数说明

需要实现的接口函数

1)停等协议测试函数

```
int stud_slide_window_stop_and_wait(char * pBuffer, int bufferSize, UINT8 messageType)
```

参数:

pBuffer:指向系统要发送或接收的帧内容的指针,或者指向超时消息中超时帧的序列号内容的指针。

bufferSize:表示内容的长度。

messageType:传入的消息类型,可以为以下几种情况。

MSG_TYPE_TIMEOUT	某个帧超时
MSG_TYPE_SEND	系统要发送一个帧

MSG_TYPE_RECEIVE　　　　　　　　　　系统接收到一个帧的 ACK

对于 MSG_TYPE_TIMEOUT 消息，pBuffer 指向数据的前 4B 为超时帧的序列号，以 UINT32 类型存储，在与帧中的序列号比较时，请注意字节序，并进行必要的转换。

对于 MSG_TYPE_SEND 和 MSG_TYPE_RECEIVE 类型消息，pBuffer 指向数据的结构如以下代码中 frame 结构的定义。

```
typedef enum {data,ack,nak} frame_kind;
typedef struct frame_head
{
    frame_kind kind;                            //帧类型
    unsigned int seq;                           //序列号
    unsigned int ack;                           //确认号
    unsigned char data[100];                    //数据
};
typedef struct frame
{
    frame_head head;                            //帧头
    unsigned int size;                          //数据的大小
};
```

2）回退 N 帧协议测试函数

```
int stud_slide_window_back_n_frame(char * pBuffer, int bufferSize, UINT8
messageType)
```

该函数的参数定义同**停等协议测试函数**中的参数定义。

3）选择性重传协议测试函数

```
int stud_slide_window_choice_frame_resend(char * pBuffer, int bufferSize, UINT8
messageType)
```

该函数的参数定义同**停等协议测试函数**中的参数定义。

A.1.1.7　系统提供的接口函数

发送帧函数

```
extern void SendFRAMEPacket(unsigned char * pData, unsigned int len);
```

参数：

pData：指向要发送的帧的内容的指针。

len：要发送的帧的长度。

A.1.2　IPv4 收发实验

A.1.2.1　实验目的

IPv4 是互联网的核心协议，它保证了网络节点（包括网络设备和主机）在网络层能够按照标准协议互相通信。IPv4 地址唯一标识了网络节点。在我们日常使用的计算机的主机协议栈中,IPv4 必不可少,它能够接收网络中传送给本机的分组,同时也能根据上层协议的要求将分组封装为 IPv4 分组发送出去。

本实验通过设计实现主机协议栈中的 IPv4,让学生深入了解网络层协议的基本原理,学习 IPv4 基本的分组接收和发送流程。

另外,通过本实验,学生可以初步接触互联网协议栈的结构和计算机网络实验系统,为后面进行更深入复杂的实验奠定良好的基础。

A.1.2.2 实验要求

根据计算机网络实验系统提供的上下层接口函数和协议中分组收发的主要流程,独立设计实现一个简单的 IPv4 分组收发模块。要求实现的主要功能包括:

(1) IPv4 分组的基本接收处理。

(2) IPv4 分组的封装发送。

注:不要求实现 IPv4 中的选项和分片处理功能。

A.1.2.3 实验内容

1. 实现 IPv4 分组的基本接收处理功能

对于接收到的 IPv4 分组,检查目的地址是否为本地地址,并检查 IPv4 分组头部中其他字段的合法性。提交正确的分组给上层协议继续处理,丢弃错误的分组并说明错误类型。

2. 实现 IPv4 分组的封装发送

根据上层协议提供的参数封装 IPv4 分组,调用系统提供的发送接口函数将分组发送出去。

A.1.2.4 实验帮助

在主机协议栈中,IPv4 主要承担辨别和标识源 IPv4 地址和目的 IPv4 地址的功能,一方面接收处理发送给自己的分组,另一方面根据应用需求填写目的地址并将上层分组封装发送。IPv4 地址可以在网络中唯一标识一台主机,因而在相互通信时填写在 IPv4 分组头部中的 IPv4 地址就起到了标识源主机和目的主机的作用。在后面 IPv4 分组的转发实验中,我们还将深入学习 IPv4 地址在分组转发过程中对选择转发路径的重要作用。

在两个主机端系统通信的环境中,网络的拓扑可以简化为两台主机直接相连,中间的具体连接方式可以抽象为一条简单的链路,如图 A.5 所示。IPv4 分组收发实验就是在实验系统客户端的开发平台上实现 IPv4 分组的接收和发送功能。

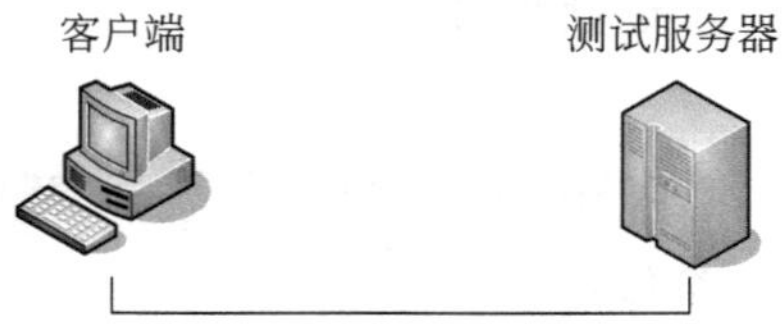

图 A.5 实验环境网络拓扑结构

A.1.2.5 处理流程

客户端接收到测试服务器发送来的 IPv4 分组后,调用接收接口函数 stud_ip_recv()(图 A.6 中接口函数①)。学生需要在这个函数中实现 IPv4 分组接收处理的功能。接收处理完成后，调用接口函数 ip_SendtoUp()将需要上层协议进一步处理的信息提交给上层协议(图 A.6 中接口函数②)；或者调用函数 ip_DiscardPkt()丢弃有错误的分组并报告错误类型(图 A.6 中函数⑤)。

在上层协议需要发送分组时，会调用发送接口函数 stud_ip_Upsend()(图 A.6 中接口函数③)。学生需要在这个函数中实现 IPv4 分组封装发送的功能。根据所传参数完成 IPv4 分组的封装，之后调用接口函数 ip_SendtoLower()把分组交给下层完成发送(图 A.6 中接口函数④)。

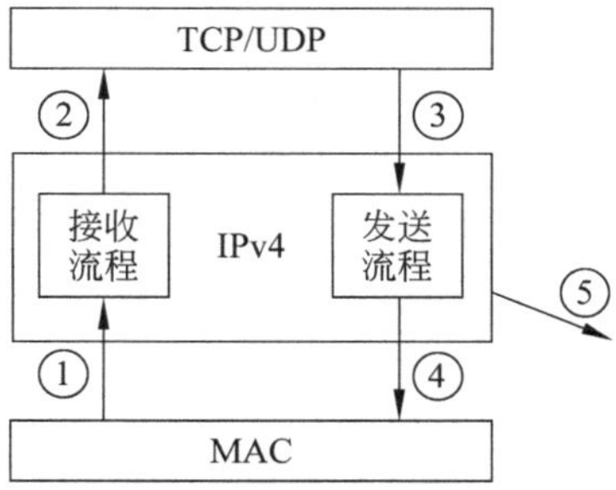

图 A.6　实验接口函数示意图

A.1.2.6　接收流程

在接口函数 stud_ip_recv()中，需要完成下列处理步骤(仅供参考)：

(1) 检查接收到的 IPv4 分组头部的字段，包括版本号(Version)、头部长度(IP Head length)、生存时间(Time to live)以及头校验和(Header checksum)字段。对出错的分组调用 ip_DiscardPkt()丢弃，并说明错误类型。

(2) 检查 IPv4 分组是否应该由本机接收。如果分组的目的地址是本机地址或广播地址，则说明此分组是发送给本机的；否则调用 ip_DiscardPkt()丢弃，并说明错误类型。

(3) 如果 IPv4 分组应该由本机接收，则提取得到上层协议类型，调用 ip_SendtoUp()接口函数，交给系统进行后续接收处理。

A.1.2.7　发送流程

在接口函数 stud_ip_Upsend()中，需要完成下列处理步骤(仅供参考)：

(1) 根据所传参数(如数据大小)确定分配的存储空间的大小并申请分组的存储空间。

(2) 按照 IPv4 标准填写 IPv4 分组头部各字段，标识符(Identification)字段可以使用一个随机数填写。(注意：部分字段内容需要转换成网络字节序)。

(3) 完成 IPv4 分组的封装后，调用 ip_SendtoLower()接口函数完成后续的发送处理工作，最终将分组发送到网络中。

A.1.2.8　IPv4 分组头部格式

IPv4 分组头部格式如图 A.7 所示，具体字段的定义请参考教材[1]。

接口函数说明

■ 需要实现的接口函数

1) **接收接口**

```
int stud_ip_recv(char * pBuffer, unsigned short length)
```

参数：

pBuffer：指向接收缓冲区的指针，指向 IPv4 分组头部。

length：IPv4 分组长度。

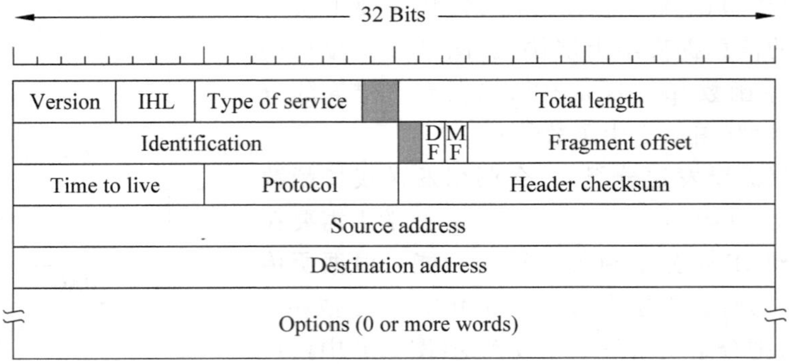

图 A.7　IPv4 分组头部格式

返回值：

0：成功接收 IP 分组并交给上层处理。

1：IP 分组接收失败。

2）**发送接口**

```
int stud_ip_Upsend(char * pBuffer, unsigned short len, unsigned int srcAddr,
unsigned int dstAddr ,byte protocol, byte ttl)
```

参数：

pBuffer：指向发送缓冲区的指针，指向 IPv4 上层协议数据头部。

len：IPv4 上层协议数据长度。

srcAddr：源 IPv4 地址。

dstAddr：目的 IPv4 地址。

protocol：IPv4 上层协议号。

ttl：生存时间。

返回值：

0：成功发送 IP 分组。

1：发送 IP 分组失败。

■ 系统提供的接口函数

1）**丢弃分组**

```
void ip_DiscardPkt(char * pBuffer ,int type)
```

参数：

pBuffer：指向被丢弃分组的指针。

type：分组被丢弃的原因，可取以下值。

STUD_IP_TEST_CHECKSUM_ERROR　　IP 校验和出错
STUD_IP_TEST_TTL_ERROR　　TTL 值出错
STUD_IP_TEST_VERSION_ERROR　　IP 版本号错
STUD_IP_TEST_HEADLEN_ERROR　　头部长度错
STUD_IP_TEST_DESTINATION_ERROR　　目的地址错

2）**发送分组**

```
void ip_SendtoLower(char *pBuffer ,int length)
```

参数：

pBuffer：指向待发送的 IPv4 分组头部的指针。

length：待发送的 IPv4 分组长度。

3）**上层接收**

```
void ip_SendtoUp(char *pBuffer, int length)
```

参数：

pBuffer：指向要上交的上层协议分组头部的指针。

length：上交分组长度。

4）**获取本机 IPv4 地址**

```
unsigned int getIpv4Address()
```

参数：无

A.1.3 IPv4 转发实验

A.1.3.1 实验目的

通过前面的实验，我们已经深入了解了 IPv4 的分组接收和发送处理流程。本实验需要将实验模块的角色定位从通信两端的主机转移到作为中间节点的路由器上，在 IPv4 分组收发处理的基础上实现分组的路由转发功能。

网络层协议最关注的是如何将 IPv4 分组从源主机通过网络送达目的主机，这个任务由路由器中的 IPv4 模块所承担。路由器根据自身获得的路由信息将收到的 IPv4 分组转发给正确的下一跳路由器。如此逐跳地对分组进行转发，直至该分组抵达目的主机。IPv4 分组转发是路由器最重要的功能。

本实验设计模拟实现路由器中的 IPv4，可以在原有 IPv4 分组收发实验的基础上增加 IPv4 分组的转发功能。对网络的观察视角由主机转移到路由器中，了解路由器是如何为分组选择路由，并逐跳地将分组发送到目的主机。在本实验中也会初步接触路由表这一重要的数据结构，认识路由器是如何根据路由表对分组进行转发的。

A.1.3.2 实验要求

在前面 IPv4 分组收发实验的基础上，增加分组转发功能。具体来说，对于每一个到达本机的 IPv4 分组，根据其目的 IPv4 地址决定分组的处理行为，对该分组进行如下操作：

(1) 向上层协议上交目的地址为本机地址的分组。

(2) 根据路由查找结果，丢弃查不到路由的分组。

(3) 根据路由查找结果，向相应接口转发不是本机接收的分组。

A.1.3.3 实验内容

实验内容主要包括：

1）设计路由表数据结构

设计路由表所采用的数据结构。要求能够根据目的 IPv4 地址确定分组处理行为（转发情况下须获得下一跳的 IPv4 地址）。路由表的数据结构和查找算法会极大地影响路由器的转发性能，有兴趣的同学可以深入思考和探索。

2）IPv4 分组的接收和发送

对前面实验（IP 实验）中完成的代码进行修改，在路由器协议栈的 IPv4 模块中能够正确完成分组的接收和发送处理。具体要求不做改变，参见“IP 实验”。

3）IPv4 分组的转发

对需要转发的分组进行处理，获得下一跳的 IP 地址，然后调用发送接口函数做进一步处理。

A.1.3.4 实验帮助

分组转发是路由器最重要的功能。分组转发的依据是路由信息，以此将目的地址不同的分组发送到相应的接口上，逐跳转发，并最终到达目的主机。本实验要求按照路由器协议栈的 IPv4 功能进行设计实现，接收处理所有收到的分组（而不只是目的地址为本机地址的分组），并根据分组的 IPV4 目的地址结合相关的路由信息对分组进行转发、接收或丢弃操作。

实验的主要流程和系统接口函数与前面的“IP 实验”基本相同。在下层接收接口函数 stud_fwd_deal()中（图 A.8 中接口函数①），实现分组接收处理。主要功能是根据分组中目的 IPv4 地址结合对应的路由信息对分组进行处理。若分组需要上交，则调用接口函数 fwd_LocalRcv()（图 A.8 中接口函数②）；若分组需要丢弃，则调用函数 fwd_DiscardPkt()（图 A.8 中函数⑤）；若分组需要转发，则进行转发操作。转发操作的实现要点包括：首先 TTL 值减 1，然后重新计算头校验和，最后调用发送接口函数 fwd_SendtoLower()（图 A.8 中接口函数 4）将分组发送出去。注意，接口函数 fwd_SendtoLower()比前面实验增加了一个参数 pNextHopAddr，要求在调用时传入下一跳的 IPv4 地址，此地址是通过查找路由表得到的。

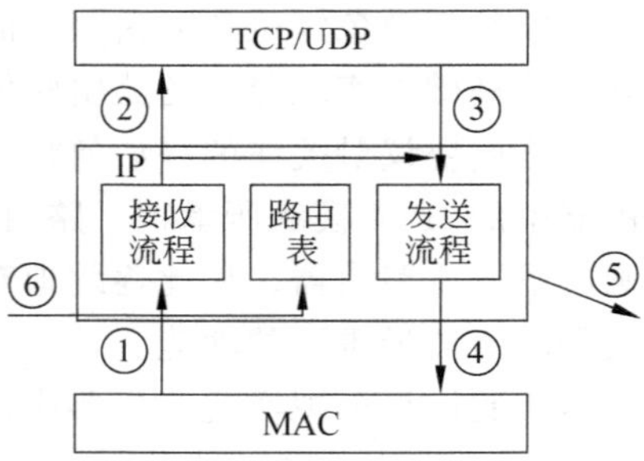

图 A.8 IPv4 分组转发实验接口示意图

另外，本实验增加了一个路由表配置的接口（图 A.8 中函数⑥），要求能够根据系统所给信息设定本机路由表。实验中只需要简单地设置静态路由信息，作为分组接收和发送处理的判断依据，而路由信息的动态获取和交互在有关路由协议（RIP）的实验中会重点涉及。

与前面的“IP 实验”不同的是，本实验中的分组接收和发送过程中都需要引入路由表的查找步骤。路由器的主要任务是进行分组转发，它所接收的多数分组都需要进行转发，而不像主机协议栈中 IPv4 模块只接收发送给本机的分组；另外，路由器也要接收处理发送给本机的一些分组，如路由协议的分组（RIP 实验中会涉及）、ICMP 分组等。如何确定对各种分组的处理操作类型，需要根据分组的 IPv4 目的地址结合路由信息进行判断。

一般而言，路由信息包括地址段、距离、下一跳地址、操作类型等。在接收到 IPv4 分组后，要通过其目的地址匹配地址段判断是否为本机地址，如果是，则本机接收；如果不是，则通过其目的地址段查找路由表信息，从而得到进一步的操作类型，转发情况下还要获得下一跳的 IPv4 地址。发送 IPv4 分组时，也要拿目的地址查找路由表，得到下一跳的 IPv4 地址，然后调用发送接口函数做进一步处理。在前面实验中，发送流程中没有查找路由表确定下一跳地址的步骤，这项工作由系统完成了，在本实验中则作为实验内容要求学生实现。需要进一步说明的是，在转发路径中，本路由器可能是路径上的最后一跳，可以直接转发给目的主机，此时下一跳的地址就是 IPv4 分组的目的地址；而非最后一跳的情况下，下一跳的地址是从对应的路由信息中获取的。因此，在路由表中转发类型要区分最后一跳和非最后一跳的情况。

路由表数据结构的设计非常重要，会极大地影响路由表的查找速度，进而影响路由器的分组转发性能。本实验中虽然不会涉及大量分组的处理问题，但良好且高效的数据结构无疑会为后面的实验奠定良好的基础。链表结构是最简单的，但效率比较低；树形结构的查找效率会提高很多，但组织和维护有一些复杂，可以作为提高的要求。具体数据结构的设计，可以在实践中进一步深入研究。

路由表维护

需要完成下列分组接收处理步骤：

(1) stud_Route_Init ()函数中，对路由表进行初始化。

(2) stud_route_add ()函数中，完成路由的增加。

转发处理流程

在 stud_fwd_deal ()函数中，需要完成下列分组接收处理步骤：

(1) 查找路由表。根据相应路由表项的类型确定下一步操作，错误分组调用函数 fwd_DiscardPkt ()进行丢弃，上交分组调用接口函数 fwd_LocalRcv ()提交给上层协议继续处理，转发分组进行转发处理。注意，转发分组还要从路由表项中获取下一跳的 IPv4 地址。

(2) 转发处理流程。对 IPv4 头部中的 TTL 字段减 1，重新计算校验和，然后调用下层接口 fwd_SendtoLower ()进行发送处理。

实验接口函数

本节列出了实验时会用到的各种接口函数，其中有一些函数是需要学生完成的，有一些函数则是已经实现好的，供学生在实验时直接使用。表 A.1 列出了所有的接口函数及其简要说明，更详细的说明在后面描述。

表 A.1 函数接口表

函数名	说明	是否需要学生实现
stud_fwd_deal	系统处理收到的 IP 分组的函数，当接收到一个 IP 分组的时候，实验系统会调用该函数进行处理	是
fwd_SendtoLower	将封装完成的 IP 分组通过链路层发送出去的函数	否
fwd_LocalRcv	将 IP 分组上交本机上层协议的函数，即当分组需要上交上层函数的时候调用本函数	否
fwd_DiscardPkt	丢弃 IP 分组的函数。当需要丢弃一个 IP 分组的时候调用	否

续表

函 数 名	说 明	是否需要学生实现
stud_route_add	向路由表添加路由的函数。系统将调用该函数向路由表添加一条 IPv4 路由	是
stud_Route_Init	路由表初始化函数。系统初始化的时候将调用此函数对路由表进行初始化操作	是
getIpv4Address	获取本机的 IPv4 地址,用来判断分组地址和本机地址是否相同	否

1) **stud_fwd_deal**()

```
int stud_fwd_deal(char * pBuffer, int length)
```

参数:

pBuffer:指向接收到的 IPv4 分组头部。

length:IPv4 分组的长度。

返回值:

0 为成功,1 为失败。

说明:

本函数是 IPv4 接收流程的下层接口函数,实验系统从网络中接收到分组后会调用本函数。调用该函数之前已完成 IP 分组的合法性检查,因此学生在本函数中应该实现如下功能:

a. 判定是否为本机接收的分组,如果是,则调用 fwd_LocalRcv()。

b. 按照最长匹配查找路由表获取下一跳,若查找失败,则调用 fwd_DiscardPkt()。

c. 调用 fwd_SendtoLower()完成分组发送。

d. 转发过程中注意 TTL 的处理及校验和的变化。

2) **fwd_LocalRcv**()

```
void fwd_LocalRcv(char *pBuffer, int length)
```

参数:

pBuffer:指向分组的 IP 头。

length:表示分组的长度。

说明:

本函数是 IPv4 接收流程的上层接口函数,在对 IPv4 的分组完成解析处理之后,如果分组的目的地址是本机的地址,则调用本函数将正确分组提交上层相应协议模块进一步处理。

3) **fwd_SendtoLower**()

```
void fwd_SendtoLower(char *pBuffer, int length, unsigned int nexthop)
```

参数:

pBuffer:指向所要发送的 IPv4 分组头部。

length:分组长度(包括分组头部)。

nexthop:转发时下一跳的地址。

说明：

本函数是发送流程的下层接口函数，在 IPv4 模块完成发送封装工作后调用该接口函数进行后续的发送处理。其中，后续的发送处理过程包括分片处理、IPv4 地址到 MAC 地址的映射（ARP）、封装成 MAC 帧等工作，这部分内容不需要学生完成，由实验系统提供支持。

4）**fwd_DiscardPkt**()

```
void fwd_DiscardPkt(char * pBuffer, int type)
```

参数：

pBuffer：指向被丢弃的 IPv4 分组头部。

type：表示错误类型，包括 TTL 和找不到路由两种错误，定义如下：

```
STUD_FORWARD_TEST_TTLERROR
STUD_FORWARD_TEST_NOROUTE
```

说明：

本函数是丢弃分组的函数，在接收流程中检查到错误时调用此函数将分组丢弃。

5）**stud_route_add**()

```
void stud_route_add(stud_route_msg * proute)
```

参数：

proute：指向需要添加路由信息的结构体头部，其数据结构 stud_route_msg 的定义如下：

```
typedef struct stud_route_msg
{
  unsigned int  dest;
  unsigned int  masklen;
  unsigned int  nexthop;
} stud_route_msg;
```

说明：

本函数为路由表配置接口，系统在配置路由表时需要调用此接口。此函数的功能为向路由表中增加一个新的表项，将参数传递的路由信息添加到路由表中。

6）**stud_Route_Init**()

```
void stud_Route_Init()
```

参数：

无

说明：

本函数将在系统启动的时候被调用，学生可将初始化路由表的代码写在这里。

7）**getIpv4Address**()

```
UINT32 getIpv4Address()
```

说明：

本函数用于获取本机的 IPv4 地址，学生调用该函数即可返回本机的 IPv4 地址，可以用来判断 IPv4 分组是否为本机接收。

返回值：

本机 IPv4 地址

除了以上函数外，学生可根据需要自己编写一些实验需要的函数和数据结构，包括路由表的数据结构，对路由表的搜索、初始化等操作函数。

A.1.4 IPv4 over IPv6 隧道协议实验

A.1.4.1 实验目的

IPv4 over IPv6，简称“4over6”，是 IPv4 向 IPv6 发展进程中为了向纯 IPv6 主干网过渡而提出的一种新技术，可以最大程度地继承基于 IPv4 网络和应用，实现 IPv4 向 IPv6 平滑的过渡。

该实验通过实现 IPv4 over IPv6 隧道最小原型验证系统，让同学们对 4over6 隧道的实现原理有更加深刻的认识。

A.1.4.2 实验要求

在安卓设备上实现一个 4over6 隧道系统的客户端程序，内容如下：

(1) 实现安卓界面程序，显示隧道分组收发状态(Java 语言)。

(2) 启用安卓 VPN 服务(Java 语言)。

(3) 实现底层通信程序，对 4over6 隧道系统控制消息和数据消息的处理(C 语言)。

A.1.4.3 实验内容

客户端可以分为前台和后台。

(1) 前台是 Java 语言的显示界面。

① 进行网络检测并获取上联物理接口 IPv6 地址。

② 启动后台线程。

③ 开启定时器刷新界面。

④ 界面显示网络状态。

⑤ 开启安卓 VPN 服务。

(2) 后台是 C 语言客户端与 4over6 隧道服务器之间的数据交互。

① 连接服务器。

② 获取下联虚接口 IPv4 地址并通过管道传到前台。

③ 获取前台传送到后台的虚接口描述符。

④ 读写虚接口。

⑤ 对数据进行解封装。

⑥ 通过 IPv6 套接字与 4over6 隧道服务器进行数据交互。

⑦ 实现保活机制，定时给服务器发送 keeplive 消息。

A.1.4.4 实验帮助

消息类型定义

协议简述

客户端消息的结构体定义如下：

```
struct Msg
{
        int length;             //整个结构体的字节长度
        char type;              //类型
        char data[4096];        //数据段
};
```

定义下列五种客户端所能用到的消息，见表 A.2。

表 A.2 消息类型表

类型(char)	长度(int)	数据(char[4096])	备　注
100		null	IP 地址请求
101			IP 地址回应
102			上网请求
103			上网回应
104		null	心跳包

其中 101 类型分组的数据段包含了 IP 地址、路由、三个 DNS，服务器会以字符串的形式把这些信息写入分组数据段，格式为"IP 路由 DNS DNS DNS "，字符串之间以空格隔开，类似"13.8.0.2 0.0.0.0 202.38.120.242 8.8.8.8 202.106.0.20 "。

流程解析

该客户端可以分为两大部分：前台和后台。前台是安卓界面的显示。后台完成创建 IPv6 套接字，数据的封装与解封装，以及与 4over6 隧道服务端的通信。

整体流程大致如下：

(1) 程序启动后，先检查网络状态。

(2) 获取 IPv6 地址。

(3) 开启后台线程。

(4) 开启前台定时器刷新界面。

后台流程

后台线程处理流程大致如下：

(1) 创建 IPv6 套接字。

(2) 连接 4over6 隧道服务器。

(3) 开启定时器线程，读写虚接口的流量信息并写入管道，定时发送心跳包。

(4) 发送消息类型为 100 的 IP 地址请求消息。

(5) 循环接收服务器发送来的消息，对消息类型进行判断并进行处理。

前台流程

前台定时器的主要功能是定时刷新显示界面，显示流量信息，定时完成如下功能：

(1) 从管道中读取后台传来的信息。

(2) 启用安卓 VPN 服务。

(3) 把获取到的安卓虚接口描述符写入管道传到后台。

(4) 读取流量信息管道，进行格式转换。

(5) 显示上传和下载速度、上传总流量和包数、下载总流量和包数等信息。

前后台通信流程

前台是 Java 语言的显示界面，后台是 C 语言的数据交互，前后台之间应通过管道进行通信。应创建两个管道：一个是 IP 信息管道；一个是流量信息管道，对这两个管道分开处理。

A.2 NetFPGA 实验平台

A.2.1 NetFPGA 开发板

NetFPGA[2]早期是由斯坦福大学开发的，为网络研究人员提供低成本可重用的硬件平台，可以使研究人员在硬件级别的开发环境上搭建 Gb/s 级的高性能网络系统模型，从而进行网络系统的研究与测试。随着项目影响力的提升，剑桥等机构陆续加入研发中。

NetFPGA 能够支持模块化设计，复杂的硬件设计可以通过各个子模块的组合完成。更重要的是，NetFPGA 是一个基于 Linux 的开放性平台，所有对它感兴趣的人都可以利用平台上现有的资源在前人开发的基础上搭建自己的系统，而自己开发的系统也可以被其他人所用，而不再需要重复地搭建外围模块、开发驱动和 GUI 等，只添加自己的模块和修改现有的系统即可。NetFPGA 的模块化和开放性大大简化了网络研究的任务量，从而使其获得全球众多研究机构的青睐。目前，基于 NetFPGA 的网络设计和路由器设计已经作为一门实验课程在美国的很多高校里讲授。国内也有很多学校和研究机构采用基于 NetFPGA 进行实验与教学的实例。

NetFPGA 系统主要由 NetFPGA 开发板、以太网卡、运行于 CentOS 的软件程序组成，通过各个层次软硬件的互相配合完成复杂的网络结构测试。其中 NetFPGA 开发板是整个平台的核心，为用户提供了十分丰富的硬件资源。

市面上常见的 NetFPGA 大致有四类：NetFPGA SUME、NetFPGA CML、NetFPGA 10G、NetFPGA 1G，可满足各个层次用户的硬件需求。各型号 NetFPGA 的硬件性能见表 A.3。

表 A.3 各型号 NetFPGA 的硬件性能

NetFPGA 型号	FPGA 型号	逻辑单元量	网络接口	SRAM 容量/MB	DRAM 容量/吞吐
NetFPGA 1G	Virtex-II Pro 50	53 136	4×1Gb/s	4.5	64MB/25.6Gb/s
NetFPGA 10G	Virtex-5 TX240T	240 000	4×10Gb/s	27	288MB/115.2Gb/s
NetFPGA CML	Kintex-7 325T	326 080	4×1Gb/s	36	512MB/12.8Gb/s
NetFPGA SUME	Virtex-7 690T	693 120	4×10Gb/s	27	8GB/238.8Gb/s

NetFPGA SUME 是剑桥大学、斯坦福大学、赛灵思等组织于 2014 年联合研发的，如图 A.9 所示。相比于早期产品，NetFPGA SUME 除了配备有更高性能的 FPGA 芯片外，还支持第三代 PCI-E 和 DDR3 DRAM，并可以对 DRAM 进行硬件上的扩容，还支持 SATA 接口的存储设备。

图 A.9　NetFPGA SUME 开发板

注：该图取自参考文献[2]

A.2.2　NetFPGA 硬件系统

下面以 NetFPGA 1G(下称 NetFPGA)为例，介绍 NetFPGA 的软硬件系统和使用模型。NetFPGA 平台详细的组成框图如图 A.10 所示[3]。其核心部分是一个 Xilinx 公司的 Virtex-II Pro 50 型 FPGA，可以由用户自定义的逻辑编程，其核心时钟频率为 125 MHz。

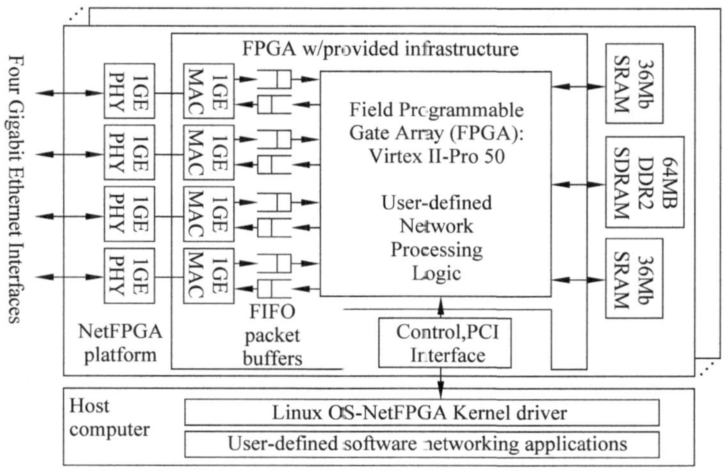

图 A.10　NetFPGA 平台详细的组成框图

注：该图取自参考文献[3]

NetFPGA 的外部存储器由 SRAM 与 SDRAM 构成，两片 4.5MB 的 Cypress 公司 SRAM 与 FPGA 核心逻辑同步运行于 125MHz 时钟频率，字长 36 比特。总共 64MB 的两片 Micron 公司 DDR2 型 SDRAM 与 FPGA 异步运行，其时钟频率为 200MHz，字长 32 比特。

NetFPGA 的外部接口连接 PC 的 PCI 总线插口，一个 Broadcom 公司的物理层收发器(PHY)包含了四个千兆位以太网接口，使该平台可以连接四根标准的以太网双绞线来收发数据分组，并组成网络拓扑；四端口的 PHY 内部连接着作为 FPGA 软核的四个千兆位以太网 MAC。两个串口连接线 SATA 连接口使得系统内部的多个 NetFPGA 可以通过 SATA 数据线连接起来，互相之间直接以很高的速度交换数据，不必再通过 PCI 总线。此外，双口千兆以太网卡用来给主机提供本地网络接口，并与 NetFPGA 连接实现特殊的用法。

NetFPGA 通过 PCI 总线与主机 CPU 连接，提供了硬件加速的数据通道，分担 CPU 的处理任务。主机 CPU 按照 DMA 方式读写 NetFPGA 上的寄存器和存储器配置 NetFPGA 的工作模式，并对 NetFPGA 的工作状态进行监控。

A.2.3 NetFPGA 软件系统

NetFPGA 软件系统包括操作系统、软件接口的驱动程序、实现各种硬件功能的逻辑代码、执行控制功能的软件程序、系统测试的脚本程序，以及计算机辅助设计软件工具。

为了保证开放性，NetFPGA 平台选择了 CentOS。CentOS 是一个开放源代码的 Linux 操作系统，全名为“社区企业操作系统”(Community Enterprise Operating System)，是 Red Hat 的免费升级版本，相对于其他 Linux 版本操作系统，其稳定性值得信赖，非常适合应用在网络和服务器平台。目前，NetFPGA 已经支持 32 位的 CentOS 4.4 版本，直至最新的 5.3 版本。

基于 Linux 内核的设备驱动程序是 NetFPGA 开发板与主机操作系统的软件接口。首先，驱动程序对 NetFPGA 的四个千兆以太网口进行配置，在系统内添加了 4 个命名为 nf2c0、nf2c1、nf2c2、nf2c3 的网络连接，从而使得 PC 上的用户空间软件可以通过 NetFPGA 开发板上的以太网端口收发数据分组，就像使用普通的以太网口一样。其次，驱动程序给安装在主机上的每个 NetFPGA 板子预留了 128 MB 的主机内存空间，开发板的片上寄存器、SRAM、DRAM 被映射到内存中，应用程序通过对这些寄存器映像进行读写，从而控制 NetFPGA 的运行模式，监视数据通道的分组处理状态。再者，驱动程序使主机和 NetFPGA 之间按照 DMA 方式传送这个以太网帧，从而使主机在 I/O 进行的同时能够并行运算，而不必等待 I/O 结束。

实现各种硬件功能的逻辑代码是由 Verilog 硬件设计语言编写的，这些代码通过仿真测试和改进逻辑功能，之后生成 bit 文件下载到 FPGA 中，执行相应的硬件功能。NetFPGA 作为一个开放平台，其研究者们已经贡献出了很多 Verilog 模块，这为我们的研究开发提供了便利。

完成控制功能的软件程序主要是由 C 语言编写，包括读写寄存器、网络协议的执行等功能。为了使操作简单和便捷，NetFPGA 平台还提供了 Java 程序开发的图形用户界面(GUI)。

此外，Linux 操作系统下的 Shell 脚本程序可以用来调用 C 语言程序，从而对系统进行测试，评估其网络性能等。这些脚本程序通常在 Shell 终端里，以命令行的方式运行。用于 NetFPGA 开发的计算机辅助设计(CAD)工具对硬件设计进行仿真和调试。设计方案通过 Mentor Graphics ModelSim 仿真，确保逻辑能够正确地执行。Verilog 源代码通过 Xilinx ISE 进行综合，最终生成 bit 文件。最后，bit 文件通过 PC 的命令行程序下载到 FPGA 并对其进行编程，从而执行设计的硬件功能。硬件电路的调试可以使用 Xilinx ChipScope 的片上逻辑分析仪。

A.2.4 NetFPGA 使用模型

用户可以快速地将 NetFPGA 硬件配置成为硬件加速的网卡或者 IPv4 路由器，具体的设计与代码可以从网站[2]下载，配置成功后 NetFPGA 可以与标准的 IPv4 路由器进行互操作。

NetFPGA 可以利用连接的主机分担处理工作，连接主机的 CPU 可以访问 NetFPGA 的内存，并可以通过直接存储器访问方式(Direct Memory Access,DMA)读写 NetFPGA 的寄存器与内存。不同于其他开源项目，NetFPGA 能够提供硬件加速的数据通路，可以提供 4 个 Gb/s 的以太网接口，以及开发板上内存的直接硬件接口。

NetFPGA 开发包包含可以实现网络功能的源代码，以实现路由器功能为例，用户可以有三种方法利用 NetFPGA 开发包[3]。

(1) 本方法利用 NetFPGA 硬件提供加速功能，并修改软件实现新协议功能。如图 A.11 所示，NetFPGA 配置成 IPv4 路由器硬件，而 Linux 主机则运行 NetFPGA 开发包内提供的路由器工具软件。路由器工具守护进程从 Linux 主机镜像路由表与 ARP 缓存到 NetFPGA 硬件开发板，以保证实现 IPv4 的线性路由。用户可以通过修改 Linux 实现新协议，然后通过整个系统测试新协议。

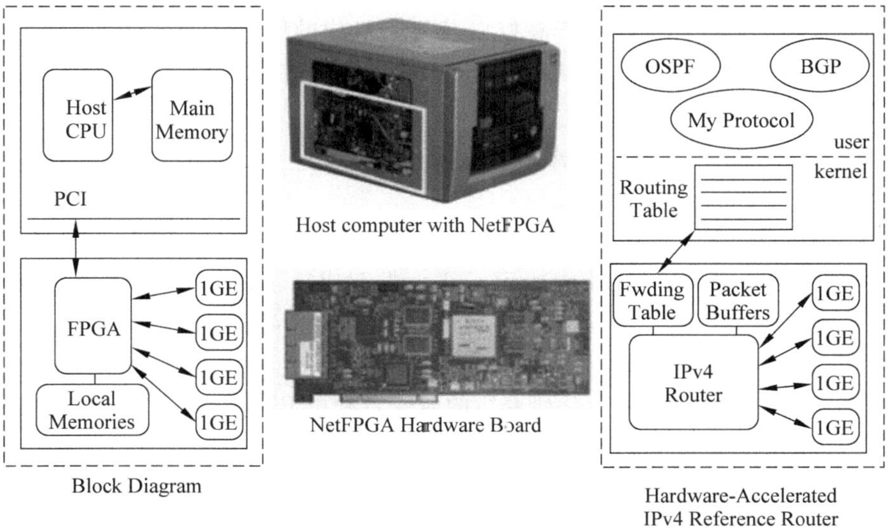

图 A.11 使用模型 1 示意图

注：该图取自参考文献[3]

(2) 如图 A.12 左所示，可以利用 NetFPGA 开发包的库文件或者自己的 Verilog 代码修改 NetFPGA 开发包提供的硬件配置，然后用标准的设计工具编译源代码，并将生成的二进制文件下载到 FPGA。可以通过增加或者修改软件提供新功能，如用 IPv4 路由器中实现最长前缀匹配(Longest Prefix Match，LPM)的 Trie 树路由表项查找取代目前使用的 CAM LPM 查找，或者在 IPv4 路由器中增加 NAT 或者防火墙功能。

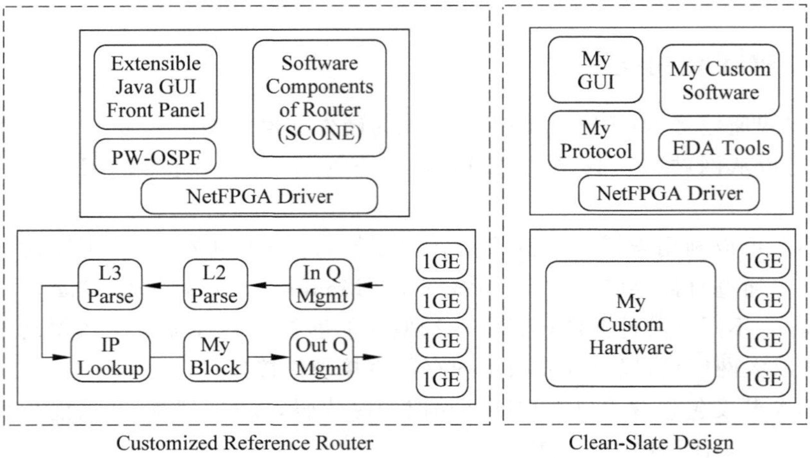

图 A.12　使用模型 2 和模型 3 示意图

注：该图取自参考文献[3]

(3) NetFPGA 还可以支持从头进行全新的设计实现，用户可以直接在 FPGA 中自行定义需要的逻辑与数据处理功能。如图 A.12 右所示，该设计可以利用官方或者第三方提供的库或者全新的代码实现需要的功能。

NetFPGA 目前已经广泛应用于高校以及研究机构的网络教学与研究，也产生了许许多多的基于 NetFPGA 的开源应用，具体的开源项目可以参考文献[2]。

A.3　PlanetLab

PlanetLab[4]是一个全球性的网络服务的试验床，2002 年 3 月由普林斯顿大学的 Larry Peterson 与加州大学伯克利分校的 David Culler 发起成立，初始成员包括来自各个大学的 30 名研究人员，CERNET 于 2004 年 12 月加入 PlanetLab，同年同月，PlanetLab 节点超过 500 个。目前，PlanetLab 在全球范围内的 575 个站点拥有 1081 个节点。从 2003 年开始，超过 1000 名顶级学术机构与商业化研究所的研究者利用 PlanetLab 开展分布式存储、网络映射、P2P 系统、分布式哈希表，以及查询处理等新技术的研究工作。

PlanetLab 已经成为一个功能强大的平台，可用于了解互联网的特征，创建新的网络协议，评估新型的或者已有的网络服务，还可以通过全球范围的网络系统测量加深对互联网的理解，或者在 PlanetLab 上部署新型互联网应用的网络服务。

目前 PlanetLab 已经成为网络与分布式系统研究必备的工具之一。研究网络协议与网络服务的研究者利用 PlanetLab 展现其设计在现实网络条件下的可行性。许多学生也利用

PlanetLab 对全球范围的网络系统进行研究，可以利用 PlanetLab 获得具备网络错误、不同连接域、不同的延迟与带宽、恶意用户影响的类真实网络环境。接近 200 篇的论文研究成果利用 PlanetLab 作为工具，其中相当部分的论文发表在知名的网络与分布式会议上，如 SIGCOMM、SOSP、OSDI、NSDI、INFOCOM、USENIX、EUROSYS、IPTPS、IMC 等会议。此外，还有超过 40 个学校的课程中都利用了 PlanetLab。

PlanetLab 中每个节点有一个或者多个虚拟机，不同节点上的虚拟机可以联合形成 Slice，Slice 作为 PlanetLab 管理的主要元素，用户的每个服务或者应用构建在 PlanetLab 的一个 Slice 上面。Slice 由分布式的资源集合(即虚拟机网络)构成，允许服务在该虚拟机网络上连续运行，PlanetLab 可以保证 Slice 间相对独立并减少 Slice 间的相互影响，同时每个节点的虚拟机管理器可以保证 Slice 仅占有有限的节点资源。Slice 具有可扩展性，可以由一个虚拟机构成，也可以由 PlanetLab 上的全部节点的虚拟机构成，具体由系统资源与服务需求决定。

本部分将会详细描述 PlanetLab 的用法[5]，包括建立 PlanetLab 用户账号，配置密钥，获取 Slice，添加节点，以及部署服务等步骤，以下步骤需要本机 Linux 环境支持。

1. 建立 PlanetLab 用户账号

使用 PlanetLab 之前需要创建 PlanetLab 账号，创建之前需要确定自己的工作或学习机构已经作为站点加入 PlanetLab，接下来可以在 PlanetLab 网站上创建账号。创建账号时需要正确选定自己所属的站点，创建账号的申请将发送到站点的负责人(Principal Investigator，PI)，站点负责人批准申请后才可以进行接下来的步骤。假设建立的账号为 user，密码为 pass。PlanetLab 用户账号状态如图 A.13 所示。

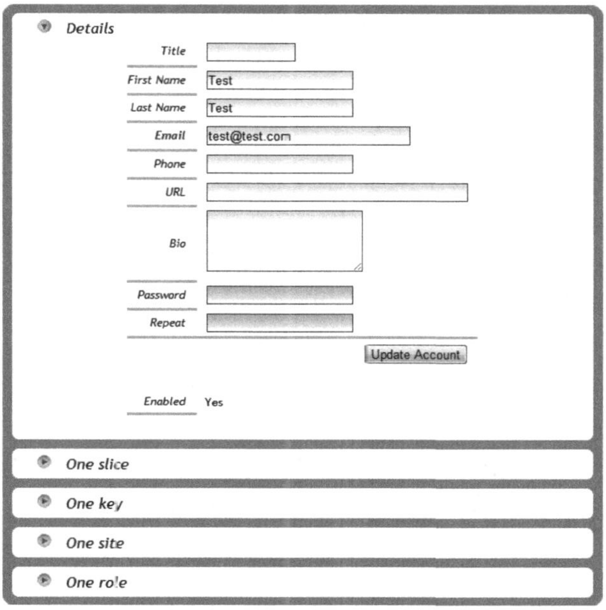

图 A.13　PlanetLab 用户账号状态

2. 配置密钥

访问 PlanetLab 网络节点需要 SSH 公钥的认证，可以在 Linux 下利用 ssh-keygen 命令产生公钥私钥对，然后如图 A.14 所示将产生的密钥对中的公钥（假设为 id_rsa.pub）在 PlanetLab 网站中上传到 PlanetLab 数据库，密钥对中的私钥部分（假设为 id_rsa）保存在本地机器用于节点的登录认证。

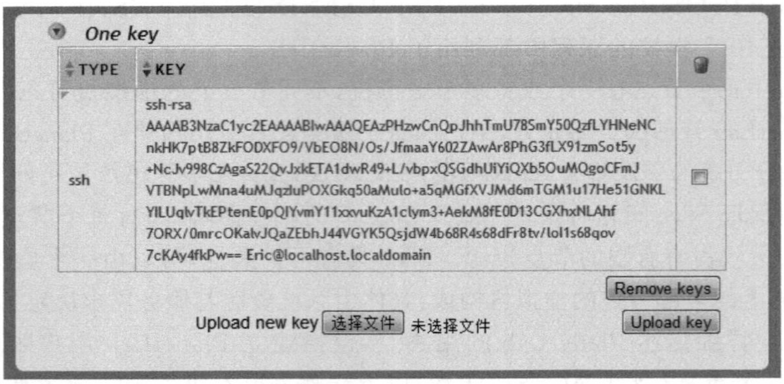

图 A.14　PlanetLab 密钥

3. 获取 Slice

对 PlanetLab 资源的访问需要通过 Slice 进行，Slice 是分布在不同的 PlanetLab 节点上的资源的集合。节点添加到 Slice 中时，节点将会为该 Slice 创建虚拟服务器，节点从 Slice 移除时，虚拟服务器将会从节点中移除。

个人可以通过站点负责人获取 Slice，站点负责人会为请求者创建新 Slice 或者分配已存在的 Slice，站点负责人分配后需要若干分钟后才可以生效，Slice 名称通常以站点名称作为前缀（假设为 planetlab_hello），可以通过 PlanetLab 网站检查 Slice 是否已经分配成功。

4. 添加节点

新分配的 Slice 并不包含任何节点资源，需要将节点添加到 Slice 中后，才可以访问节点资源，可以通过 PlanetLab 网站逐个添加节点，也可以利用脚本批量添加。批量添加时首先利用 PlanetLab 的 CoMon 项目获取当前运行的节点的列表，并且可以设定条件对节点进行筛选。CoMon 查询请求示例如下所示，该示例每个站点选择一个可以工作的节点，返回节点的域名列表，将节点列表保存在本地文件中，如 nodes.txt。

```
http://comon.cs.princeton.edu/status/tabulator.cgi?table=table_
nodeviewshort&format=nameonly&persite=1&select=resptime>0
```

接下来利用 PlanetLab API 将列表中的节点添加到 Slice 中。可以利用如下的 Python 脚本（本机 Linux 系统需要安装 Python）将节点添加到 Slice。

```
$python
>>>import xmlrpclib
>>>api_server =\
... xmlrpclib.ServerProxy('https://www.planet-lab.org/PLCAPI/')
>>>
>>>auth ={}
```

```
>>>auth['Username'] ="user" <--substitute your actual username here
>>>auth['AuthString'] ="pass" <--substitute your actual password here
>>>auth['AuthMethod'] ="password"
>>>
>>>node_list =[line.strip() for line in open("nodes.txt")]
>>>
>>>api_server.AddSliceToNodes(auth, \
... "your_slice_name", node_list)
>>>^D
```

添加节点后至少需要等待 15 分钟让节点为 Slice 分配虚拟服务器，添加成功后可以利用 SSH 远程登录到 nodes.txt 中指定的任意 PlanetLab 节点，以检查节点是否已经添加成功，添加后也可以在 PlanetLab 网站上查看 Slice 状态，如图 A.15 所示。

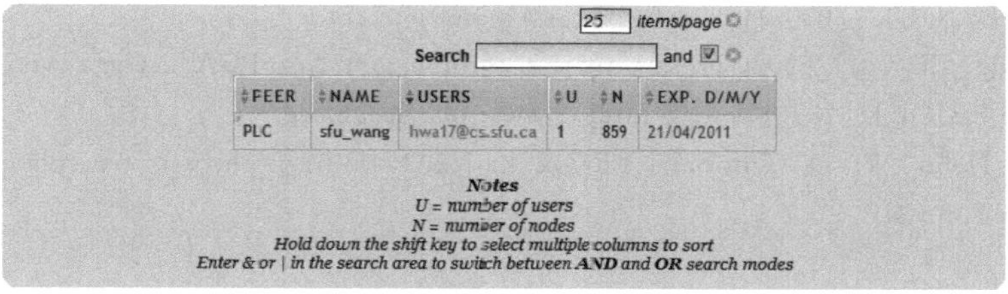

图 A.15 PlanetLabSlice 状态

5. 部署服务

节点添加成功后就可以将所要部署的服务或应用批量部署到节点上。可以采用 PlanetLab 中 CoDeeN 项目的 CoDeploy 工具批量部署，也可以利用 vxargs 脚本批量部署，本部分将详细介绍 vxargs 批量部署的方法，CoDeploy 的具体使用可以在 PlanetLab 网站上查看。

对于单台机器的上传、运行、获取运行结果的脚本命令示例如下，其中 id_rsa 为第二步中产生的私钥，filename 为需要部署的应用的可执行文件的名称，user 为用户名，result 为程序执行的结果，result.txt 为本机保存结果的文件名，而 node_name 为节点域名，如 planet1.cs.ucsb.edu。

```
上传文件 scp -i id_rsa filename user@node_name:~
执行文件 ssh -l user -i id_rsa node_name "./filename"
下载文件 scp -i id_rsa user@node_name:result result.txt
```

批量上传、下载与执行首先需要下载 vxargs 脚本①，对所有 nodes.txt 中的节点进行上传、运行、获取。运行结果的脚本命令示例如下，其中各个变量意义同上，此外，logs 为 vxargs 的日志目录，用户可以在日志中查看各个节点的异常状况，120 为超时时间，可以自行设定。

① http://vxargs.sourceforge.net/

```
上传文件 ./vxargs.py -a nodes.txt -o logs/ -y -p -t 120 scp -i id_rsa filename
user@node_name:~
执行文件 ./vxargs.py -a nodes.txt -o logs/ -y -p -t 120 ssh -l user -i id_rsa node_
name "./filename"
下载文件 ./vxargs.py -a nodes.txt -o logs/ -y -p -t 120 scp -i id_rsa user@node_
name:result ./result/
```

用户部署服务后运行一定时间，可以从 Slice 中的各个节点获取运行结果，然后在本地对运行结果进行分析。

参 考 文 献

[1] 徐明伟，崔勇，徐恪. 计算机网络原理实验教程[M]. 北京：机械工业出版社，2008.

[2] NetFPGA[EB/OL]. [2020-08-01]. http://www.netfpga.org.

[3] FPGA Guide [EB/OL]. [2020-08-01]. https://github.com/NetFPGA/netfpga/wiki/Guide.

[4] PlanetLab [EB/OL]. [2020-08-01]. http://www.planet-lab.org.

[5] PlanetLab Hello World Tutorial [EB/OL]. [2020-08-01]. http://svn. planet-lab. org/wiki/HelloWorldTutorial.

图书资源支持

感谢您一直以来对清华版图书的支持和爱护。为了配合本书的使用，本书提供配套的资源，有需求的读者请扫描下方的"书圈"微信公众号二维码，在图书专区下载，也可以拨打电话或发送电子邮件咨询。

如果您在使用本书的过程中遇到了什么问题，或者有相关图书出版计划，也请您发邮件告诉我们，以便我们更好地为您服务。

我们的联系方式：

地　　址：北京市海淀区双清路学研大厦 A 座 714

邮　　编：100084

电　　话：010-83470236　010-83470237

客服邮箱：2301891038@qq.com

QQ：2301891038（请写明您的单位和姓名）

资源下载：关注公众号"书圈"下载配套资源。

资源下载、样书申请

书圈

获取最新书目

观看课程直播